THÉORIE ET CALCUL

DES

PHÉNOMÈNES ÉLECTRIQUES

DE

TRANSITION ET DES OSCILLATIONS

(THEORY AND CALCULATION OF TRANSIENT ELECTRIC PHENOMENA AND OSCILLATIONS)

PAR

Charles Proteus STEINMETZ

TRADUIT

PAR

PAUL BUNET

PARIS (VIᵉ)

H. DUNOD et E. PINAT, ÉDITEURS

47 et 49, QUAI DES GRANDS-AUGUSTINS

1912

THÉORIE ET CALCUL

DES

PHÉNOMÈNES ÉLECTRIQUES

DE

TRANSITION ET DES OSCILLATIONS

THÉORIE ET CALCUL

DES

PHÉNOMÈNES ÉLECTRIQUES

DE

TRANSITION ET DES OSCILLATIONS

(THEORY AND CALCULATION
OF TRANSIENT ELECTRIC PHENOMENA
AND OSCILLATIONS)

PAR

Charles Proteus STEINMETZ

TRADUIT

PAR

PAUL BUNET

PARIS (VI⁰)

H. DUNOD et E. PINAT, ÉDITEURS

47 et 49, QUAI DES GRANDS-AUGUSTINS

1912

—

Le travail qui suit doit son origine à un cours professé pendant ces dernières années à la classe supérieure de technique électrique de l' « Union University » et représente le travail d'un certain nombre d'années. Il renferme l'étude de phénomènes qui, jusqu'à présent, n'ont été que rarement traités dans les livres, mais qui ont maintenant acquis une telle importance que leur connaissance est nécessaire à tout ingénieur-électricien, car ils concernent certains des plus importants problèmes que la technique électrique aura à résoudre dans un avenir prochain pour se maintenir en progrès ininterrompu.

Quelques-uns de ces phénomènes de transition furent observés et étudiés expérimentalement dès les premiers jours de l'industrie électrique, par exemple, l'amorçage des générateurs de courant continu en partant du magnétisme rémanent. D'autres, tels que la recherche de la rapidité d'adaptation d'un générateur compound ou d'un survolteur à une variation de charge, ont pris une grande importance avec les réglages précis exigés maintenant des distributions électriques. Des phénomènes transitoires qui n'avaient qu'une courte durée et une faible grandeur avec les petits appareils des premiers temps de l'électricité et se trouvaient négligeables, sont devenus d'une importance considérable avec les énormes générateurs et les réseaux puissants d'aujourd'hui : par exemple les extra-courants d'inducteurs, les courants de court-circuit des alternateurs, etc. Deux classes de phénomènes sont particulièrement en relation l'une avec l'autre : ce sont ceux relatifs à la capacité distribuée et ceux qui concernent les courants de haute fréquence. Autrefois, les courants de haute fréquence n'était qu'un champ pour de brillantes communications et expériences ;

mais actuellement, avec la télégraphie sans fil, ils ont acquis une importance industrielle considérable. La téléphonie a progressé, grâce aux travaux de M. J. Pupin et d'autres ingénieurs, depuis l'art de combiner des tableaux d'appareils jusqu'à une véritable science en relation avec celle des ondes sonores. La foudre et tous les autres phénomènes analogues de haute fréquence et haute tension, sont devenus de grande et croissante importance dans les réseaux électriques modernes, à cause du développement en dimensions et en puissance de ces réseaux, des relations entre appareils récepteurs disséminés sur une grande surface, et des résultats destructifs que peuvent avoir ces perturbations.

Lorsque des centaines de kilomètres de circuits à haute et moyenne tension, de lignes aériennes et de câbles souterrains se trouvent reliés les phénomènes de capacité distribuée, les effets des courants de charge des lignes et des câbles commencent à prendre une telle importance qu'ils nécessitent une étude approfondie. Certains de ces phénomènes qui n'avaient qu'un pur intérêt scientifique, comme la distribution inégale du courant alternatif dans les conducteurs, la vitesse finie de propagation du champ électrique, etc., méritent maintenant un grand intérêt de la part de l'ingénieur-électricien, car ils se retrouvent dans la résistance du rail de retour des chemins de fer monophasés, dans l'impédance effective opposée aux décharges de la foudre dont dépend la sécurité du réseau entier, etc.

La caractéristique de tous ces phénomènes est qu'ils sont des fonctions transitoires de la variable indépendante, temps ou distance, c'est-à-dire qu'ils décroissent avec l'accroissement de la variable indépendante, d'une manière graduelle ou oscillatoire, depuis zéro jusqu'à l'infini, tandis que les fonctions représentant l'écoulement de régime d'énergie électrique sont des constantes ou des fonctions périodiques.

Tandis que les phénomènes des courants alternatifs sont représentés par la fonction périodique du temps, sinus et ses harmoniques, la plupart des phénomènes transitoires amènent à une fonction qui est le produit de termes exponentiels et trigonométriques pouvant être appelée une fonction oscillatoire, avec ses harmoniques.

Une seconde variable, la distance, entre aussi dans certains phénomènes ; tandis que la théorie du courant alternatif, phénomènes ou
appareils, se traite ordinairement avec le temps comme seule variable
indépendante que l'on peut éliminer par l'emploi de la quantité
complexe, nous aurons souvent à traiter dans ce volume des fonctions
du temps et de la distance. Cela nous amène donc à considérer des
fonctions alternatives et des fonctions transitoires de temps et de
distance.

La théorie des fonctions alternatives du temps est donnée dans
« Theory and calculation of alternating current phenomena ». Les
fonctions transitoires du temps sont étudiées dans la première section
de cet ouvrage ; dans la deuxième section on traite des phénomènes
transitoires périodiques qui ont pris une certaine importance industrielle dans les redresseurs, certains régulateurs, etc... La troisième
section donne la théorie des phénomènes alternatifs en temps et
transitoires en distance ; la quatrième et dernière partie a trait aux
phénomènes transitoires en temps et distance.

A certains points de vue, on peut ainsi considérer cet ouvrage
comme une suite de « Theory et calculation of alternating current
phenomena » ([1]).

En éditant ce livre, j'ai été grandement assisté par le Professeur
O. Fergusson, d' « Union University », qui a revu avec soin le
manuscrit, les équations et les exemples numériques et corrigé les
épreuves, de telle sorte que j'espère les erreurs réduites au minimum.

Les éditeurs ont aussi apporté leur grande compétence technique
à l'édition de cet ouvrage et lui ont donné la meilleure forme possible.

CHARLES P. STEINMETZ

Schenectady, Décembre 1908.

---

[1] L'ouvrage « Theory and calculation of alternating current phenomena » a été
traduit en français par M. MOUZET, *Théorie et calcul des Phénomènes du courant
alternatif*, et édité par la maison H. Dunod et E. Pinat, 1903.

PRÉFACE DU TRADUCTEUR

———

Au cours d' ...yage que je fis aux États-Unis à la fin de l'année 1910, j'eus l'occasion de me rencontrer avec M. C. P. Steinmetz, et de causer avec lui des questions nouvelles intéressant l'industrie électrique, et, par conséquent, de ces phénomènes transitoires et oscillations, sources de tant de maux dans nos installations par suite du peu de connaissances exactes que nous en avons généralement.

La grande compétence de M. Steinmetz, l'importance de ses travaux, l'originalité de ses vues, m'incitèrent à lire son ouvrage avec plus de soin que l'on n'en accorde trop souvent à cette littérature d'aspect, il faut bien le dire, un peu rébarbatif à première vue.

Je fus frappé de voir la clarté de ce livre, de constater combien la plupart des choses paraissaient simples ; aussi estimant combien une traduction française pourrait être utile, demandai-je à M. Steinmetz l'autorisation de faire cette traduction.

J'ai conservé, en faisant ce travail, la forme même donnée par M. Steinmetz, en suivant généralement son texte le plus près possible. De même, en ce qui concerne les notations, les définitions des grandeurs, etc... j'ai adopté celles de l'auteur, même lorsqu'elles sont différentes de ce que nous avons l'usage d'adopter en Europe. En un mot, il m'a paru plus intéressant en profitable pour le lecteur de garder le plus possible du texte même de l'auteur.

J'ai poursuivi, avec le plus grand soin, toutes les erreurs d'impression ou de calcul qui figuraient en bien petit nombre déjà dans l'édition anglaise. Beaucoup de calculs ont été refaits pour vérification, et, en général, toutes les unités anglaises n'entrant pas dans le système métrique ont éliminées ou traduites.

Je dois à M. P. Girault tous mes remerciements pour l'aide qu'il m'a apportée dans ce travail de correction et vérification.

Quelques notes ont été ajoutées, en renvoi au bas des pages ; elles donnent les explications qui m'ont paru utiles pour faciliter la lecture de l'ouvrage ou préciser quelques points un peu délicats.

J'espère que cet ouvrage sera apprécié en France comme il l'est en Amérique. L'importance du sujet, la haute valeur de M. Steinmetz, en font un des plus importants traités de technique électrique actuellement publiés.

P. BUNET

Paris le 1ᵉʳ Juin 1912.

SECTION I

PHÉNOMÈNES TRANSITOIRES DANS LE TEMPS

CHAPITRE PREMIER

—

LES CONSTANTES DU CIRCUIT ÉLECTRIQUE

1. — Pour transmettre de l'énergie électrique depuis le lieu où elle est engendrée jusqu'à celui où elle est utilisée, il est nécessaire de les relier par un circuit électrique consistant en conducteurs qui réunissent le point de génération au point d'utilisation.

Lorsque de l'énergie électrique s'écoule au travers d'un circuit, des phénomènes ont lieu à l'intérieur du conducteur aussi bien que dans l'espace qui l'environne.

Dans le conducteur, pendant le passage de l'énergie dans le circuit, une certaine quantité de cette énergie est continuellement consommée et convertie en chaleur. Le long du circuit, depuis le générateur jusqu'au récepteur, la quantité d'énergie qui s'écoule diminue régulièrement de la portion transformée en chaleur, et une chute progressive ou graduelle de puissance (gradient) se manifeste dans ce circuit, dirigée suivant le conducteur ou parallèlement à sa direction.

Ainsi, tandis que le voltage peut décroître depuis le générateur jusqu'au récepteur, comme c'est généralement le cas, ou bien croître comme dans un circuit traversé par du courant alternatif décalé en avant, et aussi que l'intensité du courant peut rester constante tout le long du circuit, ou décroître comme dans le cas d'une ligne de transmission de capacité considérable, l'énergie qui s'écoule décroît toujours depuis le générateur jusqu'au récepteur, et cette chute graduelle ou gradient est ainsi une caractéristique de la direction d'écoulement de l'énergie.

Dans l'espace environnant le conducteur, pendant le passage de l'énergie dans le circuit, un état de tension particulier se manifeste, que l'on nomme *champ électrique* du conducteur; autrement dit, l'espace environnant n'est pas uniforme, mais a des propriétés électriques et magnétiques différentes selon les directions.

Aucune dépense de puissance n'est nécessaire pour maintenir le champ électrique, mais il faut de l'énergie pour le produire, et cette énergie est restituée plus ou moins complètement quand le champ électrique disparaît lors de l'arrêt de l'écoulement d'énergie.

Ainsi, lorsque l'énergie commence à s'écouler dans le circuit, avant qu'un état permanent soit réalisé, il doit y avoir un temps fini pendant lequel l'énergie du champ électrique est emmagasinée; le générateur livre pour cette raison plus d'énergie que la somme de ce qui est transformé en chaleur dans le conducteur et de ce qui est livré aux appareils récepteurs; par contre, l'écoulement d'énergie ne peut être arrêté instantanément, mais l'énergie emmagasinée dans le champ électrique doit être consommée auparavant. Il en résulte aussi que lorsque l'écoulement d'énergie est pulsatoire, comme dans un circuit traversé par du courant alternatif, une certaine quantité d'énergie est continuellement emmagasinée dans le champ pendant que la puissance croît et restituée au circuit pendant que la puissance décroît.

Le champ électrique du conducteur exerce des actions magnétiques et électrostatiques.

L'action magnétique est maximum dans la direction concentrique, ou approximativement, avec le conducteur : c'est-à-dire qu'un corps magnétique en forme d'aiguille, comme une aiguille de fer, tend à se placer de lui-même dans une direction concentrique avec la section du conducteur.

L'action électrostatique est maximum dans une direction radiale, ou approximativement, par rapport au conducteur : c'est-à-dire qu'un léger corps conducteur, si la composante électrostatique du champ est suffisamment puissante, tend à se placer de lui-même dans une direction radiale par rapport à la section du conducteur; les corps légers sont attirés ou repoussés radialement.

Donc, le champ électrique d'un circuit dans lequel circule de l'énergie a trois axes principaux, à angle droit les uns avec les autres :

L'axe électromagnétique, concentrique avec le conducteur;

L'axe électrostatique, radial par rapport au conducteur;

La chute ou gradient de puissance, parallèle au conducteur.

Ceci est fréquemment exprimé d'une manière imagée, en disant que les lignes de force magnétiques du circuit sont concentriques, et les lignes de force électrostatiques radiales, par rapport au conducteur.

Lorsque, comme cela est ordinairement, le circuit électrique se compose de plusieurs conducteurs, les champs électriques des différents conducteurs se superposent les uns sur les autres, et les lignes de force résultantes, magnétiques et électrostatiques, ne sont pas concentriques et radiales respectivement, excepté dans le voisinage immédiat d'un conducteur où elles le sont approximativement.

2. — Ni la chaleur développée dans le conducteur, ni le champ électromagnétique, ni le champ électrostatique, ne sont proportionnels à l'énergie qui s'écoule dans le circuit.

Cependant le produit du flux magnétique Φ par le flux électrostatique Ψ, est proportionnel au flux d'énergie ou puissance P. La puissance est, de cette manière, résolue en un produit de deux composantes i et e, qui sont choisies proportionnelles respectivement à l'intensité du champ magnétique Φ et à celle du champ électrique Ψ.

Posons donc

$$(1) \qquad\qquad P = ie$$

nous avons

$$(2) \qquad \Phi = Li = \text{le flux électromagnétique}$$

$$(3) \qquad \Psi = Ce = \text{le flux électrostatique.}$$

La composante i, appelée l'intensité de courant, ou le *courant*, se trouve définie comme le facteur de la puissance P qui est proportionnel au flux magnétique; l'autre composante e appelée la *tension* ou le voltage, est définie comme le facteur de la puissance P qui est proportionnel au flux électrostatique.

Le courant i et le voltage e sont ainsi des fictions mathématiques, facteurs de la puissance P, introduits pour représenter respectivement les phénomènes magnétiques et électrostatiques.

Le courant i est mesuré par l'action magnétique d'un circuit, comme dans un ampèremètre ; le voltage e, par l'action électrostatique d'un circuit, comme dans un voltmètre électrostatique, ou bien en produisant un courant i au moyen du voltage e et mesurant ce courant par son action magnétique, comme dans les voltmètres courants.

Les coefficients L et C, qui sont les facteurs de proportionnalité des composantes magnétiques et électrostatiques du champ électrique, sont appelés respectivement *inductance* et *capacité* du circuit.

Comme la puissance P est résolue en un produit d'un courant i et d'un voltage e, la perte de puissance dans le conducteur P_i peut de la même façon être résolue en le produit du courant i par un voltage e_i consommé dans le conducteur, ce qui donne :

$$P_i = ie_i.$$

On a trouvé que ce voltage perdu dans le conducteur e_i est proportionnel au facteur i de la puissance P, c'est-à-dire que

$$(4) \qquad\qquad e_i = ri,$$

où r est le facteur de proportionnalité du voltage consommé dans le conducteur par la perte ou chute progressive de puissance, et est appelé la *résistance* du circuit.

Tout circuit électrique doit ainsi avoir trois constantes r, L et C, telles que :

$r =$ constante du circuit représentant la chute progressive de puissance, ou la puissance dissipée dans le conducteur, appelée *résistance*,

L $=$ constante du circuit représentant l'intensité de la composante électromagnétique du champ électrique du circuit, appelée *inductance*,

C $=$ constante du circuit représentant l'intensité de la composante électrostatique du champ électrique du circuit, appelée *capacité*.

3. — Une variation du champ magnétique du conducteur, c'est-à-dire du nombre de lignes de force magnétiques φ entourant le conducteur engendre une f. é. m.

$$(5) \qquad e' = \frac{d\varphi}{dt}$$

dans le conducteur et absorbe ainsi une puissance.

$$(6) \qquad \mathrm{P}' = ie' = i\frac{d\varphi}{dt}$$

ou, avec l'équation (2)

$$(7) \qquad \mathrm{P}' = \mathrm{L}i\frac{di}{dt}$$

et l'énergie totale absorbée par le champ magnétique pendant que le courant croît de o à i est

$$(8) \qquad \left\{ \begin{aligned} \mathrm{W_M} &= \int \mathrm{P}'dt \\ &= \mathrm{L}\int idi \end{aligned} \right.$$

ce qui donne :

$$(9) \qquad \mathrm{W_M} = \frac{i^2\mathrm{L}}{2}.$$

Une variation du champ électrostatique Ψ du conducteur absorbe un courant proportionnel à la variation de ce champ :

$$(10) \qquad i' = \frac{d\Psi}{dt}$$

et absorbe une puissance

$$(11) \qquad \mathrm{P}'' = ei' = e\frac{d\Psi}{dt}$$

ou, avec l'équation (3)

$$(12) \qquad \mathrm{P}'' = \mathrm{C}e\frac{de}{dt}$$

et l'énergie totale absorbée par le champ électrostatique pendant que le voltage croît de o à e est

$$(13) \qquad \left\{ \begin{aligned} \mathrm{W_K} &= \int \mathrm{P}''dt \\ &= \mathrm{C}\int ede \end{aligned} \right.$$

ce qui donne :

$$(14) \qquad W_k = \frac{e^2 C}{2}.$$

La puissance consommée dans le conducteur par sa résistance r est

$$(15) \qquad P_r = ie_t$$

et à cause de l'équation (4),

$$(16) \qquad P_r = i^2 r.$$

Ce qui fait que lorsque la puissance électrique

$$(i) \qquad P = ei$$

existe dans un circuit, il y a

$P_r = i^2 r =$ puissance perdue dans le conducteur, (16)

$W_u = \dfrac{i^2 L}{2} =$ énergie emmagasinée dans le champ magnétique du circuit, (9)

$W_k = \dfrac{e^2 C}{2} =$ énergie emmagasinée dans le champ électrostatique du circuit, (14)

et les trois constantes r, L, C, apparaissent ainsi comme les facteurs de la transformation de l'énergie en chaleur, magnétisme et tension électrique dans le circuit.

4. — La constante du circuit r dépend seulement de la nature et de la matière du conducteur, mais aucunement de sa position dans l'espace, ni de la matière emplissant l'espace environnant le conducteur, ni de la forme de sa section.

Les constantes du circuit, inductance L et capacité C, dépendent à peu près entièrement de la position du conducteur dans l'espace, de la matière emplissant l'espace qui l'environne, de la forme de la section de ce conducteur, mais ne dépendent pas de la nature de la matière qui le constitue, sauf toutefois en ce qui concerne le champ électrique à l'intérieur de la section du conducteur.

5. — La résistance r est proportionnelle à la longueur et inversement proportionnelle à la section du conducteur,

$$(17) \qquad r = \rho \frac{l}{A}$$

dans laquelle ρ est une constante de la matière considérée, appelée *résistivité* ou *résistance spécifique*.

Pour les différents corps, ρ varie probablement dans de plus grandes proportions qu'à peu près aucune autre constante physique.

A la température ordinaire, cette quantité est approximativement donnée en ohms-centimètres par les chiffres suivants :

Métaux :

Cu.	$1,6 \times 10^{-6}$
Al.	$2,5 \times 10^{-6}$
Fe.	$10 \ \times 10^{-6}$
Hg.	$94 \ \times 10^{-6}$
Fonte grise	jusqu'à $100 \ \times 10^{-6}$
Alliages de haute résistance	jusqu'à $150 \ \times 10^{-6}$

Électrolytes :

NO^3H	depuis $1,3$ à 30 pour cent
KOH.	» $1,9$ à 25 »
NaCl.	» $4,7$ à 25 »

jusqu'à

l'eau pure de rivière . . . . 10^4.

Plus pour les alcools, huiles, etc... jusque pratiquement l'infini.

Corps appelés isolants :

Fibre	environ 10^{12}
Huile de paraffine	» 10^{13}
Paraffine	» 10^{14} à 10^{16}
Mica	» 10^{14}
Verre	» 10^{14} à 10^{16}
Caoutchouc	» 10^{16}
Air	pratiquement ∞

Dans le large espace entre la résistivité la plus haute des alliages métalliques, soit $\rho = 150 \times 10^{-6}$, et la plus basse résistivité des électrolytes environ $\rho = 1$, se placent :

Le Carbone :

Métallique	environ $0,0003$
Amorphe	$0,04$ et au-dessus
Anthracite	très élevé.

Le *Silicium* et ses *Alliages* :

Silicium fondu. . . . .   de 1 à 0,04
Ferro silicium . . . .   de 0,04 à 50 $\times$ 10^{-6}

La résistivité des *arcs* et des *décharges en tubes de Geissler* est à peu près de même ordre que la résistivité électrolytique.

La résistivité ρ, est généralement une fonction de la température ; elle croît légèrement quand la température s'élève, pour les conducteurs métalliques, et décroît pour les conducteurs électrolytiques. Pour un petit nombre de corps, comme le silicium, la variation de ρ avec la température est tellement énorme que ρ ne peut même être considéré comme approximativement constant pour tous les courants *t* par suite de l'échauffement de la substance. De tels corps sont communément appelés pyroélectrolytes.

6. — L'inductance L est proportionnelle à la section et inversement proportionnelle à la longueur du circuit magnétique entourant le conducteur, et peut ainsi être représentée par

$$(18) \qquad\qquad L = \frac{\mu A}{l}$$

où μ est une constante de la matière emplissant l'espace environnant le conducteur, laquelle est appelée *perméabilité* magnétique. Comme en général, la section et la longueur du circuit magnétique environnant un conducteur électrique ne sont pas constantes, le circuit magnétique doit se calculer pièce à pièce, ou par intégration, d'après l'espace qu'il occupe.

La perméabilité μ est constante et égale à l'unité, ou en est très voisine, pour toutes substances, à l'exception d'un très petit nombre de corps qui sont appelés magnétiques, comme le fer, le cobalt, le nickel, etc.., dans lesquels elle est beaucoup plus grande. atteignant quelquefois dans de certaines conditions la valeur $\mu = 6000$, pour le fer.

Dans ces matières magnétiques, la perméabilité μ n'est pas une constante, mais varie avec la densité magnétique de flux, ou nombre de lignes de forces magnétiques par unité de section ou induction magnétique $\mathfrak{B}$, décroissant rapidement pour les hautes valeurs de $\mathfrak{B}$.

Avec de tels corps, l'emploi du terme μ est pour cette raison peu commode et l'inductance L se calcule par la relation existant entre la force magnétisante exprimée en ampère-tours par unité de longueur de circuit magnétique, ou par « l'intensité de champ », et l'induction magnétique $\mathfrak{B}$.

L'induction magnétique $\mathfrak{B}$, dans les corps magnétiques, est la somme de « l'induction de lieu » $\mathfrak{IC}$, correspondant à la perméabilité unité, et de « l'induction métallique » $\mathfrak{B}'$ laquelle tend vers une valeur limitée et finie :

$$\mathfrak{B} = \mathfrak{IC} + \mathfrak{B}'.$$

La valeur limite, appelée « valeur de saturation » de $\mathfrak{B}'$ est approximativement, en lignes de force magnétiques par centimètre carré :

Fer	20 000
Cobalt	12 000
Nickel	6 000
Magnétite	5 000
Alliages de manganèse	jusqu'à 4 000

L'inductance L est ainsi une constante du circuit si l'espace environnant ne contient aucun corps magnétique, et est plus ou moins variable avec le courant i, s'il existe des corps magnétiques aux environs du conducteur. Dans ce dernier cas, lorsque le courant i augmente, l'inductance L tout d'abord augmente légèrement, atteint un maximum, et ensuite décroît en s'approchant d'une valeur limite qui est celle que l'on aurait en l'absence de tout corps magnétique.

7. — La capacité C est proportionnelle à la section et inversement proportionnelle à la longueur du champ électrostatique du conducteur :

$$(20) \qquad C = \frac{\varkappa \Lambda}{l}$$

dans laquelle $\varkappa$ est une constante de la matière emplissant l'espace environnant le conducteur, laquelle se nomme « constante diélectrique » ou « capacité spécifique ».

Généralement la section et la longueur des diverses parties du circuit électrostatique sont différentes et la capacité doit alors être calculée pièce à pièce ou par intégration.

La constante diélectrique $\varkappa$ des différentes matières varie dans un étroit intervalle seulement. Elle est approximativement :

$\varkappa = 1$ dans le vide, dans l'air et les autres gaz
$\varkappa = 2$ dans les huiles, paraffines, la fibre, etc...
$\varkappa = 3$ à 4 dans le caoutchouc et la gutta-percha
$\varkappa = 3$ à 5 dans le verre, le mica, etc...

atteignant une valeur aussi haute que 7 à 8 dans les composés organiques des métaux lourds, comme le stéarate de plomb, et environ 12 dans le soufre.

La constante diélectrique $\varkappa$, est pratiquement constante pour tous les voltages e, jusqu'à ce voltage pour lequel l'intensité du champ électrostatique, ou chute graduelle (gradient) électrostatique — en volts par centimètre — excède une certaine valeur δ qui dépend de la matière considérée et se nomme « tension diélectrique » ou « tension disruptive » de cette matière.

Pour cette intensité de champ, le milieu se brise mécaniquement, par percement, et cesse d'isoler ; l'électricité passe librement et égalise ainsi les potentiels.

La tension disruptive δ, donnée en volts par centimètre, est approximativement :

Air . . . . , ... 60 000
Huiles . . . . 250 000 à 1 000 000
Mica . . . . jusqu'à 4 000 000

La capacité C d'un circuit est ainsi une constante jusqu'au voltage pour lequel, à un endroit quelconque du champ électrostatique, on dépasse la tension diélectrique ; la rupture se produit et une partie du milieu devient ainsi conductrice ; alors par l'accroissement de la dimension effective du conducteur, la capacité C est augmentée.

8. — La totalité de l'énergie employée pour créer le champ électrique du circuit n'est pas restituée à la disparition de ce champ, mais une partie est dissipée et transformée en chaleur lorsque le champ électrique est créé ou modifié d'une manière quelconque. C'est que la conversion de l'énergie électrique en tensions électromagnétiques ou électrostatiques, et réciproquement, n'est pas complète, mais une perte d'énergie apparaît, spécialement pour le champ magnétique dans les corps appelés magnétiques, et pour le champ électrostatique dans les diélectriques non homogènes.

La perte d'énergie dans la production et la transformation de la composante magnétique du champ peut être représentée par une résistance effective r' qui s'ajoute à la résistance r_0 du conducteur et l'accroît plus ou moins.

La perte d'énergie dans le champ électrostatique peut être représentée par une résistance effective r'', placée en dérivation sur le circuit, et consommant un courant d'intensité i'' en plus du courant i qui existe dans le conducteur. Généralement au lieu d'une résistance effective r'', on emploie la valeur réciproque et la perte d'énergie dans le champ électrostatique est représentée par une conductance en shunt, g.

Dans sa forme la plus générale, le circuit électrique contient ainsi les constantes :

1. Inductance L,   emmagasinant l'énergie $\dfrac{i^2 L}{2}$,

2. Capacité C,   emmagasinant l'énergie $\dfrac{e^2 C}{2}$,

3. Résistance $r = r_0 + r'$, consommant la puissance $i^2 r = i^2 r_0 + i^2 r'$,

4. Conductance g,   consommant la puissance $e^2 g$,

où r_0 est la résistance du conducteur, r' la résistance effective représentant la perte de puissance dans le champ magnétique L ; g représente la perte de puissance dans le champ électrostatique C.

9. — Si des trois constantes caractéristiques du champ électrique : la tension électromagnétique, la tension électrostatique, et la chute progressive ou gradient de puissance, l'une est égale à zéro, une seconde doit être aussi nulle. C'est-à-dire que les trois composantes existent ou bien une seulement.

Des systèmes électriques dans lesquels la composante magnétique du champ est absente, tandis que la composante électrostatique peut être considérable, sont représentés, par exemple, par un générateur électrique ou une batterie d'accumulateurs à circuit ouvert, ou par une machine électrostatique. Dans un tel système, les effets disruptifs dûs au haut voltage sont les plus prononcés tandis que la puissance est négligeable ; les phénomènes de ce caractère sont usuellement appelés « statiques ».

Des systèmes électriques dans lesquels la composante électrostatique du champ est absente, tandis que la composante électromagnétique est considérable sont représentés, par exemple, par une bobine secondaire d'un transformateur en court-circuit dans laquelle n'existe aucune différence de potentiel, et par cela aucun champ électrostatique, attendu que la f. e. m. engendrée est consommée à la place même où elle est produite. La composante électrostatique de tous les circuits de basse tension est aussi pratiquement négligeable.

L'effet de la résistance sur l'écoulement de l'énergie électrique, dans les applications industrielles, est généralement restreint dans d'étroites limites : comme la résistance du circuit consomme de la puissance et réduit ainsi le rendement de la transmission électrique, il n'est pas économique de tolérer une trop haute résistance. Comme la plus faible résistance nécessite la plus grande dépense de matières conductrices, il n'est usuellement pas économique d'abaisser la résistance au-dessous de celle qui donne un rendement raisonnable.

Comme conséquence de ceci, la résistance relative, c'est-à-dire le rapport de puissance perdue dans la résistance à la puissance totale, se tient toujours en pratique entre 2 pour cent et 20 pour cent.

Il en est différemment avec l'inductance L et la capacité C. Des deux formes d'énergie emmagasinée, l'énergie magnétique $\frac{i^2L}{2}$ et l'énergie électrostatique $\frac{e^2C}{2}$, l'une est souvent si faible qu'elle peut être négligée comparativement à l'autre et le circuit électrique peut être traité avec une approximation suffisante comme contenant seulement résistance et inductance ou bien résistance et capacité.

Dans les machines appelées électrostatiques et dans leurs applications, la résistance et la capacité entrent fréquemment seules en considération.

Dans tous les circuits de lumière et de force motrice, à courant continu ou alternatif, comme les circuits à 110 et 220 volts, les circuits de tramways à 500 volts, les distributions primaires à 2 000 volts, d'un voltage relativement bas, l'énergie électrostatique $\frac{e^2C}{2}$ est jusqu'à présent si petite en comparaison de l'énergie électromagnétique, que la capacité C peut être négligée la plupart du temps et le circuit traité comme ne contenant que résistance et inductance.

Dans les circuits de transmission à haute tension et à longue distance, dans les circuits téléphoniques, dans la décharge des condensateurs, et aussi dans la plupart des phénomènes résultant de la foudre ou autres perturbations, l'énergie électromagnétique $\frac{i^2L}{2}$ et l'énergie électrostatique $\frac{e^2C}{2}$ sont approximativement d'égale importance.

10. — Dans un circuit électrique d'inductance L et de capacité négligeables, il n'y a aucune énergie emmagasinée, et un changement dans le circuit peut être apporté à peu près instantanément sans aucune perturbation ou sans condition intermédiaire de transition.

Dans un circuit contenant seulement résistance et capacité, comme dans une machine statique, ou seulement résistance et inductance, comme dans un circuit de bas ou moyen voltage, l'énergie électrique est emmagasinée essentiellement sous une seule forme; une modification du circuit, comme son ouverture, ne peut alors être apportée instantanément, mais arrive plus ou moins graduellement, car pour tout changement, de l'énergie doit tout d'abord être emmagasinée ou déchargée.

Dans un circuit contenant résistance, inductance et capacité, et ainsi capable d'accumuler de l'énergie sous deux formes différentes, il peut être possible d'apporter instantanément une modification mécanique aux conditions du circuit, comme de l'ouvrir; l'énergie interne du circuit peut s'ajuster d'elle-même aux nouvelles conditions par un transfert de l'énergie entre les termes statique et magnétique ou inversement; c'est-à-dire qu'après le changement des conditions du circuit un phénomène transitoire, généralement de nature oscillatoire, se passe dans le circuit, afin de réajuster l'énergie emmagasinée.

Ces phénomènes transitoires de réajustement de l'énergie emmagasinée lors d'un changement de conditions du circuit requièrent une étude soigneuse dans tous les cas où cette énergie emmagasinée est suffisamment importante pour causer de sérieux dommages. Ceci est analogue aux phénomènes de réajustement d'énergie d'un mouvement mécanique : tandis qu'il peut être sans danger d'arrêter instantanément un léger véhicule se mouvant lentement, l'arrêt instantané, comme par collision, d'un rapide train de chemin de fer amène des résultats désastreux. De même dans les réseaux électriques comportant peu d'énergie accumulée, un changement soudain des conditions du circuit peut être inoffensif, tandis que dans un réseau à haute tension comportant une énergie accumulée considérable tout changement des conditions du circuit nécessitant une variation brusque d'énergie peut être destructif.

Quand l'énergie électrique est emmagasinée sous une seule forme, il n'y a généralement qu'un faible danger, car le circuit se protège lui-même contre les changements brusques, grâce à l'ajustement de l'énergie qui retarde les variations. Lorsque l'énergie est emmagasinée à la fois électrostatiquement et magnétiquement, un changement mécanique des conditions du circuit, comme son ouverture, étant apporté instantanément, l'énergie accumulée peut osciller entre les formes électrostatique et magnétique.

Dans ce qui suit, nous considérerons tout d'abord les phénomènes qui résultent de l'énergie accumulée et de son réajustement dans les circuits accumulant une forme d'énergie seulement, laquelle est usuellement la forme électromagnétique ; ensuite nous aborderons le problème général du circuit emmagasinant l'énergie sous les deux formes électromagnétique et électrostatique.

CHAPITRE II

—

INTRODUCTION

11. — Dans l'étude des phénomènes électriques, les courants et les différences de potentiel, qu'ils soient continus ou alternatifs, sont usuellement traités comme des phé omènes de régime permanent. Cela tient à ce que l'on suppose qu'un temps suffisant s'est écoulé, après l'établissement du circuit, pour que les courants et les différences de potentiel aient pu atteindre leurs valeurs finales ou permanentes, c'est-à-dire soient devenus constants avec le courant continu, ou des fonctions périodiques du temps avec le courant alternatif. Dans le premier moment, cependant, après l'établissement du circuit, les courants et les différences de potentiel dans le circuit n'ont pas encore atteint leurs valeurs permanentes, c'est-à-dire que les conditions électriques du circuit ne sont pas encore normales ou permanentes, et qu'un certain temps doit s'écouler pendant lequel ces conditions électriques s'ajustent d'elles-mêmes.

12. — Par exemple, une f. é. m. continue e_0 appliquée à un circuit de résistance r, produit et maintient dans le circuit un courant :

$$i_0 = \frac{e_0}{r}.$$

Au moment où l'on ferme le circuit de f. é. m. e_0 sur la résistance r, le courant est nul dans le circuit. Le courant doit croître après la fermeture du circuit, de la valeur zéro à la valeur i_0 finale. Si le circuit contenait seulement de la résistance et pas d'inductance, cela aurait lieu instantanément, c'est-à-dire qu'il n'y aurait pas de période transitoire. Tout circuit cependant, contient quelque inductance. L'inductance L du circuit indique que le circuit embrasse L lignes de force magnétique pour l'unité de courant traversant ce circuit, ou iL pour le courant i. Donc quand le courant i_0 est établi, le flux magnétique $i_0 L$ doit être produit. Une variation du flux magnétique iL embrassant un circuit engendre dans le circuit une f. é. m.

$$e = \frac{d}{dt}(iL),$$

qui s'oppose à la f. é. m. appliquée, et réduit ainsi la f. é. m. utile à la production du courant ; à cause de cela, le courant ne peut pas prendre instantanément sa valeur finale mais y arrive graduellement ; ainsi depuis la création du circuit jusqu'à l'établissement d'une condition permanente, une période transitoire apparaît. De la même manière et pour les mêmes raisons, si la f. é. m. e_0 appliquée se trouve supprimée, mais le circuit maintenu fermé, le courant i ne disparaît pas instantanément, mais s'éteint graduellement, comme indiqué à la figure 1, qui montre l'accroissement et l'extinction d'un courant continu dans un circuit inductif. C'est le courant d'excitation

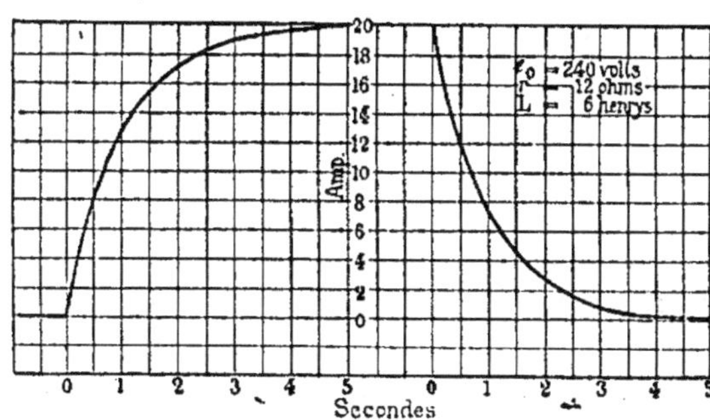

Fig. 1. — Accroissement et extinction d'un courant continu dans un circuit inductif.

des inducteurs d'un alternateur ; ce circuit a pour constantes $r = 12$ ohms ; $L = 6$ henrys et $e_0 = 240$ volts ; les abscisses sont des secondes de temps.

13. — Si un condensateur électrostatique est connecté avec une f. é. m. continue e_0, il n'y a pas de courant dans ce circuit en condition permanente (excepté le très petit courant qui peut fuir au travers de l'isolation ou du diélectrique du condensateur), mais le condensateur est chargé à la différence de potentiel e_0, ou bien contient la charge électrostatique

$$Q = Ce_0.$$

Au moment où l'on ferme le circuit de f. é. m. e_0 sur le condensateur de capacité C, celui-ci ne contient aucune charge, c'est-à-dire qu'une différence de potentiel nulle existe entre ses armatures. S'il n'y a ni résistance ni inductance dans le circuit, il se produit, au moment de la fermeture, un courant infini qui charge instantanément le condensateur à la différence de potentiel e_0.

Si r est la résistance du circuit reliant la source de courant continu au condensateur, et s'il n'y a pas d'inductance, le courant débute par la valeur $i = \frac{e_0}{r}$, c'est-à-dire, qu'au premier moment après la fermeture du circuit toute la f. é. m. appliquée est consommée par le courant dans la résistance, attendu qu'aucune charge n'est dans le condensateur, donc aucune différence de potentiel entre ses armatures. Par l'accroissement de la charge du condensateur, et par conséquent de la différence de potentiel entre ses extrémités, une portion de plus en plus faible de la f. é. m. reste disponible pour la résistance ; l'intensité du courant décroît et finalement elle tombe à zéro, quand le condensateur est complètement chargé.

Si le circuit contient aussi une inductance L, alors le courant ne peut plus croître instantanément, mais seulement graduellement : dans l'instant qui suit la fermeture du circuit, la différence de potentiel au condensateur est encore nulle ; le courant croît de telle manière que l'accroissement du flux magnétique iL dans l'inductance produise une f. é. m. L di/dt, qui consomme la f. é. m. appliquée. La différence de potentiel au condensateur croît graduellement avec l'accroissement de sa charge ; le courant croît aussi et par suite la f. é. m. consommée par la résistance ; de cette façon moins de f. é. m. se trouvant disponible pour la consommation dans l'inductance, le courant croît plus lentement jusqu'à ce que finalement il cesse de croître en atteignant un maximum ; à ce moment l'inductance ne dispose plus d'aucune f. é. m., mais toute la f. é. m. appliquée est consommée par le courant dans la résistance ainsi que par la différence de potentiel du condensateur. La différence de potentiel au condensateur continue de

s'accroître avec l'augmentation de la charge, donc il y a moins de
f. é. m. disponible pour la résistance, c'est-à-dire que le courant décroît
et finalement tombe à zéro lorsque le condensateur est tout à fait chargé.
Pendant que le courant décroît, la diminution du flux magnétique iL
dans l'inductance produit une f. é. m., qui s'ajoute à la f. é. m.
appliquée, et retarde ainsi plus ou moins le décroissement du courant.

La figure 2 montre la charge d'un condensateur à travers un circuit
inductif : le courant de charge i, la différence de potentiel entre armature e, avec une force électromotrice continue appliquée e_0. Les constantes du circuit sont $r = 250$ ohms ; $L = 100$ mlh. ; $C = 10$ mcf
et $e_0 = 1000$ volts.

Si la résistance est très petite, immédiatement après la fermeture
du circuit, le courant croît rapidement et charge très vite le conden-

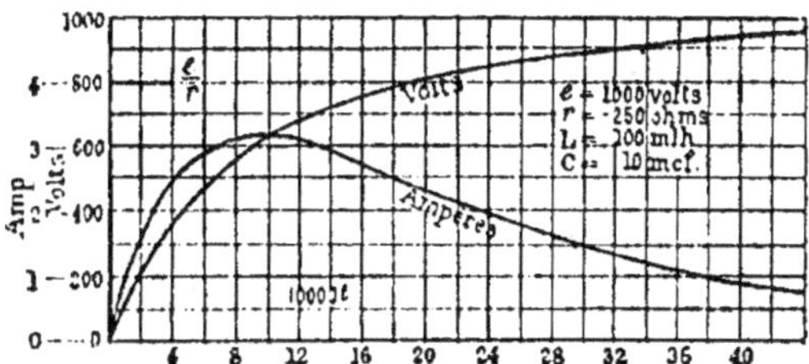

Fig. 2. — Charge d'un condensateur à travers un circuit contenant résistance et inductance.
Potentiel constant. Charge logarithmique.

sateur, mais au moment où le condensateur est complètement chargé
à la force électromotrice appliquée e_0, le courant existe encore (¹). Ce
courant ne peut pas s'interrompre instantanément, attendu que son
décroissement détermine le décroissement de son flux magnétique iL
et engendre une f. é. m. qui maintient le courant, on retarde sa diminution. L'électricité continue donc encore à s'écouler dans le condensateur après qu'il est déjà complètement chargé, et lorsque le courant
cesse finalement, le condensateur est surchargé, la différence de poten-

---

(¹) En suivant le raisonnement du paragraphe précédent, et en supposant r négligeable, on voit que lorsque le courant cesse de croître l'inductance ne dispose plus
d'aucune f. é. m. ; donc toute la f. é. m. se trouve portée sur le condensateur (à
l'exception de celle qui se trouve aux bornes de la résistance que nous supposons
fort petite) ; à ce moment le courant est maximum et le condensateur contient déjà
sa charge de régime. (NOTE DU TRADUCTEUR).

tiel entre ses armatures étant plus élevée que la f. é. m. appliquée e_0. Conséquemment le condensateur doit se décharger partiellement, et l'électricité commence à s'écouler dans la direction opposée, ou à sortir du condensateur. De la même manière, ce courant inverse, dû à l'inductance du circuit dépasse la mesure et décharge le condensateur au-dessous de la f. é. m. appliquée e_0 ; après l'arrêt de ce courant de décharge, un second courant de charge — maintenant plus faible que le courant initial — commence, et ainsi, par une série d'oscillations, de surcharges et de décharges, le courant finit par s'éteindre.

La figure 3 montre la charge oscillante d'un condensateur au travers d'un circuit inductif, par une f. é. m. continue e_0. Le courant est représenté par i, la différence de potentiel entre armatures par e, avec le temps en abscisses. Les constantes du circuit sont : $r = 40$ ohms ; $L = 100$ mlh ; $C = 10$ mcf et $e_0 = 1\,000$ volts.

Dans un tel circuit contenant résistance, inductance et capacité en série les unes avec les autres, et une f. é. m. continue, le courant est

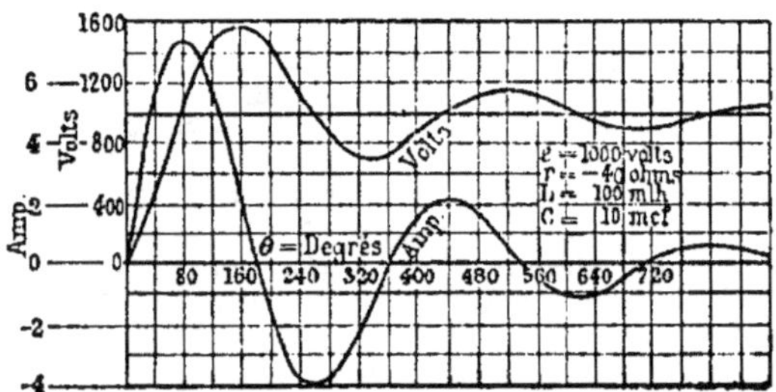

Fig. 3. — Charge d'un condensateur à travers un circuit contenant résistance et inductance
Potentiel constant. Charge oscillante.

nul au moment de la fermeture du circuit aussi bien que finalement ; mais il y a un courant immédiatement après la fermeture, c'est un phénomène transitoire ; ce courant temporaire est régulièrement croissant puis décroissant jusqu'à ce qu'il s'annule, c'est-à-dire qu'il consiste en une série d'alternances d'amplitude continuellement décroissante ; c'est un courant oscillant ou oscillatoire.

Si le circuit ne contenait ni résistance, ni inductance, le courant absorbé par le condensateur serait théoriquement infini. C'est-à-dire qu'avec de faibles résistance et inductance le courant de charge du condensateur doit être énorme, et ainsi, quoique seulement transitoire,

demande une considération et un examen très sérieux. Si la résistance
est très faible et l'inductance appréciable, la surcharge du condensateur peut accroître son voltage au-delà de la f. é. m. e_0, suffisamment
pour causer des effets disruptifs.

14. — Si une f. é. m. alternative

$$e = \mathrm{E} \cos \theta,$$

est appliquée à un circuit ayant de telles constantes que le courant
retarde de 45°, le courant est :

$$i = \mathrm{I} \cos (\theta - 45°).$$

Le circuit étant fermé au moment où $\theta = 45°$, la formule indique
un courant maximum à cet instant. En réalité il est nul, puisque dans
un circuit contenant de l'inductance (ce qui a lieu en pratique pour
tout circuit), le courant ne peut changer de valeur instantanément ; il
en résulte que dans ce cas le courant monte graduellement de la valeur initiale zéro à la valeur permanente de l'onde sinusoïdale i.

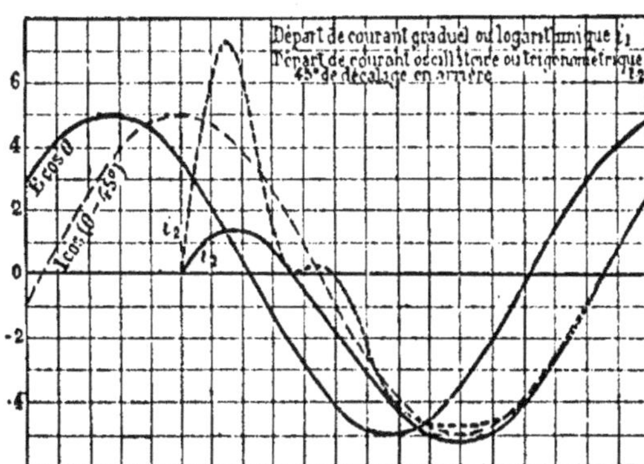

Fig. 4. — Début d'un courant alternatif dans un circuit ayant de l'inductance.

Cette approche du courant de sa valeur initiale, zéro dans le cas
présent, à la valeur finale de la courbe i peut être graduelle, comme
indiqué par la courbe i_1 de la figure 4, ou par série d'oscillations
d'amplitude décroissante, comme indiqué par la courbe i_2 de la
figure 4.

15. — La solution générale d'un problème de courant électrique comprend ainsi, à côté du terme permanent, constant ou périodique, un terme transitoire, qui disparaît après un temps dépendant des conditions du circuit, depuis une extrêmement petite fraction de seconde, jusqu'à plusieurs secondes.

Ces termes transitoires apparaissent à la fermeture du circuit, à son ouverture, et d'une manière générale à tout changement de conditions, comme variation de charge, changement d'impédance, etc.

En général, dans un circuit qui ne contient que de la résistance et de l'impédance mais pas de capacité, les termes transitoires de courant et de voltage ne sont pas suffisamment importants et n'ont pas une durée suffisante pour avoir des effets nuisibles et même appréciables ; mais c'est surtout dans les circuits possédant de la capacité que des valeurs excessives des intensités et des différences de potentiel peuvent être atteintes grâce au terme transitoire, et qu'en même temps apparaissent de sérieuses conséquences. L'étude des termes transitoires est ainsi en grande partie une étude des effets de la capacité électrostatique.

16. — La résistance ne donne pas de terme transitoire ; les constantes du circuit déterminant l'emmagasinement de l'énergie, magnétiquement par l'inductance L, électrostatiquement par la capacité C, donnent seules naissance aux phénomènes transitoires, et plus la résistance est importante, moins est grande l'importance et la durée du terme transitoire.

Quand on ferme un circuit contenant inductance ou capacité, ou les deux, l'énergie emmagasinée dans l'inductance et la capacité doit d'abord être fournie par la f. é. m. appliquée avant que les conditions du circuit puissent devenir stationnaires. C'est-à dire que dans les premiers instants qui suivent la fermeture du circuit, ou en général le changement des conditions du circuit, la f. é. m. appliquée (ou plutôt la source qui produit cette f. é. m.) doit fournir, en plus de la puissance consommée pour entretenir le circuit, la puissance qui produit l'énergie emmagasinée dans l'inductance et la capacité, et ainsi un terme transitoire apparaît immédiatement après tout changement des conditions du circuit. Si le circuit contient seulement une seule constante déterminant un emmagasinement d'énergie, inductance ou capacité, le terme transitoire qui relie entre elles les conditions initiale et finale du circuit, doit nécessairement être un simple terme logarithmique, ou d'approche graduelle. Des oscillations peuvent se produire seulement quand deux constantes accumulatrices d'énergie existant à la fois, comme la capacité et l'inductance, permettent un balancement de l'énergie d'une forme à l'autre.

17. — Des termes transitoires peuvent se produire d'une façon périodique avec une succession rapide, comme lorsque l'on redresse un courant alternatif par un mouvement synchronique des connexions entre la f. é. m. appliquée et le circuit récepteur ; ceci peut être produit mécaniquement ou bien sans appareil mobile au moyen de conducteurs particuliers, comme les arcs. A chaque demi-onde, le renversement du circuit détermine un terme transitoire, et généralement, ce terme n'a pas encore complètement disparu, fréquemment même n'a pas beaucoup décru, quand le renversement suivant détermine de nouveau un terme transitoire. Ces termes transitoires peuvent tellement prédominer que le courant est principalement constitué par une série de termes transitoires.

18. — Un condensateur étant chargé au travers d'une inductance, et shunté par un éclateur réglé pour une distance correspondant à une tension plus faible que le voltage appliqué, l'éclateur déchargera le condensateur dès que la charge de ce condensateur atteindra une certaine valeur, et ainsi se produira un terme de transition ; le condensateur se chargera à nouveau, puis se déchargera, et ainsi, par les charges et décharges du condensateur, se produira une série de termes transitoires, se présentant avec une fréquence dépendant des constantes du circuit ainsi que du rapport entre la tension disruptive de l'éclateur et la force électromotrice appliquée.

Un tel phénomène se produit, par exemple, lorsque dans un réseau de haut potentiel apparaît un point faible dans l'isolement d'un câble permettant le passage d'une décharge à la terre, ce qui constitue un éclateur en dérivation sur le condensateur formé par le conducteur du câble et son armature ou la terre.

19. — Dans la plupart des cas les phénomènes transitoires qui apparaissent dans les circuits immédiatement après une modification des conditions n'ont aucune importance à cause de leur courte durée. Ils nécessitent cependant une sérieuse considération :

a) Dans les cas où ils atteignent des valeurs excessives. Ainsi lorsque l'on relie un grand transformateur à un alternateur, la grande valeur du courant initial peut causer des dommages. En mettant en court-circuit un alternateur puissant, quoique son courant de court-circuit permanent ou stationnaire ne soit pas excessif et ne représente qu'une faible puissance, le courant de court-circuit momentané très intense peut surpasser la capacité du disjoncteur automatique et causer des dommages par sa puissance considérable. Dans une transmission à haute tension, les différences de potentiel produites par ces termes transitoires peuvent atteindre des valeurs si hautes au-dessus de la tension normale qu'elles causent des effets disruptifs.

b) La foudre, les décharges à haut potentiel, etc., sont dans leur nature des phénomènes essentiellement transitoires, généralement d'un caractère oscillant.

c) La production périodique de termes transitoires de caractère oscillant est un des procédés les plus employés pour produire des courants électriques de très haute fréquence, comme ceux qui sont employés dans la télégraphie sans fil, etc.

d) Dans un appareil redressant un courant alternatif, par inversion dans une partie d'un circuit à chaque demi-onde, la condition permanente du courant dans la portion alternative du circuit n'est généralement jamais atteinte, et les termes transitoires sont fréquemment d'importance primordiale.

e) En télégraphie, le courant dans l'appareil récepteur dépend essentiellement de termes transitoires ; dans un câble télégraphique à longue distance l'état permanent du courant n'est jamais approché, et la vitesse de transmission dépend de la durée des termes transitoires.

f) Des phénomènes de même caractère, mais avec l'espace au lieu du temps comme variable indépendante, se présentent avec la distribution du voltage et du courant dans les lignes de transmission à longue distance ; ainsi qu'avec les phénomènes qui se passent dans les parafoudres à intervalles multiples, la transmission des impulsions de courant en téléphonie, la distribution du courant alternatif dans un conducteur, comme le rail de retour d'un chemin de fer à traction monophasée, la distribution du flux alternatif dans une matière solide magnétique, etc.

Un certain nombre des formes les plus simples de termes transitoires sont étudiés et discutés dans les pages qui suivent.

CHAPITRE III

—

INDUCTANCE ET RÉSISTANCE DANS LES CIRCUITS A COURANT CONTINU

20. — Dans les circuits à courant continu l'inductance n'entre pas dans les équations d'état permanent ; si $e_0 = $ f. é. m. appliquée, $r = $ résistance, $L = $ inductance, la valeur permanente du courant est

$$i_0 = \frac{e_0}{r} \cdot$$

Aussi prend-on moins soin de réduire l'inductance en courant continu qu'en courant alternatif où l'inductance cause généralement une chute de tension. La règle en courant continu est plutôt d'avoir une haute inductance, spécialement si le circuit est employé pour produire un flux magnétique, comme dans les solénoïdes, électro-aimants, inducteurs de machines.

Toute modification de la condition du circuit à courant continu, comme une variation de f. é. m., de résistance, etc., qui conduit à un changement de courant d'une valeur i_0 à une valeur nouvelle i_1, donne apparition à un terme transitoire contenant l'inductance qui relie entre elles les valeurs i_0 et i_1 du courant.

Comptons le temps t à partir du moment où la variation de l'état du circuit a lieu ; appelons e_0 la f. é. m. appliquée, r la résistance, et désignons l'inductance par L.

$i_1 = \dfrac{e_0}{r} = $ courant en régime permanent ou stationnaire après le changement d'état du circuit.

Appelons i_0 le courant avant la modification, ainsi qu'au moment

$t = 0$; désignons par i le courant pendant la variation, la f. é. m. consommée par la résistance r est

$$ir,$$

et la f. é. m. consommée par l'inductance L est

$$L \frac{di}{dt}.$$

Donc

$$(1) \qquad e_0 = ir + L \frac{di}{dt}$$

ou, substituant

$$e_0 = i_1 r$$

et en transposant

$$(2) \qquad - \frac{r}{L} dt = \frac{di}{i - i_1}.$$

Cette équation se trouve intégrée par :

$$- \frac{r}{L} t = \log (i - i_1) - \log c$$

où $- \log c$ est la constante d'intégration ; il vient

$$i - i_1 = c \varepsilon^{-\frac{r}{L} t},$$

ε base des logarithmes népériens.

Mais pour

$$t = 0, \qquad i = i_0 ;$$

en substituant on trouve :

$$i_0 - i_1 = c,$$

donc :

$$(3) \qquad i = i_1 + (i_0 - i_1) \varepsilon^{-\frac{r}{L} t},$$

est l'équation du courant dans le circuit.

La force contre-électromotrice de self-inductance est

$$(4) \qquad e_1 = - L \frac{di}{dt} = r(i_0 - i_1) \varepsilon^{-\frac{r}{L} t},$$

qui est maximum pour $t = 0$:

$$(5) \qquad e^0 = r(i_0 - i_1).$$

La f. é. m. de self-inductance e_1 est proportionnelle à la modification du courant $(i_0 - i_1)$ et à la résistance r du circuit après la variation ; elle serait donc infinie pour $r = \infty$ ou quand on ouvre le circuit. Cela tient à ce qu'un circuit inductif ne peut être ouvert instantanément, mais qu'un arc suit l'interrupteur, maintenant le circuit fermé pendant un certain temps ; le voltage engendré en ouvrant un circuit inductif est d'autant plus élevé que la rupture est plus rapide. Ainsi dans un circuit très inductif, comme un électro-aimant ou un inducteur de machine, l'isolement peut être percé par suite de la création d'une f. é. m. excessive si l'on coupe rapidement le circuit.

Comme exemples, nous considérerons les cas typiques suivants :

21. Etablissement d'un courant continu sur un circuit de lumière, ou non inductif. — Soit $c_0 = 125$ volts = f. é. m. appliquée au circuit et $i_1 = 1000$ ampères = courant dans le circuit en régime permanent ; la résistance effective du circuit est donc

$$r = \frac{c_0}{i_1} = 0,125 \text{ ohm.}$$

Supposons 10 pour cent de perte dans les feeders et conducteurs, ou 12,5 volts ; cela donne une résistance $r_0 = 0,0125$ ohms pour les conducteurs d'alimentation. Dans un tel conducteur l'inductance peut être estimée à 10 mlh. par ohm ; donc $L = 0,125$ mlh. $= 0,000125$ henry.

Au moment où l'on ferme le circuit $i_0 = 0$, et l'équation générale du courant est ainsi, par substitution dans (3)

$$(6) \qquad i = 1000(1 - \varepsilon^{-1000t}).$$

Le temps au bout duquel le courant acquiert sa demi-valeur, ou $i = 500$ ampères, est donné par substitution dans (6)

$$500 = 1000(1 - \varepsilon^{1000t})$$

d'où

$$\varepsilon^{-1000t} = 0,5$$

et

$$t = 0,00069 \text{ seconde.}$$

Le temps au bout duquel le courant acquiert 90 pour cent de sa valeur complète, ou $i = 900$ ampères, est $t = 0,0023$ seconde, c'est-à-dire que le courant est établi dans le circuit dans un temps pratiquement inappréciable, une fraction de centième de seconde.

22. Excitation du champ d'un moteur. — Supposons dans un moteur à courant continu que la f. é. m. appliquée $e_0 = 250$ volts, et que le nombre de pôles soit 8.

Supposons que le flux magnétique par pôle soit $\Phi_0 = 12,5$ mégalignes et que les ampères-tours nécessaires par pôle pour produire ce flux magnétique soient $\mathcal{F} = 9000$.

Supposons encore que l'excitation du champ du moteur nécessite 1000 watts, cela donne un courant d'excitation

$$i_1 = \frac{1000}{250} = 4 \text{ ampères.}$$

De là, il résulte que la résistance totale du champ du moteur est :

$$r = \frac{e_0}{i_1} = 62,5 \text{ ohms.}$$

Pour produire $\mathcal{F} = 9000$ ampères-tours avec $i_1 = 4$ ampères, il faut $\frac{\mathcal{F}}{i_1} = 2250$ spires par bobine inductrice, ou un total de $n = 18000$ spires.

$n = 18000$ spires s'entrelaçant avec $\Phi_0 = 12,5$ mégalignes, donnent un flux total pour $i_1 = 4$ ampères de $n\Phi_0 = 225 \times 10^9$ ou $562,5 \times 10^9$ pour l'unité de courant, soit 10 ampères ; c'est-à-dire que l'inductance du circuit d'excitation du moteur est de $562,5$ henrys.

Les constantes du circuit sont ainsi $e_0 = 250$ volts ; $r = 62,5$ ohms ; $L = 562,5$ henrys et $i_0 = 0$ intensité de courant au temps $t = 0$.

Donc, par substitution dans (3), cela donne l'équation du courant d'excitation du moteur, soit :

$$(7) \qquad\qquad i = 4(1 - \varepsilon^{-0,1111t}).$$

L'excitation atteint sa demi-valeur au bout d'un temps $t = 6,23$

secondes, 90 pour cent de la pleine excitation, ou 3,6 ampères, au bout
d'un temps $t = 20,8$ secondes.

C'est-à-dire que l'excitation d'un tel moteur prend un temps très
appréciable, après la fermeture du circuit, pour atteindre sa pleine
valeur et qu'il soit sans danger de brancher l'induit.

Supposons maintenant qu'on remanie les inducteurs du moteur, ou
qu'on les connecte pour utiliser seulement une fraction, la moitié par
exemple, de la f. é. m. appliquée, le reste étant dissipé dans une
résistance non inductive. Ceci peut être fait en groupant les bobines
inductrices en deux dérivations.

Dans ce cas, la résistance et l'inductance du moteur sont réduites
au quart ; une résistance extérieure égale a dû être ajouté aux inducteurs pour utiliser la f. e. m. appliquée, et les constant d i circuit
sont alors : $c_0 = 250$ volts ; $r = 31,25$ ohms ; $L = 140,6$ henrys et
$i_0 = 0$.

L'équation du courant d'excitation, donnée par (3) est alors

$$(8) \qquad\qquad i = 8(1 - \varepsilon^{-0,2222t}),$$

c'est-à-dire que le courant s'élève plus rapidement. Il atteint la valeur
0,5 après $t = 3,11$ secondes, la valeur 0,9 après $t = 10,4$ secondes.

Un circuit inductif, comme le circuit d'excitation d'un moteur,
s'adapte plus rapidement aux changements du circuit lorsque l'on
insère une résistance en série et que l'on accroît la f. é. m. appliquée ;
c'est-à-dire que plus grande est la part de cette f. é. m. qui est consommée dans une résistance non inductive, plus rapide est la variation.

En séparant l'enroulement inducteur du moteur de la f. é. m. appliquée et en le mettant en court-circuit sur lui-même, ou en le laissant
fermé sur l'induit (la résistance et l'inductance de l'enroulement de
l'induit étant négligeables devant celles de l'enroulement inducteur)
on détermine une cessation du courant inducteur suivant une même
loi que l'établissement (formules 7 et 8) ; alors l'induit s'arrête et sa
f. é. m. de rotation disparaît. En général cet induit ne s'arrête pas
instantanément, mais il ralentit graduellement, sa force vive étant
dépensée par le frottement et les autres pertes ; pendant le temps qu'il
tourne encore, une f. é. m. de grandeur décroissante se trouve engendrée dans son enroulement ; cette f. é. m. se trouve appliquée à
l'inducteur.

La décharge de l'excitation d'un moteur à travers l'induit, après suppression de la puissance extérieure, conduit ainsi au cas d'un circuit inductif avec f. é. m. appliquée variable.

23. — Décharge de l'enroulement d'excitation d'un moteur.

— Supposons que dans le cas du moteur shunt considéré au paragraphe 22, l'induit arrive au repos $t_1 = 40$ secondes après que l'énergie d'alimentation se trouve supprimée, par la séparation du moteur et de la f. é. m. appliquée, l'inducteur étant toujours laissé en dérivation sur l'induit.

Le couple résistant qui amène le moteur au repos, étant supposé à peu près constant, le ralentissement du moteur est ainsi constant, c'est-à-dire que la vitesse du moteur décroît proportionnellement au temps.

Si alors S est la pleine vitesse, $S\left(1 - \dfrac{t}{t_1}\right)$ est la vitesse du moteur au temps t après suppression de la source d'énergie.

Supposons que le flux magnétique Φ du moteur soit approximativement proportionnel au courant d'excitation ; pour le courant d'excitation i le flux sera $\Phi = \dfrac{i}{i_1}\,\Phi_0$ où $\Phi_0 = 12,5$ mégalignes est le flux correspondant à la pleine excitation $i_1 = 4$ ampères.

La f. é. m. engendrée dans l'enroulement induit du moteur, et par cela appliquée à l'enroulement d'excitation est proportionnelle au flux magnétique Φ et à la vitesse $S\left(1 - \dfrac{t}{t_1}\right)$; puisque la pleine vitesse S et le plein flux Φ_0 engendrent une f. é. m., $e_0 = 250$ volts, la f. é. m. engendrée par le flux Φ et la vitesse $S\left(1 - \dfrac{t}{t_1}\right)$ sera, au temps t :

$$(9) \qquad e = e_0\,\frac{i}{i_1}\left(1 - \frac{t}{t_1}\right).$$

Comme

$$\frac{e_0}{i_1} = r$$

nous avons

$$(10) \qquad e = ir\left(1 - \frac{t}{t_1}\right);$$

ou, pour $r = 62,5$ ohms et $t_1 = 40$ secondes, nous aurons :

$$(11) \qquad c = 62,5 i (1 - 0,025 t).$$

Par substitution de cette équation (10) de la f. c. m. appliquée dans l'équation différentielle (1), on obtient l'équation du courant i, pendant la décharge du champ,

$$(12) \qquad ir \left(1 - \frac{t}{t_1} \right) = ir + L \frac{di}{dt},$$

d'où :

$$(13) \qquad - \frac{rtdt}{t_1 L} = \frac{di}{i},$$

qui est intégrée par :

$$- \frac{rt^2}{2t_1 L} = \log ci.$$

La constante d'intégration c est trouvée par :

$$t = 0, \qquad i = i_1, \qquad \log ci_1 = 0, \qquad c = \frac{1}{i_1},$$

d'où

$$(14) \qquad - \frac{rt^2}{2t_1 L} = \log \frac{i}{i_1},$$

ou bien,

$$(15) \qquad i = i_1 \varepsilon^{-\frac{rt^2}{2t_1 L}}.$$

Telle est l'équation du courant d'excitation pendant le temps que met le moteur à s'arrêter.

Au moment de l'arrêt de l'induit, ou pour $t = t_1$, il est

$$(16) \qquad i_2 = i_1 \varepsilon^{-\frac{rt_1}{2L}}.$$

C'est la même valeur que le courant atteindrait au bout du temps $t = \frac{t_1}{2}$ si l'induit restait immobile en permanence, sans production de f. é. m. de rotation.

La rotation de l'induit du moteur réduit ainsi le décroissement du courant d'excitation, qui requiert alors deux fois plus de temps pour atteindre la valeur i_2 que s'il n'y avait pas rotation.

Ces équations cessent de s'appliquer pour $t > t_1$, c'est-à-dire après l'arrêt de l'induit puisqu'elles sont basées sur l'équation de la vitesse $S\left(1 - \dfrac{t}{t_1}\right)$ qui s'applique seulement jusqu'à $t = t_1$; mais pour $t > t_1$, la vitesse est zéro et non pas négative, comme donnerait $S\left(1 - \dfrac{t}{t_1}\right)$.

C'est-à-dire, qu'au moment où $t = t_1$, une cassure se présente sur la courbe de décharge du champ; après cette époque, le courant i décroît d'accord avec l'équation (3) qui est :

$$(17) \qquad i = i_s \varepsilon^{-\frac{r}{L}(t - t_1)},$$

ou, en substituant dans (16)

$$(18) \qquad i = i_s \varepsilon^{-\frac{r}{L}\left(t - \frac{t_1}{2}\right)}.$$

En portant les valeurs numériques dans ces équations, on a pour $t < t_1$

$$(19) \qquad i = 4\varepsilon^{-0,001388 t^2}.$$

Pour $t = t_1 = 40$

$$(20) \qquad i = 0,436.$$

Pour $t > t_1$

$$(21) \qquad i = 4\varepsilon^{-0,1111 (t - 20)}.$$

Donc, le champ a baissé à la moitié de sa valeur initiale après $t = 22,15$ secondes, et à un dixième de sa valeur initiale après $t = 40,73$ secondes.

La figure 5 montre par la courbe I le courant de décharge d'un inducteur, calculé au moyen des équations (19), (20) et (21), et par la courbe II le courant calculé par l'équation :

$$i = 4\varepsilon^{-0,1111 t},$$

qu'on obtiendrait avec l'armature immobile, ou en mettant l'excitation en court-circuit sur elle-même sans l'assistance de la f. é. m. de rotation de l'induit.

La même figure 5 montre par la courbe III le commencement du courant de décharge d'un inducteur qui aurait $L = 4200$, correspondant au cas d'un circuit inducteur de beaucoup plus haute inductance ; l'équation de ce courant est :

$$i = 4\varepsilon^{-0,000185\,t^2}.$$

Le décroissement du champ d'excitation est très lent dans ce dernier cas ; la valeur moitié est atteinte en 47,5 secondes.

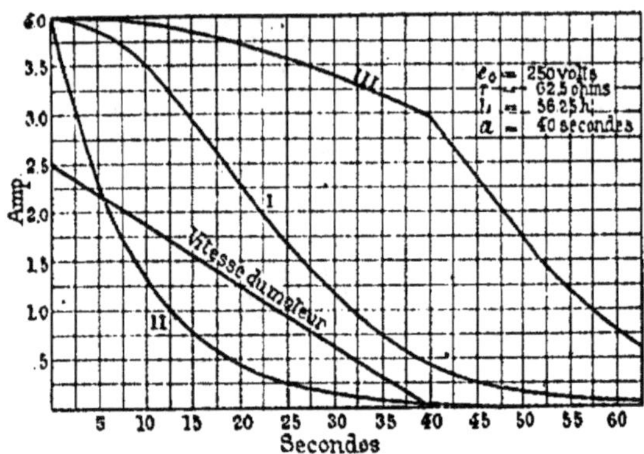

Fig. 5. — Courant de décharge d'un inducteur.

24. Auto-excitation d'un générateur de courant continu. — Dans ce qui précède l'inductance L de la machine a été supposée constante, c'est-à-dire qu'on a admis que le flux Φ est proportionnel au courant d'excitation i ; mais pour les hautes valeurs de Φ cela n'a pas généralement lieu. L'auto-excitation d'un générateur de courant continu, enroulé en shunt ou en série, c'est-à-dire la loi d'accroissement du voltage depuis la valeur donnée par le magnétisme résiduel jusqu'à la pleine valeur dépend de la non proportionnalité du flux au courant d'excitation. Quand on considère ce phénomène, on ne peut plus supposer l'inductance constante.

Quand on étudie des circuits dans lesquels l'inductance L n'est pas constante, mais varie avec le courant, il est préférable de ne pas employer du tout le terme « inductance », mais d'introduire le flux magnétique Φ.

Le flux magnétique Φ varie avec le courant magnétisant i suivant une courbe empirique : la caractéristique magnétique ou courbe de saturation de la machine. Cette courbe peut être approximativement représentée, avec la précision que nous désirons, par une courbe parabolique, comme cela a été montré pour la première fois par Fröhlich en 1882 :

$$(22) \qquad \Phi = \frac{\varphi i}{1 + bi}$$

où φ est le flux magnétique par ampère, en mégalignes, pour les faibles inductions.

$\dfrac{\varphi}{b}$ = valeur de saturation magnétique, ou flux magnétique maximum, en mégalignes, et

$$(23) \qquad \frac{i}{\Phi} = \frac{1 + bi}{\varphi}$$

peut être considéré comme donnant la réluctance du circuit magnétique de la machine, laquelle apparaît ici comme une fonction linéaire du courant d'excitation i.

Considérons la même machine que dans (12) et (13) excitée en dérivation, ayant les constantes $r = 62{,}5$ ohms = résistance des inducteurs ; $\Phi_0 = 12{,}5$ mégalignes = flux magnétique par pôle pour la f. m. m. normale ; $\mathcal{F} = 9\,000$ ampère-tours = f. m. m. normale par pôle ; $n = 18\,000$ spires = nombre total de spires des inducteurs (spires par pôle $= \dfrac{18\,000}{8} = 2\,250$), et $i_1 = 4$ ampères = courant de pleine excitation donnant le flux $\Phi_0 = 12{,}5$ mégalignes.

Supposons qu'à pleine excitation Φ_0, la réluctance magnétique se trouve déjà accrue de 50 pour cent au-dessus de sa valeur initiale, c'est-à-dire que le rapport $\dfrac{\text{ampère-tours}}{\text{flux magnétique}}$, ou $\dfrac{i}{\Phi}$, pour $\Phi = \Phi_0 = 12{,}5$ mégalignes et $i = i_1 = 4$ ampères, soit 50 pour cent plus élevé qu'à faible excitation ; il s'ensuit que :

$$(24) \qquad \left\{ \begin{array}{l} \text{ou} \quad 1 + bi_1 = 1{,}5 \\[2mm] \qquad\quad b = 0{,}125. \end{array} \right.$$

Puisque $i = i_1 = 4$ produit $\Phi = \Phi_0 = 12{,}5$ il en résulte, d'après (22) et (24)

$$\varphi = 4{,}69.$$

C'est-à-dire que la caractéristique (22) de la machine est approximativement :

$$(25) \qquad \Phi = \frac{4,69\,i}{1 + 0,125\,i}.$$

Posons maintenant $e_c =$ f. é. m. engendrée par la rotation de l'induit par mégaligne de flux inducteur.

Cette f. é. m. e_c est proportionnelle à la vitesse, et dépend des constantes de la machine. A la vitesse supposée en (22) et (23), $\Phi_0 = 12,5$ mégalignes, $e_0 = 250$ volts, donc

$$e_c = \frac{e_0}{\Phi_0} = 20 \text{ volts.}$$

La f. é. m. développée dans l'induit par rotation dans le flux magnétique est ainsi

$$e = e_c \Phi = 20\,\Phi\,;$$

la f. é. m. employée par la résistance r est

$$ir = 62,5\,i\,;$$

la f. é. m. consommée par l'inductance des inducteurs, c'est-à-dire engendrée dans les bobines inductrices par l'augmentation du flux magnétique Φ est

$$n\,\frac{d\Phi}{dt}\,10^{-2} = 180\,\frac{d\Phi}{dt}$$

(Φ étant donné en mégalignes).

L'équation différentielle du circuit d'excitation est donc d'après (1);

$$(26) \qquad e_c \Phi = ir + \frac{n}{100}\,\frac{d\Phi}{dt}.$$

Puisque cette équation contient la dérivée de Φ, il est plus commode de prendre Φ et non i comme variable dépendante ; alors par substitution de la valeur de i, d'après la formule (22) :

$$(27) \qquad i = \frac{\Phi}{\varphi - b\Phi}.$$

on a :

$$(28) \qquad e_c \Phi = \frac{\Phi r}{\varphi - b\Phi} + \frac{n}{100}\,\frac{d\Phi}{dt}.$$

ou en transposant :

$$(29) \qquad \frac{100\, dt}{n} = \frac{(\varphi - b\Phi)\, d\Phi}{\Phi \left\{ (\varphi e_c - r) - b e_c \Phi \right\}}.$$

Cette équation s'intègre, par partage en deux fractions d'après l'identité :

$$(30) \qquad \frac{\varphi - b\Phi}{\Phi \left\{ (\varphi e_c - r) - b e_c \Phi \right\}} = \frac{A}{\Phi} + \frac{B}{\varphi e_c - r - b e_c \Phi}$$

ou, en résolvant :

$$\varphi - b\Phi = A(\varphi e_c - r) - (A b e_c \Phi - B\Phi) ;$$

avec :

$$(31) \qquad \begin{cases} A = \dfrac{\varphi}{\varphi e_c - r} \\[2ex] B = \dfrac{br}{\varphi e_c - r} \end{cases}$$

d'où :

$$(32) \qquad \frac{100\, dt}{n} = \frac{\varphi\, d\Phi}{(\varphi e_c - r)\Phi} + \frac{br\, d\Phi}{(\varphi e_c - r)(\varphi e_c - r - b e_c \Phi)}.$$

Cette équation a pour intégrale la fonction logarithmique :

$$(33) \quad \frac{100\, t}{n} = \frac{\varphi}{\varphi e_c - r} \log \Phi - \frac{r}{e_c(\varphi e_c - r)} \log (\varphi e_c - r - b e_c \Phi) + C,$$

La constante d'intégration C se calcule au moyen du flux résiduel de la machine, c'est-à-dire le magnétisme rémanent des pôles au moment du départ de l'excitation.

Supposons qu'au temps $t = 0$, $\Phi = \Phi_r = 0,5$ mégalignes $=$ magnétisme résiduel, et substituons dans (33)

$$0 = \frac{\varphi}{\varphi e_c - r} \log \Phi_r - \frac{r}{e_c(\varphi e_c - r)} \log (\varphi e_c - r - b e_c \Phi_r) + C$$

de là nous calculons C, et en reportant dans (33) cela donne :

$$(34) \quad \frac{100\, t}{n} = \frac{\varphi}{\varphi e_c - r} \log \frac{\Phi}{\Phi_r} - \frac{r}{e_c(\varphi e_c - r)} \log \frac{\varphi e_c - r - b e_c \Phi}{\varphi e_c - r - b e_c \Phi_r},$$

ou

$$(35) \quad t = \frac{n}{100\, e_c(\varphi e_c - r)} \left\{ \varphi e_c \log \frac{\Phi}{\Phi_r} - r \log \frac{\varphi e_c - r - b e_c \Phi}{\varphi e_c - r - b e_c \Phi_r} \right\}$$

En substituant

$$e = e_c \Phi$$

et

$$e_m = e_c \Phi_r,$$

où $e_m =$ f. é. m. engendrée dans l'induit par la rotation dans le flux magnétique résiduel :

$$(36) \quad t = \frac{n}{100 e_c(\varphi e_c - r)} \left\{ \varphi e_c \, \log \frac{e}{e_m} - r \, \log \frac{\varphi e_c - r - b e}{\varphi e_c - r - b e_m} \right\},$$

Ceci est donc l'équation de relation entre e et t, celle qui représente l'amorçage d'un générateur de courant continu à partir de la valeur résiduelle de la f. é. m., la vitesse étant constante.

En portant les valeurs numériques $n = 18000$ tours, $\varphi = 4,69$ mégalignes ; $b = 0,125$; $e_c = 20$ volts ; $r = 62,5$ ohms ; $\Phi_r = 0,5$ mégaligne, et $e_m = 10$ volts, nous avons :

$$(37) \quad t = 26,8 \log \Phi - 17,9 \log (31,25 - 2,5 \, \Phi) + 79,6$$

et

$$(38) \quad t = 26,8 \log e - 17,9 \log (31,25 - 0,125 \, e) - 0,8$$

La figure 6 montre la f. é. m. en fonction du temps t. Comme on le voit, dans les conditions supposées ici, plusieurs minutes doivent

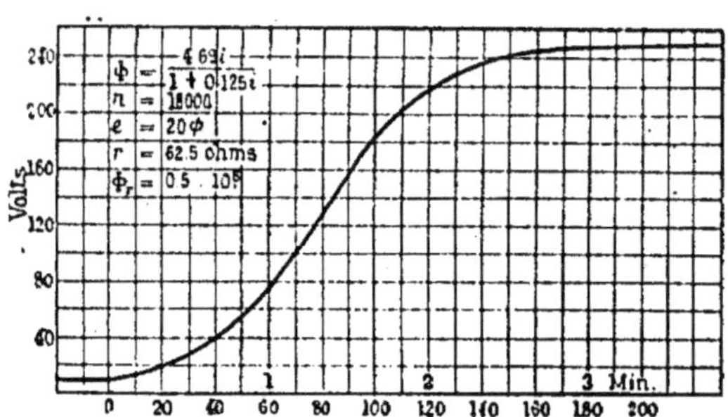

Fig. 6. — Courbe d'amorçage d'un générateur excité en dérivation.

s'écouler avant que la f. é. m. de la machine monte approximative-ment jusqu'à sa pleine valeur

Le phénomène d'auto-excitation des générateurs excités en dériva-tion est ainsi un phénomène transitoire qui peut avoir une très longue durée..

Des équations (35) et (36) il résulte que

$$(39) \qquad e = \frac{\varphi e_c - r}{b} = 250 \text{ volts}$$

est la f. é. m. atteinte par la machine pour $t = \infty$, c'est-à-dire en régime permanent.

Pour que la machine soit auto-excitatrice, la condition

$$(40) \qquad \varphi e_c - r > 0$$

doit être satisfaite, c'est-à-dire que la résistance de l'enroulement inducteur doit être

$$(41) \qquad \left. \begin{array}{l} r < \varphi e_c, \\[1em] r < 93{,}8 \text{ ohms}, \end{array} \right\} \text{ou}$$

Inversement, e_c qui est proportionnel à la vitesse doit être

$$(42) \qquad \left. \begin{array}{l} e_c > \dfrac{r}{\varphi} \\[1em] e_c > 13{,}3 \text{ volts}. \end{array} \right\} \text{ou}$$

Le temps demandé par la machine pour s'exciter décroît quand e_c augmente, c'est-à-dire quand on augmente la vitesse ; ce temps croît en même temps que r, résistance du circuit d'excitation.

25. — Auto-excitation d'une machine à courant continu excitée en série. — Le phénomène d'auto-excitation d'une machine série, comme un moteur de traction, a de l'intérêt, puisque lorsque ce moteur est employé comme frein en fermant son circuit sur une résistance, l'utilité de cette opération dépend de la rapidité d'amorçage de la machine comme générateur.

Supposons un moteur de traction à 4 pôles, établi pour $e = 600$ volts et $i_1 = 200$ ampères ; pour le courant $i = i_1 = 200$ ampères, le flux magnétique par pôle est $\Phi_0 = 10$ mégalignes et 8000 ampères-tours par pôle sont nécessaires pour produire ce flux.

Cela donne 40 tours d'excitation par pôle, ou un total de $n = 160$ spires.

Estimons à 8 % les pertes dans les conducteurs des inducteurs et de l'induit à 200 ampères ; cela nous donne pour résistance des circuits du moteur $r_0 = 0{,}24$ ohm.

Pour limiter le courant à la valeur de pleine charge $i_1 = 200$ ampères lorsque la machine produira $e_0 = 600$ volts, il sera nécessaire de donner au circuit une résistance totale de

$$r = 3 \text{ ohms}$$

ou une résistance extérieure de 2,76 ohms.

600 volts étant produits par 10 mégalignes, on a :

$$e_c = 60 \text{ volts par mégaligne par pôle.}$$

Comme dans les moteurs de traction le flux magnétique à forte charge est poussé à de hautes valeurs de saturation, pour $i_1 = 200$ ampères, la réluctance magnétique du champ du moteur peut-être supposée égale à trois fois la valeur qu'elle a pour les faibles inductions, ce qui donne dans l'équation (22)

$$1 + bi_1 = 3$$

ou

$$b = 0,01$$

et puisque pour $i = 200$, $\Phi = 10$ nous avons dans (22)

$$\varphi = 0,15 ;$$

et alors

$$(43) \qquad \Phi = \frac{0,15\, i}{1 + 0,01\, i}$$

représente la caractéristique magnétique de la machine.

Supposons un magnétisme résiduel de 10 pour cent, ou $\Phi_r = 1$ mégaligne, d'où $e_m = e_c\, \Phi_r = 60$ volts ; en substituant dans l'équation (36), on a avec $n = 160$ spires ; $\varphi = 0,15$ mégaligne ; $b = 0,01$; $e_c = 60$ volts ; $r = 3$ ohms ; $\Phi_r = 1$ mégaligne et $e_m = 60$ volts :

$$(44) \qquad t = 0,04 \log e - 0,01333 \log (600 - e) - 0,080$$

Cela donne pour $e = 300$, ou demi-excitation, $t = 0,072$ seconde ; et pour $e = 540$ ou 9/10 d'excitation, $t = 0,117$ seconde ; c'est-à-dire que le moteur s'excite de lui-même comme générateur en série d'une façon pratiquement instantanée, ou en une faible fraction de seconde.

La plus faible valeur de e_c pour laquelle l'auto-excitation peut encore avoir lieu est donnée par l'équation (42) comme

$$e_c = \frac{r}{\varphi} = 20$$

ce qui correspond au tiers de la vitesse de pleine charge.

Si le moteur série, avec son induit et ses inducteurs connectés entre eux pour la marche en génératrice — c'est-à-dire d'une manière inverse de celle qui existe pour la marche en moteur — est mis en court circuit sur lui-même,

$$r = 0{,}24 \text{ ohm}$$

nous avons

$$(45) \qquad t = 0{,}0274 \log e - 0{,}00073 \log (876 - e) - 0{,}1075;$$

l'amorçage est alors pratiquement instantané car $e = 300$ volts est atteint au bout de $t = 0{,}044$ seconde.

Puisque pour $e = 300$ volts, le courant $i = \frac{e}{r} = 1\,250$ ampères, la puissance est $p = ei = 375$ kw, c'est-à-dire qu'un moteur série mis en court cicuit — avec la connexion correspondant à la marche en générateur — s'arrête immédiatement.

Ce moteur série mis en court-circuit sur lui-même avec $r = 0{,}24$, s'amorce pour $e_c = \frac{r}{\varphi} = 1{,}6$; puisqu'à la vitesse de pleine charge on a $e_s = 60$, $e_c = 1{,}6$ correspond à $2{,}67$ pour cent de la vitesse de pleine charge; c'est-à-dire que le moteur s'amorce et agit comme frein à partir de $2{,}67$ pour cent de la pleine vitesse.

On doit considérer, cependant, que l'équation parabolique (22) est seulement une approximation de la caractéristique magnétique, et que les résultats basés sur cette équation sont par conséquent approximatifs aussi.

Un des plus importants phénomènes transitoires du courant continu est le renversement du courant dans les bobines d'un induit mises en court circuit par les balais. A ce propos voir « Theoretical Elements of Electrical Engineering » IIe Partie, section B.

$$\text{CHAPITRE IV}$$

—

INDUCTANCE ET RÉSISTANCE DANS LES CIRCUITS A COURANT ALTERNATIF

26. — Dans les circuits à courant alternatif, l'inductance L, ou comme on l'emploie généralement, la réactance $x = 2\pi f \text{L}$, où f est la fréquence, entre dans l'expression du terme transitoire aussi bien que dans celle du terme permanent.

Au moment $\theta = 0$, supposons la f. é. m. $e = \text{E} \cos(\theta - \theta_0)$ appliquée à un circuit de résistance r et d'inductance L, soit de réactance inductive $x = 2\pi f \text{L}$; comptons le temps $\theta = 2\pi f t$ à partir du moment de la fermeture du circuit; θ_0 est la phase de la f. é. m. appliquée à cet instant zéro.

Dans ce cas la f. é. m. employée par la résistance $= ir$, où $i =$ valeur instantanée du courant.

La f. é. m. consommée par l'inductance L est proportionnelle à L et au taux de variation du courant $\dfrac{di}{dt}$, soit $\text{L}\dfrac{di}{dt}$; en substituant $\theta = 2\pi f t$, $x = 2\pi f \text{L}$, la f. é. m. consommée par l'inductance est $x\dfrac{di}{d\theta}$.

Puisque $e = \text{E} \cos(\theta - \theta_0) = $ f. é. m. appliquée,

$$(1) \qquad \text{E} \cos(\theta - \theta_0) = ir + x\frac{di}{d\theta}$$

est l'équation différentielle du problème.

Cette équation est intégrée par la fonction

$$(2) \qquad i = \text{I} \cos(\theta - \delta) + \text{A}\varepsilon^{-a\theta}.$$

où ε = base des logarithmes naturels $= 2,7183$.

En substituant (2) dans (1),

$$E \cos (\theta - \theta_0) = Ir \cos (\theta - \delta) + A r \varepsilon^{-a\theta} - Ix \sin (\theta - \delta) - Aax\varepsilon^{-a\theta}$$

ou

$$(E \cos \theta_0 - Ir \cos \delta - Ix \sin \delta) \cos \theta + (E \sin \theta_0 - Ir \sin \delta$$
$$+ Ix \cos \delta) \sin \theta - A\varepsilon^{-a\theta} (ax - r) = 0.$$

Puisque cette équation doit être satisfaite pour toute valeur de θ, si (2) est l'intégrale de (1), les coefficients de $\cos \theta$, $\sin \theta$, $\varepsilon^{-a\theta}$ doivent s'évanouir séparément.

Donc :

$$(3) \quad \begin{cases} E \cos \theta_0 - Ir \cos \delta - Ix \sin \delta = 0 \\ E \sin \theta_0 - Ir \sin \delta + Ix \cos \delta = 0 \\ \text{et} \qquad\qquad ax - r = 0. \end{cases}$$

De là il résulte que

$$(4) \qquad a = \frac{r}{x}$$

En substituant dans (3) :

$$(5) \quad \begin{cases} & tg\ \theta_1 = \dfrac{x}{r} \\ \text{et} \\ & z = \sqrt{r^2 + x^2} \end{cases}$$

où θ_1 l'angle de décalage et z = l'impédance du circuit ; nous avons :

$$\begin{cases} & E \cos \theta_0 - Iz \cos (\delta - \theta_1) = 0 \\ \text{et} \\ & E \sin \theta_0 - Iz \sin (\delta - \theta_1) = 0 \end{cases}$$

de là :

$$(6) \quad \begin{cases} & I = \dfrac{E}{z} \\ \text{et} \\ & \delta = \theta_0 + \theta_1. \end{cases}$$

Donc, après substitution de (4) et (6) dans (2), l'équation intégrale devient

$$(7) \qquad i = \frac{E}{z} \cos (\theta - \theta_0 - \theta_1) + A\varepsilon^{-\frac{r}{x}\theta}$$

dans laquelle A est jusqu'à présent indéterminé ; il peut se déterminer par les conditions initiales du circuit, comme suit :

Pour

$$0 = 0 \qquad i = 0,$$

donc en substituant dans (7)

$$0 = \frac{E}{z} \cos(\theta_0 + \theta_1) + A$$

ou

$$(8) \qquad A = -\frac{E}{z} \cos(\theta_0 + \theta_1)$$

et en substituant dans (7)

$$(9) \qquad i = \frac{E}{z} \left\{ \cos(\theta - \theta_0 - \theta_1) - \varepsilon^{-\frac{r}{x}\theta} \cos(\theta_0 + \theta_1) \right\}$$

est l'expression générale du courant dans le circuit.

Si au moment du départ le courant n'est pas zéro, mais i_0, nous avons, en substituant dans (1)

$$i_0 = \frac{E}{z} \cos(\theta_0 + \theta_1) + A,$$

$$A = i_0 - \frac{E}{z} \cos(\theta_0 + \theta_1)$$

$$(10) \qquad i = \frac{E}{z} \left\{ \cos(\theta - \theta_0 - \theta_1) - \left(\cos(\theta_0 + \theta_1) - \frac{i_0 z}{E} \right) \varepsilon^{-\frac{r}{x}\theta} \right\}.$$

27. — L'équation du courant (9) contient un terme permanent $\frac{E}{z} \cos(\theta - \theta_0 - \theta_1)$, qui est généralement considéré seul, et un terme transitoire $\frac{E}{z} \varepsilon^{-\frac{r}{x}\theta} \cos(\theta_0 + \theta_1)$.

Une plus grande résistance r, ainsi qu'une plus petite réactance x, font disparaître plus rapidement le terme $\frac{E}{z} \varepsilon^{-\frac{r}{x}\theta} \cos(\theta_0 + \theta_1)$.

Le terme transitoire est maximum si le circuit est fermé au moment $\theta_0 = -\theta_1$, c'est-à-dire à l'instant pour lequel la valeur permanente du courant $\frac{E}{z} \cos(\theta - \theta_0 - \theta_1)$ serait maximum ; ce maximum de terme transitoire est

$$\frac{E}{z} \varepsilon^{-\frac{r}{x}\theta}.$$

Le terme transitoire disparaît si le circuit est fermé au temps $\theta_0 = 90° - \theta_1$, c'est-à-dire au moment où le terme permanent aurait une valeur nulle.

Par exemple sur la figure 7 on montre le départ du courant avec

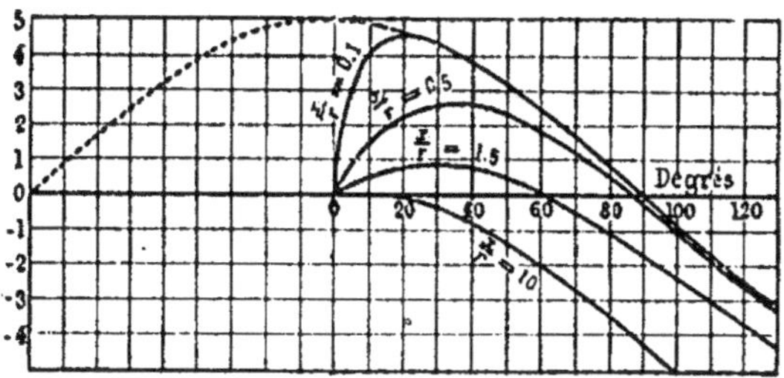

Fig. 7. — Départ du courant dans un circuit inductif.

les conditions de terme transitoire maximum ou $\theta_0 = -\theta_1$, dans un circuit ayant les constantes suivantes : $\frac{x}{r} = 0,1$ correspondant approximativement à un circuit d'éclairage, avec un courant atteignant la valeur de régime en une petite fraction de seconde ; $\frac{x}{r} = 0,5$ correspondant au démarrage d'un démarrage d'un moteur d'induction avec rhéostat dans le secondaire ; $\frac{x}{r} = 1,5$ correspondant à un transformateur à vide ou au démarrage d'un moteur d'induction avec secondaire en court circuit, et $\frac{x}{r} = 10$ correspondant à une bobine de réaction. La valeur permanente du courant est indiquée en pointillé.

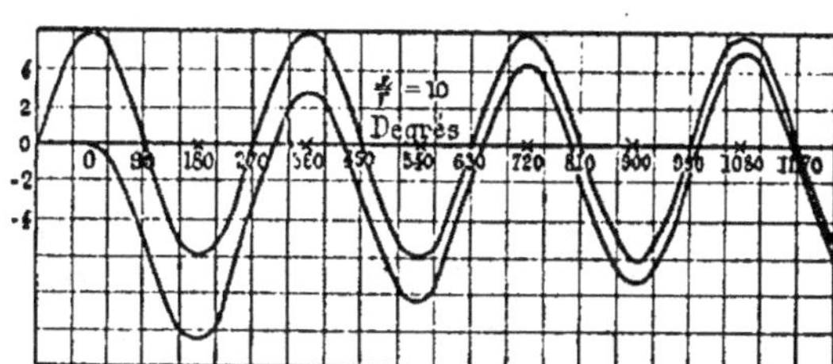

Fig 8. — Départ du courant dans un circuit inductif.

Dans ce dernier cas $\frac{x}{r} = 10$, une série d'ondes successives sont dessinées sur la figure 8, montrant l'approche graduelle du régime permanent.

La figure 9 montre, pour le circuit $\frac{x}{r} = 1{,}5$, la forme du courant lorsque l'on ferme le courant $0°$, $30°$, $60°$, $90°$, $120°$, $150°$ après la valeur zéro du courant permanent.

28. — Au lieu de considérer, ainsi que sur la figure 9, l'onde du

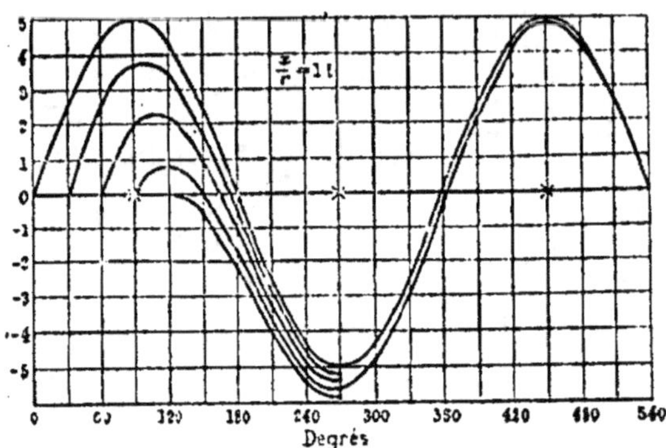

Fig. 9. — Départ du courant dans un circuit inductif.

courant comme résultant de la superposition du terme permanent $I \cos(\theta - \theta_0 - \theta_1)$ et du terme transitoire $-I \varepsilon^{-\frac{r}{x}\theta} \cos(\theta_0 + \theta_1)$, l'onde du courant peut être directement représentée par le terme permanent $I \cos(\theta - \theta_0 - \theta_1)$; la ligne zéro du diagramme doit alors être décalée exponentiellement jusqu'à la courbe $I\varepsilon^{-\frac{r}{x}\theta} \cos(\theta_0 + \theta_1)$ (*fig.* 10).

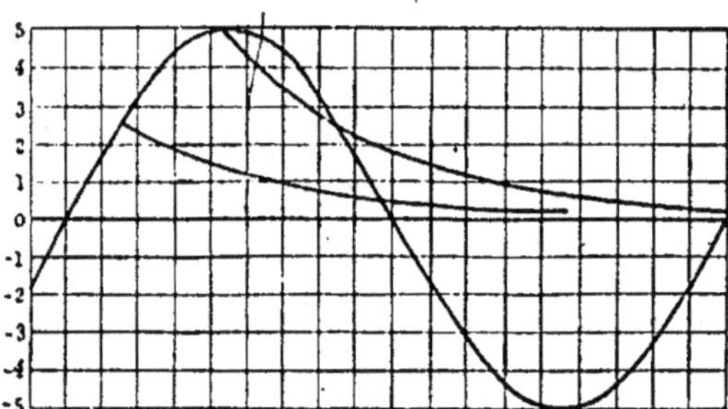

Fig. 10. — Onde de courant représentée directement.

Ainsi, les valeurs instantanées du courant sont les distances verticales entre la sinusoïde $I \cos(\theta - \theta_0 - \theta_1)$ et la courbe exponentielle

$I\varepsilon^{-\frac{r}{x}\theta}\cos(\theta_0 + \theta_1)$, laquelle part de la valeur que le courant permanent aurait au moment de la fermeture du circuit.

En coordonnées polaires, dans ce cas, $I\cos(\theta - \theta_0 - \theta_1)$ est un cercle et $I\varepsilon^{-\frac{r}{x}\theta}\cos(\theta_0 + \theta_1)$ est une spirale logarithmique ou loxodromique.

En règle générale, le terme transitoire des circuits à courant alternatif contenant résistance et inductance n'a d'importance qu'en présence de fer quand l'hystérésis et la saturation magnétique compliquent le phénomène. Il en est de même dans les circuits où ont lieu des changements de direction revenant périodiquement comme dans les redresseurs.

Plusieurs de ces cas seront examinés dans les chapitres qui suivent.

CHAPITRE V

—

RÉSISTANCE, INDUCTANCE ET CAPACITÉ EN SÉRIE
CHARGE ET DÉCHARGE D'UN CONDENSATEUR

29. — Si une f. é. m. continue est appliquée à un circuit contenant résistance, inductance et capacité en série, l'état permanent du circuit est zéro courant, $i = 0$, et la différence de potentiel au condensateur égale la f. é. m. appliquée $e_1 = e$; il n'y a aucun courant permanent, mais seulement les courants transitoires de charge et de décharge du condensateur.

La capacité C d'un condensateur est définie par l'équation

$$i = C \frac{de}{dt}$$

c'est-à-dire : le courant dans un condensateur est proportionnel à l'accroissement de f. é. m. et à la capacité.

Par conséquent

$$de = \frac{1}{C} i dt$$

et

$$(1) \qquad e = \frac{1}{C} \int i dt$$

est la différence de potentiel entre armatures du condensateur de capacité C avec le courant i dans le circuit.

Posons, dans un circuit contenant résistance, inductance et capacité en série : $e =$ f. é. m. appliquée, qu'elle soit continue, alternative, pulsatoire, etc., i = courant dans le circuit au temps t ; r = résistance ; L = inductance, et C = capacité ; alors la f. é. m. consommée par la résistance est ri ; la f. é. m. consommée par l'inductance L est $L \frac{di}{dt}$, et la f. é. m. consommée par la capacité $e = \frac{1}{C} \int i dt$.

Par conséquent la f. é. m. appliquée est :

$$(2) \qquad e = ri + L \frac{di}{dt} + \frac{1}{C} \int i dt.$$

De là la différence de potentiel entre armatures du condensateur :

$$(3) \qquad e_1 = \frac{1}{C} \int i dt = e - ri - L \frac{di}{dt},$$

Par différentiation de l'équation (2) on a :

$$(4) \qquad L \frac{d^2 i}{dt^2} + r \frac{di}{dt} + \frac{1}{C} i = \frac{de}{dt}$$

qui est l'équation générale d'un circuit contenant résistance, inductance et capacité en série.

30. — Si la f. é. m. appliquée est constante,

$$e = \text{constante}$$

alors

$$\frac{de}{dt} = 0$$

et l'équation (4) prend la forme, dans un circuit à courant continu :

$$(5) \qquad L \frac{d^2 i}{dt^2} + r \frac{di}{dt} + \frac{1}{C} i = 0.$$

Cette équation est une relation linéaire entre la variable dépendante i et ses dérivées, et peut ainsi être intégrée par une fonction exponentielle de la forme générale.

$$(6) \qquad i = A \varepsilon^{-at},$$

Cette fonction comprend aussi les fonctions trigonométriques sinus et cosinus, qui sont des fonctions exponentielles avec exposant a imaginaire.

En substituant (6) dans (5) on a :

$$\left(a^2 L - ar + \frac{1}{C}\right) A\varepsilon^{-at} = 0;$$

ceci doit être une identité quelle que soit la valeur de t pour que (6) soit l'intégrale de (5) ; donc

$$(7) \qquad a^2 L - ar + \frac{1}{C} = 0.$$

A est toujours indéterminé ; on le détermine par les conditions extrêmes du problème.

De (7) il vient :

$$(8) \qquad a = \frac{r \pm \sqrt{r^2 - \frac{4L}{C}}}{2L}$$

qui a deux racines

$$(9) \qquad \begin{cases} a_1 = \dfrac{r - s}{2L} \\[2mm] a_2 = \dfrac{r + s}{2L} \end{cases}$$

dans lesquelles

$$(10) \qquad s = \sqrt{r^2 - \frac{4L}{C}}.$$

Puisqu'il y a deux racines a_1 et a_2, l'une quelconque des deux expressions (6) avec $\varepsilon^{-a_1 t}$ et $\varepsilon^{-a_2 t}$ et aussi toute combinaison de ces deux expressions satisfait l'équation différentielle (5).

L'intégrale générale, ou solution de l'équation différentielle (5) est donc :

$$(11) \qquad i = A_1 \varepsilon^{-\frac{r-s}{2L}t} + A_2 \varepsilon^{-\frac{r+s}{2L}t}.$$

La substitution de (11) et (9) dans l'équation (3) donne la différence de potentiel entre armatures :

$$(12) \qquad c_1 = e - \left\{ \frac{r+s}{2} A_1 \varepsilon^{-\frac{r-s}{2L}t} + \frac{r-s}{2} A_2 \varepsilon^{-\frac{r+s}{2L}t} \right\}.$$

31. Les équations (11) et (12) contiennent deux constantes indéterminées Λ_1 et Λ_2, qui sont les constantes d'intégration de l'équation différentielle du second ordre (5) ; on les détermine par les conditions extrêmes, le courant et la différence de potentiel du condensateur au temps $t = 0$.

Inversement, puisque dans un circuit contenant inductance et capacité, deux quantités électriques doivent être données au moment où commence le phénomène : le courant et la différence de potentiel au condensateur — représentant les valeurs de l'énergie accumulée au moment $t = 0$ sous les deux formes électromagnétique et électrostatique — les équations doivent conduire à deux constantes d'intégration, soit à une équation différentielle du second ordre.

Soit $i = i_0 =$ courant et $e_1 = e_0 =$ différence de potentiel entre armatures du condensateur à l'instant $t = 0$; en substituant en (11) et (12)

$$i_0 = \Lambda_1 + \Lambda_2$$

et

$$e_0 = e - \frac{r + s}{2} \Lambda_1 - \frac{r - s}{2} \Lambda_2$$

donc

$$(13) \quad \begin{cases} \Lambda_1 = - \dfrac{e_0 - e + \dfrac{r - s}{2} i_0}{s} \\[4mm] \Lambda_2 = + \dfrac{e_0 - e + \dfrac{r + s}{2} i_0}{s} \end{cases}$$

et delà, en substituant en (11) et (12), le *courant* est

$$(14) \quad i = \frac{e_0 - e + \dfrac{r + s}{2} i_0}{s} \varepsilon^{-\frac{r+s}{2L}t} - \frac{e_0 - e + \dfrac{r - s}{2} i_0}{s} \varepsilon^{-\frac{r-s}{2L}t} .$$

Le *potentiel du condensateur* est :

$$(15) \quad e_1 = e - \frac{1}{2} \left\{ (r - s) \frac{e_0 - e + \dfrac{r + s}{2} i_0}{s} \varepsilon^{-\frac{r+s}{2L}t} - (r + s) \frac{e_0 - e + \dfrac{r - s}{2} i_0}{s} \varepsilon^{-\frac{r-s}{2L}t} \right.$$

Pour un condensateur non chargé, ou $i_0 = 0$, $e_0 = 0$ nous avons

$$A_1 = + \frac{e}{s}$$

et

$$A_2 = - \frac{e}{s} = - A_1 ;$$

en substituant en (11) et (12) nous avons le *courant de charge* :

$$(16) \qquad i = \frac{e}{s} \left\{ \varepsilon^{-\frac{r-s}{2L}t} - \varepsilon^{-\frac{r+s}{2L}t} \right\}.$$

Le *potentiel du condensateur* est

$$(17) \qquad e_1 = e \left\{ 1 - \frac{1}{2s} \left[(r+s)\, \varepsilon^{-\frac{r-s}{2L}t} - (r-s)\, \varepsilon^{-\frac{r+s}{2L}t} \right] \right\}.$$

Pour une décharge de condensateur ou $i_0 = 0$, $e = e_0$ nous avons

$$A_1 = - \frac{e_0}{s}$$

$$A_2 = + \frac{e_0}{s} = - A_1 ;$$

donc le *courant de décharge* est

$$(18) \qquad i = - \frac{e_0}{s} \left\{ \varepsilon^{-\frac{r-s}{2L}t} - \varepsilon^{-\frac{r+s}{2L}t} \right\}.$$

Le *potentiel du condensateur* est

$$(19) \qquad e_1 = \frac{e_0}{2s} \left\{ (r+s)\, \varepsilon^{-\frac{r-s}{2L}t} - (r-s)\, \varepsilon^{-\frac{r+s}{2L}t} \right\}$$

c'est-à-dire que dans la charge et la décharge du condensateur les courants sont les mêmes, mais de direction opposée, et le potentiel du condensateur croît dans un cas de la même manière qu'il décroît dans l'autre.

32. — La figure 11 montre un exemple de la charge d'un condensateur de C = 10 m.c.f. de capacité par une f. é. m. de $e = 1000$ volts à travers un circuit de $r = 250$ ohms de résistance et de $L = 100$ m.l.h. d'inductance ; de là $s = 150$ ohms, et le courant de charge est

$$i = 0,667 \left\{ \varepsilon^{-500t} - \varepsilon^{-2000t} \right\} \text{ ampères.}$$

Le potentiel du condensateur est :

$$e_1 = 1000 \left\{ 1 - 1,333\, \varepsilon^{-500t} + 0,333\, \varepsilon^{-2000t} \right\} \text{ volts.}$$

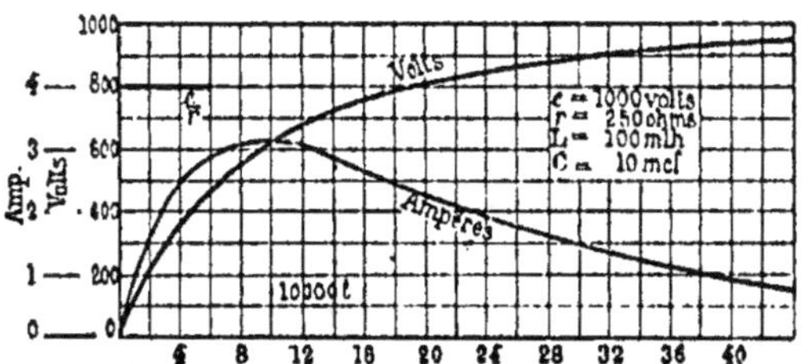

Fig. 11. — Charge d'un condensateur à travers un circuit ayant résistance et inductance. Potentiel constant. Charge logarithmique.

33. — Les équations (14) à (19) contiennent la racine carrée,

$$s = \sqrt{r^2 - \frac{4L}{C}}\,;$$

elles s'appliquent par conséquent sous cette forme seulement quand

$$r^2 > \frac{4L}{C}.$$

Si $r^2 = \frac{4L}{C}$ ces équations deviennent indéterminées, ou $\frac{0}{0}$ et si $r^2 < \frac{4L}{C}$, s est imaginaire et les équations prennent une forme imaginaire complexe. Dans ces deux cas elles doivent être mises sous une autre forme pour être susceptibles d'applications. Trois cas peuvent ainsi être distingués :

a) $r^2 > \frac{4L}{C}$ dans lequel les équations du circuit peuvent être utilisées sous la présente forme. Puisque les fonctions sont exponentielles ou logarithmiques, ce cas est appelé *logarithmique* ;

b) $r^2 = \frac{4L}{C}$ est appelé cas *critique*, marquant la transition entre (a) et (c), mais n'appartenant ni à l'un ni à l'autre ;

c) $r^2 < \dfrac{4L}{C}$. Dans ce cas les fonctions trigonométriques apparaissent ; ce cas est appelé *trigonométrique*, ou *oscillatoire*.

34. — Dans le cas *logarithmique*,

$$r^2 > \frac{4L}{C}$$

ou

$$4L < Cr^2$$

soit, haute résistance, ou haute capacité ou faible inductance, les équations (14) à (19) conviennent.

Le terme $\varepsilon^{-\frac{r-s}{2L}t}$ est toujours plus grand que $\varepsilon^{-\frac{r+s}{2L}t}$, puisque le premier a un plus faible coefficient dans l'exposant ; la différence de ces termes, dans les équations de la charge et de la décharge du condensateur, est donc toujours positive. Le courant monte par conséquent depuis zéro au temps $t = 0$, atteint un maximum, et tombe de nouveau à zéro pour $t = \infty$; mais il ne s'inverse jamais. Le maximum du courant est moindre que $i = \dfrac{e}{s}$.

Le terme exponentiel dans les équations (17) et (19) ne s'inverse jamais non plus. C'est-à-dire que le potentiel du condensateur varie graduellement sans jamais s'inverser ou excéder la f. e. m. appliquée pour la charge ou le potentiel initial pour la décharge.

On voit donc que dans le cas $r^2 > \dfrac{4L}{C}$, il n'y a production d'aucun voltage anormal, et le terme transitoire est de courte durée ; la charge et la décharge d'un condensateur dans ces conditions sont donc relativement inoffensives.

Lorsque l'on charge ou décharge un condensateur, ou en général un circuit contenant une capacité, l'insertion d'une résistance en série dans le circuit, d'une valeur telle que $r^2 > \dfrac{4L}{C}$, élimine ainsi tout danger d'effets électrostatiques ou électromagnétiques anormaux.

En général plus la résistance du circuit est grande — comparée avec l'inductance et la capacité — plus aussi le terme transitoire se trouve réduit.

35. — Dans un circuit contenant résistance et capacité, mais pas d'inductance, $L = 0$, nous avons, en portant dans (5) :

$$(20) \qquad r \frac{di}{dt} + \frac{1}{C} i = 0$$

ou

$$\frac{di}{i} = - \frac{dt}{rC},$$

qui est intégré par l'équation

$$(21) \qquad i = c \, \varepsilon^{-\frac{t}{rC}}$$

dans laquelle $c =$ constante d'intégration.

L'équation (21) donne pour $t = 0$, $i = c$; c'est-à-dire que le courant au moment de la fermeture du circuit doit avoir une valeur finie, ou bien doit sauter instantanément de zéro à c.

Cela n'est pas possible, mais il n'est pas possible non plus d'obtenir un circuit sans quelque inductance que ce soit.

Par conséquent l'équation (21) ne peut s'appliquer aux faibles valeurs du temps t, mais alors l'inductance L du circuit, quoique petite, détermine le courant :

La différence de potentiel entre armatures, d'après (3) est

$$e_1 = e - ri$$

d'où

$$(22) \qquad e_1 = e - rc\varepsilon^{-\frac{t}{rC}}.$$

La constante d'intégration ne peut être déterminée par l'équation (21) pour $t = 0$, puisque le courant i fait un saut à ce moment.

Mais de (22) il résulte que si au temps $t = 0$, on a $e_1 = e_0$, et alors $e_0 = e - rc$, d'où

$$c = \frac{e - e_0}{r}.$$

De là les équations du circuit non inductif avec condensateur :

$$(23) \qquad i = \frac{(e - e_0)}{r} \varepsilon^{-\frac{t}{rC}}$$

et

$$(24) \qquad c_1 = c - (c - c_0)\, \varepsilon^{-\frac{t}{rC}}.$$

Comme on le voit, ces équations ne contiennent pas le courant i_0 dans le circuit au temps $t = 0$.

36. — Ces équations ne s'appliquent pas pour les faibles valeurs de t, mais dans ce cas, il est nécessaire de considérer l'inductance et d'employer les équations (14) à (19).

Pour $L = 0$, (14) devient indéterminé, contenant $\varepsilon^{\frac{0}{0}t}$; on peut alors l'évaluer comme suit :

Pour $L = 0$, nous avons

$$s = r$$

$$\frac{r + s}{2} = r$$

et

$$\frac{r - s}{2} = 0.$$

$$r - s = r \left\{ 1 - \sqrt{1 - \frac{4L}{r^2 C}} \right\}$$

En développant par le théorème du binôme, et rejetant tous les termes sauf le premier

$$= \frac{2L}{rC}$$

et

$$\frac{r - s}{2L} = \frac{1}{rC}$$

$$\frac{r + s}{2L} = \frac{r}{L}.$$

En portant ces valeurs dans les équations (14) et (15) on a le courant

$$(25) \qquad i = \frac{e - e_0}{r}\, \varepsilon^{-\frac{t}{rC}} - \frac{e - e_0 - ri_0}{r}\, \varepsilon^{-\frac{r}{L}t}$$

et la différence de potentiel du condensateur :

$$(26) \qquad e_1 = e - (e - e_0)\, \varepsilon^{-\frac{t}{rC}}$$

c'est-à-dire que dans l'équation du courant, le terme

$$- \frac{e - e_0 - r i_0}{r}\, \varepsilon^{-\frac{r}{L}t}$$

a été ajouté à l'équation (23).

Ce terme fait la transition entre l'état du circuit avant $t = 0$ et l'état du circuit après $t = 0$ et est d'une durée extrêmement courte.

Par exemple, choisissons les mêmes constantes que dans le § 32, soit : $e = 1000$ volts ; $r = 250$ ohms ; $C = 10$ m. c. f. et prenons l'inductance aussi faible que possible $L = 5$ m. l. h ; les équations de la charge du condensateur sont pour $i_0 = 0$ et $e_0 = 0$,

$$i = 4 \left\{ \varepsilon^{-400 t} - \varepsilon^{-50\,000\,t} \right\}$$

et

$$e_1 = 1000 \left\{ 1 - \varepsilon^{-400 t} \right\}.$$

Le second terme dans l'équation du courant $\varepsilon^{-50\,000\,t}$ a déjà décru à 1 pour cent après $t = 17,3 \times 10^{-6}$ seconde, tandis que le premier terme $\varepsilon^{-400 t}$ a, pendant ce temps, baissé de 0,7 pour cent seulement, c'est-à-dire qu'il n'a pas sensiblement diminué.

37. — Dans le cas critique

$$r^2 = \frac{4 L}{C}$$

$$s = 0$$

et

$$a_1 = a_2 = \frac{r}{2 L}$$

$$A_1 = - A_2 = \frac{e - e_0 - \frac{r}{2} i_0}{s}.$$

De là, en portant dans l'équation (14) et en transposant :

$$(27) \qquad i = \left(e - e_0 - \frac{r}{2} i_0 \right) \varepsilon^{-\frac{r}{2L}t} \left(\frac{\varepsilon^{\frac{s}{2L}t} - \varepsilon^{-\frac{s}{2L}t}}{s} \right)$$

Le dernier terme de cette équation

$$F = \frac{N}{D} = \frac{\varepsilon^{\frac{s}{2L}t} - \varepsilon^{-\frac{s}{2L}t}}{s} = \frac{0}{0};$$

il est donc indéterminé pour $s = 0$ et doit alors être déterminé par différentiation

$$(28) \qquad F = \frac{\frac{dN}{ds}}{\frac{dD}{ds}} = \frac{t}{L}.$$

En portant (28) dans (27) on a l'équation du *courant*

$$(29) \qquad i = \frac{t}{L}\left(e - e_0 - \frac{r}{2}i_0\right)\varepsilon^{-\frac{r}{2L}t}.$$

Le potentiel du condensateur se trouve par substitution dans (15); il est

$$(30) \quad e_1 = e - \left(e - e_0 - \frac{r}{2}i_0\right)\varepsilon^{-\frac{r}{2L}t}\;\frac{\dfrac{r+s}{2}\varepsilon^{\frac{s}{2L}t} - \dfrac{r-s}{2}\varepsilon^{-\frac{s}{2L}t}}{s}.$$

Le dernier terme de cette équation (30) est

$$(31) \quad \frac{\dfrac{r+s}{2}\varepsilon^{\frac{s}{2L}t} - \dfrac{r-s}{2}\varepsilon^{-\frac{s}{2L}t}}{s} = \frac{r}{2s}\left\{\varepsilon^{\frac{s}{2L}t} - \varepsilon^{-\frac{s}{2L}t}\right\} + \frac{1}{2}\left\{\varepsilon^{\frac{s}{2L}t} + \varepsilon^{-\frac{s}{2L}t}\right\}.$$

Pour $s = 0$, le premier terme de l'équation (31) par substitution de (28), devient $\frac{rt}{2L}$, le second terme $= 1$; en portant dans (30), on obtient le *potentiel du condensateur* :

$$(32) \qquad e_1 = e - \left\{1 + \frac{rt}{2L}\right\}\left(e - e_0 - \frac{r}{2}i_0\right)\varepsilon^{-\frac{r}{2L}t}.$$

De là il résulte que pour la charge d'un condensateur avec $i_0 = 0$ et $e_0 = 0$:

$$i = \frac{t}{L}\,e\,\varepsilon^{-\frac{r}{2L}t}$$

et

$$e_1 = e \left\{ 1 - \left(1 + \frac{rt}{2L}\right) \varepsilon^{-\frac{r}{2L}t} \right\};$$

pour le cas de la décharge $i_0 = 0$ et $e = 0$

$$i = -\frac{t}{L} e_0 \, \varepsilon^{-\frac{r}{2L}t}$$

et

$$e_1 = \left(1 + \frac{rt}{2L}\right) e_0 \, \varepsilon^{-\frac{r}{2L}t}.$$

38. — La figure 12 représente un exemple du courant de charge et de la différence de potentiel entre armatures d'un condensateur

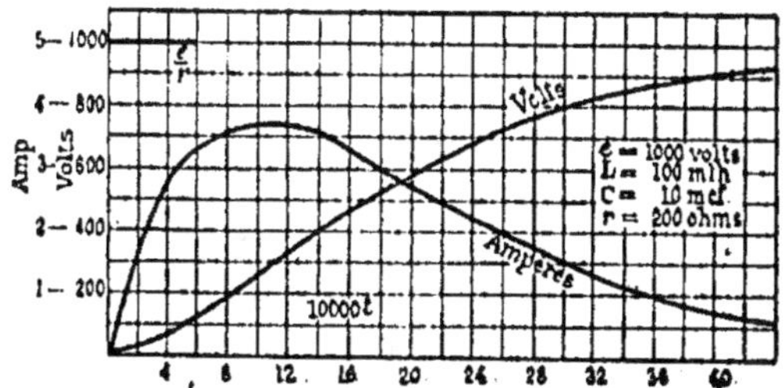

Fig. 12 — Charge d'un condensateur à travers un circuit ayant résistance et inductance. Potentiel constant. Charge critique.

dans un circuit ayant les constantes $e = 1000$ volts; $C = 10$ m. c. f.; $L = 100$ m. l. h. et une résistance telle qu'elle donne le cas critique :

$$r = \sqrt{\frac{4L}{C}} = 200 \text{ ohms.}$$

Dans ce cas :

$$i = 10000 \, t \, \varepsilon^{-1000t}$$
$$e_1 = 1000 \left\{ 1 - (1 + 1000t) \, \varepsilon^{-1000t} \right\}.$$

39. — Dans le cas *trigonométrique* ou *oscillatoire*, on a :

$$r^2 < \frac{4L}{C}.$$

Le terme sous la racine carrée (10) est négatif, c'est-à-dire que la racine carrée, s, est imaginaire, et a_1 et a_2 sont deux quantités complexes imaginaires, de telle façon que les équations (11) et (12) apparaissent sous forme imaginaire. Elles peuvent manifestement être mises sous forme réelle, car le phénomène est réel. Puisqu'une fonction exponentielle avec exposants imaginaires est une fonction trigonométrique, et inversement, la solution de l'équation conduit ainsi à des fonctions trigonométriques, c'est-à-dire que le phénomène est périodique ou oscillatoire.

Portons $s = jq$, nous avons

$$(33) \qquad q = \sqrt{\frac{4L}{C} - r^2}$$

et

$$(34) \qquad \begin{cases} a_1 = \dfrac{r - jq}{2} \\[2mm] a_2 = \dfrac{r + jq}{2}. \end{cases}$$

Portons (34) dans (11) et (12), nous avons après transposition :

$$(35) \qquad i = \varepsilon^{-\frac{r}{2L}t} \left\{ A_1\, \varepsilon^{+\frac{jq}{2L}t} + A_2\, \varepsilon^{-\frac{jq}{2L}t} \right\}$$

$$(36) \qquad c_1 = e - \varepsilon^{-\frac{r}{2L}t} \left\{ \frac{r + jq}{2} A_1\, \varepsilon^{\frac{jq}{2L}t} + \frac{r - jq}{2} A_2\, \varepsilon^{-\frac{jq}{2L}t} \right\}.$$

Entre la fonction exponentielle et les fonctions trigonométriques existent les relations :

$$(37) \qquad \begin{cases} \varepsilon^{+jv} = \cos v + j \sin v \\ \varepsilon^{-jv} = \cos v - j \sin v. \end{cases}$$

Portons (37) en (35) et ordonnons :

$$i = \varepsilon^{-\frac{r}{2L}t} \left\{ (A_1 + A_2) \cos \frac{q}{2L}t + j (A_1 - A_2) \sin \frac{q}{2L}t \right\}.$$

Substituons les deux nouvelles constantes d'intégration.

$$(38) \qquad \begin{cases} B_1 = A_1 + A_2 \\ B_2 = j(A_1 - A_2) \end{cases}$$

nous avons :

$$(39) \qquad i = \varepsilon^{-\frac{r}{2L}t} \left\{ B_1 \cos \frac{q}{2L} t + B_2 \sin \frac{q}{2L} t \right\}.$$

De la même manière portons (37) dans (36) ordonnons et combinons avec (38) ; cela donne :

$$(40) \qquad e_1 = e - \varepsilon^{-\frac{r}{2L}t} \left\{ \frac{rB_1 + qB_2}{2} \cos \frac{q}{2L} t + \frac{rB_2 - qB_1}{2} \sin \frac{q}{2L} t \right\}.$$

B_1 et B_2 sont maintenant les deux constantes d'intégration, déterminées par les conditions extrêmes. Pour $t = 0$, le courant $i = i_0$, et la différence de potentiel entre armatures $e_1 = e_0$; portons en (39) et (40) ;

$$i_0 = B_1$$

et

$$e_0 = e - \frac{rB_1 + qB_2}{2}$$

d'où

$$(41) \qquad \left\{ \begin{array}{l} B_1 = i_0 \\[2mm] \text{et} \quad B_2 = \frac{2(e - e_0) - ri_0}{q}. \end{array} \right.$$

Portons (41) en (39) et (40), nous obtenons les *équations générales de l'oscillation du condensateur* ; le courant est :

$$(42) \qquad i = \varepsilon^{-\frac{r}{2L}t} \left\{ i_0 \cos \frac{q}{2L} t + \frac{2(e - e_0) - ri_0}{q} \sin \frac{q}{2L} t \right\}.$$

la différence de potentiel entre armatures est :

$$(43) \quad e_1 = e - \varepsilon^{-\frac{r}{2L}t} \left\{ (e - e_0) \cos \frac{q}{2L} t + \frac{r(e - e_0) - \frac{r^2 + q^2}{2} i_0}{q} \sin \frac{q}{2L} t \right\}.$$

De là suivent, comme cas particuliers, les expressions de la charge et de la décharge du condensateur.

Pour la *charge du condensateur* $i_0 = 0$; $e_0 = 0$; nous avons :

$$(44) \qquad i = \frac{2e}{q} \varepsilon^{-\frac{r}{2L}t} \sin \frac{q}{2L} t$$

et

$$(45) \qquad c_1 = c \left\{ 1 - \varepsilon^{-\frac{r}{2L}t} \left(\cos \frac{q}{2L} t + \frac{r}{q} \sin \frac{q}{2L} t \right) \right\}.$$

Pour la décharge du condensateur $i_0 = 0$, $c = 0$; nous avons :

$$(46) \qquad i = - \frac{2 e_0}{q} \varepsilon^{-\frac{r}{2L}t} \sin \frac{q}{2L} t.$$

et (¹)

$$(47) \qquad c_1 = e_0 \varepsilon^{-\frac{r}{2L}t} \left\{ \cos \frac{q}{2L} t + \frac{r}{q} \sin \frac{q}{2L} t \right\}.$$

40. — Exemple d'oscillation de charge d'un condensateur : circuit ayant les constantes $e = 1\,000$ volts $L = 100$ m. l. h. et $C = 10$ m. c. f.

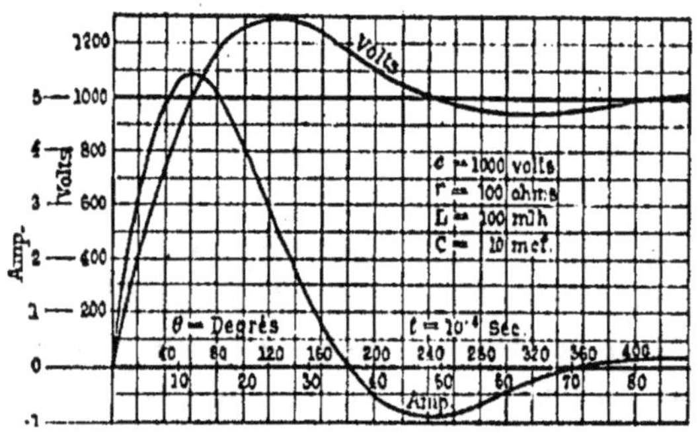

Fig. 13. — Charge d'un condensateur à travers un circuit ayant résistance et inductance. Potentiel constant. Charge oscillante

a) dans la figure 13, $r = 100$ ohms, d'où $q = 173$ et le courant est

$$i = 11{,}55\, \varepsilon^{-500 t} \sin 866 t$$

(¹) Remarquer que la tension aux bornes de la bobine de réaction est $L \frac{di}{dt}$; en faisant cette opération sur (46) on trouve $e_0 \varepsilon^{-\frac{r}{2L}t} \left\{ \cos \frac{q}{2L} t - \frac{r}{q} \sin \frac{q}{2L} t \right\}$; la grandeur du coefficient est la même que pour le condensateur, les deux valeurs des différences de potentiel condensateur et bobine diffèrent de ri, ce qui est évident. (N. d. T.)

le potentiel du condensateur est

$$e_1 = 1000 \left\{ 1 - \varepsilon^{-500\,t} (\cos 866\,t + 0,577 \sin 866\,t) \right\}.$$

b) Dans la figure 14, $r = 40$ ohms d'où $q = 196$ et le courant est

$$i = 10,2\ \varepsilon^{-200\,t} \sin 980\,t$$

le potentiel du condensateur est

$$e_1 = 1000 \left\{ 1 - \varepsilon^{-200\,t} (\cos 980\,t + 0,21 \sin 980\,t) \right\}.$$

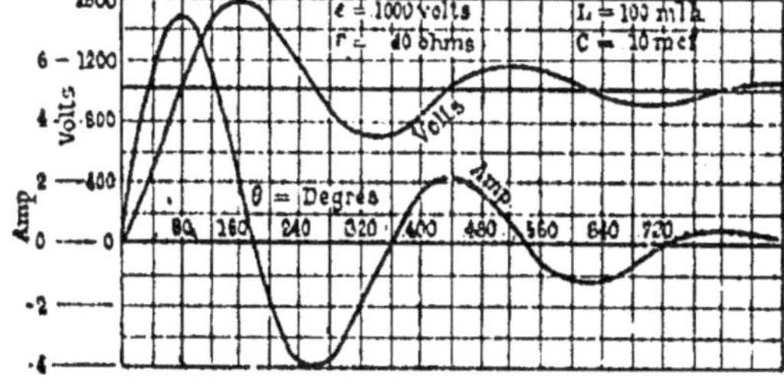

Fig. 14. — Charge d'un condensateur à travers un circuit ayant résistance et inductance. Potentiel constant. Charge oscillante.

41. — Puisque les équations du courant et de la différence de potentiel (42) à (47) contiennent des fonctions trigonométriques, les phénomènes sont périodiques ou constituent des ondes, analogues à des courants alternatifs.

Elles en diffèrent par la présence du facteur exponentiel $\varepsilon^{-\frac{r}{2L}t}$ qui diminue régulièrement avec l'accroissement de t. Cela veut dire que les demi-ondes successives du courant et du potentiel du condensateur diminuent progressivement d'amplitudes. De telles ondes alternatives qui diminuent progressivement d'amplitude, sont nommées ondes oscillantes ou oscillatoires.

Puisque les équations (42) à (47) sont périodiques, le temps t peut être représenté par un angle θ, de telle façon qu'une période complète soit exprimée par 2π, ou une révolution complète :

$$(48) \qquad \theta = \frac{q}{2L}\, t = 2\pi f t$$

$$2\pi f = \frac{q}{2L}$$

d'où la fréquence d'oscillation, qui est

$$(49) \qquad f = \frac{q}{4\pi L} \, ;$$

comme

$$q = \sqrt{\frac{4L}{C} - r^2}$$

la fréquence d'oscillation prend la forme :

$$(50) \qquad f = \frac{1}{2\pi} \sqrt{\frac{1}{LC} - \left(\frac{r}{2L}\right)^2}.$$

Cette fréquence décroît quand r augmente ; elle devient nulle pour $\left(\frac{r}{2L}\right)^2 = \frac{1}{LC}$, soit pour $r^2 = \frac{4L}{C}$ correspondant au cas critique pour lequel le phénomène cesse d'être oscillatoire.

Quand la résistance est faible, de telle façon que le second terme sous le radical de l'équation (50) puisse être négligé, la fréquence de l'oscillation est :

$$(51) \qquad f = \frac{1}{2\pi\sqrt{LC}}.$$

On tire de (48) :

$$t = \frac{2L}{q}\,\theta$$

qui porté en (42) et (43) donne :

$$(52) \qquad i = \varepsilon^{-\frac{r}{q}\theta} \left\{ i_0 \cos\theta + \frac{(e - e_0) - \frac{r}{2} i_0}{\frac{q}{2}} \sin\theta \right\},$$

$$(53) \qquad e_1 = e - \varepsilon^{-\frac{r}{q}\theta} \left\{ (e - e_0)\cos\theta + \frac{r(e - e_0) - \frac{r^2 + q^2}{2} i_0}{q} \sin\theta \right\}$$

$$(48) \qquad \theta = 2\pi f t$$

et

$$(50) \qquad f = \frac{q}{4\pi L} = \frac{1}{2\pi} \sqrt{\frac{1}{LC} - \left(\frac{r}{2L}\right)^2}.$$

42. — Si la résistance r peut être négligée, c'est-à-dire si r^2 est faible comparé à $\dfrac{4L}{C}$, les équations suivantes sont approximativement exactes :

$$(54) \qquad q = 2 \sqrt{\frac{L}{C}}$$

et

$$(55) \qquad \left\{ \quad \text{ou} \quad \begin{aligned} f &= \frac{1}{2\pi\sqrt{LC}} \\[2ex] 2\pi f &= \frac{1}{\sqrt{LC}}. \end{aligned} \right.$$

En introduisant maintenant $x = 2\pi f L =$ réactance inductive et $x' = \dfrac{1}{2\pi f C} =$ « réactance condensive », en substituant dans (55) nous avons :

$$x = \sqrt{\frac{L}{C}}$$

et

$$x' = \sqrt{\frac{L}{C}}$$

d'où

$$x' = x$$

c'est-à-dire que la fréquence d'oscillation d'un circuit contenant une capacité, mais une résistance négligeable, est telle qu'elle rende la réactance inductive $x = 2\pi f L$ égale à la « réactance condensive » $\dfrac{1}{2\pi f C}$.

$$(56) \qquad x' = x = \sqrt{\frac{L}{C}}.$$

Alors, de (54)

$$(57) \qquad q = 2x.$$

Les équations générales (52) et (53) sont dans ce cas

$$(58) \qquad i = \varepsilon^{-\frac{r}{2J}\theta} \left\{ i_0 \cos \theta + \frac{(c - e_0) - \frac{r}{2} i_0}{x} \sin \theta \right\};$$

$$(59) \qquad e_1 = c - \varepsilon^{-\frac{r}{2v}\theta} \left\{ (e - e_0) \cos \theta + \frac{r(e - e_0) - 2 x^2 i_0}{2x} \sin \theta \right\};$$

$$(56) \qquad x = \sqrt{\frac{L}{C}}$$

et par (48) et (55) :

$$\theta = \frac{t}{\sqrt{LC}} \cdot$$

43. — A cause du facteur $\varepsilon^{-\frac{r}{2L}t}$, les demi ondes successives décroissent d'autant plus en amplitude que la résistance r est plus grande.

Le rapport d'amplitudes de deux demi-ondes successives, ou le décrément de l'oscillation est $\Delta = \varepsilon^{-\frac{r}{2L}t_1}$, où $t_1 =$ durée d'une demi-onde ou un demi-cycle $= \frac{1}{2f} \cdot$

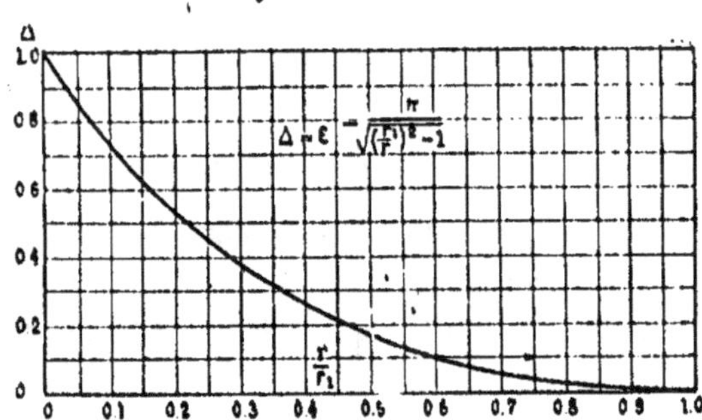

Fig. 15. — Décrément logarithmique d'oscillation.

De là, par (50)

$$t_1 = \frac{\pi}{\sqrt{\frac{1}{LC} - \left(\frac{r}{2L}\right)^2}}$$

et

$$(60) \qquad \Delta = \epsilon^{-\delta} = \epsilon^{-\dfrac{\pi}{\sqrt{\frac{4L}{r^2 C}-1}}}.$$

La résistance critique

$$(61) \qquad r_1^2 = \frac{4L}{C}$$

et

$$(62) \qquad \left\{ \begin{array}{l} \text{ou} \quad \Delta = \epsilon^{-\delta} = \epsilon^{-\dfrac{\pi}{\sqrt{\left(\frac{r_1}{r}\right)^2 - 1}}} \\[4ex] \delta = \dfrac{\pi}{\sqrt{\left(\frac{r_1}{r}\right)^2 - 1}} \end{array} \right.$$

c'est-à-dire que le décrément d'une onde oscillante, ou le décroissement graduel de l'oscillation, est fonction seulement du rapport de la
résistance du circuit à la résistance critique ; cette résistance critique
est la résistance minima pour laquelle le phénomène n'est pas oscillatoire.

Dans la figure 15, on voit les valeurs numériques du décrément Δ,
pour différents rapports de la résistance existante à la résistance
critique $\dfrac{r}{r_1}$.

Comme on le voit, pour $r > 0,21\, r_1$, ou une résistance dans le circuit égale à plus de 21 pour cent de la résistance critique, le décrément
Δ est au dessous de 50 pour cent, ou bien la seconde demi-onde est
moindre que la moitié de la première, etc., c'est-à-dire qu'il ne se produit que peu d'oscillations.

Lorsqu'une résistance doit être insérée dans un circuit pour éliminer tout danger d'oscillations, il nous semble qu'un cinquième de la
résistance critique ou $r = 0,4 \sqrt{\dfrac{L}{C}}$ est suffisant ; les oscillations sont
ainsi pratiquement étouffées.

CHAPITRE VI

—

COURANTS OSCILLATOIRES

44. — La charge et la décharge d'un condensateur à travers un circuit inductif produisent des courants périodiques d'une fréquence dépendant des constantes du circuit.

La gamme des fréquences qui peuvent être produites par les machines électrodynamiques est plutôt limitée. Les machines synchrones ou alternateurs ordinaires peuvent donner économiquement, pour les unités de grande puissance, des fréquences de 10 à 125 cycles. Les fréquences au-dessous de 10 cycles sont utilisables dans les machines à collecteur ; au-dessus de 125 cycles les difficultés augmentent rapidement, à cause du grand nombre de pôles, de la grande vitesse périphérique, de la puissance élevée requise pour l'excitation du champ, de la mauvaise régulation déterminée par l'impossibilité de répartir suffisamment les conducteurs par suite du petit pas polaire, etc. La fréquence de 1000 cycles est probablement la limite de génération de courants alternatifs à potentiel constant de puissance appréciable et de rendement acceptable.

Pour les petites puissances, comme quelques kilowatts, en employant au besoin une capacité pour aider l'excitation, et ne s'attachant pas à la constance du potentiel produit, on a construit des alternateurs monophasés qui, en service industriel, fournissent 10 000 et même 100 000 cycles ; des alternateurs de 200 000 cycles sont étudiés pour la télégraphie et la téléphonie sans fil.

Jusqu'à présent, en allant au maximum de la vitesse périphérique possible, en sacrifiant tout pour obtenir la haute fréquence, il y a donc une limite à la fréquence que l'on peut obtenir par génération électrodynamique.

Il est donc important de rechercher si la gamme de fréquences peut être étendue au moyen de la décharge du condensateur.

Puisque les courants oscillatoires approchent de l'effet du courant alternatif seulement si l'amortissement est faible, c'est-à-dire si la résistance est petite, la décharge du condensateur ne peut être employée pour produire la haute fréquence que si l'on fait le circuit aussi peu résistant que possible.

Ceci, cependant, implique une puissance limitée. Lorsque l'on produit des courants oscillatoires par la décharge d'un condensateur, la puissance consommée dans ce circuit traversé par le courant oscillatoire, résulte d'une résistance effective ; cette résistance accroît la rapidité d'extinction de l'oscillation, ce qui limite la puissance et lorsque l'on approche de la valeur critique, l'accroissement de résistance abaisse aussi la fréquence.

Il est manifeste que puisque le courant oscillatoire représente la dissipation de l'énergie emmagasinée électrostatiquement dans le condensateur, plus la résistance du circuit sera grande, plus vite cette énergie sera dissipée, c'est-à-dire plus rapidement s'éteindra l'oscillation [1].

Avec une résistance de circuit suffisamment faible pour donner une oscillation acceptablement soutenue, la fréquence est, avec une approximation suffisante

$$f = \frac{1}{2\pi\sqrt{LC}},$$

45. — Les constantes, capacité C, inductance L et résistance r

---

n'ont pas de relation avec le volume et l'encombrement des appareils. Par exemple, un condensateur de 1 m. c. f., construit pour résister continuellement à un potentiel de 10 000 volts, est beaucoup plus gros qu'un condensateur de 100 m. c. f. établi pour 200 volts. L'énergie que le premier est capable d'emmagasiner est $\dfrac{Ce^2}{2} = 50$ joules, tandis que le second renferme seulement 2 joules; ainsi le premier est 25 fois plus important en réalité.

Une bobine de réaction d'une inductance égale à 0,1 henry, prévue pour laisser passer continuellement 100 ampères, emmagasine $\dfrac{Li^2}{2} = 500$ joules; une bobine de réaction de 1 000 fois plus d'inductance, soit 100 henrys, mais établie pour 1 ampère, emmagasine seulement 5 joules; c'est-à-dire qu'elle a environ le centième de l'importance de la première.

Une résistance de 1 ohm conduisant continuellement 1 000 ampères est une masse fort pesante, dissipant 1 000 Kw; une résistance un million de fois plus grande — d'un mégohm — peut être un simple trait de crayon sur un morceau de porcelaine.

Ainsi le volume et l'encombrement de condensateurs ou de réactances ne dépendent pas seulement de C et de L, mais aussi du voltage et du courant qui doivent y être appliqués continuellement, ils sont plutôt proportionnels approximativement à l'énergie emmagasinée $\dfrac{Ce^2}{2}$ ou $\dfrac{Li^2}{2}$; mais comme il est généralement d'usage, en électricité industrielle, de parler de puissance plus souvent que d'énergie, les condensateurs et les bobines de réactance sont plutôt généralement caractérisés par la puissance apparente qui peut leur être appliquée continuellement, en se rapportant à une fréquence normale, qui est ordinairement 60 cycles [1].

De là résulte que les réactances, capacités et résistances sont évaluées en kilowatts ou en kilovoltampères, comme les autres appareils électriques; et ce chiffre d'évaluation caractérise leur dimension dans la pratique, tandis qu'une désignation comme « un condensateur de

---

[1] Aux États-Unis la fréquence de 60 périodes par seconde est la fréquence normale; en Europe cette fréquence est au contraire à peu près inconnue, et la fréquence la plus normale serait plutôt 50. (N. d. T).

10 m. c. f. » ou une « bobine de 100 m. l. h. » ne caractérisent pas plus la grandeur que l'appellation de « un alternateur de 100 ampères » ou celle « d'un transformateur de 1000 volts ».

Un encombrement de 1 pied cubique, en condensateur, donne à peu près 5 à 10 k. v. a. à 60 périodes (¹). C'est-à-dire qu'un condensateur de 100 k. v. a. présente un très grand volume.

Dans la décharge oscillante du condensateur, la fréquence est telle que la réactance inductive est égale à la réactance condensive. Le même courant circule dans les deux, au même voltage entre extrémités. Cela signifie que les volt-ampères entrant dans l'inductance égalent les volt-ampères entrant dans la capacité.

Les kilovolt-ampères d'un condensateur ainsi que ceux d'une bobine de réaction sont proportionnels à la fréquence. Lorsque l'on accroît la fréquence, un voltage constant étant appliqué au condensateur, le courant varie proportionnellement à la fréquence ; avec un courant alternatif constant passant dans la bobine de réaction, le voltage varie proportionnellement à la fréquence.

Un condensateur de 100 k. v. a. exige une bobine de 100 k. v. a. pour engendrer des courants oscillatoires. Une bobine de réaction de 100 k. v. a. a approximativement la même grandeur qu'un transformateur de 50 kw., et peut en réalité être faite avec un tel transformateur de rapport 1 : 1, qui aurait ses deux bobines reliées en série ; il faudrait insérer un entrefer dans le circuit magnétique et lui donner une longueur telle que l'on obtienne l'induction magnétique normale avec le courant normal.

Ce serait un très important générateur de courant oscillatoire celui que l'on constituerait ainsi avec un condensateur et une bobine de réaction, tous deux de 100 k. v. a.

46. — Supposons que le condensateur ait été établi de telle façon que pour une f. e. m. appliquée de 10000 volts à 60 cycles, il absorbe normalement 10 ampères ; sa réactance condensive à 60 cycles est $x_c = \dfrac{E}{I} = 1000$ ohms, et sa capacité

$$C = \frac{1}{2\pi f_0 x_c} = 2{,}65 \text{ m. c. f.}$$

(¹) C'est-à-dire 1 dm. cube pour 0,175 à 0,350 k. v. a. (N. d. T).

En établissant la bobine de réaction pour différents voltages, cela nous donnera différentes valeurs de l'inductance L, et par suite différentes valeurs correspondantes de la fréquence d'oscillation f.

Des équations des valeurs instantanées de la décharge du condensateur (46) et (47) résultent leurs valeurs efficaces, ou $\sqrt{\text{moyen carré}}$:

$$(63) \quad \left\{ \begin{aligned} e_1 &= \frac{e_0}{\sqrt{2}}\,\varepsilon^{-\frac{r}{2L}t} \\[2ex] i &= \frac{e_0\sqrt{2}}{q}\,\varepsilon^{-\frac{r}{2L}t} = \frac{e_0}{\sqrt{2}}\sqrt{\frac{C}{L}}\,\varepsilon^{-\frac{r}{2L}t} \end{aligned} \right.$$

d'où la puissance apparente :

$$(64) \quad p_1 = e_1 i = \frac{e_0^2}{2}\sqrt{\frac{C}{L}}\,\varepsilon^{-\frac{r}{L}t}$$

car pour de petites valeurs de r on peut écrire :

$$q = 2\sqrt{\frac{L}{C}}.$$

De là l'énergie apparente de la décharge complète :

$$(65) \quad W = \int_0^\infty p_1\,dt = \frac{e_0^2}{2\,r}\sqrt{CL}.$$

Ainsi pour 10000 volts efficaces, à 60 périodes, entre armatures du condensateur, la f. é. m. $e_0 = 10000\sqrt{2}$ et le voltage efficace au condensateur est $e_1 = 10000\,\varepsilon^{-\frac{r}{2L}t}$.

Etablissons maintenant la bobine de réaction de 100 k. v. a. pour différents voltages e_0 et intensités i_0 à la fréquence $f_0 = 60$ cycles. Cela donne son inductance L variable qui combinée avec la capacité fixe C ci-dessus, amène à ce tableau, pour une oscillation sous 10000 volts :

Amp i_0	Volts e_0	$\dfrac{e_0}{i_0} = x_0$	$\dfrac{x_0}{2\pi f_0} = L$	$f = \dfrac{1}{2\pi\sqrt{LC}}$	Amp. i	k, v, a, p_1
1	100 000	10^5	265	6	1	10
10	10 000	10^3	2,65	60	10	100
100	1 000	10	$2,65 \cdot 10^{-2}$	600	100	1 000
1 000	100	10^{-1}	$2,65 \cdot 10^{-4}$	6 000	1 000	10 000
10 000	10	10^{-3}	$2,65 \cdot 10^{-6}$	60 000	10 000	100 000
100 000	1	10^{-5}	$2,65 \cdot 10^{-8}$	600 000	100 000	1 000 000
					$\times \varepsilon^{-\frac{r}{2L}t}$	$\times \varepsilon^{-\frac{r}{L}t}$

Comme on le voit, avec les mêmes puissances apparentes de condensateur et de bobine, on peut produire pratiquement une fréquence quelconque, depuis les basses fréquences industrielles jusqu'à des centaines de milliers de cycles.

Aux fréquences comprises entre 500 et 2000 périodes, l'emploi du fer de la bobine de réaction doit être réduit au noyau intérieur ; aux fréquences supérieures le fer ne doit pas être employé, parce que l'hystérésis et les courants parasites causeraient un amortissement excessif de l'oscillation. La bobine de réaction doit alors atteindre des dimensions plus importantes.

47. — Supposons 96 °/₀ de rendement pour la bobine de réaction et 99 °/₀ au condensateur ; cela revient à une résistance intérieure supposée seule :

$$r = 0{,}05 x$$

ou

$$r = 0{,}05 \sqrt{\dfrac{L}{C}}$$

puisque

$$x = 2\pi f L$$

et

$$f = \dfrac{1}{2\pi \sqrt{LC}} \, ;$$

l'énergie apparente de la décharge, d'après (65) est :

$$W = \dfrac{e_0^2}{2r} \sqrt{LC} = 10 \, e_0^2 C \text{ volt ampère seconde} ;$$

et le facteur de puissance est

$$\cos \theta_0 = 0,05$$

L'énergie accumulée dans la capacité est :

$$W_0 = \frac{e_0^2 C}{2} \text{ joules.}$$

La résistance critique est

$$r_1 = 2 \sqrt{\frac{L}{C}}$$

d'où

$$\frac{r}{r_1} = 0,025 ;$$

le décrément logarithmique de l'oscillation est

$$\Delta = 0,92,$$

l'affaiblissement des ondes est ainsi très lent.

Supposons maintenant qu'on ajoute comme charge ou circuit d'utilisation une résistance extérieure r' en série, égale à trois fois la résistance intérieure ; la résistance totale est :

$$r + r' = 0,2\ x$$

d'où

$$\frac{r + r'}{r_1} = 0,1$$

et le décrément $\Delta = 0,73$; il y a donc nettement un rapide décroissement de l'onde.

Aux hautes fréquences, les pertes électrostatiques, inductives et par radiations, correspondent à un grand accroissement de résistance ; elles abaissent le rendement et amènent une plus rapide extinction de l'onde.

48. — La fréquence d'oscillation ne dépend pas directement de la dimension des appareils, c'est-à-dire de la puissance apparente du condensateur et de la bobine en k. v. a. Supposons par exemple, que nous réduisions cette puissance des appareils dans le rapport $\frac{1}{n}$, en conservant le même voltage ; le condensateur et la bobine absorberont chacun un courant $\frac{1}{n}$, c'est-à-dire que la réactance condensive est n fois plus grande et que la capacité C du condensateur est n fois plus petite ; l'inductance L est n fois plus grande, de telle manière que le produit CL, et par conséquent la fréquence, reste invariable ; la puissance du courant oscillatoire est réduite dans le rapport $\frac{1}{n}$.

La limite de fréquence est néanmoins donnée par les dimensions des appareils. Avec un encombrement de condensateur de 3oo à 6oo décimètres cubes, la longueur minimum du circuit de décharge ne peut guère être moindre que 3 mètres. Trois mètres de conducteur de section assez forte ont une inductance que l'on peut évaluer au moins à $0,002$ mlh $= 2 \times 10^{-6}$; la fréquence d'oscillation serait ainsi limitée à environ 6o ooo périodes par seconde, même sans aucune bobine de réaction avec un chemin de décharge rectiligne.

La plus haute fréquence susceptible d'être obtenue peut être estimée à peu près comme suit :

La longueur minimum du circuit de décharge est la distance entre les armatures du condensateur.

La capacité minimum du condensateur est celle de deux sphères, car de petites plaques donnent une capacité plus grande, à cause des bords.

Le diamètre minimum des sphères doit être $1,5$ fois leur distance, car plus petit diamètre ne donne pas une étincelle de décharge pure, mais une décharge en aigrettes précède l'étincelle.

Avec $e_0 = 10\,000 \sqrt{2}$, la distance de décharge entre les sphères est $e = 0,75$ cm et le diamètre des sphères est ainsi $1,12$ cm.

Le circuit oscillant consiste en deux sphères de $1,12$ cm de diamètre séparées par un intervalle de $0,75$ cm.

Ceci donne une longueur approximative minimum du circuit de décharge d'environ $1,25$ cm et une inductance $L = 0,125 \times 10^{-6}$ henry, comme évaluation.

La capacité des sphères en regard peut être estimée à $C = 10^{-3}$ m. c. f.

De là résulte une fréquence d'oscillation

$$ f = \frac{1}{2\pi \sqrt{LC}} = 4,5 \times 10^9 $$

ou $4,5$ billions de périodes par seconde.

On a en même temps :

$$e_0 = 10000 \sqrt{2} \text{ volts}$$

$$e_1 = 10000 \, \varepsilon^{-\frac{r}{2L}t} \text{ volts}$$

$$i = 2,83 \, \varepsilon^{-\frac{r}{2L}t} \text{ amp.,}$$

et

$$p_1 = 28,3 \, \varepsilon^{-\frac{r}{L}t} \text{ k. v. a.}$$

En réduisant la dimension et l'écartement des sphères d'une manière proportionnelle, en réduisant aussi la tension proportionnellement, on obtient donc de plus hautes fréquences.

Comme on le voit, cependant, la puissance décroît lorsque la fréquence augmente, ce qui tient à ce qu'on doit diminuer les dimensions des appareils, et par conséquent leur faculté d'accumuler l'énergie — capacité ou inductance —.

Avec une fréquence de plusieurs billions de cycles par seconde, les résistances deviennent très considérables, et par conséquent l'amortissement rapide.

Un tel système oscillant composé simplement de deux sphères séparées par un intervalle pourrait être chargé par induction, ou encore les sphères pourraient être chargées séparément et apportées ensuite l'une près de l'autre.

Les deux sphères considérées peuvent aussi faire partie d'une série de sphères séparées deux à deux par un intervalle et reliées à un circuit de haut potentiel, comme dans plusieurs formes de parafoudres.

Il résulte de là que la plus haute fréquence des oscillations de puissance appréciable qui peuvent être produites par la décharge d'un condensateur atteint des billions de périodes par seconde, ce qui est énormément plus élevé que les plus hautes fréquences atteintes avec les machines électrodynamiques.

Avec cinq billions de périodes par seconde, la longueur d'onde est environ 6 centimètres, c'est-à-dire que la fréquence correspond seulement à quelques octaves au-dessous de la plus basse fréquence observée pour la chaleur rayonnante ou les rayons infra-rouges.

La longueur d'onde moyenne de la lumière visible est 55×10^{-6}

centimètre, correspondant à une fréquence de $5,5.10^{14}$ périodes par seconde. Cette fréquence exigeait deux sphères de 10^{-7} centimètres de diamètre, c'est-à-dire approchant des dimensions moléculaires.

GÉNÉRATEUR DE COURANT OSCILLATOIRE

49. — Un générateur de courant oscillatoire peut être constitué par un système comportant une f. é. m. constante appliquée à un circuit d'inductance L et de résistance r, le circuit de décharge du condensateur comprenant un intervalle d'air en série avec une inductance L_0 et une résistance r_0. L'intervalle doit être fixé de telle manière que l'éclatement ait lieu avant que le voltage du condensateur C ait atteint son maximum, et la résistance r_0 doit être telle que la décharge soit oscillante, c'est-à-dire

$$r_0^2 < \frac{4L_0}{C}.$$

Dans un tel système, que représente schématiquement la figure 16, aussitôt que, pendant que la charge du condensateur, la tension aux bornes de C — et par conséquent celle qui existe à l'éclateur — atteint la valeur e_0, le condensateur se décharge dans l'intervalle d'air ;

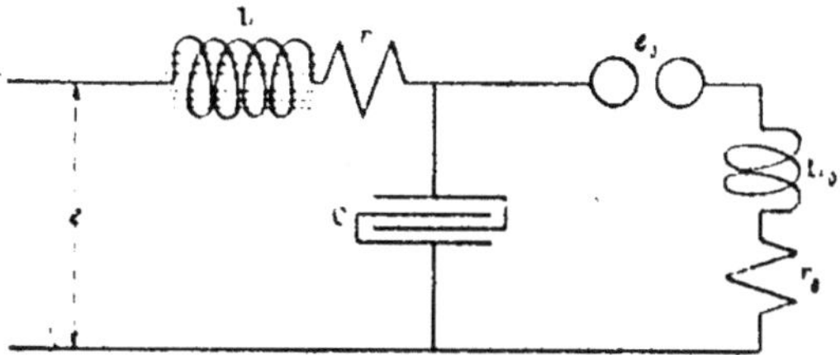

Fig. 16. — Générateur de courant oscillatoire.

sa différence de potentiel tombe à zéro ; puis il se charge de nouveau jusqu'à la différence de potentiel e_0, se décharge, etc. Ceci détermine une série de décharges oscillantes dans le circuit $L_0 r_0$, séparées par des temps égaux à celui qui est nécessaire à la charge de C, à travers la bobine L et la résistance r, jusqu'à la différence de potentiel e_0, avec une f. é. m. appliquée e.

La résistance r doit être naturellement aussi faible que possible pour obtenir un bon rendement ; l'inductance L doit être assez importante pour que le temps nécessaire à la charge du condensateur C jusqu'au potentiel e_0 suffise pour que la décharge sur L, r_0 puisse s'éteindre, et aussi pour que l'intervalle d'air se reforme réellement, c'est-à-dire que les matières conductrices de l'étincelle puissent se dissiper. Cette dernière condition exige un temps considérable ; un souffleur d'air agissant directement sur l'intervalle d'air e_0 pour chasser les produits de la décharge, permet un plus rapide retour de la décharge. La vitesse de l'air soufflé (et par conséquent la pression de cet air) doit être telle que cet air enlève du chemin de décharge l'air ionisé et les vapeurs métalliques que produit la décharge dans l'intervalle e_0 plus vite que le condensateur ne se charge.

Supposons, par exemple, l'intervalle d'air e_0 prévu pour 26 000 volts, ou à peu près égal à 1,9 cm ; le déplacement de l'air soufflé pendant chacune des décharges successives doit être assez grand vis-à-vis de 1,9 cm, c'est-à-dire au moins 7,5 à 15 centimètres. Avec 1 000 décharges par seconde, ceci nécessite une vitesse d'air $v = 75$ à 150 mètres par seconde ; avec 5 000 décharges par seconde, la vitesse d'air est $v = 375$ à 750 mètres par seconde, correspondant à une pression approximative donnée par

$$p = 1{,}05\left\{(1 + 2{,}15\,.\,v^2\,.\,10^{-10})^{3,5} - 1\right\}10^6 \text{ dynes par cm}^2,$$

(v exprimé en cm. par sec.) ce qui donne 0,045 à 2 dans le premier cas et 1,6 à 16 dans le second (en 10^6 dynes par cm², ou environ kg par cm² des anciennes unités).

La considération du rendement exigeant une faible valeur pour la résistance r, la charge du condensateur doit être oscillante.

Si la fréquence de la décharge en L, r_0 est très grande vis-à-vis de la fréquence de charge, la durée de la décharge est courte comparée à la durée de la charge, c'est-à-dire que le courant oscillatoire est formé par des séries d'oscillations séparées par des périodes de repos relativement longues. Ainsi, le courant dans L ne peut changer appréciablement pendant la durée de la décharge ; à la fin de la charge du condensateur le courant dans la bobine L a donc la même intensité que celui qui existe lorsque la charge suivante du condensateur commence. Le courant de charge du condensateur C, traversant L, est ainsi i_0 au

commencement de la charge, lorsque la f. é. m. du condensateur est
o, et a la même valeur i_0 à la fin de la charge lorsque la différence de
potentiel du condensateur $e_1 = e_0$.

50. — Comptons donc le temps t depuis le moment où la charge
du condensateur commence ; nous avons les conditions extrêmes :

$$t = 0 \quad i = i_0 \quad e_1 = 0 \qquad \text{au commencement de la charge.}$$
$$t = t_0 \quad i = i_0 \quad e_1 = e_0 \qquad \text{à la fin de la charge du condensateur.}$$

Dans la décharge du condensateur à travers le circuit $L_0 r_0$, comptons
le temps t' depuis le moment où la décharge commence, c'est-à-dire
$t' = t - t_0$, nous avons

$$t' = 0 \quad i' = 0 \quad e_1 = e_0 \qquad \text{comme état initial}$$

e_0 est ainsi la valeur du voltage e_1 du condensateur pour laquelle la
décharge a lieu à l'éclateur, et t_0 est le temps s'écoulant entre $e_1 = 0$
et $e_1 = e_0$, ou le temps nécessaire pour que le voltage s'élève suffisamment et que l'intervalle d'air soit franchi par l'étincelle.

En supposant que la période d'oscillation de la charge du condensateur à travers $L\,r$ est grande comparée à la période d'oscillation de
la décharge à travers $L_0 r_0$, les équations sont :

A) Décharge du condensateur :

$$(66) \qquad i = \frac{2 e_0}{q_0}\, \varepsilon^{-\frac{r_0}{2 L_0} t'} \sin \frac{q_0}{2 L_0}\, t',$$

$$(67) \qquad e_1 = e_0\, \varepsilon^{-\frac{r_0}{2 L_0} t'} \left\{ \cos \frac{q_0}{2 L_0}\, t' + \frac{r_0}{q_0} \sin \frac{q_0}{2 L_0}\, t' \right\}$$

dans lesquelles

$$(68) \qquad q_0 = \sqrt{\frac{4 L_0}{C} - r_0^2}.$$

B) Charge du condensateur :

$$(69) \qquad i = \varepsilon^{-\frac{r}{2 L} t} \left\{ i_0 \cos \frac{q}{2 L}\, t + \frac{2 e - r i_0}{q} \sin \frac{q}{2 L}\, t \right\},$$

$$(70) \qquad e_1 = e - \varepsilon^{-\frac{r}{2 L} t} \left\{ e \cos \frac{q}{2 L}\, t + \frac{r e - \frac{r^2 + q^2}{2} i_0}{q} \sin \frac{q}{2 L}\, t \right\}$$

dans lesquelles

$$(71) \qquad q = \sqrt{\frac{1L}{C} - r^2}.$$

En portant dans (69) et (70) les conditions extrêmes indiquées ci-dessus, soit

$$t = t_0 \quad i = i_0 \quad e_1 = e_0$$

on a

$$(72) \qquad i_0 = \varepsilon^{-\frac{r}{2L}t_0} \left\{ i_0 \cos \frac{q}{2L} t_0 + \frac{2e - ri_0}{q} \sin \frac{q}{2L} t_0 \right\}$$

et

$$(73) \quad e_0 = e - \varepsilon^{-\frac{r}{2L}t_0} \left\{ e \cos \frac{q}{2L} t_0 + \frac{re - \dfrac{r^2 + q^2}{2} i_0}{q} \sin \frac{q}{2L} t_0 \right\}.$$

Appelons pour plus de commodité

$$(74) \qquad \begin{cases} \dfrac{r}{2L} t_0 = s \\[2mm] \dfrac{q}{2L} t_0 = \varphi \\[2mm] \dfrac{r}{q} = a \end{cases}$$

et tirons i_0 de (72) :

$$(75) \qquad i_0 = \frac{2e}{q} \; \frac{\varepsilon^{-s} \sin \varphi}{1 - \varepsilon^{-s} \cos \varphi \; - \; a\varepsilon^{-s} \sin \varphi}$$

en portant (75) dans (73) et transposant :

$$(76) \qquad e_0 = e \; \frac{1 - 2\varepsilon^{-s} \cos \varphi + \varepsilon^{-2s}}{1 - \varepsilon^{-s} \cos \varphi + a\varepsilon^{-s} \sin \varphi}$$

Les deux équations (75) et (76) permettent de calculer deux des trois quantités i_0, e_0, t_0 ; le temps t_0 de la charge du condensateur apparaît dans une fonction exponentielle en s et dans une fonction trigonométrique en φ.

Puisque dans un générateur de courant oscillatoire de bon rendement, r est aussi petit que possible, s est une très petite quantité et on peut développer ε^{-s} en série

$$(77) \qquad \varepsilon^{-s} = 1 - s + \frac{s^2}{2} - + \ldots$$

Portons (77) dans (75) en supprimant les termes de plus haut degré que s^2 :

$$i_0 = \frac{2e}{q} \frac{\left(1 - s + \frac{s^2}{2}\right) \sin \varphi}{1 - \cos \varphi + s \cos \varphi - \frac{s^2}{2} \cos \varphi + a \sin \varphi - as \sin \varphi}.$$

En multipliant le numérateur et le dénominateur par $\left(1 + \frac{s}{2}\right)$ on obtient :

$$(78) \quad \left\{ \begin{aligned} i_0 &= \frac{2e}{q} \frac{\sin \varphi}{\dfrac{2 + s}{2 - s} - \cos \varphi + a \sin \varphi} \\[2ex] &= \frac{2e}{q} \frac{\sin \varphi}{\dfrac{2s}{2 - s} + 2 \sin^2 \dfrac{\varphi}{2} + a \sin \varphi}. \end{aligned} \right.$$

En portant (77) dans (76) et en négligeant au delà de s^2, ainsi que as, puis en multipliant haut et bas par $\left(1 + \frac{s}{2}\right)$, et en transposant on obtient :

$$(79) \qquad e_0 = 2e \frac{2 \sin^2 \dfrac{\varphi}{2} + \dfrac{s^2}{2}}{\dfrac{2s}{2 - s} + 2 \sin^2 \dfrac{\varphi}{2} + a \sin \varphi}.$$

En substituant la valeur de t_0 en (78) et (79) on a :

$$(80) \qquad i_0 = \frac{2e}{q} \frac{\sin \dfrac{q}{2L} t_0}{\dfrac{r t_0}{L - r t_0} + 2 \sin^2 \dfrac{q}{4L} t_0 + \dfrac{r}{q} \sin \dfrac{q}{2L} t_0}$$

et

$$(81) \qquad e_0 = 2e \frac{2 \sin^2 \dfrac{q}{4L} t_0 + \dfrac{r^2 t_0^2}{8L^2}}{\dfrac{r t_0}{L - r t_0} + 2 \sin^2 \dfrac{q}{4L} t_0 + \dfrac{r}{q} \sin \dfrac{q}{2L} t_0}.$$

Ces équations donnent approximativement i_1 et e_0 en fonction de t_0, durée de la charge du condensateur.

51. — Le temps t_0 pendant lequel le condensateur se charge croît quand on accroît e_0, c'est-à-dire quand on allonge la distance d'air de l'éclateur dans le circuit de décharge tout d'abord à peu près proportionnellement, puis plus lentement quand e_0 s'approche de $2e$.

Tant que e_0 est sensiblement au-dessous de $2e$, soit environ $e_0 < 1,75e$, t_0 est relativement court et le courant de charge i qui croît depuis i_0 jusqu'à un maximum, puis décroît jusqu'à i_0 ne varie alors pas beaucoup, mais est approximativement constant, avec une valeur moyenne très peu supérieure à i_0 ; la puissance fournie par la f. é. m. appliquée au circuit de charge peut donc approximativement être représentée par :

$$(82) \qquad p_0 = ei_0,$$

La décharge du condensateur est intermittente et consiste en une série d'oscillations, avec une période de repos entre les oscillations qui est longue devant la durée des oscillations, et pendant laquelle le condensateur se charge de nouveau.

Le courant de décharge du condensateur est (66)

$$i = \frac{2e_0}{q_0}\, \varepsilon^{-\frac{r_0}{2L_0}t}\, \sin\frac{q_0}{L_0}\, t, \text{ en ampères,}$$

et puisqu'une telle oscillation revient à des intervalles de t_0 secondes, la valeur efficace, ou racine carrée du carré moyen du courant de décharge, est :

$$(83) \qquad i_1 = \sqrt{\frac{1}{t_0}\int_0^{t_0} i^2\, dt}.$$

Longtemps avant $t = t_0$, i est pratiquement nul, et la limite supérieure de l'intégrale peut être choisie égale à ∞ au lieu de t_0.

Portons (66) dans (83), nous aurons la valeur efficace du courant de décharge :

$$i_1 = \frac{2e_0}{q_0}\sqrt{\frac{1}{t_0}\int_0^{\infty} \varepsilon^{-\frac{r_0}{L_0}t}\, \sin^2\frac{q_0}{2L_0}\, t\, dt}$$

$$(84) \qquad = \frac{2e_0}{q_0}\sqrt{\frac{1}{2t_0}\left\{\int_0^{\infty} \varepsilon^{-\frac{r_0}{L_0}t}\, dt - \int_0^{\infty} \varepsilon^{-\frac{r_0}{L_0}t}\, \cos\frac{q_0}{L_0}\, t\, dt\right\}};$$

mais

$$\int_0^\infty \varepsilon^{-\frac{r_0}{L_0}t}\, dt = -\frac{L_0}{r_0}\left[\varepsilon^{-\frac{r_0}{L_0}t}\right]_0^\infty = \frac{L_0}{r_0}$$

et

$$\int_0^\infty \varepsilon^{-\frac{r_0}{L_0}t}\cos\frac{q_0}{L_0}t\, dt = \frac{\frac{L_0}{q_0}}{1+\left(\frac{r_0}{q_0}\right)^2}\left[\varepsilon^{-\frac{r_0}{L_0}t}\left\{\sin\frac{q_0}{L_0}t - \frac{r_0}{q_0}\cos\frac{q_0}{L_0}t\right\}\right]_0^\infty$$

$$= \frac{L_0 r_0}{r_0^2 + q_0^2};$$

en portant dans (84) :

$$(85)\qquad\qquad i_1 = e_0\sqrt{\frac{2L_0}{t_0 r_0(r_0^2+q_0^2)}}\,.$$

Puisque $q_0^2 = 4\frac{L}{C} - r_0^2$, nous avons en substituant dans (85) :

$$(86)\qquad\qquad i_1 = e_0\sqrt{\frac{C}{2t_0 r_0}}\,.$$

En posant $f_1 = \frac{1}{t_0}$, fréquence de charge du condensateur, ou nombre de trains d'oscillations de décharge par seconde,

$$(87)\qquad\qquad i_1 = e_0\sqrt{\frac{Cf_1}{2r_0}}\,,$$

c'est-à-dire que la valeur efficace du courant de décharge est proportionnelle au potentiel du condensateur e_0, proportionnelle à la racine carrée de la capacité C et de la fréquence de charge f_1 ; elle est inversement proportionnelle à la racine carrée de la résistance r_0 du circuit de décharge ; mais elle ne dépend pas de l'inductance L_0 du circuit de décharge, et pour cette raison n'est pas liée à la fréquence d'oscillation de la décharge.

La puissance de la décharge est

$$(88)\qquad\qquad p_1 = i_1^2 r_0 = f_1\frac{e_0^2 C}{2}$$

Puisque $\frac{e_0^2 C}{2}$ est l'énergie emmagasinée dans le condensateur de capacité C au potentiel e_0, et f_1 la fréquence ou nombre de décharges de cette énergie par seconde, l'équation (88) est évidente.

Inversement aussi, de l'équation (88) c'est-à-dire de l'énergie totale emmagasinée dans le condensateur .. déchargée par seconde, on peut calculer directement la valeur du courant de décharge :

$$(87) \qquad i_1 = \sqrt{\frac{p_1}{r_0}} = e_0 \sqrt{\frac{Cf_1}{2\,r_0}}.$$

Le rapport du courant efficace de décharge i_1 au courant moyen de charge i_0 est

$$(89) \qquad \frac{i_1}{i_0} = \frac{e_0}{i_0} \sqrt{\frac{Cf_1}{2\,r_0}}$$

et portant (80) et (81) en (89) il vient :

$$(90) \qquad \frac{i_1}{i_0} = q \sqrt{\frac{Cf_1}{2\,r_0}} \frac{2 \sin^2 \frac{q}{4L} t_0 + \frac{r^2 t_0^2}{8L}}{\sin \frac{q}{2L} t_0}.$$

L'ordre de grandeur de cette quantité peut être obtenu approximativement en négligeant r devant $\frac{4L}{C}$, en substituant à q la valeur $\sqrt{\frac{4L}{C}}$ et remplaçant le sinus par l'arc. Cela donne :

$$(91) \qquad \frac{i_1}{i_0} = \frac{1}{\sqrt{2\,r_0 Cf_1}}.$$

52. — Exemple : Supposons un générateur de courant oscillatoire, alimentant un transformateur Tesla pour tubes à rayons X ou fournissant le courant de décharge à un arc au fer (ce qui est une décharge de condensateur entre électrodes de fer) pour la production de rayons ultra-violets.

Les constantes du circuit de charge sont : f. é. m. appliquée $e = 15\,000$ volts ; résistance $r = 10\,000$ ohms ; inductance $L = 250$ henrys et capacité $C = 2 \times 10^{-8}$ farad $= 0,02$ m. c. f.

Les constantes du circuit de décharge sont : a) alimentation du transformateur Tesla : résistance estimée $r_0 = 20$ ohms (effective) ; inductance estimée, $L_0 = 60 \times 10^{-6}$ henry $= 0,06$ mlh ; b)

alimentation de l'arc à ultra-violet ; résistance estimée $r_0 = 5$ ohms (effective) ; inductance estimée $L_0 = 4 \times 10^{-6}$ henry $= 0,004$ mlh.

Ainsi pour le circuit de charge

$$q = 223\,400 \text{ ohms} \qquad \frac{r}{q} = 0,0448$$

$$\frac{q}{2L} = 446,8 \qquad \frac{r}{2L} = 20$$

$$\frac{L}{r} = 0,025 ;$$

alors

$$(92) \begin{cases} i_0 = 0,1344 \; \dfrac{\sin 446,8\, t_0}{\dfrac{t_0}{0,025 - t_0} + 2 \sin^2 223,4\, t_0 + 0,0448 \sin 446,8\, t_0} \\[4mm] \text{et} \\[2mm] e_0 = 30\,000 \; \dfrac{2 \sin^2 223,4\, t_0 + 200\, t_0^2}{\dfrac{t_0}{0,025 - t_0} + 2 \sin^2 223,4\, t_0 + 0,0448 \sin 446,8\, t_0}. \end{cases}$$

La figure 17 montre e_0 et i_0 en ordonnées avec le temps de charge t_0 en abscisses.

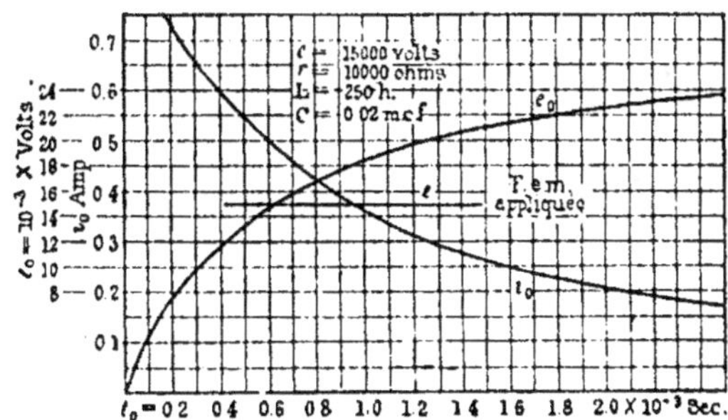

Fig. 17. — Charge d'un générateur de courant oscillatoire.

La fréquence de l'oscillation de charge est :

$$f = \frac{q}{4\pi L} = 71,2 \text{ périodes par seconde}$$

pour

$$i_0 = 0,365 \text{ ampère}$$

Portons en (69) et (70), nous aurons pour les équations de la charge du condensateur :

$$(93) \begin{cases} i = \varepsilon^{-20t} \left\{ 0,365 \cos 446,8\, t + 0,118 \sin 446,8\, t \right\} \\[2mm] \text{et} \\[2mm] e_1 = 15\,000 \left\{ 1 - \varepsilon^{-20t} \left[\cos 446,8\, t - 2,67 \sin 446,8\, t \right] \right\}. \end{cases}$$

De ces équations, on a tracé les valeurs de i et c_i (*fig.* 18) avec le temps t en abscisses.

Comme on le voit, la valeur $i = i_0 = 0,365$ ampère est atteinte de nouveau au temps $t_0 = 0,0012$, c'est-à-dire après 30,6 degrés ou environ $\frac{1}{12}$ de période. A ce moment la différence de potentiel du condensateur est $c_i = c_0 = 22\,300$ volts ; c'est-à-dire qu'en réglant l'éclateur pour 22 300 volts, la durée de la charge du condensateur est 0,0012 seconde, ou en d'autres termes que chaque 0,0012

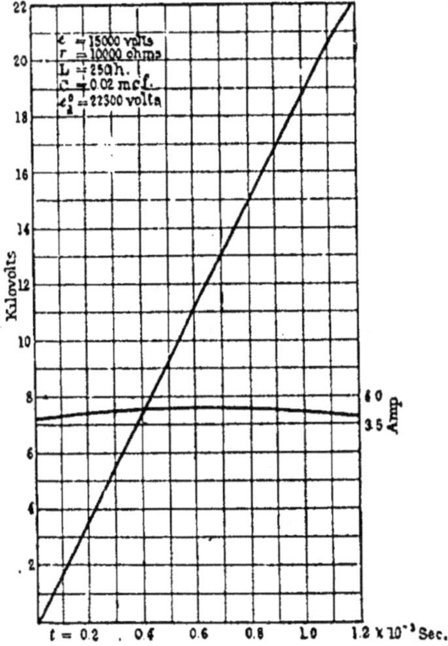

Fig. 18. — Charge du condensateur d'un générateur du courant oscillatoire

seconde, ou 833 fois par seconde, les oscillations de décharge se produisent.

Avec cet éclateur, le courant au commencement et à la fin de la charge est 0,36 ampère, et le courant moyen de charge est 0,3735 ampère sous 15 000 volts, soit 5,6 kilowatts.

Supposons que la différence de potentiel du condensateur à la fin de la charge soit $c_0 = 22\,300$ volts ; alors considérons deux cas :

a) Le condensateur se décharge dans un tube de Tesla ;

b) Le condensateur se décharge dans un arc à fer.

a) Le transformateur Tesla qui est un transformateur spécial pour courant oscillatoire, n'a pas de fer ; son primaire a peu de spires (20) et son secondaire en a un plus grand nombre (360), le tout immergé dans l'huile.

Quoique la résistance réelle du circuit de décharge soit seulement de 0,1 ohm, la charge du secondaire du transformateur Tesla, la dissipation d'énergie dans l'espace par décharge en effluves, etc... et l'accroissement de résistance par suite d'inégale distribution du courant dans le conducteur, accroissent la résistance effective d'un grand nombre de fois la résistance ohmique. Nous pouvons pour cette raison, assigner à r_0 une valeur égale à 20 ohms ; $L_0 = 60 \times 10^{-6}$ henry et $C = 2 \times 10^{-8}$ farad.

Alors

$$q_0 = 108 \text{ ohms}, \qquad \frac{r_0}{q_0} = 0,186,$$

$$\frac{q_0}{2 L_0} = 0,898 \times 10^6, \qquad \frac{r_0}{2 L_0} = 0,1667 \times 10^6,$$

$$(94) \begin{cases} i = 415 \, \varepsilon^{-0,1667 \times 10^6 t} \sin 0,898 \times 10^6 t \text{ ampères,} \\ \text{et} \\ e = 22\,300 \, \varepsilon^{-0,1667 \times 10^6 t} \left\{ \cos 0,898 \times 10^6 t + 0,186 \sin 0,898 \times 10^6 t \right\} \\ \hfill \text{volts} \end{cases}$$

La fréquence d'oscillation est

$$(95) \qquad f_0 = \frac{0,898 \times 10^6}{2\pi} = 143\,000 \text{ périodes par seconde.}$$

La figure 19 montre le courant i et le potentiel du condensateur e_1

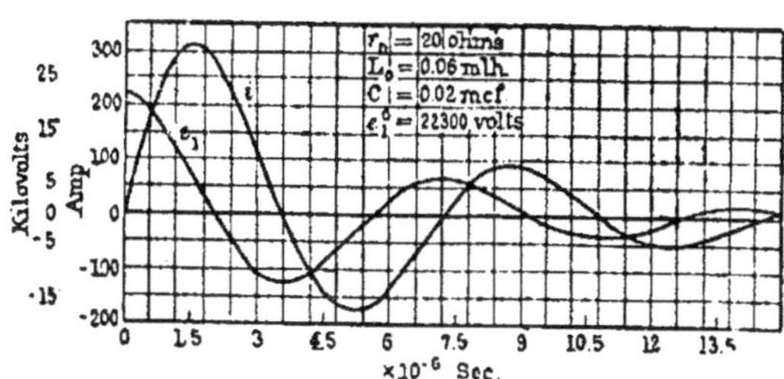

Fig. 19. — Décharge du condensateur d'un générateur de courant oscillatoire.

pendant la décharge, avec le temps t en abscisses. Comme on le voit, la durée de la décharge est courte et l'amorti   t très grand ; le décrément est 0,55 de telle sorte que l'oscill   eteint très rapidement. Le courant oscillant, cependant, est é   ne comparé au courant de charge ; avec une moyenne de courant de charge de 0,3735 ampère, et un maximum de 0,378 ampère, le maximum de courant de décharge atteint 315 ampères, soit 813 fois plus que le courant de charge.

La valeur efficace du courant de décharge, tirée de l'équation (87) est $i_1 = 14,4$ ampères ou près de 40 fois le courant de charge.

53. — *b*) Quand on décharge directement le condensateur au travers d'un arc à fer pour rayons ultra-violets, par un circuit direct estimé à $r_0 = 5$ ohms et $L_0 = 4 \times 10^{-6}$ henry, on a :

$$q_0 = 27.84 \text{ ohms}, \qquad \frac{q_0}{r_0} = 0,1795 ;$$

$$\frac{q_0}{2L_0} = 3,48 \times 10^6, \qquad \frac{r_0}{2L_0} = 0,625 \times 10^6 ;$$

alors

$$(96) \quad \begin{cases} i = 1\,600\, \varepsilon^{-0,625 \times 10^6 t} \sin 3,48 \times 10^6\, t, \text{ amp.} \\ \text{et} \\ e_1 = 22\,300\, \varepsilon^{-0,625 \times 10^6 t} \left\{ \cos 3,48 \times 10^6\, t + 0,1795 \sin 3,48 \times 10^6\, t \right\} \\ \hfill \text{volts} \end{cases}$$

et la fréquence d'oscillation est :

$$f_0 = 562\,000 \text{ périodes par seconde,}$$

c'est-à-dire que la fréquence est encore plus haute et dépasse un demi-million de cycles ; le maximum du courant de décharge est de plus de 1\,000 ampères ; mais la durée de la décharge est encore plus courte et les oscillations s'éteignent plus rapidement.

La valeur efficace du courant de décharge, de (87) est $i_1 = 28,88$ ampères ou 77 fois le courant de charge. Un ampèremètre à fil chaud placé dans le circuit de décharge indiquerait donc 29 ampères environ.

Comme on le voit, avec un très faible courant d'alimentation, soit 0,3735 ampère sous 15\,000 volts, on arrive dans le circuit de décharge à un voltage maximum de 22\,300, — près de 50 pour cent plus élevé — et un courant beaucoup plus intense, d'une valeur efficace un grand nombre de fois plus élevée que celle du courant d'alimentation.

En pratique, au lieu d'appliquer une f. é. m. constante e, on emploie une tension alternative de basse fréquence qui peut être plus facilement produite au moyen d'un transformateur élévateur. Dans ce cas, la décharge du condensateur ne se produit plus à des intervalles réguliers, mais seulement pendant une fraction de chaque demi-onde, lorsque la f. é. m. produite à l'éclateur est suffisante pour franchir son écartement; le temps s'écoulant entre deux décharges est plus court aux environs du maximum de la f. é. m. qu'au début et à la fin de chaque demi-onde.

Par exemple, si nous employons un transformateur élévateur donnant 17 400 volts efficaces (par le rapport du nombre de spires 1 : 150 en partant de 118 volts primaires à 60 périodes par seconde) ou une tension maximum de 24 700 volts, alors la première décharge a lieu dans chaque demi-onde dès que le voltage à l'éclateur atteint 22 300 volts, tension pour laquelle il est réglé. Une série de décharges se produit ensuite, à des intervalles de temps décroissants au fur et à mesure que la f. é. m. primaire croît et jusqu'à son maximum ; puis ces intervalles de temps augmentent et cessent enfin quand la f. é. m. est tombée au-dessous de la valeur de 13 000 volts environ qui, appliquée au circuit de charge, ne peut plus faire franchir l'écartement de l'éclateur, e. 22 300 volts. Les décharges oscillantes cessent, et reprennent de nouveau dans la demi-onde suivante.

Le phénomène a ainsi le même caractère que celui étudié avec une f. é. m. constante appliquée, excepté qu'il est intermittent, avec arrêt au zéro de chaque période primaire, et des temps inégaux t_0 séparant les décharges successives.

54. — Un réseau de câbles souterrains peut agir comme un générateur de courants oscillatoires, avec la capacité du câble comme condensateur, l'inductance interne des générateurs comme bobine de réaction, et un arc de court-circuit comme circuit de décharge.

Dans un réseau de câbles où ce phénomène fut observé, les constantes étaient approximativement les suivantes : capacité des câbles 102 m. c. f. ; inductance des générateurs (30 000 kw) $L = 6,4$ m.l.h ; résistance des générateurs et du circuit allant jusqu'à l'arc de court-circuit, $r = 0,1$ et $r = 1,0$ ohm respectivement; f. é. m. appliquée 11 000 volts efficaces, et fréquence 25 périodes par seconde.

La fréquence de l'oscillation de charge est

$$f = \frac{q}{4\pi L} = 197 \text{ périodes p. sec.}$$

puisque

$$q = \sqrt{\frac{4L}{C} - r^2} = 15,8 \text{ ohms.}$$

En portant ces valeurs dans les équations précédentes, et en estimant les constantes du circuit de décharge, on arrive à d'énormes valeurs du courant et de la f. é. m. de décharge.

—

RÉSISTANCE, INDUCTANCE ET CAPACITÉ EN SÉRIE DANS UN CIRCUIT A COURANT ALTERNATIF

55. — Soit au temps $t = 0$ ou $\theta = 0$, la f. é. m. :

$$(1) \qquad e = E \cos (\theta - \theta_0)$$

appliquée à un circuit contenant en série la résistance r, l'inductance L et la capacité C.

$$(2) \qquad \begin{cases} \text{La réactance inductive est } x = 2\pi f L. \\ \text{et la réactance condensive } x_c = \dfrac{1}{2\pi f C} \end{cases}$$

formules dans lesquelles $f =$ fréquence et

$$(3) \qquad \theta = 2\pi f t.$$

Donc la f. é. m. consommée par la résistance est : ri ; la f. é. m. consommée par l'inductance est

$$L \frac{di}{dt} = x \frac{di}{d\theta},$$

et la f. é. m. consommée par la capacité est :

$$(4) \qquad e_1 = \frac{1}{C} \int i\,dt = x_c \int i\,d\theta,$$

où $i =$ valeur instantanée du courant.

De là

$$(5) \qquad e = ri + x \frac{di}{d\theta} + x_c \int id\theta$$

ou

$$(6) \qquad E \cos(\theta - \theta_0) = ri + x \frac{di}{d\theta} + x_c \int id\theta.$$

La différence de potentiel entre armatures du condensateur est donc :

$$(7) \qquad e_t = x_c \int id\theta = E \cos(\theta - \theta_0) - ri - x \frac{di}{d\theta};$$

en différentiant l'équation (6) :

$$(8) \qquad E \sin(\theta - \theta_0) + x \frac{d^2i}{d\theta^2} + r \frac{di}{d\theta} + x_c i = 0.$$

L'intégrale de cette équation est de la forme :

$$(9) \qquad i = A\varepsilon^{-a\theta} + B \cos(\theta - \sigma).$$

En portant (9) dans (8) et transposant :

$$A\varepsilon^{-a\theta} \left\{ a^2 x - ar + x_c \right\} + \sin\theta \left\{ E\cos\theta_0 - rB\cos\sigma - B(x - x_c)\sin\sigma \right\}$$
$$- \cos\theta \left\{ E\sin\theta_0 - rB\sin\sigma + B(x - x_c)\cos\sigma \right\} = 0,$$

et de là

$$(10) \qquad \begin{cases} a^2 x - ar + x_c = 0 \\ E \cos\theta_0 - rB\cos\sigma - B(x - x_c)\sin\sigma = 0 \\ E \sin\theta - rB\sin\sigma + B(x - x_c)\cos\sigma = 0. \end{cases}$$

Posons

$$(11) \qquad \begin{cases} S = \sqrt{r^2 - 4xx_c} \\ z_0 = \sqrt{r^2 + (x - x_c)^2} \\ \operatorname{tg}\gamma = \dfrac{x - x_c}{r}. \end{cases}$$

Et portons dans (10), il vient :

$$(12) \qquad \begin{cases} a = \dfrac{r \pm s}{2x} \\ B = \dfrac{E}{z_0} \\ \sigma = \theta_0 + \gamma. \end{cases}$$

avec A indéterminé.

L'équation du courant est ainsi :

$$(13) \qquad i = \frac{E}{z_0} \cos(\theta - \theta_0 - \gamma) + A_1 \varepsilon^{-\frac{r-s}{2r}\theta} + A_2 \varepsilon^{-\frac{r+s}{2r}\theta}.$$

En portant (12) dans (7), on obtient la valeur de la différence de potentiel entre armatures du condensateur :

$$(14) \qquad e_1 = \frac{E x_c}{z_0} \sin(\theta - \theta_0 - \gamma) - \frac{r+s}{2} A_1 \varepsilon^{-\frac{r-s}{2x}\theta} - \frac{r-s}{2} A_2 \varepsilon^{-\frac{r+s}{2r}\theta}.$$

Les deux constantes d'intégration A_1 et A_2 sont données par les conditions extrêmes du problème.

Soit, au moment du départ $\theta = 0$:

$$(15) \quad \begin{cases} i = i_0 = \text{valeur instantanée du courant} \\ e_1 = e_0 = \text{valeur instantanée de la diff. de pot. au condensateur.} \end{cases}$$

Portons en (13) et (14) :

$$i_0 = \frac{E}{z_0} \cos(\theta_0 + \gamma) + A_1 + A_2$$

et

$$e_0 = - \frac{E x_c}{z_0} \sin(\theta_0 + \gamma) - \frac{r+s}{2} A_1 - \frac{r-s}{2} A_2.$$

Donc :

$$(16) \begin{cases} A_1 + A_2 = i_0 - \dfrac{E}{z_0} \cos(\theta_0 + \gamma) \\ \text{et} \\ A_1 - A_2 = - \dfrac{r i_0 + 2 e_0}{s} + \dfrac{E}{s z_0} \left\{ r \cos(\theta_0 + \gamma) - 2 x_c \sin(\theta_0 + \gamma) \right\}, \end{cases}$$

ou :

$$(17) \begin{cases} A_1 = - \dfrac{\dfrac{r-s}{2} i_0 + e_0}{s} + \dfrac{E}{s z_0} \left\{ \dfrac{r-s}{2} \cos(\theta_0 + \gamma) - x_c \sin(\theta_0 + \gamma) \right\} \\ \text{et} \\ A_2 = + \dfrac{\dfrac{r+s}{2} i_0 + e_0}{s} - \dfrac{E}{s z_0} \left\{ \dfrac{r+s}{2} \cos(\theta_0 + \gamma) - x_c \sin(\theta_0 + \gamma) \right\}. \end{cases}$$

Portons (17) dans (13) et (14) ; nous aurons les intégrales générales de problèmes. Le *courant* est :

$$(18)\quad i = \frac{E}{z_0}\cos(\theta - \theta_0 - \gamma) + \frac{E}{s z_0}\left\{ \varepsilon^{-\frac{r-s}{2x}\theta}\left[\frac{r-s}{2}\cos(\theta_0+\gamma) - x_c\sin(\theta_0+\gamma)\right]\right.$$

$$\left. -\varepsilon^{-\frac{r+s}{2x}\theta}\left[\frac{r+s}{2}\cos(\theta_0+\gamma) - x_c\sin(\theta_0+\gamma)\right]\right\}$$

$$-\frac{1}{s}\left\{ \varepsilon^{-\frac{r-s}{2x}\theta}\left[\frac{r-s}{2}i_0 + e_0\right] - \varepsilon^{-\frac{r+s}{2x}\theta}\left[\frac{r+s}{2}i_0 + e_0\right]\right\}$$

et la *différence de potentiel entre armatures du condensateur* est :

$$(19)\quad e_1 = \frac{E x_c}{z_0}\sin(\theta - \theta_0 - \gamma)$$

$$-\frac{E}{2 s z_0}\left\{ (r+s)\,\varepsilon^{-\frac{r-s}{2x}\theta}\left[\frac{r-s}{2}\cos(\theta_0+\gamma) - x_c\sin(\theta_0+\gamma)\right]\right.$$

$$\left. -(r-s)\,\varepsilon^{-\frac{r+s}{2x}\theta}\left[\frac{r+s}{2}\cos(\theta_0+\gamma) - x_c\sin(\theta_0+\gamma)\right]\right\}$$

$$+\frac{1}{2s}\left\{ (r+s)\varepsilon^{-\frac{r+s}{2x}\theta}\left[\frac{r-s}{2}i_0 + e_0\right] - (r-s)\varepsilon^{-\frac{r+s}{2x}\theta}\left[\frac{r+s}{2}i_0 + e_0\right]\right\}$$

où :

$$(19')\quad \begin{cases} z_0 = \sqrt{r^2 + (x - x_c)^2} \\[2mm] tg\,\gamma = \dfrac{x - x_c}{r} \\[2mm] et \\[2mm] s = \sqrt{r^2 - 4x\,x_c}. \end{cases}$$

Les expressions de i et de e_1 se composent chacune de trois termes :

1° Le terme permanent, qui est le seul qui subsiste après un certain temps ;

2° Un terme transitoire dépendant seulement des constantes du circuit r, s, x_c, z_0, x, de la force électromotrice appliquée E, et de sa phase θ_0 au moment du départ, mais qui est indépendant des conditions existant dans le circuit auparavant.

3° Un terme dépendant, en outre de ces constantes du circuit, des valeurs instantanées du courant et de la différence de potentiel, i_0 et e_0, au moment du départ et par celà des conditions du circuit avant que la f. é. m. e lui soit appliquée. Ce terme disparaît si i_0 et e_0 sont nuls avant le départ.

Les équations (18) et (19) contiennent le terme

$$s = \sqrt{r^2 - 4x\,x_c} = \sqrt{r^2 - 4\frac{L}{C}} ;$$

par conséquent, elles s'appliquent seulement quand $r^2 > 4x x_c$; elles deviennent indéterminées si $r^2 = 4x x_c$ et imaginaires si $r^2 < 4x x_c$.

Dans ce dernier cas elles doivent être modifiées pour apparaître sous forme réelle, d'une manière similaire à ce qui a été fait dans le Chapitre V.

56. — Dans le *cas critique* $r_c^2 = 4x x_c$ et $s = 0$, l'équation (18) devient :

$$i = \frac{E}{z_0} \cos(\theta - \theta_0 - \gamma) + \frac{E}{z_0} \varepsilon^{-\frac{r}{2x}\theta}$$

$$\left\{ \left[\frac{r}{2} \cos(\theta_0 + \gamma) - x_c \sin(\theta_0 + \gamma) \right] \frac{\varepsilon^{+\frac{s}{2x}\theta} - \varepsilon^{-\frac{s}{2x}\theta}}{s} - \cos(\theta_0 + \gamma) \right\}$$

$$- \varepsilon^{-\frac{r}{2x}\theta} \left\{ \left(\frac{r}{2} i_0 + e_0 \right) \frac{\varepsilon^{+\frac{s}{2x}\theta} - \varepsilon^{-\frac{s}{2x}\theta}}{s} - i_0 \right\}.$$

Développons en série, en ne gardant que les premiers termes, le reste étant très petit, nous avons

$$\frac{\varepsilon^{+\frac{s}{2x}\theta} - \varepsilon^{-\frac{s}{2x}\theta}}{s} = \frac{\theta}{x}.$$

Par conséquent le *courant* est :

$$(20) \qquad i = \frac{E}{z_0} \cos(\theta - \theta_0 - \gamma) + \frac{E}{z_0} \varepsilon^{-\frac{r}{2x}\theta}$$

$$\left\{ \left[\frac{r}{2} \cos(\theta_0 + \gamma) - x_c \sin(\theta_0 + \gamma) \right] \frac{\theta}{x} - \cos(\theta_0 + \gamma) \right\}$$

$$+ \varepsilon^{-\frac{r}{2x}\theta} \left\{ i_0 - \left[\frac{r}{2} i_0 + e_0 \right] \frac{\theta}{x} \right\},$$

et de la même manière *la différence de potentiel du condensateur* est :

$$(21) \quad e_1 = \frac{E x_c}{z_0} \sin(\theta - \theta_0 - \gamma) - \frac{E}{2 z_0} \varepsilon^{-\frac{r}{2x}\theta}$$

$$\left\{ \left[\frac{r^2}{2} \cos(\theta_0 + \gamma) - x_c r \sin(\theta_0 + \gamma) \right] \frac{\theta}{x} - 2 x_c \sin(\theta + \gamma) \right\}$$

$$+ \frac{1}{2} \varepsilon^{-\frac{r}{2x}\theta} \left\{ \left[\frac{r^2}{2} i_0 + r e_0 \right] \frac{\theta}{x} + 2 e_0 \right\}.$$

Ici encore trois termes existent qui sont : un terme permanent, un terme transitoire dépendant seulement de E et ϑ_0, et un terme transitoire dépendant de i_0 et e_0.

57. — Dans le cas *trigonométrique* ou *oscillatoire*, $r^2 < 4 x x_c$, s devient imaginaire et les équations (18) et (19) contiennent alors des exposants imaginaires complexes qui doivent être éliminés puisque la forme imaginaire de l'équation est manifestement apparente, le phénomène étant réel.

Posons donc :

$$(22) \qquad q = \sqrt{4 x x_c - r^2} = js$$

portons en (13) et (14) et introduisons les expressions trigonométriques :

$$(23) \quad \begin{cases} \varepsilon^{+j\frac{q}{2x}\theta} = \cos\frac{q}{2x}\theta + j\sin\frac{q}{2x}\theta \\ \text{et} \\ \varepsilon^{-j\frac{q}{2x}\theta} = \cos\frac{q}{2x}\theta - j\sin\frac{q}{2x}\theta. \end{cases}$$

En séparant les termes réels et imaginaires on a :

$$i = \frac{E}{z_0} \cos(\theta - \theta_0 - \gamma) + \varepsilon^{-\frac{r}{2x}\theta}$$

$$\left\{ (A_1 + A_2) \cos\frac{q}{2x}\theta + j(A_1 - A_2)\sin\frac{q}{2x}\theta \right\}.$$

et

$$e_i = \frac{Ex_c}{z_0} \sin (\theta - \theta_0 - \gamma) + \varepsilon^{-\frac{r}{2x}\theta}$$

$$\left\{ \frac{A_1 + A_2}{2} \left[r \cos (\theta_0 + \gamma) - q \sin (\theta_0 + \gamma) \right] + j \frac{A_1 - A_2}{2} \right.$$

$$\left. q \cos (\theta_0 + \gamma) + r \sin (\theta_0 + \gamma) \right] \Big\} ;$$

portons dans ces valeurs celles des équations (16) et (22), les imaginaires disparaissent, et nous avons le *courant* :

$$(24) \qquad i = \frac{E}{z_0} \cos (\theta - \theta_0 - \gamma) - \frac{E}{z_0} \varepsilon^{-\frac{r}{2x}\theta}$$

$$\left\{ \cos (\theta_0 + \gamma) \cos \frac{q}{2x} \theta + \left[\frac{2x_c}{q} \sin (\theta_0 + \gamma) - \frac{r}{q} \cos (\theta_0 + \gamma) \right] \sin \frac{q}{2x} \theta \right\}$$

$$+ \varepsilon^{-\frac{r}{2x}\theta} \left\{ i_0 \cos \frac{q}{2x} \theta - \frac{2e_0 + ri_0}{q} \sin \frac{q}{2x} \theta \right\},$$

et la *différence de potentiel entre armatures du condensateur* :

$$(25) \qquad e_i = \frac{Ex_c}{z} \sin (\theta - \theta_0 - \gamma) + \frac{Ex_c}{z_0} \varepsilon^{-\frac{r}{2x}\theta}$$

$$\left\{ \sin (\theta_0 - \gamma) \cos \frac{2x}{q} \theta + \left[\frac{r}{q} \sin (\theta_0 + \gamma) - \frac{2x}{q} \cos (\theta_0 + \gamma) \right] \sin \frac{q}{2x} \theta \right\}$$

$$+ \varepsilon^{-\frac{r}{2x}\theta} \left\{ e_0 \cos \frac{q}{2x} \theta + \frac{2re_0 + 4xx_c i_0}{2q} \sin \frac{q}{2x} \theta \right\}.$$

Ces formules sont composées de trois termes, comme nous l'avons déjà vu.

58. — A titre d'exemples, les figures 20 et 21 montrent le départ du courant i, son terme permanent i_p et les deux termes transitoires i_t et i_2 et leur différence, pour les constantes : $E = 1000$ volts = valeur maximum de la f. é. m. appliquée; $r = 200$ ohms = résistance; $x = 75$ ohms = réactance inductive; $x_c = 75$ ohms = réactance condensive. Nous avons :

$$4xx_c = 22\,500$$

et

$$r^2 = 40000 ;$$

d'où

$$r^2 > 4 x x_c$$

c'est-à-dire que le départ est logarithmique ;

$$z_0 = 200, \qquad s = 132 \qquad \text{et} \qquad \gamma = 0.$$

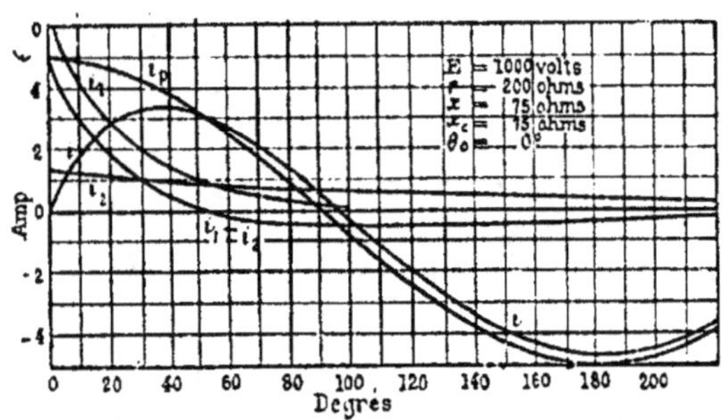

Fig. 20. — Départ d'un circuit à courant alternatif, ayant capacité, inductance et resistance en série. Départ logarithmique.

Dans la figure (20) le circuit est fermé au moment $\theta_0 = 0$ c'est-à-dire lorsque la f. e. m. appliquée est maximum, ce qui donne pour les équations (18) et (19), puisque $e_0 = 0$ et $i_0 = 0$:

$$i = 5 \left\{ \cos 0 - 1,26\, \varepsilon^{-2,22\,\theta} + 0,26\, \varepsilon^{-0,452\,\theta} \right\}$$

et

$$e_1 = 375 \left\{ \sin 0 + 0,57 \left(\varepsilon^{-2,22\,\theta} - \varepsilon^{-0,452\,\theta} \right) \right\}.$$

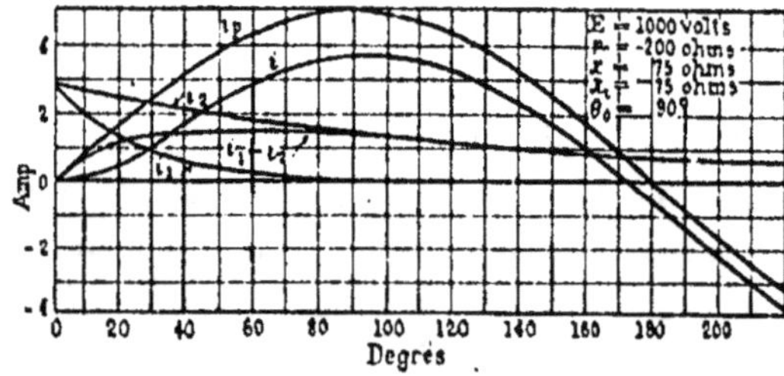

Fig. 21. — Départ d'un circuit à courant alternatif ayant capacité, inductance et résistance, en série. Départ logarithmique.

Dans la figure 21, le circuit est fermé à l'instant $\theta_0 = 90°$, c'est-à-

dire à la valeur zéro de la f. é. m. appliquée ; ce qui donne les
équations

$$i = 5 \left\{ \sin \theta + 0{,}57 \left(\varepsilon^{-2{,}28\theta} - \varepsilon^{-0{,}452\theta} \right) \right\}$$

et

$$e_1 = 375 \left\{ \cos \theta + 0{,}26\, \varepsilon^{-2{,}28\theta} - 1{,}26\, \varepsilon^{-0{,}452\theta} \right) \right\}.$$

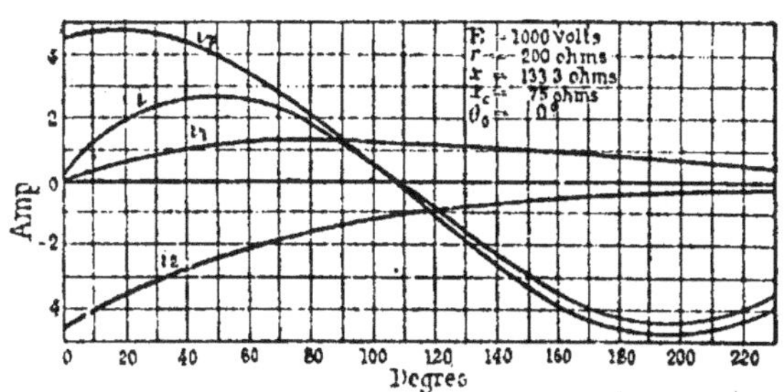

Fig. 22. — Départ d'un circuit à courant alternatif ayant capacité inductance et résistance
en série. Départ critique.

Il n'existe aucune valeur de θ_0 qui ne donne pas naissance à un
terme transitoire.

Dans la figure 22, on montre le départ d'un circuit, qui a une
réactance inductive plus grande, pour obtenir la condition critique :

$$r^2 = 4x\, x_c,$$

les autres constantes restent les mêmes que pour les figures 20 et 21 ;
on a ainsi : E = 1 000 volts ; $r = 200$ ohms ; $x = 133{,}3$ ohms ; et
$x_c = 75$ ohms. Donc $z_0 = 208{,}3$,

$$tg\, \gamma = \frac{58{,}3}{200} = 0{,}2915 \quad \text{ou} \quad \gamma = 16°.$$

Supposons que le circuit soit mis en train au moment $\theta_0 = 0$, ou
quand la f. e. m. appliquée passe par son maximum. Alors (20) et (21)
donnent :

$$i = 4{,}78 \cos (\theta - 16°) + \varepsilon^{-0{,}75\theta} (2{,}7\, \theta - 4{,}6)$$

et

$$e_1 = 358 \sin (\theta - 16°) - \varepsilon^{-0{,}75\theta} (410\, \theta - 99).$$

Ici aussi, le terme transitoire ne disparaît pour aucune valeur de θ_0.

59. — Le cas le plus important est le cas oscillatoire, $r^2 < 4xx_c$; il est le plus commun dans les circuits électriques, comme les réseaux de câbles souterrains et les lignes aériennes à haut potentiel.

Il est aussi pratiquement le seul cas dans lequel puissent se produire des courants excessifs ou des voltages exagérés, c'est-à-dire des phénomènes dangereux.

Si la résistance condensive x_c est grande comparée à la résistance r et à la réactance inductive x, les équations de départ du circuit avec conditions initiales d'intensité et différence de potentiel nulles $i_0 = 0$ et $\dot{e}_0 = 0$, se trouvent par substitution dans les équations générales (24) et (25), qui donnent pour le *courant* :

$$(26) \qquad i = -\frac{E}{x_c}\left\{ \sin(\theta - \theta_0) + \varepsilon^{-\frac{r}{2x}\theta}\left[\sin\theta_0 \cos\sqrt{\frac{x_c}{x}}\theta \right.\right.$$

$$\left.\left. - \sqrt{\frac{x_c}{x}}\cos\theta_0 \sin\sqrt{\frac{x_c}{x}}\theta \right] \right\}$$

et pour la *différence de potentiel au condensateur* :

$$(27) \qquad e_1 = E\left\{ \cos(\theta - \theta_0) - \varepsilon^{-\frac{r}{2x}\theta} \right.$$

$$\left[\cos\theta \cos\sqrt{\frac{x_c}{x}}\theta + \left(\frac{r}{2\sqrt{xx_c}}\cos\theta_0 - \sqrt{\frac{x_c}{x}}\sin\theta_0 \right) \sin\sqrt{\frac{x_c}{x}}\theta \right] \right\},$$

où

$$(28) \qquad q = 2\sqrt{xx_c}, \qquad z_0 = x_c \qquad \text{et} \qquad \gamma = -90°.$$

Dans ce cas, il y a toujours un terme oscillatoire quelle que soit la valeur de θ_0, c'est-à-dire le point de départ sur l'onde.

La fréquence d'oscillation est

$$(29) \qquad \begin{cases} f_0 = \dfrac{q}{2x}f = f\sqrt{\dfrac{x_c}{x} - \dfrac{r^2}{4x^2}} \\[2ex] \text{ou approximativement} \\[2ex] f_0 = \sqrt{\dfrac{x_c}{x}}\,f. \end{cases}$$

f est toujours la fréquence fondamentale.

Portons en (29) $x = 2\pi f L$ et $x_c = \dfrac{1}{2\pi f C}$, nous avons :

$$(30) \qquad \begin{cases} f_0 = \dfrac{1}{2\pi}\sqrt{\dfrac{1}{CL} - \dfrac{r^2}{L^2}}\,, \\[2ex] \text{ou approximativement} \\[2ex] f_0 = \dfrac{1}{2\pi\sqrt{CL}}\,. \end{cases}$$

60. — Le départ oscillant, ou, en général, toute modification des conditions du circuit, est de grande importance puisqu'en présence de capacité, l'effet transitoire est la plupart du temps de forme oscillatoire.

Les exemples les plus communs de capacité sont : la capacité distribuée des lignes de transmission, câbles, etc., et la capacité introduite sous forme de condensateurs électrostatiques pour neutraliser le décalage des courants, et aussi pour la transformation du potentiel constant en intensité constante, etc.

a) Dans les lignes de transmission ou câbles, le courant de charge est une fraction du courant de pleine charge i_0 et la f. é. m. de self-inductance consommée par la réactance de la ligne est une fraction de la f. é. m. appliquée e_0. Puisque, par conséquent, le courant de charge est approximativement $= \dfrac{e_0}{x_c}$, et la f. é. m. de self-inductance $= x i_0$, nous avons

$$\frac{e_0}{x_c} < i_0 \quad \text{et} \quad x i_0 < e_0 ;$$

ou, en multipliant,

$$\frac{x}{x_c} < 1 \quad \text{et} \quad x < x_c.$$

La résistance r étant du même ordre de grandeur que x, il en résulte que

$$4 x x_c > r^2.$$

Par exemple avec 10 pour cent de chute par résistance, 30 pour cent de tension de réactance, et 20 pour cent de courant de charge de la ligne comme condensateur, nous pouvons supposer que la moitié de la résistance et la moitié de la réactance sont en série avec la capacité — cela représentant la capacité d'une ligne par un condensateur qui le shunte en son milieu — ; appelons

$$p = \frac{e_0}{i_0}$$

où $e_0 =$ tension appliquée au réseau, $i_0 =$ courant de pleine charge, nous avons :

$$\begin{cases} x_c = \dfrac{p}{0,2} = 5\,p, \\[4pt] x = 0,5 \times 0,3\,p = 0,15\,p \\[4pt] r = 0,5 \times 0,1\,p = 0,05\,p \end{cases}$$

et

$$r \div x \div x_c = 1 \div 3 \div 100$$

d'où

$$4\,x\,x_c \div r = 1\,200 \div 1.$$

Dans ce cas, pour avoir un départ non oscillatoire, nous devrions avoir $x < \dfrac{1}{400}\,r$ ou $x < 0,000125\,p$, ce qui n'est pas possible; ou bien $r > \sqrt{3}\,p$ ce qui ne peut-être fait qu'en fermant d'abord le circuit sur une résistance non inductive considérable — de telle dimension qu'elle fasse tomber le courant du départ à moins de $\dfrac{1}{\sqrt{3}}$ du courant de pleine charge —. Même dans ce cas, il pourra se produire des oscillations lors d'un changement de charge ou autre modification se produisant après le départ du circuit.

b) Lorsque l'on emploie des condensateurs électrostatiques pour produire des courants déwattés, la résistance en série avec le condensateur doit être faite aussi faible que possible, pour des raisons de rendement.

Même avec la valeur extrême de 10 pour 100 de perte par résistance ou $r \div x_c = 1 \div 10$, la condition de non-oscillation est $x < \dfrac{1}{40}\,r$ ou $0,23\ \%$ de réactance, ce qui n'est pas réalisable.

En général, si.

x consomme	1	2	4	9	16	} pour cent de la diff. de pot.
r doit consommer $>$	20	28,3	40	60	80	} aux bornes du condensateur.

C'est-à-dire qu'une résistance non inductive fort considérable est nécessaire si l'on veut éviter les oscillations.

La fréquence d'oscillation est à peu près $f_0 = \sqrt{\dfrac{x_c}{x}}\,f$, c'est-à-dire qu'elle est plus basse que la fréquence appliquée, si $x_c < x$ (courant permanent en retard), et plus haute que la fréquence appliquée si $x_c > x$ (ou courant permanent en avance). Dans les lignes de transmission et les câbles, ce dernier cas se présente généralement.

Puisque, dans une ligne de transmission, $\dfrac{p}{x_c}$ est à peu près le courant de charge de capacité exprimé en fraction du courant maximum, et $\dfrac{x}{p}$ la moitié de la f. é. m. de self-inductance, ou tension de réactance, exprimée en fraction du voltage appliqué, on peut dire approximativement que :

La fréquence d'oscillation d'une ligne de transmission est égale à la fréquence appliquée divisée par la racine carrée du produit du courant de charge de capacité et de la moitié du voltage de réactance ; ces deux dernières quantités doivent être exprimées en fraction du courant de pleine charge et de la tension normale appliquée. Par exemple, 10 pour cent de courant de charge et 20 pour cent de tension de réactance donnent une fréquence d'oscillation

$$f_0 = \frac{f}{\sqrt{0,1 \times 0,1}} = 10\,f.$$

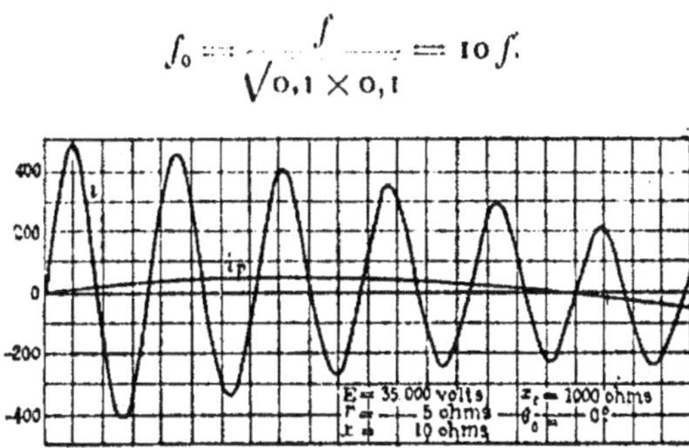

Fig. 23. — Départ d'un circuit à courant alternatif ayant capacité, inductance, et résistance en série. Départ oscillant d'une ligne de transmission.

61. — Les figures 23 et 24 donnent par exemple, le départ du courant dans un circuit ayant les constantes :

$E = 35\,000 \cos(\theta - \theta_0)$; $r = 5$ ohms ; $x = 10$ ohms et $x_c = 1\,000$ ohms.

Dans la fig. 23 pour $\zeta_0 = 0°$, ou approximativement oscillation maximum, on a

$$i = - 35 \left[\sin \theta - 10\,\varepsilon^{-0,25\theta} \sin 10\,\theta \right]$$

et

$$e_1 = 35\,000 \left\{ \cos \theta - \varepsilon^{-0,25\theta} \left[\cos 10\,\theta + 0,025 \sin 10\,\theta \right] \right\}.$$

Dans la figure 24 pour $\zeta_0 = 90°$, ou approximativement oscillation minimum, on a :

$$i = 35 \left\{ \cos \theta - \varepsilon^{-0,25\theta} \cos 10\,\theta \right\}$$

et

$$e_1 = 35\,000 \left\{ \sin \theta + 0,1\,\varepsilon^{-0,25\theta} \sin 10\,\theta \right\}.$$

Comme on le voit, la fréquence d'oscillation est 10 fois la fréquence du réseau, la différence de potentiel atteint presque le double de la valeur normale.

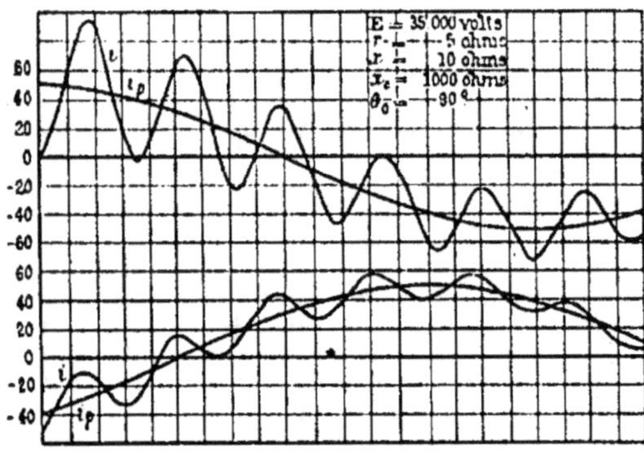

Fig 24. — Départ d'un circuit à courant alternatif ayant capacité inductance et résistance en série. Départ oscillant d'une ligne de transmission

Comme autre exemple, la figure 25 montre le départ d'un circuit avec fréquence d'oscillation de même ordre que la fréquence du réseau, en condition de résonnance $x = x_c$ et avec grande résistance.

Les constantes du circuit sont $E = 1500$ volts ; $r = 30$ ohms ;

$x_c = 20$ ohms, et $\theta_0 = -\gamma$; ce qui donne $q = 26{,}46$; $z_0 = 30$;
$\gamma = 0$ et $\theta_0 = 0$.

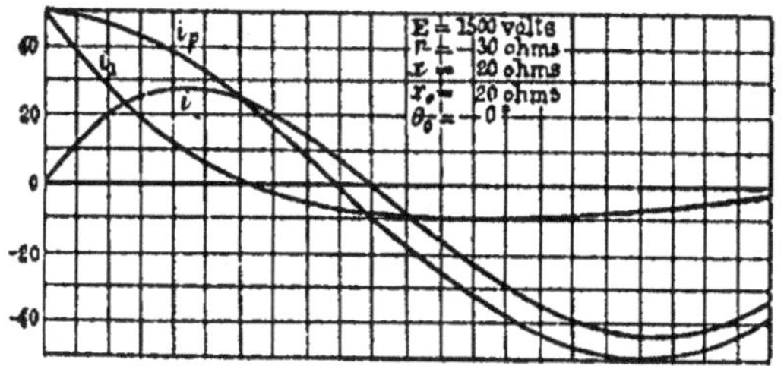

Fig. 25. — Départ d'un circuit à courant alternatif ayant capacité, inductance et résistance en série. Départ oscillant. Grande résistance.

Portons en (24) et (25), nous aurons :

$$i = 50 \left\{ \cos\theta - \varepsilon^{-0{,}75\theta} \left[\cos 0{,}661\,\theta - 1{,}14 \sin 0{,}661\,\theta \right] \right\}$$

et

$$e_1 = 1000 \left\{ \sin\theta - 1{,}51\,\varepsilon^{-0{,}75\theta} \sin 0{,}661\,\theta \right\}.$$

Comme exemple d'une oscillation de longue période, la figure 26

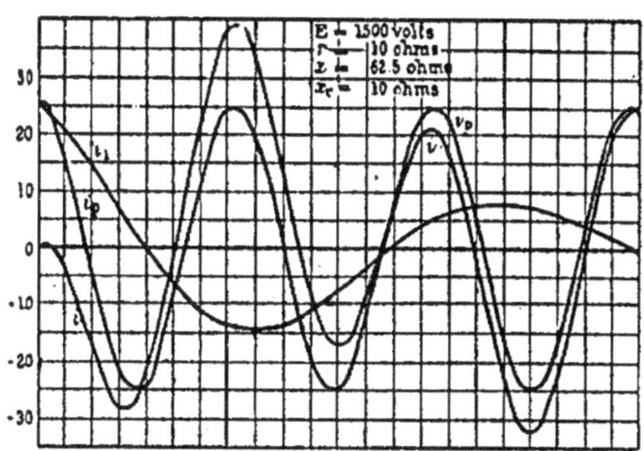

Fig. 26. — Départ d'un courant alternatif ayant capacité, inductance et résistance en série. Départ oscillant de longue période.

représente le départ d'un circuit ayant les constantes $E = 1500$ volts ;
$r = 10$ ohms ; $x = 62{,}5$ ohms ; $x_c = 10$ ohms et $\theta_0 = -\gamma$; ce qui
donne

$$q = 49 ;\ z_0 = 53{,}4 ;\ \gamma = 79° \text{ et } \theta_0 = -79°.$$

En portant dans (24) et (25), nous avons :

$$i = 28 \left\{ \cos\theta - \varepsilon^{-0,08\theta} \left[\cos 0,39\,\theta - 0,2 \sin 0,39\,\theta \right] \right\}$$

et

$$e = 280 \left\{ \sin\theta - 2,55\,\varepsilon^{-0,08\theta} \sin 0,39\theta \right\}.$$

62. — Dans les précédents exemples, (*fig.* 23 à 26), nous avons employé les constantes de lignes de transmission, en supposant une capacité unique ; nous verrons dans les chapitres qui suivent, que lorsque l'inductance et la capacité sont réparties, l'oscillation ne consiste pas en une fréquence définie, mais en une série infinie de fréquences ; la discussion précédente peut ainsi conduire seulement à déterminer approximativement la fréquence fondamentale. Celle-ci cependant, est celle qui prédomine généralement dans une oscillation ou vague de basse fréquence et de grande puissance.

Dans un système de câbles souterrains, la précédente discussion s'applique plus exactement, car dans un tel système la capacité et l'inductance sont à peu près localisées : la capacité dans le câble souterrain qui n'a que peu d'inductance, et l'inductance dans les générateurs qui n'ont pratiquement pas de capacité.

Dans un réseau de câbles souterrains, l'action combinée de la capacité des câbles et de l'inductance des machines tend ainsi à déterminer l'une ou l'autre de ces actions : une oscillation locale de très haute fréquence, onde circulante de puissance très limitée dans une portion des câbles, ou bien une vague de grande puissance et basse fréquence, d'importance fréquemment destructive.

63. — La signification physique des termes transitoires, peut être mieux comprise en revenant sur leur origine.

Dans un circuit ne contenant que résistance et inductance un simple terme transitoire apparaît ; il est de nature exponentielle.

Dans un tel circuit à chaque instant, et aussi au moment du départ, le courant doit avoir une certaine valeur définie, dépendant des constantes du circuit. Au moment du départ, cependant, le courant peut avoir diverses valeurs, selon les conditions antérieures, et en particulier, il a la valeur zéro si le circuit était coupé auparavant.

Le courant s'ajuste de lui-même de sa valeur initiale à sa valeur permanente par une courbe exponentielle qui disparaît si la valeur initiale arrive par hasard à coïncider avec la valeur finale : par exemple si le circuit est fermé au moment où l'onde de f. é. m. passe par une valeur telle que le courant permanent passerait par zéro. L'approche du courant vers sa valeur permanente est retardée par l'inductance et accélérée par la résistance du circuit.

Dans un circuit contenant inductance et capacité, à chaque instant le courant a une certaine valeur, et le condensateur une certaine charge représentée par la différence de potentiel à ses bornes. Au moment du départ, l'intensité du courant et la charge du condensateur ont des valeurs définies dépendant des conditions antérieures ; ces valeurs sont zéro si le circuit était ouvert ; deux termes transitoires doivent donc apparaître dépendant de l'ajustement du courant et de la différence de potentiel du condensateur à leurs valeurs permanentes.

Puisque, au moment où le courant est nul, la différence de potentiel du condensateur est maxima et inversement, toute modification d'un circuit contenant inductance et capacité amènera toujours l'apparition d'un terme transitoire au moins.

Si le circuit est fermé au moment où la différence de potentiel du condensateur est zéro, c'est-à-dire à peu près lorsque la valeur du courant permanent serait maxima, le terme transitoire de courant ne peut excéder en amplitude la valeur du courant permanent, puisque la valeur maximum ou initiale du terme transitoire égale la valeur qu'aurait le courant permanent à ce moment (¹). Si, au contraire, on ferme le circuit au moment où le courant permanent serait nul et où la différence de potentiel permanente au condensateur serait maxima, le condensateur n'étant alors pas chargé, agit dans les premiers instants comme un court circuit, c'est-à-dire que le courant commence avec une valeur correspondant à la f. é. m. appliquée divisée par l'impédance de la ligne (²). Alors si nous négligeons la résistance, et si la réactance de condensateur est égale à n^2 fois la réactance de la ligne,

---

(¹) Voir figure (24).

(²) Le terme transitoire dans le cas de self-inductance seule, en courant alternatif, est négligeable si le circuit est fermé aux environs du moment où le courant permanent passerait par la valeur zéro. Voir figure (9),

(N. d. T.).

le courant commence avec n^2 fois son taux final. Il aurait donc dans une demi-période donné au condensateur n^2 fois sa charge complète, ou en autres termes, le condensateur se trouve chargé en $\frac{1}{n}$ du temps d'une demi-période. C'est-à-dire que le temps périodique du courant de départ est $\frac{1}{n}$ de celui de régime et son amplitude n fois celle du courant final.

Cependant, aussitôt que le condensateur se trouve chargé, en $\frac{1}{n}$ de période de la f. é. m. appliquée, le champ magnétique créé par le courant de charge détermine un courant de retour, déchargeant maintenant le condensateur de la même manière qu'il a été chargé [1].

La condition normale de départ est ainsi une oscillation d'une fréquence telle qu'elle donne au condensateur sa charge complète avec un courant qui aurait une amplitude égale à la f. é. m. divisée par la réactance normale de la ligne s'il continuait ainsi avec la pleine fréquence.

L'effet de la résistance de la ligne est de consommer une portion de la f. é. m, et par conséquent, d'amortir l'oscillation, jusqu'à ce que la résistance arrive à consommer pendant la charge du condensateur autant d'énergie que le champ magnétique pourrait en accumuler, l'oscillation disparaît alors et le départ devient exponentiel.

Analytiquement, le double terme transitoire apparaît comme le résultat de deux racines d'une équation du second degré, comme on l'a vu ci-dessus.

---

[1] Voir figure (23). Dans cette figure $n = 10$; on constate un rapport égal dans les fréquences d'oscillation et les courants transitoire et de régime.

(N. d. T.).

—

CHAPITRE VIII

VAGUES DE BASSE FRÉQUENCE DANS LES RÉSEAUX
A HAUTE TENSION

64. — Dans les circuits électriques de capacité considérable, c'est-à-dire dans un réseau étendu à haut potentiel, comme une ligne de transmission à longue distance, ou un système de câbles souterrains, il se produit des vagues ([1]) à basse fréquence et d'un haut potentiel qui peut être destructif. Ce sont des oscillations du système entier, du même caractère que dans le cas d'une capacité et d'une inductance localisée, cas qui a été discuté dans le chapitre précédent.

Un système avec capacité distribué possède un nombre infini de fréquences d'oscillation, qui sont généralement des multiples impairs de la fréquence fondamentale ; dans le cas où l'effet de cette fréquence fondamentale prédomine et où l'effet des fréquences plus élevées est négligeable, le problème peut approximativement se traiter par les équations d'oscillations données dans les chapitres V et VII, qui sont beaucoup plus simples que les équations de l'oscillation d'un système avec capacité distribuée.

De telles vagues de basse fréquence embrassent le réseau en entier, non seulement les lignes de transmission, mais aussi les transforma-

---

([1]) Le texte anglais porte le mot « surge », qui a pour termes correspondants en français, dans le langage courant : « vague, houle, flot, lame, etc... ». On pourrait conserver en français l'appellation de surge, mais il nous a semblé que le mot de « vague » rendait suffisamment l'expression du mot anglais. (N. d. T.).

tours élévateurs, les générateurs, etc. ; dans un réseau de câbles souterrains dans lequel se produit une telle oscillation la capacité et l'inductance sont en fait localisées en certaines régions, l'une dans les câbles, l'autre dans les générateurs. C'est pourquoi dans un réseau de câbles souterrains, de la série infinie de fréquences d'oscillation qui existent théoriquement, seules la fréquence fondamentale et les très hautes fréquences représentant les oscillations locales de sections de câbles, peuvent être prononcées ; les premiers harmoniques de la fréquence fondamentale sont pratiquement absents. Donc les deux sortes d'oscillations à envisager dans un réseau de câbles souterrains sont :

a) Des vagues de basse fréquence et de grande puissance, intéressant tout le réseau, d'une fréquence de quelques centaines de cycles, fréquemment de caractère destructif.

b) Des oscillations de haute fréquence et de faible puissance, de caractère local, appelées souvent « statiques » d'une fréquence probable de centaines de milliers de cycles, rarement d'effet destructif, mais indirectement nuisibles par leur action affaiblissante sur l'isolement, et par la possibilité qu'elles donnent lieu à une vague de basse fréquence.

Les premières seules sont considérées dans le présent chapitre. Leurs causes sont multiples : changement des conditions du circuit, comme la fermeture, l'ouverture d'un court-circuit, l'existence d'un fort arc dans le réseau, etc.

Dans un réseau avec ligne de transmission ou câbles souterrains, nous avons toujours $r^2 < \dfrac{4L}{C}$, c'est-à-dire que le phénomène est toujours oscillatoire, et les équations (24) et 25) du chapitre vii s'appliquent ; nous avons pour le *courant* :

$$(1)\ i = \frac{E}{z_0} \cos(\theta - \theta_0 - \gamma) + \varepsilon^{-\frac{r}{2x}\theta} \left\{ \left[i_0 - \frac{E}{z_0} \cos(\theta_0 + \gamma) \right] \cos\frac{q}{2x}\theta \right.$$

$$\left. - \left[\frac{2e_0 + ri_0}{q} + \frac{E}{qz_0}\left(2x_c \sin(\theta_0 + \gamma) - r\cos(\theta_0 + \gamma) \right) \right] \sin\frac{q}{2x}\theta \right\}.$$

et pour le *potentiel du condensateur* :

$$(2)\ e_1 = \frac{Ex_c}{z_0} \sin(\theta - \theta_0 - \gamma) + \varepsilon^{-\frac{r}{2x}\theta} \left\{ \left[e_0 + \frac{Ex_c}{z_0} \sin(\theta_0 + \gamma) \right] \cos\frac{q}{2x}\theta \right.$$

$$\left. + \left[\frac{2re_0 + 4xx_c i_0}{2q} + \frac{Ex_c}{qz_0}\left(r\sin(\theta_0 + \gamma) - 2x\cos(\theta_0 + \gamma) \right) \right] \sin\frac{q}{2x}\theta \right\}.$$

65. — Ces équations (1), (2) peuvent être beaucoup simplifiées si l'on néglige les terme d'importance secondaire.

x_c est avec une ligne de transmission à haute tension ou des câbles, toujours très grand comparé à r et x.

Le voltage de la résistance correspondant à la pleine charge et le voltage de réactance peuvent varier de moins de 5 pour cent à environ 20 pour cent de la f. é. m. appliquée, et le courant de charge par capacité de 5 pour cent à 20 pour cent du courant de pleine charge, à la tension et la fréquence normales.

Dans ce cas x_c est de 25 à plus de 400 fois plus grand que r ou x, et r et x sont ainsi négligeables devant x_c [1].

On a ainsi, avec une approximation assez rigoureuse :

$$(3) \quad \begin{cases} z_0 = x_c \\ q = 2\sqrt{xx_c} \\ \gamma = -\dfrac{\pi}{2} = -90°. \end{cases}$$

En portant dans (1) et (2) ces valeurs, on a pour le *courant* :

$$(4) \quad i = -\frac{E}{x_c}\sin(0 - 0_0) + \varepsilon^{-\frac{r}{2x}}\left\{\left[i_0 - \frac{E}{x_c}\sin 0_0\right]\cos\sqrt{\frac{x_c}{x}}\,0 \right.$$
$$\left. -\left[\frac{2e_0 + ri_0}{2\sqrt{xx_c}} - \frac{E}{2\sqrt{xx_c}}\left(2\cos 0_0 + \frac{r}{x_c}\sin 0_0\right)\right]\sin\sqrt{\frac{x_c}{x}}0\right\},$$

et pour la *différence de potentiel au condensateur* :

$$e_1 = E\cos(0 - 0_0) + \varepsilon^{-\frac{r}{2x}0}\left\{[e_0 - E\cos 0_0]\cos\sqrt{\frac{x_c}{x}}0\right.$$
$$+\left[\frac{2re_0 + (r^2 + 4xx_c)i_0}{4\sqrt{xx_c}} - \frac{E}{4\sqrt{xx_c}}\right.$$
$$\left.\left.\left(2r\cos 0_0 + \frac{r^2 + 4xx_c}{x_c}\sin 0_0\right)\right]\sin\sqrt{\frac{x_c}{x}}0\right\}.$$

---

[1] $\dfrac{E}{x_c} = 0,05$ à $0,20 \times$ courant pleine charge.

$x \times$ courant pleine charge $= 0,05$ à $0,20$ E.

d'où $x = x_c \times (0,05$ à $0,20)^2 = x_c\left(\dfrac{1}{400}\text{ à }\dfrac{1}{25}\right)$ (N. d. T.)

Ces équations se composant de trois termes chacune :

$$(5) \quad \begin{cases} i = i' + i'' + i''' \\ e_1 = e_1' + e'' + e_1''' ; \end{cases}$$

$$(6) \quad \begin{cases} i' = -\dfrac{E}{x_c} \sin(\theta - \theta_0) \\ e_1' = E \cos(\theta - \theta_0) ; \end{cases}$$

$$(7) \quad \begin{cases} i'' = -\dfrac{E}{x_c}\, \varepsilon^{-\frac{r}{2x}\theta} \left\{ \sin\theta_0 \cos\sqrt{\dfrac{x_c}{x}}\,\theta - \left[\sqrt{\dfrac{x_c}{x}}\cos\theta_0 + \dfrac{r}{2\sqrt{xx_c}}\sin\theta_0 \right] \sin\sqrt{\dfrac{x_c}{x}}\,\theta \right\} ; \\[3em] e_1'' = -E\, \varepsilon^{-\frac{r}{2x}\theta} \left\{ \cos\theta_0 \cos\sqrt{\dfrac{x_c}{x}}\,\theta + \left[\dfrac{r}{2\sqrt{xx_c}}\cos\theta_0 + \dfrac{r^2 + 4\,xx_c}{4x_c\sqrt{xx_c}}\sin\theta_0 \right] \sin\sqrt{\dfrac{x_c}{x}}\,\theta \right\} ; \end{cases}$$

ou, en supprimant les termes d'ordre secondaire :

$$(8) \quad \begin{cases} i'' = \dfrac{E}{\sqrt{xx_c}}\, \varepsilon^{-\frac{r}{2x}\theta} \cos\theta_0 \sin\sqrt{\dfrac{x_c}{x}}\,\theta, \\[2em] e_1'' = -E\, \varepsilon^{-\frac{r}{2x}\theta} \cos\theta_0 \cos\sqrt{\dfrac{x_c}{x}}\,\theta. \end{cases}$$

et

$$(9) \quad \begin{cases} i''' = \varepsilon^{-\frac{r}{2x}\theta} \left\{ i_0 \cos\sqrt{\dfrac{x_c}{x}}\,\theta - \dfrac{2e_0 + ri_0}{2\sqrt{xx_c}}\sin\sqrt{\dfrac{x_c}{x}}\,\theta \right\}, \\[2em] e_1''' = \varepsilon^{-\frac{r}{2x}\theta} \left\{ e_0 \cos\sqrt{\dfrac{x_c}{x}}\,\theta + \dfrac{2\,re_0 + (r^2 + 4\,xx_c)\,i_0}{4\sqrt{xx_c}}\sin\sqrt{\dfrac{x_c}{x}}\,\theta \right\} ; \end{cases}$$

ou en supprimant les termes d'ordre secondaire :

$$(10) \quad \begin{cases} i''' = \varepsilon^{-\frac{r}{2x}\theta} \left\{ i_0 \cos\sqrt{\dfrac{x_c}{x}}\,\theta - \dfrac{e_0}{\sqrt{xx_c}}\sin\sqrt{\dfrac{x_c}{x}}\,\theta \right\}, \\[2em] e_1''' = \varepsilon^{-\frac{r}{2x}\theta} \left\{ e_0 \cos\sqrt{\dfrac{x_c}{x}}\,\theta + i_0 \sqrt{xx_c}\sin\sqrt{\dfrac{x_c}{x}}\,\theta \right\}. \end{cases}$$

De sorte que le *courant total* est approximativement :

$$(11) \begin{cases} i = -\dfrac{E}{x_c}\sin(\theta-\theta_0) + \varepsilon^{-\frac{r}{2x}\theta}\left\{ i_0\cos\sqrt{\dfrac{x_c}{x}}\,\theta \right. \\[2ex] \qquad\qquad\qquad \left. -\dfrac{e_0-E\cos\theta_0}{\sqrt{xx_c}}\sin\sqrt{\dfrac{x_c}{x}}\,\theta \right\}, \\[3ex] \text{et la \textit{différence de potentiel au condensateur} :} \\[2ex] e_1 = E\cos(\theta-\theta_0) + \varepsilon^{-\frac{r}{2x}\theta}\left\{ (e_0-E\cos\theta_0)\cos\sqrt{\dfrac{x_c}{x}}\,\theta \right. \\[2ex] \qquad\qquad\qquad \left. + i_0\sqrt{xx_c}\sin\sqrt{\dfrac{x_c}{x}}\,\theta \right\}. \end{cases}$$

Des trois séries de termes : i', e_1' ; i'', e_1, ; i''', e_1''', la première représente évidemment les conditions stationnaires du courant de charge et du potentiel au condensateur, pendant que les deux autres disparaissent pour $t=\infty$.

La seconde série de termes i'', e_1'' représente la composante d'oscillation qui dépend de la phase de la f. e. m. appliquée, ou du point de l'onde de f. e. m. pour lequel l'oscillation commence ; la troisième i''', e_1''' représente la composante d'oscillation qui dépend des valeurs instantanées du courant et du potentiel au condensateur au moment auquel l'oscillation commence. $\varepsilon^{-\frac{r}{2x}\theta}$ est le décrément de cette oscillation

66. — La fréquence d'oscillation est :

$$f_0 = \sqrt{\frac{x_c}{x}}\,f,$$

où f est la fréquence appliquée. C'est-à-dire que la fréquence d'oscillation égale la fréquence appliquée multipliée par la racine carrée du rapport de la réactance condensive à la réactance inductive du circuit, ou bien la fréquence appliquée divisée par la racine carrée du produit du voltage de réactance par le courant de capacité, ces deux quantités étant exprimées en fraction de la tension appliquée et du courant de pleine charge ; puisque

$$x_c = \frac{1}{2\pi fC} \qquad \text{et} \qquad x = 2\pi fL$$

la fréquence d'oscillation est :

$$f_0 = \frac{1}{2\pi\sqrt{CL}}$$

c'est-à-dire que la fréquence d'oscillation est indépendante de la fréquence appliquée.

Portons

$$\theta = 2\pi f t \qquad x_c = \frac{1}{2\pi f C} \qquad \text{et} \qquad x = 2\pi f L,$$

dans les équations (8) (10) et (11), nous avons :

$$(12)\quad\begin{cases} i'' = \sqrt{\dfrac{C}{L}}\, E\, \varepsilon^{-\frac{r}{2L}t} \cos\theta_0 \sin\dfrac{t}{\sqrt{CL}}, \\[2em] e_1'' = -\, E\, \varepsilon^{-\frac{r}{2L}t} \cos\theta_0 \cos\dfrac{t}{\sqrt{CL}}; \end{cases}$$

$$(13)\quad\begin{cases} i''' = \varepsilon^{-\frac{r}{2L}t}\left\{ i_0 \cos\dfrac{t}{\sqrt{CL}} - e_0 \sqrt{\dfrac{C}{L}} \sin\dfrac{t}{\sqrt{CL}} \right\}, \\[2em] e_1''' = \varepsilon^{-\frac{r}{2L}t}\left\{ e_0 \cos\dfrac{t}{\sqrt{CL}} + i_0 \sqrt{\dfrac{L}{C}} \sin\dfrac{t}{\sqrt{CL}} \right\}; \end{cases}$$

$$(14)\quad\begin{cases} i = -\, 2\pi f C E \sin(\theta - \theta_0) + \varepsilon^{-\frac{r}{2L}t}\left\{ i_0 \cos\dfrac{t}{\sqrt{CL}} \right. \\[2em] \qquad\qquad \left. -\, (e_0 - E\cos\theta_0)\sqrt{\dfrac{C}{L}} \sin\dfrac{t}{\sqrt{CL}} \right\}, \\[2em] e_1 = E\cos(\theta - \theta_0) + \varepsilon^{-\frac{r}{2L}t}\left\{ (e_0 - E\cos\theta_0)\cos\dfrac{t}{\sqrt{CL}} \right. \\[2em] \qquad\qquad \left. +\, i_0 \sqrt{\dfrac{L}{C}} \sin\dfrac{t}{\sqrt{CL}} \right\}. \end{cases}$$

Les termes oscillatoires de ces équations sont indépendants de la fréquence appliquée. C'est-à-dire que les oscillations de courant et de potentiel, déterminées par une modification des conditions du circuit (fermeture, variation de charge, ou ouverture de circuit) sont

STEINMETZ. — Théorie et Calcul des Phénomènes transitoires.   8 indépendantes de la fréquence appliquée et par conséquent aussi de la forme de la courbe de f. é. m. appliquée et de ses harmoniques élevés (excepté en ce qui concerne les termes de second ordre).

La première composante de l'oscillation, équation (12), ne dépend pas seulement des constantes de la ligne et de la f. e. m. appliquée, mais surtout de la phase, ou du point de l'onde de f. é. m. pour lequel commence l'oscillation ; cependant elle ne dépend pas des conditions antérieures du circuit. Par conséquent cette composante d'oscillation est toujours la même que l'oscillation produite en reliant la ligne de transmission brusquement aux bornes du générateur.

Il n'existe aucun point de l'onde de la f. é. m. appliquée pour lequel il ne se produit pas d'oscillation (tandis que dans le départ d'un circuit avec résistance et inductance seulement, la fermeture au point de la f. é. m. pour lequel le courant final passerait par zéro, donne instantanément l'état du régime).

Avec de la capacité en circuit, tout changement des conditions du circuit implique une oscillation électrique.

Les valeurs maxima de l'oscillation de départ ont lieu pour une valeur de θ_0 voisine de zéro et sont

$$(15) \quad \begin{cases} i'' = \dfrac{E}{\sqrt{xx_c}} \, \varepsilon^{\frac{r}{2x}\theta} \sin \sqrt{\dfrac{x_c}{x}}\,\theta \\[2em] \text{et} \\[1em] c_1'' = -\,E\,\varepsilon^{-\frac{r}{2x}\theta} \cos \sqrt{\dfrac{x_c}{x}}\,\theta. \end{cases}$$

Puisque

$$i' = -\frac{E}{x_c} \sin(\theta - \theta_0)$$

est la valeur permanente du courant de charge, il en résulte que le maximum d'intensité du courant oscillatoire produit dans le départ d'une ligne de transmission, est $\sqrt{\dfrac{x_c}{x}}$ fois le courant permanent de charge ; ou bien l'intensité du courant initial est à celle du courant permanent de charge comme la fréquence d'oscillation est à la fréquence appliquée.

La f. é. m. oscillatoire maxima engendrée dans le départ d'une ligne de transmission a la même valeur que la force électromotrice appliquée. Ainsi, la valeur maxima de la différence de potentiel se présentant au départ d'une ligne de transmission, est moins du double de la f. é. m. appliquée et on ne peut déterminer des voltages excessifs à ce moment.

Les valeurs minima de l'oscillation de départ arrivent pour $\zeta_0 = 90°$, et sont tirées des équations (22) :

$$(16) \quad \begin{cases} i'' = -\dfrac{E}{x_c}\, \varepsilon^{-\frac{r}{2x'}\theta} \cos \sqrt{\dfrac{x_c}{x}}\,\theta \\[2em] \text{et} \\[1em] e'' = \sqrt{\dfrac{x}{x_c}}\, E\, \varepsilon^{-\frac{r}{2x}\theta} \sin \sqrt{\dfrac{x_c}{x}}\,\theta \end{cases}$$

c'est-à-dire que le courant oscillant a la même intensité efficace que le courant de charge de la capacité ; l'appel maximum de courant est moindre que deux fois la valeur permanente de ce courant de charge.

La différence de potentiel dans le circuit croît seulement un peu au-dessus de la f. é. m. appliquée.

La seconde composante de l'oscillation, équation (13), ne dépend pas du point de l'onde de f. é. m. appliquée auquel l'oscillation commence, ni non plus de la f. é. m. appliquée E, mais, en outre des constantes du circuit, elle dépend seulement des valeurs instantanées du courant et de la différence de potentiel dans le circuit au moment du départ, i_0 et e_0.

Ainsi si $i_0 = 0$ et $e_0 = 0$, ou lorsqu'on ferme une ligne de transmission, auparavant sans courant, sur les générateurs, ce terme disparaît. Cette composante est celle qui cause les différences de potentiel excessives.

Deux cas vont être plus complètement discutés ; ce sont :

a) L'ouverture du circuit de la ligne de transmission sous charge, et

b) La rupture d'un court circuit sur la ligne de transmission.

67. — a) Si i_0 est la valeur instantanée du courant, e_0 la valeur instantanée de la différence de potentiel au condensateur, ri_0 est petit comparé à e_0, et $\sqrt{x x_c}\, i_0$ est de la même importance que e_0 [1].

Écrivons

$$\operatorname{tg} \delta = \frac{e_0}{i_0 \sqrt{x x_c}} ;$$

en portant dans les équations (16) nous avons :

$$(17) \quad
\begin{cases}
i''' = \sqrt{i_0^2 + \dfrac{e_0^2}{x x_c}}\; \varepsilon^{-\frac{r}{2x}\theta} \cos\left(\sqrt{\dfrac{x_c}{x}}\,0 + \delta\right) \\[2em]
\text{et} \\[1em]
e_t''' = \sqrt{e_0^2 + i_0^2\, x x_c}\; \varepsilon^{-\frac{r}{2x}\theta} \sin\left(\sqrt{\dfrac{x_c}{x}}\,0 + \delta\right).
\end{cases}$$

L'amplitude d'oscillation est donc $\sqrt{i_0^2 + \dfrac{e_0^2}{x x_c}}$ pour le courant et

---

[1] Il faut remarquer que le cas simple traité jusqu'ici d'une capacité, d'une inductance et d'une résistance en série peut s'appliquer au cas d'une ligne transmettant de l'énergie. Toutes les conclusions découlent en effet, de l'équation (7) du chapitre vii qui dit que : la différence de potentiel au condensateur est égale à la f. é. m. du générateur moins les chutes par résistance et inductance entre ces appareils. Cette équation est exacte même dans le cas d'une ligne transmettant une certaine puissance indépendamment du circuit résistance — inductance — capacité, c'est-à-dire lorsque le courant traversant la résistance et l'inductance comprend l'intensité entre générateur et récepteur en sus du courant de charge du condensateur. Mais ce qui ne serait pas exact, ce serait de poser $e_t = x_c \int i\,d\theta$ (si i est le courant dans la résistance et l'inductance) sans aucune restriction. L'équation (8) par exemple, fait cette hypothèse d'égalité des courants dans le condensateur et le reste du circuit ; il en résulte que toutes les conclusions s'appliquent aux lignes fonctionnant à vide sous pleine tension, mais sans transport d'énergie aux récepteurs. On pourra aussi appliquer les équations au cas de suppression brusque de la charge par ouverture d'une ligne de façon telle que le circuit générateur, inductance, résistance, capacité reste fermé, avec sa faible résistance, (ce qui est le cas le plus défavorable de l'ouverture en charge) ; en effet à partir du temps d'ouverture pris pour zéro la ligne se trouve dans les conditions du problème traité, mais i_0 et e_0 sont relatifs aux états initiaux (c'est-à-dire avec transmission éventuelle de puissance aux récepteurs) et les constantes A_1 et A_2 [(15) (16) et suivantes du chapitre vii] s'adaptent à ces conditions. De même pour le cas de la rupture d'un court circuit, en faisant l'hypothèse que cette rupture doit ramener la ligne au cas simple de la marche à vide sous tension ou non, c'est-à-dire être, par exemple, le fonctionnement d'un disjoncteur automatique coupant la charge ; on doit simplement choisir les valeurs initiales i_0 et e_0 conformément au cas que l'on désire résoudre. (N. d. T.).

$\sqrt{e_0^2 + i_0^2\, xx_c}$ pour la f. é. m. La f. é. m. engendrée peut ainsi être
plus grande que la f. é. m. appliquée, mais est, en règle générale,
environ du même ordre de grandeur, sauf quand x_c est très important.

Dans les expressions du courant total et de la différence de potentiel
au condensateur, dans les équations (11), $(e_0 - \mathrm{E}\cos\theta_0)$ est la différence entre la différence de potentiel au condensateur, et la f. é. m.
appliquée, au moment du départ de l'oscillation ; ou le voltage consommé par l'impédance de la ligne, que l'on peut considérer comme
petit si le courant n'est pas excessif. Ainsi, en négligeant les termes
contenant $(e_0 - \mathrm{E}\cos\theta_0)$, les équations (11) prennent la forme ;

$$(18)\quad\begin{cases} i = -\dfrac{\mathrm{E}}{x_c}\sin(\theta-\theta_0) + i_0\,\varepsilon^{-\frac{r}{2x}\theta}\cos\sqrt{\dfrac{x_c}{x}}\,\theta \\[2em] \text{et} \\[1em] e_1 = \mathrm{E}\cos(\theta-\theta_0) + i_0\sqrt{xx_c}\,\varepsilon^{-\frac{r}{2x}\theta}\sin\sqrt{\dfrac{x_c}{x}}\,\theta\ ; \end{cases}$$

c'est-à-dire que l'oscillation de courant est de l'amplitude du
courant de pleine charge, et l'oscillation de la différence de potentiel
est de l'amplitude $i_0\sqrt{xx_c}$.

xx_c est le rapport de l'inductance L à la capacité C

$$i_0\sqrt{xx_c} = i_0\sqrt{\dfrac{\mathrm{L}}{\mathrm{C}}}.$$

Ainsi, dans les circuits de très haute inductance L et de relativement basse capacité C, $i_0\sqrt{xx_c}$ peut être beaucoup plus élevé que la
f. é. m. appliquée, et une sérieuse élévation de potentiel peut se produire quand on ouvre le circuit sous charge ; cependant dans les
câbles de faible inductance et de grande capacité $i_0\sqrt{xx_c}$ est modéré.
Cela vient de ce que l'inductance, qui tend à maintenir le courant,
engendre une f. é. m. produisant une élévation de potentiel, tandis
que la capacité exerce un rôle contraire. Une faible inductance et une
capacité élevée sont ainsi avantageuses quand on ouvre un circuit sous
charge.

68. — *b*) Si une ligne de transmission contenant résistance, inductance et capacité est mise en court circuit, et que le court circuit soit soudainement ouvert au temps $t = 0$, nous avons pour $t < 0$

$$
(19) \quad
\begin{cases}
e_0 = 0 \\
\text{et} \\
\quad i = \dfrac{E}{z} \cos (\theta - \theta_0 - \gamma), \\
\text{où} \\
\quad z = \sqrt{r^2 + x^2} \\
\text{et} \\
\quad \operatorname{tg} \gamma = \dfrac{x}{r}
\end{cases}
$$

donc, au temps $t = 0$

$$
(20) \qquad i_0 = \frac{E}{z} \cos (\theta_0 + \gamma)
$$

En portant ces valeurs de e_0 et i_0 dans les équations (9) on a :

$$
i_1'' = \frac{E}{z} \cos (\theta_0 + \gamma)\, \varepsilon^{-\frac{r}{2x}\theta} \left\{ \cos \sqrt{\frac{x_c}{x}}\,\theta - \frac{r}{2\sqrt{x x_c}} \sin \sqrt{\frac{x_c}{x}}\theta \right\}
$$

et

$$
e_1'' = \frac{E}{z} \cos (\theta_0 + \gamma)\, \varepsilon^{-\frac{r}{2x}\theta}\, \frac{r^2 + 4 x x_c}{4\sqrt{x x_c}} \sin \sqrt{\frac{x_c}{x}}\theta,
$$

ou en négligeant les termes de seconde importance,

$$
(21) \quad
\begin{cases}
i'' = \dfrac{E}{z}\, \varepsilon^{-\frac{r}{2x}\theta} \cos (\theta_0 + \gamma) \cos \sqrt{\dfrac{x_c}{x}}\theta \\[2ex]
\text{et} \\[1ex]
e_1'' = \dfrac{E\sqrt{x x_c}}{z}\, \varepsilon^{-\frac{r}{2x}\theta} \cos (\theta_0 + \gamma) \sin \sqrt{\dfrac{x_c}{x}}\theta.
\end{cases}
$$

On voit que i'' est de l'importance du courant et e_1'' de plus haute importance que la f. é. m. appliquée, car z est petit, comparé à $\sqrt{x x_c}$.

Les valeurs totales du courant et de la différence de potentiel au condensateur tirées de l'équations (11) sont :

(22)
$$\begin{cases} i = -\frac{E}{x_c}\sin(\theta-\theta_0) + E\,\varepsilon^{-\frac{r}{2x}\theta}\left\{\left[\frac{\cos(\theta_0+\gamma)}{z} - \frac{\sin\theta_0}{x_c}\right]\cos\sqrt{\frac{x_c}{x}}\,\theta + \frac{\cos\theta_0}{\sqrt{xx_c}}\sin\sqrt{\frac{x_c}{x}}\,\theta\right\} \\ \text{et} \\ e_1 = E\cos(\theta-\theta_0) - E\,\varepsilon^{-\frac{r}{2x}\theta}\left\{\cos\theta_0\cos\sqrt{\frac{x_c}{x}}\,\theta - \frac{\sqrt{xx_c}\cos(\theta_0+\gamma)}{z}\sin\sqrt{\frac{x_c}{x}}\,\theta\right\}, \end{cases}$$

ou, approximativement, puisque tous les termes sont négligeables comparés à i''' et e_1''' :

(23)
$$\begin{cases} i = \frac{E}{z}\,\varepsilon^{-\frac{r}{2x}\theta}\cos(\theta_0+\gamma)\cos\sqrt{\frac{x_c}{x}}\,\theta. \\ \text{et} \\ e_1 = \frac{E\sqrt{xx_c}}{z}\,\varepsilon^{-\frac{r}{2x}\theta}\cos(\theta_0+\gamma)\sin\sqrt{\frac{x_c}{x}}\,\theta. \end{cases}$$

Ces valeurs sont maxima si le circuit est ouvert au moment $\theta = -\gamma$ et alors la valeur maxima du courant de court circuit est :

(24)
$$\begin{cases} i = \frac{E}{z}\,\varepsilon^{-\frac{r}{2x}\theta}\cos\sqrt{\frac{x_c}{x}}\,\theta \\ \text{et} \\ e_1 = \frac{\sqrt{xx_c}}{z}\,E\,\varepsilon^{-\frac{r}{2x}\theta}\sin\sqrt{\frac{x_c}{x}}\,\theta, \end{cases}$$

L'amplitude d'oscillation de la différence de potentiel au condensateur est :

$$\frac{\sqrt{xx_c}}{z}\,E,$$

ou, en négligeant la résistance de la ligne, comme évaluation approximative, soit $x = z$,

$$\sqrt{\frac{x_c}{x}}\, E\,;$$

c'est-à-dire que la différence de potentiel au condensateur est accrue au-dessus de la f. é. m. appliquée, dans le rapport de la racine carrée du quotient des réactances condensive et inductive ou inversement proportionnellement à la racine carrée du produit de voltage d'inductance par le courant de capacité, ces quantités étant exprimées en proportion de la tension normale et du courant de pleine charge.

L'intensité minima de l'oscillation due à la rupture du court circuit a lieu si le circuit est coupé au moment où $\theta = 90° - \gamma$, c'est-à-dire quand le courant de court circuit passe par zéro. Nous avons alors :

$$(25) \quad \left\{ \begin{aligned} i &= \frac{E}{x_c}(\cos\theta + \gamma) - E\,\varepsilon^{-\frac{r}{2x}\theta} \left\{ \frac{\cos\gamma}{x_c}\cos\sqrt{\frac{x_c}{x}}\,\theta \right. \\ &\qquad\qquad \left. - \frac{\sin\gamma}{\sqrt{xx_c}}\sin\sqrt{\frac{x_c}{x}}\,\theta \right\} \\ \text{et} \\ e_1 &= E\sin(\theta + \gamma) - E\varepsilon^{-\frac{r}{2x}\theta}\sin\gamma\cos\sqrt{\frac{x_c}{x}}\,\theta\,; \end{aligned} \right.$$

c'est-à-dire que la différence de potentiel au condensateur est moins du double de la f. é. m. appliquée; elle est donc modérée. Un court circuit peut être ouvert sans danger seulement aux environs de la valeur zéro du courant de court-circuit.

Le phénomène cesse d'être oscillatoire et devient une décharge logarithmique ordinaire si $\sqrt{r^2 - 4xx_c}$ est réel, ou

$$r > 2\sqrt{xx_c}.$$

Quelques exemples illustreront les phénomènes discutés dans les précédents paragraphes.

69. — Soit, dans une ligne de transmission transportant 100 ampères à pleine charge, sous une f. é. m. de 20 000 volts, une perte par résistance de 8 pour cent et 15 pour cent le voltage d'inductance ; soit 8 pour cent le courant de charge de capacité en fonction du courant de pleine charge. Supposons 1 pour cent de perte dans les transformateurs élévateurs qui ont une tension de réactance de $2\tfrac{1}{2}$ pour cent ; la perte par résistance entre les bornes des générateurs à potentiel constant et le milieu de la ligne de transmission est alors de 5 pour cent ou $r = 10$ ohms, et le voltage d'inductance à considérer est de 10 pour cent ou $x = 20$ ohms. Le courant de charge de la ligne est de 8 ampères, donc la réactance condensive $x_c = 2\,500$ ohms.

L'onde sinusoïdale appliquée est telle que

$$E = 20\,000\sqrt{2} = 28\,280 \text{ volts};$$

on a ainsi

$$i' = -\,11,3 \sin(\theta - \theta_0);$$
$$e'_1 = 28\,280 \cos(\theta - \theta_0);$$
$$i'' = -\,11,3\,\varepsilon^{-0,250\theta}[\sin\theta_0 \cos 11,2\,\theta - 11,2 \sin\theta_0 \sin 11,2\,\theta]$$

et

$$e''_1 = -\,28\,280\,\varepsilon^{-0,250\theta}[\cos\theta_0 \cos 11,2\,\theta - 0,089 \sin\theta_0 \sin 11,2\,\theta].$$

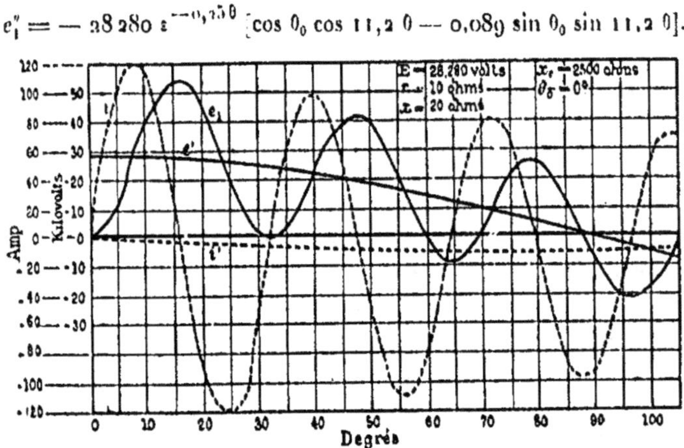

Fig. 27. — Départ d'une ligne de transmission

De cette façon les oscillations produites à la fermeture de la ligne de transmission à vide sont :

$$i = -\,11,3 \sin(\theta - \theta_0) + \varepsilon^{-0,250\theta}\left[\sin\theta_0 \cos 11,2\,\theta - 11,2 \cos\theta_0 \sin 11,2\,\theta\right]$$

et

$$e_1 = 28280 \left[\cos(\theta_i - \theta_0) - \varepsilon^{-0,25\theta} (\cos\theta_0 \cos 11,2\theta - 0,089 \sin\theta_0 \sin 11,2\theta) \right].$$

De là, les valeurs maxima pour $\theta_0 = 0$, sont :

$$i = -11,3 (\sin\theta - 11,2\, \varepsilon^{-0,25\theta} \sin 11,2\theta)$$

$$e_1 = 28280 (\cos\theta - \varepsilon^{-0,25\theta} \cos 11,2\theta),$$

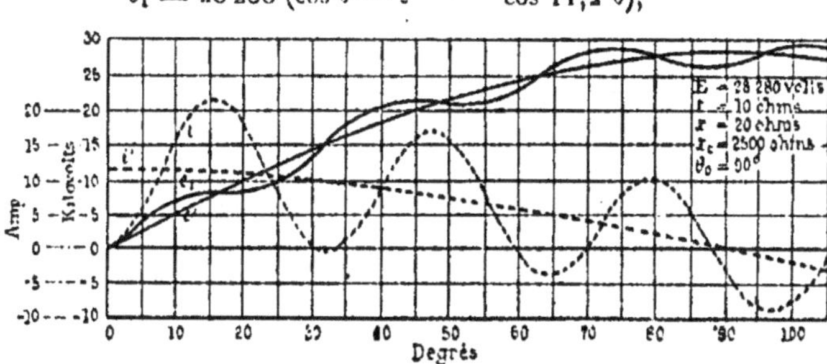

Fig. 28. — Départ d'une ligne de transmission

et les valeurs minima, pour $\theta = 90°$, sont :

$$i = 11,3 (\cos\theta - \varepsilon^{-0,25\theta} \cos 11,2\theta)$$

$$e_1 = 28280 (\sin\theta + 0,089\, \varepsilon^{-0,25\theta} \sin 11,2\theta).$$

Ces valeurs sont représentées sur les figures (27) et (28) avec le

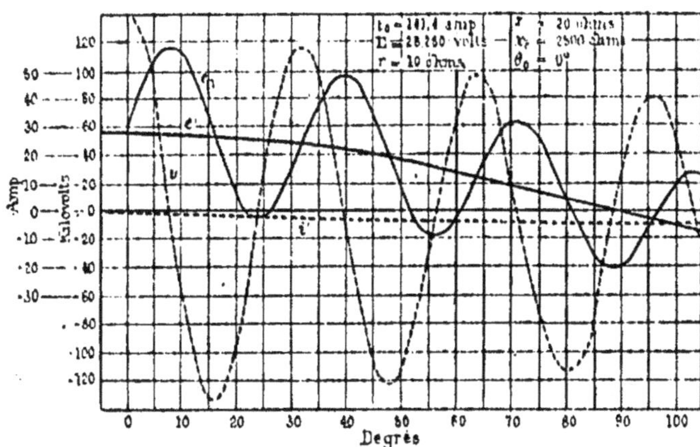

Fig. 29. — Ouverture sous charge d'une ligne de transmission

courant i en pointillé et la différence de potentiel e_1 en trait plein. Les valeurs permanentes sont indiquées aussi : i' et e'.

a) Ouverture du circuit sous charge ; nous avons :

$$i = -11,3 \sin (\theta - \theta_0) + \varepsilon^{-0,25\theta} (i_0 - 11,3 \sin \theta_0) \cos 11,2 \theta$$

et

$$e_1 = 28\,280 \cos (\theta - \theta_0) + 224 \, i_0 \, \varepsilon^{-0,25\theta} \sin 11,2 \theta.$$

Ces valeurs sont maxima pour $\theta_0 = 0$ et pour un circuit non inductif ou $i_0 = 141.4$, et sont :

$$i = -11,3 \sin \theta + 141,4 \, \varepsilon^{-0,25\theta} \cos 11,2 \theta$$

et

$$e_1 = 28\,280 \cos \theta + 31\,600 \, \varepsilon^{-0,25\theta} \sin 11,2 \theta.$$

Ces valeurs sont indiquées sur la figure 29, de la même manière que sur 27 et 28.

b) Rupture de la ligne sous court-circuit ; nous avons :

$$c = 22,4$$
$$i_0 = 1265 \cos (\theta_0 + \gamma) ;$$

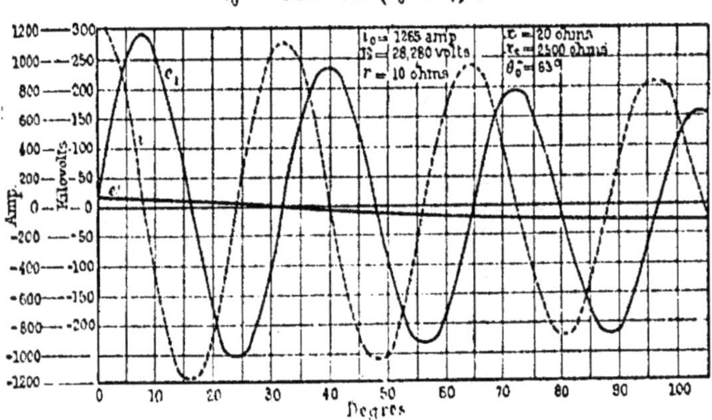

Fig. 30. — Ouverture du court circuit d'une ligne de transmission

et par suite

$$i = -11,3 \sin (\theta - \theta_0) + 1265 \, \varepsilon^{-0,25\theta} \big\{ [\cos (\theta_0 + \gamma)$$
$$- 0,0089 \sin \theta_0] \cos 11,2 \theta + 0,1 \cos \theta_0 \sin 11,2 \theta \big\}$$

et

$$e_1 = 28\,280 \big\{ \cos (\theta + \theta_0) - \varepsilon^{-0,25\theta} [(\cos \theta_0 \cos 11,2 \theta$$
$$- 10 \cos (\theta_0 + \gamma) \sin 11,2 \theta] \big\}.$$

Ces valeurs sont maxima pour $\theta_1 = -\gamma = -63°$, et alors :

$$i = -11,3 \sin(\theta + 63°) + 1\,260\, \varepsilon^{-0,250}\,(\cos 11,2\,\theta + 0,044 \sin 11,2\,\theta)$$

et

$$e_1 = 28\,280 \cos(\theta + 63°) - 282\,800\, \varepsilon^{-0,250}\,(0,044 \cos 11,2\,\theta - \sin 11,2\,\theta);$$

c'est-à-dire que la différence de potentiel devient environ dix fois plus grande, soit 282 800 volts. Ces valeurs sont portées sur la figure 30.

70. — Sur une ligne expérimentale de 10 000 volts, 40 cycles, une f. é. m. destructive ayant été produite par un arc de court-circuit, l'auteur a observé une chute dans le générateur d'environ 5 000 volts, due à la puissance limitée de cette machine.

La résistance du réseau était très faible, environ $r = 1$ ohm, tandis que la réactance inductive pouvait être estimée à $x = 10$ ohms, et la réactance condensive à $x_c = 20\,000$ ohms. On a ainsi $\operatorname{tg} \gamma = 10$ ou approximativement $\gamma = 90°$.

Il résulte de cela que :

$$i = 707\, \varepsilon^{-0,050}\, \cos 44,7\,\theta$$

et

$$e_1 = 316\,000\, \varepsilon^{-0,050}\, \sin 44,7\,\theta;$$

c'est-à-dire que l'oscillation a une fréquence d'environ 1 800 périodes par seconde, et une f. é. m. maxima de près d'un tiers de million de volts, ce qui explique pleinement les effets disruptifs constatés.

71. — Comme conclusion, il résulte de cela que :

1° Une des plus importantes sources de phénomènes destructifs à haut voltage dans les circuits à haute tension contenant inductance et capacité sont les oscillations électriques produites par une modification des conditions du circuit, comme fermeture, ouverture, etc.

2° Ces phénomènes sont essentiellement indépendants de la fréquence et de la forme de la courbe de la f. é. m. appliquée, mais dépendent des conditions suivant lesquelles le circuit est modifié, ainsi que de la manière dont se fait la modification, et des points des courbes de f. é. m. et de courant pour lesquels le changement a lieu.

3° Les oscillations électriques qui se produisent en reliant une ligne de transmission aux générateurs ne sont pas de potentiel dangereux ; mais les oscillations produites par ouverture du circuit de transmission sous charge peuvent atteindre des voltages destructifs ; quant aux oscillations causées par l'interruption d'un court circuit, elles sont susceptibles d'atteindre des voltages auxquels aucun isolement ne peut résister. Ainsi, on doit prendre des précautions spéciales pour ouvrir sous charge un circuit à haute tension.

Le plus dangereux phénomène est un court-circuit de résistance faible dans un espace ouvert.

4° Les voltages produits par les oscillations résultant de l'ouverture d'une ligne sous charge ou sous court-circuit sont modérés si l'ouverture a lieu à un certain point de f. é. m. Ce point coïncide approximativement avec l'instant où le courant est nul.

—

CIRCUIT DIVISÉ

72. — Un circuit consistant en deux branches ou circuits en quantité 1 et 2, peut être alimenté à travers une ligne ou circuit 3, par une f. é. m. appliquée e_0.

Soit, dans un tel circuit représenté schématiquement par la figure 31, r_1, L_1, C_1 et r_2, L_2, $C_2 =$ résistance, inductance et capacité, respectivement des deux branches de circuit 1 et 2 ; r_0, L_0, $C_0 =$ résistance, inductance et capacité de la partie non divisée du circuit 3. De plus, soit $e =$ différence de potentiel aux bornes des branches 1 et 2 ; i_1 et i_2

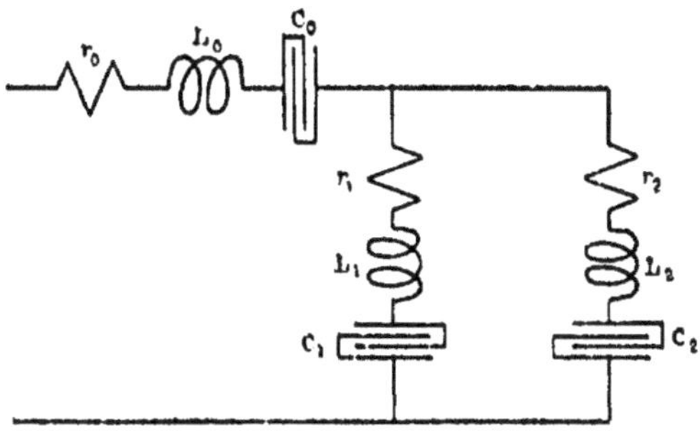

Fig. 31. — Circuit divisé

respectivement $=$ courants dans ces circuits, et $i_3 =$ courant dans la partie non divisée du circuit 3.

Donc :

$$(1) \qquad i_3 = i_1 + i_2$$

et la différence de potentiel aux bornes du circuit 1 est :

$$(2) \qquad e = r_1 i_1 + L_1 \frac{di_1}{dt} + \frac{1}{C_1} \int i_1 dt,$$

et pour le circuit 2 :

$$(3) \qquad e = r_2 i_2 + L_2 \frac{di_2}{dt} + \frac{1}{C_2} \int i_2 dt,$$

et pour le circuit 3 :

$$(4) \qquad e_0 = e + r_0 i_3 + L_0 \frac{di_3}{dt} + \frac{1}{C_0} \int i_3 dt.$$

Au lieu des inductances L et des capacités C, il est généralement préférable, même dans les circuits à courant continu, d'introduire les réactances : $x = 2\pi f L =$ réactance inductive, $x_c = \frac{1}{2\pi f C} =$ réactance condensive, rapportées à une fréquence normale, comme $f = 60$ périodes par seconde. Au lieu du temps, on introduit alors l'angle

$$\theta = 2\pi f t,$$

et nous avons ensuite :

$$(6) \quad \begin{cases} \text{et} \quad L \frac{di}{dt} = \frac{x}{2\pi f} \frac{di}{d\theta} \frac{d\theta}{dt} = x \frac{di}{d\theta} \\[2em] \frac{1}{C} \int i\,dt = 2\pi f x_c \int \frac{i}{\frac{d\theta}{dt}} d\theta = x_c \int i\,d\theta \end{cases}$$

puisque

$$\frac{d\theta}{dt} = 2\pi f.$$

Grâce à cela la résistance, l'inductance et la capacité se trouvent exprimées en une même unité, soit en ohms.

Le temps est exprimé par un angle θ tel que $360°$ correspondent à $\frac{1}{60}$ de seconde et les effets du temps sont ainsi directement comparables aux phénomènes qui ont lieu sur les circuits à 60 cycles.

Une meilleure conception de l'importance ou de l'ordre de grandeur de l'inductance et de la capacité est assurée. Puisque l'inductance et la capacité sont le mieux observées et ont une plus grande importance dans le courant alternatif, une bobine de réaction ayant une réactance inductive de x ohms conduit l'ingénieur à une signification définie en ce qui concerne la dimension : elle a une puissance apparente de i^2x volt ampères, c'est-à-dire la grandeur approximative d'un transformateur de demi-puissance $\dfrac{i^2x}{2}$ watts.

« Une bobine ayant une inductance de L henrys et i ampères », a moins de signification pour l'ingénieur qui est surtout familier avec les effets de l'inductance dans les circuits à courant alternatif.

Substituons (5) et (6) dans les équations (2) (3) et (4) ; cela donne pour les f. é. m.

du circuit 1

$$(7) \qquad e = r_1 i_1 + x_1 \frac{di_1}{d\theta} + x_{c1} \int i_1 d\theta ;$$

du circuit 2

$$(8) \qquad e = r_2 i_2 + x_2 \frac{di_2}{d\theta} + x_{c2} \int i_2 d\theta ;$$

du circuit 3

$$(9) \qquad e_0 = e + r_0 i_3 + x_0 \frac{di_3}{d\theta} + x_{c0} \int i_3 d\theta.$$

Les différences de potentiel entre armatures des condensateurs sont donc

$$(10) \qquad e_1 = x_{c1} \int i_1 d\theta = e - r_1 i_1 - x_1 \frac{di_1}{d\theta},$$

$$(11) \qquad e_2 = x_{c2} \int i_2 d\theta = e - r_2 i_2 - x_2 \frac{di_2}{d\theta},$$

et

$$(12) \qquad e_3 = x_{c0} \int i_3 d\theta = e_0 - e - r_0 i_3 - x_0 \frac{di_3}{d\theta}.$$

Différentions les équations (7) (8) et (9), pour éliminer l'intégrale, nous obtenons les équations différentielles du circuit divisé :

$$(13) \qquad x_1 \frac{d^2 i_1}{d\theta^2} + r_1 \frac{di_1}{d\theta} + x_{c1} i_1 = \frac{de}{d\theta},$$

$$(14) \qquad x_2 \frac{d^2 i_2}{d\theta^2} + r_2 \frac{di_2}{d\theta} + x_{c2} i_2 = \frac{de}{d\theta},$$

et

$$(15) \qquad x_0 \frac{d^2 i_3}{d\theta^2} + r_0 \frac{d i_3}{d\theta} + x_{c0} i_3 = \frac{d e_0}{d\theta} - \frac{d e}{d\theta}.$$

Retranchons (14) de (13), cela donne :

$$(16) \qquad \left(x_1 \frac{d^2 i_1}{d\theta^2} + r_1 \frac{d i_1}{d\theta} + x_{c1} i_1 \right) - x_2 \frac{d^2 i_2}{d\theta^2} + r_2 \frac{d i_2}{d\theta} + x_{c2} i_2 = 0.$$

Multiplions (15) par 2 et ajoutons à cela (13) et (14); cela donne, en tenant compte de (1), $i_3 = i_1 + i_2$,

$$(17) \qquad (2 x_0 + x_1) \frac{d^2 i_1}{d\theta^2} + (2 r_0 + r_1) \frac{d i_1}{d\theta} + (2 x_{c0} + x_{c1}) i_1 +$$
$$(2 x_0 + x_2) \frac{d^2 i_2}{d\theta^2} + (2 r_0 + r_2) \frac{d i_2}{d\theta} + (2 x_{c0} + x_{c2}) i_2 = 2 \frac{d e_0}{d\theta}.$$

Ces deux équations (16) et (17) sont intégrées par les fonctions :

$$(18) \qquad \begin{cases} i_1 = i_1' + A_1 \varepsilon^{-a\theta} \\[2mm] \text{et} \\[2mm] i_2 = i_2' + A_2 \varepsilon^{-a\theta}, \end{cases}$$

où i_1' et i_2' sont les valeurs permanentes des courants; $i_1'' = A_1 \varepsilon^{-a\theta}$ et $i_2'' = A_2 \varepsilon^{-a\theta}$ sont les termes transitoires de ces courants.

Substituons (18) dans (16) et (17) :

$$(19) \qquad \left(x_1 \frac{d^2 i_1'}{d\theta^2} + r_1 \frac{d i_1'}{d\theta} + x_{c1} i_1' \right) - \left(x_2 \frac{d^2 i_2'}{d\theta^2} + r_2 \frac{d i_2'}{d\theta} + x_{c2} i_2' \right)$$
$$+ A_1 \varepsilon^{-a\theta} (a^2 x_1 - a r_1 + x_{c1}) - A_2 \varepsilon^{-a\theta} (a^2 x_2 - a r_2 + x_{c2}) = 0$$

et :

$$(20) \qquad (2 x_0 + x_1) \frac{d^2 i_1'}{d\theta^2} + (2 r_0 + r_1) \frac{d i_1'}{d\theta} + (2 x_{c0} + x_{c1}) i_1' + 2 (x_0 + x_2) \frac{d^2 i_2'}{d\theta^2}$$
$$+ (2 r_0 + r_2) \frac{d i_2'}{d\theta} + (2 x_{c0} + x_{c2}) i_2 + A_1 \varepsilon^{-a\theta} \{ a^2 (2 x_0 + x_1)$$
$$- a (2 r_0 + r_1) + 2 (x_{c0} + x_{c1}) \} + A_2 \varepsilon^{-a\theta} \{ a^2 (2 x_0 + x_2)$$
$$- a (2 r_0 + r_2) + 2 (x_{c0} + x_{c2}) \} = 2 \frac{d e_0}{d\theta}.$$

73. — Pour $t = \infty$, les termes exponentiels disparaissent, et réduisent ainsi les équations différentielles aux termes permanents i_1' et i_2'; alors :

$$(21) \qquad \left(x_1 \frac{d^2 i_1'}{d\theta^2} + r_1 \frac{d i_1'}{d\theta} + x_{c1} i_1' \right) - \left(x_2 \frac{d^2 i_2'}{d\theta^2} + r_2 \frac{d i_2'}{d\theta} + x_{c2} i_2' \right) = 0$$

et

$$(22) \quad (2x_0 + x_1)\frac{d^2 i''_1}{d\theta^2} + (2r_0 + r_1)\frac{di''_1}{d\theta} + (2x_{c0} + x_{c1})i''_1 + (2x_0 + x_2)\frac{d^2 i''_2}{d\theta^2}$$

$$+ (2r_0 + r_1)\frac{di''_2}{d\theta} + (2x_{c0} + x_{c2})i''_2 = 2\frac{de_0}{d\theta}.$$

La solution de ces équations (21) et (22) est l'équation ordinairement employée, qui donne i''_1 et i''_2 sous forme d'ondes sinusoïdales, si e_0 est une onde sinusoïdale ; qui donne i''_1 et i''_2 sous forme de quantités constantes si e_0 est une constante et x_{c0}, avec x_{c1} ou x_{c2}, ou les deux, nuls ; i''_1 et $i''_2 = 0$ si x_{c0} ou bien x_{c1} et x_{c2} diffèrent de zéro.

Retranchons (21) et (22) de (19) et (20) ; cela nous conduit aux équations différentielles des termes transitoires i''_1 et i''_2,

$$(23) \quad \varepsilon^{-a\theta}\left\{ A_1\,(a^2 x_1 - a r_1 + x_{c1}) - A_2\,(a^2 x_2 - a r_2 + x_{c2}) \right\} = 0$$

et

$$(24) \quad \varepsilon^{-a\theta}\left\{ A_1\,[a^2\,(2x_0 + x_1) - a\,(2r_0 + r_1) + 2\,(x_{c0} + x_{c1})] \right.$$

$$\left. + A_2\,[a^2\,(2x_0 + x_2) - a\,(2r_0 + r_2) + 2\,(x_{c0} + x_{c2})] \right\} = 0.$$

Introduisons une nouvelle constante B dans l'équation (23), on a

$$(25) \qquad \begin{cases} A_1 = B\,(a^2 x_2 - a r_2 + x_{c2}) \\ A_2 = B\,(a^2 x_1 - a r_1 + x_{c1}) ; \end{cases}$$

substituons (25) dans (24) :

$$(26) \quad (a^2 x_2 - a r_2 + x_{c2})\,[a^2\,(2x_0 + x_1) - a\,(2r_0 + r_1) + (2x_{c0} + x_{c1})]$$

$$+ (a^2 x_1 - a r_1 + x_{c1})\,[a^2\,(2x_0 + x_2) - a\,(2r_0 + r_2) + (2x_{c0} + x_{c2})] = 0,$$

tandis que B reste indéterminé comme constante d'intégration.

L'équation du quatrième degré (26) donne quatre valeurs pour a, qui doivent être toutes réelles, ou deux réelles et deux imaginaires conjuguées, ou deux paires de racines imaginaires conjuguées.

L'équation (26), transposée, donne :

$$(27) \quad a^4\,(r_0 x_1 + x_0 x_2 + x_1 x_2) - a^3\left\{ r_0\,(x_1 + x_2) + r_1\,(x_0 + x_2) \right.$$

$$\left. + r_2\,(x_0 + x_1) \right\} + a^2\left\{ (r_0 r_1 + r_0 r_2 + r_1 r_2) + x_{c0}\,(x_1 + x_2) \right.$$

$$\left. + x_{c1}\,(x_0 + x_2) + x_{c2}\,(x_0 + x_1) \right\} - a\left\{ x_{c0}\,(r_1 + r_2) + x_{c1}\,(r_0 + r_2) \right.$$

$$\left. + x_{c2}\,(r_0 + r_1) \right\} + (x_{c0} x_{c1} + x_{c0} x_{c2} + x_{c1} x_{c2}) = 0.$$

Soit a_1, a_2, a_3, a_4 les quatre racines de l'équation (27) ; alors

$$(28) \quad i_1 = i'_1 + B_1(a_1^2 x_2 - a_1 r_2 + x_{c2})\varepsilon^{-a_1 \theta} + B_2(a_2^2 x_2 - a_2 r_2 + x_{c2})\varepsilon^{-a_2 \theta}$$
$$+ B_3(a_3^2 x_2 - a_3 r_2 + x_{c2})\varepsilon^{-a_3 \theta} + B_4(a_4^2 x_2 - a_4 r_2 + x_{c2})\varepsilon^{-a_4 \theta}$$

$$(29) \quad i_2 = i'_2 + B_1(a_1^2 x_1 - a_1 r_1 + x_{c1})\varepsilon^{-a_1 \theta} + B_2(a_2^2 x_1 - a_2 r_1 + x_{c1})\varepsilon^{-a_2 \theta}$$
$$+ B_3(a_3^2 x_1 - a_3 r_1 + x_{c1})\varepsilon^{-a_3 \theta} + B_4(a_4^2 x_1 - a_4 r_1 + x_{c1})\varepsilon^{-a_4 \theta}$$

où les constantes d'intégration B_1, B_2, B_3 et B_4 sont déterminées par les conditions extrêmes : les courants et potentiels des condensateurs au temps zéro, $\theta = 0$.

L'équation du quatrième degré (27) doit généralement être résolue par approximations.

74. Cas spéciaux. — Circuit divisé à courant continu, avec résistance et inductance, mais pas de capacité, $e_0 = $ constante.

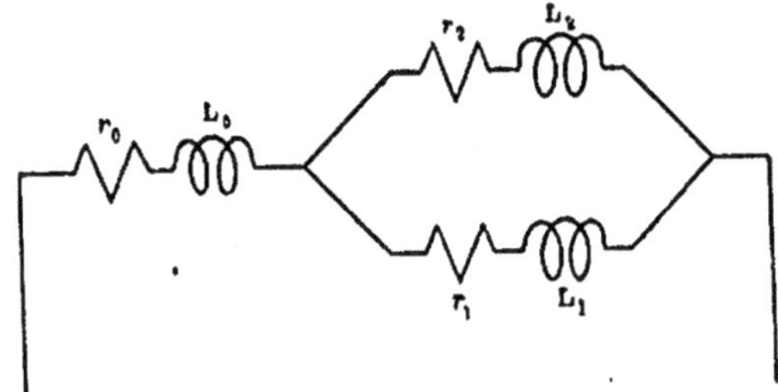

Fig. 32. — Circuit divisé à courant continu sans capacité.

Dans un tel circuit, montré schématiquement par la figure 32, les équations (7), (8) et (9) sont grandement simplifiées par l'absence de l'intégrale et nous avons :

$$(30) \qquad e = r_1 i_1 + x_1 \frac{di_1}{d\theta},$$

$$(31) \qquad e = r_2 i_2 + x_2 \frac{di_2}{d\theta},$$

et

$$(32) \qquad e_0 = e + r_0 i_3 + x_0 \frac{di_3}{d\theta}.$$

(30) et (31), combinées, donnent :

$$(33) \qquad r_1 i_1 - r_2 i_2 + x_1 \frac{di_1}{d\theta} - x_2 \frac{di_2}{d\theta} = 0.$$

Substituons (1), $i_3 = i_1 + i_2$, dans (32), multiplions par 2 et ajoutons à cela : (30) et (31) ; on a :

$$(34)\quad 2e_0 = (2r_0 + r_1)i_1 + (2r_0 + r_2)i_2 + (2x_0 + x_1)\frac{di_1}{d\theta} + \left(2x_0 + x_2\right)\frac{di_2}{d\theta},$$

Les équations (33) et (34) sont intégrées par :

$$(35)\quad \text{et}\quad \begin{cases} i_1 = i'_1 + A_1\varepsilon^{-a\theta} \\[2mm] i_2 = i' + A_2\varepsilon^{-a\theta}. \end{cases}$$

Portons (35) dans (33) et (34), on a :

$$\text{et}\quad \begin{cases} (r_1 i'_1 - r_2 i'_2) + \varepsilon^{-a\theta}\left\{ A_1(r_1 - ax_1) - A_2(r_2 - ax_2) \right\} = 0 \\[3mm] 2e_0 = (2r_0 + r_1)i'_1 + (2r_0 + r_2)i'_2 + \varepsilon^{-a\theta}\left\{ A_1\left[(2r_0 + r_1) - a(2x_0 + x_1)\right] + A_2\left[(2r_0 + r_2) - a(2x_0 + x_2)\right] \right\}. \end{cases}$$

Ces équations se scindent en équations de l'état permanent, qui sont :

$$\text{et}\quad \begin{cases} r_1 i'_1 - r_2 i'_2 = 0 \\[2mm] (2r_0 + r_1)i'_1 + (2r_0 + r_2)i'_2 = 2e_0, \end{cases}$$

d'où

$$(36)\quad \begin{cases} i'_1 = e_0\,\dfrac{r_2}{r^2} \\[3mm] i'_2 = e_0\,\dfrac{r_1}{r^2} \end{cases}$$

avec

$$(37)\quad r^2 = r_0 r_1 + r_0 r_2 + r_1 r_2,$$

et en équations d'état transitoire, ayant les coefficients .

$$\begin{cases} A_1(r_1 - ax_1) - A_2(r_2 - ax_2) = 0 \\ \text{et} \\ A_1\left[(2r_0 + r_1) - a(2x_0 + x_1)\right] + A_2\left[(2r_0 + r_2) - a(2x_0 + x_2)\right] = 0. \end{cases}$$

Il résulte de là que :

$$(38)\quad \begin{cases} A_1 = B(r_2 - ax_2) \\ A_2 = B(r_1 - ax_1), \end{cases}$$

et

$$(39) \quad a^2 (x_0 x_1 + x_0 x_2 + x_1 x_2) - a\left[r_0(x_1 + x_2) + r_1(x_0 + x_2) + r_2(x_0 + x_1)\right] + (r_0 r_1 + r_0 r_2 + r_1 r_2) = 0$$

$$(40) \quad\quad\quad B = \text{indéterminé}.$$

Substituons les abréviations :

$$(41) \quad \begin{cases} x_0 x_1 + x_0 x_2 + x_1 x_2 = x^2, \\ r_0 r_1 + r_0 r_2 + r_1 r_2 = r^2, \\ \text{et} \\ r_0(x_1 + x_2) + r_1(x_0 + x_2) + r_2(x_0 + x_1) = x_0(r_1 + r_2) \\ \quad + x_1(r_0 + r_2) + x_2(r_0 + r_1) = s^2. \end{cases}$$

Il vient, de (39)

$$(42) \quad\quad\quad a^2 x^2 - a s^2 + r^2 = 0$$

d'où les deux racines

$$(43) \quad \begin{cases} a_1 = \dfrac{s^2 - q^2}{2 x^2} \\ a_2 = \dfrac{s^2 + q^2}{2 x^2}, \end{cases}$$

avec

$$(44) \quad\quad\quad q^2 = \sqrt{s^4 - 4 r^2 x^2}.$$

Les deux racines de l'équation (42), a_1 et a_2, sont toujours réelles puisque dans q^2 on a $s^4 > 4\, r^2 x^2$ comme on peut le voir en tenant compte de (41).

Les intégrales finales des équations sont ainsi :

$$(45) \quad \begin{cases} i_1 = e_0 \dfrac{r_2}{r^2} + (r_2 - a_1 x_2)\, B_1 \varepsilon^{-\frac{s^2 - q^2}{2 x^2}\theta} + (r_2 - a_2 x_2)\, B_2 \varepsilon^{-\frac{s^2 + q^2}{2 x^2}\theta} \\[2ex] i_2 = e_0 \dfrac{r_1}{r^2} + (r_1 - a_1 x_1)\, B_1 \varepsilon^{-\frac{s^2 - q^2}{2 x^2}\theta} + (r_1 - a_2 x_1)\, B_2 \varepsilon^{-\frac{s^2 + q^2}{2 x^2}\theta}. \end{cases}$$

B_1 et B_2 sont déterminés par les conditions extrêmes, comme les courants i_1 et i_2 au départ, $\theta = 0$.

Posons, au temps zéro, ou $\theta = 0$,

$$(46) \qquad \left\{ \begin{aligned} &\text{et} && i_1 = i_1^0 \\ &&& i_2 = i_2^0 \, ; \end{aligned} \right.$$

alors en substituant en (45), nous avons

$$(47) \qquad \left\{ \begin{aligned} i_1^0 &= e_0 \frac{r_2}{r^2} + (r_2 - a_1 x_2)\, \mathrm{B}_1 + (r_2 - a_2 x_2)\, \mathrm{B}_2 \\ i_2^0 &= e_0 \frac{r_1}{r^2} + (r_1 - a_1 x_1)\, \mathrm{B}_1 + (r_1 - a_2 x_1)\, \mathrm{B}_2 \, ; \end{aligned} \right.$$

et de là on obtient B_1 et B_2.

75. — Par exemple, dans un circuit à courant continu, soit la f. é. m. appliquée $e_0 = 120$ volts ; la résistance de la partie non divisée du circuit $r_0 = 20$ ohms, la réactance $x_0 = 20$ ohms ; la résistance de l'une des deux branches $r_1 = 20$ ohms, la réactance $x_1 = 40$ ohms ; et la résistance de l'autre branche $r_2 = 5$ ohms, la réactance $x_2 = 200$ ohms.

Ainsi, l'une des branches est de faible résistance et haute réactance, l'autre de haute résistance et de réactance modérée.

Les valeurs permanentes des courants ($r^2 = 600$), sont :

$$\left\{ \begin{aligned} &\text{et} && i_1'' = 1 \text{ ampère} \\ &&& i_2'' = 4 \text{ ampères.} \end{aligned} \right.$$

a) Supposons maintenant que la résistance r_0 décroisse soudainement de $r_0 = 20$ ohms à $r_0 = 15$ ohms, nous aurons les valeurs permanentes des courants

$$\left\{ \begin{aligned} &\text{et} && i_1'' = 1{,}265 \text{ ampères} \\ &&& i_2'' = 5{,}06 \text{ ampères.} \end{aligned} \right.$$

Les valeurs antérieures des courants et par conséquent leurs valeurs au moment du départ $\theta = 0$ sont

$$i_1^0 = 1 \text{ ampère}$$
$$i_2^0 = 4 \text{ ampères.}$$

D'où les équations des courants, par substitution dans les équations précédentes :

$$i_1 = 1,265 + 0,455\,\varepsilon^{-0,0633\theta} - 0,720\,\varepsilon^{-0,586\theta}$$
$$i_2 = 5,06 - 1,038\,\varepsilon^{-0,0633\theta} - 0,022\,\varepsilon^{-0,586\theta}.$$

b) Supposons maintenant que la résistance r_0 croisse soudainement de $r_3 = 15$ ohms à $r_0 = 20$ ohms, en laissant toutes autres choses égales, nous avons :

$$i_1^0 = 1,265 \text{ ampère}$$
$$i_2^0 = 5,06 \text{ ampères}$$

et alors

$$i_1 = 1 - 0,528\,\varepsilon^{-0,0697\theta} + 0,793\,\varepsilon^{-0,674\theta}$$
$$i_2 = 4 + 1,018\,\varepsilon^{-0,0697\theta} + 0,042\,\varepsilon^{-0,674\theta}.$$

c) Supposons maintenant que la résistance r_0 soit augmentée subitement de $r_0 = 20$ ohms à $r_0 = 25$ ohms ; on aura

$$i_1 = 0,828 - 0,374\,\varepsilon^{-0,0743\theta} + 0,546\,\varepsilon^{-0,764\theta}$$
$$i_2 = 3,312 + 0,649\,\varepsilon^{-0,0743\theta} + 0,039\,\varepsilon^{-0,764\theta}.$$

d) Supposons maintenant que la résistance r_0 soit abaissée et revienne de $r_0 = 25$ ohms à $r_0 = 20$ ohms ; or aura

$$i_1 = 1 + 0,342\,\varepsilon^{-0,0697\theta} - 0,514\,\varepsilon^{-0,674\theta}$$
$$i_2 = 4 - 0,660\,\varepsilon^{-0,0697\theta} - 0,028\,\varepsilon^{-0,674\theta}.$$

76. — La figure 33 montre les variations des courants i_1 et i_2 résultant de soudaines variations de la résistance r_0 de 20 à 15, retour à 20, puis 25 et retour de nouveau à 20. Comme on le voit, le réajustement du courant i_2, soit le courant dans la branche inductive du circuit, est très lent et graduel jusqu'à la valeur permanente. Le courant i_1, par contre, non seulement change très rapidement avec la variation de r_0, mais encore dépasse de beaucoup sa valeur permanente ; c'est-à-dire qu'une diminution de r_0 fait croître i_1 rapidement jusqu'à une valeur temporaire de beaucoup en excès sur la valeur permanente, ensuite i_1 retombe graduellement à sa valeur normale, et inversement lorsque r_0 croît. Ainsi tout changement du courant principal est très exagéré dans la composante temporaire du courant i_1 ; une modification permanente de 20 pour cent du courant total détermine une variation instantanée du courant i_1 d'environ 5o pour cent dans le cas présent.

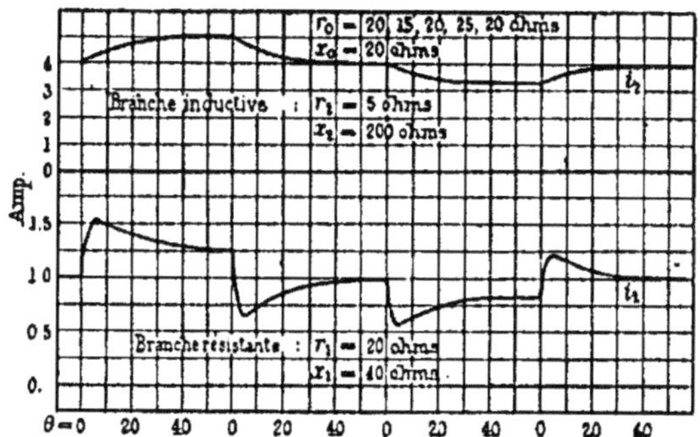

Fig. 33. — Courant continu dans un circuit divisé résultant de brusques variations de résistance.

Par conséquent, lorsqu'un effet quelconque doit être donné par une variation de courant ou de voltage, comme la production d'un réglage, l'action est rendue beaucoup plus sensible et rapide si l'on shunte le circuit actif i_1 d'aussi faible inductance que possible, par une haute inductance d'aussi faible résistance que possible. Les brusques et temporaires excès des modifications du courant i_1 compensent l'accroissement de frottement au départ dans la mise en mouvement du mécanisme, et donnent ainsi une plus rapide action qu'avec un mécanisme manœuvré directement par le courant principal.

Cet arrangement a été proposé pour le réglage de lampes à arc avec arc de grande tension sur des circuits à potentiel constant. L'électro de réglage qui est dans le circuit i_1, devance ainsi plus ou moins le changement de la résistance de l'arc grâce à un excès temporaire de courant. (¹)

____

(¹) Une application analogue et importante est la mise en dérivation, avec le circuit de compensation ou les pôles auxiliaires de commutation d'une dynamo à courant continu, d'un shunt ayant beaucoup plus d'inductance que cet enroule-

77. — L'accroissement temporaire de voltage, e, aux bornes de la branche de circuit 1. correspondant à un excès temporaire de courant dans ce circuit, peut pourtant avoir des effets dangereux, comme la destruction des appareils de mesure.

Soit, par exemple, un circuit avec une f. é. m. continue appliquée de $e_0 = 600$ volts, comme un circuit de traction ; la résistance du circuit est de 25 ohms, et l'inductance réactive de 44 ohms ; cela donne un courant permanent $i' = 24$ ampères.

Supposons maintenant qu'une faible portion du circuit, de résistance $r_2 = 1$ ohm, mais comprenant la plus grande part de réactance $x_2 = 40$ ohms, — comme l'inducteur série d'un moteur —, soit shuntée par un voltmètre et $r_1 = 1000$ ohms = résistance, $x_1 = 40$ ohms = réactance du circuit de ce voltmètre.

En condition permanente le voltmètre indique $\frac{1}{25} \times 600 = 24$ volts mais tout changement des conditions du circuit, comme une augmentation ou une diminution brusque du voltage d'alimentation e_0, amène l'apparition d'un terme transitoire qui peut augmenter la tension appliquée au voltmètre.

Dans ce circuit divisé, les constantes sont : partie non divisée du circuit, $r_0 = 24$ ohms, $x_0 = 4$ ohms ; première branche — voltmètre — (pratiquement non-inductive) $r_1 = 1000$ ohms et $x_1 = 40$ ohms ; seconde branche — inducteur du moteur — (très inductive) $r_2 = 1$ ohm et $x_2 = 40$ ohms.

a) Supposons maintenant que la f. é. m. appliquée e_0 tombe brusquement de 600 volts à 540 volts, soit de 10 % ; nous aurons les équations :

$$\begin{cases} i_1 = 0{,}0216 - 0{,}0806 \, \varepsilon^{-0{,}832\,\theta} + 0{,}0830 \, \varepsilon^{-23{,}1\,\theta} \\ i_2 = 21{,}6 + 2{,}407 \, \varepsilon^{-0{,}832\,\theta} - 0{,}007 \, \varepsilon^{-23{,}1\,\theta}. \end{cases}$$

b) Supposons maintenant que le voltage e_0 remonte brusquement de 540 à 600 volts ; nous aurons alors :

$$\begin{cases} i_1 = 0{,}024 + 0{,}0806 \, \varepsilon^{-0{,}832\,\theta} - 0{,}0830 \, \varepsilon^{-23{,}1\,\theta} \\ i_2 = 24 - 2{,}407 \, \varepsilon^{-0{,}832\,\theta} + 0{,}007 \, \varepsilon^{-23{,}1\,\theta} \end{cases}$$

---

ment ; on arrive ainsi à faire suivre plus exactement au flux de commutation les variations du courant de l'induit et à éviter les étincelles lors des variations brusques de charge.   (N. d. T).

Le voltage, e, appliqué au voltmètre, ou sur le circuit 1 est

$$e = r_1 i_1 + x_1 \frac{di_1}{d\theta} = 1000\, i_1'' \mp 77{,}9\, \varepsilon^{-0{,}832\theta} \pm 6{,}2\, \varepsilon^{-23{,}1\theta},$$

où

$$i_1'' = e\, \frac{r_1}{r^2}.$$

Alors dans le cas (a) de la baisse de tension appliquée, e_0, de 10 % :

$$e = 21{,}6 - 77{,}9\, \varepsilon^{-0{,}832\theta} + 6{,}2\, \varepsilon^{-23{,}1\theta},$$

et, dans le cas (b), de l'élévation du voltage :

$$e = 24{,}0 + 77{,}9\, \varepsilon^{-0{,}832\theta} - 6{,}2\, {}_3{}^{-23{,}1\theta}.$$

Ce voltage, e dans les deux cas, est représenté sur la figure 34. Comme on le voit, pendant la transition de l'indication entre 21,6 et 24,0 volts, le voltage monte temporairement jusqu'à 95,7 volts, ou quatre fois sa valeur permanente, et pendant l'abaissement du voltage permanent de 24,0 à 21,6 volts, le voltmètre s'inverse momentanément, en allant jusqu'à 50,1 volts dans l'autre sens.

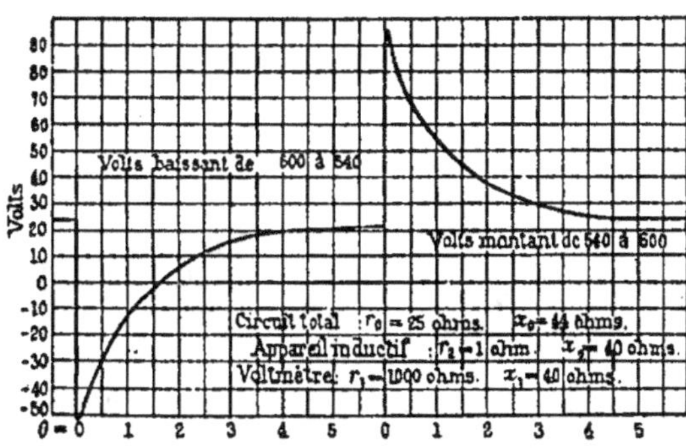

Fig. 34. — Voltage sur un appareil inductif en série avec un circuit de grande résistance.

Dans un circuit à courant continu, de haute tension, un voltmètre aux bornes d'une faible résistance est en danger de destruction, si cette résistance est très inductive, lors de tous les changements brusques de voltage et de courant dans le circuit, même si la valeur permanente du voltage est bien au-dessous de l'échelle du voltmètre.

CAPACITÉ SHUNTANT UNE PORTION D'UN CIRCUIT
A COURANT CONTINU

78. — Un circuit de résistance r_1 et de réactance inductive x_1 est shunté par une réactance condensive x_c et alimenté au travers de la résistance r_0 et de la réactance inductive x_0, par une f. é. m. continue appliquée e_0, comme indiqué schématiquement sur la figure 35.

Dans le circuit non divisé :

$$(48) \qquad e_0 = e + r_0 (i_1 + i_2) + x_0 \left(\frac{di_1}{d\theta} + \frac{di_2}{d\theta} \right).$$

Dans la branche inductive :

$$(49) \qquad e = r_1 i_1 + x_1 \frac{di_1}{d\theta}.$$

Dans la branche condensive :

$$(50) \qquad e = x_c \int i_2 d\theta.$$

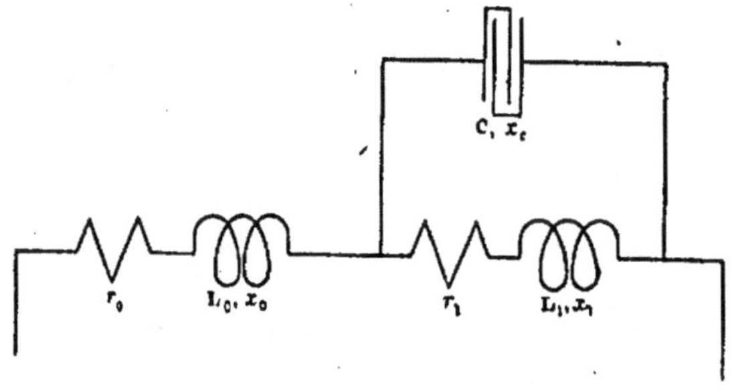

Fig. 35. — Suppression des pulsations dans les circuits à courant continu par inductance en série et capacité en shunt.

Eliminons e de (48) et (49) :

$$(51) \qquad e_0 = (r_0 + r_1) i_1 + (x_0 + x_1) \frac{di_1}{d\theta} + r_0 i_2 + x_0 \frac{di_2}{d\theta}.$$

et de (49) et (50)

$$(52) \qquad x_c \int i_2 d\theta = r_1 i_1 + x_1 \frac{di_1}{d\theta}.$$

Différentions (52) pour éliminer l'intégrale :

$$(53) \qquad x_c i_2 = r_1 \frac{di_1}{d\theta} + x_1 \frac{d^2 i_1}{d\theta^2}.$$

Substituons (53) dans (51) et transposons :

$$(54) \quad e_0 = (r_0 + r_1) i_1 + \frac{1}{x_c} \Big\{ (r_0 r_1 + x_c x_0 + x_c x_1) \frac{di_1}{d\theta}$$
$$+ (r_0 x_1 + r_1 x_0) \frac{d^2 i_1}{d\theta^2} + x_0 x_1 \frac{d^3 i_1}{d\theta^3} \Big\},$$

équation différentielle du troisième ordre.

Elle se résoud en un terme permanent.

$$(55) \qquad e_0 = (r_0 + r_1) i'_1,$$

ou

$$i'_1 = \frac{e_0}{r_0 + r_1},$$

et en un terme transitoire :

$$(56) \qquad i''_1 = A \varepsilon^{-a\theta}.$$

Ainsi

$$(57) \qquad i_1 = i'_1 + A \varepsilon^{-a\theta} = \frac{e_0}{r_0 + r_1} + A \varepsilon^{-a\theta}.$$

En portant l'équation (57) dans (54), on a l'équation de a :

$$x_c (r_0 + r_1) - a (r_0 r_1 + x_c x_0 + x_c x_1) + a^2 (r_0 x_1 + r_1 x_0) - a^3 x_0 x_1 = 0$$

ou

$$(58) \quad a^3 - a^2 \left(\frac{r_0}{x_0} + \frac{r_1}{x_1} \right) + a \left(\frac{r_0 r_1}{x_c x_1} + \frac{x_c}{x_0} + \frac{x_c}{x_1} \right) - \frac{x_c (r_0 + r_1)}{x_0 x_1} = 0,$$

tandis que A reste indéterminé comme constante d'intégration.

L'équation (58) a trois racines a_1, a_2 et a_3 qui sont toutes les trois réelles quand le phénomène est logarithmique, ou bien une réelle et deux imaginaires quand le phénomène est oscillatoire.

L'équation intégrale du courant dans la branche (1) est :

$$(59) \qquad i_1 = \frac{e_0}{r_0 + r_1} + A_1 \varepsilon^{-a_1 \theta} + A_2 \varepsilon^{-a_2 \theta} + A_3 \varepsilon^{-a_3 \theta}.$$

Le courant dans la branche (2) est donné par (53)

$$(60) \quad i_2 = \frac{1}{x_c} \left(r_1 \frac{di_1}{d\theta} + x_1 \frac{d^2 i_1}{d\theta^2} \right)$$

$$= \frac{1}{x_c} \left\{ - a_1 (r_1 - a_1 x_1) A_1 \varepsilon^{-a_1 \theta} - a_2 (r_1 - a_2 x_1) A_2 \varepsilon^{-a_2 \theta} \right.$$

$$\left. - a_3 (r_1 - a_3 x_1) A_3 \varepsilon^{-a_3 \theta} \right\}.$$

La différence de potentiel au condensateur est :

$$(61) \quad e = x_c \int i_2 d\theta = r_1 i_1 + x_1 \frac{di_1}{d\theta}$$

$$= \frac{r_1 e_0}{r_0 + r_1} + (r_1 - a_1 x_1) A_1 \varepsilon^{-a_1 \theta} + (r_1 - a_2 x_1) A_2 \varepsilon^{-a_2 \theta}$$

$$+ (r_1 - a_3 x_1) A_3 \varepsilon^{-a_3 \theta}.$$

Dans le cas d'une variation oscillatoire, les équations (59), (60) et (61) apparaissent sous forme imaginaire complexe, et alors doivent être amenées sous forme de fonctions trigonométriques.

Les trois constantes d'intégration A_1, A_2 et A_3 sont déterminées par les conditions extrêmes, à $\theta = 0$, $i_1 = i_1^0$, $i_2 = i_2^0$ et $e = e_0$.

79. — Comme application numérique, on peut considérer un circuit ayant les constantes $e_0 = 110$ volts ; $r_0 = 1$ ohm ; $x_0 = 10$ ohms ; $r_1 = 10$ ohms ; $x_1 = 100$ ohms et $x_c = 10$ ohms.

En d'autres termes, une f. é. m. de 110 volts, continue, alimente par l'intermédiaire d'une ligne de $r_0 = 1$ ohm de résistance, un circuit de $r_1 = 10$ ohms de résistance. Une réactance inductive $x_0 = 10$ ohms est insérée dans la ligne, et une réactance inductive $x_1 = 100$ ohms dans le circuit alimenté : ce dernier est shunté par une réactance condensive de $x_c = 10$ ohms.

En portant ces valeurs dans l'équation (58) on a :

$$a^3 - 0{,}2\, a^2 + 1{,}11\, a - 0{,}11 = 0.$$

Cette équation du troisième degré donne par approximation une racine $a_1 = 0{,}1$; en divisant par $(a - 0{,}1)$ on arrive à l'équation du second degré :

$$a^2 - 0{,}1\, a + 1{,}1 = 0,$$

142 PHÉNOMÈNES ÉLECTRIQUES TRANSITOIRES

qui donne deux racines imaginaires complexes $a_2 = 0,05 - 1,047\,j$ et $a_3 = 0,05 + 1,047\,j$; alors de l'équation du courant, en substituant les fonctions trigonométriques aux exponentielles à exposants imaginaires, nous obtenons les équations du *courant d'utilisation* :

$$i_1 = i_1' + A_1\,\varepsilon^{-0,1\,\theta} + \varepsilon^{-0,05\,\theta}\,(B_1\cos 1,047\,\theta + B_2\sin 1,047\,\theta);$$

le *potentiel au condensateur* est :

$$e = 10\,i_1' + \varepsilon^{-0,05\,\theta}\big\{ (5\,B_1 + 104,7\,B_2)\cos 1,047\,\theta$$
$$- (104,7\,B_1 - 5B_2)\sin 1,047\,\theta \big\},$$

le *courant au condensateur* est :

$$i_2 = 10,9\varepsilon^{-0,05\,\theta}\big\{ B_1\cos 1,047\,\theta + B_2\sin 1,047\,\theta \big\}.$$

Avec $e_0 = 110$ volts appliqués, le courant permanent $i_1 = 10$ ampères, le potentiel permanent au condensateur $e' = 100$ volts et le courant permanent au condensateur $i_2'' = 0$.

Supposons maintenant que le voltage e_0 baisse brusquement de 10 pour cent, de $e_0 = 110$ volts à $e_0 = 99$ volts, amenant le courant permanent à $i_1'' = 9$ ampères. Au moment de la baisse de voltage, $\theta = 0$, nous avons $i_1 = i_1^0 = 10$ ampères ; $e = e' = 100$ volts et $i_2 = 0$; donc, en portant ces valeurs numériques dans les équations ci-dessus donnant i_1, e et i_2, nous aurons les trois constantes d'intégration :

$$A_1 = 1 ; \quad B_1 = 0 \quad \text{et} \quad B_2 = 0,0955 ;$$

de là, le courant d'utilisation est

$$i_1 = 9 + \varepsilon^{-0,1\,\theta} + 0,0955\,\varepsilon^{-0,05\,\theta}\sin 1,047\,\theta.$$

le courant au condensateur est

$$i_2 = 1,05\,\varepsilon^{-0,05\,\theta}\sin 1,047\,\theta$$

et le voltage au condensateur ou au circuit d'utilisation est :

$$e = 90 + \varepsilon^{-0,05\,\theta}\,(10\cos 1,047\,\theta + 0,48\sin 1,047\,\theta).$$

Sans le condensateur, l'équation du courant serait :

$$i = 9 + \varepsilon^{-0,1\,\theta}.$$

Dans cette combinaison de circuits, avec réactance condensive en shunt, x_c, au moment où le voltage tombe ou $\theta = 0$, le taux de variation du courant d'utilisation est approximativement

$$\frac{di_1}{d\theta} = \Big[-0,1\,\varepsilon^{-0,1\theta} + 0,0955 \times 1,047\,\varepsilon^{-0,05\theta}\cos 1,047\theta \Big]_0 = 0$$

tandis que sans condensateur ce serait :

$$\frac{di}{d\theta} = \Big[-0,1\,\varepsilon^{-0,1\theta} \Big]_0 = -0,1.$$

80. — Si l'on shunte un circuit par une capacité, le courant dans ce circuit ne commence pas intantanément à varier lors d'un changement ou d'une fluctuation de la f. é. m. appliquée.

Dans la figure 36, on indique, avec θ en abscisses, la variation du courant i_1 en pour cent, résultant d'une variation instantanée de 10 pour cent de la f. é. m. appliquée, avec condensateur en shunt sur le circuit d'utilisation, ou sans condensateur.

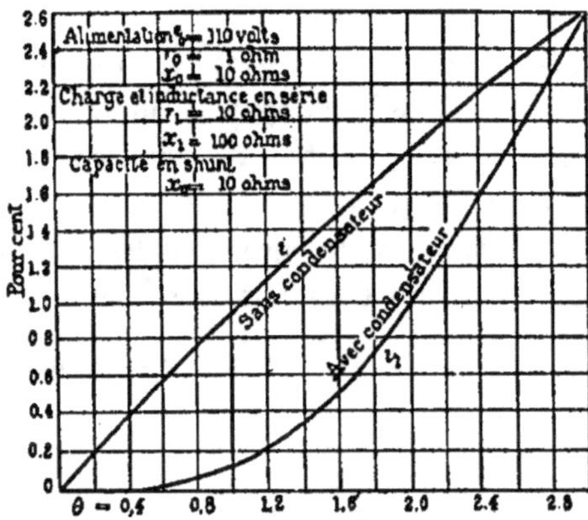

Fig. 36. — Suppression des pulsations dans les circuits à courant continu avec inductance en série et capacité en shunt. Effet de 10 pour cent de baisse de voltage.

Comme on le voit, avec $\theta = 172°$, les deux courants i_1 avec condensateur et i sans condensateur ont diminué de la même proportion de 2,6 pour cent. Mais pour $\theta = 57,3°$, i_1 a décru seulement de 1/8 pour cent et i de près de 1 pour cent; et pour $\theta = 24°$, i_1 n'a pas encore baissé du tout tandis que i a baissé de 0,38 pour cent.

C'est-à-dire que, sans condensateur, toutes les pulsations de la f. é. m. appliquée e_0, apparaissent dans le circuit d'utilisation sous forme de pulsation du courant i avec une importance d'autant plus réduite que plus courte est la durée de chaque pulsation. Pour $\theta = 60°$, ou $t = 0,00275$ seconde, la pulsation du courant a atteint 10 pour cent de la pulsation de la f. é. m. appliquée [1].

Avec un condensateur en shunt sur le circuit d'utilisation ; la pulsation du courant dans ce circuit est encore zéro pour $\theta = 24°$ ou après $0,001$ seconde et atteint $1,25$ pour cent de la pulsation de la f. é. m. appliquée au temps $\theta = 60°$ ou $t = 0,00275$ seconde.

Une pulsation de la f. é. m. appliquée e_0 d'une fréquence au-dessus de 250 cycles par seconde ne peut pratiquement pas pénétrer dans le circuit d'utilisation, c'est-à-dire n'apparaît pas du tout dans le courant i_1 ; une pulsation de la f. é. m. appliquée e_0 de 120 cycles n'apparaît dans le courant i_1 que réduite à 1 pour cent de sa valeur.

Dans les cas où l'on désire obtenir un courant sans aucune pulsation, au moyen d'une source de f. é. m. contenant une légère pulsation de fréquence élevée, par exemple celle qui correspond aux lames du collecteur d'une dynamo, comme pour des applications téléphoniques, l'emploi d'une très haute réactance inductive en série avec le circuit, et d'une réactance condensive en shunt, élimine entièrement du courant toutes les pulsations de grande fréquence, et ne laisse passer les pulsations inoffensives de faible fréquence qu'avec une amplitude très réduite.

81. — Comme nouvel exemple, la figure 37 montre la pulsation d'un circuit non inductif, $x_1 = 0$, de résistance $r_1 = 4$ ohms, shunté par une réactance condensive $x_c = 10$ ohms, et alimenté par une ligne de résistance $r_0 = 1$ ohm et de réactance inductive $x_0 = 10$ ohms, la f. é. m. appliquée étant $e_0 = 110$ volts.

A cause de $x_1 = 0$, l'équation (58) se réduit à

$$a^2 - a\left(\frac{x_c}{r_1} + \frac{r_0}{x_0}\right) + \frac{x_c}{x_0}\left(1 + \frac{r_0}{r_1}\right) = 0,$$

ou, en substituant les valeurs numériques,

$$a^2 - 2,6\,a + 1,25 = 0$$

---

[1] Quoique le phénomène soit oscillatoire dans le cas présent, l'allure de la courbe i_1 ne semble pas le représenter ; cela tient à ce que la fréquence de cette oscillation est d'environ 60 par seconde ($1,047\,\theta$) soit une fréquence faible (N. d. T.).

et

$$a_1 = 0{,}037 \qquad a_2 = 1{,}963\,;$$

comme ces deux racines sont réelles, le phénomène est logarithmique.

Nous avons maintenant :

$$i_1 = i''_1 + A_1\, \varepsilon^{-0{,}037\,\theta} + A_2\, \varepsilon^{-1{,}963\,\theta}$$
$$i_2 = -\,0{,}255\, A_1\, \varepsilon^{-0{,}037\,\theta} - 0{,}785\, A_2\, \varepsilon^{-1{,}963\,\theta}$$
$$e = r_1 i_1 = 4 \left(i''_1 + A_1\, \varepsilon^{-0{,}037\,\theta} + A_2\, \varepsilon^{-1{,}963\,\theta} \right).$$

Le courant d'utilisation $i''_1 = 22$ ampères.

Une réduction de 10 pour cent de la f. é. m. appliquée, ou de 110 à 99 volts donne les constantes d'intégration $A_1 = 3{,}26$ et $A_2 = -\,1{,}06$; donc :

$$i_1 = 19{,}8 + 3{,}26\, \varepsilon^{-0{,}037\,\theta} - 1{,}06\, \varepsilon^{-1{,}963\,\theta}$$
$$i_2 = -\,0{,}83 \left(\varepsilon^{-0{,}037\,\theta} + \varepsilon^{-1{,}963\,\theta} \right),$$
$$e = 4 i_1.$$

Sans condensateur, l'équation du courant serait

$$i = 19{,}8 + 2{,}2\, \varepsilon^{-0{,}5\,\theta}.$$

Dans la figure 37, on a porté θ en abscisses, et la baisse des courants i_1 et i en pour cent. Quoique la variation soit ici logarithmique, tandis qu'elle était trigonométrique dans le précédent, le résultat est le même,

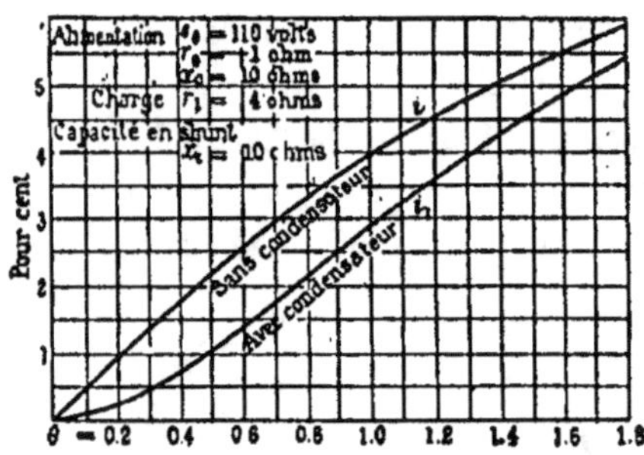

Fig. 37. — Suppression des pulsations dans les circuits non inductifs à courant continu avec inductance en série et capacité en shunt. Effet de 10 pour cent de baisse de voltage.

soit une très grande réduction de la baisse de courant immédiatement après le changement de f. é. m., par l'effet du condensateur. Cependant dans le présent cas, les variations d'intensité sont beaucoup plus rapides que dans l'autre cas, à cause de la beaucoup plus basse réactance inductive dans celui-ci. Par exemple au bout de $\theta = 0,1$, la chute de courant avec condensateur est de 0,045 pour cent et sans condensateur 0,5 pour cent. Pour $\theta = 0,2$ la chute de courant est 0,23 et 0,95 pour cent, respectivement. Pour des temps plus longs ou des valeurs de θ plus grandes, la réduction apportée par le condensateur devient de plus en plus faible.

Cet effet d'un condensateur shuntant un circuit à courant continu qui empêche les pulsations de haute fréquence d'atteindre ce circuit, nécessite une très grande capacité.

CHAPITRE X

—

MUTUELLE INDUCTANCE

82. — Dans les chapitres précédents, nous avons considéré des circuits conter.ant résistance, self-inductance et capacité, mais pas d'inductance mutuelle : c'est-à-dire que les phénomènes ayant lieu dans ces circuits ont été supposés dépendre seulement de la f. é. m. et des constantes du circuit, mais pas des phénomènes qui se passent dans quelque autre circuit.

Du flux produit par un courant dans un circuit, et embrassant ce circuit, une partie peut embrasser aussi un second circuit, et ainsi par

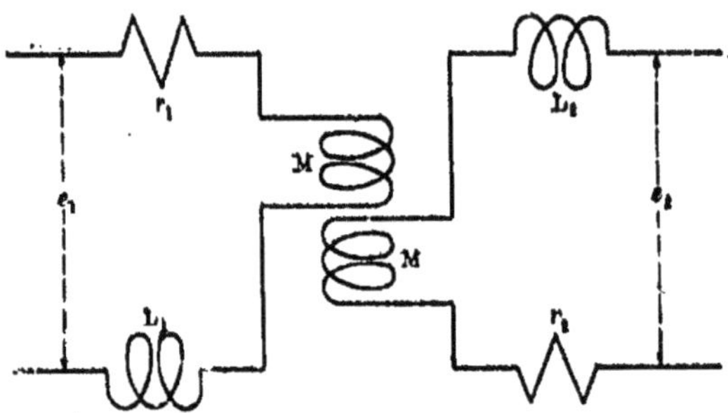

Fig. 38. — Mutuelle inductance entre circuits.

ses variations créer une f. é. m. dans ce second circuit ; une partie du flux magnétique produit par le courant circulant dans le second cir-cuit et embrassant ce second circuit, peut aussi embrasser le premier ; toute modification de courant dans le second circuit, c'est-à-dire tout changement du flux magnétique produit par le courant qui le traverse, engendre alors une f. é. m. dans le premier circuit.

Schématiquement, la mutuelle inductance entre deux circuits peut-être représentée comme on le voit en M sur la figure 38, par deux bobines *coaxiales*, tandis que la self-inductance est représentée comme on le voit en L par une simple bobine, et la résistance par une ligne en *zig-zag*.

La présence de la mutuelle inductance avec le second circuit introduit dans les équations du premier un terme qui dépend du courant dans le second.

Si $i_1 =$ le courant dans un circuit et r_1 la résistance de ce circuit, alors $r_1 i_1 =$ la f. é. m. consommée par la résistance du circuit. Si $L_1 =$ inductance de ce circuit, c'est-à-dire le nombre total d'entrelacements entre le circuit et le nombre de lignes de force magnétique produites par unité de courant dans le circuit, nous avons :

$$L_1 \frac{di_1}{dt} = \text{f. é. m. consommée par l'inductance,}$$

où $t =$ temps.

Si au lieu du temps t, on introduit un angle $\theta = 2\pi f t$, dans lequel f est une fréquence normale, comme 60 cycles,

$$x_1 \frac{di_1}{d\theta} = \text{f. é. m. consommée par l'inductance,}$$

où $x_1 = 2\pi f L_1 =$ réactance inductive.

Si maintenant $M =$ mutuelle inductance entre le circuit et un autre circuit, c'est-à-dire le nombre d'entrelacements entre le circuit et le flux magnétique créé par unité de courant dans le second, alors :

$$M \frac{di_2}{dt} = \text{f. é. m. consommée par mutuelle inductance dans le 1}^{\text{er}}\text{ circuit,}$$

$$M \frac{di_1}{dt} = \text{f. é. m. consommée par mutuelle inductance dans le 2}^{\text{me}}\text{ circuit.}$$

Introduisons $x_m = 2\pi f M =$ mutuelle réactance entre les deux circuits ; nous avons :

$$x_m \frac{di_2}{d\theta} = \text{f. é. m. consommée par mutuelle inductance dans le 1}^{\text{er}}\text{ circuit,}$$

$$x_m \frac{di_1}{d\theta} = \text{f. é. m. consommée par mutuelle inductance dans le 2}^{\text{me}}\text{ circuit.}$$

Si, maintenant $e_1 = $ f. é. m. appliquée au premier circuit, et
$e_2 = $ f. é. m. appliquée au second circuit, les équations des circuits
sont :

$$(1) \qquad e_1 = r_1 i_1 + x_1 \frac{di_1}{d\theta} + x_m \frac{di_2}{d\theta} + x_{c1} \int i_1 d\theta$$

et

$$(2) \qquad e_2 = r_2 i_2 + x_2 \frac{di_2}{d\theta} + x_m \frac{di_1}{d\theta} + x_{c2} \int i_2 d\theta,$$

dans lesquelles $r_1 = $ la résistance, $x_1 = 2\pi f L_1 = $ la réactance inductive
et $x_{c1} = \dfrac{1}{2\pi f C_1} = $ la réactance condensive du premier circuit ; $r_2 = $ la
résistance, $x_2 = 2\pi f L_2 = $ la réactance inductive et $x_{c2} = \dfrac{1}{2\pi f C_2} = $ la
réactance condensive du deuxième circuit ; $x_m = 2\pi f M = $ mutuelle
inductance entre les deux circuits.

83. — Dans ces équations, x_1 et x_2 sont les réactances inductives
totales, L_1 et L_2 les inductances totales des circuits, c'est-à-dire le
nombre d'entrelacements magnétiques du circuit avec le flux total
produit par l'unité de courant dans le circuit, aussi bien le flux self-
inductif que le flux mutuel-inductif, et non pas seulement la réactance et l'inductance self-inductives.

Dans les appareils d'induction, comme les transformateurs et les
machines d'induction, il est généralement préférable de séparer la
réactance totale x en la réactance self-inductive x_s qui se rapporte au
flux magnétique entrelacé avec le circuit inducteur seulement, mais
pas avec l'autre circuit, et en la réactance mutuelle-inductive x_m, généralement représentée par une susceptance, qui se rapporte à la composante mutuelle-inductive de l'inductance totale ; alors $x = x_s + x_m$.
Cette séparation n'est pas faite dans le cas présent.

De plus il est supposé que les circuits sont en relation symétrique l'un avec l'autre, ou que l'on fait la réduction en conséquence.
C'est-à-dire que lorsque la mutuelle-inductance provient des bobines
faisant partie du premier circuit, entrelacées magnétiquement avec
des bobines du second circuit comme les bobines primaires et secondaires d'un transformateur, ou les enroulements shunt et série de
l'enroulement inducteur d'un générateur, les deux bobines sont sup-

posées avoir le même nombre de spires, ou un nombre réduit en conséquence.

Si $a = \dfrac{n_2}{n_1} = \dfrac{\text{nombre de spires du premier circuit}}{\text{nombre de spires du second circuit}}$, les courants dans le second circuit sont multipliés, les f. é. m. divisées par a, les résistances et réactances divisées par a^2 pour réduire le deuxième circuit au premier, suivant la manière coutumière en usage pour les transformateurs, et spécialement pour les machines d'induction (¹).

Si le rapport des nombres de spires est introduit dans les équations, c'est-à-dire, dans la première équation $\dfrac{n_2}{n_1} x_m$ substitué à x_m, et dans la seconde $\dfrac{n_1}{n_2} x_m$ substitué à x_m, les équations deviennent :

$$(3) \qquad e_1 = r_1 i_1 + x_1 \frac{di_1}{d\theta} + \frac{n_2}{n_1} x_m \frac{di_2}{d\theta} + x_{c_1} \int i_1 d\theta$$

$$(4) \qquad e_2 = r_2 i_2 + x_2 \frac{di_2}{d\theta} + \frac{n_1}{n_2} x_m \frac{di_1}{d\theta} + x_{c_2} \int i_2 d\theta.$$

Puisque la solution et les conséquences de ces équations (3) et (4) sont les mêmes que celles des équations (1) et (2), sauf que n_1 et n_2 apparaissent en facteurs, il est préférable d'éliminer n_1 et n_2, en réduisant un circuit à l'autre par le rapport du nombre de spires $a = \dfrac{n_2}{n_1}$, et alors d'employer les équations plus simples (1) et (2).

84. — A). *Circuits contenant résistance, inductance et mutuelle inductance, mais pas de capacité.*

Dans de tels circuits, représentés schématiquement sur la figure 38, nous avons :

$$(5) \qquad e_1 = r_1 i_1 + x_1 \frac{di_1}{d\theta} + x_m \frac{di_2}{d\theta}$$

$$(6) \qquad e_2 = r_2 i_2 + x_2 \frac{di_2}{d\theta} + x_m \frac{di_1}{d\theta}.$$

(¹) Voir les chapitres sur les machines d'induction, etc. dans « Théorie et calcul des phénomènes du courant alternatif » (Theory and Calculation of Alternating Current Phenomena), traduction H. Mouzet (Vve Ch. Dunod, éditeur).

Différentions (6) :

$$(7) \qquad \frac{de_2}{d\theta} = r_2 \frac{di_2}{d\theta} + x_2 \frac{d^2 i_2}{d\theta^2} + x_m \frac{d^2 i_1}{d\theta^2} ;$$

de (5) il résulte que

$$(8) \qquad \frac{di_2}{d\theta} = \frac{e_1 - r_1 i_1 - x_1 \frac{di_1}{d\theta}}{x_m} ,$$

qui différentié donne :

$$(9) \qquad \frac{d^2 i_2}{d\theta^2} = \frac{1}{x_m} \left\{ \frac{de_1}{d\theta} - r_1 \frac{di_1}{d\theta} - x_1 \frac{d^2 i_1}{d\theta^2} \right\}$$

Portons (8) et (9) dans 7 :

$$(10) \quad r_2 e_1 + x_2 \frac{de_1}{d\theta} - x_m \frac{de_2}{d\theta} = r_1 r_2 i_1 + (r_1 x_2 + r_2 x_1) \frac{di_1}{d\theta} + (x_1 x_2 - x_m^2) \frac{d^2 i_1}{d\theta^2}$$

et d'une manière analogue :

$$(11) \quad r_1 e_2 + x_1 \frac{de_2}{d\theta} - x_m \frac{de_1}{d\theta} = r_1 r_2 i_2 + (r_2 x_1 + r_1 x_2) \frac{di_2}{d\theta} + (x_1 x_2 - x_m^2) \frac{d^2 i_2}{d\theta^2} .$$

Les équations (10) et (11) sont les deux équations différentielles du second ordre des courant, i_1 et i_2.

Si e'_1, i'_1 et e'_2, i'_2 sont les valeurs permanentes des f. é. m. appliquées et des courants dans les deux circuits, et e''_1, i''_1 et e''_2 et i''_2 leurs termes transitoires, nous avons :

$$e_1 = e'_1 + e''_1 \qquad i_1 = i'_1 + i''_1$$
$$e_2 = e'_2 + e''_2 \qquad i_2 = i'_2 + i''_2 .$$

Puisque les termes permanents doivent satisfaire les équations différentielles (10) et (11) :

$$(12) \quad r_2 e'_1 + x_2 \frac{de'_1}{d\theta} - x_m \frac{de'_2}{d\theta} = r_1 r_2 i'_1 + (r_1 x_2 + r_2 x_1) \frac{di'_1}{d\theta} + (x_1 x_2 - x_m^2) \frac{d^2 i'_1}{d\theta^2}$$

$$(13) \quad r_1 e'_2 + x_2 \frac{de'_2}{d\theta} - x_m \frac{de'_1}{d\theta} = r_1 r_2 i'_2 + (r_1 x_2 + r_2 x_1) \frac{di'_2}{d\theta} + (x_1 x_2 - x_m^2) \frac{d^2 i'_2}{d\theta^2} .$$

Retranchons les équations (12) et (13) de (10) et (11), nous aurons les équations différentielles des termes transitoires :

$$(14)\quad r_2 e''_1 + x_2 \frac{de''_1}{d\theta} - x_m \frac{de''_2}{d\theta} = r_1 r_2 i''_1 + (r_1 x_2 + r_2 x_1)\frac{di''_1}{d\theta} + (x_1 x_2 - x_m^2)\frac{d^2 i''_1}{d\theta^2}$$

$$(15)\quad r_1 e''_2 + x_1 \frac{de''_2}{d\theta} - x_m \frac{de''_1}{d\theta} = r_1 r_2 i''_2 + (r_1 x_2 + r_2 x_1)\frac{di''_2}{d\theta} + (x_1 x_2 - x_m^2)\frac{d^2 i''_2}{d\theta^2}.$$

Ces équations différentielles des termes transitoires sont les mêmes que les équations différentielles générales (10) et (11) et les équations différentielles des termes permanents (12) et (13).

85. — Si, comme c'est généralement le cas, les f. é. m. appliquées ne contiennent aucun terme transitoire, c'est-à-dire que les termes transitoires de courant n'ont pas de réaction sur les sources d'alimentation et n'affectent pas leurs f. é. m., nous avons :

$$e''_1 = 0 \quad \text{et} \quad e''_2 = 0 ;$$

et alors, les équations différentielles des termes transitoires sont :

$$(16)\qquad 0 = r_1 r_2 i + (r_1 x_2 + r_2 x_1)\frac{di}{d\theta} + (x_1 x_2 - x_m^2)\frac{d^2 i}{d\theta^2};$$

c'est la même équation qui donne les courants i''_1 et i''_2, c'est-à-dire que les termes transitoires des courants ne diffèrent que par leurs constantes d'intégration, ou les conditions extrêmes.

L'équation (16) est intégrée par la fonction :

$$(17)\qquad i = A\, \varepsilon^{-a\theta}.$$

Portons (17) en (16) ; nous avons :

$$A\varepsilon^{-a\theta}\left\{ r_1 r_2 - a\,(r_1 x_2 + r_2 x_1) + a^2\,(x_1 x_2 - x_m^2) \right\} = 0$$

et de là :

$$A = \text{indéterminé, comme constante d'intégration et}$$

$$(18)\qquad a^2 - \frac{r_1 x_2 + r_2 x_1}{x_1 x_2 - x_m^2}\, a + \frac{r_1 r_2}{x_1 x_2 - x_m^2} = 0.$$

L'exposant a est donné par une équation du deuxième degré (18). Cette équation a toujours deux racines réelles, et à ce point de vue diffère de l'équation qui apparaît dans le cas d'un circuit ayant de la capacité, laquelle peut avoir deux racines imaginaires et donner ainsi naissance à une oscillation.

La mutuelle-induction avec absence de capacité donne ainsi toujours un terme transitoire logarithmique, et

$$(19) \qquad a = \frac{(r_1 x_2 + r_2 x_1) \pm \sqrt{(r_1 x_2 - r_2 x_1)^2 + 4 r_1 r_2 x_m^2}}{2 (x_1 x_2 - x_m^2)};$$

comme on le voit, le terme sous le radical en (19) est toujours positif, et les deux racines a_1 et a_2 sont toujours réelles et positives, puisque la racine carrée est plus petite que le terme qui est en dehors.

De là résulte l'intégrale générale de l'un des deux courants, comme i_1 par exemple,

$$(20) \qquad i_1 = i'_1 + A_1 \iota^{-a_1 \theta} + A_2 \iota^{-a_2 \theta};$$

en éliminant entre (5) et (6) le terme $\frac{di_2}{d\theta}$ on a :

$$(21) \qquad i_2 = \frac{1}{r_2 x_m} \left\{ r_1 x_2 i_1 + (x_1 x_2 - x_m^2) \frac{di_1}{d\theta} + x_m e_2 - x_2 e_1 \right\}.$$

Il reste à déterminer les deux constantes d'intégration A_1 et A_2 par les conditions extrêmes, comme pour $\theta = 0$

$$i_1 = i_1^0 \quad \text{et} \quad i_2 = i_2^0.$$

86. — Si les f. é. m. appliquées sont constantes, nous avons :

$$\frac{de_1}{d\theta} = 0 \quad \text{et} \quad \frac{de_2}{d\theta} = 0;$$

de là les équations des termes permanents (12) et (13) donnent :

$$(22) \qquad i'_1 = \frac{e_1}{r_1} \quad \text{et} \quad i'_2 = \frac{e_2}{r_2};$$

et ainsi

$$(23) \qquad \begin{cases} i_1 = \dfrac{e_1}{r_1} + A_1 \iota^{-a_1 \theta} + A_2 \iota^{-a_2 \theta} \\[2mm] i_2 = \dfrac{e_2}{r_2} + A'_1 \iota^{-a_1 \theta} + A'_2 \iota^{-a_2 \theta}. \end{cases}$$

où A'_1 et A'_2 se déduisent de A_1 et A_2 par l'équation (21).

Si la mutuelle-inductance entre les deux circuits est parfaite, on a :

$$(24) \qquad x_m{}^2 = x_1 x_2$$

et l'équation (18) devient, après multiplication par $\dfrac{x_1 x_2 - x_m{}^2}{r_1 x_2 + r_2 x_1}$

$$(25) \qquad a = \frac{r_1 r_2}{r_1 x_2 + r_2 x_1}.$$

Dans ce cas il n'existe donc qu'un seul terme transitoire.

Comme exemple, on peut considérer un circuit ayant les constantes suivantes : $e_1 = 100$ volts ; $e_2 = 0$; $r_1 = 5$ ohms ; $r_2 = 5$ ohms ; $x_1 = 100$ ohms ; $x_2 = 100$ ohms et $x_m = 80$ ohms. Cela donne :

$$i'_1 = 20 \text{ ampères}, \qquad i'_2 = 0 ;$$

et

$$a^2 - 0{,}278\,a + 0{,}00695 = 0,$$

les deux racines sont :

$$a_1 = 0{,}0278 \quad \text{et} \quad a_2 = 0{,}251.$$

Donc

$$i_1 = 20 + A_1\,\varepsilon^{-0,0278\theta} + A_2\,\varepsilon^{-0,251\theta}.$$

Par l'équation (21) :

$$i_2 = -25 + 1{,}25\,i_1 + 9\,\frac{di_1}{d\theta} ;$$

d'où

$$i_2 = A_1\,\varepsilon^{-0,0278\theta} - A_2\,\varepsilon^{-0,251\theta}.$$

Pour $\theta = 0$, soit $i_1{}^0 = 18$ ampères, ou le courant 10 pour cent au-dessous du courant normal, et $i_1{}^0 = 0$, nous avons en substituant :

$$18 = 20 + A_1 + A_2 \quad \text{et} \quad 0 = A_1 - A_2,$$

d'où

$$A_1 = A_2 = -1 ;$$

et nous avons ainsi :

$$i_1 = 20 - \left(\varepsilon^{-0,0278\theta} + \varepsilon^{-0,251\theta}\right)$$
$$i_2 = -\left(\varepsilon^{-0,0278\theta} - \varepsilon^{-0,251\theta}\right).$$

87. — Une application intéressante de ce qui précède est l'étude de l'hypercompoundage d'un générateur à courant continu, avec variations brusques de charge, ou celle d'un volteur (sur-ou sous-) à courant continu, avec excitation compound.

Bien qu'il soit désirable qu'un générateur ou un survolteur, lors de variations brusques de charge, accommode instantanément sa tension à chaque variation pour éviter les fluctuations temporaires de voltage, en réalité il y a écoulement d'un temps appréciable.

Un générateur de 600 kw, 8 pôles, à courant continu, est hypercompoundé de 500 volts entre balais à vide, à 600 volts à pleine charge, soit 1000 ampères. Les constantes du circuit sont : résistance de l'enroulement induit $r_0 = 0,01$ ohm ; résistance de l'enroulement série des inducteurs $r'_2 = 0,003$ ohm ; nombre de tours par pôle dans l'enroulement inducteur shunt $n_1 = 1000$ et flux magnétique par pôle à 500 volts $\Phi = 10$ mégalignes. A 600 volts entre balais et pleine charge, la f. é. m. engendrée dans l'induit est $e + ri = 610$ volts

De la courbe de saturation, ou caractéristique magnétique de la machines, nous tirons :

A vide et 500 volts :
5000 ampères-tours, 10 mégalignes et 5 ampères dans l'excitation shunt.

A vide et 600 volts :
7000 ampère-tours et 12 mégalignes.

A vide et 610 volts :
7 200 ampère-tours et 12,2 mégalignes.

A pleine charge et 600 volts :
8500 ampère-tours, 12,2 mégalignes et 6 ampères dans l'excitation shunt.

De là : la force démagnétisante de l'induit, avec le déplacement des balais est de 1 300 ampère-tours par pôle.

A 600 volts et pleine charge, l'enroulement shunt absorbe 6 ampères, et donne 6000 ampère-tours ; l'enroulement série doit donc fournir 2500 ampère-tours, desquels 1 300 sont détruits par la réaction d'induit et 1 200 sont magnétisants.

Pour 1000 ampères, pleine charge, l'enroulement série a ainsi 2,5 tours par pôle, desquels 1,3 neutralise la réaction d'induit et $n_2 = 1,2$ est effectivement magnétisant.

Le rapport du nombre de tours effectif de l'enroulement série au nombre de tours de l'enroulement shunt est $a = \dfrac{n_2}{n_1} = 1,2 \times 10^{-3}$. Ce nombre est ainsi le facteur de réduction du circuit shunt au circuit série.

Il est commode de réduire les phénomènes qui se passent dans l'enroulement shunt au même nombre de tours que celui de l'enroulement série, par les facteurs a et a^2 selon le cas.

Si alors $e =$ tension aux bornes de l'induit, ou voltage appliqué au circuit principal comprenant l'enroulement série et le circuit extérieur, le même voltage est aussi appliqué sur l'enroulement shunt, et réduit au circuit principal au moyen du facteur a, ce qui donne

$$e_1 = ae = 1,2 \times 10^{-3}\, e.$$

Puisque 500 volts appliqués à l'enroulement shunt y donnent un courant de 5 ampères, le rhéostat de champ doit-être placé dans une position telle que la résistance totale du circuit d'excitation soit $r'_1 = \dfrac{500}{5} = 100$ ohms.

En réduisant au circuit principal, par le carré du rapport du nombre de spires, cela donne une résistance

$$r_1 = a^2 r'_1 = 144 \times 10^{-6} \text{ ohms.}$$

Un accroissement d'ampère-tours de 5 000 à 7 000, correspondant à un accroissement du courant dans l'excitation shunt de 2 ampères, augmente la f. é. m. de 500 à 600 volts et le flux magnétique de 10 à 12 mégalignes, ou de 2 mégalignes par pôle. Dans l'étendue des inductions comprises entre 500 et 600 volts, 1 ampère d'accroissement dans l'excitation shunt accroît le flux de 1 mégaligne par pôle et ainsi avec $n_1 = 1\,000$ tours donne 10^9 entrelacements magnétiques par pôle, ou 8×10^9 entrelacements pour 8 pôles par ampère, ou 80×10^9 entrelacements par unité de courant ou 10 ampères, ce qui fait une inductance de 80 henrys. En réduisant au circuit principal, cela donne une inductance de $1,2^2 \times 10^{-6} \times 80 = 115,2 \times 10^{-6}$ henry.

Ceci est l'inductance due au flux magnétique dans les pôles, qui embrasse à la fois les bobines shunt et série, ou la mutuelle inductance $M = 115,2 \times 10^{-6}$ henry.

Supposons que l'inductance totale L_1 de l'enroulement shunt soit 10 pour cent plus élevée que la mutuelle inductance M, c'est-à-dire supposons 10 pour cent de flux perdu, nous avons :

$$L_1 = 1,1\, M = 126,7 \times 10^{-6} \text{ henry.}$$

Dans le circuit principal, la pleine charge est de 1000 ampères sous 600 volts. Cela nous donne pour la résistance effective de ce circuit $r = 0,6$ ohm.

Les quantités qui se rapportent au circuit principal sont représentées par des lettres sans indices.

L'inductance totale du circuit principal dépend de la nature de la charge. Supposons une charge moyenne de moteurs de traction ; l'inductance peut-être estimée à environ

$$L = 2000 \times 10^{-6} \text{ henry.}$$

Dans le problème présent, les f. é. m. appliquées ne sont pas constantes, mais dépendent des courants, c'est-à-dire de leur somme $i + i_1$, où $i_1 =$ courant dans l'excitation shunt réduit au circuit principal en le multipliant par le rapport des nombres de spires.

La tension, appliquée au circuit principal, e, est approximativement proportionnelle au flux magnétique Φ, soit moins que proportionnelle à l'excitation à cause de la saturation magnétique. Nous avons ainsi :

$$e = 500 \text{ volts} \quad \text{pour} \quad 5000 \text{ ampère-tours}$$

ou

$$i + i_1 = \frac{5000}{1,2} = 4170 \text{ ampères,}$$

et

$$e = 600 \text{ volts} \quad \text{pour} \quad 7200 \text{ ampère-tours}$$

ou

$$i + i_1 = \frac{7200}{1,2} = 6000 \text{ ampères.}$$

De là : 1830 ampères produisent un accroissement de voltage de 100, ou 1 ampère accroît le voltage de $\dfrac{100}{1830} = \dfrac{1}{18,3}$.

Pour 6000 ampères le voltage est de $\dfrac{6000}{18,3} = 328$ volts, plus élevé que pour 0 ampère, c'est-à-dire que le voltage, entre les limites de

saturation de 500 à 600 volts, en supposant que l'accroissement se
fait en ligne droite est donné par l'équation

$$c = 272 + \frac{i + i_1}{18,3}.$$

La f. é. m. appliquée au circuit shunt est la même ; en la réduisant
au circuit principal par le rapport $a = 1,2 \times 10^{-3}$, on a :

$$c_1 = \left(272 + \frac{i + i_1}{18,3}\right) 1,2 \times 10^{-3}.$$

Supposons maintenant que l'on rapporte les constantes à une fréquence normale, soit 60 périodes par seconde ; ces constantes des deux
circuits inductifs, tels que les représente schématiquement la figure 38,
sont :

	Circuit principal	Circuit d'excitation shunt
Courant.	i ampère	i_1 ampère
F. o. m. appliquée .	$c = 272 + \frac{i + i_1}{18,3}$ volts	$c_1 = \left(272 + \frac{i + i_1}{18,3}\right)1,2 \times 10^{-3}$ volts
Résistance	$r = 0,6$ ohm	$r_1 = 0,144 \times 10^{-3}$ ohm
Inductance	$L = 2000 \times 10^{-6}$ henry	$L_1 = 120,7 \times 10^{-6}$ henry
Réactance $= 2\pi f L$ . .	$x = 755 \times 10^{-3}$ ohm	$x_1 = 47,8 \times 10^{-3}$ ohm
Mutuelle inductance .	$M = 115,2 \times 10^{-6}$ henry	
Mutuelle réactance .	$x_m = 43,5 \times 10^{-3}$ ohm.	

Cela donne les équations différentielles du problème :

$$(26) \qquad 272 + \frac{i + i_1}{18,3} = 0,6\,i + 0,755\,\frac{di}{d\theta} + 0,0435\,\frac{di_1}{d\theta}$$

$$(27) \qquad 1,2\left(272 + \frac{i + i_1}{18,3}\right) = 0,144\,i_1 + 47,8\,\frac{di_1}{d\theta} + 43,5\,\frac{di}{d\theta}.$$

88. — En éliminant $\frac{di}{d\theta}$ entre les équations (26) et (27), on obtient :

$$(28) \qquad \frac{di_1}{d\theta} = 0,695\,i - 0,0712\,i_1 - 338.$$

L'équation (28) portée dans (26) donne :

$$(29) \qquad i_1 = 13,07\,\frac{di}{d\theta} + 0,95\,i - 4950.$$

L'équation (29) portée dans (28) donne :

$$(30) \qquad \frac{di_1}{d\theta} = -0,93 \frac{di}{d\theta} - 0,015\,i + 15.$$

L'équation (30) différentiée et combinée à (30) donne :

$$(31) \qquad \frac{d^2 i}{d\theta^2} + 0,828 \frac{di}{d\theta} + 0,00115\,i - 1,15 = 0.$$

L'équation (31) est intégrée par

$$i = i_0 + A\,\varepsilon^{-a\theta}.$$

Portons ceci dans (31) :

$$A\,\varepsilon^{-a\theta}\left\{ a^2 - 0,828a + 0,00115 \right\} + \left\{ 0,00115\,i_0 - 1,15 \right\} = 0.$$

De là, si $i_0 = 1000$, A est indéterminé comme constante d'intégration, et

$$a^2 - 0,828a + 0,00115 = 0;$$

d'où

$$a = 0,414 \pm 0,4126$$

et pour les deux racines :

$$a_1 = 0,0014 \quad \text{et} \quad a_2 = 0,827.$$

Par conséquent

$$(32) \qquad i = 1000 + A_1\,\varepsilon^{-0,0014\theta} + A_2\,\varepsilon^{-0,827\theta}.$$

Portons (32) dans (29) :

$$(33) \qquad i_1 = 5000 + 9,932\,A_1\,\varepsilon^{-0,0014\theta} - 0,85\,A_2\,\varepsilon^{-0,827\theta}.$$

Introduisons en (32) et (33) les conditions extrêmes $\theta = 0$, $i = 0$, et $i_1 = 4170$; on a :

$$A_1 + A_2 = -1000 \quad \text{et} \quad 9,932\,A_1 - 0,85\,A_2 = -830$$

d'où

$$A_1 = -156 \quad \text{et} \quad A_2 = -844.$$

Conséquemment

$$(34) \qquad i = 1000 - 156\,\varepsilon^{-0,0014\theta} - 844\,\varepsilon^{-0,827\theta}$$

et

$$(35) \qquad i_1 = 5000 - 1550\, \varepsilon^{-0,00140} + 720\, \varepsilon^{-0,8270};$$

ou pour le courant d'excitation, ramené à sa valeur réelle correspondant au nombre de tours de l'excitation shunt par le facteur $a = 1,2 \times 10^{-3}$:

$$(36) \qquad i'_1 = 6 - 1,86\, \varepsilon^{-0,00140} + 0,86\, \varepsilon^{-0,8270}.$$

La tension aux bornes de la machine est

$$e = 272 + \frac{i + i_1}{18,3},$$

ou

$$(37) \qquad e = 600 - 93,2\, \varepsilon^{-0,00140} - 6,8\, \varepsilon^{-0,8270}.$$

Comme on le voit, des deux termes exponentiels, l'un disparaît très rapidement, l'autre très lentement.

Introduisons maintenant au lieu de l'angle $\theta = 2\pi ft$, le temps t; cela nous donne pour le *courant principal* :

$$
(38) \quad
\begin{cases}
i = 1000 - 156\, \varepsilon^{-0,53t} - 844\, \varepsilon^{-311t} \\
\text{pour le } courant\ d'excitation\ shunt : \\
\qquad i'_1 = 6 - 1,86\, \varepsilon^{-0,53t} + 0,86\, \varepsilon^{-311t} \\
\text{et pour le } voltage\ aux\ bornes : \\
\qquad e = 600 - 93,2\, \varepsilon^{-0,53t} - 6,8\, \varepsilon^{-311t}.
\end{cases}
$$

89. — La figure 39 montre ces trois quantités avec le temps t en abcisses.

La partie supérieure de la figure 39 représente la première partie de la courbe avec 100 fois l'échelle des abscisses de la partie inférieure. Comme on le voit, le phénomène transitoire consiste en deux périodes nettement différentes ; tout d'abord une très rapide variation du courant et de la f. é. m., et ensuite un ajustement graduel à l'état final.

Ainsi, le courant principal monte de zéro à 800 ampères en 0,01 seconde, mais demande pour les 100 ampères suivants, ou pour atteindre un total de 900 ampères, environ une seconde ; il atteint

95 pour cent de sa valeur entière en 2,25 secondes. Pendant ce temps, le courant d'excitation shunt est d'abord tombé très rapidement, de 5 ampères au départ à 4,2 ampères en 0,01 seconde ; et ensuite, après un minimum de 4,16 ampères pour $t = 0,015$, il remonte graduel-

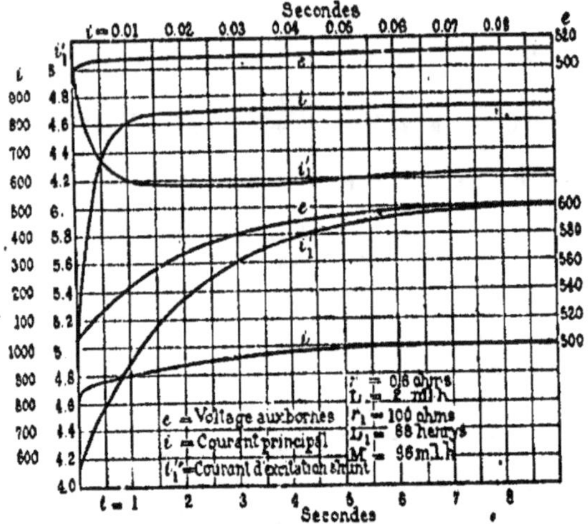

Fig. 39. — Ascension du voltage d'un générateur à courant continu hypercompound de 500 volts à vide à 600 volts en pleine charge.

lement et doucement, atteignant de nouveau son point de départ de 5 ampères après un peu plus d'une seconde. Après 2,5 secondes, le courant d'excitation shunt a réalisé la moitié de sa variation, et après 5,5 secondes 90 pour cent de sa variation.

Le voltage aux bornes monte d'abord rapidement de quelques volts, et ensuite s'élève lentement, accomplissant 50 pour cent de sa variation en 1,2 seconde, 90 pour cent en 4,5 secondes et 95 pour cent en 5,5 secondes.

Physiquement, ceci signifie que le voltage aux bornes de la machine augmente très lentement, nécessitant plusieurs secondes pour approcher de son état de régime. Tout d'abord le courant principal croît très rapidement, avec un taux dépendant de l'inductance du circuit exté-rieur, jusqu'à la valeur correspondant à la résistance du circuit extérieur et au voltage initial — ou à vide —; pendant cette période d'environ 0,01 seconde, l'action magnétisante du circuit principal est neutra-lisée par une chute rapide du courant d'excitation shunt. Ensuite le voltage aux bornes monte graduellement et le courant d'excitation

shunt recouvre sa valeur initiale, en 1,15 seconde ; il monte ensuite
en même temps que le courant principal, d'une manière correspondante avec l'élévation du voltage aux bornes de la machine.

Il est intéressant de noter, toutefois, qu'un temps appréciable
s'écoule avant que l'état constant soit atteint.

90. — Dans l'exemple précédent, aussi bien que dans la discusion
sur l'amorçage des générateurs shunt et série dans le chapitre II, les
f. é. m., et par conséquent les courants produits dans le fer du circuit magnétique par les variations du champ magnétisant, n'ont pas
été considérées. Les résultats s'appliquent pour cette raison, aux machines qui ont des pôles feuilletés, mais approximativement seulement
à celles qui ont des pôles pleins.

Dans les machines avec fer massif dans le circuit magnétique, les
courants produits dans le fer agissent comme un deuxième circuit
électrique en relation inductive avec le circuit d'excitation, et ainsi la
période de transition est plus lente.

Par exemple, on peut considérer l'excitation d'un survolteur série
avec pôles pleins et pôles feuilletés, c'est-à-dire une machine avec
enroulement d'excitation série, insérée dans le circuit principal d'un
feeder, dans le but d'introduire dans le circuit un voltage proportionnel à la charge, et de compenser ainsi la chute de voltage croissant
avec la charge.

A cause de la production de courants parasites ou de Foucault
dans le fer plein du circuit magnétique, l'induction n'est pas uniforme dans toute la section de ce circuit lors d'un changement du
champ magnétique, puisque l'enveloppe extérieure du fer est aimantée
seulement par la bobine inductrice, tandis que la partie centrale du fer
est sous l'action de la f. m. m. développée par la bobine inductrice et
des f. m. m. des courants parasites qui circulent à la partie extérieure
du fer ; le changement d'induction de l'intérieur est ainsi en retard
sur celui de l'extérieur du fer. Comme résultat de ceci, les courants
de Foucault des différentes couches de l'inducteur diffèrent en intensité et en phase.

Une étude complète de la distribution du magnétisme dans ce cas
conduit aux phénomènes transitoires dans l'espace, et sera discuté
dans la section III. Dans le présent problème, où la f. m. m. totale

des courants parasites est faible en comparaison de celle du champ principal, nous pouvons évaluer approximativement l'effet des courants de Foucault dans le fer au moyen d'un circuit secondaire conducteur fermé sur lui-même ; c'est-à-dire que nous pouvons supposer une intensité uniforme et en phase des courants secondaires dans la couche extérieure du fer, ou bien considérer la couche extérieure du fer, jusqu'à une certaine épaisseur, comme un circuit secondaire fermé.

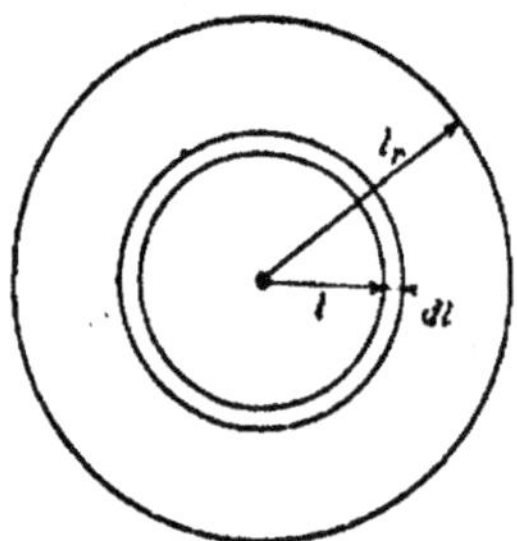

Fig. 40. — Section d'un circuit magnétique.

La figure 40 représente une section de circuit magnétique de machine, dans laquelle nous supposons une induction uniforme,

Si Φ = flux total magnétique, l_r = rayon de la section polaire ; alors à une distance l du centre, le flux magnétique enfermé par un cercle de rayon l est $\left(\dfrac{l}{l_r}\right)^2 \Phi$, et la f. é. m. engendrée dans la zône dl à une distance l du centre est proportionnelle à $\left(\dfrac{l}{l_r}\right)^2 \Phi$, c'est-à-dire $e = a\left(\dfrac{l}{l_r}\right)^2 \Phi$. La densité des courants parasites dans cette zône, qui a une longueur $2\pi l$, est ainsi proportionnelle à $\dfrac{e}{2\pi l}$ ou est $i = \dfrac{bl}{l_r^2} \Phi$. Ces courants agissent comme si une f. m. m. était appliquée à l'espace qu'ils entourent, soit sur $\left(\dfrac{l}{l_r}\right)^2$ de la section, et la réaction magnétique des courants induits à la distance l du centre est ainsi proportionnelle à $i\left(\dfrac{l}{l_r}\right)^2$ ou est $F = \dfrac{cl^3}{l_r^4} \Phi$. La réaction magnétique totale des courants parasites est donc :

$$i_0 = \int_0^{l_r} F dl = \frac{e}{4} \Phi.$$

A la périphérie extérieure du fer, la f. é. m. induite est $e_1 = a\Phi$, l'intensité du courant $i_1 = \frac{b}{l_e}\Phi$ et la réaction magnétique $F_1 = \frac{c}{l_e}\Phi$, et l'on a :

$$i_0 = \frac{l_e}{4}F_1 ;$$

c'est-à-dire que la réaction magnétique des courants de Foucault, en supposant une distribution uniforme du flux dans les pôles, est la même que celle du courant produit dans un circuit fermé d'une épaisseur $\frac{l_e}{4}$, ou un quart de l'étendue du pôle, de la matière du pôle, et entourant le pôle, ce circuit étant entièrement induit et entièrement magnétisant.

Les courants parasites dans la matière pleine des pôles peuvent ainsi être représentés par un circuit secondaire fermé d'épaisseur $\frac{l_e}{4}$ entourant les pôles.

L'importance de l'épaisseur de cuivre inducteur sur les bobines est probablement à peu près un quart de celle des pôles. Supposons alors que l'épaisseur de la bande de fer qui représente le circuit des courants parasites soit à peu près deux fois celle des bobines inductrices — car il y a aussi des courants de Foucault produits dans la couronne, etc... — ; la conductibilité du fer étant à peu près 0,1 de celle du cuivre, la résistance effective du circuit des courants parasites, réduite au circuit inducteur, est à peu près cinq fois celle de ce ce circuit.

Donc si $r_2 = $ résistance de l'enroulement inducteur principal $r_1 = 5r_2 = $ résistance du court circuit secondaire représentant les courants de Foucault.

Puisque les courants parasites s'étendent au-delà de l'espace couvert par les bobines inductrices, et considérablement à l'intérieur du fer, la self-inductance de leur circuit est considérablement plus grande que leur mutuelle-inductance avec le circuit inducteur principal ; on peut l'évaluer deux fois cette dernière.

91. — Par exemple, considérons un survolteur série de 200 kw, d'un voltage variable de 0 à 200 volts, donnant en pleine charge 1000 ampères sous 200 volts. Faisons les suppositions exposées au paragraphe précédent ; les constantes de la machine sont les suivantes : résistance d'induit $= 0,008$ ohm ; résistance de l'enroulement inducteur série $= 0,004$ ohm ; de là la résistance du court-circuit ou des courants de Foucault $r_1 = 0,02$ ohm.

De plus posons $M = 900 \times 10^{-6}$ henry $=$ mutuelle inductance entre le champ principal et le court-circuit secondaire, soit $x_m = 0,34$ ohm $=$ mutuelle réactance ; et en supposant une perte de flux égale au flux principal, $L_1 = 1800 \times 10^{-6}$ henry et $x_1 = 0,68$ ohm.

Le survolteur est inséré dans un circuit à potentiel constant de 550 volts, de telle façon qu'il élève le voltage de 550 volts à vide à 750 volts à 1000 ampères.

La résistance totale du circuit à pleine charge, comprenant le circuit principal et le survolteur est ainsi de $r = 0,75$ ohms.

L'inductance du circuit extérieur peut-être supposée égale à $L = 4500 \times 10^{-6}$ henry, dont la réactance à $f = 60$ cycles est $x = 1,7$ ohm.

La f. é. m. appliquée au circuit est $c = 550 + c'$, c' étant la f. é. m. engendrée par le survolteur. Puisque à vide pour $i = 0$, $c' = 0$, et qu'à pleine charge pour $i = 1000$, $c' = 200$, admettons une variation en ligne droite, en supposant l'effet de la saturation négligeable dans les limites de fonctionnement du survolteur :

$$c = 550 + 0,2(i + i_1).$$

Ceci donne les constantes suivantes :

	Circuit principal	Circuit des courants de Foucault
Courant	i ampères	i_1 ampères
F. é. m. appliquée . .	$c = 550 + 0,2\,(i + i_1)$ volts	0 volt
Résistance	$r = 0,75$ ohm	$r_1 = 0,02$ ohm
Inductance	$L = 4500 \times 10^{-6}$ henry	$L_1 = 1800 \times 10^{-6}$ henry
Réactance	$x = 1,7$ ohm	$x_1 = 0,68$ ohm
Mutuelle inductance . .	$M = 900 \times 10^{-6}$ henry	
Mutuelle réactance . .	$x_m = 0,34$ ohm.	

Ceci donne pour les équations différentielles du problème :

$$(39) \qquad 550 - 0,55\,i + 0,2\,i_1 - 1,7\,\frac{di}{d\theta} - 0,34\,\frac{di_1}{d\theta} = 0$$

et

$$(40) \qquad 0,02\, i_1 + 0,34\, \frac{di}{d\theta} + 0,68\, \frac{di_1}{d\theta} = 0.$$

Ajoutons le double de (39) à (40); on a :

$$(41) \qquad 1100 - 1,1\, i + 0,42\, i_1 - 3,06\, \frac{di}{d\theta} = 0$$

ou

$$(42) \qquad i_1 = 7,28\, \frac{di}{d\theta} + 2,62\, i - 2620.$$

De là

$$(43) \qquad 0,02\, i_1 = 0,1456\, \frac{di}{d\theta} + 0,0524\, i - 52,4$$

et

$$(44) \qquad 0,68\, \frac{di_1}{d\theta} = 4,95\, \frac{d^2i}{d\theta^2} + 1,78\, \frac{di}{d\theta}.$$

En portant les deux dernières équations en (40) :

$$(45) \qquad \frac{d^2i}{d\theta^2} + 0,458\, \frac{di}{d\theta} + 0,0106\, i - 10,6 = 0.$$

Si

$$(46) \qquad i = i_0 + A \varepsilon^{-a\theta},$$

alors

$$A \varepsilon^{-a\theta} (a^2 - 0,458a + 0,0106) + 0,0106\, i_0 - 10,6 = 0.$$

Comme les termes transitoires et permanents doivent être nuls séparément,

$$i_0 = 1000 \qquad \text{et} \qquad a^2 - 0,458\, a + 0,0106 = 0.$$

D'où

$$a = 0,229 \pm 0,205 \;;$$

les racines sont

$$a_1 = 0,024 \text{ et } a_2 = 0,434 ;$$

nous aurons alors

$$(47) \qquad i = 1000 + A_1 \, \varepsilon^{-0,024\,\theta} + A_2 \, \varepsilon^{-0,434\,\theta},$$

et

$$(48) \qquad i_1 = 2,45 \, A_1 \, \varepsilon^{-0,024\,\theta} - 0,55 \, A_2 \varepsilon^{-0,434\,\theta}.$$

Avec les conditions extrêmes

$$\theta = 0, \; i = 0, \quad \text{et} \quad i_1 = 0 :$$
$$A_1 = -183 \quad \text{et} \quad A_2 = -817.$$

Si $\theta = 2\pi f t = 377,5\,t$, nous avons

$$(49) \qquad \begin{cases} i = 1000 - 183 \, \varepsilon^{-9,07\,t} - 817 \, \varepsilon^{-164\,t} \\[4pt] i_1 = -450 \left\{ \varepsilon^{-9,07\,t} - \varepsilon^{-164\,t} \right\} \\[4pt] e = 750 - 127 \, \varepsilon^{-9,07\,t} - 73 \, \varepsilon^{-164\,t}. \end{cases}$$

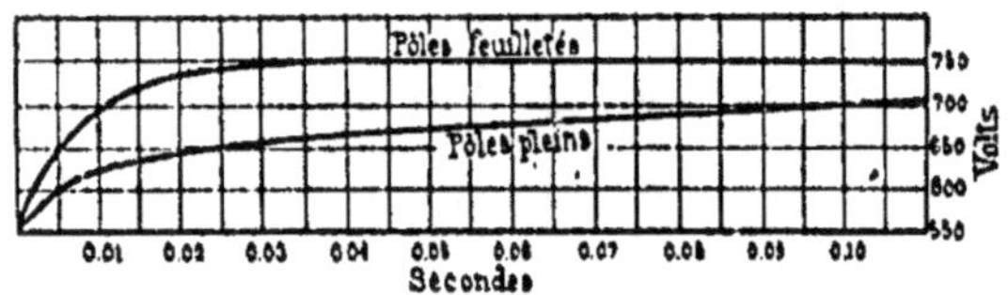

Fig. 41. — Établissement de voltage d'un feeder avec survolteur série.

Si le circuit secondaire est absent, (avec pôles feuilletés), l'équation (39) prend, avec $i_1 = 0$, la forme :

$$(50) \qquad 550 + 0,2 \, i = 0,75 \, i + 1,7 \frac{di}{d\theta}.$$

d'où

$$\frac{di}{d\theta} = 0,323 \, (1000 - i)$$

et

$$i = 1000 \left(1 - \varepsilon^{-0,323\,\theta} \right);$$

ou

$$(51) \qquad \begin{cases} i = 1000 \left(1 - \varepsilon^{-122\,t} \right) \\[4pt] e = 750 - 200 \, \varepsilon^{-122\,t}; \end{cases}$$

c'est-à-dire que la f. é. m. e, s'approche de sa valeur finale beaucoup plus rapidement.

La figure 41 montre les courbes de f. é. m. dans les deux conditions : avec les pôles pleins (49) et avec les pôles feuilletés (51).

B) *Mutuelle inductance dans les circuits contenant self-inductance et capacité.*

92. — Les équations générales d'une telle paire de circuits (3) et (4), différentiées pour éliminer l'intégrale donnent :

$$(52) \qquad \frac{de_1}{d\theta} = x_{c1} i_1 + r_1 \frac{di_1}{d\theta} + x_1 \frac{d^2 i_1}{d\theta^2} + x_m \frac{d^2 i_2}{d\theta^2},$$

$$(53) \qquad \frac{de_2}{d\theta} = x_{c2} i_2 + r_2 \frac{di_2}{d\theta} + x_2 \frac{d^2 i_2}{d\theta^2} + x_m \frac{d^2 i_1}{d\theta^2};$$

les différences de potentiel aux condensateurs sont, d'après (3) et (4) :

$$(54) \qquad e_1' = x_{c1} \int i_1 \, d\theta = e_1 - r_1 i_1 - x_1 \frac{di_1}{d\theta} - x_m \frac{di_2}{d\theta}$$

$$(55) \qquad e_2' = x_{c2} \int i_2 \, d\theta = e_2 - r_2 i_2 - x_2 \frac{di_2}{d\theta} - x_m \frac{di_1}{d\theta}.$$

Si maintenant les f. é. m. appliquées e_1 et e_2 ne contiennent pas de termes transitoires, c'est-à-dire si les valeurs transitoires des courants, i_1 et i_2, n'exercent pas de réaction appréciable sur les sources de f. é. m., et si i_1' et i_2' sont les valeurs permanentes des courants, on a, en substituant i_1' et i_2' dans les équations (52) et (53) et soustrayant le résultat de cette substitution en (52) et (53), les équations des termes transitoires des courants i_1 et i_2 :

$$(56) \qquad 0 = x_{c1} i_1 + r_1 \frac{di_1}{d\theta} + x_1 \frac{d^2 i_1}{d\theta^2} + x_m \frac{d^2 i_2}{d\theta^2}$$

$$(57) \qquad 0 = x_{c2} i_2 + r_2 \frac{di_2}{d\theta} + x_2 \frac{d^2 i_2}{d\theta^2} + x_m \frac{d^2 i_1}{d\theta^2}.$$

Si les f. é. m. appliquées e_1 et e_2 sont constantes, $\frac{de_1}{d\theta}$ et $\frac{de_2}{d\theta}$ égalent zéro, et les équations (52) et (53) prennent la forme de (56) et (57) ; c'est-à-dire que les équations (56) et (57) sont les équations différentielles de termes transitoires, dans le cas général où les f. é. m. e_1 et e_2, quelconques, n'ont pas de terme transitoire, aussi bien que les équations différentielles générales dans le cas où les f. é. m. e_1 et e_2 sont constantes.

De (56), il résulte que :

$$(58) \qquad x_m \frac{d^2 i_2}{d\theta^2} = - x_{c1} i_1 - r_1 \frac{d i_1}{d\theta} - x_1 \frac{d^2 i_1}{d\theta^2}.$$

Différentiant l'équation (57) deux fois, et substituant dans (58), on trouve :

$$(59) \quad (x_1 x_2 - x_m^2) \frac{d^4 i}{d\theta^4} + (r_1 x_2 + r_2 x_1) \frac{d^3 i}{d\theta^3} + (x_{c1} x_2 + x_{c2} x_1 + r_1 r_2) \frac{d^2 i}{d\theta^2}$$
$$+ (x_{c1} r_2 + x_{c2} r_1) \frac{d i}{d\theta} + x_{c1} x_{c2} i = 0.$$

C'est une équation différentielle du quatrième ordre, symétrique en r_1, x_1, x_{c1} et r_2, x_2, x_{c2} et qui, par suite, s'applique aux deux courants i_1 et i_2.

Les expressions des deux courants i_1 et i_2 ne diffèrent donc que par leurs constantes d'intégration, que l'on détermine par les conditions extrêmes.

L'équation (59) est intégrée par

$$(60) \qquad i = A \varepsilon^{-a\theta}.$$

En substituant (60) en (59), on obtient l'exposant a par une équation du quatrième degré :

$$(61) \qquad a^4 - \frac{r_1 x_2 + r_2 x_1}{x_1 x_2 - x_m^2} a^3 + \frac{x_{c1} x_2 + x_{c2} x_1 + r_1 r_2}{x_1 x_2 - x_m^2} a^2$$
$$- \frac{x_{c1} r_2 + x_{c2} r_1}{x_1 x_2 - x_m^2} a + \frac{x_{c1} x_{c2}}{x_1 x_2 - x_m^2} = 0.$$

La résolution de cette équation donne quatre valeurs de A, d'où :

$$(62) \qquad i = A_1 \varepsilon^{-a_1 \theta} + A_2 \varepsilon^{-a_2 \theta} + A_3 \varepsilon^{-a_3 \theta} + A_4 \varepsilon^{-a_4 \theta}.$$

Les racines de A doivent être réelles toutes quatre, ou deux réelles et deux imaginaires, ou toutes imaginaires, et la résolution de cette équation par approximation est pour cela assez difficile.

Dans le cas le plus important, la résistance r est faible comparée aux réactances x et x_c ; c'est le seul cas où le terme transitoire soit prononcé en intensité et en durée, par conséquent c'est le seul intéressant — transformateur ou bobine de Ruhmkorff — ; l'approximation de (61) se fait plus facilement.

Les racines de a sont alors deux paires d'imaginaires conjuguées et le phénomène est oscillatoire.

Les composantes réelles des racines a doivent être positives puisque l'exponentielle $\varepsilon^{-a\theta}$ doit décroître quand θ augmente.

Les quatre racines peuvent ainsi être écrites :

$$(63) \qquad \begin{cases} a_1 = \alpha_1 - j\beta_1, & a_2 = \alpha_1 + j\beta_1 \\ a_3 = \alpha_2 - j\beta_2, & a_4 = \alpha_2 + j\beta_2. \end{cases}$$

où α et β sont négatifs.

Dans l'équation (61), les coefficients de a^3 et a sont faibles, puisqu'ils contiennent les résistances en facteur et cette équation peut être approximativement représentée par :

$$(64) \qquad a^4 + \frac{x_{r1}x_2 + x_{r2}x_1}{x_1 x_2 - x_m^2}\, a^2 + \frac{x_{r1}x_{r2}}{x_1 x_2 - x_m^2} = 0;$$

de là :

$$(65) \qquad a^2 = -\frac{x_{r1}x_2 - x_{r2}x_1}{2(x_1 x_2 - x_m^2)} \pm \sqrt{\frac{(x_{r1}x_2 - x_{r2}x_1)^2}{4(x_1 x_2 - x_m^2)^2} - \frac{x_{r1}x_{r2}}{x_1 x_2 - x_m^2}} \cdot$$

On voit que a^2 est négatif et qu'il a deux racines

$$b_1 = -\beta_1^2 \quad \text{et} \quad b_2 = -\beta_2^2.$$

Ceci donne les quatre racines imaginaires de a, en première approximation :

$$(66) \qquad \begin{cases} & a = \pm j\beta_1 \\ \text{ou} & \\ & \pm j\beta_2. \end{cases}$$

Si a_1, a_2, a_3, a_4 sont les quatre racines de l'équation (61), celle-ci peut s'écrire :

$$f(a) = (a - a_1)(a - a_2)(a - a_3)(a - a_4) = 0,$$

ou en portant (63) :

$$(67) \qquad f(a) = \{(a - \alpha_1)^2 + \beta_1^2\} + \{(a - \alpha_2)^2 + \beta_2^2\} = 0.$$

En comparant (67) et (61), on obtient pour les coefficients de a^3 et de a :

$$(68) \quad \begin{cases} 2(\alpha_1 + \alpha_2) = \dfrac{r_2 x_1 + r_1 x_2}{x_1 x_2 - x_m^2} \\[2mm] 2(\alpha_1 \beta_2^2 + \alpha_2 \beta_1^2) = \dfrac{x_{c1} r_2 + x_{c2} r_1}{x_1 x_2 - x_m^2}. \end{cases}$$

Puisque β_1^2 et β_2^2 sont donnés par (65) et (66) comme racines de l'équation (64), α_1, α_2, β_1, β_2 et par suite les quatre racines a_1, a_2, a_3, a_4 de l'équation (61) sont données approximativement par (64), (65), (66) et (68).

Les constantes d'intégration A_1, A_2, A_3, A_4, se déduisent des conditions extrêmes.

93. — Comme exemple, considérons le fonctionnement d'une bobine de Ruhmkorff par fermeture puis rupture du circuit d'une batterie à courant continu, avec condensateur en dérivation sur la rupture, à la manière habituelle.

Soit $c_1 = 10$ volts $=$ f. é. m. appliquée ; $r_1 = 0,4$ ohm $=$ résistance du circuit primaire, donnant un courant permanent $i_0 = 25$ ampères ; $r_2 = 0,2$ ohm $=$ résistance du circuit secondaire réduite au primaire au moyen du carré du rapport des nombres de spires ; $x_1 = 10$ ohms $=$ réactance inductive primaire ; $x_2 = 10$ ohms $=$ réactance inductive secondaire réduite au primaire ; $x_m = 8$ ohms $=$ réactance mutuelle inductive ; $x_{c1} = 4000$ ohms $=$ réactance condensive primaire ou du condensateur shuntant la rupture de l'interrupteur du circuit de batterie et $x_{c2} = 6000$ ohms $=$ réactance condensive secondaire due à la capacité des armatures et de l'enroulement à haute tension.

Ces valeurs sont donc :

$$(69) \quad \begin{cases} c_0 = 10 \text{ volts} \quad i_0 = 25 \text{ ampères} \\ r_1 = 0,4 \text{ ohm} \quad x_1 = 10 \text{ ohms} \quad x_{c1} = 4000 \text{ ohms} \\ r_2 = 0,2 \text{ ohm} \quad x_2 = 10 \text{ ohms} \quad x_{c2} = 6000 \text{ ohms} \\ x_m = 8 \text{ ohms}. \end{cases}$$

Ces valeurs portées en (61) donnent :

$$(70) \quad f(a) = a^4 - 0,1047\, a^3 + 2777,7\, a^2 + 88,89\, a + 666667 = 0.$$

et, dans l'équation (64) elles donnent :

$$(70') \qquad f_1(a) = a^4 + 2777{,}7\, a^2 + 666667 = 0$$

et

$$a^2 : \begin{cases} -\ 266 \\ -\ 2512\,; \end{cases}$$

d'où

$$\beta_1 = 16{,}3$$
$$\beta_2 = 50{,}1.$$

De (68) il résulte que

$$\varkappa_1 + \varkappa_2 = 0{,}0833$$

$$(2512\,\varkappa_1 + 266\,\varkappa_2) = 41{,}44 :$$

d'où

$$\varkappa_1 = 0{,}01$$
$$\varkappa_2 = 0{,}073.$$

Introduisons, à la place des exponentielles imaginaires, des fonctions trigonométriques :

$$(71) \quad \text{et} \quad \begin{cases} i_1 = \varepsilon^{-0{,}01\,\theta} \left\{ A_1 \cos 16{,}3\,\theta + A_2 \sin 16{,}3\,\theta \right\} \\ \qquad + \varepsilon^{-0{,}073\,\theta} \left\{ B_1 \cos 50{,}1\,\theta + B_2 \sin 50{,}1\,\theta \right\} \\[2mm] i_2 = \varepsilon^{-0{,}01\,\theta} \left\{ C_1 \cos 16{,}3\,\theta + C_2 \sin 16{,}3\,\theta \right\} \\ \qquad + \varepsilon^{-0{,}073\,\theta} \left\{ D_1 \cos 50{,}1\,\theta + D_2 \sin 50{,}1\,\theta \right\}, \end{cases}$$

où les constantes C et D sont reliées à A et B par les équations (56) (57) (58).

Portons (71) en (58) :

$$(58) \qquad 8\,\frac{d^2 i_2}{d\theta^2} + 4000\,i_1 + 0{,}4\,\frac{d i_1}{d\theta} + 10\,\frac{d^2 i_1}{d\theta^2} = 0.$$

Ceci donne une identité, de laquelle, en égalant à zéro les coefficients de $\varepsilon^{-a\theta} \cos b\theta$ et $\varepsilon^{-a\theta} \sin b\theta$, résultent quatre équations :

$$(72) \quad \begin{cases} 156{,}5\,A_1 + 1340\,A_2 + 130{,}4\,C_1 - 2120\,C_2 = 0 \\ 1340\,A_1 - 156{,}5\,A_2 - 2120\,C_1 - 130{,}4\,C_2 = 0 \\ 481\,B_1 - 21100\,B_2 + 401\,D_1 - 20080\,D_2 = 0 \\ -\ 21100\,B_1 - 481\,B_2 - 20080\,D_1 - 401\,D_2 = 0. \end{cases}$$

De (54) et (55) on tire les différences de potentiel des condensateurs :

$$(73) \quad \begin{cases} e_1' = 10 - \varepsilon^{-0,01\,\theta} \big\{ (-9,6A_1 + 163A_2 - 8C_1 + 130,4C_2)\cos 16,3\theta \\ \qquad\qquad + (-163A_1 - 9,6A_2 - 130,4C_1 - 8C_2)\sin 16,3\theta \big\}. \\ \qquad - \varepsilon^{-0,073\,\theta} \big\{ (-9,6B_1 + 501B_2 - 8D_1 + 401D_2)\cos 50,1\theta \\ \qquad\qquad + (-501B_1 - 9,6B_2 - 401D_1 - 8D_2)\sin 50,1\theta \big\} \end{cases}$$

$$(74) \quad \begin{cases} e_2' = - \varepsilon^{-0,01\,\theta} \big\{ (-8A_1 + 130,4A_2 - 9,8C_1 + 163C_2)\cos 16,3\theta \\ \qquad\qquad + (-130,4A_1 - 8A_2 - 163C_1 - 9,8C_2)\sin 16,3\theta \big\} \\ \qquad - \varepsilon^{-0,073\,\theta} \big\{ (-8B_1 + 401B_2 - 9,8D_1 + 501D_2)\cos 50,1\theta \\ \qquad\qquad + (-401B_1 - 8B_2 - 501D_1 - 9,8D_2)\sin 50,1\theta \big\} \end{cases}$$

94. — Portons maintenant les conditions extrêmes du circuit : Au moment où l'interrupteur ouvre le circuit primaire le courant dans ce circuit est $i_1 = \dfrac{e_0}{r_1} = 25$ ampères.

Le condensateur du circuit primaire, en dérivation sur la rupture, était en court circuit avant cette rupture, c'est-à-dire à une différence de potentiel zéro. Le circuit secondaire était sans courant ni différence de potentiel. On obtient ainsi les conditions :

$$0 = 0 \,;\; i_1 = 25 \,;\; i_2 = 0 \,;\; e'_1 = 0 \,;\; e'_2 = 0.$$

Portons en (71) (73) (74) ; on a :

$$25 = A_1 + B_1$$
$$0 = C_1 + D_1$$
$$0 = 10 - (-9,6A_1 + 163A_2 - 8C_1 + 130,4C_2)$$
$$\qquad - (-9,6B_1 + 501B_2 - 8D_1 + 401D_2)$$
$$0 = - (-8A_1 + 130,4A_2 - 9,8C_1 + 163C_2)$$
$$\qquad - (-8B_1 + 401B_2 - 9,8D_1 + 501D_2)$$

Ce qui, joint aux équations (72), donne huit équations déterminant les huit constantes.

Les valeurs approximatives de ces constantes sont :

$$(75) \quad \begin{cases} A_1 = +15,7 & A_2 = -0,19 \\ B_1 = +9,3 & B_2 = +0,33 \\ C_1 = +9,8 & C_2 = +1,6 \\ D_1 = -9,8 & D_2 = -0,33 \end{cases}$$

En portant en (71), (73), (74), on a les valeurs des intensités et différences de potentiel

On a ainsi la détermination de deux oscillations qui se superposent, de fréquences égales à $60 \times 16,3 = 978$ et $60 \times 50,1 = 3006$. Dans le cas particulier elles ont une importance à peu près égale ; dans certains cas les constantes sont telles que l'une disparaît presque entièrement.

—

CHAPITRE XI

SYSTÈME GÉNÉRAL DE CIRCUITS

A) *Contenant résistance et inductance seulement.*

95. — Soit un système de forces électromotrices e, appliqué à un système général ou réseau de circuits reliés les uns aux autres directement ou inductivement, contenant résistance et inductance, mais pas de capacité. Les f. é. m. peuvent être de toutes fréquences et formes d'onde, et peuvent être continues ou de toute espèce, mais sont supposées données par leurs équations. Elles peuvent ne pas contenir de termes transitoires, ou peuvent en contenir qui dépendent des courants circulant dans le système. Dans ce dernier cas, la relation entre les f. é. m. et les courants doit évidemment être donnée.

Alors, dans chaque branche de circuit :

$$(1) \qquad e - ri - L\frac{di}{dt} - \sum_{z} M_z \frac{di_z}{dt} = 0,$$

où $e = $ f. é. m. totale appliquée ; $r = $ résistance ; $L = $ inductance de la branche de circuit traversée par le courant i, et M_z la mutuelle inductance de ce circuit avec un des autres circuits en relation inductive avec lui, lequel est traversé par le courant i_z.

Les courants dans les différentes branches du système sont liés les uns aux autres par la loi de Kirchhoff

$$(2) \qquad \sum i = 0$$

à chaque point de bifurcation.

Au moyen de l'équation (2) on peut éliminer un certain nombre de courants qui peuvent être exprimés au moyen des autres ; il reste un certain nombre de courants indépendants.

Soit n = le nombre de courants indépendants ; nous désignerons ces courants par $i_\varkappa$, où

$$(3) \qquad\qquad \varkappa = 1, 2, \ldots n.$$

Généralement, par suite de considérations physiques, on peut immédiatement trouver le nombre de courants indépendants du système n.

Pour ces n courants, $i_\varkappa$, n équations différentielles indépendantes de forme (1) peuvent être écrites, entre les f. é. m. appliquées e_q ou leurs combinaisons, et les courants qui sont exprimés au moyen des n courants indépendants $i_\varkappa$. Elles sont obtenues en appliquant l'équation (1) à des circuits fermés en boucles du système.

Ces équations sont de la forme ·

$$(4) \qquad e_q - \sum_{1}^{n}{}_\varkappa\, b_\varkappa^q i_\varkappa - \sum_{1}^{n}{}_\varkappa\, c_\varkappa^q \frac{di_\varkappa}{dt} = 0$$

où

$$q = 1, 2 \ldots n$$

(5) et dans ces équations les n^2 coefficients $b_\varkappa^q$ sont de la dimension d'une *résistance* et les n^2 coefficients $c_\varkappa^q$ de la dimension d'une *inductance*.

Ces n équations différentielles simultanées de n variables $i_\varkappa$ sont intégrées par les équations :

$$(6) \qquad i_\varkappa = i_\varkappa' + \sum_{1}^{m}{}_i\, A_i^\varkappa\, \varepsilon^{-a_i t}.$$

où $i_\varkappa'$ est la valeur permanente que le courant $i_\varkappa$ atteint pour $t = \infty$.

Substituons (6) dans (4) ; nous avons

$$(7) \qquad e_q - \sum_{1}^{n}{}_\varkappa\, b_\varkappa^q i_\varkappa' - \sum_{1}^{n}{}_\varkappa\, c_\varkappa^q \frac{di_\varkappa'}{dt} - \sum_{1}^{n}{}_\varkappa\, b_\varkappa^q \sum_{1}^{m}{}_i\, A_i^\varkappa\, \varepsilon^{-a_i t}$$

$$+ \sum_{1}^{n}{}_\varkappa\, c_\varkappa^q \sum_{1}^{m}{}_i\, a_i A_i^\varkappa\, \varepsilon^{-a_i t} = 0.$$

Pour $t = \infty$, cette équation devient :

$$(8) \qquad e_q - \sum_{1}^{n} {}_\varkappa\, b_\varkappa^q\, i_\varkappa'' - \sum_{1}^{n} {}_\varkappa\, c_\varkappa^q\, \frac{di_\varkappa''}{dt} = 0.$$

Ces n équations (8) déterminent les composantes permanentes des n courants, $i_\varkappa''$.

Retranchons (8) de (7) ; on a, pour les composantes transitoires des courants $i_\varkappa$

$$(9) \qquad i_\varkappa'' = \sum_{1}^{m} {}_i\, A_i^\varkappa\, \varepsilon^{-a_i t},$$

les n équations

$$(10) \qquad \sum_{1}^{n} {}_\varkappa\, b_\varkappa^q \sum_{1}^{m} {}_i\, A_i^\varkappa\, e^{-a_i t} - \sum_{1}^{n} {}_\varkappa\, c_\varkappa^q \sum_{1}^{m} {}_i\, a_i\, A_i^\varkappa\, \varepsilon^{-a_i t} = 0.$$

En renversant l'ordre de sommation en (10), nous avons :

$$(11) \qquad \sum_{1}^{m} {}_i\, \varepsilon^{-a_i t} - \sum_{1}^{n} {}_\varkappa\, A_i^\varkappa\, (b_\varkappa^q - a_i c_\varkappa^q) = 0.$$

Les n équations (11) doivent être des identités, c'est-à-dire que les coefficients de $\varepsilon^{-a_i t}$ doivent disparaître individuellement. Chaque équation (11) donne ainsi m équations entre les constantes a, A, b, c, pour $i = 1, 2 \ldots m$, et puisqu'il existe n équations (11), nous avons en tout mn équations de la forme

$$(12) \qquad \left\{ \begin{array}{l} \displaystyle\sum_{1}^{n} {}_\varkappa\, A_i^\varkappa \left(b_\varkappa^q - a_i c_\varkappa^q \right) = 0 \\[2ex] \text{où} \qquad q = 1, 2, 3, \ldots n \quad \text{et} \quad i = 1, 2, 3, \ldots m. \end{array} \right.$$

En outre, les n conditions extrêmes, ou valeurs du courant $i_\varkappa''$ pour $t = 0$, soit $i_\varkappa^0$, donnent par substitution dans (9) n nouvelles équations :

$$(13) \qquad i_\varkappa^0 = \sum_{1}^{m} {}_i\, A_i^\varkappa$$

Il existe ainsi $(mn + n)$ équations pour la détermination de mn constantes $A_i^\varkappa$ et de m constantes a_i, ou ensemble $(mn + m)$ constantes ; c'est-à-dire

$$(14) \qquad m = n$$

et

$$(15) \qquad i_\varkappa = i_\varkappa'' + \sum_1^n i\, A_i^\varkappa\, \varepsilon^{-a_i t}$$

ou

$$(16) \qquad \left| \sum_1^n \varkappa\, A_i^\varkappa \left(b_\varkappa^q - a_i c_\varkappa^q \right) = 0 \right.$$

$$(17) \qquad \left| \sum_1^n i\, A_i^\varkappa = i_\varkappa^0. \right.$$

$$(18) \qquad \begin{cases} q = 1,2 \ldots n \\ \varkappa = 1,2 \ldots n \\ i = 1,2 \ldots n. \end{cases}$$

Chacun des n groupes de n équations linéaires homogènes en $A_i^\varkappa$ (16) qui contient le même indice i donne par élimination de $A_i^\varkappa$ le même déterminant :

$$(19) \quad \left\| b_\varkappa^q - a_i c_\varkappa^q \right\| = \begin{vmatrix} b_1^1 - a_i c_1^1, & b_1^2 - a_i c_1^2, & b_1^3 - a_i c_1^3, & \ldots & b_1^n - a_i c_1^n \\ b_2^1 - a_i c_2^1, & b_2^2 - a_i c_2^2, & b_2^3 - a_i c_2^3, & \ldots & b_2^n - a_i c_2^n \\ b_3^1 - a_i c_3^1, & b_3^2 - a_i c_3^2, & b_3^3 - a_i c_3^3, & \ldots & b_3^n - a_i c_3^n \\ \cdot & \cdot & \cdot & \cdots & \cdot \\ b_n^1 - a_i c_n^1, & b_n^2 - a_i c_n^2, & b_n^3 - a_i c_n^3, & \ldots & b_n^n - a_i c_n^n \end{vmatrix} = 0.$$

Ainsi les n valeurs de a_i sont les n racines de l'équation du n^{me} degré (19) et sont déterminées par la résolution de cette équation.

En substituant ces n valeurs de a_i dans les équations (16), nous obtenons n^2 équations linéaires homogènes en $A_i^\varkappa$, desquelles $n(n-1)$ sont indépendantes ; ces $n(n-1)$ équations indépendantes avec les n équations (17) donnent les n^2 équations linéaires nécessaires pour la détermination des n^2 constantes $A_i^\varkappa$.

Le problème de la détermination des équations du phénomène lors de la fermeture, ou de toute autre modification des conditions du circuit, dans un système général contenant seulement résistance et inductance avec n courants indépendants et des f. é. m. appliquées e_γ telles que les équations de condition permanente

$$i'_\varkappa = f_\varkappa (t),$$

puissent être résolues, dépend toujours de la résolution d'une équation du n^{me} degré en les exposants a_i des fonctions exponentielles qui représentent le terme transitoire.

96. — Comme exemple d'application de cette méthode, on peut considérer le cas suivant, figuré schématiquement par la figure 42.

Un alternateur de f. é. m. $E \cos(\theta - \theta_0)$ alimente au travers d'une résistance r_1 le primaire d'un transformateur de mutuelle réactance x_m. Le secondaire de ce transformateur alimente au travers de résistances r_2 et r_3 le primaire d'un second transformateur de mutuelle réactance x_{m0}, et le secondaire de ce transformateur est fermé sur une résistance r_4. Entre les deux transformateurs et les résistances r_2 et r_3 on connecte une f. é. m. de courant continu, comme une batterie, e_0, en série avec une réactance inductive x. Les transformateurs doivent nécessairement être tels qu'ils ne soient pas saturés par la fraction du courant continu qui les traverse ; ils sont par exemple à circuit magnétique ouvert.

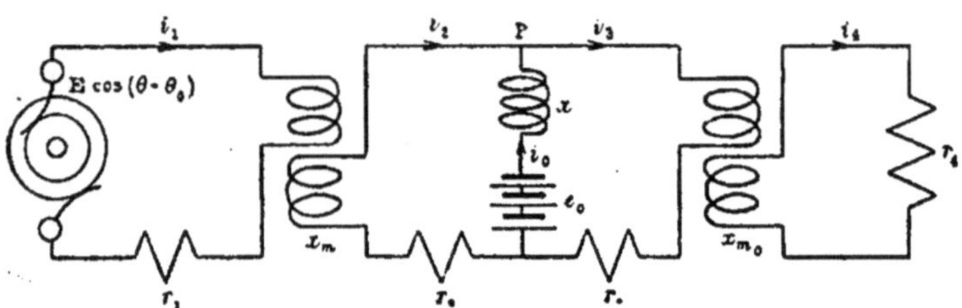

Fig. 42. — Circuit à courant alternatif contenant réactances mutuelles et self-inductives, résistances et f. e. m. continue.

Soit i_1, i_2, i_0, i_3, i_4 = courants dans les différents circuits ; alors au point de jonction P, et par l'équation (2) nous avons :

$$(20) \qquad i_0 + i_2 - i_3 = 0 \qquad \text{d'où} \qquad i_0 = i_3 - i_2,$$

ce qui laisse quatre courants indépendants i_1, i_2, i_3, i_4.

En appelant x_1 l'inductance totale de la portion de circuit parcourue par i_1; x_2 par i_2; x_3 par i_3; x_4 par i_4; x par i_0, on a :

$$(21) \qquad E \cos(\theta - \theta_0) - r_1 i_1 - x_1 \frac{di_1}{d\theta} - x_m \frac{di_2}{d\theta} = 0$$

$$(22) \qquad - e_0 - r_2 i_2 - x_2 \frac{di_2}{d\theta} - x_m \frac{di_1}{d\theta} + x \left(\frac{di_3}{d\theta} - \frac{di_2}{d\theta} \right) = 0$$

$$(23) \qquad e_0 - r_3 i_3 - x_3 \frac{di_3}{d\theta} - x_{m0} \frac{di_4}{d\theta} - x \left(\frac{di_3}{d\theta} - \frac{di_2}{d\theta} \right) = 0$$

$$(24) \qquad - r_4 i_4 - x_4 \frac{di_4}{d\theta} - x_{m0} \frac{di_3}{d\theta} = 0.$$

Si maintenant i'_1, i'_2, i'_3, i'_4 sont les termes permanents des courants, par substitution dans (21), (22), (23), (24), les équations des termes transitoires deviennent :

$$(25)\quad
\begin{array}{c|cccc}
q & \varkappa = 1 & 2 & 3 & 4 \\
\hline
1 & r_1 i_1 + x_1 \dfrac{di_1}{d\theta} & + x_m \dfrac{di_2}{d\theta} & & = 0, \\[2ex]
2 & x_m \dfrac{di_1}{d\theta} & r_2 i_2 + x_2 \dfrac{di_2}{d\theta} + x \dfrac{di_2}{d\theta} & - x \dfrac{di_3}{d\theta} & = 0, \\[2ex]
3 & & - x \dfrac{di_2}{d\theta} & + r_3 i_3 + x_3 \dfrac{di_3}{d\theta} + x \dfrac{di_3}{d\theta} + x_{m0} \dfrac{di_4}{d\theta} & = 0, \\[2ex]
4 & & & x_{m0} \dfrac{di_3}{d\theta} \quad + r_4 i_4 + x_4 \dfrac{di_4}{d\theta} & = 0,
\end{array}$$

les équations intégrées par

$$i''_\varkappa = \sum_1^4 i\, A_i^\varkappa\, e^{-a\theta}$$

donnent pour la détermination des exposants a le déterminant :

$$(26) \quad
\begin{vmatrix}
r_1 - a x_1 & - a x_m & 0 & 0 \\
- a x_m & r_2 - a(x_2 + x) & a x & 0 \\
0 & - a x & r_3 - a(x_3 + x) & - a x_{m0} \\
0 & 0 & - a x_{m0} & r_4 - a x_4
\end{vmatrix} = 0.$$

En résolvant ce déterminant on obtient l'équation en a^4 :

$$(27) \qquad\qquad f = 0$$

qui donne les quatre valeurs de a.

Les seize coefficients

$$\Lambda_i^{\varkappa}, \qquad i = 1, 2, 3, 4, \qquad \varkappa = 1, 2, 3, 4$$

sont maintenant déterminés par 16 équations linéaires indépendantes (12) et (13).

B) *Circuits contenant résistance, self-inductance, mutuelle-inductance et capacité.*

97. La méthode générale de traiter un tel système est la même que dans le cas (A).

L'équation (1) de Kirchhoff est de la forme :

$$(28) \qquad e - ri - L\frac{di}{dt} - \sum_{\varkappa} M_{\varkappa}\frac{di_{\varkappa}}{dt} - \frac{1}{C}\int i\,dt = 0.$$

En éliminant maintenant tous les courants qui peuvent être exprimés au moyen des autres, grâce à l'équation (2), on est conduit à n courants indépendants :

$$i_{\varkappa}, \qquad \varkappa = 1, 2 \ldots n.$$

Substituons ces courants $i_{\varkappa}$ dans les équations (28) ; on aura n équations indépendantes de la forme :

$$(29) \qquad e_q - \sum_{1}^{n}{}_{\varkappa} b_{\varkappa}^q i_{\varkappa} - \sum_{1}^{n}{}_{\varkappa} c_{\varkappa}^q \frac{di_{\varkappa}}{dt} - \sum_{1}^{n}{}_{\varkappa} g_{\varkappa}^q \int i_{\varkappa}\,dt = 0.$$

En résolvant cette équation pour tirer $\int i_{\varkappa}\,dt$, on a :

$$(30) \qquad e'_{\varkappa} = \frac{1}{C_{\varkappa}}\int i_{\varkappa}\,dt = \sum e + \sum bi + \sum c\frac{di}{dt}$$

pour les équations de la différence de potentiel au condensateur.

En différentiant (29) on a :

$$(31) \qquad \frac{de_q}{dt} - \sum_{1}^{n}{}_{\varkappa} g_{\varkappa}^q i_{\varkappa} - \sum_{1}^{n}{}_{\varkappa} b_{\varkappa}^q \frac{di_{\varkappa}}{dt} - \sum_{1}^{n}{}_{\varkappa} c_{\varkappa}^q \frac{d^2 i_{\varkappa}}{dt^2} = 0,$$

où

$$q = 1, 2 \ldots n.$$

Par le même raisonnement qu'antérieurement, la solution de ces équations (31) peut être fractionnée en deux composantes : un terme permanent

$$(32) \qquad i' = f(t),$$

et un terme transitoire, qui disparaît pour $t = \infty$, et est donné par les n équations différentielles simultanées du second ordre :

$$(33) \qquad \sum_{1}^{n} {}_{\varkappa} \left\{ g_{\varkappa}^{q} i_{\varkappa} + b_{\varkappa}^{q} \frac{di_{\varkappa}}{dt} + c_{\varkappa}^{q} \frac{d^2 i_{\varkappa}}{dt^2} \right\} = 0 ;$$

ces équations sont intégrées par :

$$(34) \qquad i_{\varkappa} = \sum_{1}^{m} {}_{i} A_{i}^{\varkappa} \varepsilon^{-a_i t}.$$

Substituons (34) et (33), on a :

$$(35) \qquad \sum_{1}^{n} {}_{\varkappa} \sum_{1}^{m} {}_{i} A_{i}^{\varkappa} \varepsilon^{-a_i t} \left\{ g_{\varkappa}^{q} - a_i b_{\varkappa}^{q} + a_i^2 c_{\varkappa}^{q} \right\},$$

où

$$(36) \qquad \begin{cases} q = 1, 2 \ldots n \\ \varkappa = 1, 2 \ldots n \\ i = 1, 2 \ldots m \end{cases}$$

En renversant l'ordre de sommation dans ces équations :

$$(37) \qquad \sum_{1}^{m} {}_{i} \varepsilon^{-a_i t} \sum_{1}^{n} {}_{\varkappa} A_{i}^{\varkappa} \left\{ g_{\varkappa}^{q} - a_i b_{\varkappa}^{q} + a_i^2 c_{\varkappa}^{q} \right\} = 0.$$

Ceci donne, comme identités, les mn équations pour la détermination des constantes :

$$(38) \qquad \begin{cases} \displaystyle\sum_{1}^{n} {}_{\varkappa} A_{i}^{\varkappa} \left\{ g_{\varkappa}^{q} - a_i b_{\varkappa}^{q} + a_i^2 c_{\varkappa}^{q} \right\} = 0 \\ \text{où} \\ q = 1, 2 \ldots n \quad \text{et} \quad i = 1, 2 \ldots m. \end{cases}$$

En plus de ces mn équations (38), il existe deux groupes de conditions extrêmes, dépendant respectivement des courants instantanés et des potentiels instantanés des condensateurs au moment du départ.

Le courant est :

$$(39) \qquad i_\varkappa = i'_\varkappa + \sum_1^m {}_i A_i^\varkappa \, \varepsilon^{-a_i t},$$

et le potentiel du condensateur dans le circuit q est

$$(40) \qquad e'_q = \sum_1^n {}_\varkappa \, g_\varkappa^q \int i_\varkappa dt = e_q - \sum_1^n {}_\varkappa \, b_\varkappa^q i_\varkappa - \sum_1^n {}_\varkappa \, c_\varkappa^q \frac{di_\varkappa}{dt} ;$$

d'où pour $t = o$

$$(41) \qquad i_\varkappa^0 = i'_\varkappa + \sum_1^m {}_i A_i^\varkappa ,$$

où

$$\varkappa = 1, 2 \dots n ;$$

et

$$(42) \qquad e_q^0 = e_q - \sum_1^n {}_\varkappa \, b_\varkappa^q i_\varkappa^0 - \sum_1^n {}_\varkappa \, c_\varkappa^q \frac{di_\varkappa^0}{dt},$$

où

$$q = 1, 2 \dots n ;$$

en portant (39) dans (40) et en posant $t = o$.

$$(43) \qquad e_q^0 = \left[e_q - \sum_1^n {}_\varkappa \left\{ b_\varkappa^q i'_\varkappa - c_\varkappa^q \frac{di'_\varkappa}{dt} \right\} \right]_{t=o}$$
$$- \sum_1^n {}_\varkappa \sum_1^m {}_i A_i^\varkappa \left(b_\varkappa^q - a_i c_\varkappa^q \right).$$

Comme on le voit dans (41) et (43), le premier terme est la valeur instantanée du courant permanent $i'_\varkappa$ et du potentiel permanent du condensateur e'_q.

Ces deux groupes de n équations chacun, donnés par les conditions extrêmes du courant $i_z = i_z^0$ (42), et du potentiel du condensateur, $c_q' = c_q^0$ (43), avec les mn équations (38), donnent un total de $(mn + 2n)$ équations pour la détermination de mn constantes A_i^z et de m constante a_i, ce qui fait au total $(mn + m)$ constantes.

De

$$mn + 2n = mn + m$$

il suit

$$(44) \qquad m = 2n.$$

Nous avons alors $2n$ constantes a_i donnant les coefficients dans les exposants de $2n$ termes exponentiels transitoires, et $2n^2$ coefficients A_i^z et pour leur détermination $2n^2$ équations,

$$(45) \qquad \sum_{1}^{n} {}_z\, A_i^z \left(g_z^q - a_i b_z^q + a_i^2 c_z^q \right) = 0.$$

n équations

$$(46) \qquad \sum_{1}^{2n} {}_i\, A_i^z = i_z^0,$$

et n équations,

$$(47) \qquad \sum_{1}^{n} {}_z \sum_{1}^{2n} {}_i\, A_i^z \left(b_z^q - a_i c_z^q \right) = k_q^0,$$

où

$$(48) \qquad k_q^0 = \left[c_q - \sum_{1}^{n} {}_z\, g_z^q \int i_z dt \right]_{t=0},$$

soit la différence entre le potentiel du condensateur résultant du terme permanent et le potentiel réel du condensateur au temps $t = 0$, avec

$$(49) \qquad \begin{cases} q = 1, 2, 3 \ldots n \\ z = 1, 2, 3 \ldots n \\ i = 1, 2, 3 \ldots 2n. \end{cases}$$

En éliminant A_i^x des équations (45), on obtient, pour chacun des $2n$ groupes de n équations qui ont le même a_i, le déterminant :

$$(50) \quad \left\| g_k^q - a_i b_k^q + a_i^2 c_k^q \right\| =$$

$$\begin{vmatrix} g_1^1 - a_i b_1^1 + a_i^2 c_1^1, & g_1^2 - a_i b_1^2 + a_i^2 c_1^2, & \dots & g_1^n - a_i b_1^n + a_i^2 c_1^n \\ g_2^1 - a_i b_2^1 + a_i^2 c_2^1, & g_2^2 - a_i b_2^2 + a_i^2 c_2^2, & \dots & g_2^n - a_i b_2^n + a_i^2 c_2^n \\ g_3^1 - a_i b_3^1 + a_i^2 c_3^1, & g_3^2 - a_i b_3^2 + a_i^2 c_3^2, & \dots & g_3^n - a_i b_3^n + a_i^2 c_3^n \\ \cdot \quad \cdot \quad \cdot & \cdot \quad \cdot \quad \cdot & & \cdot \quad \cdot \quad \cdot \\ \cdot \quad \cdot \quad \cdot & \cdot \quad \cdot \quad \cdot & & \cdot \quad \cdot \quad \cdot \\ g_n^1 - a_i b_n^1 + a_i^2 c_n^1, & g_n^2 - a_i b_n^2 + a_i^2 c_n^2, & \dots & g_n^n - a_i b_n^n + a_i^2 c_n^n \end{vmatrix} = 0.$$

Les $2n$ valeurs de a_i sont ainsi les racines d'une équation du $2n^{ième}$ degré ; en substituant ces valeurs de a_i dans les équations (45) (46) et (47) il en résulte $2n(n-1)$ équations indépendantes (45) et $2n$ équations indépendantes (46) et (47), ou un total de $2n^2$ équations linéaires pour la détermination de $2n^2$ constantes A_i^x, qui peuvent maintenant être résolues aisément.

Les racines de l'équation (50) peuvent être ou bien réelles ou bien imaginaires complexes ; dans ce dernier cas chaque paire de racines conjuguées donne par élimination de la forme imaginaire une oscillation électrique.

Donc, la solution du problème de n circuits indépendants conduit à n termes transitoires, chacun d'eux pouvant être soit une oscillation, soit une paire de fonctions exponentielles.

98. — La discussion précédente donne la méthode générale pour la détermination des phénomènes transitoires qui peuvent avoir lieu dans un système quelconque, ou dans un réseau de circuits contenant résistances, self-inductances, mutuelles-inductances et capacités, et des forces électromotrices ou contre-électromotrices de toute fréquence, de toute forme d'onde, alternative ou continue.

Elle suppose, néanmoins, que :

1° La solution du système pour les termes permanents de courants et f. é. m. est donnée ;

2° Si les f. é. m. appliquées contiennent des termes transitoires dépendant des courants dans le système, ces termes transitoires de f. é. m. ou f. contre é. m. sont donnés par des fonctions linéaires des courants et de leurs dérivées ;

3° Les résistances, inductances et capacités sont des quantités constantes, et que, par exemple, il n'y a pas de saturation magnétique.

La détermination des termes transitoires nécessite la résolution d'une équation du $2n^{\text{ième}}$ degré, qui s'abaisse d'un degré pour chacun des circuits indépendants qui ne contient pas de capacité.

Ainsi, par exemple, un circuit divisé ayant de la capacité dans chacune de ses deux branches conduit à une équation du 4ᵉ degré. Une ligne de transmission chargée avec une puissance inductive ou non-inductive, lorsque la capacité de la ligne peut être représentée par un condensateur shuntant la ligne en son milieu, conduit à une équation du 3ᵉ degré.

CHAPITRE XII

—

SATURATION MAGNÉTIQUE ET HYSTÉRÉSIS
DANS LES CIRCUITS A COURANT ALTERNATIF

99. — Si une f. é. m. alternative est appliquée à un circuit contenant résistance et inductance, le courant et par suite le flux produit par ce courant n'atteignent immédiatement leur valeur finale ou permanente que dans le cas où le circuit est fermé au point de l'onde de f. é. m. pour lequel le courant permanent serait nul.

Si l'on ferme le circuit à un autre point de l'onde de f. é. m., on produit un terme transitoire de courant et de flux magnétique. Ainsi, par exemple, si le circuit est fermé quand le courant i devrait avoir sa valeur négative maximum $- I_0$, et par suite le flux magnétique et l'induction magnétique aussi leurs valeurs négatives maximum $- \Phi_0$ et $- \mathfrak{B}_0$ (c'est-à-dire dans un circuit inductif, près de la valeur zéro de l'onde décroissante de f. é. m.), durant la première demi-onde de f. é. m. le flux magnétique qui engendre la force contre électromotrice, devrait varier de $- \Phi_0$ à $+ \Phi_0$: il doit donc varier de $2\Phi_0$; mais puisqu'il part de zéro et qu'il doit engendrer la même force contre-électromotrice, il doit donc monter jusqu'à $2\Phi_0$, c'est-à-dire deux fois sa valeur permanente ; le courant i monte aussi, en supposant l'inductance constante L, de zéro à deux fois sa valeur permanente $2I_0$ [1]. Puisque la f. é. m. consommée par le courant pendant la va-

---

[1] En se reportant au chapitre IV, la formule (9) appliquée à ce cas donne bien des résultats en accord avec le raisonnement ci-dessus. Si l'on fait dans cette for-

tion de o à $2I_0$ est plus grande que durant la variation normale de
— I_0 à + I_0, il restera moins de f. é. m. à engendrer par la variation
du flux, c'est-à-dire que le flux magnétique ne doit pas tout à fait atteindre $2\Phi_0$, mais rester d'autant plus au-dessous de cette valeur que
la résistance est plus grande. Pendant la demi-onde suivante, la f.é.m.
est renversée, mais le courant a encore une grande valeur dans la première direction, et la f. é. m. engendrée doit alors en plus compenser
la chute par résistance, c'est-à-dire que la variation totale de flux
doit être plus grande que $2\Phi_0$ et d'autant plus que la résistance est
plus grande.

Donc, puisqu'il part d'une valeur quelque peu au-dessus de $2\Phi_0$, il
décroît au-dessous de zéro, et atteint une valeur négative. Durant la
troisième demi-onde le flux magnétique ne part plus de zéro comme
pour la première demi-onde, mais d'une valeur négative, et atteint
donc une valeur maxima plus faible, et ainsi de suite graduellement, suivant une loi dépendant de la résistance du circuit, les ondes
de flux magnétique Φ et par conséquent le courant i, approchent de
leur permanente valeur ou des cycles symétriques.

100. — Dans ce qui précède, on a supposé que le flux magnétique
Φ, ou l'induction $\mathfrak{B}$, est proportionnel au courant, ou en autres
termes, que l'inductance L est constante. Si le circuit magnétique entrelacé avec le circuit électrique contient du fer, et spécialement si le
circuit magnétique est fermé comme dans un transformateur, le courant n'est pas proportionnel au flux ou à l'induction, mais croît plus
que proportionnellement pour les grandes valeurs de l'induction,
c'est-à-dire que l'induction dans le fer atteint une valeur limite finie.
Dans le cas traité ci-dessus, le courant correspondant au double flux
normal Φ_0, ou à la double induction $\mathfrak{B}_0$, peut être beaucoup de fois
plus grand que le double du courant normal maximum I_0. Par
exemple, supposons le courant maximum permanent $I_0 = 4,5$ ampères, avec l'induction maxima permanente $\mathfrak{B}_0 = 10000$; le circuit est fermé comme ci-dessus, au point de l'onde de f. é. m. pour

---

mule $r = 0$, d'où $\theta_1 = \frac{\pi}{2}$; $\theta_0 = \frac{\pi}{2}$, et $\theta = \pi$ pour une demi-période, on a
$i = 2\frac{E}{z}$. Voir la figure 8.   (N.D.T.)

lequel l'induction aurait sa valeur permanente maxima négative
— $\mathfrak{B}_0$ = — 10000, mais l'induction réelle est zéro ; pendant la première demi-onde de f. é. m., si l'on négligeait la résistance du circuit
électrique, l'induction croîtrait de 0 à $2\mathfrak{B}_0$ = 20000 ; pour cette
haute valeur de saturation le courant maximum atteindrait, d'après
le cycle magnétique de la figure 43, 200 ampères, ce qui est non deux
fois mais 44,5 fois la valeur normale. Avec de telles intensités de courant, la f. é. m. consommée par la résistance est en général considérable, et alors celle consommée par inductance, et par suite la variation
de flux magnétique, décroît considérablement ; au lieu d'atteindre l'induction 20 000 on reste considérablement au-dessous. Le courant maximum est cependant toujours un grand nombre de fois plus grand que
la valeur maxima normale. Par conséquent, avec un circuit magnétique fermé, le terme transitoire de courant peut atteindre des valeurs
beaucoup plus hautes qu'avec des circuits magnétiques en air. Tandis
que dans ce dernier cas, le courant se trouve limité à deux fois sa valeur normal on peut, dans les circuits de fer, atteindre de très hautes
valeurs de courant transitoire si l'induction atteint les limites de la saturation. Avec de telles valeurs excessives de courants, la résistance
prend une importance considérable, et le terme transitoire de courant
décroît durant la première demi-onde avec un taux plus rapide
lorsque cette résistance augmente ; à cause du manque de proportionnalité entre le courant et l'induction, le terme transitoire ne suit pas
une loi exponentielle.

101. — Dans un circuit magnétique comprenant du fer, le courant
est non seulement non proportionnel à l'induction magnétique, mais
encore la même induction peut être produite par différents courants ;
ou bien, pour le même courant, l'induction peut avoir différentes valeurs, selon le point du cycle d'hystérésis. C'est ainsi que l'induction
pour un courant nul peut être nulle aussi, ou bien + 7600, ou sur
la branche décroissante — 7600, pour le cycle de la figure 43. Ainsi,
quand on ferme un circuit électrique aimantant un circuit magnétique,
au moment où le courant est nul l'induction peut avoir une valeur
nulle, mais peut aussi avoir une très haute valeur, soit du magnétisme rémanent.

Par exemple, si l'on ferme le circuit au point de l'onde de f. é. m.

pour lequel l'onde permanente d'induction magnétique devrait avoir sa valeur négative maximum — $\mathfrak{B}_0 = -$ 10000, l'induction réelle à ce moment peut être $\mathfrak{B}_r = +$ 7600, magnétisme rémanent du cycle. Pendant la première demi-onde de f. é. m. appliquée, la variation de flux nécessaire pour engendrer la force contre-électromotrice, — la résistance étant négligée, — devrait porter la valeur positive de l'induction jusqu'à $\mathfrak{B}_r + 2\,\mathfrak{B}_0 =$ 27600 nécessitant un courant maximum de 1880 ampères, ou 420 fois le courant normal. Évidemment, un tel accroissement ne peut avoir lieu, puisque la résistance du circuit consomme dans ce cas une part considérable de la f. é. m. ; la densité de flux est ainsi réduite en même temps que la f. é. m. consommée par l'inductance.

Il est établi, néanmoins, que le courant peut atteindre des valeurs momentanées considérables dans les transformateurs et autres circuits magnétiques comportant du fer.

102. — Quand on coupe un transformateur, son courant devient zéro, l'induction est laissée à la valeur du magnétisme rémanent $\pm\,\mathfrak{B}_r$, et pendant la période de repos, elle décroît spontanément, plus ou moins, en allant vers zéro. Donc, lorsque l'on met en circuit un transformateur, son induction peut être quelconque entre $+\,\mathfrak{B}_r$ et $-\,\mathfrak{B}_r$.

L'induction maxima produite dans le premier demi-cycle de f. é. m. appliquée a donc lieu quand le circuit est fermé au moment où la valeur permanente de l'induction serait un maximum $\pm\,\mathfrak{B}_0$, et si l'induction réelle à ce moment, ou magnétisme rémanent, est dans la direction opposée $\mp\,\mathfrak{B}_r$; la valeur maximum de l'induction atteint dans ce cas $\pm\,(\mathfrak{B}_r + 2\,\mathfrak{B}_0)$.

Alors si l'induction maxima $\mathfrak{B}_0$ normale dans le transformateur est telle que $\mathfrak{B}_r + 2\,\mathfrak{B}_0$ soit encore au-dessous de la saturation, le terme transitoire de courant ne peut atteindre une valeur anormale. Pour $\mathfrak{B} =$ 16000, l'induction est à peu près au coude de la courbe de saturation et le courant est encore modéré. Estimons $\mathfrak{B}_r = 0{,}75\,\mathfrak{B}_0$ comme valeur approximative, $\mathfrak{B}_r + 2\,\mathfrak{B}_0 =$ 16000 donne $\mathfrak{B}_0 =$ 5800.

Dans les transformateurs à 125 cycles, $\mathfrak{B}_0$ est au-dessous de 5800 ou pas beaucoup au-dessus, pour des raisons d'échauffement, et le phénomène de surintensité excessive à la fermeture n'apparaît pas. A 60 cycles, $\mathfrak{B}_0$ est ordinairement au-dessus de cette valeur, et dans les conditions défavorables on peut observer parfois un courant transitoire considérable. Toutefois pour $\mathfrak{B}_r = 0$, la limite est $\mathfrak{B}_0 = 8000$, valeur qui, ordinairement, n'est pas considérablement dépassée dans les transformateurs à 60 cycles; comme souvent le magnétisme rémanent n'est pas considérable au départ, le terme transitoire de courant n'est généralement pas excessivement marqué ([1]). A 25 cycles, on emploie des inductions plus élevées, et le terme transitoire du courant à la fermeture peut alors atteindre des valeurs formidables.

103. — Puisque la relation entre le courant i et l'induction $\mathfrak{B}$ est donnée empiriquement par le cycle magnétique, et ne peut pas être exprimé avec assez de précision par une équation mathématique, le problème de la détermination du courant transitoire de départ d'un transformateur ne peut être résolu en général; mais il peut être étudié dans chaque cas particulier en construisant les courbes de courant et d'induction.

Supposons le cycle normal d'un transformateur représenté par la courbe en pointillé des figures 43 et 44; les points caractéristiques sont : les valeurs maxima $\pm \mathfrak{B}_0 = \pm 10000$; les valeurs rémanentes $\pm \mathfrak{B}_r = \pm 7600$ et le maximum de courant d'excitation $= \pm 4,5$ ampères.

Aux hautes valeurs de l'induction une portion appréciable du flux magnétique Φ doit passer à travers l'espace environnant, en dehors du noyau de fer, d'une façon variable avec le genre de construction de l'appareil. La manière la plus convenable d'opérer dans un tel cas est de diviser l'induction magnétique du fer $\mathfrak{B}$ en l'induction métallique $\mathfrak{B}'$ qui tend vers une valeur limite finie, et en induction dans l'espace $\mathfrak{H}$ telles que $\mathfrak{B}' = \mathfrak{B} - \mathfrak{H}$.

Le flux total consiste alors en flux transporté par les molécules du

---

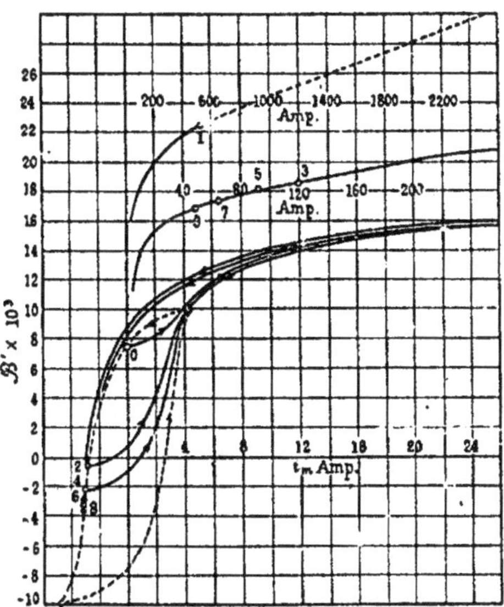

Fig. 43. — Cycle magnétique d'un transformateur partant avec faibles fuites.

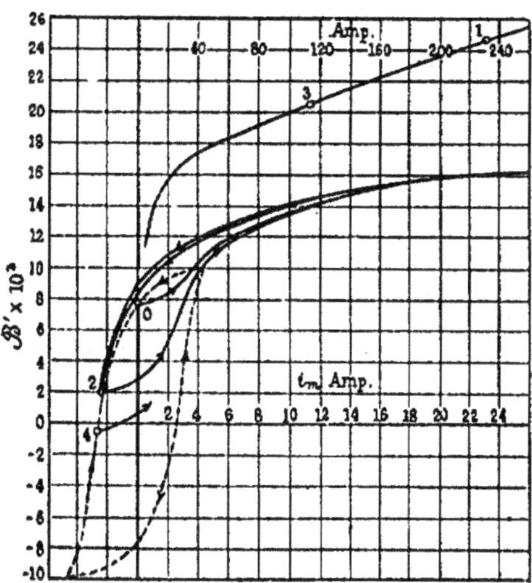

Fig. 44. — Cycle magnétique d'un transformateur partant avec fortes fuites.

fer $\Phi' = A'\mathfrak{B}'$, où A' est la section du circuit de fer, et en flux d'espace $\Phi'' = A''\mathcal{H}$, où A'' est la section totale embrassée par le circuit électrique, comprenant le fer aussi bien que le reste

$$\Phi = \Phi' + \Phi'' = A'\mathcal{B}' + A''\mathcal{H}.$$

Si $A'' = kA'$, c'est-à-dire que l'espace total à l'intérieur de la bobine est k fois l'espace occupé par le fer, nous avons :

$$\Phi = A'(\mathcal{B}' + k\mathcal{H}).$$

Le flux magnétique total, même dans le cas où il y a des fuites magnétiques considérables, c'est-à-dire où le flux magnétique peut passer aussi en dehors du fer, peut être calculé en considérant seulement la section de fer comme transportant le flux, mais en employant comme courbe d'inductions non pas la courbe usuelle

$$\mathcal{B} = \mathcal{B}' + \mathcal{H}$$

mais une courbe dérivée de celle-ci :

$$\mathcal{B} = \mathcal{B}' + k\mathcal{H},$$

où k = rapport de la section totale à la section de fer.

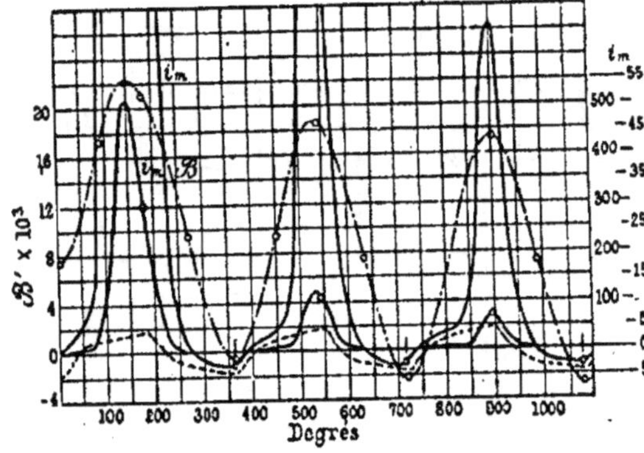

Fig. 45. — Courant de départ d'un transformateur. Faibles fuites magnétiques.

Ceci, par exemple, est la méthode pratique pour calculer les f.m.m. consommées dans les dents des induits de machines à collecteur, qui ont de fortes saturations.

En étudiant le courant de départ momentané des transformateurs, la courbe d'induction magnétique doit ainsi être corrigée du flux de fuite.

Les figures 43 et 45 correspondent à $k = 3$ ou à une section effective d'air égale à trois fois la section de fer, soit $\mathfrak{B} = \mathfrak{B}' + 3\,\mathcal{K}$.

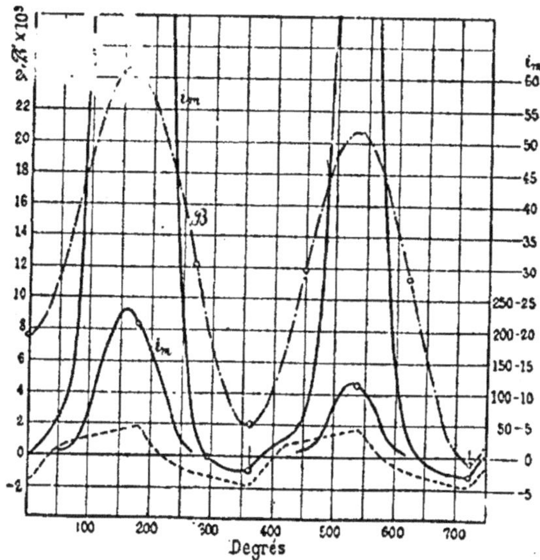

Fig. 46. — Courant de départ d'un transformateur. Grandes fuites magnétiques.

Les figures 44 et 46 correspondent à $k = 25$, ou une section de flux de fuite égale à 24 fois la section de fer, soit $\mathfrak{B} = \mathfrak{B}' + 25\,\mathcal{K}$.

104. — Pour les grandes valeurs du courant, la résistance consomme un voltage considérable, et réduit ainsi la f. é. m. engendrée par le flux magnétique, et par cela le flux magnétique maximum et le courant transitoire. La résistance qui entre en considération ici est la résistance totale du circuit primaire du transformateur, plus les fils de connection et lignes d'alimentation, depuis le point où le voltage est maintenu constant, comme le générateur, les barres omnibus, ou l'extrémité d'un feeder.

Supposons alors qu'à la pleine charge, $i_m = 50$ ampères efficaces dans le transformateur, nous ayons une perte par résistance de 8 %, ou que le voltage consommé par résistance $e_r = 0{,}08$ de la f. é. m. appliquée.

Soit maintenant l'induction magnétique rémanente $\mathfrak{B}_r = + 7\,600$, et le circuit fermé au moment $\theta = 0$ où l'induction serait $\mathfrak{B} = -\mathfrak{B}_0 = -10000$; alors la f. é. m. appliquée est donnée par :

$$(1) \qquad e = -E \sin \theta = E \frac{d}{d\theta} (\cos \theta).$$

Elle est aussi :

$$(2) \qquad e = A \frac{d\mathfrak{B}}{d\theta} + Ci,$$

où A et C sont des constantes ; c'est-à-dire que la f. é. m. appliquée est consommée par la self-inductance, — f. é. m. engendrée par variation d'induction proportionnelle à $\frac{d\mathfrak{B}}{d\theta}$ — et par la résistance qui consomme un voltage proportionnel au courant i.

Combinons (1) et (2) :

$$(3) \qquad A \frac{d\mathfrak{B}}{d\theta} + Ci = E \frac{d \cos \theta}{d\theta} ;$$

À pleine charge, nous avons $\frac{E}{\sqrt{2}} = $ f. é. m. efficace appliquée et $i_m = 50$ ampères $=$ courant efficace, d'où :

$$Ci_m = 50 C = \text{f. é. m. consommée par résistance},$$

et, puisque $e_r = 0{,}08$ de la f. é. m. appliquée :

$$Ci_m = \frac{e_r}{\sqrt{2}},$$

ou

$$50 C = \frac{0{,}08 \, E}{\sqrt{2}},$$

ou

$$(4) \qquad \frac{C}{E} = \frac{e_r}{i_m \sqrt{2}} = \frac{0{,}08}{50 \sqrt{2}} = 0{,}00113.$$

Or, on tire de (3) :

$$(5) \qquad d\mathfrak{B} = \frac{E}{A} d \cos \theta - \frac{Ci}{A} d\theta$$

et

$$\int_0^{\frac{\pi}{2}} d\mathfrak{B} = \frac{E}{A} \int_0^{\frac{\pi}{2}} d \cos \theta - \frac{C}{A} \int_0^{\frac{\pi}{2}} i d\theta.$$

Mais pour $i = 0$, ou quand la chute par résistance est négligeable en état de régime,

$$(6) \qquad \mathfrak{B}_0 = \frac{E}{A} = 10\,000.$$

Multiplions (4) et (6) :

$$(7) \qquad \frac{C}{A} = \frac{e_r \mathfrak{B}_0}{i_m \sqrt{2}} = 11,3,$$

et portons (6) et (7) dans (5) :

$$(8) \qquad d\mathfrak{B} = \mathfrak{B}_0 d \cos \theta - i \frac{e_r \mathfrak{B}_0}{i_m \sqrt{2}} d\theta = 10\,000\, d \cos \theta - 11,3\, i d\theta.$$

Remplaçons maintenant les différentielles par les différences, c'est-à-dire remplaçons, par approximation, d par Δ, on obtient :

$$(9) \qquad \Delta\mathfrak{B} = \mathfrak{B}_0 \Delta \cos \theta - i \frac{e_r \mathfrak{B}_0}{i_m \sqrt{2}} \Delta\theta = 10\,000\, \Delta \cos \theta - 11,3\, i\Delta\theta.$$

Supposons maintenant

$$(10) \qquad \Delta\theta = 10^\circ = 0,175$$

pour avoir l'accroissement de l'induction pendant un changement de 10° pour l'angle :

$$(11) \qquad \Delta\mathfrak{B} = 10\,000\, \Delta \cos \theta - 2\, i$$
$$(12) \qquad \mathfrak{B} = \mathfrak{B}' + \Delta\mathfrak{B} = \mathfrak{B}' + 10\,000\, \Delta \cos \theta - 2\, i.$$

De l'équation (12) on peut calculer les valeurs instantanées de l'induction $\mathfrak{B}$; de là, au moyen des cycles magnétiques des figures 43 et 44, respectivement, on peut obtenir les courants i, lors du départ pour $\theta = 0$ avec l'induction rémanente $\mathfrak{B}' = \mathfrak{B}_r = 7600$. On ajoute à cela les variations du cosinus $10\,000\, \Delta \cos \theta$, ce qui donne une valeur $\mathfrak{B}_1 = \mathfrak{B}' + 10\,000\, \Delta \cos \theta$; on prend ensuite la valeur correspondante de i sur le cycle d'hystérésis sur les figures 43 et 44 et on retranche $2\, i$ de $\mathfrak{B}_1$; on corrige ensuite i pour la valeur correspondant à $\mathfrak{B} = \mathfrak{B}_1 - 2\, i$.

La quantité $2\, i$ est appréciable seulement dans les portions de la courbe où i est très important.

105. — La table suivante est donnée pour montrer le commencement du calcul d'une courbe dans le cas de faibles fuites magnétiques.

Courant de départ d'un transformateur

$\theta°$	$\cos\theta$	$\Delta\mathfrak{B}_1 = 10\,\Delta\cos\theta$	$\mathfrak{B}_1 = \mathfrak{B}+\Delta\mathfrak{B}_1$	i_m	$D_1 = 2i\times 10^{-3}$	$\mathfrak{B}$
0	+ 1,00	»	7,6	0	»	»
10	0,98	+ 0,2	7,8	1,0	»	»
20	0,94	0,4	8,2	1,9	»	»
30	0,87	0,7	8,9	2,9	»	»
40	0,77	1,0	9,9	3,8	»	»
50	0,64	1,3	11,2	5,2	»	»
60	0,50	1,4	12,6	7,3	»	»
70	0,34	1,6	14,2	12,0	»	»
80	+ 0,17	1,7	15,9	27	»	»
90	0	1,7	17,6	70	0,1	17,5
100	− 0,17	1,7	19,2	138	0,3	18,9
110	− 0,34	1,7	20,6	220	0,45	20,15
120	− 0,50	1,6	21,75	370	0,55	21,2
130	− 0,64	1,4	22,6	450	0,9	21,7
140	− 0,77	1,3	23,0	510	1,0	22,0
150	− 0,87	1,0	23,0	510	1,0	22,0
160	− 0,94	0,7	22,7	440	0,9	21,8
170	− 0,98	0,4	22,2	350	0,7	21,5
180	− 1,00	+ 0,2	21,7	250	0,5	21,2
190	− 0,98	− 0,2	21,0	200	0,4	20,6
200	− 0,94	− 0,4	20,2	180	0,35	19,85
210	− 0,87	− 0,7	19,15	130	0,25	18,9
220	− 0,77	− 1,0	17,9	76	0,15	17,75
230	− 0,64	− 1,3	16,45	40	0,2	16,25
240	− 0,50	− 1,4	14,85	14	0,05	14,8
250	− 0,34	− 1,6	13,2	7	»	»
260	− 0,17	− 1,7	11,5	3,2	»	»
270	0	− 1,7	9,8	− 1,0	»	»
280	+ 0,17	− 1,7	8,1	− 0,4	»	»
290	0,34	− 1,7	6,4	− 1,3	»	»
300	0,50	− 1,6	4,8	− 1,9	»	»
310	0,64	− 1,4	3,4	− 2,2	»	»
320	0,77	− 1,3	2,1	− 2,5	»	»
330	0,87	− 1,0	1,1	− 2,6	»	»
340	0,94	− 0,7	0,4	− 2,75	»	»
350	0,98	− 0,4	0	− 2,8	»	»
360	+ 1,00	− 0,2	− 0,2	− 2,8	»	»
370	0,98	+ 0,2	0	− 1,3	»	»
380	0,94	0,4	+ 0,4	− 0,5	»	»
390	0,87	0,7	1,1	+ 0,3	»	»
400	0,77	1,0	2,1	1,0	»	»
410	0,64	1,3	3,5	1,7	»	»
420	0,50	1,4	4,9	2,2	»	»
430	0,34	1,6	6,5	2,7	»	»
440	0,17	1,7	8,2	3,3	»	»
450	0	1,7	9,9	4,3	»	»
460	− 0,17	1,7	11,6	6,2	»	»
470	− 0,34	1,7	13,3	9,5	»	»
480	− 0,50	1,6	14,9	16,5	»	»

La première colonne donne l'angle θ ;

La seconde colonne donne cos θ ;

La troisième colonne donne $\Delta \mathfrak{B}_1 = 10 \Delta \cos \theta$, en kilolignes par cm² ;

La quatrième colonne donne $\mathfrak{B}_1 = \mathfrak{B} + \Delta \mathfrak{B}_1$;

La cinquième colonne donne i ;

La sixième colonne donne $D_1 = 2i \times 10^{-3}$ et

La septième colonne donne $\mathfrak{B} = \mathfrak{B}_1 — D_1$.

i de la cinquième colonne est choisi par tâtonnements de telle manière qu'il corresponde sur le cycle d'hystérésis, non à $\mathfrak{B}_1$, mais à $\mathfrak{B} = \mathfrak{B}_1 — D_1$.

Ces valeurs sont portées comme cycles magnétiques sur les figures 43 et 44, et comme ondes de courant et induction, etc., sur les figures 45 et 46.

Les valeurs successives des demi-ondes successives sont :

A. — Faibles fuites magnétiques k = 3			B. — Fortes fuites magnétiques k = 25		
θ	$\mathfrak{B}$	i_m	θ	$\mathfrak{B}$	i_m
0	7,6	0	0	7,6	0
145°	22,0	510	160°	34,6	230
360°	— 0,2	— 2,8	360°	+ 2,0	— 2,4
530°	18,6	120	530°	20,7	117
720°	— 2,2	— 2,9	720°	— 0,4	— 2,7
900°	18,0	92	»	»	»
1 080°	— 2,8	— 3,0	»	»	»
1 260°	17,4	66	»	»	»
1 440°	— 3,1	— 3,0	»	»	»
1 620°	16,9	50	»	»	»
Régime permanent	± 10,0	± 4,5	»	± 10,0	± 4,5

Comme on le voit, la valeur maxima du courant pendant le premier cycle, 510, est plus de cent fois là valeur finale, 4,5, et plus de 7 fois la valeur maxima du courant de pleine charge, $50 \sqrt{2} = 70,7$ ampères, et le courant transitoire tombe au-dessous du courant de pleine charge seulement au quatrième cycle. C'est-à-dire que la valeur excessive du courant transitoire avec les circuits magnétiques contenant du fer dure un nombre considérable de périodes.

La présence de fer dans le champ magnétique du circuit électrique conduit à des termes transitoires de courant qui sont très grands, comparés avec ceux que l'on obtient avec les réactances sans fer ; ces premiers courants transitoires ne suivent pas une courbe exponentielle et ne peuvent ordinairement être calculés par les équations générales ; ils nécessitent une étude numérique au moyen des cycles magnétiques du fer.

Ces termes transitoires ne conduisent à un courant excessif que dans le cas où l'induction magnétique normale excède la moitié de la valeur de saturation du fer, et sont ainsi surtout importants dans les circuits à 25 cycles.

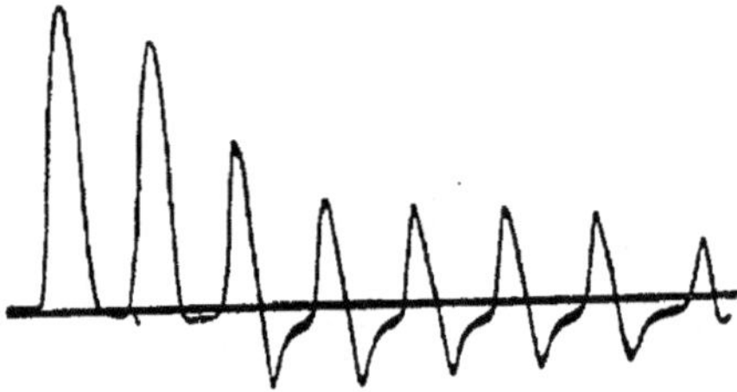

Fig. 47. — Courant de départ d'un transformateur à 25 périodes.

Comme illustration, nous représentons dans la figure 47 un oscillogramme du courant de départ d'un transformateur à 25 périodes, ayant dans le circuit d'alimentation une résistance quelque peu plus faible que dans l'exemple ci-dessus, déterminant donc une durée encore plus longue pour le terme transitoire de courant excessif.

CHAPITRE XIII

—

TERME TRANSITOIRE DE CHAMP TOURNANT

106. — La résultante de n_p f. m. m. égales, également décalées de l'une à l'autre angulairement dans l'espace, et également déphasées dans le temps, est constante en intensité, et tourne avec une vitesse synchronique uniforme. En agissant sur un circuit magnétique de réluctance constante dans toutes les directions, un tel système polyphasé de f. m. m. produit un flux magnétique tournant, ou un champ tournant. («Theory and Calculation of Alternating Current Phenomena » 4° édition, Chapitre XXXIII, paragraphe 368). Si n_p bobines magnétisantes égales sont disposées avec déplacements successifs de $\dfrac{360}{n_p}$ degrés électriques, et connectées à un système symétrique de n_p phases, c'est-à-dire composé de n_p f. é. m. égales déphasées dans le temps de $\dfrac{360}{n_p}$ degrés, la f. m. m. résultante de ces n_p bobines est une f. m. m. constante tournant avec une vitesse uniforme et d'intensité $\mathcal{F}_0 = \dfrac{n_p}{2} \mathcal{F}$, où $\mathcal{F}$ est la valeur maxima (donc $\dfrac{\mathcal{F}}{\sqrt{2}}$ la valeur efficace) de la f. m. m. de chaque bobine.

Au départ, c'est-à-dire quand on relie un tel système de bobines magnétisantes au système polyphasé de f. é. m., un terme transitoire apparaît avant que le flux magnétique ait atteint sa valeur constante. Ce terme transitoire de champ tournant est la résultante des termes transitoires des courants et par suite des f. m. m. des bobines individuelles.

107. — Si $\mathscr{F} = n\,\mathrm{I} =$ valeur maxima de la f. m. m. de chaque bobine, où $n =$ nombre de tours et $\mathrm{I} =$ valeur maxima du courant, et $\tau =$ angle de phase-espace de la bobine, la valeur instantanée de la f. m. m. de la bobine, en condition permanente, est :

$$(1) \qquad f' = \mathscr{F} \cos(\theta - \tau);$$

et si le temps θ est compté depuis le moment de la fermeture du circuit, le terme transitoire est, d'après le chapitre IV [1],

$$(2) \qquad f'' = -\,\mathscr{F}\,\varepsilon^{-\frac{r}{x}\theta} \cos\tau$$

où

$$Z = r - jx.$$

La valeur complète de la f. m. m. d'une bobine est :

$$(3) \qquad f_i = f' + f'' = \mathscr{F} \left\{ \cos(\theta - \tau)\,\varepsilon^{-\frac{r}{x}\theta} \cos\tau \right\}.$$

Dans un système à n_p phases, les f. é. m. et par suite les courants successifs sont décalés l'un par rapport à l'autre de $\dfrac{1}{n_p}$ de période, ou d'un angle $\dfrac{2\pi}{n_p}$, et la f. m. m. de la bobine i est ainsi :

$$(4) \qquad f_i = \mathscr{F} \left\{ \cos\left(\theta - \tau - \frac{2\pi}{n_p}\,i\right) - \varepsilon^{-\frac{r}{x}\theta} \cos\left(\tau + \frac{2\pi}{n_p}\,i\right) \right\}.$$

La résultante de n_p telles f. m. m. agissant ensemble dans la même direction serait :

$$(5) \qquad \sum_1^{n_p} i\, f_i = \mathscr{F} \sum_1^{n_p} i \cos\left(\theta - \tau - \frac{2\pi}{n_p}\,i\right)$$
$$- \mathscr{F}\,\varepsilon^{-\frac{r}{x}\theta} \sum_1^{n_p} i \cos\left(\tau + \frac{2\pi}{n_p}\,i\right) = 0,$$

c'est-à-dire que la somme des valeurs instantanées des termes perma-

---

[1] On n'a pas à tenir compte des mutuelles inductances dans un système polyphasé symétrique.   (N. d. T.)

nents aussi bien que celle des termes transitoires de toutes les phases
d'un système polyphasé symétrique est égale à zéro.

Dans le champ polyphasé, cependant, ces f. m. m. (4) n'agissent
pas dans la même direction, mais dans des directions décalées l'une
par rapport à l'autre d'un angle-espace $\frac{2\pi}{n_p}$ égal à l'angle-temps de
leur déphasage.

108. — La composante de la f. m. m. f_i agissant dans la direction
$(\theta_0 - \tau)$, est ainsi :

$$(6) \qquad f_i = f_i \cos\left(\theta_0 - \tau - \frac{2\pi}{n_p} i\right),$$

et la somme des composantes de toutes les n_p f. m. m. dans la direction $(\theta_0 - \tau)$ c'est-à-dire la composante de la f. m. m. résultante du
champ polyphasé dans la direction $(\theta_0 - \tau)$ est

$$f = \sum_{1}^{n_p} i \, f_i$$

$$(7) \qquad = \mathcal{F} \sum_{1}^{n_p} i \left\{ \cos\left(\theta - \tau - \frac{2\pi}{n_p} i\right) - \varepsilon^{-\frac{r}{x}\theta} \cos\left(\tau + \frac{2\pi}{n_p} i\right) \right\}$$

$$\cos\left(\theta_0 - \tau - \frac{2\pi}{n_p} i\right).$$

Cette équation transformée, devient :

$$f = \frac{\mathcal{F}}{2}\left\{ \sum_{1}^{n_p} i \cos\left(\theta + \theta_0 - 2\tau - \frac{4\pi}{n_p} i\right) + \sum_{1}^{n_p} i \cos(\theta - \theta_0) \right.$$

$$\left. - \varepsilon^{-\frac{r}{x}\theta} \sum_{1}^{n_p} i \cos\theta_0 - \varepsilon^{-\frac{r}{x}\theta} \sum_{1}^{n_p} i \cos\left(\theta_0 - 2\tau - \frac{4\pi}{n_p} i\right) \right\};$$

comme les sommes contenant $\frac{4\pi}{n_p} i$ sont nulles, nous avons :

$$(8) \qquad f = \frac{n_p}{2} \mathcal{F} \left\{ \cos(\theta - \theta_0) - \varepsilon^{-\frac{r}{x}\theta} \cos\theta_0 \right\},$$

et pour $\theta = \infty$, on n'a plus que le terme permanent :

$$(9) \qquad f_0 = \frac{n_p}{2} \mathcal{F} \cos(\theta - \theta_0);$$

au maximum on a donc $\frac{n_p}{2}\,\mathcal{F}$, pour $\theta = \theta_0$, ce qui est une valeur constante, et une vitesse de rotation uniforme. C'est-à-dire que la résultante du système polyphasé de f. m. m., en état permanent, tourne avec une intensité et une vitesse synchronique constantes.

Avant que l'état de régime soit atteint, cependant, la f. m. m. résultante dans la direction $\theta_0 = \theta$, direction du vecteur tournant synchroniquement dans laquelle la f. m. m. en régime est maxima et constante, est fournie pendant cette période transitoire, par l'équation (8) :

$$(10) \qquad f_0 = \frac{n_p}{2}\,\mathcal{F} \left\{ 1 - \varepsilon^{-\frac{r}{x}\theta} \cos\theta \right\}.$$

c'est-à-dire qu'elle n'est pas constante, mais périodiquement variable.

Comme exemple, la figure 48 montre la f. m. m. résultante f_0 dans la direction du vecteur tournant synchroniquement $\theta_0 = \theta$, avec les

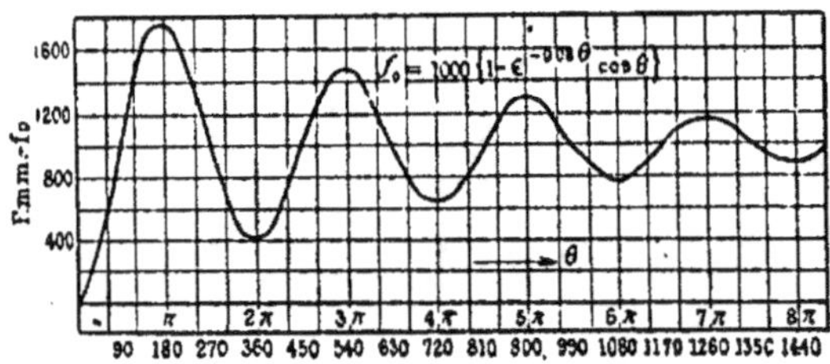

Fig. 48. — Terme transitoire de force magnétomotrice polyphasée.

constantes $n_p = 3$, ou un système triphasé ; $\mathcal{F} = 667$ et $Z = r - jx = 0,32 - 4j$; d'où

$$f_0 = 1000\,(1 - \varepsilon^{-1,08\theta}\cos\theta) ;$$

sur la figure 48, θ est en abscisses et on voit l'approche oscillatrice graduelle vers la constance.

109. — Cependant la direction $\theta_0 = \theta$ n'est pas celle dans laquelle la f. m. m. résultante de l'équation (8) est maxima ; mais le maximum est donné par :

$$(11) \qquad \frac{df}{d\theta_0} = 0,$$

ce qui donne :

$$(12) \qquad \sin(\theta - \theta_0) + \varepsilon^{-\frac{r}{x}\theta} \sin \theta_0 = 0$$

d'où

$$(13) \qquad \operatorname{cotg.} \theta_0 = \frac{\cos \theta - \varepsilon^{-\frac{r}{x}\theta}}{\sin \theta} .$$

C'est-à-dire que la f. m. m. résultante maxima d'un système polyphasé ne tourne pas synchroniquement pendant la période d'établissement, mais tourne avec une vitesse variable, se trouvant alternativement en avant et en arrière de la position de rotation synchronique uniforme. C'est seulement pour $\theta = \infty$, que l'équation (13) devient cotg. $\theta_0 = $ cotg. θ, ou $\theta_0 = \theta$, ce qui indique une rotation synchronique uniforme.

La vitesse de rotation de la f. m. m. maxima se tire de l'équation (12) par différentiation :

$$S = \frac{d\theta_0}{d\theta} = - \frac{\dfrac{dQ}{d\theta}}{\dfrac{dQ}{d\theta_0}} .$$

où

$$Q = \sin(\theta - \theta_0) + \varepsilon^{-\frac{r}{x}\theta} \sin \theta_0 ;$$

d'où

$$(14) \qquad S = \frac{\cos(\theta - \theta_0) - \dfrac{r}{x}\varepsilon^{-\frac{r}{x}\theta} \sin \theta_0}{\cos(\theta - \theta_0) - \varepsilon^{-\frac{r}{x}\theta} \cos \theta_0} ,$$

ou approximativement :

$$(15) \qquad S = \frac{1 - \dfrac{r}{x}\varepsilon^{-\frac{r}{x}\theta} \sin \theta_0}{1 - \varepsilon^{-\frac{r}{x}\theta} \cos \theta_0} .$$

Pour $\theta = \infty$, l'équation (14) devient $S = 1$, soit une rotation synchronique uniforme ; mais pendant la période de départ la vitesse oscille au-dessous et au-dessus du synchronisme.

De (13) il résulte :

$$(16) \quad \text{et} \quad \begin{cases} \cos\theta_0 = \dfrac{\cos\theta - \varepsilon^{-\frac{r}{x}\theta}}{\mathfrak{R}} \\[2em] \sin\theta_0 = \dfrac{\sin\theta}{\mathfrak{R}} \end{cases}$$

avec

$$(17) \quad \mathfrak{R} = \sqrt{\left(\cos\theta - \varepsilon^{-\frac{r}{x}\theta}\right)^2 + \sin^2\theta} = \sqrt{1 - 2\varepsilon^{-\frac{r}{x}\theta}\cos\theta + \varepsilon^{-2\frac{r}{x}\theta}}.$$

110. — La valeur maxima de la f. m. m. résultante, au temps θ, et selon la direction θ_0, est donnée par les équations (13), ou (16) et (17), et en portant (16) et (17) en (8) :

$$(18) \quad f_m = \frac{n_p}{2}\,\mathfrak{F}\mathfrak{R} = \frac{n_p}{2}\,\mathfrak{F}\sqrt{1 - 2\varepsilon^{-\frac{r}{x}\theta}\cos\theta + \varepsilon^{-2\frac{r}{x}\theta}};$$

donc f_m n'est pas constant, mais oscille périodiquement avec amplitude graduellement décroissante autour de la valeur moyenne $\frac{n_p}{2}\,\mathfrak{F}$.

Pour $\theta = 0$, au moment du départ, on a d'après (13),

$$\operatorname{cotg}\theta'_0 = \frac{\cos\theta - \varepsilon^{-\frac{r}{x}\theta}}{\sin\theta} = \frac{0}{0},$$

en différentiant numérateur et dénominateur, on obtient

$$\operatorname{cotg}\theta'_0 = \frac{-\sin\theta + \frac{r}{x}\varepsilon^{-\frac{r}{x}\theta}}{\cos\theta} = \frac{r}{x}$$

ou

$$\operatorname{tg}\theta'_0 = \frac{x}{r}.$$

La position de la f. m. m. résultante maximum part d'un angle θ'_0 en avant de la position permanente, et θ'_0 est l'angle de phase-temps du circuit magnétisant électrique. La valeur initiale de la f. m. m. résultante pour $\theta = 0$ est $f_m = 0$, c'est-à-dire que la f. m. m. tournante part de zéro.

Substituons (16) dans (15), nous aurons la vitesse en fonction du temps :

$$(19) \qquad S = \frac{1 - \varepsilon^{-\frac{r}{x}\theta}\left(\cos\theta - \frac{r}{x}\sin\theta\right)}{1 + \varepsilon^{-2\frac{r}{x}\theta} - 2\varepsilon^{-\frac{r}{x}\theta}\cos\theta},$$

Pour $\theta = 0$, ceci donne la vitesse de départ du champ tournant :

$$S_0 = \frac{0}{0} \qquad \text{ou indéfinie :}$$

mais après avoir différentié le numérateur et le dénominateur deux fois, cette valeur devient finie

$$(20) \qquad S_0 = \frac{1}{2};$$

le champ tournant part donc avec demi-vitesse.

Comme illustration, la figure 49 représente la valeur maxima de la f. m. m. polyphasée résultante f_m, et le déplacement en position

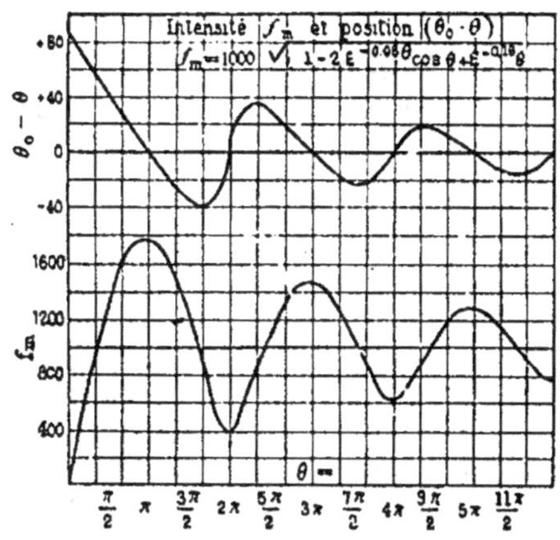

Fig. 49.— Départ d'un champ tournant.

au-dessus et au-dessous de la vitesse uniforme synchronique $\theta_0 - \theta$; les constantes sont les mêmes que ci-dessus, soit $n_p = 3$; $\mathcal{J} = 667$ et $Z = r - jx = 0{,}32 - 4j$, d'où

$$f_m = 1000\sqrt{1 - 2\varepsilon^{-0{,}08\theta}\cos\theta + \varepsilon^{-0{,}16\theta}}.$$

La figure montre avec le temps angulaire θ en abscisses, les trois premières périodes.

111. — Comme on le voit, la f. m. m. résultante d'un système polyphasé, dans les conditions supposées ci-dessus, partant de zéro au moment où l'on ferme le circuit triphasé, croît rapidement et en 60° de temps atteint sa valeur normale ; elle le dépasse et l'excède de 78 pour cent, puis commence à descendre et tombe de 60 pour cent au-dessous de la valeur normale ; elle croît de nouveau jusqu'à 47 pour cent au-dessus de la normale, descend à 37 pour cent au-dessous, remonte de 28 pour cent au-dessus et ainsi par une série d'oscillations s'approche de sa valeur normale. La valeur maxima de la f. m. m. résultante part dans la position de 85 degrés de temps en avant, dans la direction de rotation, mais en une demi-période tombe en arrière de la position normale — qui est celle de la rotation synchronique uniforme — d'un angle qui atteint 40° de temps angulaire, revient en avant de 34°, puis en arrière de 23°, etc.

Il est intéressant de noter que le terme transitoire de champ tournant, donné par les équations (10), (13), (18) ne contient pas l'angle de phase, c'est-à-dire ne dépend pas du point de l'onde $\theta = \tau$ auquel on ferme le circuit, tandis que dans toutes nos études précédentes le terme transitoire dépendait de ce point de l'onde, et que ce terme transitoire est oscillatoire. Dans le chapitre précédent, dans les circuits contenant seulement résistance et impédance, le terme transitoire est toujours graduel ou logarithmique, et les phénomènes oscillatoires ont lieu seulement en présence de capacité s'ajoutant à l'inductance.

Dans le champ tournant, ou la f. m. m. polyphasée, nous trouvons ainsi un cas où un terme transitoire apparaît dans un circuit contenant seulement inductance et résistance mais pas de capacité, et où ce terme transitoire est indépendant du point de l'onde auquel on ferme le circuit, c'est-à-dire qu'il est toujours le même en ce qui regarde le départ du phénomène.

Le terme transitoire de f. m. m. polyphasée est ainsi indépendant du moment du départ, de caractère oscillatoire, avec une amplitude d'oscillation dépendant seulement du facteur de réactance $\frac{x}{r}$ du circuit.

$$\text{CHAPITRE XIV}$$

—

COURANTS DE COURT CIRCUIT DES ALTERNATEURS

112. — Le courant de court circuit d'un alternateur est limité par la réaction et la self-inductance de l'induit, c'est-à-dire que le courant dans l'induit représente une force magnétomotrice qui, avec du courant décalé en retard, comme c'est le cas en court circuit, est démagnétisante ou opposée à la force magnétomotrice développée par l'excitation ; la combinaison de ces forces magnétomotrices réduit le flux magnétique de la valeur correspondant aux ampère-tours d'excitation à celle qui correspond à la résultante des ampère-tours d'excitation et de réaction d'induit, et par conséquent réduit la f. é. m. engendrée depuis la force électromotrice normale c_0, jusqu'à une f.é.m. virtuelle engendrée e_1. Le courant d'induit produit aussi un flux magnétique local, dans le fer de l'induit et les faces polaires, et qui ne pénètre pas dans les bobines inductrices, mais est un véritable flux self-inductif que l'on peut représenter par une réactance x_1. Cette réactance combinée avec la résistance effective r_1 de l'enroulement induit, donne l'impédance self-inductive $Z_1 = r_1 - jx_1$, ou $z_1 = \sqrt{r_1^2 + x_1^2}$. En retranchant vectoriellement de la force électromotrice virtuelle engendrée e_1 le voltage consommé par le courant de l'induit dans son impédance self-inductive Z_1, on obtient le voltage final, c.

En court circuit, la f. é. m. virtuelle engendrée e_1, est consommée entièrement par l'impédance self-inductive de l'induit. Comme la résistance de l'induit r_1 est très faible comparée à la réactance self-inductive x_1, elle peut être négligée devant celle-ci, et le courant de court circuit de l'alternateur, en condition permanente est ainsi

$$i = \frac{e_1}{x_1}.$$

Comme il a été montré dans le Chapitre XXII de la « Théorie et Calcul des Phénomènes du Courant Alternatif (Theory and Calculation of Alternating Current Phenomena) », la réaction d'induit peut être représentée par une réactance équivalente ou effective x_2 ; la réactance self-inductive x_1 et la réactance de réaction d'induit x_2 se combinent pour former la réactance synchronique $x_0 = x_1 + x_2$. Le courant de court circuit d'un alternateur, en condition permanente, peut ainsi être exprimé par

$$i = \frac{e_0}{x_0}$$

dans laquelle $e_0 = $ la force électromotrice normale.

113. — La réactance effective de réaction d'induit, x_2, diffère néanmoins essentiellement de la véritable self-inductance x_1, en ce sens que x_1 est instantané en son action, tandis que la réactance de réaction d'induit x_2 nécessite un temps appréciable pour se développer : x_2 représente la modification du flux inducteur produite par la f. m. m. de l'induit. Le flux ne peut toutefois changer instantanément de valeur, car il est embrassé par les bobines inductrices, dans lesquelles tout changement de flux induit une f. é. m., laquelle modifie le courant de manière à retarder la variation du flux. Donc, aux premiers instants d'une variation de courant dans l'induit, cette variation rencontre seulement la réactance x_1, mais pas la réactance x_2. Lorsqu'un alternateur à circuit ouvert est mis brusquement en court circuit, pendant les premiers instants, le flux est celui qui correspond à la f. m. m. appliquée à l'excitation et le voltage dans l'induit est la f. é. m. normale e_0. Le courant de court circuit développe une f.m.m. qui est opposée à la f. m. m. de l'excitation ; le flux commence ainsi à décroître de telle sorte que la f. é. m. engendrée dans les bobines inductrices par cette variation accroisse le courant d'excitation et en même temps la f. m. m. et que cette f. m. m. combinée avec la réaction d'induit donne la f. m. m. résultante déterminant la valeur instantanée du flux inducteur.

Immédiatement après le court circuit, lorsque le flux inducteur a encore sa pleine valeur, ou avant qu'il n'ait sensiblement décru, la force magnétomotrice de l'inducteur doit ainsi être augmentée d'une valeur égale à la force contre-magnétomotrice de réaction d'induit [1]. Comme le flux n'a pratiquement pas varié, la f. é. m. engendrée dans l'induit est le voltage normal e_0 et le courant de court circuit est :

$$i'^0 = \frac{e_0}{x_1} ;$$

à partir de cette valeur, il tombe graduellement, en même temps que le flux et la f. é. m. décroissent, jusqu'à :

$$i = \frac{e_1}{x_1} = \frac{e_0}{x_0}.$$

Donc, approximativement, quand un alternateur est mis en court-circuit, le courant dans les premiers instants est

$$i'^0 = \frac{e_0}{x_1}$$

tandis que le courant dans les inducteurs croît de sa valeur normale i_0 à la valeur

$$i_0 \times \frac{\text{Champ d'excitation} + \text{Réaction d'induit}}{\text{Champ d'excitation}}$$

puis décroît graduellement à valeur normale i_0 pendant que le courant dans l'induit tombe de i'^0 à

$$i = \frac{e_1}{x_1} = \frac{e_0}{x_0}.$$

De là la relation entre le courant de court-circuit instantané d'un alternateur et le courant de court-circuit permanent :

$$\frac{i'^0}{i} = \frac{x_0}{x_1} = \frac{x_1 + x_2}{x_1}$$

---

[1] Puisque le flux n'a pas varié, les ampèretours résultants qui le produisent n'ont pas varié non plus ; les ampèretours des bobines inductrices doivent donc augmenter exactement de ce que la réaction d'induit détruit.

(N. d. T.).

ce qui est

$$\frac{\text{Self-inductance de l'induit} + \text{Réaction d'induit}}{\text{Self-inductance de l'induit}}.$$

Dans les machines de haute self-inductance et de faible réaction d'induit, comme les alternateurs à haute fréquence et une dent par pôle, cet accroissement de courant de court-circuit momentané au dessus de la valeur permanente est modéré, mais il peut atteindre des proportions énormes dans les machines de faible self-inductance et de haute réaction d'induit, comme les turbo-alternateurs.

114. — Le terme transitoire de réaction d'induit se superpose au terme transitoire résultant de l'ajustement graduel du flux après une

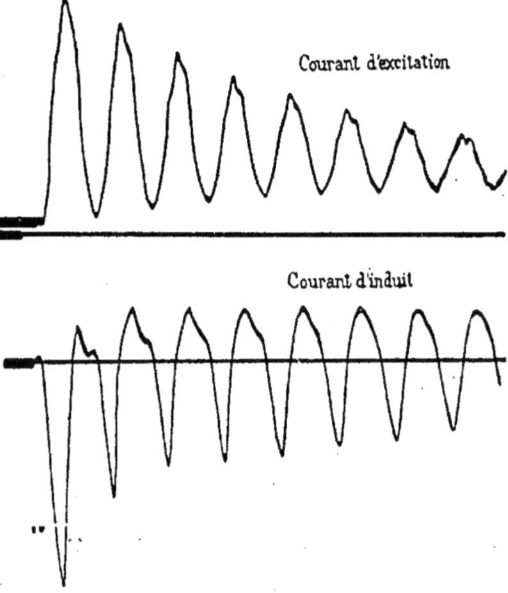

Fig. 5o. — Courant de court-circuit triphasé d'un turbo-alternateur.

variation de f. m. m. Dans un alternateur polyphasé, la f. m. m. résultante de l'induit en régime permanent est constante en intensité et tourne par rapport à l'induit avec la vitesse du synchronisme, et par conséquent est fixe par rapport à l'inducteur. Dans les premiers instants, cependant, la f. m. m. résultante de l'induit, varie en inten-

sité et en vitesse, en approchant de sa valeur constante par une série
d'oscillations, comme nous l'avons discuté dans le chapitre XIII.
Donc, en ce qui concerne l'inducteur, le terme transitoire de réaction
d'induit est pulsatoire en intensité et oscillant en direction, et par
conséquent, induit dans les bobines inductrices une f. é. m. ; cette
f. é. m. détermine dans le courant d'excitation et dans la tension aux
bornes de l'inducteur, une pulsation de même fréquence que le courant d'induit, comme cela est montré par l'oscillogramme d'un tel
court-circuit triphasé (*fig.* 5o). Cette pulsation du courant d'excitation
est indépendante du point de l'onde auquel le court-circuit se produit, elle disparaît graduellement en même temps que le terme transitoire de f. m. m. de l'induit.

Dans un alternateur monophasé, la réaction d'induit est alternative
par rapport à l'induit ; elle est donc pulsatoire avec double fréquence
par rapport à l'inducteur en variant de zéro à sa valeur maxima ;

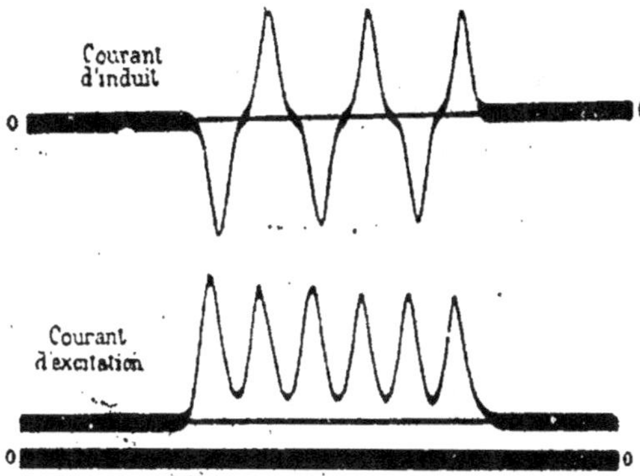

Fig. 51. — Courant de court cicuit monophasé d'un turbo alternateur triphasé.

elle induit donc dans les bobines inductrices une f. é. m. de fréquence
double, produisant aussi une pulsation de l'intensité d'excitation de
fréquence double. Cette pulsation de fréquence double du courant et
du voltage d'excitation dans un court-circuit monophasé est proportionnelle au courant d'induit et ne disparaît pas avec la cessation du
terme transitoire ; au contraire, elle persiste après que les conditions
permanentes de court-circuit ont été atteintes, décroissant simplement
avec le courant d'induit. Ceci est montré par l'oscillogramme d'un
court-circuit monophasé sur un alternateur triphasé (*fig.* 51).

Mais à cette pulsation de double fréquence peut se superposer une autre pulsation de simple fréquence due au terme transitoire de courant d'induit qui existe ici comme en polyphasé. Cependant, avec un court-circuit monophasé, cette pulsation de fréquence normale dans l'inducteur dépend du point de l'onde auquel le court-circuit se produit ; elle est nulle si le circuit est fermé juste au moment où le courant est nul, ce qui a lieu dans la figure 51 ; elle est maxima quand le court-circuit commence au point maximum de l'onde de courant. Cette fréquence normale disparaît graduellement ; elle cause l'inégalité de grandeur des ondes successives de double fréquence au début ; ces ondes deviennent de plus en plus égales avec la disparition progressive du terme transitoire ; ceci est montré par l'oscillogramme de la (*fig.* 52).

Le calcul du terme transitoire du courant de court-circuit des alternateurs comprend ainsi celui des termes transitoires des courants

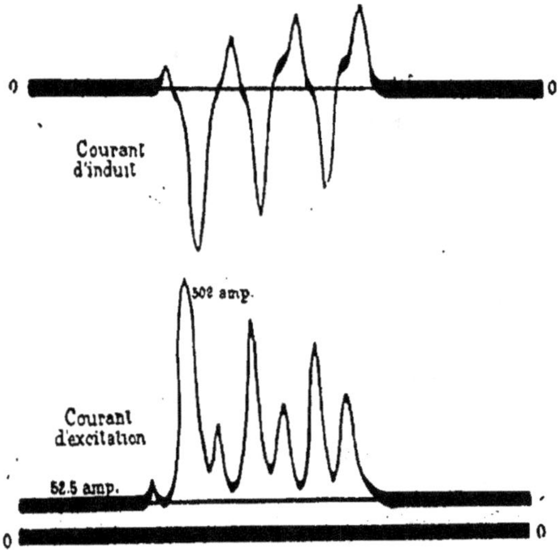

Fig. 52. — Courant de court-circuit monophasé d'un turbo-alternateur polyphasé.

de l'induit et de l'inducteur, qui sont déterminés par la self-inductance de l'induit et celle de l'inducteur, par l'inductance mutuelle entre ces deux circuits, ainsi que par le voltage appliqué ou engendré ; le calcul est donc plutôt compliqué.

Mais on peut être amené à un calcul approximatif plus simple en supposant que la durée de ce terme transitoire est courte si on la compare à celle de la réaction d'induit sur le champ.

A) *Alternateur polyphasé.*

115. — Soit n_p le nombre de phases ; $\theta = 2\pi f t =$ le temps exprimé en angle de phase ; n_0 le nombre de spires inductrices en série par pôle ; n_1 le nombre de spires d'induit en série par phase et par pôle ; $Z_0 = r_0 - jx_0 =$ inductance self-inductive du circuit inducteur ; $Z_1 = r_1 - jx_1 =$ inductance self-inductive du circuit induit ; $p =$ perméance du circuit magnétique inducteur ; $a = 2\pi f n_1\, 10^{-8} =$ coefficient d'induction de l'induit ; $E_0 =$ voltage d'excitation ; $I_0 = \dfrac{E_0}{r_0} =$ courant d'excitation en régime permanent ; $i_0 =$ courant d'excitation au temps θ ; $i_0^0 =$ courant d'excitation immédiatement après le court-circuit ; $i =$ courant d'induit au temps θ et $h_1 = \dfrac{2}{n_p}\dfrac{n_0}{n_1} =$ rapport de transformation entre l'inducteur et la résultante de l'induit.

Comptons l'angle θ à partir du moment du court-circuit, $\theta = 0$, et posons $\theta' =$ l'angle de phase-temps d'un des circuits du générateur au moment du court-circuit ; nous avons :

$$(1) \qquad \mathcal{F}_0 = n_0 I_0$$

$= $ ampère-tours d'excitation en régime permanent ou stationnaire

$$\Phi_0 = p\mathcal{F}_0 = pn_0 I_0 = \text{flux magnétique correspondant}$$

et

$$(2) \qquad e_0^0 = ap\mathcal{F}_0 = apn_0 I_0$$

$= $ voltage normal engendré, en valeur maxima, à $\theta = 0$.

De là :

$$(3) \qquad I^0 = \frac{e_0^0}{x_1} = \frac{apn_0}{x_1} I_0$$

$= $ courant momentané de court circuit au temps $\theta = 0$,

et

$$(4) \qquad \mathcal{F}_1^0 = \frac{n_p}{2} n_1 I^0 = \frac{n_p apn_1 n_0 I_0}{2x_1}$$

$= $ réaction d'induit de ce courant.

Cette réaction d'induit est opposée au champ d'excitation :

$$(5) \qquad \mathcal{F}_0^0 = n_0 i_0^0,$$

dans le cas du court-circuit.

La f. m. m. résultante au moment du court circuit est :

$$(6) \qquad \mathcal{F}^1 = \mathcal{F}_0^0 - \mathcal{F}_1^0.$$

A ce moment, cependant, le flux d'excitation est encore Φ_0 et la f. m. m. résultante est donnée par (1), donc

$$(7) \qquad \mathcal{F}^0 = \mathcal{F}_0 = n_0 I_0.$$

La substitution de (4), (5), (7) dans (6) donne :

$$n_0 I_0 = n_0 i_0^0 - \frac{n_p a p n_1 n_0 I_0}{2 x_1},$$

et de là :

$$(8) \qquad i_0^0 = \frac{x_1 + \dfrac{n_p a p n_1}{2}}{x_1} I_0.$$

Écrivons :

$$(9) \qquad x_2 = \frac{n_p a p n_1}{2}$$

nous avons

$$(10) \qquad i_0^0 = \frac{x_1 + x_2}{x_1} I_0 ;$$

c'est-à-dire qu'au moment du court circuit le courant dans l'inducteur croît de I_0 à i_0^0, et graduellement ensuite retombe à I_0, suivant une loi dépendant de l'impédance de l'inducteur Z_0 ou de $\varepsilon^{-\frac{r_0}{x_0}\theta}$, comme il a été établi dans les chapitres précédents. Il peut donc être représenté par

$$(11) \qquad i_0 = \frac{x_1 + x_2 \varepsilon^{-\frac{r_0}{x_0}\theta}}{x_1} I_0.$$

La f. m. m. résultante de l'induit est .

$$\frac{n_p n_1 I^0}{2},$$

le flux magnétique qui serait produit par elle est :

$$\frac{p n_p n_1 \mathrm{I}^0}{2}$$

et par suite le voltage engendré par ce flux est :

$$\frac{a p n_p n_1 \mathrm{I}^0}{2}$$

d'où

$$x_2 = \frac{a p n_p n_1}{2}$$

$$= \frac{\text{voltage correspondant à la f. m. m. du courant d'induit}}{\text{courant d'induit}}$$

c'est-à-dire que x_2 est la réactance équivalente ou effective de réaction d'induit.

Dans les équations (10) et (11), la self-inductance extérieure du champ inducteur, soit la réactance du circuit inducteur en dehors de l'enroulement inducteur de la machine a été négligé. Ceci introduirait un terme transitoire négatif en (11), et donnerait à cette équation cette forme approximative :

$$(12) \qquad i_0 = \frac{x_1 + x_3\left(\varepsilon^{-\frac{r_0}{x_0}0} - \varepsilon^{-\frac{r_0}{x_3}0}\right)}{x_1} \mathrm{I}_0$$

dans laquelle x_3 = réactance self-inductive du circuit inducteur en dehors des bobines inductrices de l'alternateur.

Cette expression la plus complète doit être prise en considération lorsque x_3 est très important, comme lorsque une bobine de réaction est insérée dans le circuit d'excitation en dehors de la machine.

En réalité x_2 est une réactance mutuelle inductive et x_3 peut être représenté approximativement par un accroissement correspondant de x_1.

116. — Si I = valeur maxima du courant d'induit, nous avons :

$$\mathfrak{F}_1 = \frac{n_p n_1 \mathrm{I}}{2} = \text{f. m. m. d'induit,}$$

d'où

$$(13) \qquad \mathfrak{F} = n_0 i_0 - \frac{n_p n_1 \mathrm{I}}{2}$$

$$= \text{f. m. m. résultante}$$

et

$$E = ap\mathfrak{F}$$

$$= \text{f. é. m. maximum engendrée par cette f. m. m.}$$

et

$$(14) \qquad I = \frac{E}{x_1} = \frac{ap}{x_1}\,\mathfrak{F}$$

$$= \text{courant maximum d'induit.}$$

La substitution de (13) dans (14) donne

$$x_1 I = apn_0 i_0 - \frac{n_1 apn_1}{2} I$$

et

$$(15) \qquad I = \frac{apn_0 i_0}{x_1 + \dfrac{n_1 apn_1}{2}} = \frac{apn_0 i_0}{x_1 + x_2};$$

ou, d'après (9)

$$(16) \qquad I = \frac{2}{n_p}\,\frac{n_0}{n_1}\,i_0\,\frac{x_2}{x_1 + x_2}.$$

où $\dfrac{2}{n_p}\dfrac{n_0}{n_1} = k_i =$ rapport de transformation des tours du champ aux tours résultants de l'induit ; de là

$$(17) \qquad I = k_i i_0\,\frac{x_2}{x_1 + x_2}.$$

Portons (11) en (17) ; on obtient ainsi la *valeur maxima du courant d'induit* :

$$(18) \qquad I = k_i I_0\,\frac{x_2}{x_1 + x_2}\,\frac{x_1 + x_2 \varepsilon^{-\frac{r_0}{x_0}\theta}}{x_1}$$

et *la valeur instantanée du courant d'induit*

$$(19) \qquad i = k_i I_0\,\frac{x_2\left(x_1 + x_2 \varepsilon^{-\frac{r_0}{x_0}\theta}\right)}{x_1(x_1 + x_2)}\left\{\cos(\theta - \theta') - \varepsilon^{-\frac{r_1}{x_1}\theta}\cos\theta'\right\};$$

par l'équation (10) du Chapitre XIII, on a *la réaction d'induit* :

$$(20) \qquad f = \frac{n_p n_1}{2}\,I_0\,\frac{x_2\left(x_1 + x_2 \varepsilon^{-\frac{r_0}{x_0}\theta}\right)}{(x_1 + x_2)}\left\{1 - \varepsilon^{-\frac{r_1}{x_1}\theta}\cos\theta\right\},$$

où $x_1 + x_2 = x_0$ est la réactance synchronique de l'alternateur.

Pour $\theta = \infty$, ou en état permanent, les équations (18), (19) et (20) prennent la forme usuelle :

$$(21)\quad \begin{cases} I = k_t I_0 \,\dfrac{x_2}{x'_0} \\[2mm] i = k_t I_0 \,\dfrac{x'_2}{x'_0} \cos(\theta - \theta') \\[2mm] f = \dfrac{n_p i t_1}{2}\, k_t I_0 \,\dfrac{x_2}{x'_0}. \end{cases}$$

117. — Comme exemple, la figure 53 représente la valeur instantanée du courant transitoire de court circuit d'un alternateur triphasé, avec le temps angulaire θ en abscisses et pour les constantes : nombre de tours de l'excitation $n_0 = 100$; courant d'excitation normal $I_0 = 200$ ampères ; impédance des inducteurs

$$Z_0 = r_0 - jx_0 = 1,28 - 160\,j \text{ ohms};$$

nombre de spires de l'induit $n_1 = 25$, impédance de l'induit

$$Z_1 = r_1 - jx_1 = 0,4 - 5\,j \text{ ohms}.$$

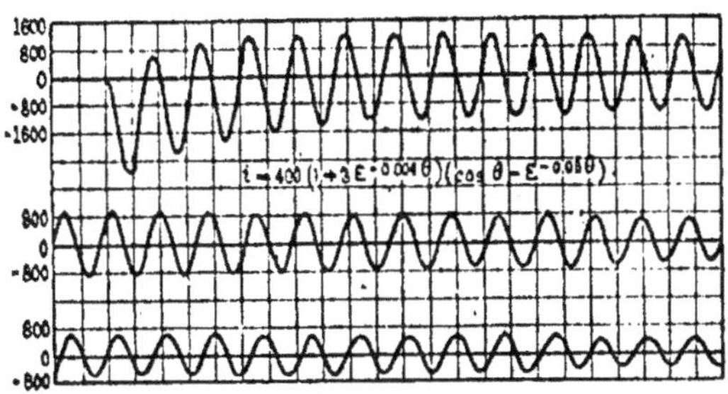

Fig. 53. — Courant de court circuit d'un alternateur triphasé.

Pour l'angle de phase $\theta' = 0$, le rapport de transformation est

$$k_t = \frac{2\,n_0}{n_p\,n_1} = \frac{8}{3} = 2,67$$

et l'impédance équivalente de réaction d'induit est

$$x_2 = \frac{n_p}{3}\left(\frac{n_1}{n_2}\right)^2 x_0 = 15$$

et nous avons

$$(18) \qquad I = 400 \left(1 + 3\varepsilon^{-0,0080}\right),$$

$$(19) \qquad i = 400 \left(1 + 3\varepsilon^{-0,0080}\right)\left(\cos \theta - \varepsilon^{-0,080}\right),$$

et

$$(20) \qquad f = 15000 \left(1 + 3\varepsilon^{-0,0080}\right)\left(1 - \varepsilon^{-0,080}\cos\theta\right).$$

B) Alternateur monophasé.

118. — Dans un alternateur monophasé, ou dans un alternateur polyphasé avec une phase seulement en court-circuit, la réaction d'induit est pulsatoire.

La f. m. m. du courant d'induit

$$(22) \qquad i = I \cos(\theta - \theta')$$

dans un alternateur monophasé, est, en ce qui concerne le champ :

$$f_1 = n_1 I \cos(\theta - \theta') \cos(\theta_0 - \theta'),$$

d'où pour angle de position $\theta_0 =$ angle de temps θ, ou pour la rotation synchronique :

$$(23) \qquad f_1 = \frac{n_1}{2} I \left\{1 + \cos 2(\theta - \theta')\right\};$$

donc, d'une fréquence double, avec une valeur moyenne :

$$(24) \qquad \mathfrak{F}_1 = \frac{n_1}{2} I,$$

et une valeur oscillant de zéro à deux fois la valeur moyenne.

Cette valeur moyenne est la même que celle d'une machine polyphasée avec $n_p = 1$.

Employant les mêmes notations que dans (A) nous avons :

$$(25) \quad (1) \quad \mathfrak{F}_0 = n_0 I_0$$

$$(26) \quad (4) \quad \mathfrak{F}_1'' = \frac{apn_1n_0}{2x_1} I_0 \left\{1 + \cos 2(\theta - \theta')\right\} = \frac{apn_1n_0}{2x_1} I_0 \left\{1 + \cos 2\theta\right\}.$$

Appelons la réactance effective de réaction d'induit

$$(27) \qquad x_\varrho = \frac{apn_1}{2}$$

et portons (27) dans (26), nous obtenons :

$$(28) \qquad \mathfrak{F}_1^0 = \frac{x_2}{x_1} n_0 I_0 \left\{ 1 + \cos 2 (\theta - \theta') \right\} = \frac{x_2}{x_1} n_0 I_0 \left\{ 1 + \cos 2 \theta' \right\};$$

d'après (6)

$$n_0 I_0 = n_0 i_0^0 - \frac{x_2}{x_1} n_0 I_0 \left\{ 1 + \cos 2 \theta' \right\}$$

et

$$(29) \qquad i_0^0 = \frac{x_1 + x_2}{x_1} I_0 \left\{ 1 + \frac{x_2}{x_1 + x_2} \cos 2 \theta' \right\};$$

le *courant dans les inducteurs* est :

$$(30) \qquad i_0 = \frac{x_1 + x_2}{x_1} \varepsilon^{-\frac{r_0}{x_0}\theta} I_0 \left\{ 1 + \frac{x_2}{x_1 + x_2} \cos \theta'(\theta - \theta_0) \right\}.$$

119. — Si I = valeur maxima du courant d'induit,

$$(31) \qquad \mathfrak{F}_1 = \frac{n_1}{2} I \left\{ 1 + \cos 2 (\theta - \theta') \right\}$$
$$= \text{f. m. m. d'induit};$$

de là

$$(32) \qquad \mathfrak{F} = n_0 i_0 - \mathfrak{F}_1$$
$$= \text{f. m. m. résultante}$$

Puisque nous avons

$$(33) \qquad \left\{ \begin{aligned} \Phi &= p\mathfrak{F} \\ e &= a\Phi = ap\mathfrak{F} \\ I &= \frac{e}{x_1} = \frac{ap\mathfrak{F}}{x_1}, \end{aligned} \right.$$

et par (27)

$$ap = \frac{2}{n_1} x_2,$$

nous tirons de (33) :

$$(34) \qquad \mathfrak{F} = \frac{x_1}{ap} I = \frac{n_1}{2} \frac{x_1}{x_2} I.$$

Substituons (3o) (31) et (34) dans (32), nous avons :

$$\frac{n_1}{2}\frac{x_1}{x_2} I = n_0 I_0 \frac{x_1 + x_2\, \varepsilon^{-\frac{r_0}{x_0}\theta}}{x_1}\left\{ 1 + \frac{x_2}{x_1 + x_2}\cos 2(\theta - \theta')\right\}$$
$$- \frac{n}{2} I \left\{ 1 + \cos 2(\theta - \theta')\right\};$$

ou d'après

$$(35) \qquad k_1 = 2\,\frac{n_0}{n_1} = \text{rapport de transformation,}$$

on a en tirant I

$$(36) \qquad I = k_1 I_0\, \frac{x_2}{x_1 + x_2}\, \frac{x_1 + x_2\, \varepsilon^{-\frac{r_0}{x_0}\theta}}{x_1}$$

pour la *valeur maxima du courant d'induit.*

C'est la même expression que celle qui a été trouvée en (18) pour les machines polyphasées, sauf que les réactances ont maintenant des valeurs différentes.

De là, il résulte que la *valeur instantanée du courant d'induit est* :

$$(37) \quad i = k_1 I_0\, \frac{x_2\left(x_1 + x_2\,\varepsilon^{-\frac{r_0}{x_0}\theta}\right)}{x_1\,(x_1 + x_2)}\left\{ \cos(\theta - \theta') - \varepsilon^{-\frac{r_1}{x_1}\theta}\cos\theta'\right\}.$$

et par (31) la *réaction d'induit* est :

$$(38) \quad \mathcal{F}_1 = \frac{n_1}{2}\, k_1 I_0\, \frac{x_2\left(x_1 + x_2\,\varepsilon^{-\frac{r_0}{x_0}\theta}\right)}{x_1\,(x_1 + x_2)}\left\{ 1 + \cos 2(\theta - \theta')\right\}.$$

Pour $t = \infty$ ou en état permanent, les équations (3o) (36) (37) (38) deviennent :

$$(39)\qquad \text{et}\quad
\begin{cases}
i_0 = I_0\left\{ 1 + \frac{x_2}{x_1 + x_2}\cos 2(\theta - \theta')\right\} \\[2mm]
I = k_1 I_0\, \frac{x_2}{x_1 + x_2} \\[2mm]
i = k_1 I_0\, \frac{x_2}{x_1 + x_2}\cos(\theta - \theta') \\[2mm]
\mathcal{F} = \frac{n_1 k_1}{2} I_0\, \frac{x_2}{x_1 + x_2}\left\{ 1 + \cos 2(\theta - \theta')\right\}.
\end{cases}$$

Comme on le voit, le courant d'excitation i_0 est pulsatoire, même en état de régime, et d'autant plus que la réaction d'induit x_2 est grande en comparaison avec la réactance self-inductive de l'induit x_1.

120. — Prenons le même exemple que dans la figure 52, paragraphe 117, mais supposons seulement une phase en court-circuit, c'est-à-dire, un court-circuit monophasé entre deux bornes ; nous avons : nombre effectif de spires d'induit en série $n_1 = 25 \sqrt{3} = 43,3$; impédance de l'induit $Z_1 = r_1 - jx_1 = 0,8 - 10j$; $C' = 0$; rapport de transformation $k_1 = 4,62$; et réactance effective de réaction d'induit :

$$x_2 = \frac{3}{32} x_0 = 15 ;$$

de là

$$(36) \qquad I = 555 \left(1 + 1,5\, \varepsilon^{-0,008\,\theta} \right)$$

$$(37) \qquad i = 555 \left(1 + 1,5\, \varepsilon^{-0,008\,\theta} \right) \left(\cos \theta - \varepsilon^{-0,08\,\theta} \right)$$

et

$$(38) \qquad f = 12000 \left(1 + 1,5\, \varepsilon^{-0,008\,\theta} \right) \left(1 + \cos 2\theta \right) ;$$

le courant dans l'inducteur est :

$$(39) \qquad i_0 = 200 \left(1 + 1,5\, \varepsilon^{-0,008\,\theta} \right) \left(1 + 0,6 \cos 2\theta \right).$$

Dans ce cas, dans la phase de la machine qui est en court-circuit, un très important harmonique de voltage, de double fréquence, est engendré par la pulsation du champ, et apparaît ainsi à un certain degré dans le courant de court-circuit [1].

---

[1] Dans tout ce chapitre l'auteur n'a pas tenu compte des courants induits dans l'inducteur autre part que dans les bobines inductrices ; il ne traite donc pas le cas où des circuits fermés sur eux-mêmes existeraient sur l'inducteur, comme des amortisseurs, ou même si les inducteurs étaient en fer massif.   (N. d. T.)

CHAPITRE PREMIER

—

INTRODUCTION

1. — Toutes les fois qu'on produit dans un circuit électrique une brusque modification des conditions de ce circuit, il y apparaît un terme transitoire ; c'est-à-dire qu'au moment où la modification commence, les quantités du circuit comme courant, voltage, flux magnétique, etc..., correspondent aux conditions existant avant la modification, mais ne correspondent pas, en général, aux conditions nouvelles résultant de cette modification ; il est donc nécessaire que ces quantités passent des valeurs correspondant aux états primitifs à celles qui correspondent aux états modifiés. Ce terme transitoire peut être une approche graduelle de la condition finale, ou bien une approche au moyen d'une série d'oscillations d'intensité graduellement décroissante.

Graduellement — après un temps infini théoriquement, après un temps relativement court, en pratique — le terme transitoire disparaît, et les états permanents de courant, voltage, magnétisme, etc... sont établis. Les valeurs numériques de courant, de voltage..., dans l'état permanent atteint après la modification des conditions du circuit, sont en général différentes des valeurs de courant, de voltage... existant dans l'état permanent avant la modification, puisqu'elles correspondent aux conditions modifiées du circuit. Cependant, elles peuvent être les mêmes, ou telles qu'elles puissent être considérées comme les mêmes, si la modification qui donne naissance au terme transitoire peut être considéré comme ne changeant pas les conditions permanentes du circuit. Par exemple, si la connection d'une partie du circuit avec l'autre partie de ce circuit est renversée, un terme transitoire est produit par ce renversement, mais la condition finale ou permanente est la même après qu'avant le renversement, sauf que le courant, le voltage..., sont maintenant en direction opposée dans la partie qui a été retournée. Dans ce dernier cas, le même changement peut être produit de nouveau, puis de nouveau encore, au bout d'un intervalle de temps t_0, et ainsi le terme transitoire revient périodiquement. Les quantités électriques du circuit i, e, etc... depuis le temps $t = o$ jusqu'au temps $t = t_0$ ont les mêmes valeurs que de $t = t_0$ à $t = 2\,t_0$, puis de $t = 2\,t_0$ à $t = 3\,t_0$, et il suffit d'analyser un cycle pris de $t = o$ à $t = t_0$.

Dans ce cas, les valeurs initiales des quantités électriques, à chaque période, sont les valeurs finales de la période précédente, ou en autres termes, les valeurs extrêmes au moment du départ du terme transitoire $t = o$, $i = i_0$ et $e = e_0$ sont les mêmes que les valeurs à la fin de la même période $t = t_0$, $i = i'$, et $e = e'$. C'est-à-dire que $i_0 = \pm\, i'$ $e_0 = \pm\, e'$, etc..., où le signe $+$ s'applique à une portion du circuit non renversée, et le signe $-$ à une portion renversée.

2. — Avec de telles modifications de l'état du circuit revenant périodiquement, la période de récurrence t_0 peut être assez longue pour que le terme transitoire produit par la modification se soit évanoui ; l'état permanent est alors atteint avant que la modification suivante ait lieu. Ou bien, au moment où commence une modification des conditions du circuit, un terme transitoire, celui qui correspond au changement précédent, n'a pas encore disparu, c'est-à-dire que le temps t_0 d'une période est plus petit que la durée du terme transitoire.

Dans le premier cas les valeurs extrêmes de départ, c'est-à-dire celles au moment où la modification commence, sont les mêmes que les valeurs permanentes et le retour périodique n'a pas d'effet sur le caractère du terme transitoire, mais le phénomène se calcule comme cela a été indiqué dans la Section I, comme un simple terme transitoire qui meurt graduellement.

Si, au contraire, au moment du changement, le terme transitoire de la précédente modification ne s'est pas encore évanoui, alors, les valeurs extrêmes de départ des quantités électriques, comme c_0 et i_0, contiennent aussi un terme transitoire, soit celui qui existait à la fin de la précédente période. Le même terme existe alors aussi à la fin de la période, ou à $t = t_0$. Donc, dans ce cas, les conditions extrêmes sont données, non pas comme valeurs numériques fixées, mais par une équation entre les quantités électriques au temps $t = 0$ et celles au temps $t = t_0$, ou au commencement et à la fin de la période, et les constantes d'intégration se déterminent au moyen de cette équation.

3. — En général, les valeurs permanentes des quantités électriques après un changement ne sont pas les mêmes qu'avant, et c'est pourquoi il faut au moins deux changements pour rétablir les conditions initiales du circuit, et que le cycle puisse être répété. Les phénomènes transitoires reviennent ainsi périodiquement, en provenant généralement de deux, ou plus de deux, modifications successives à la fin desquelles les conditions initiales du circuit sont reproduites, la série de modifications se répétant ensuite. Par exemple, lorsque l'on accroît la résistance d'un circuit, on y apporte une modification. En diminuant cette résistance jusqu'à sa valeur initiale, on amène une seconde modification qui rétablit les conditions existant avant la première, et complète ainsi le cycle. Dans ce cas, les valeurs initiales des quantités électriques de la première partie de la période sont égales aux valeurs finales de la seconde partie de la période, et les valeurs initiales de la seconde partie de la période sont égales aux valeurs finales de la première partie de la période. C'est-à-dire que si une résistance est insérée au temps $t = 0$, mise en court circuit au temps $t = t_1$, et insérée de nouveau au temps $t = t_0$; e et i étant les voltage et courant respectifs pendant la première partie de la période, e_1 et i_1 pendant la seconde, nous avons :

$$e'_{t=0} = e_1{}_{t=t_0} \quad ; \quad e_1'{}_{t=t_1} = e'_{t=t_1'}$$

et

$$i_{t=0} = i_1{}_{t=t_0} \quad ; \quad i_1{}_{t=t_1} = i_{t=t_1'}$$

Si, pendant les temps t_1 et $t_0 - t_1$, les termes transitoires se sont déjà évanouis et les conditions permanentes établies et qu'ainsi le terme transitoire de chaque partie de la période ne dépende que des valeurs permanentes de l'autre partie, la longueur des temps t_1 et t_0 n'a pas d'effet sur le terme transitoire, c'est-à-dire que chaque changement des conditions du circuit a lieu et se calcule indépendamment de l'autre, ou du retour périodique.

Un certain nombre de tels cas ont déjà été discutés dans la Section I, par exemple, l'effet d'insérer et supprimer une résistance dans un circuit inductif divisé, paragraphe 75, figure 33. Dans ce cas, quatre changements successifs sont produits avant que le cycle recommence : une résistance est insérée en deux fois, et supprimée en deux fois, mais à chaque modification il s'écoule un temps suffisant pour qu'on atteigne pratiquement l'état permanent.

En général, et spécialement dans ces cas de phénomènes transitoires périodiques, qui ont une grande importance technique, les modifications successives arrivent avant qu'on atteigne l'état de régime, ou même approximativement, après le changement précédent ; fréquemment aussi les valeurs des quantités électriques sont très différentes, au cours de tout le cycle, des valeurs permanentes qu'elles atteindraient graduellement, c'est-à-dire que le terme transitoire est prépondérant dans les valeurs de courant, voltage, etc... et que le terme permanent est quelquefois même très faible en comparaison du terme transitoire.

4. — Les phénomènes transitoires périodiques ont une grande importance technique principalement dans trois cas : 1° le réglage des circuits électriques ; 2° la production des courants de haute fréquence ; 3° le redressement des courants alternatifs.

1° Dans le réglage des circuits électriques, etc., au moyen de quelque mécanisme, comme avec un électro-aimant, accroissant ou décroissant la résistance d'un circuit, ou un embrayage décalant des balais..., le principal inconvénient provient de l'excès de frottement au départ sur le frottement pendant le mouvement. Il en résulte un défaut de sensibilité et des excès de réglage. Pour surmonter le frottement au départ, l'écart du circuit à régler par rapport à son état normal doit être plus grand que ce qui est nécessaire pour maintenir le mouvement du mécanisme de réglage, et une fois démarré, ce mécanisme dépasse le but à atteindre. Cet inconvénient est éliminé en ne permettant jamais au mécanisme de s'arrêter, mais en le disposant en équilibre instable, comme un « système flottant », de telle façon que l'état du circuit à régler ne soit jamais normal, mais varie continuellement et périodiquement entre deux extrêmes ; l'effet résultant est ainsi une moyenne de termes transitoires qui se succèdent rapidement et périodiquement les uns aux autres. En changeant la durée relative des termes transitoires successifs, on peut obtenir un résultat quelconque entre les deux extrêmes. Sur ce principe, on a construit, par exemple, le solénoïde de réglage de la machine à arcs Thomson-Houston ainsi que de nombreux régulateurs automatiques de potentiel.

2° La production de courants oscillatoires de haute fréquence au moyen de la décharge du condensateur a été étudiée sous le nom de « générateur de courants oscillatoires » dans la section I, paragraphe 44.

Des courants alternatifs de haute fréquence, non sinusoïdaux sont produits par un arc, quand il est rendu instable par un condensateur en dérivation, comme on l'a étudié antérieurement.

La bobine de Ruhmkorff représente aussi une application des phénomènes transitoires revenant périodiquement, ainsi que la machine dynamostatique du Professeur E. Thomson.

3° En renversant les connexions entre une source de voltage alternatif et le circuit récepteur, synchroniquement avec les alternances de voltage, le courant dans le circuit récepteur est rendu de direction constante (quoique plus ou moins pulsatoire) et par cela redressé.

Dans le redressement d'un voltage alternatif, les deux demi-ondes de voltage peuvent être prises à la même source, comme à la même bobine de transformateur, et rendues de même direction dans le circuit récepteur par le renversement des connexions ; on peut aussi

employer deux sources différentes, comme deux bobines secondaires
d'un transformateur, une demi-onde étant prise à une des sources et
envoyée dans le circuit récepteur, l'autre demi-onde étant prise à
l'autre source et envoyée dans le circuit récepteur dans la même direction que la première. La dernière disposition a le désavantage d'utiliser moins économiquement les sources d'alimentation de courant
alternatif; elle a l'avantage de ne pas exiger de renversement, mais seulement des ouvertures et ruptures de connexions ; c'est pourquoi cette
méthode est communément employée dans les appareils redresseurs
stationnaires.

5. — En redressant des voltages alternatifs, la modification de
connexions entre les sources alternatives et le circuit récepteur à
direction constante peut être faite selon l'un de ces principes :

a) En actionnant synchroniquement un commutateur, ou appareil
faisant des contacts ; c'est un redresseur mécanique. De tels redresseurs peuvent aussi être divisés, selon la nature du courant d'alimentation, en monophasés, biphasés et triphasés, et, selon la nature du
circuit électrique, en redresseurs à potentiel constant et redresseurs à
intensité constante. Le redressement mécanique au moyen d'un commutateur actionné par le générateur de voltage alternatif a eu de très
importantes applications industrielles : emploi pour l'excitation du
champ total, ou d'une partie du champ (le champ série) d'alternateurs
et moteurs synchrones, et spécialement dans les machines à arc à
intensité constante. La machine à arc Brush est un alternateur biphasé
connecté à un commutateur redresseur porté par l'arbre ; la machine à
arc Thomson-Houston est un alternateur triphasé groupé en étoile et
relié à un commutateur redresseur porté par l'arbre de l'induit. La
raison pour laquelle on fait le redressement dans ces machines, qui
sont destinées à produire un courant continu à intensité constante et
haute tension, est que le collecteur ordinaire de la machine à courant
continu ne commute pas avec sécurité, même avec courant limité,
plus de 30 à 50 volts entre lames, tandis qu'un commutateur redresseur d'une machine à arc à courant constant permet une tension de
2 000 à 3 000 volts par segment ; c'est pourquoi le redressement est
supérieur à la commutation pour de très hauts voltages et des cou-

rants limités ; cela s'explique par la nature de ces phénomènes discutés dans le Chapitre III.

b) Le changement synchronique de connexion exigé par le redressement des f. e. m. alternatives peut être produit sans aucun mouvement mécanique dans les « redresseurs à arc », grâce aux propriétés de l'arc électrique qui est bon conducteur dans une direction et mauvais dans l'autre. Par l'insertion d'un arc dans le cours d'un circuit alternatif le courant ne peut exister, et ainsi le circuit ne peut être établi, que pour la demi-onde de voltage alternatif qui produit un courant dans la même direction que l'arc, tandis que pour la demi-onde opposée, l'arc agit comme un circuit ouvert. Comme on le voit, l'arc ne peut pas renverser, mais seulement fermer et ouvrir le circuit, et ne peut ainsi rectifier qu'une demi-onde ; c'est-à-dire que deux sources séparées de voltage alternatif, ou deux redresseurs avec la même source de voltage, sont nécessaires pour rectifier les deux demi-ondes de voltage alternatif.

c) Quelques cuves électrolytiques, comme celles ayant une électrode d'aluminium, offrent une faible résistance au passage du courant dans une direction, mais une résistance très considérable ou pratiquement l'interruption du courant, dans la direction opposée ; elle est due à la formation d'une pellicule non conductrice sur l'aluminium quand il est l'électrode positive. De telles cuves électrolytiques peuvent être employées pour le redressement, de la même manière que les arcs.

Les trois principales classes de redresseurs sont donc : *a*) les redresseurs mécaniques ; *b*) les redresseurs à arc ; *c*) les redresseurs électrolytiques. Certains autres procédés de redressement, comme les décharges dans le vide de nature « unidirectionnelle », la conductibilité dans quelques cristaux, etc.. n'ont encore aucune importance industrielle.

—

RÉGLAGE D'UN CIRCUIT PAR PHÉNOMÈNES TRANSITOIRES PÉRIODIQUES

6. — Comme exemple d'un système de phénomènes transitoires périodiques employés pour le réglage de circuits électriques, on peut considérer un régulateur automatique de potentiel agissant dans le circuit inducteur de l'excitatrice d'un réseau à courant alternatif.

Soit $r_0 = 40$ ohms $=$ résistance et $L = 400$ henrys $=$ inductance du circuit d'excitation de l'excitatrice.

Une résistance, ayant $r_1 = 24$ ohms, est insérée en série avec r_0 et L dans l'excitation de l'excitatrice ; un électro-aimant en relation avec le réseau à courant alternatif est disposé de telle manière qu'il mette en court-circuit la résistance r_1 si le potentiel alternatif est au-dessous, ou qu'il introduise de nouveau la résistance r_1 dans le circuit si le potentiel est au-dessus de la valeur normale. Avec ce simple échelon de résistance r_1, dans la position du régulateur pour laquelle r_1 est en court-circuit et la résistance r_0 de l'enroulement du champ de l'excitatrice seule en circuit, le potentiel alternatif serait au-dessus de la valeur normale ; c'est-à-dire que le régulateur ne peut rester dans cette position, mais que, après la mise en court-circuit de la résistance r_1, aussitôt que le potentiel a suffisamment crû, il doit changer de position et insérer la résistance r_1 dans le circuit ; la résistance du circuit de champ de l'excitatrice devient $r_0 + r_1$. Maintenant cette résistance est trop élevée et elle réduirait trop le potentiel alternatif, et le régulateur doit alors supprimer de nouveau la résistance r_1. De la sorte, le régulateur oscille continuellement entre les deux positions correspondant pour le circuit d'excitation de l'excitatrice aux résistances respectives de r_0 et $(r_0 + r_1)$ avec une période dépendant du moment d'inertie des masses en mouvement, de la force des électro-aimants, etc... et qui est approximativement constante. Le temps de contact dans chacune des deux positions varie cependant : quand un fort champ d'excitation est nécessaire, le régulateur reste un temps plus long dans la position r_0 et un temps plus court dans la position $(r_0 + r_1)$, tandis qu'à faible charge, nécessitant un faible champ d'excitation, la durée de la période de haute résistance $(r_0 + r_1)$ est grande et celle de la période de faible résistance r_0 plus courte.

7. — Soit $t_1 =$ la durée du court-circuit de la résistance r_1 ; $t_2 =$ le temps durant lequel r_1 est en circuit, et $t_0 = t_1 + t_2$.

Pendant chaque période t_0, la résistance du champ de l'excitatrice est ainsi r_0 pendant le temps t_1 et $(r_0 + r_1)$ pendant le temps t_2.

De plus, soit $i_1 =$ le courant durant le temps t_1 et i_2 le courant durant le temps t_2.

Pendant chacune des deux états, le temps sera compté de nouveau à partir de zéro, c'est-à-dire que le courant transitoire i_1 existe pendant le temps $0 < t < t_1$ dans la résistance r_0 et le courant transitoire i_2 pendant le temps $0 < t < t_2$ dans la résistance $r_0 + r_1$.

Ceci donne les conditions extrêmes :

$$
(1) \qquad \left\{ \begin{array}{l} [i_1]_{t=0} = [i_2]_{t=t_2} \\[2mm] [i_2]_{t=0} = [i_1]_{t=t_1} \end{array} \right.
$$

c'est-à-dire que le point de départ du courant i_1 est la valeur finale du courant i_2, et inversement.

Soit maintenant $e =$ voltage appliqué sur le circuit de champ de l'excitatrice, les équations différentielles sont :

$$
(2) \qquad \left\{ \begin{array}{l} e = r_0 i_1 + \mathrm{L} \dfrac{di_1}{dt} \\[3mm] e = (r_0 + r_1)\, i_2 + \mathrm{L} \dfrac{di_2}{dt}. \end{array} \right.
$$

ou :

$$(3) \quad \begin{cases} \dfrac{di_1}{i_1 - \dfrac{e}{r_0}} = -\dfrac{r_0}{L}\, dt \\[4mm] \dfrac{di_2}{i_2 - \dfrac{e}{r_0 + r_1}} = -\dfrac{r_0 + r_1}{L}\, dt, \end{cases}$$

qui, intégrées, donnent :

$$(4) \quad \text{et} \quad \begin{cases} i_1 = \dfrac{e}{r_0} + c_1\, \varepsilon^{-\frac{r_0}{L}t} \\[6mm] i_2 = \dfrac{e}{r_0 + r_1} + c_2\, \varepsilon^{-\frac{r_0 + r_1}{L}t}. \end{cases}$$

Substituons les conditions extrèmes (1) dans les équations (4) ; cela donne pour les constantes d'intégration c_1 et c_2 les équations :

$$\text{et} \quad \begin{cases} \dfrac{e}{r_0} + c_1 = \dfrac{e}{r_0 + r_1} + c_2\, \varepsilon^{-\frac{r_0 + r_1}{L}t_2} \\[6mm] \dfrac{e}{r_0 + r_1} + c_2 = \dfrac{e}{r_0} + c_1\, \varepsilon^{-\frac{r_0}{L}t_1} \end{cases}$$

de là :

$$(5) \quad \begin{cases} c_1 = -\dfrac{e r_1 \left\{ 1 - \varepsilon^{-\frac{r_0 + r_1}{L}t_2} \right\}}{r_0 (r_0 + r_1) \left\{ 1 - \varepsilon^{-\frac{r_0}{L}t_1 - \frac{r_0 + r_1}{L}t_2} \right\}} \\[8mm] c_2 = +\dfrac{e r_1 \left\{ 1 - \varepsilon^{-\frac{r_0}{L}t_1} \right\}}{r_0 (r_0 + r_1) \left\{ 1 - \varepsilon^{-\frac{r_0}{L}t_1 - \frac{r_0 + r_1}{L}t_2} \right\}} \end{cases}$$

Portons (5) en (4)

$$(6) \quad \begin{cases} i_1 = \dfrac{e}{r_0} \left\{ 1 - \dfrac{r_1 \left\{ 1 - \varepsilon^{-\frac{r_0 + r_1}{L}t_2} \right\}}{(r_0 + r_1) \left\{ 1 - \varepsilon^{-\frac{r_0}{L}t_1 - \frac{r_0 + r_1}{L}t_2} \right\}} \varepsilon^{-\frac{r_0}{L}t} \right\} \\[10mm] i_2 = \dfrac{e}{r_0 + r_1} \left\{ 1 + \dfrac{r_1 \left\{ 1 - \varepsilon^{-\frac{r_0}{L}t_1} \right\}}{r_0 \left\{ 1 - \varepsilon^{-\frac{r_0}{L}t_1 - \frac{r_0 + r_1}{L}t_2} \right\}} \varepsilon^{-\frac{r_0 + r_1}{L}t} \right\}. \end{cases}$$

Si $e = 250$ volts ; $t_0 = 0,2$ sec. ou 5 cycles complets par seconde, $t_1 = 0,15$ et $t_2 = 0,05$ sec, alors

$$(7) \qquad \begin{cases} i_1 = 6,25 \left\{ 1 - 0,128\, \varepsilon^{-0,11\,t} \right\} \\ i_2 = 3,91 \left\{ 1 + 0,391\, \varepsilon^{-0,161\,t} \right\}. \end{cases}$$

8. — La valeur moyenne du courant dans le circuit est

$$(8) \qquad i = \frac{1}{t_1 + t_2} \left\{ \int_0^{t_1} i_1\, dt + \int_0^{t_2} i_2\, dt \right\}.$$

Cette intégrale donne

$$(9) \qquad i = \frac{t_1\, \dfrac{e}{r_0} + t_2\, \dfrac{e}{r_0 + r_1}}{t_1 + t_2}.$$

Si

$$(10) \qquad \begin{cases} i'_1 = \dfrac{e}{r_0} \\[2mm] i'_2 = \dfrac{e}{r_0 + r_1} \end{cases}$$

sont les deux valeurs extrêmes des courants permanents correspondant respectivement aux résistances r_0 et $(r_0 + r_1)$ nous avons :

$$(11) \qquad i = \frac{t_1 i'_1 + t_2 i'_2}{t_1 + t_2} = \frac{t_1}{t_0}\, i'_1 + \frac{t_2}{t_0}\, i'_2 ;$$

c'est-à-dire que le courant i varie entre i'_1 et i'_2 suivant une fonction linéaire des durées de contact t_1 et t_2.

La variation maxima de courant pendant la modification périodique est donnée par le rapport du courant maximum au courant minimum ou

$$(12) \qquad \left| \frac{i_2}{i_1} \right|_{t=0} = q$$

et est :

$$(13) \qquad q = \frac{r_0\left(1 - \varepsilon^{-s_1 - s_2}\right) + r_1\left(1 - \varepsilon^{-s_1}\right)}{r_0\left(1 - \varepsilon^{-s_1 - s_2}\right) + r_1 \varepsilon^{-s_2}\left(1 - \varepsilon^{-s_1}\right)}$$

où

$$(14) \qquad \begin{cases} s_1 = \dfrac{r_0}{L}\, t_1 \\[2mm] s_2 = \dfrac{r_0 + r_1}{L}\, t_2. \end{cases}$$

Développons

$$(15) \qquad 1 - \varepsilon^{-x} = x - \frac{x^2}{1.2} + \frac{x^3}{6} - + \ldots$$

En gardant seulement le premier terme on aurait :

$$(16) \qquad \begin{cases} 1 - \varepsilon^{-x} = x \\ \qquad q = 1 \end{cases}$$

c'est-à-dire que le premier terme s'élimine et que la différence entre i_1 et i_2 est due aux termes de second ordre seulement, donc très faible.

Portons

$$(17) \qquad 1 - \varepsilon^{-x} = x - \frac{x^2}{2};$$

et alors en employant aussi les termes de second ordre, on a :

$$(18) \quad q = \frac{\left\{ r_0(s_1 + s_2) + r_1 s_1) \right\} - \frac{1}{2} \left\{ r_0 (s_1 + s_2)^2 + r_1 s_1^2 \right\}}{\left\{ r_0(s_1 + s_2) + r_1 s_1 \right\} - \frac{1}{2} \left\{ r_0 (s_1 + s_2)^2 + r_1 s_1^2 + 2 r_1 s_1 s_2 \right\}}$$

ou approximativement :

$$(19) \qquad q = 1 + \frac{r_1 s_1 s_2}{r_0(s_1 + s_2) + r_1 s_1}.$$

En substituant (14)

$$(20) \qquad q = 1 + \frac{r_1 t_1 t_2}{L(t_1 + t_2)}$$

c'est-à-dire que la variation en pour cent du courant est :

$$(21) \qquad q - 1 = \frac{r_1 t_1 t_2}{L(t_1 + t_2)}.$$

L'équation (21) est maximum pour

$$(22) \qquad t_1 = t_2 = \frac{t_0}{2},$$

et alors

$$(23) \qquad q - 1 = \frac{r_1 t_0}{4L};$$

ou dans l'exemple ci-dessus ($r_1 = 24$; $L = 400$; $t_0 = 0,2$)

$$q - 1 = 0,003$$

soit 0,3 pour cent.

Le temps t_0 d'un cycle qui donne 1 pour cent de variation du courant $q - 1 = 0,01$ serait

$$(24) \qquad t_0 = \frac{4L}{r_1}(q - 1)$$

$$= \frac{2}{3} \text{ seconde.}$$

La variation du courant, 0,3 pour cent ou 1 pour cent, est ainsi très faible en comparaison de la variation de résistance $r_1 = 24$ ohms qui est 46 pour cent de la résistance moyenne $r_0 + \frac{r_1}{2} = 52$ ohms.

/

CHAPITRE III

—

REDRESSEMENT MÉCANIQUE

9. — Si un circuit à courant alternatif est relié au moyen d'un interrupteur ou d'un redresseur actionnés synchroniquement, à un second circuit d'une manière telle que les connexions entre les deux circuits soient renversées au moment ou aux environs du moment auquel le voltage alternatif passe au zéro, le courant et le voltage dans le second circuit sont alors de direction plus ou moins constante, quoiqu'ils ne soient pas constants, mais pulsatoires.

Si i = valeur instantanée du courant alternatif et i_0 = valeur instantanée du courant redressé, nous avons, avant renversement $i_0 = i$, et après renversement $i_0 = -i$, c'est-à-dire que lorsque le circuit se trouve renversé, l'un des courants doit être inverse de l'autre. Cependant, puisque, à cause de la self-inductance des circuits, aucun courant ne peut se renverser instantanément, le renversement se produit graduellement ; ainsi pendant un certain temps, lors du renversement les valeurs instantanées des courants alternatif et redressé diffèrent l'une de l'autre. Aussi doit-on prévoir des dispositifs particuliers, comme une voie non inductive pour dériver la différence des deux courants, sinon cette différence se manifeste sous la forme d'un arc à la surface du commutateur redresseur. Même si le circuit est renversé au moment où le courant alternatif passe par zéro, à cause de la self-inductance du circuit redressé son courant diffère de zéro, et un arc se produit encore au redresseur.

Le phénomène général du redressement monophasé est le suivant :

les circuits alternatif et redressé sont en série. Les deux circuits sont formés sur eux-mêmes par le redresseur, avec insertion des résistances r et r_0 respectivement. Les connexions sont renversées. Les résistances de décharge sont supprimées, et les circuits se trouvent reliés en directions opposées.

Des cas spéciaux sont les suivants :

1° $r = r_0 = 0$, c'est-à-dire que les circuits sont tous deux mis en en court-circuit pendant le redressement. Un tel redressement avec court-circuit est seulement faisable dans les circuits à courant limité, comme sur les machines pour éclairage à arc, ou lorsque le voltage du circuit redressé est seulement une petite partie du voltage total, c'est-à-dire lorsque l'intensité du courant n'est pas déterminée par le circuit redressé, comme dans l'alimentation de l'excitation série des alternateurs par redressement du courant.

2° $r = r_0 = \infty$ ou redressement à circuit ouvert. Ceci est faisable seulement si le circuit redressé ne contient pas de self-inductance, mais une force contre électromotrice constante, e, (charge d'accumulateurs) ; de cette manière, au moment où la f. é. m. alternative appliquée tombe à e, et où le courant disparaît, le circuit se trouve ouvert ; on le ferme ensuite en direction opposée lorsque, après le renversement de la f. é. m. appliquée, le voltage appliqué atteint de nouveau la valeur e.

Dans le redressement polyphasé, le circuit redressé doit être alimenté successivement par les phases successives du système ; on le passe d'une phase de f. é. m. décroissante à une phase de f. é. m. croissante en mettant ces deux phases en dérivation pendant que le courant passe d'une phase à la suivante. Ainsi, la machine à arc Thomson Houston est un alternateur triphasé à intensité constante, connecté en étoile, avec un commutateur redresseur. La machine à arc Brush est une machine biphasée avec commutateur redresseur.

Fréquemment, dans le redressement, le terme sinusoïdal de courant est complètement masqué par le terme transitoire exponentiel, et le courant dans le circuit redressé est ainsi essentiellement de nature exponentielle.

Comme exemples, nous discuterons trois cas :

1° Redressement monophasé à intensité constante ; c'est-à-dire qu'un redresseur est inséré dans un circuit à courant alternatif, et que le voltage aux bornes du circuit redressé est faible en comparaison du voltage total du circuit ; le courant n'est alors pas sensiblement affecté par le redresseur. En d'autres termes, une onde sinusoïdale de courant est envoyée sur un commutateur-redresseur.

2° Redressement monophasé à potentiel constant ; c'est-à-dire qu'une f. é. m. alternative à potentiel constant se trouve redressée, et l'impédance entre la source de voltage alternatif et le commutateur est faible, de telle sorte que c'est le circuit redressé qui détermine la forme de l'onde de courant.

3° Redressement biphasé à intensité constante, comme cela a lieu dans la machine à arcs Brush.

1. — Redressement monophasé à intensité constante

10. — Une onde sinusoïdale de courant $i_0 \sin \theta$, provenant d'une f. é. m. très grande par rapport au voltage du circuit redressé, alimente après redressement un circuit d'impédance $Z = r - jx$. Ce circuit est shunté en permanence par un autre circuit de résistance r_1.

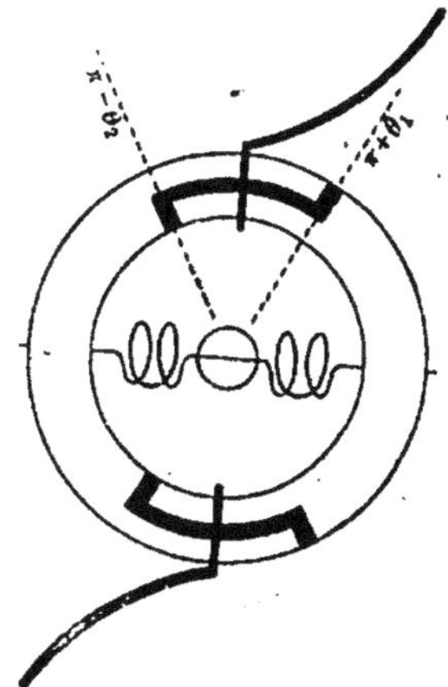

Fig. 54 — Commutateurs rectifieur de courant monophasé.

Le redressement a lieu avec court circuit depuis le moment $\pi - \theta_2$ au moment $\pi + \theta_1$; c'est-à-dire qu'au moment $\pi - \theta_2$ les circuits alternatif et redressé se trouvent fermés sur eux-mêmes par le commutateur et que ce court-circuit est ouvert, après renversement, au temps $\theta + \pi_1$, comme cela est indiqué schématiquement pour un tel commutateur bipolaire, par la figure 54. Dans ce cas les angles espace $\pi + \tau_1$ et $\pi - \tau_2$ et les angles temps $\pi + \theta_1$ et $\pi - \theta_2$ sont identiques.

Ceci représente les conditions existant dans un alternateur compound, alimenté en série dans son excitation série à travers un redresseur.

Soit, durant la période de θ_1 à $\pi - \theta_2$, i le courant dans l'impédance Z et i_1 le courant dans la résistance r_1 ; alors :

$$(1) \qquad i + i_1 = i_0 \sin \theta.$$

$$(2) \qquad i_1 r_1 = i r + x \frac{di}{d\theta}.$$

Par combinaison de (1) et (2) on a l'équation différentielle :

$$(3) \qquad i(r + r_1) + x \frac{di}{d\theta} - i_0 r_1 \sin \theta = 0$$

qui est intégrée par la fonction :

$$(4) \qquad i = A\varepsilon^{-a\theta} + B \sin (\theta - \delta).$$

En portant (4) dans (3) et transposant :

$$(5) \quad \begin{aligned} &A(r + r_1 - ax)\varepsilon^{-a\theta} + [B ((r + r_1) \cos \delta + x \sin \delta) - i_0 r_1] \sin \theta \\ &\quad - [(r + r_1) \sin \delta - x \cos \delta] B \cos \theta = 0. \end{aligned}$$

Cette équation doit être une identité ; alors :

$$\begin{cases} r + r_1 - ax = 0 \\ B((r + r_1) \cos \delta + x \sin \delta) - i_0 r_1 = 0 \\ (r + r_1) \sin \delta - x \cos \delta = 0, \end{cases}$$

de là :

$$(6) \quad \begin{cases} a = \dfrac{r + r_1}{x} \\[2ex] tg\, \delta = \dfrac{x}{r + r_1} \\[2ex] B = i_0 \cdot \dfrac{r_1}{\sqrt{(r + r_1)^2 + x^2}} = \dfrac{i_0 r_1}{z}, \end{cases}$$

où

$$(7) \qquad z = \sqrt{(r + r_1)^2 + x^2}.$$

On en tire :

$$(8) \qquad i = A\varepsilon^{-\frac{r+r_1}{x}\theta} + i_0 \frac{r_1}{z} \sin(\theta - \delta).$$

Pendant la durée du court-circuit, de $(\pi - \theta_2)$ à $(\pi + \theta_1)$, si i' est le courant dans l'impédance Z, nous avons :

$$(9) \qquad i'r + x\frac{di'}{d\theta} = 0.$$

d'où

$$(10) \qquad i' = A'\varepsilon^{-\frac{r}{x}\theta}.$$

La condition de redressement sans étincelles est qu'il n'y ait aucun changement brusque de courants en tous points du système. En conséquence, nous devons avoir :

$$i = i' = i_0 \sin\theta \qquad \text{au moment } \theta = \pi - \theta_2,$$

et au moment $\theta = \pi + \theta_1$, i' doit avoir atteint la même valeur que i et $i_0 \sin\theta$ au moment $\theta = \theta_1$.

Ceci donne les deux équations doubles :

$$(11) \qquad \left.\begin{array}{l} i_{\pi-\theta_2} = i'_{\pi-\theta_2} = i_0 \sin(\pi - \theta_2) \\[1em] i_{\theta_1} = i'_{\pi+\theta_1} = i_0 \sin\theta_1 \; ; \end{array}\right\} \text{et}$$

et en substituant (8) et (9) ;

$$(12) \qquad A\varepsilon^{-\frac{r+r_1}{x}(\pi-\theta_2)} + i_0 \frac{r_1}{z} \sin(\delta + \theta_2) = A'\varepsilon^{-\frac{r}{x}(\pi-\theta_2)} = i_0 \sin\theta_2$$

et

$$(13) \qquad A\varepsilon^{-\frac{r+r_1}{x}\theta_1} - i_0 \frac{r_1}{z} \sin(\delta - \theta_1) = A'\varepsilon^{-\frac{r}{x}(\pi+\theta_1)} = i_0 \sin\theta_1.$$

Les quatre équations (12) et (13) déterminent quatre des cinq quantités A, A', θ_1, θ_2, r_1, en laissant une indéterminée.

Par conséquent, on peut en choisir une sur les cinq. La détermination des quatre autres, est néanmoins plutôt difficile, à cause de la nature complexe des équations (12) et (13) ; elle est seulement possible par approximation dans un exemple numérique.

11. — EXEMPLE : Soit un courant alternatif d'une valeur efficace de 100 ampères, dont le maximum est ainsi $i_0 = 141,4$; ce courant est redressé en vue de l'alimentation d'un circuit d'une impédance $Z = 0,2 — 2j$, shunté par un circuit non inductif de résistance r_1.

Supposons la connection en série des circuits alternatif et redressé établie 30 degrés temps après la valeur zéro du courant alternatif,

$$\theta_1 = 30 \text{ degrés} = \frac{\pi}{6}.$$

Alors de l'équation (13) nous avons :

$$A'\varepsilon^{-\frac{r}{x}(\pi+\theta_1)} = i_0 \sin \theta_1,$$

d'où par substitution de r, x, θ_1, i_0 :

$$A' = 102.$$

De l'équation (12) :

$$A'\varepsilon^{-\frac{r}{x}(\pi-\theta_2)} = i_0 \sin \theta_2,$$

on a par substitution :

$$\sin \theta_2 = 0,527\,\varepsilon^{0,1\,\theta_2};$$

ou par approximations successives :

(1re approximation)

$$\sin \theta_2 = 0,527 \text{ et } \theta_2 = 32^0$$

(2e approximation)

$$\sin \theta_2 = 0,527\,\varepsilon^{3,2^0} = 0,558 \text{ et } \theta_2 = 34^0$$

(3e approximation)

$$\sin \theta_2 = 0,527\,\varepsilon^{3,4^0} = 0,559 \text{ et } \theta_2 = 34^0.$$

Des équations (12) et (13) il s'ensuit que :

$$A\varepsilon^{-\frac{r+r_1}{r}(\pi-\theta_2)} + i_0\frac{r_1}{z}\sin(\delta+\theta_2) = i_0 \sin \theta_2.$$

$$A\varepsilon^{-\frac{r+r_1}{r}\theta_1} - i_0\frac{r_1}{z}\sin(\delta-\theta_1) = i_0 \sin \theta_1.$$

En éliminant A on a :

$$\varepsilon^{-\frac{r}{z}(\pi - \theta_1 - \theta_2)} \; \varepsilon^{-\frac{r_1}{z}(\pi - \theta_1 - \theta_2)} = \frac{z \sin \theta_2 - r_1 \sin (\delta + \theta_2)}{z \sin \theta_1 + r_1 \sin (\delta - \theta_1)} \; ;$$

en substituant $\sin \delta = \frac{x}{z}$, $\cos \delta = \frac{r + r_1}{z}$, $z^2 = (r + r_1)^2 + x^2$, ainsi que les valeurs de r, x, θ_1 et θ_2, on obtient après quelques modifications :

$$\varepsilon^{-(58 r_1)^0} = \frac{1,5 - 1,04 r_1}{1,1 - r_1}.$$

En calculant par approximations successives :

(1re approximation)		$r_1 = 0,5$
	$0,603 = 0,612$	
(2e approximation)		$r_1 = 0,51$
	$0,597 = 0,602$	
(3e approximation)		$r_1 = 0,52$
	$0,591 = 0,592$	

de là :

$$r_1 = 0,52$$

et

$$z = 2,124$$
$$\delta = 70^0.$$

Portons ces valeurs en (12) ou (13), nous obtenons :

$$A = 113.$$

Comme équations finales, nous avons donc :

$$i = 112 \varepsilon^{-0,360} + 34,6 \sin (\theta - 70^0)$$

$$i' = 102 \varepsilon^{-0,10}$$

$$i_0 = 141,4 \sin \theta$$

et

$$i_1 = i_0 - i \, ;$$

ce qui donne les résultats suivants :

Quantité	Valeurs instantanées					
$0° =$	30	50	70	90	110	130
$i =$	70,8	70,5	72,6	71,9	79,0	80,4
$i' =$						
$i_0 \sin \theta =$	70,8	108	133	141,4	133	108
$i_1 =$	0	37,5	60,4	66,5	54,0	27,6

Quantité	Valeurs instantanées				Valeur efficace	Valeur moyenne arithmétique
$0° =$	146	170	190	210		
$i =$	79,0				75,2	75,2
$i' =$	79,0	75,8	73,2	70,8		
$i_0 \sin \theta =$	79,0	24,7	— 24,7	— 70 8	100,0	
$i_1 =$	0	(— 51,1	— 48,5)	0	38,2	27,3
					(44,9)	

Les courbes de ces quantités sont dessinées sur la figure 55 pour
$i_0 = 100 \sin \theta$.

La valeur efficace du courant redressé est 75,2 ampères et ce cou-

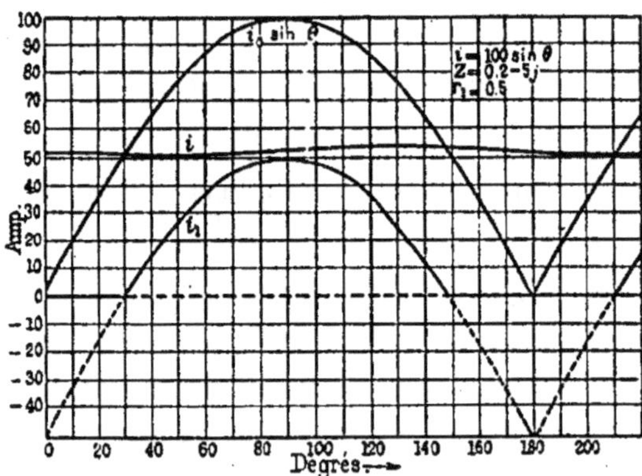

Fig. 55. — Redressement de courant monophasé.

rant est à très peu près constant, oscillant seulement de 70,5 à 80,4
ampères, ou de 6,6 pour cent de la moyenne; cela est dû à la self-
inductance qui supprime pratiquement les fluctuations du courant

qui sont reportées sur le shunt non inductif; la valeur moyenne arithmétique est en conséquence égale à la valeur efficace. La valeur efficace du courant dans le shunt est 38,2 ampères et ce courant est toujours de même direction, mais il a beaucoup de fluctuations. Sa valeur moyenne arithmétique est seulement 27,3 ampères; c'est-à-dire qu'un ampèremètre à courant continu indiquerait 27,3 et un ampèremètre à courant alternatif 38,2 ampères. La valeur efficace de la différence totale entre le courant alternatif et le courant redressé (shunt plus courant de court circuit) est 44,9 ampères.

Le courant se divise entre le circuit redressé inductif et son shunt non inductif, non pas en proportion de leurs impédances respectives, mais plutôt, quoique pas tout-à-fait, en proportion des résistances; c'est-à-dire que, dans un circuit redressé, la self-inductance n'affecte pas beaucoup l'intensité du courant, mais seulement son caractère en ce qui regarde ses fluctuations.

2. — Redressement monophasé à potentiel constant.

12. — Soit $e_0 \sin \theta$ la f. é. m. du circuit d'impédance $Z_0 = r_0 - jx_0$ qui est redressée en la reliant au moment θ_1 à un circuit récepteur à courant continu d'impédance $Z = r - jx$ et de f. contre é. m. continue e, puis en la séparant de ce circuit au moment $\pi - \theta_1$; on ferme pendant le temps allant de $\pi - \theta_2$ à $\pi + \theta_1$ le circuit alternatif sur une résistance r_1 et le circuit continu sur une résistance r_2. Les circuits alternatif et continu sont remis en série avec connexions croisées au temps $\pi + \theta_1$, etc... comme cela est représenté schématiquement sur la figure 56, où

$$r_1 = \cfrac{1}{\cfrac{1}{r' + r''} + \cfrac{1}{r''' + r''''}}$$

$$r_2 = \cfrac{1}{\cfrac{1}{r' + r''} + \cfrac{1}{r' + r''}},$$

1° Pendant le temps allant de θ_1 à $\pi - \theta_1$, si le courant est i_1, l'équation différentielle est :

$$(1) \qquad e_0 \sin \theta - e - i_1(r + r_0) - (x + x_0)\frac{di_1}{d\theta} = 0$$

qui est intégrée par :

$$(2) \qquad i_1 = A_1 + B_1\, \varepsilon^{-a_1\theta} + C_1 \sin(\theta - \delta_1).$$

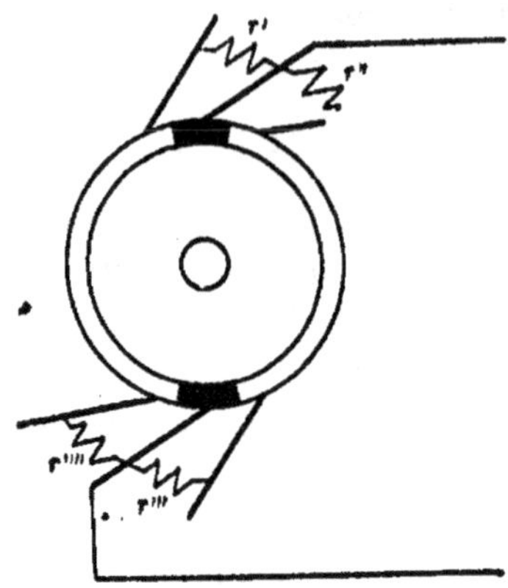

Fig. 56. — Commutateur-redresseur monophasé à potentiel constant

L'équation (2) portée dans (1) donne :

$$e_0 \sin\theta - e - (r + r_0)\left[A_1 + B_1\, \varepsilon^{-a_1\theta} + C_1 \sin(\theta - \delta_1)\right]$$
$$- (x + x_0)\left[-a_1 B_1\, \varepsilon^{-a_1\theta} + C_1 \cos(\theta - \delta_1)\right] = 0;$$

ou, en transposant :

$$-\left[+ e + (r + r_0)\, A_1\right] + B_1\, \varepsilon^{-a_1\theta}\left[a_1(x + x_0) - (r + r_0)\right]$$
$$+ \sin\theta\left[e_0 - (r + r_0)\, C_1 \cos\delta_1 - (x + x_0)\, C_1 \sin\delta_1\right]$$
$$+ C_1 \cos\theta\left[(r + r_0)\sin\delta_1 - (x + x_0)\cos\delta_1\right] = 0;$$

de là il s'ensuit que :

$$e + (r + r_0)\, A_1 = 0$$
$$a_1(x + x_0) - (r + r_0) = 0$$
$$e_0 - (r + r_0)\, C_1 \cos\delta_1 - (x + x_0)\, C_1 \sin\delta_1 = 0$$

et

$$(r + r_0)\sin\delta_1 - (x + x_0)\cos\delta_1 = 0;$$

d'où :

$$(3)\quad\begin{cases}
A_1 = -\dfrac{e}{r + r_0}\\[2mm]
a_1 = \dfrac{r + r_0}{x + x_0}\\[2mm]
\operatorname{tg}\delta_1 = \dfrac{x + x_0}{r + r_0}\\[4mm]
\text{et}\\[2mm]
C_1 = \dfrac{e_0}{\sqrt{(r + r_0)^2 + (x + x_0)^2}},
\end{cases}$$

ou en portant en (2)

$$(4)\quad\begin{cases}
i_1 = -\dfrac{e}{r + r_0} + B_1\,\varepsilon^{-\frac{r + r_0}{r + x_0}\theta} + \dfrac{e_0\sin(\theta - \delta_1)}{\sqrt{(r + r_0)^2 + (x + x_0)^2}},\\[3mm]
= -\dfrac{e}{r + r_0} + B_1\,\varepsilon^{-\frac{r + r_0}{x + x_0}\theta} + \dfrac{e_0[(r + r_0)\sin\theta - (x + x_0)\cos\theta]}{(r + r_0)^2 + (x + x_0)^2},\\[3mm]
\operatorname{tg}\delta_1 = \dfrac{x + x_0}{r + r_0}.
\end{cases}$$

2° Pendant le temps de $\pi - \theta_2$ à $\pi + \theta_1$, si $i_2 =$ courant dans le circuit à courant continu, $i_3 =$ courant dans le circuit à courant alternatif, nous avons :

Circuit à courant alternatif :

$$(5)\qquad e_0\sin\theta - i_3(r_0 + r_1) - x_0\dfrac{di_3}{d\theta} = 0$$

qui est intégrée comme (1) par :

$$(6)\quad\begin{cases}
i_3 = B_3\,\varepsilon^{-\frac{r_0 + r_1}{x_0}\theta} + \dfrac{e_0\sin(\theta - \delta_3)}{\sqrt{(r_0 + r_1)^2 + x_0^2}}\\[3mm]
= B_3\,\varepsilon^{-\frac{r_0 + r_1}{x_0}\theta} + \dfrac{e_0[(r_0 + r_1)\sin\theta - x_0\cos\theta]}{(r_0 + r_1)^2 + x_0^2}\\[3mm]
\operatorname{tg}\delta_3 = \dfrac{x_0}{r_0 + r_1},
\end{cases}$$

Circuit à courant continu :

$$(7)\qquad -e - i_2(r + r_2) - x\dfrac{di_2}{d\theta} = 0$$

intégrée par :

$$(8) \qquad i_2 = - \frac{e}{r + r_2} + B_2 \, \varepsilon^{-\frac{r + r_2}{x}\theta}.$$

Mais pour $\theta = \pi - \theta_2$, nous devons avoir :

$$(9) \qquad \left\{ \begin{array}{l} i_1 = i_2 = i_3 \\ \text{et } i_2 \text{ pour } \theta = \pi + \theta_1 \text{ doit être égal à } i_1 \text{ pour } \theta = \theta_1 \\ \text{et opposé à } i_3 \text{ pour } \theta = \pi + \theta_1 ; \\ i_1 \,(\theta = \theta_1) = i_2 \,(\theta = \pi + \theta_1) = - i_3 \,(\theta = \pi + \theta_1). \end{array} \right.$$

Ces conditions extrêmes représentent quatre équations qui suffisent pour la détermination des trois constantes d'intégration B_1 B_2 B_3 et en plus d'une autre constante, comme θ_1 ou θ_2, ou r_1 ou r_2, ou e ; c'est-à-dire qu'après les conditions du circuit Z_0, Z, r_1, r_2, e_0, e choisies, le moment θ_1 dépend de θ_2 et inversement.

13. — *Cas spécial :*

$$(10) \qquad Z_0 = 0, \qquad r_2 = 0, \qquad e = 0,$$

c'est-à-dire que la f. e. m. alternative $e_0 \sin \theta$ est connectée au circuit d'impédance $Z = r - jx$ durant le temps de θ_1 à $\pi - \theta_2$, puis fermée sur une résistance r_1 pendant que le circuit redressé est mis en court-circuit durant le temps de $\pi - \theta_2$ à $\pi + \theta_1$.

Les équations sont :

$$(11) \qquad \left\{ \begin{array}{l} 1°) \text{ Temps } \theta_1 \text{ à } \pi - \theta_2 : \\[2mm] \qquad i_1 = B_1 \, \varepsilon^{-\frac{r}{x}\theta} + \frac{e_0}{r^2 + x^2} \, [r \sin \theta - x \cos \theta] \\[2mm] 2°) \text{ Temps } \pi - \theta_2 \text{ à } \pi + \theta_1 : \\[2mm] \qquad i_2 = B_2 \, \varepsilon^{-\frac{r}{x}\theta} \\[2mm] \qquad i_3 = \frac{e_0 \sin \theta}{r_1}. \end{array} \right.$$

Les conditions extrêmes prennent maintenant la forme :

$$(12) \begin{cases} \text{Pour } 0 = \pi - \theta_2, \quad i_1 = i_2 = i_3 : \\[2mm] B_1\, \varepsilon^{-\frac{r}{x}(\pi - \theta_2)} + \dfrac{e_0}{r^2 + x^2}(r \sin \theta_2 + x \cos \theta_2) = B_2\, \varepsilon^{-\frac{r}{x}(\pi - \theta_2)} \\[4mm] \hspace{5cm} = \dfrac{e_0}{r_1} \sin \theta_2 ; \\[4mm] \text{Pour } 0 = \pi + \theta_1 \quad \text{et} \quad 0 = \theta_1 \text{ respectivement} \\[2mm] B_1\, \varepsilon^{-\frac{r}{x}\theta_1} + \dfrac{e_0}{r^2 + x^2}(r \sin \theta_1 - x \cos \theta_1) = B_2\, \varepsilon^{-\frac{r}{x}(\pi + \theta_1)} \\[4mm] \hspace{5cm} = \dfrac{e_0}{r_1} \sin \theta_1 . \end{cases}$$

Ces quatre équations suffisent pour la détermination des deux constantes d'intégration B_1 et B_2 et de deux des trois constantes du redresseur, θ_1, θ_2, r_1 de telle sorte que l'une de ces dernières peut être choisie.

Choisissons θ_1, le moment du début du renversement, les équations (12) transposées et développées donnent :

$$(13) \begin{cases} \varepsilon^{-\frac{r}{x}(\theta_1 + \theta_2)} = \dfrac{\sin \theta_1}{\sin \theta_2} \\[4mm] \operatorname{cotg} \theta_1 + \varepsilon^{\frac{r\pi}{x}} \operatorname{cotg} \theta_2 = \left(\dfrac{r^2 + x^2}{r_1 x} - \dfrac{r}{x} \right) \left(\varepsilon^{-\frac{r\pi}{x}} - 1 \right), \\[4mm] B_2 = \dfrac{e_0 \sin \theta_2}{r_1}\, \varepsilon^{\frac{r}{x}(\pi - \theta_2)} \\[4mm] B_1 = B_2 - \dfrac{e_0}{r^2 + x^2}(r \sin \theta_2 + x \cos \theta_2)\, \varepsilon^{\frac{r}{x}(\pi - \theta_2)} , \end{cases}$$

d'où θ_1, r_1, B_2, B_1 ; θ_1 se calcule par approximations.

Supposons, par exemple, que :

$$(14) \begin{cases} e_0 = 156 \sin 0 \ (\text{correspondant à } 110 \text{ volts efficaces}) \\ Z = 10 - 30\,j \\ \theta_2 = \dfrac{\pi}{6} = 30° . \end{cases}$$

Pour les équations (13) nous aurons :

$$\log \sin \theta_1 = - 0{,}3765 - 0{,}1448\, \theta_1 .$$

$$(15) \begin{cases} \theta_1 = 21{,}7° , \\ r_1 = 7{,}63 , \\ B_2 = 24{,}4 ; \\ B_1 = 12{,}8 ; \end{cases}$$

d'où :

$$(16) \quad \begin{cases} i_1 = 12,8\,\varepsilon^{-\frac{\theta}{3}} + 1,56\,(\sin\theta - 3\cos\theta) \\ i_2 = 24,4\,\varepsilon^{-\frac{\theta}{3}} \\ i_3 = 20,5\sin\theta, \end{cases}$$

ce qui donne

θ°	i_1	i_2	i_3	θ°	i_1	i_2	i_3
21,7	7,55	»	»	120	10,09	»	»
30	7,47	»	»	135	10,27	»	»
45	7,7	»	»	150	10,20	10,2	10,2
60	8,02	»	»	165	»	9,4	5,3
75	8,50	»	»	180	»	8,6	0
90	9,18	»	»	195	»	7,9	— 5,3
105	9,67	»	»	201,7	»	7,55	— 7,55

La valeur moyenne du courant redressé est ainsi de 8,92 ampères, tandis que sans redressement, la valeur efficace du courant alternatif

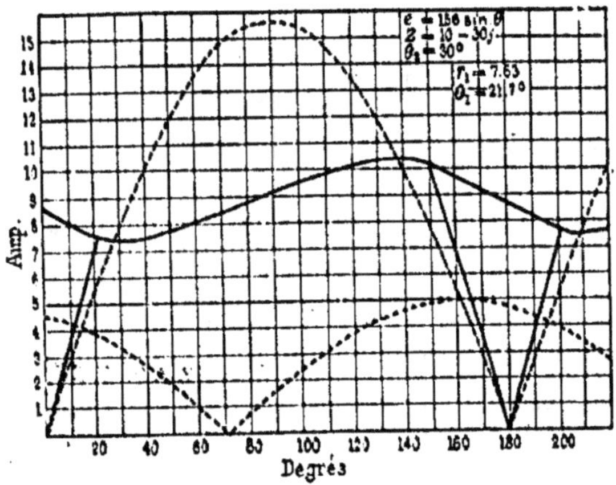

Fig. 57. — Redressement d'une f. é. m. monophasée.

aurait été de $\dfrac{110}{\sqrt{r^2 + x^2}} = 3,48$. 110 volts efficaces correspondent à $\dfrac{2\sqrt{2}}{\pi}$ 110 $=$ 99 volts moyens, qui avec $r =$ 10 donneraient un courant de 9,9 ampères.

Ainsi, dans un circuit redressé, la self-inductance a peu d'effet en dehors de l'adoucissement des fluctuations du courant qui dans ce cas varie entre 7,47 et 10,27 avec 8,92 comme moyenne, tandis que sans self-inductance, il aurait varié entre o et 15,6 avec 9,9 comme moyenne ; sans redressement le courant serait $4,95 \sin (\theta - 71,6°)$.

Comme on le voit, le terme exponentiel ou transitoire de courant, prédomine largement dans ce cas sur le terme permanent ou sinusoïdal.

Dans la figure 57, on voit le courant redressé en ligne pleine et, en traits pointillés, la valeur qu'il aurait eu sans self-inductance et celle qu'aurait le courant alternatif.

3. — Rectification biphasée à intensité constante.

14. — Dans la machine à arcs à intensité constante du type biphasé, comme la machine Brush, on relie au commutateur deux

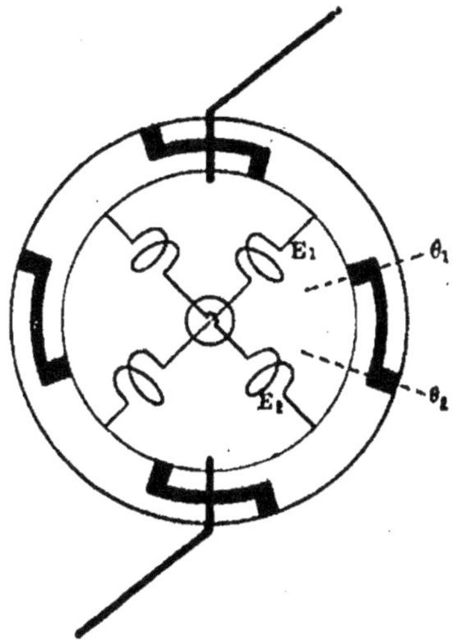

Fig. 58. — Commutateur redresseur de courant biphasé à intensité constante

f. é. m. $E_1 = e \cos \theta$ et $E_2 = e \sin \theta$, de telle sorte que lorsque E_1 est en circuit, E_2 est à circuit ouvert. A l'instant θ_1, E_2 est connecté en parallèle, comme cela est indiqué schématiquement par la figure 58, avec E_1 ; l'élévation de la f. é. m. E_2 fait passer le courant i_0 de

E_1 à E_2, jusqu'au moment θ_2, où E_1 est déconnecté et E_2 laissé seul en circuit.

Supposons que, par suite de la superposition d'un certain nombre de groupes de telles f. é. m. biphasées, décalées les uns par rapport aux autres et redressés par un nombre correspondant de commutateurs égalisant mutuellement les effets les uns des autres, et à cause de la self-inductance du circuit secondaire, le courant rectifié soit pratiquement constant et de valeur i_0. Alors jusqu'au moment θ_1 le courant en E_1 est i_0, et en E_2 est zéro. De θ_1 à θ_2 le courant en E_2 doit être i, et en E_1 il est $i_2 = i_0 - i$. Après θ_2 le courant en E_1 est o et en E_2 il est i_0.

Un changement de courant a lieu seulement durant le temps de θ_1 à θ_2 ; c'est seulement ce temps qu'il est besoin de considérer.

Soit $Z = r - jx$ impédance par phase, où $x = 2\pi f L$; alors au temps t l'angle θ correspondant est $\theta = 2\pi f t$ et la différence de potentiel en E_1 est :

$$(1)\quad \left\{ \begin{aligned} & e\cos\theta - (i_0 - i)\,r - L\frac{d\,(i_0 - i)}{dt} \\ &\quad = e\cos\theta - (i_0 - i)\,r + x\frac{di}{d\theta}; \\ & \text{la différence de potentiel } E_2 \text{ est :} \\ &\quad e\sin\theta - ir - x\frac{di}{d\theta}; \end{aligned} \right.$$

puisque ces deux différences de potentiel sont connectées en parallèle, elles sont égales :

$$(2)\qquad e(\sin\theta - \cos\theta) + i_0 r - 2ir - 2x\frac{di}{d\theta} = 0.$$

Cette équation différentielle est intégrée par :

$$(3)\qquad i = A + B\,\epsilon^{-a\theta} + C\cos(\theta - \delta);$$

alors

$$\frac{di}{d\theta} = -\,a\,B\,\epsilon^{-a\theta} - C\sin(\theta - \delta),$$

et en substituant en (2)

$$e(\sin\theta - \cos\theta) + i_0 r - 2Ar - 2Br\,\epsilon^{-a\theta} - 2Cr\cos(\theta - \delta)$$
$$+ 2a\,Bx\,\epsilon^{-a\theta} + 2Cx\sin(\theta - \delta) = 0,$$

ou, en transposant

$$(i_0 - 2\Lambda) r + 2\mathrm{B}\varepsilon^{-a\theta}(ax - r) + \sin\theta\,[e - 2\mathrm{C}r\sin\delta + 2\mathrm{C}x\cos\delta] - \cos\theta\,[e + 2\mathrm{C}r\cos\delta + 2\mathrm{C}x\sin\delta] = 0;$$

alors :

$$i_0 - 2\Lambda = 0,$$
$$ax - r = 0,$$
$$e - 2\mathrm{C}r\sin\delta + 2\mathrm{C}x\cos\delta = 0,$$
$$e + 2\mathrm{C}x\sin\delta + 2\mathrm{C}r\cos\delta = 0,$$

et de là, en posant $\dfrac{x}{r} = \operatorname{tg}\sigma$, nous avons :

$$(4)\qquad
\begin{cases}
e = -2\mathrm{C}z\sin(\sigma - \delta)\\[4pt]
e = -2\mathrm{C}z\cos(\sigma - \delta)\\[4pt]
\Lambda = \dfrac{i_0}{2}\\[8pt]
a = \dfrac{r}{x}\\[8pt]
\operatorname{tg}\delta = \dfrac{x - r}{x + r}\\[8pt]
\mathrm{C} = \dfrac{e}{\sqrt{2(x^2 + r^2)}}\\[8pt]
\operatorname{tg}(\sigma - \delta) = 1\\[8pt]
\text{et}\\[6pt]
\mathrm{C} = \dfrac{e}{\sqrt{2}\,z}\cdot
\end{cases}$$

Ces valeurs portées en (3) donnent :

$$(5)\qquad i = \frac{i_0}{2} + \mathrm{B}\varepsilon^{-\frac{r}{x}\theta} - \frac{e}{\sqrt{2(x^2 + r^2)}}\cos(\theta - \delta),$$

$$\operatorname{tg}\delta = \frac{x - r}{x + r}.$$

Pour $\theta = \theta_1$, $i = 0$ et nous avons :

$$0 = \frac{i_0}{2} + \mathrm{B}\varepsilon^{-\frac{r}{x}\theta_1} - \frac{e}{\sqrt{2(x^2 + r^2)}}\cos(\theta_1 - \delta)$$

d'où

$$(6) \qquad B\varepsilon^{-\frac{r}{x}\theta_1} = \frac{e}{\sqrt{2(x^2 + r^2)}} \cos(\theta_1 - \delta) - \frac{i_0}{2};$$

substituons en (5), nous avons les équations du courant dans les deux bobines comme suit :

$$(7) \quad
\begin{cases}
i = \dfrac{i_0}{2} + \left(\dfrac{e}{\sqrt{2(x^2 + r^2)}} \cos(\theta_1 - \delta) - \dfrac{i_0}{2} \right) \varepsilon^{-\frac{r}{x}(\theta - \theta_1)} \\[2ex]
\qquad - \dfrac{e}{\sqrt{2(x^2 + r^2)}} \cos(\theta - \delta) \\[2ex]
\qquad = \dfrac{i_0}{2}\left(1 - \varepsilon^{-\frac{r}{x}(\theta - \theta_1)} \right); \\[2ex]
\qquad - \dfrac{e}{\sqrt{2(x^2 + r^2)}} \left(\cos(\theta - \delta) - \cos(\theta_1 - \delta)\varepsilon^{-\frac{r}{x}(\theta - \theta_1)} \right) \\[3ex]
\text{et} \\[1ex]
i_0 - i = \dfrac{i_0}{2} - \left(\dfrac{e}{\sqrt{2(x^2 + r^2)}} \cos(\theta_1 - \delta) - \dfrac{i_0}{2} \right) \varepsilon^{-\frac{r}{x}(\theta - \theta_1)} \\[2ex]
\qquad + \dfrac{e}{\sqrt{2(x^2 + r^2)}} \cos(\theta - \delta).
\end{cases}$$

Au temps $\theta = \theta_2$, $i = i_0$; alors :

$$\frac{i_0}{2} - \left(\frac{e}{\sqrt{2(x^2 + r^2)}} \cos(\theta_1 - \delta) - \frac{i_0}{2} \right) \varepsilon^{-\frac{r}{x}(\theta_2 - \theta_1)}$$
$$+ \frac{e}{\sqrt{2(x^2 + r^2)}} \cos(\theta_2 - \delta) = 0;$$

ou en multipliant par $\varepsilon^{-\frac{r}{x}\theta_1}$ et en transposant, nous avons la relation entre θ_1 et θ_2 comme suit :

$$\frac{i_0}{2}\left(\varepsilon^{-\frac{r}{x}\theta_1} + \varepsilon^{-\frac{r}{x}\theta_2} \right) + \frac{e}{\sqrt{2(x^2 + r^2)}} \left\{ \varepsilon^{-\frac{r}{x}\theta_1} \cos(\theta_2 - \delta) \right.$$
$$\left. - \varepsilon^{-\frac{r}{x}\theta_2} \cos(\theta_1 - \delta) \right\} = 0$$

et

$$(8) \qquad \frac{i_0}{2}\left(\varepsilon^{\frac{r}{x}\theta_1} + \varepsilon^{\frac{r}{x}\theta_2}\right) = \frac{e}{\sqrt{2(x^2 + r^2)}}\left\{\varepsilon^{\frac{r}{x}\theta_1}\cos(\theta_1 - \delta)\right.$$

$$\left. - \varepsilon^{\frac{r}{x}\theta_2}\cos(\theta_2 - \delta)\right\}.$$

De l'équation (8) on tire :

$$(9) \qquad f(\theta_2) = \varepsilon^{\frac{r}{x}\theta_2}\left[1 + \frac{2e}{i_0\sqrt{2(x^2 + r^2)}}\cos(\theta_2 - \delta)\right]$$

$$= \varepsilon^{\frac{r}{x}\theta_1}\left[\frac{2e}{i_0\sqrt{2(x^2 + r^2)}}\cos(\theta_1 - \delta) - 1\right]$$

où

$$\operatorname{tg}\delta = \frac{x - r}{x + r}.$$

Par approximation on tire de cette équation la valeur de θ_2 pour une valeur donnée de θ_1.

15. — Exemple :

$$e = 2000, \quad i_0 = 10, \quad \text{et} \quad Z = 10 - 40j.$$

De là

$$\delta = 31^0 = 0,54 \text{ radian.}$$

et

$$i = 5 + [34,3\cos(\theta_1 - 31^0) - 5]\,\varepsilon^{-0,25(\theta - \theta_1)}$$
$$- 34,3\cos(\theta - 31^0).$$

$$f(\theta_2) = \varepsilon^{0,25\theta_2}[1 + 6,86\cos(\theta_2 - 31^0)]$$
$$= \varepsilon^{0,25\theta_1}[6,86\cos(\theta_1 - 31^0) - 1].$$

Substituons pour θ_1, $30^0 = \frac{\pi}{6}$, $45^0 = \frac{\pi}{4}$, et $60^0 = \frac{\pi}{3}$, cela donne respectivement :

$$\theta_1 = \frac{\pi}{6}, \quad i = 5 + 29,3\,\varepsilon^{-0,25\left(\theta - \frac{\pi}{6}\right)} - 34,3\cos(\theta - 31^0)$$

$$\theta_1 = \frac{\pi}{4}, \quad i = 5 + 28,3\,\varepsilon^{-0,25\left(\theta - \frac{\pi}{4}\right)} - 34,3\cos(\theta - 31^0)$$

$$\theta_1 = \frac{\pi}{3}, \quad i = 5 + 25,1\,\varepsilon^{-0,25\left(\theta - \frac{\pi}{3}\right)} - 34,3\cos(\theta - 31^0)$$

et

0°	$\theta_1 = \frac{\pi}{6}$		$\theta_1 = \frac{\pi}{4}$		$\theta_1 = \frac{\pi}{3}$		e_2	e_1
	i	i_2	i	i_2	i	i_2		
25	»	»	»	»	»	»	1 810	850
30	0	10	»	»	»	»	»	»
35	»	»	»	»	»	»	1 640	1 150
40	— 0,9	10,9	»	»	»	»	»	»
45	»	»	0	10	»	»	1 410	1 410
50	— 0,6	10,6	»	»	»	»	»	»
55	1 »	»	0,8	9,2	»	»	1 150	1 640
60	+ 0,6	9,4	»	»	0	10	»	»
65	»	»	2,5	7,5	»	»	850	1 810
70	3,0	7,0	»	»	2,2	7,8	»	»
75	»	»	5,1	4,9	»	»	520	1 930
80	6,0	4,0	»	»	5,4	4,6	»	»
85	»	»	8,6	1,4	»	»	170	1 990
90	9,9	0,1	»	»	9,3	0,7	»	»
95	»	»	12,8	— 2,8	»	»	— 170	1 990
100	14,3	— 4,3	»	»	13,8	— 3,8	»	»
105	»	»	17,3	— 7,3	»	»	— 520	1 930
110	19,1	— 9,1	»	»	18,6	— 8,6	»	»
115	»	»	22,2	— 12,2	»	»	— 850	1 810

Ces valeurs sont portées sur la figure 59, en même temps que e_1 et e_2. Il en résulte que

$$\theta_2 = \quad 90,2^0 \quad 88,6^0 \quad 91,7^0.$$

La courbe réelle d'une machine à arcs diffère cependant beaucoup de celle de la figure 59. Dans une machine à arcs, la régulation inhérente tendant à rendre l'intensité constante est produite en opposant une très forte réaction d'induit au champ d'excitation, de telle façon que la f. m. m. résultante qui produit le flux magnétique effectif est faible en comparaison de la f. m. m. totale des inducteurs et de la réaction d'induit ; elle varie ainsi beaucoup pour une faible variation du courant d'induit. Il en résulte une très grande distorsion du champ et le flux magnétique est concentré à une corne du pôle. Ceci donne une onde de f. é. m. aiguë présentant une haute pointe, avec un très long plat au zéro ; elle ne peut donc être représentée même

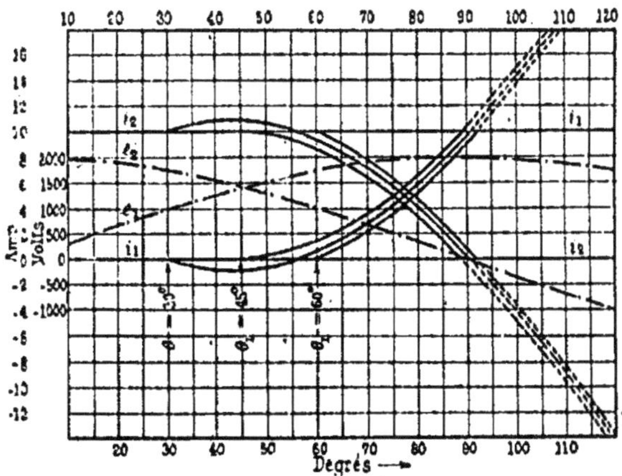

Fig. 59 — Redressement biphasé.

approximativement par une sinusoïde et pour une plus exacte recherche on devrait faire usage de la courbe réelle de f. é. m.

CHAPITRE IV

—

REDRESSEMENT PAR L'ARC

I. — L'ARC

16. — Le redressement par l'arc est basé sur cette propriété caractéristique de l'arc électrique d'être bon conducteur dans une direction et non-conducteur dans la direction opposée, et ainsi de ne permettre le passage que d'un courant de sens déterminé.

Dans un arc électrique, le courant est transporté d'une électrode à l'autre grâce au pont de vapeur conductrice constitué par la matière du pôle négatif ou cathode qui est produit et constamment entretenu par l'usure de la cathode; la vitesse d'usure de la cathode ou pôle négatif est par conséquent plus grande que celle de l'anode ou pôle positif.

Un arc électrique ne peut, pour cette raison, s'établir spontanément de lui-même. Avant que le courant puisse exister sous forme d'arc entre les électrodes, la flamme d'arc ou pont de vapeur doit exister, c'est-à-dire qu'on doit déjà avoir dépensé de l'énergie pour constituer ce pont de vapeur. Ceci peut être fait en portant les électrodes en contact et faisant ainsi commencer le courant; ensuite par l'écart progressif des électrodes on prend au circuit électrique l'énergie de la flamme d'arc, au moyen du courant même, comme cela est fait en pratique dans toutes les lampes à arc. On peut aussi élever le voltage entre les électrodes assez haut pour que la tension électrostatique dans l'intervalle représente une énergie suffisante pour établir un chemin

au courant, c'est-à-dire que l'on fait jaillir une étincelle électrostatique ,
dans l'intervalle entre électrodes, laquelle est suivie de la flamme d'arc.
On peut aussi établir un arc entre deux électrodes en se servant
de la flamme d'un autre arc, etc.

L'arc doit ainsi être continuel à la cathode, mais peut se déplacer
d'une anode à une autre. Toute interruption de la destruction de la
cathode éteint l'arc, car elle interrompt l'alimentation de vapeur conductrice et un renversement du cours de l'arc implique l'arrêt de
l'usure de la cathode et la production d'une usure de cathode en sens
inverse, ce qui, en général, nécessite un voltage plus élevé que la tension électrostatique appliquée normalement entre électrodes (à la
température de l'arc). Avec une f. é. m. alternative appliquée à l'arc,
celui-ci s'éteint à la fin d'une demi-onde, ou si une usure de cathode
est maintenue continuellement par un second arc (excité par du courant continu ou enveloppant suffisamment le premier arc), il ne peut
passer que les demi-ondes pour lesquelles l'étrode qui s'use continuellement est négative (¹). De cette manière l'arc redresse le courant
lorsqu'on lui applique une f. é. m. alternative ; la limite du voltage
de redressement est déterminée par le voltage de décharge électrostatique à travers la vapeur de l'arc, ou à travers l'air ou le gaz résiduel
qui peuvent être mélangés à cette vapeur. Il s'ensuit que cette limite est plus élevée avec l'arc à mercure à cause de la basse température.

L'arc à mercure est, pour cette raison, le seul qui soit utilisé pour
le redressement. Il est enfermé dans un vase de verre privé d'air, pour
éviter l'échappement de la vapeur de mercure et l'entrée de l'air dans
le cours de l'arc. A cause de la faible température du point d'ébul-
lition du mercure, il est possible d'enfermer l'arc à mercure dans un
vase de verre.

(¹) Il est cependant possible de maintenir un arc avec du courant alternatif,
comme le démontrent les lampes à arc employées couramment et les opérations
électrochimiques ; il est nécessaire que le refroidissement soit assez lent et que la
température reste toujours assez élevée pour que le voltage normal fasse commencer électrostatiquement l'arc dans chaque sens, à chaque demi-onde.

(N. de T.)

II. — ARC A MERCURE REDRESSEUR

17. — Selon la nature de l'alimentation alternative, qui peut être faite au moyen d'une source à potentiel constant ou à intensité constante, le circuit récepteur de courant continu reçoit du redresseur soit un potentiel constant soit une intensité constante. Selon la nature du système, on peut ainsi distinguer les redresseurs à potentiel constant et les redresseurs à intensité constante. Ils diffèrent quelque peu l'un de l'autre dans leur construction et par les appareils auxiliaires, puisque le redresseur à potentiel constant fonctionne à voltage constant et intensité variable, tandis que le redresseur à intensité constante fonctionne à voltage variable. Le caractère général du phénomène de redressement par l'arc est néanmoins le même dans les deux cas; on considérera plus explicitement le redresseur à intensité constante dans les paragraphes suivants.

Le système de redressement par arc à mercure, à intensité constante, tel qu'on l'emploie pour l'alimentation des circuits d'arcs à courant continu à intensité constante en partant d'une alimentation alternative à potentiel constant est représenté schématiquement par la figure 60. Il consiste en un transformateur à intensité constante (¹) avec une prise C faite au milieu de la bobine secondaire AB. Le tube redresseur a deux anodes de graphite a, b, et une cathode de mercure c; il y a généralement deux anodes auxiliaires de mercure près de la cathode c (non figurées sur le diagramme) qui sont employées pour l'excitation, principalement à la mise en marche, en établissant entre la cathode c et les deux anodes auxiliaires de mercure, au moyen d'un transformateur à potentiel constant de faible voltage, une paire d'arcs redresseurs de faible intensité. Dans le redresseur à potentiel constant, on emploie généralement une seule anode auxiliaire, reliée au

---

(¹) Les transformateurs de potentiel constant primaire en intensité constante secondaire sont à peu près inconnus en Europe où l'éclairage à haute tension et lampes en série est peu répandu. Ces appareils comportent un organe automatiquement mobile, une bobine par exemple; ils agissent alors par dispersion variable.

(N. de T.)

travers d'une résistance *r* avec une des anodes principales ; le transformateur à intensité constante est remplacé par un transformateur à
potentiel constant, ou un compensateur (auto-transformateur) dont
les deux demi bobines II et III ont une inductance considérable,
(*fig.* 61). Deux bobines de réaction sont insérées entre les bornes du

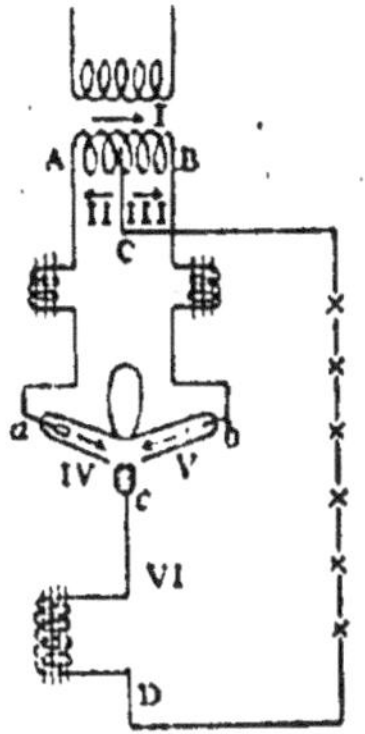

Fig. 6o.— Arc à mercure redresseur
à intensité constante.

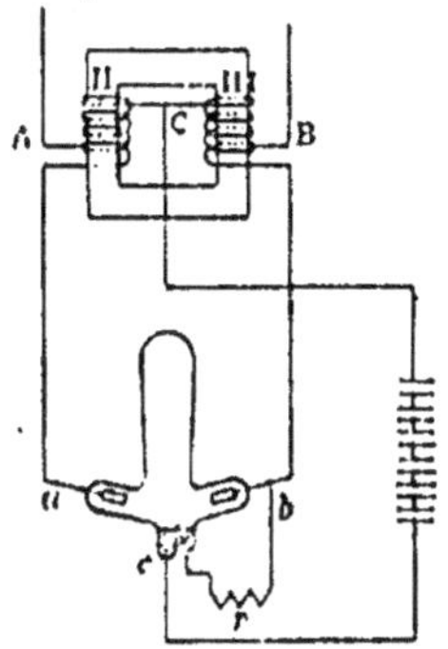

Fig. 61. — Arc à mercure redresseur
à potentiel constant.

transformateur et le tube redresseur, dans le but de produire un recouvrement *δ* entre les deux arcs redresseurs *ca* et *cb* et par cela donner la continuité au flux d'arc en *c*. Au lieu de réactances séparées
on peut faire les deux demi-bobines II et III avec une réactance suffisante, comme dans la figure 61. Une autre bobine de réaction est
insérée dans le circuit redressé ou circuit d'arcs, qui relie le neutre C
du transformateur au neutre *c* du redresseur ; cette bobine a pour but
de réduire les fluctuations du courant redressé au-dessous à la valeur
convenable.

Dans le redresseur à potentiel constant, au lieu du transformateur
ACB et des bobines de réaction A*a* et B*b*, on emploie généralement
un compensateur ou auto-transformateur, comme montré par la
figure 61, dans lequel les deux moitiés de l'enroulement AC et BC
sont faites avec une self-inductance considérable, en les plaçant par
exemple sur deux noyaux différents, de sorte qu'on peut généralement supprimer la bobine de réaction reliée à *c*. La modification des
équations résultant de ceci se fait facilement. Un tel auto-transformateur peut aussi élever ou abaisser le voltage appliqué, comme montré
par la figure 61.

Le voltage redressé ou continu du redresseur à intensité constante est quelque peu moins de la moitié du voltage alternatif développé par le secondaire AB du transformateur; le courant redressé ou continu est donc quelque peu plus du double du courant alternatif efficace fourni par le transformateur.

Dans le redresseur à potentiel constant, dans lequel les intensités sont plus grandes, et ainsi l'angle de recouvrement ϑ permis beaucoup plus faible, le voltage du courant continu est très près de la valeur moyenne de la moitié du voltage alternatif, moins le voltage de l'arc qui est d'environ 13 volts. C'est-à-dire que si $e =$ valeur efficace du voltage alternatif entre extrémités ab du compensateur ($fig.$ 61), donc $\frac{2\sqrt{2}}{\pi} e =$ valeur moyenne, le voltage du courant continu est

$$e_0 = \frac{\sqrt{2}}{\pi} e - 13.$$

III. — MODE DE FONCTIONNEMENT.

18. — Supposons dans les figures 62 et 63, le voltage appliqué entre les bornes secondaires AB d'un transformateur de courant alternatif représenté par la courbe I. Soit C le milieu ou centre du secondaire AB. Les voltages de C à A et de C à B sont donnés par les courbes II et III.

Si, maintenant, A, B, C sont reliés aux bornes correspondantes du redresseur a, b, c et c une cathode à usure maintenue, il n'existera que les courants pour lesquels c est négatif ou cathode; c'est-à-dire que les courants à travers le redresseur de a à c et de b à c sous les f. é. m. appliquées II et III, sont donnés par les courbes IV et V, et le courant issu de c est la somme de IV et V, représentée par la courbe VI.

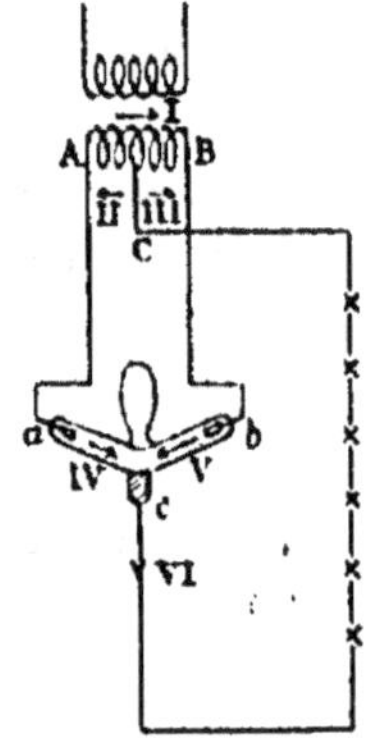

Fig. 62. — Arc à mercure redresseur à intensité constante.

Un tel redresseur montré schématiquement par la figure 62, nécessite de plus des dispositifs pour maintenir une usure de cathode en c, puisque le courant de la demi-onde 1 de la courbe VI tombe à zéro pour la valeur zéro de la f. é. m. III avant que le courant de la demi-onde suivante 2 ait une valeur appréciable grâce à la f. é. m. II.

Il est donc nécessaire de maintenir le courant de la demi-onde 1 plus loin que la valeur zéro de la f. é. m., III, qui le détermine jusqu'à ce que le courant de la demi-onde suivante 2 ait commencé, c'est-à-dire d'avoir un recouvrement des demi-ondes successives. Ceci est obtenu en insérant des réactances dans les conducteurs

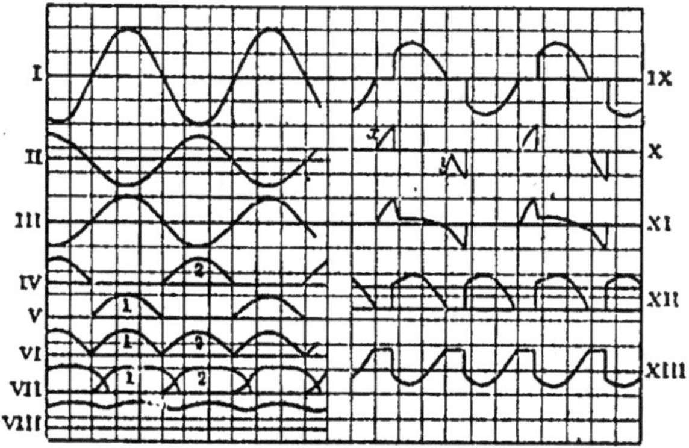

Fig. 63. — Ondes de f. é. m. et de courant d'un arc à mercure redresseur
à intensité constante.

allant du transformateur au redresseur, c'est-à-dire entre A et *a* et, B et *b*, respectivement, comme monté dans la figure 60.

Ces réactances ont pour effet de prolonger le courant V, de la demi-onde 1, au-delà du zéro de la f. é. m. appliquée III, qui alors s'annule et se renverse, jusqu'à ce que le courant IV, de la demi-onde 2, ait commencé grâce à la f. é. m. II ; c'est-à-dire que les deux demi-ondes de courant se recouvrent et que chaque demi-onde dure plus d'une demi-période ou 180 degrés.

Les ondes de courant sont alors représentées par la courbe VII. La demi-onde de courant 1 commence à la valeur zéro de la f. é. m. III, mais monte plus lentement qu'elle ne le ferait sans réactance, suivant essentiellement la courbe exponentielle du début d'une onde de courant; l'énergie qui est alors prise par la réactance est restituée pour maintenir la demi-onde de courant au-delà de l'onde de f. é. m., c'est-à-dire au-delà de 180 degrés, de θ_0 degrés de temps, de telle sorte que le recouvrement avec la demi-onde suivante 2 est O_0 degrés de temps.

Grâce à cela, le redresseur devient auto-excitateur, c'est-à-dire que chaque demi-onde de courant, grâce au chevauchement avec la suivante, maintient la cathode en destruction jusqu'à ce que la demi-onde suivante ait commencé.

Les demi-ondes successives de courant additionnées donnent le courant redressé de direction constante de la courbe VIII.

Pendant une certaine période du temps de chaque demi-onde, pour la valeur zéro de la f. é. m., les arcs ca et cb existent tous deux. Pendant l'existence de ces deux arcs, il n'y a pas de différence de potentiel entre les bornes du redresseur a, b, et la f. é. m. appliquée entre les bornes a et b a ainsi la forme montrée par la figure IX (*fig.* 63) c'est-à-dire qu'elle reste nulle pendant O_0 degrés de temps, et que lors de la rupture de l'arc de la précédente demi-onde, elle saute jusqu'à sa valeur normale.

La f. é. m. engendrée dans le secondaire du transformateur doit cependant suivre plus ou moins l'onde de f. é. m. appliquée au primaire qui a la forme indiquée par la courbe I ; la différence entre IX et I doit donc être absorbée par la réactance. C'est-à-dire que pendant le temps d'existence simultanée des deux arcs dans le redresseur, les bobines de réaction absorbent la f. é. m. engendrée dans le secondaire du transformateur et, alors le voltage sur ces bobines est représenté par la courbe X. La bobine de réaction absorbe donc le voltage lors du commencement du courant de chaque demi-onde, en x sur la courbe X, et produit du voltage près de la fin du courant, en y. Entre ces époques, la bobine de réaction n'a pratiquement aucun rôle et son voltage est faible ; il correspond à la variation du courant alternatif redressé, comme montré par la courbe XI. Par conséquent, lors de ces moments intermédiaires, les bobines de réaction placées sur le côté alternatif aident la bobine de réaction placée sur le côté continu.

Puisque le voltage aux bornes alternatives du redresseur a, b, a deux périodes de valeur zéro pendant chaque cycle, le voltage redressé entre c et C doit aussi avoir les mêmes périodes nulles ; il est analogue à la courbe IX, mais inverse et figuré par la courbe XII.

Une telle onde de f. é. m. ne peut alimenter des lampes à arcs d'une manière satisfaisante, puisque pendant la période zéro du voltage XII les lampes s'éteindraient. Le voltage sur la ligne à courant continu ne doit jamais tomber au-dessous de la « force contre électromotrice » des arcs, et puisque la résistance de ce circuit est faible, souvent moins de 10 pour cent, il s'ensuit que la variation totale du voltage de la ligne à courant continu doit être moindre que 10 pour cent ; ce voltage est donc pratiquement constant comme figuré par la ligne droite de la courbe XII. Une haute réactance est, pour cela, insérée dans le circuit à courant continu, qui absorbe l'excès de voltage dans la portion de courbe XII pendant laquelle le voltage redressé est au-dessus de la ligne droite et alimente la ligne pendant la période nulle du voltage rectifié. Le voltage sur cette bobine de réaction est, par conséquent, comme figuré par la courbe XIII.

IV. — REDRESSEUR A INTENSITÉ CONSTANTE

19. — L'angle de recouvrement θ_0 des deux arcs est déterminé par la stabilité désirée pour le système. Par l'angle θ_0 et la f. é. m. appliquée on détermine la somme totale des f. é. m. qui doivent être absorbées et restituées par la bobine de réaction du côté alternatif, et par cela la dimension de cette bobine.

De l'angle θ_0 résulte aussi la forme d'onde du voltage redressé, par conséquent la somme totale des f. é. m. qui doivent résulter de la bobine de réaction du côté continu et par là la dimension de cette bobine, nécessaire pour maintenir la fluctuation du courant continu dans une limite donnée.

Le rendement, le facteur de puissance, la régulation, etc... d'un tel redresseur par arc à mercure sont liés essentiellement à ceux du transformateur à intensité constante alimentant le tube redresseur.

Soit f = fréquence du courant alternatif alimentant le système, i_0 = valeur moyenne du courant redressé ou courant continu, et a = la pulsation du courant redressé à partir de la valeur moyenne, c'est-à-dire que $i_0 (1 + a)$ est la valeur maximum et $i_0 (1 - a)$ la valeur minimum du courant continu. Une pulsation d'une moyenne de 20 à 25 pour cent est permise dans un circuit de lampes à arc. La variation totale du courant redressé est alors $2 a i_0$, c'est-à-dire que la composante alternative du courant continu a la valeur maxima $a i_0$, d'où la valeur efficace $\frac{a}{\sqrt{2}} i_0$ (ou pour $a = 0,2$ une valeur $0,141 i_0$) et la fréquence $2f$. L'hystérésis et les pertes parasites dans la bobine de réaction, côté continu, correspondent ainsi à un courant alternatif de fréquence $2f$ et d'une valeur efficace $\frac{a}{\sqrt{2}} i_0$ ou à peu près $0,141 i_0$, c'est-à-dire qu'elles sont faibles même pour des inductions relativement hautes.

Dans les bobines de réaction, côté alternatif, le courant varie en restant de même direction entre 0 et $i_0 (1 + a)$; sa composante alternative a donc une valeur maximum $\frac{1 + a}{2} i_0$, et une valeur efficace $\frac{1 + a}{2\sqrt{2}} i_0$ (ou pour $a = 0,2$ une valeur $0,425 i_0$) et la fréquence f. Les pertes par hystérésis correspondent à un courant alternatif de fréquence f et de valeur efficace $\frac{1 + a}{2\sqrt{2}} i_0$ ou à peu près $0,425 i_0$.

En diminuant la charge, avec une alimentation à courant alternatif constant, le courant redressé augmente légèrement à cause de l'accroissement de recouvrement des arcs redresseurs, et pour donner un courant continu constant, le transformateur doit être alors ajusté pour un léger décroissement du courant alternatif secondaire lorsque l'on diminue la charge.

V. — THÉORIE ET CALCUL.

20. — Dans l'arc à mesure redresseur à intensité constante montré schématiquement par la figure 64, soit $e \sin \theta =$ onde sinusoïdale de f. é. m. appliquée entre le neutre et les extrémités de la ligne alternative d'alimentation du redresseur ; $2 e \sin \theta$ est donc la f. é. m. secondaire engendrée par le transformateur à intensité constante ; $Z_1 = r_1 - j x_1 =$ impédance de la bobine de réaction dans chaque circuit d'anode du redresseur (*bobine de réaction côté alternatif*), comprenant l'impédance self-inductive entre les deux moitiés de la bobine secondaire du transformateur ; i_1 et $i_2 =$ courants d'anodes, comptés dans la direction de l'anode à la cathode ; $e_a = $ f. contre é. m. de l'arc redresseur qui est constante ; $Z_0 = r_0 - jx_0 = $ impédance de la bobine de réaction du circuit redressé (*bobine de réaction côté continu*) ;

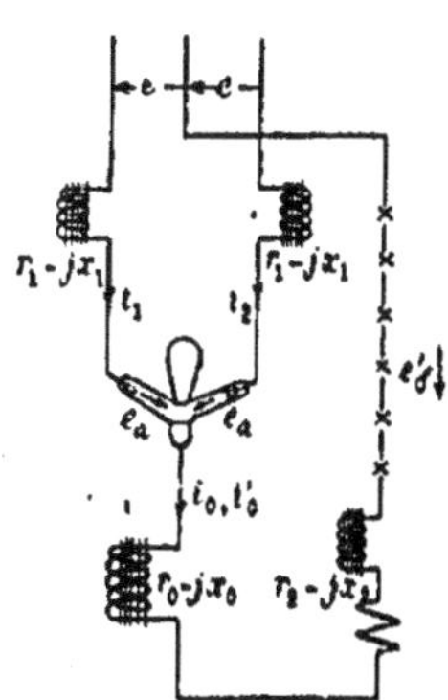

Fig. 64. — Arc à mercure redresseur à intensité constante.

$Z_2 = r_2 - jx_2 = $ impédance du circuit de charge ou de lampes à arc ; $e_0' = $ f. contre é. m. dans le circuit redressé, qui est constante (égale à la somme des f. contre é. m. des arcs du circuit de lampes) ; $\theta_0 = $ angle de recouvrement des deux arcs redresseurs, ou chevauchement des courants i_1 et i_2 ; $i_0 = $ courant redressé pendant la période, $o < \theta < \theta_0$, où les arcs redresseurs existent tous deux ; $i_0' = $ courant redressé pendant la période, $\theta_0 < \theta < \pi$, où seulement un arc où un courant d'anode i_1 existe.

Soit $e_0 = e_0' + e_a = $ f. contre é. m. totale dans le circuit redressé et $Z = r - jx = (r_1 + r_0 + r_2) - j (x_1 + x_0 + x_2) = $ impédance totale par circuit ; nous avons alors :

a) Pendant la période durant laquelle les deux arcs existent :

$$o < \theta < \theta_0$$
$$(1) \qquad i_0 = i_1 + i_2.$$

Dans le circuit comprenant la f. é. m. $2e \sin \theta$, le tube redresseur, et les courants i_1 et i_2, nous avons selon la loi de Kirchhoff, sur la figure 64,

$$(2) \qquad 2e \sin \theta - r_1 i_1 - x_1 \frac{di_1}{d\theta} + r_1 i_2 - x_1 \frac{di_2}{d\theta} = 0.$$

Dans le circuit partant du neutre du transformateur à travers la f. é. m. $e \sin \theta$, le courant i_1, l'arc redresseur e_a et le circuit redressé i_0 en revenant au neutre du transformateur, nous avons :

$$e \sin \theta - r_1 i_1 - x_1 \frac{di_1}{d\theta} - e_a - r_0 i_0 - x_0 \frac{di_0}{d\theta} - r_2 i_0 - x_2 \frac{di_0}{d\theta} - e_0' = 0,$$

ou

$$(3) \quad e \sin \theta - r_1 i_1 - x_1 \frac{di_1}{d\theta} - (r_0 + r_2) i_0 - (x_0 + x_2) \frac{di_0}{d\theta} - e_0 = 0.$$

b) Pendant la période durant laquelle il n'existe qu'un arc redresseur

$$\theta_0 < \theta < \pi$$
$$i_1 = i'_0 ;$$

alors dans ce même circuit,

$$(4) \quad e \sin \theta - r_1 i''_0 - x_1 \frac{di''_0}{d\theta} - (r_0 + r_2) i'_0 - (x_0 + x_2) \frac{di'_0}{d\theta} - e_0 = 0.$$

Substituons (1) en (2) et combinons le résultat (5) de cette substitution avec (3) nous avons les *équations différentielles du redresseur*

$$(5) \qquad 2 e \sin \theta + r_1 (i_0 - 2 i_1) + x_1 \frac{d}{d\theta} (i_0 - 2 i_1) = 0,$$

$$(6) \qquad 2 e_0 + (2 r - r_1) i_0 + (2 x - x_1) \frac{di_0}{d\theta} = 0,$$

et

$$(7) \qquad e \sin \theta - e_0 - r i''_0 - x \frac{di''_0}{d\theta} = 0.$$

Dans ces équations i_0 et i_1 sont relatifs au temps $0 < \theta < \theta_0$, i'_0 au temps $\theta_0 < \theta < \pi$.

21. — Ces équations différentielles sont intégrées par les fonctions :

$$(8) \qquad i_0 - 2 i_1 = A \varepsilon^{-a\theta} + A' \sin (\theta - \beta),$$

$$(9) \qquad i_0 = B \varepsilon^{-b\theta} + B'$$

$$(10) \qquad i'_0 = C \varepsilon^{-c\theta} + C' + C'' \sin (\theta - \gamma).$$

Substituons (8) (9) et (10) dans (5) (6) et (7), nous obtenons les trois identités :

$$2 e \sin \theta + A'[r_1 \sin (\theta - \beta) + x_1 \cos (\theta - \beta)] + A \varepsilon^{-a\theta} (r_1 - a x_1) = 0$$

$$2 e_0 + B'(2 r - r_1) + B \varepsilon^{-b\theta} (2 r - r_1) - b(2 x - x_1) = 0$$

et

$$e \sin \theta - e_0 - C''[r \sin (\theta - \gamma) + x \cos (\theta - \gamma)] - C' r - C \varepsilon^{-c\theta} (r - c x) = 0 ;$$

d'où :

$$(11) \quad \begin{cases} r_1 - ax_1 = 0 \\ (2r - r_1) - b(2x - x_1) = 0 \\ \\ \text{et} \\ \\ r - cx = 0 \\ 2e_0 + B'(2r - r_1) = 0 \\ e_0 + C'r = 0 \\ 2e + A'(r_1 \cos \beta + x_1 \sin \beta) = 0 \\ A'(r_1 \sin \beta - x_1 \cos \beta) = 0 \\ e - C''(r \cos \gamma + x \sin \gamma) = 0 \\ C''(r \sin \gamma - x \cos \gamma) = 0. \end{cases}$$

Écrivons :

$$(12) \quad \begin{cases} z_1 = \sqrt{r_1^2 + x_1^2} \\ \operatorname{tg} \alpha_1 = \dfrac{x_1}{r_1}, \end{cases}$$

et

$$(13) \quad \begin{cases} z = \sqrt{r^2 + x^2} \\ \operatorname{tg} \alpha = \dfrac{x}{r}. \end{cases}$$

En substituant (12) et (13), nous obtenons par la résolution des neuf équations (11) les valeurs des coefficients $a, b, c, A', B', C', C'', \beta, \gamma$:

$$(14) \quad \begin{cases} a = \dfrac{r_1}{x_1} \\ b = \dfrac{2r - r_1}{2x - x_1} \\ c = \dfrac{r}{x} \end{cases}$$

$$(15) \quad \begin{cases} \beta = \alpha_1 \\ \gamma = \alpha \end{cases}$$

$$(16) \quad \begin{cases} A' = -\dfrac{2e}{z_1} \\ B' = -\dfrac{2e_0}{2r - r_1} \\ C' = -\dfrac{e_0}{r} \end{cases}$$

$$(17) \quad C'' = \dfrac{e}{z},$$

et ainsi les *équations intégrales du redresseur* sont

$$(18) \qquad i_0 - 2i_1 = A\varepsilon^{-a\theta} - \frac{2e}{z_1}\sin(\theta - \alpha_1),$$

$$(19) \qquad i_0 = B\varepsilon^{-b\theta} - \frac{2e_0}{2r - r_1},$$

et

$$(20) \qquad i'_0 = C\varepsilon^{-c\theta} - \frac{e_0}{r} + \frac{e}{z}\sin(\theta - \alpha),$$

où a, b, c sont donnés par les équations (14), α et α_1 par les équations (12) et (13) et A, B, C sont des constantes d'intégration données par les conditions extrêmes du problème.

22. — Ces conditions extrêmes sont :

$$(21) \quad \left\{ \begin{aligned} & |\,i_1\,|_{\theta=0} = 0 \\ & |\,i_0\,|_{\theta=0} = |\,i'_0\,|_{\theta=\pi} \\ & \text{et} \\ & |\,i_1\,|_{\theta=\theta_0} = |\,i_0\,|_{\theta=\theta_0} = |\,i'_0\,|_{\theta=\theta_0}. \end{aligned} \right.$$

C'est-à-dire que pour $\theta = 0$ le courant d'anode $i_1 = 0$. Après une demi-période, ou $\pi = 180°$, le courant redressé reprend la même valeur. Pour $\theta = \theta_0$, les trois courants i_1, i_0, i'_0 sont identiques.

Les quatre équations (21) déterminent quatre constantes A, B, C, θ_0. En portant ces constantes dans les équations (18), (19) et (20), on obtient les équations du courant redressé i_0, i'_0 et des courants d'anode i_1 et $i_2 = i_0 - i_1$, déterminés par les constantes du système, Z, Z$_1$, e_0, et par la f. é. m. appliquée, e.

Dans le système redresseur par arc à mercure à intensité constante, pour lampes à arc, le voltage secondaire engendré par le transformateur à intensité constante varie avec la charge, grâce au réglage du transformateur, et le courant redressé i_0, i'_0 doit rester constant, ou plutôt sa valeur moyenne.

Supposons qu'on donne comme condition du problème la valeur moyenne i du courant redressé : 4 ampères dans un circuit de lampes à magnétite ou à mercure, 5 ou 6,6 ou 9,6 ampères dans un circuit de lampes à charbons.

Supposons, par approximation suffisante, que le courant redressé pulsatoire i_0, i_0'' ait sa valeur moyenne i au moment $\vartheta = 0$. Cela donne alors l'équation additionnelle :

$$(22) \qquad \mid i_0 \mid_{\vartheta\,=\,0} = i$$

et des cinq équations (21) et (22), les cinq constantes A, B, C, ϑ_0, e seront déterminées.

Portons (22), (18), (19) et (20) dans les équations (21), on a :

$$(23) \qquad \left\{ \begin{aligned}
A &= i - \frac{2e}{z_1}\sin \alpha_1, \\[4pt]
B &= i + \frac{2e_0}{2r - r_1}, \\[4pt]
C &= \varepsilon^{c\pi}\left\{ i + \frac{e_0}{r} - \frac{e}{z}\sin \alpha \right\}
\end{aligned} \right.$$

$$- A\varepsilon^{-a\vartheta_0} - \frac{2e}{z_1}\sin(\alpha_1 - \vartheta_0) = B\varepsilon^{-b\vartheta_0} - \frac{2e_0}{2r - r_1}$$

$$(24) \qquad = C\varepsilon^{-c\vartheta_0} - \frac{e_0}{r} - \frac{e}{z}\sin(\alpha - \vartheta_0).$$

Portons (23) en (24) ; on a :

$$(25) \qquad \frac{2e}{z_1}\left\{ \varepsilon^{-a\vartheta_0}\sin \alpha_1 - \sin(\alpha_1 - \vartheta_0) \right\} = i\left\{ \varepsilon^{-a\vartheta_0} + \varepsilon^{-b\vartheta_0} \right\}$$

$$- \frac{2e_0}{2r - r_1}\left\{ 1 - \varepsilon^{-b\vartheta_0} \right\}$$

et,

$$(26) \qquad \frac{e}{z}\left\{ \varepsilon^{c(\pi - \vartheta_0)}\sin \alpha + \sin(\alpha - \vartheta_0) \right\} = i\left\{ \varepsilon^{c(\pi - \vartheta_0)} - \varepsilon^{-b\vartheta_0} \right\}$$

$$+ \frac{2e_0}{2r - r_1}\left\{ 1 - \varepsilon^{-b\vartheta_0} \right\} + \frac{e_0}{r}\left\{ \varepsilon^{c(\pi - \vartheta_0)} - 1 \right\},$$

et par élimination de e entre ces deux équations :

$$(27) \qquad \frac{\varepsilon^{c(\pi - \vartheta_0)}\sin \alpha + \sin(\alpha - \vartheta_0)}{\varepsilon^{-a\vartheta_0}\sin \alpha_1 - \sin(\alpha_1 - \vartheta_0)} =$$

$$\frac{2z}{z_1} \cdot \frac{\left\{ \varepsilon^{c(\pi - \vartheta_0)} - \varepsilon^{-b\vartheta_0} + \frac{2e_0}{i(2r - r_1)}\left\{ 1 - \varepsilon^{-b\vartheta_0} \right\} + \frac{e_0}{ir}\left\{ \varepsilon^{c(\pi - \vartheta_0)} - 1 \right\} \right\}}{\left\{ \varepsilon^{-a\vartheta_0} + \varepsilon^{-b\vartheta_0} - \frac{2e_0}{i(2r - r_1)}\left\{ 1 - \varepsilon^{-b\vartheta_0} \right\} \right\}} \cdot$$

L'équation (27) détermine l'angle θ_0 et par substitutions successives en (26), (23), on trouve e, A, B, C,

L'équation (27) est de forme transcendante, et doit être résolue par approximations, ce qui est néanmoins très rapide.

Comme première approximation, soit : $a = b = c = 0$; $\alpha = \alpha_1 = 90^0$ ou $\frac{\pi}{2}$; portons ces valeurs en (27)

$$\frac{\varepsilon^{c\pi} + \cos\theta_1}{1 - \cos\theta_1} = \frac{2z}{z_1} \cdot \frac{\left(\varepsilon^{c\pi} - 1\right)\left(1 + \frac{e_0}{ir}\right)}{2}$$

et

$$(28) \qquad \cos\theta_1 = \frac{\frac{z}{z_1}\left(\varepsilon^{c\pi} - 1\right)\left(1 + \frac{e_0}{ir}\right) - \varepsilon^{c\pi}}{\frac{z}{z_1}\left(\varepsilon^{c\pi} - 1\right)\left(1 + \frac{e_0}{ir}\right) + 1}.$$

Cette valeur de θ_1 substituée dans les termes exponentiels de l'équation (27) donne une simple équation trigonométrique en θ_0, de laquelle résulte une deuxième approximation θ_2, et par interpolation, la valeur finale :

$$(29) \qquad \theta_0 = \theta_2 + \frac{(\theta_2 - \theta_1)^2}{\theta_1}.$$

23. — Par exemple, soit $e_0 = 950$, $i = 3,8$, les constantes du circuit étant

$$Z_1 = 10 - 185\,j. \qquad \text{et} \qquad Z = 50 - 1000\,j.$$

De là il résulte :

$$(14) \qquad a = 0{,}054\,; \quad b = 0{,}050\,; \quad c = 0{,}050\,;$$

$$(15) \qquad \alpha_1 = 86{,}9^0 \quad \text{et} \quad \alpha = 87{,}1^0.$$

De l'équation (28) suit comme première approximation $\theta_1 = 47{,}8^0$; et comme seconde approximation $\theta_2 = 44{,}2^0$.

De là, par (29)

$$\theta_0 = 44{,}4^0.$$

Substituons a en (26) ; on a $c = 2100$, d'où la valeur efficace du voltage secondaire du transformateur :

$$\frac{2e}{\sqrt{2}} = 2980 \text{ volts,}$$

et de (23)

$$A = -18,94; \quad B = 24,90; \quad C = 24,20.$$

Par conséquent, les équations des courants sont :

$$i_0 = 24,90 \, \varepsilon^{-0,050\theta} - 21,10,$$

$$i'_0 = 24,20 \, \varepsilon^{-0,050\theta} - 19,00 + 2,11 \sin(\theta - 87,1^0),$$

$$i_1 = 12,45 \, \varepsilon^{-0,050\theta} + 9,47 \, \varepsilon^{-0,054\theta} - 10,58 - 11,35 \sin(\theta - 86,9^0),$$

et

$$i_2 = i_0 - i_1.$$

Le courant alternatif secondaire du transformateur, qui corres-

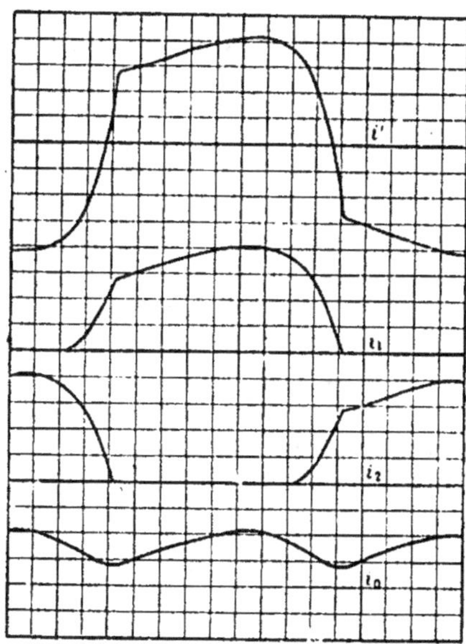

Fig. 65. — Ondes de courant d'un redresseur à intensité constante par arc à mercure.

pond au courant de charge primaire, c'est-à-dire au courant primaire moins le courant d'excitation, est ainsi :

$$i' = i_1 - i_2.$$

De ces équations, on a calculé les valeurs numériques du courant redressé i_0, i'_0, du courant d'anode i_1 et du courant alternatif i' ; ces valeurs ont été portées sur les courbes de la figure 65.

24. — Comme illustrations des phénomènes ci-dessus, nous montrons par la figure 66, les courbes de marche d'un petit redresseur

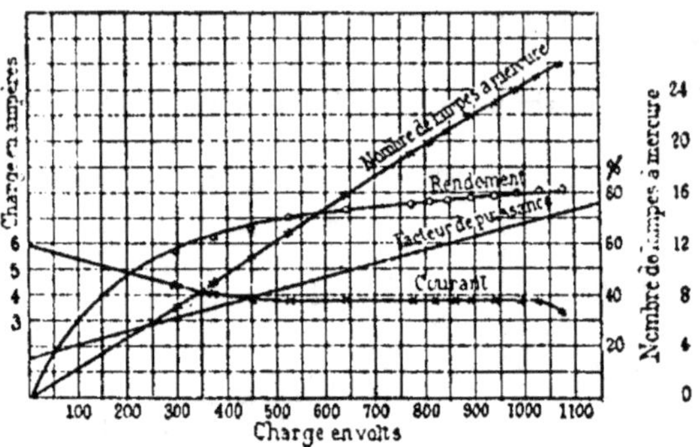

Fig. 66. -- Résultats d'essais faits sur un redresseur par arc à mercure à intensité constante.

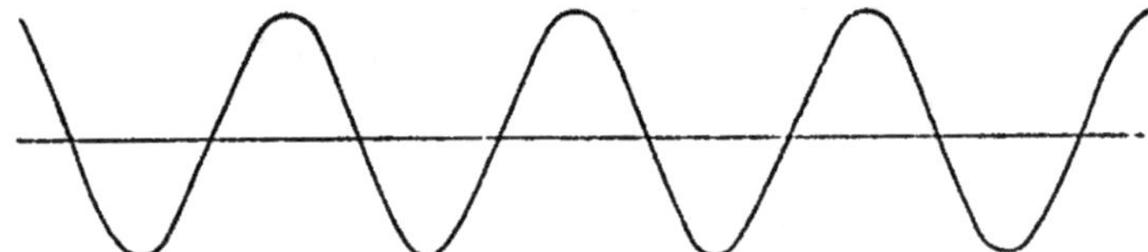

Fig. 67. — F. é. m. alimentant le redresseur à courant constant.

Fig. 68. — F. é. m. secondaire aux bornes du transformateur.

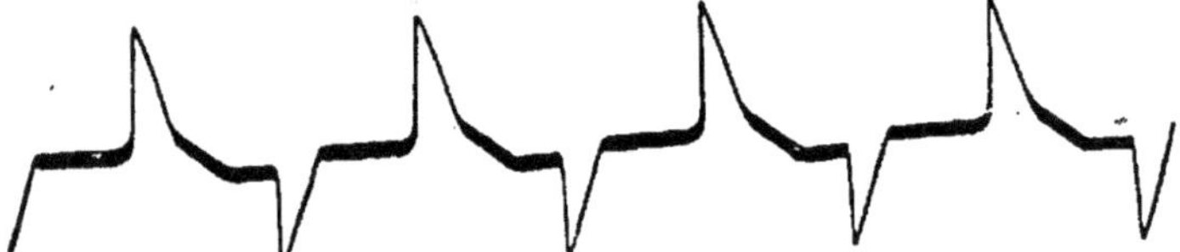

Fig. 69. — F. é. m. sur les bobines de réaction, côté alternatif.

à intensité constante, et dans les figures 67 à 76 les oscillogrammes de ce redresseur.

Il est intéressant de noter l'oscillation de haute fréquence à la fin du saut de la différence de potentiel e C (*fig.* 69), qui représente le

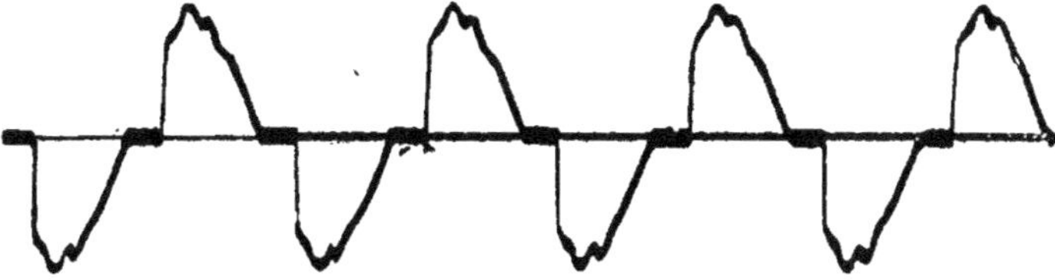

Fig. 70. — F. é. m. alternative appliquée sur le tube redresseur.

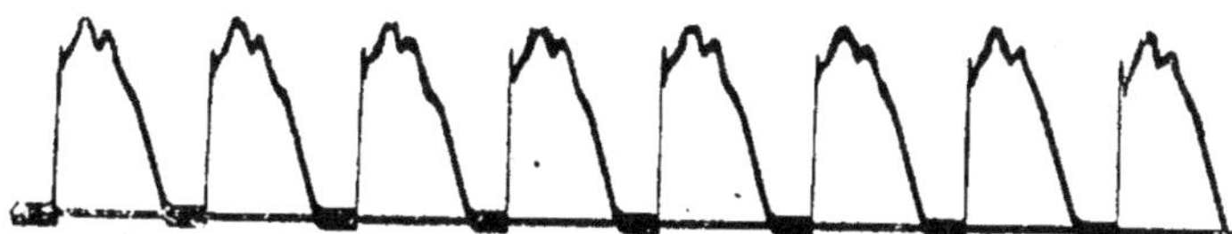

Fig 71. — F. é. m. de direction constante produite entre les neutres du redresseur et du transformateur.

Fig. 72. — F. é. m. sur les bobines de réaction, côté continu.

Fig. 73. — F é. m. redressée alimentant le circuit d'arc.

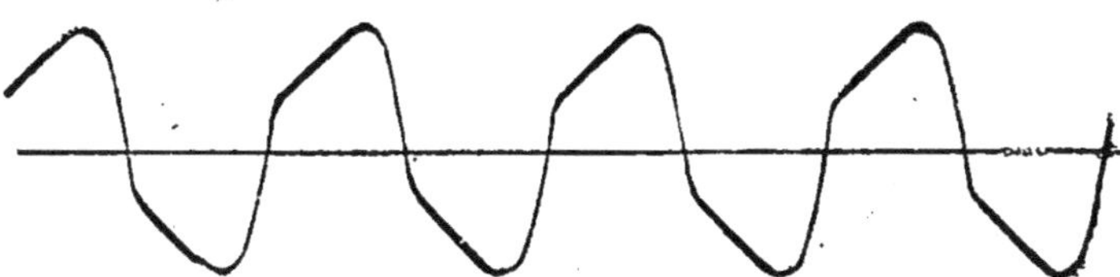

Fig. 74. — Courant d'alimentation primaire.

terme transitoire résultant de la capacité électrostatique du transformateur. A la fin de la période de recouvrement des deux arcs redresscurs, l'un des courants d'anode atteint zéro et s'arrête, et ainsi son $L\frac{di}{dt}$ change brusquement ; c'est-à-dire qu'il y a une brusque variation de voltage dans le circuit aACDe ou bBCDe.

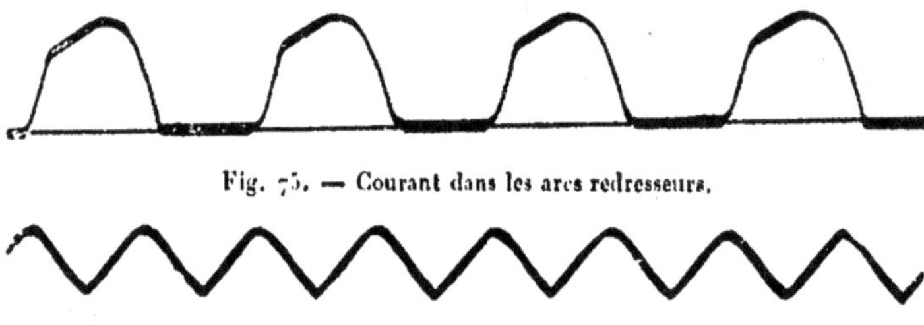

Fig. 75. — Courant dans les arcs redresseurs.

Fig. 76. — Courant redressé dans le circuit des lampes à arc.

Puisque ce circuit contient une capacité distribuée, celle de la bobine du transformateur ACBC, de la ligne, etc... et une inductance, il en résulte une oscillation qui a une fréquence dépendant de

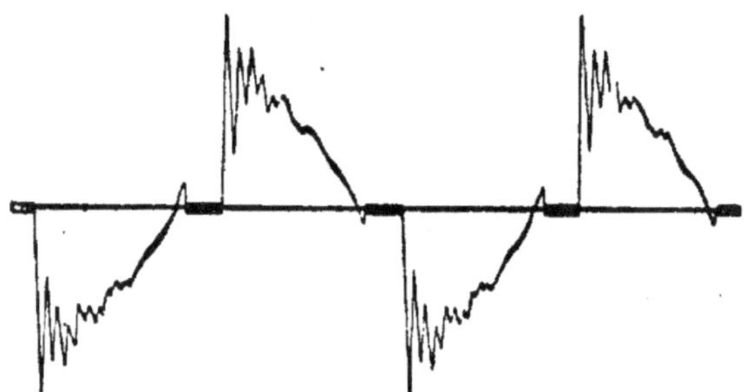

Fig. 77. — F. é. m. entre anodes du redresseur.

la capacité et de l'inductance, généralement de quelques milliers de cycles par seconde, et un voltage dépendant de la f. e. m. appliquée, c'est-à-dire du $L\frac{di}{dt}$ du circuit. Un accroissement d'inductance L accroît l'angle de recouvrement et ainsi diminue le $\frac{di}{dt}$, par conséquent il n'affecte pas sensiblement l'amplitude, mais il diminue la fréquence de l'oscillation. Un accroissement de $\frac{di}{dt}$ avec L constant, résultant du décroissement de l'angle de recouvrement par suite de retard dans le départ de l'arc, accroît cependant l'amplitude de cette oscillation ; si la capacité électrostatique est élevée et par suite l'amortissement de l'oscillation faible, cette oscillation peut atteindre une valeur considérable, comme on le voit sur l'oscillogramme (*fig.* 77) de la différence de potentiel *ab*. Dans de tels cas, si la seconde demi-onde de l'oscillation arrive au-dessous du zéro de la f. é. m. *ab*, l'arc redresseur est éteint et une décharge disruptive peut en résulter.

VI. — ONDES SINUSOÏDALES ÉQUIVALENTES

25. — Les courbes de voltage et de courant, dans le système de redressement par arc à mercure, sont calculées dans ce qui précède au moyen des constantes du circuit et consistent en sections successives de caractère exponentiel, ou à la fois exponentiel et trigonométrique.

En général, de telles formes d'ondes, bâties avec des sections successives de différent caractère, sont peu applicables à des calculs ultérieurs. Dans beaucoup de cas, elles peuvent être remplacées par leurs ondes sinusoïdales équivalentes, c'est-à-dire des ondes sinusoïdales de valeur efficace égale et d'égale puissance.

Les ondes de courant et de f. é. m. réelles du redresseur à arc peuvent ainsi être remplacées par leur leurs ondes sinusoïdales équivalentes, pour le calcul en général, sauf quand on étudie les phénomènes résultant de la discontinuité dans la variation de courant, comme la haute fréquence d'oscillation à la fin de la période de recouvrement des arcs redresseurs, et à un moindre degré au commencement de cette période, et des phénomènes similaires.

Dans un système redresseur à intensité constante par arc à mercure, pour lequel les équations exactes, ou plutôt des groupes d'équations de courants et de f. é. m. on été données dans ce qui précède, soit $i_0 =$ valeur moyenne du courant continu, $e_0 =$ valeur moyenne du voltage continu ou redressé, $i =$ valeur efficace de l'onde sinusoïdale équivalente de courant secondaire du transformateur alimentant le redresseur ; $e =$ valeur efficace de l'onde sinusoïdale équivalente de la f. é. m. totale engendrée dans les bobines secondaires du transformateur, donc $\dfrac{e}{2}$ = onde sinusoïdale équivalente efficace de la f. é. m. engendrée par bobine secondaire du transformateur, et θ_0 = angle de recouvrement des arcs redresseurs.

La f. é. m. secondaire engendrée, e, est alors représentée par une sinusoïde, courbe I, (*fig.* 78), avec $e\sqrt{2}$ comme valeur maximum.

En négligeant le voltage d'impédance du circuit secondaire durant le temps pendant lequel un seul arc existe, les variations du

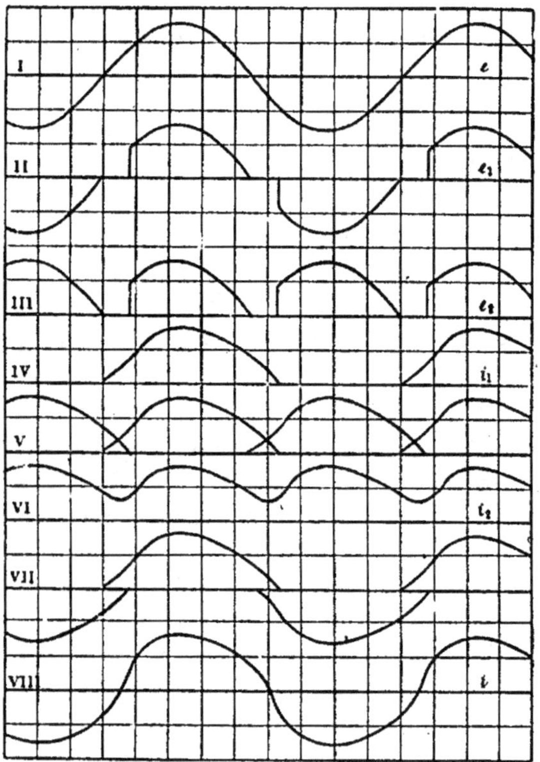

Fig. 78. — Courbes de f. é. m. et de courant dans un système redresseur par arc à mercure.

courant étant très graduelles, le voltage final entre les anodes du redresseur, e_1, est donné par la courbe II, (*fig.* 78), avec $e\sqrt{2}$ comme valeur maximum.

Cette courbe est identique à e excepté pendant l'angle de recouvrement θ_0, où e_1 est nul. À cause de l'impédance des bobines de réaction insérées dans les conducteurs allant aux anodes, la courbe II diffère légèrement de I, mais la différence est si faible qu'elle peut être négligée pour la recherche de l'onde sinusoïdale équivalente, et qu'on peut considérer l'impédance comme insérée après coup dans le circuit d'onde sinusoïdale équivalente.

Le voltage redressé e_2 est alors donné par la courbe III, (*fig* 78) avec une valeur maxima $\frac{e}{2}\sqrt{2} = \frac{e}{\sqrt{2}}$ et une valeur zéro pendant l'angle de recouvrement, ou plutôt une valeur $= e_a$, f. é. m. consommée par l'arc redresseur (13 à 18 volts).

Le voltage continu e_0, en négligeant la résistance effective des bobines de réaction, est alors la moyenne valeur du voltage redressé e_2, de la courbe III, il est donc

$$e_0 = \frac{e}{\sqrt{2}} \frac{1}{\pi} \int_{\theta_0}^{\pi} \sin\theta\, d\theta = \frac{e\,(1 + \cos\theta_0)}{\sqrt{2}\,\pi}\;;$$

ou

$$e = e_0\, \frac{\pi\sqrt{2}}{1 + \cos\theta_0}.$$

Si e_a = voltage de l'arc à mercure, r_0 = résistance effective des bobines de réaction, et i_0 le courant continu, on a plus correctement :

$$e = (e_0 + e_a + r_0 i_0)\, \frac{\pi\sqrt{2}}{1 + \cos\theta_0}.$$

Le voltage alternatif efficace entre les anodes du redresseur est la racine carrée du moyen carré de e_1, courbe II ; c'est donc :

$$\begin{aligned}
e_1 &= e\sqrt{2}\, \sqrt{\frac{1}{\pi} \int_{\theta_0}^{\pi} \sin^2\theta\, d\theta} \\
&= e\sqrt{2}\, \sqrt{\frac{1}{\pi}\left[\frac{\theta}{2} - \frac{\sin 2\theta}{4}\right]_{\theta_0}^{\pi}} \\
&= e\sqrt{2}\, \sqrt{\frac{\pi - \theta_0}{2\pi} + \frac{\sin 2\theta_0}{4\pi}} \\
&= e\, \sqrt{1 - \frac{2\theta_0 - \sin 2\theta_0}{2\pi}},
\end{aligned}$$

et la chute de voltage dans les bobines de réaction insérées dans les conducteurs d'anode, et causée par le recouvrement des arcs est ainsi :

$$e - e_1 = e \left\{ 1 - \sqrt{1 - \frac{2\theta_0 - \sin 2\theta_0}{2\pi}} \right\}.$$

26. — Soit $i'' =$ variation maxima du courant continu à partir de sa valeur moyenne i_0, d'où $i_2 = i_0 + i'' =$ valeur maxima du courant redressé et par suite aussi la valeur maxima du courant d'anode.

Le courant d'anode a aussi la valeur maxima i_2, et chaque demi-onde a une durée $\pi + \theta_0$, comme montré par la courbe IV. (*fig.* 78).

Le courant continu i_0 est alors donné par la superposition ou addition des deux courants d'anode montrés sur la courbe V, et est donné par la courbe VI.

La valeur efficace du courant alternatif équivalent secondaire du transformateur, se déduit par soustraction des deux courants d'anode, ou par leur superposition en position renversée, comme montré par les courbes VII et la courbe VIII.

Chaque émission de courant d'anode couvre un angle $\pi + \theta_0$, ou un peu plus d'une demi-onde.

Appelons, cependant, chaque demi-onde π, c'est-à-dire considérons chaque émission d'anode comme une demi-onde (ce qui correspond à une plus basse fréquence $\frac{\pi}{\pi + \theta_0}$), alors, l'angle de recouvrement rapporté à une émission de courant d'anode est

$$\theta_1 = \frac{\pi}{\pi + \theta_0} \theta_0.$$

Le courant continu i_0 est la valeur moyenne des courbes de courant d'anode V, VI, et en supposant cette dernière comme équivalente à une onde sinusoïdale de valeur maxima $i_2 = i_0 + i''$, le courant continu i_0 est :

$$i_0 = i_2 \frac{1}{\pi - \theta_1} \int_0^\pi \sin \theta' d\theta' = \frac{2 i_2}{\pi - \theta_1} = \frac{2 (\pi + \theta_0) i_2}{\pi^2}$$

et

$$i_2 = i_0 \frac{\pi - \theta_1}{2} ;$$

ou

$$i_2 = \frac{\pi\, i_0}{2\,(\pi + \theta_0)},$$

et la variation du courant continu $i' = i_2 - i_0$ est :

$$i' = i_0 \left\{ \frac{\pi^2}{2\,(\pi + \theta_0)} - 1 \right\}.$$

La valeur efficace du courant secondaire, comme onde sinusoïdale équivalente dans une bobine secondaire est $\sqrt{\text{carré moyen}}$ des courbes VII et VIII. En supposant ce courant, comme existant dans les deux bobines secondaires du transformateur en série — réellement il alterne d'une demi-onde à l'autre, l'une dans une bobine et l'autre dans l'autre — il a la moitié de cette valeur, ou :

$$i = \frac{i_2}{2} \sqrt{ \frac{1}{\pi - \theta_1} \left\{ \int_{\theta_1}^{\pi - \theta_1} \sin^2 \theta'\, d\theta' + \int_0^{\theta_1} [\sin \theta' + \sin (\theta' - \theta_1)]^2\, d\theta' \right\} }$$

$$= \frac{i_2}{2} \sqrt{ \frac{1}{\pi - \theta_1} \left\{ \int_0^{\pi} \sin^2 \theta'\, d\theta' + \int_0^{\theta_1} 2 \sin \theta' \sin (\theta' - \theta_1)\, d\theta' \right\} }$$

$$= \frac{i_2}{2} \sqrt{ \frac{1}{\pi - \theta_1} \left\{ \frac{\pi}{2} + \left[\theta' \cos \theta_1 - \sin (2\theta' - \theta_1) \right]_0^{\theta_1} \right\} }$$

$$= \frac{i_2}{2} \sqrt{ \frac{1}{\pi - \theta_1} \left\{ \frac{\pi}{2} + \theta_1 \cos \theta_1 - \sin \theta_1 \right\} } ;$$

ou, en substituant

$$i_2 = i_0 \frac{\pi - \theta_1}{2},$$

$$i = \frac{i_0}{4} \sqrt{ (\pi - \theta_1) \left\{ \frac{\pi}{2} + \theta_1 \cos \theta_1 - \sin \theta_1 \right\} }$$

$$= \frac{i_0}{2} \frac{\pi}{2\sqrt{2}} \sqrt{ \left(1 - \frac{\theta_1}{\pi} \right) \left(1 + \frac{2\theta_1}{\pi} \cos \theta_1 - \frac{2}{\pi} \sin \theta_1 \right) } ;$$

ou, en substituant

$$\theta_1 = \frac{\pi \theta_0}{\pi + \theta_0}$$

$$i = \frac{i_0}{2} \frac{\pi}{2\sqrt{2}} \sqrt{ 1 - \frac{\theta_0}{\pi + \theta_0} + \frac{2\theta_0 \pi}{(\pi + \theta_0)^2} \cos \frac{\theta_0 \pi}{\pi + \theta_0} - \frac{2}{\pi + \theta_0} \sin \frac{\theta_0 \pi}{\pi + \theta_0} },$$

où $\dfrac{\pi}{2\sqrt{2}}$ = rapport de la valeur efficace à la valeur moyenne de la sinusoïde.

27. — Une représentation approximative par ondes sinusoïdales équivalentes, si e_0 = valeur moyenne du voltage continu final, i_0 = valeur moyenne du courant continu, est alors la suivante :

La f. é. m. secondaire engendrée par le transformateur est :

$$e = (e_0 + e_a + r_c i_0)\,\frac{\pi\sqrt{2}}{1 + \cos\theta_0}.$$

Le courant secondaire dans le transformateur est :

$$= \frac{i_0}{2}\,\frac{\pi}{2\sqrt{2}}\sqrt{1 - \frac{\theta_0}{\pi + \theta_0} + \frac{2\,\theta_0\,\pi}{(\pi + \theta_0)^2}\cos\frac{\theta_0\,\pi}{\pi + \theta_0} - \frac{2}{\pi + \theta_0}\sin\frac{\theta_0\,\pi}{\pi + \theta_0}}.$$

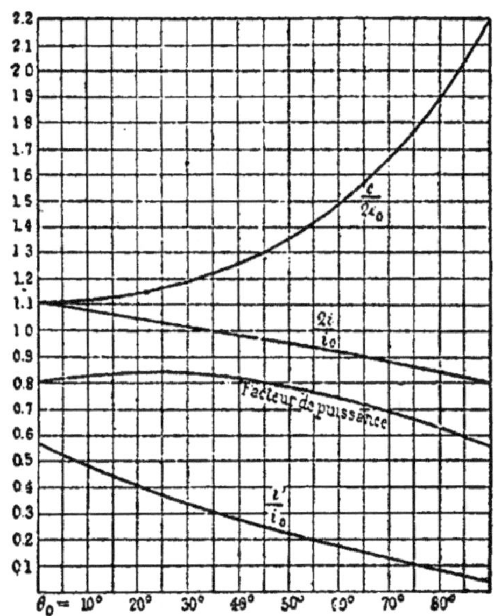

Fig. 79. — Rapports de courants et de f. é. m., et facteur de puissance secondaire d'un redresseur à intensité constante par arc à mercure.

La variation du courant continu est

$$i' = i_0\left\{\frac{\pi^2}{2\,(\pi + \theta_0)} - 1\right\}.$$

Le voltage aux anodes du redresseur est

$$e_1 = e \sqrt{1 - \frac{2\theta_0 - \sin 2\theta_0}{2\pi}},$$

et de là se déduisent le rendement apparent de redressement $\frac{e_0 i_0}{e i}$, le facteur de puissance, le rendement, etc.

On calcule de la manière usuelle en partant des ondes sinusoïdales équivalentes e et i du secondaire du transformateur et leur angle de phase, la f. é. m. primaire appliquée et le courant primaire du transformateur et de là son facteur de puissance, le rendement, et le rendement apparent du système.

Dans le circuit secondaire, le facteur de puissance est au-dessous de l'unité, ce qui est dû essentiellement à la distorsion de la forme de l'onde, plutôt qu'au décalage du courant.

Comme exemple, on montre sur la figure 79, avec l'angle de recouvrement θ_0 en abcisses, le rapport des voltages $\frac{e}{2e_0}$; le rapport des courants $\frac{2i}{i_0}$; la variation de courant $\frac{i''}{i_0}$ et le facteur de puissance du circuit secondaire.

SECTION III
PHÉNOMÈNES TRANSITOIRES DANS L'ESPACE

CHAPITRE PREMIER

—

INTRODUCTION

1. — Les sections précédentes traitent des phénomènes transitoires dans le temps, c'est-à-dire des phénomènes qui se passent pendant le temps qui s'écoule après qu'un changement ou une transition a lieu entre un état d'un circuit et un autre état. Le temps t est alors la variable indépendante et les quantités électriques comme intensités, f. é. m., etc... sont les variables dépendantes.

Des phénomènes transitoires similaires ont lieu aussi dans l'espace, c'est-à-dire avec l'espace, distance ou longueur, etc... comme variable indépendante. De tels phénomènes transitoires réunissent alors les conditions des quantités électriques d'un point de l'espace avec les quantités électriques d'un autre point de l'espace ; par exemple : le courant et la différence de potentiel à l'extrémité d'une ligne côté générateur et ces mêmes quantités côté récepteur ; ou la densité de courant à la surface d'un conducteur massif transportant du courant alternatif, comme le rail de retour d'un tramway monophasé, avec la densité de courant au centre ou, en général, à l'intérieur du conducteur ; la distribution du magnétisme alternatif à l'intérieur du fer massif ou dans une tôle de transformateur, etc... Dans de tels phénomènes transitoires dans l'espace, les quantités électriques qui apparaissent comme fonction de l'espace ou distance, ne sont pas les valeurs instantanées comme dans les précédents chapitres, mais sont des courants, f. é. m., etc... alternatifs, caractérisés par leurs grandeurs et phases ; c'est-à-dire que ce sont des fonctions périodiques du temps, et la méthode analytique de traiter de tels phénomènes introduit pour cette raison deux variables indépendantes, le temps t et la distance l, c'est-à-dire que les quantités électriques sont des fonctions périodiques du temps et des fonctions transitoires de l'espace.

L'introduction des quantités complexes, qui permet de représenter l'onde alternative par un nombre algébrique constant, élimine le temps t comme variable, de telle manière que grâce à cette notation par quantités complexes, les phénomènes transitoires dans l'espace sont des fonctions d'une seule variable indépendante, la distance l ; ceci conduit aux mêmes équations que pour les phénomènes discutés antérieurement, avec cette différence, cependant, qu'ici lorsque nous traitons les phénomènes dans l'espace, les variables dépendantes courants, f. é. m. etc... sont des quantités complexes, tandis que dans la discussion précédente, elles apparaissent comme des valeurs instantanées, c'est-à-dire des quantités réelles.

A part cela, la méthode de traitement et la forme générale des équations sont les mêmes qu'avec les fonctions transitoires du temps.

2. — Quelques uns des cas dans lesquels les phénomènes transitoires dans l'espace ont une importance particulière dans l'industrie électrique sont :

a) Circuits contenant des capacités et self-inductances distribuées, comme une ligne transmettant de l'énergie à grande distance, le circuit téléphonique à longue distance, les étincelles dans les intervalles multiples que présentent plusieurs formes de parafoudres à haute tension, etc.

b) La distribution du courant alternatif dans les conducteurs massifs, l'accroissement de la résistance effective et le décroissement de l'inductance effective qui en résultent.

c) La distribution du flux magnétique alternatif dans le fer solide, ou l'effet d'écran dû aux courants de Foucault produits dans le fer, et le décroissement de la perméabilité et l'accroissement de consommation de puissance qui en résultent.

d) La distribution du champ électrique d'un conducteur à travers l'espace, résultant de la vitesse finie de propagation du champ électrique, ainsi que la variation de self-inductance, de mutuelle inductance et de capacité d'un conducteur sans retour en fonction de la fréquence et ses conséquences pour la télégraphie sans fil.

e) Conducteurs transportant des courants de très haute fréquence, comme des décharges de foudre.

—

LIGNE DE TRANSMISSION A LONGUE DISTANCE

3. — Si une impulsion électrique est envoyée dans un conducteur, comme une ligne de transmission, cette impulsion voyage le long de la ligne approximativement à la vitesse de la lumière, ou 300 000 kilomètres par seconde. Si la ligne est ouverte à l'autre extrémité l'impulsion est alors réfléchie et revient avec la même vitesse. Si maintenant au moment où l'impulsion arrive au point de départ on envoie une seconde impulsion de direction opposée dans la ligne, le retour de la première s'ajoute et augmente ainsi la seconde impulsion ; le retour de cette seconde impulsion accrue s'ajoute à la troisième impulsion et ainsi de suite ; c'est-à-dire que si les impulsions alternatives se succèdent l'une à l'autre à des intervalles égaux au temps nécessaire à une impulsion pour voyager le long de la ligne, aller et retour, les effets des impulsions successives s'ajoutent ; des courants intenses et de hautes f. é. m. peuvent donc être produits par de petites impulsions ; si on applique une faible f. é. m. alternative, une fois l'onde partie, la f. é. m. peut disparaître, et de tels courants continuer le long de la ligne pendant quelque temps en allant continuellement en diminuant d'intensité par suite de la consommation d'énergie dans le conducteur, jusqu'à disparition.

La condition de ce phénomène de résonnance électrique est ainsi que cette impulsion alternative ait lieu à des intervalles égaux au temps nécessaire à l'impulsion pour parcourir la longueur de la ligne et revenir ; le temps d'une demi-onde de f. é. m. appliquée est le temps nécessaire à la lumière pour parcourir deux fois la longueur de la ligne ; ou le temps d'une période complète est le temps nécessaire à la lumière pour parcourir quatre fois la longueur de la ligne. En d'autres termes, le nombre de périodes, ou fréquence de la f. é. m. appliquée, est, en condition de résonnance, la vitesse de la lumière divisée par quatre fois la longueur de la ligne ; en oscillation libre ou condition de résonnance, la longueur de la ligne est un quart de longueur d'onde.

Si $l =$ longueur de la ligne, $S =$ vitesse de la lumière, la fréquence des oscillations ou période naturelle de la ligne est

$$(1) \qquad f_0 = \frac{S}{4l}$$

ou, avec l donné en kilomètres et $S = 300\,000$ kilomètres par seconde, on a

$$(2) \qquad f_0 = \frac{75\,000}{l}.$$

Pour obtenir la fréquence de résonnance avec les fréquences usuelles, comme 25 ou 60 périodes par seconde, cela nécessite $l = 3\,000$ kilomètres avec 25 périodes et $l = 1250$ kilomètres avec 60 périodes.

Il s'ensuit que de nombreuses lignes de transmission existantes sont de telles petites fractions d'un quart de longueur d'onde de la fréquence appliquée que le changement de voltage et de courant le long de la ligne peut être supposé linéaire ou tout au moins parabolique ; c'est-à-dire que la capacité de la ligne peut être représentée par un condensateur au milieu de la ligne, ou par des condensateurs au milieu et aux deux bouts de la ligne, le premier de quatre fois la capacité de chacun des deux autres (la première approximation donnant une distribution linéaire, la seconde une distribution parabolique).

Pour une recherche plus étendue sur ces approximations voir « Theory and Calculations of Alternating Current Phenomena » 4me édition, pages 225 à 233 ou sa traduction française (Librairie Dunod et Pinat).

Si, cependant, l'onde de f. é. m. appliquée contient des harmoniques élevés appréciables, quelques-uns de ceux-ci peuvent approcher de la fréquence de résonnance et créer alors des troubles. Par exemple, avec une ligne de 200 kilomètres de longueur, la fréquence de résonnance est $f_0 = 375$ cycles par seconde, ou entre le cinquième et le septième harmonique d'un réseau à 60 cycles, 300 et 420.

L'étude d'un tel circuit avec capacité distribuée prend de l'importance en même temps que la recherche des effets des harmoniques élevés des ondes des générateurs.

Dans la téléphonie à longue distance, les fréquences importantes de la parole sont probablement de l'ordre de 100 à 2000 cycles. Pour ces fréquences, la longueur d'onde varie de $\dfrac{S}{l} = 3\,000$ kilomètres à 150 kilomètres, et une ligne téléphonique de 1500 kilomètres contiendrait de une demie à dix ondes complètes de fréquence appliquée. Pour la téléphonie à longue distance, les phénomènes qui ont lieu dans les lignes peuvent ainsi être étudiés seulement par la considération de l'équation complète de capacité et inductance distribuée et le phénomène diffère essentiellement de ceux d'une courte ligne de transmission d'énergie.

4. — En conséquence, dans les circuits très longs, comme dans les lignes transportant des courants alternatifs à haut potentiel à des distances extrêmement grandes, par conducteurs aériens ou câbles souterrains, ou dans le cas de très faibles courants à fréquence extrêmement haute, comme les courants téléphoniques, la considération de la *résistance de ligne*, qui consomme des f. é. m. en phase avec le courant et de la *réactance de ligne*, qui consomme des f. é. m. en quadrature avec le courant, n'est pas suffisante pour expliquer les phénomènes qui ont lieu dans les lignes, mais divers autres facteurs doivent être pris en considération.

Dans les longues lignes, spécialement à haut potentiel, la *capacité électrostatique* de la ligne est suffisante pour consommer des courants appréciables. Le courant de charge de la ligne comme condensateur est proportionnel à la différence de potentiel et d'un quart de période en avance sur la f. é. m. Il peut donc augmenter ou diminuer le courant principal, selon la phase relative du courant principal et de la f. é. m.

Il en résulte que le courant change d'intensité aussi bien que de phase de point en point de la ligne ; et les f. é. m. employées par la résistance et l'inductance changent par conséquent aussi de phase et d'intensité de point en point, car elles dépendent de l'intensité.

Puisqu'aucun isolateur n'a une résistance infinie, et puisqu'aux hauts potentiels il n'y a pas seulement fuite, mais même qu'un *dégagement d'électricité* se produit par « décharges en aigrettes », nous devons reconnaitre l'existence d'un courant approximativement proportionnel à la f. é. m. de la ligne et en phase avec elle. Ce courant représente une consommation de puissance, et est ainsi analogue à la f. é. m. consommée par résistance, tandis que le courant du condensateur et la f. é. m. d'inductance sont déwattés ou réactifs.

De plus, le courant alternatif traversant la ligne produit dans tous les conducteurs voisins des courants secondaires qui réagissent sur le courant primaire et par là introduisent des f. é. m. de *mutuelle-inductance* dans le circuit primaire. La mutuelle inductance n'est ni en phase ni en quadrature avec le courant, et peut pour cette raison être scindée en une « *composante de puissance* » ou mutuelle-inductance en phase avec le courant qui agit comme un accroissement de résistance, et en « *composante réactive* » en quadrature avec le courant qui diminue la self-inductance.

Cette mutuelle inductance n'est pas toujours négligeable, comme le montrent par exemple les influences perturbantes dans les circuits téléphoniques.

Le potentiel alternatif de la ligne induit, par *influence électrostatique*, des charges électriques dans les conducteurs voisins extérieurs au circuit, lesquelles gardent une charge correspondante et opposée à celle des fils de ligne. Cette influence électrostatique nécessite la dépense d'un courant proportionnel à la f. é. m. et consistant en une *composante de puissance*, en phase avec la f. é. m., et une *composante réactive* en quadrature avec elle.

Le champ de force électromagnétique alternatif, créé par le courant de ligne, produit dans certaines matières une perte de puissance par *hystérésis magnétique*, et une dépense de f. é. m. en phase avec le courant, qui agit comme une augmentation de résistance. Cette perte par hystérésis électromagnétique peut avoir lieu dans le propre conducteur si l'on emploie des fils de fer et peut alors être sérieuse aux hautes fréquences comme celles des circuits téléph niques.

L'effet des *courants parasites* a déjà été rappelé avec la « *mutuelle inductance* », de laquelle il est une composante de puissance.

Le champ de force électrostatique dissipe de la puissance dans les diélectriques par ce qui est appelé *hystérésis diélectrique*. Dans les câbles concentriques, où le gradient électrostatique dans le diélectrique est comparativement important, l'hystérésis diélectrique peut, aux hauts potentiels, consommer une proportion considérable de puissance. L'hystérésis diélectrique apparaît dans le circuit comme une consommation de courant dont la composante en phase avec la f. é. m. est le *courant de puissance diélectrique*, qui peut être considéré comme la composante de puissance du courant de charge.

A côté de cela, il y a l'accroissement apparent de résistance ohmique dû à la *distribution inégale du courant* qui, cependant, n'est généralement pas assez grand pour être appréciable aux basses fréquences.

Enfin, et spécialement aux hautes fréquences, de l'énergie est *rayonnée* dans l'espace, à cause de la vitesse finie du champ électrique, et peut être représentée par des composantes de puissance de courant et de voltage respectivement.

5. — Ceci donne, dans le cas le plus général et par unité de longueur de ligne :

F. é. m. consommée en phase avec le courant, I, et $= r$I qui représente : la consommation de puissance due à la *résistance*, et son accroissement apparent par suite de distribution inégale ; la composante de puissance de la *mutuelle-inductance* : *courants secondaires* ; la composante de puissance de *self-inductance* : *hystérésis électromagnétique* ; et le *rayonnement électromagnétique*.

F. é. m. consommée en quadrature avec le courant, I, et $= x$I, f. é. m. réactive, due à la *self-inductance* et à la *mutuelle-inductance*.

Courants consommés en phase avec la f. é. m., E, et $= g$E, représente la consommation de puissance, due à la *fuite* à travers la matière isolante, comprenant les décharges en effluves ; la composante de puissance de l'*influence électrostatique* ; la composante de puissance de *capacité*, ou *hystérésis diélectrique* ; et la *radiation électrostatique*.

Courants consommés en quadrature avec la f. é. m. E, et $= b$E qui est réactif et dû à la *capacité* et à l'*influence électrostatique*.

Nous avons donc qua're constantes par unité de longueur de ligne,
soit : résistance effective r ; réactance effective x ; conductance effective y, et susceptance effective $b = - b_c$ (b_c étant la valeur absolue de
la susceptance). Ces constantes représentent les coefficients par unité
de longueur de ligne comme suit : f. é. m. consommées en phase avec
le courant ; f. é. m. consommées en quadrature avec le courant ; courants consommés en phase avec la f. é. m. ; courants consommés en
quadrature avec la f. é. m.

6. — Cette ligne peut être maintenant supposée alimenter d'énergie
un *circuit récepteur d'espèce quelconque*, ce qui détermine le courant
et la f. é. m. en tout point du circuit.

C'est-à-dire qu'une f. é. m. et un courant (différant en phase d'un
angle choisi) doivent arriver aux bornes du circuit récepteur. On doit
déterminer quels sont la f. é. m. et le courant en tous points de la
ligne, par exemple aux bornes du générateur ; ou bien l'impédance
$Z_1 = r_1 - jx_1$ ou l'admittance $Y_1 = g_1 + jb_1$, du circuit récepteur et
la f. é. m. E_0 aux bornes du générateur sont donnés et il faut déterminer en tout point du circuit le courant et la f. é. m.

7. — Comptons maintenant la distance l, à partir d'un point o de
la ligne qui a la f. é. m.

$$E_1 = e_1 + je_1'$$

et le courant

$$I_1 = i_1 + ji_1'',$$

et comptons l positif dans la direction de puissance croissante, et négatif dans la direction de puissance décroissante ; en tout point l, dans
l'élément dl, il y a une fuite de courant :

$$Egdl$$

et le courant de capacité est

$$- jEbdl ;$$

donc le courant total consommé par l'élément dl est

$$dI = E(g - jb)dl = EYdl$$

ou

$$(1) \qquad \frac{dI}{dl} = YE.$$

Dans l'élément de ligne *dl*, la f. é. m. consommée par résistance est

$$Irdl,$$

la f. é. m. consommée par inductance est

$$- jIxdl;$$

donc, la f. é. m. totale consommée par l'élément *dl* est

$$dE = I\,(r - jx)\,dl = IZ\,dl,$$

ou

$$(2) \qquad \frac{dE}{dl} = ZI.$$

Ces *équations différentielles fondamentales* (1) et (2) sont symétriques en I et en E.

Différentions ces équations (1) et (2), nous avons :

$$(3) \qquad \begin{cases} \dfrac{d^2I}{dl^2} = Y\dfrac{dE}{dl} \\[2mm] \text{et} \\[2mm] \dfrac{d^2E}{dl^2} = Z\dfrac{dI}{dl}. \end{cases}$$

et en substituant (1) et (2) en (3) *on a les équations différentielles de* E *et* I, soit :

$$(4) \qquad \frac{d^2E}{dl^2} = YZE$$

et

$$(5) \qquad \frac{d^2I}{dl^2} = YZI.$$

Ces équations différentielles sont identiques, et conséquemment I *et* E *sont des fonctions différant seulement par leurs constantes d'intégration ou par leurs conditions limites.*

Ces équations sont de la forme

$$\frac{d^2U}{dl^2} = ZYU$$

et sont intégrées par

$$U = A\varepsilon^{Vl},$$

où ε est la base des logarithmes naturels $= 2,718283$.

Choisissons l'équation (5) qui est intégrée par :

$$(6) \qquad I = A\,\varepsilon^{Vl}$$

et différentions deux fois :

$$\frac{d^2I}{dl^2} = V^2 A\,\varepsilon^{Vl}$$

et substituons (6) en (5) ; le facteur $A\varepsilon^{Vl}$ disparaît, et nous avons :

$$V^2 = ZY$$

ou

$$(7) \qquad V = \sqrt{ZY},$$

d'où l'intégrale générale

$$(8) \qquad I = A_1\,\varepsilon^{+Vl} - A_2\,\varepsilon^{-Vl}.$$

Pour l'équation (1)

$$E = \frac{1}{Y}\frac{dI}{dl},$$

substituons la valeur de I donnée par l'équation précédente (8) ; il vient

$$(9) \qquad E = \frac{V}{Y}\left\{A_1\,\varepsilon^{+Vl} + A_2\,\varepsilon^{-Vl}\right\}$$

ou, en substituant (7),

$$(10). \qquad E = \sqrt{\frac{Z}{Y}}\left\{A_1\,\varepsilon^{+Vl} + A_2\,\varepsilon^{-Vl}\right\}.$$

Les constantes d'intégration A_1 et A_2 en (8), (9), (10) sont en général des quantités complexes. Le coefficient de l'exposant, V, est la racine carrée du produit de deux quantités complexes, et est donc aussi une quantité complexe qui peut être écrite :

$$(11) \qquad V = \alpha - j\beta ;$$

substituons les valeurs de V, Z et Y ; on a :

$$(\alpha - j\beta)^2 = (r - jx)(g - jb),$$

ou

$$(\alpha^2 - \beta^2) - 2j\alpha\beta = (rg - xb) - j(rb + gx),$$

qui se résout en deux équations séparées :

$$(12) \qquad \begin{cases} x^2 - \beta^2 = ry - xb \\ 2\,x\beta = rb + gx, \end{cases}$$

puisque, lorsque deux quantités complexes sont égales, leurs termes réels aussi bien que leurs termes imaginaires doivent être égaux.

Les équations (12) élevées au carré et additionnées donnent :

$$(x^2 + \beta^2)^2 = (rg - xb)^2 + (rb + xg)^2 = (r^2 + x^2)(g^2 + b^2) = z^2 y^2,$$

d'où

$$(13) \qquad \alpha^2 + \beta^2 = zy,$$

et de (12) et (13)

$$(14) \qquad \begin{cases} \alpha = \sqrt{\dfrac{1}{2}(zy + rg - xb)} \\[2mm] \beta = \sqrt{\dfrac{1}{2}(zy - rg + xb)}. \end{cases}$$

Les équations (8) et (10) prennent maintenant la forme :

$$(15) \qquad \begin{cases} I = A_1 \varepsilon^{+(\alpha - j\beta)l} - A_2 \varepsilon^{-(\alpha - j\beta)l} \\[2mm] E = \sqrt{\dfrac{Z}{Y}} \left\{ A_1 \varepsilon^{+(\alpha - j\beta)l} + A_2 \varepsilon^{-(\alpha - j\beta)l} \right\}. \end{cases}$$

Remplaçons les fonctions exponentielles avec exposant imaginaire par l'expression trigonométrique,

$$(16) \qquad \varepsilon^{\pm j\beta l} = \cos \beta l \pm j \sin \beta l ;$$

les équations (15) prennent la forme

$$(17) \qquad \begin{cases} I = A_1 \varepsilon^{+\alpha l}(\cos \beta l - j \sin \beta l) - A_2 \varepsilon^{-\alpha l}(\cos \beta l + j \sin \beta l) \\ \text{et} \\ E = \sqrt{\dfrac{Z}{Y}} \left\{ A_1 \varepsilon^{+\alpha l}(\cos \beta l - j \sin \beta l) + A_2 \varepsilon^{-\alpha l}(\cos \beta l + j \sin \beta l) \right\}, \end{cases}$$

où A_1 et A_2 sont les deux constantes d'intégration.

La distribution du courant I et du voltage E le long du circuit est donc représentée par la somme de deux produits de fonctions exponenticlles et trigonométriques de la distance l. De ces termes l'un, avec facteur $A\varepsilon^{+\alpha l}$, croît avec la distance l, c'est-à-dire croît dans la direction du générateur; tandis que l'autre, avec facteur $A\varepsilon^{-\alpha l}$, décroît dans la direction du générateur et ainsi s'accroît avec la distance du générateur. L'angle de phase du premier décroît, celui du dernier croît dans la direction du générateur, et le premier terme peut ainsi être appelé l'onde principale et le second terme l'onde réfléchie.

Au point $l = 0$, les équations (17) donnent :

$$I_0 = A_1 - A_2,$$

$$E_0 = \sqrt{\frac{\overline{Z}}{\overline{Y}}} \left\{ A_1 + A_2 \right\},$$

et le rapport

$$\frac{A_2}{A_1} = m (\cos \tau + j \sin \tau),$$

où τ peut être appelé l'angle de réflexion et m le rapport des amplitudes des ondes réfléchie et principale au point de réflexion.

8. — Les équations intégrales générales de la distribution de courant et voltage peuvent être écrites sous de nombreuses formes différentes.

Substituons $-A_2$ au lieu de $+A_2$; le signe entre les termes change, et le courant apparaît comme la somme, le voltage comme la différence des ondes directe et réfléchie.

Transposons (17) ; on obtient :

$$(18) \quad \begin{cases} I = \left(A_1 \varepsilon^{+\alpha l} - A_2 \varepsilon^{-\alpha l} \right) \cos \beta l - j \left(A_1 \varepsilon^{+\alpha l} + A_2 \varepsilon^{-\alpha l} \right) \sin \beta l \\ \text{et} \\ E = \sqrt{\frac{\overline{Z}}{\overline{Y}}} \left\{ \left(A_1 \varepsilon^{+\alpha l} + A_2 \varepsilon^{-\alpha l} \right) \cos \beta l - j \left(A_1 \varepsilon^{+\alpha l} - A_2 \varepsilon^{-\alpha l} \right) \sin \beta l \right\}; \end{cases}$$

de (7) on a :

$$(19) \quad \sqrt{\frac{\overline{Z}}{\overline{Y}}} = \frac{Z}{V} = \frac{V}{Y},$$

et posons :

$$\left\{ \begin{aligned} \frac{A_1}{V} &= B_1 \\[1em] \text{et} & \\[1em] \frac{A_2}{V} &= B_2, \end{aligned} \right.$$

ou

$$\left\{ \begin{aligned} \frac{A_1}{Y} &= C_1 \\[1em] \text{et} & \\[1em] \frac{A_2}{Y} &= C_2 ; \end{aligned} \right.$$

l'équation (17) prend la forme

$$(20) \left\{ \begin{aligned} I &= V \left\{ B_1 \varepsilon^{+\alpha l} (\cos \beta l - j \sin \beta l) - B_2 . \varepsilon^{-\alpha l} (\cos \beta l + j \sin \beta l) \right\} \\ &\text{et} \\ E &= Z \left\{ B_1 \varepsilon^{+\alpha l} (\cos \beta l - j \sin \beta l) - B_2 \varepsilon^{-\alpha l} (\cos \beta l + j \sin \beta l) \right\}. \end{aligned} \right.$$

ou :

$$(21) \left\{ \begin{aligned} I &= Y \left\{ C_1 \varepsilon^{+\alpha l} (\cos \beta l - j \sin \beta l) - C_2 \varepsilon^{-\alpha l} (\cos \beta l + j \sin \beta l) \right\} \\ &\text{et} \\ E &= V \left\{ C_1 \varepsilon^{+\alpha l} (\cos \beta l - j \sin \beta l) + C_2 \varepsilon^{-\alpha l} (\cos \beta l + j \sin \beta l) \right\}. \end{aligned} \right.$$

Substituons en (17)

$$\frac{A_1}{\sqrt{Y}} = D_1 \quad \text{et} \quad \frac{A_2}{\sqrt{Y}} = D_2 ;$$

on a :

$$(22) \left\{ \begin{aligned} I &= \sqrt{Y} \left\{ D_1 \varepsilon^{+\alpha l} (\cos \beta l - j \sin \beta l) - D_2 \varepsilon^{-\alpha l} (\cos \beta l + j \sin \beta l) \right\} \\ &\text{et} \\ E &= \sqrt{Z} \left\{ D_1 \varepsilon^{+\alpha l} (\cos \beta l - j \sin \beta l) + D_2 \varepsilon^{-\alpha l} (\cos \beta l + j \sin \beta l) \right\}. \end{aligned} \right.$$

Renversons le signe de l, c'est-à-dire comptons la distance dans la direction opposée, ou positive quand la puissance décroît, depuis le générateur en allant vers le circuit récepteur, et non comme dans les équations (17) et (22) du circuit récepteur au générateur; cela permutera la position des deux termes; le premier terme ou onde principale décroîtra quand la distance augmentera et se décalera en arrière; le second terme ou onde réfléchie croîtra avec la distance et se décalera en avant.

Les équations (17) prennent alors la forme :

$$(23)\begin{cases} I = A_1 \varepsilon^{-\alpha l}(\cos \beta l + j \sin \beta l) - A_2 \varepsilon^{+\alpha l}(\cos \beta l - j \sin \beta l) \\ \text{et} \\ E = \sqrt{\dfrac{\overline{Z}}{\overline{Y}}}\left\{ A_1 \varepsilon^{-\alpha l}(\cos \beta l + j \sin \beta l) + A_2 \varepsilon^{+\alpha l}(\cos \beta l - j \sin \beta l)\right\}, \end{cases}$$

et les équations (18) à (22) se modifient d'une manière correspondante.

9. — Les deux constantes d'intégration contenues dans les équations (17) à (23) nécessitent deux conditions pour leur détermination, comme le courant et le voltage en un point du circuit, par exemple à l'extrémité côté générateur ou côté récepteur; ou bien le voltage en un point et le courant en un autre, ou encore le voltage en un point, comme au générateur, et le rapport du voltage au courant en un autre point, par exemple l'impédance du circuit récepteur.

Supposons le courant et le voltage donnés en un point du circuit, en intensité aussi bien qu'en phase, soit sous forme de quantités complexes, et comptons la distance l à partir de ce point; les conditions extrêmes sont :

$$(24) \qquad \begin{cases} & l = 0 \\ \text{et} & I = I_0 = i_0 + j i'_0 \\ & E = E_0 = e_0 + j e'_0. \end{cases}$$

En substituant (24) en (17), on a :

$$\begin{cases} I_0 = A_1 - A_2 \\ E_0 = \sqrt{\dfrac{\overline{Z}}{\overline{Y}}}(A_1 + A_2); \end{cases}$$

d'où :

$$\text{et} \quad \begin{cases} A_1 = \frac{1}{2}\left\{ I_0 + E_0\sqrt{\dfrac{Y}{Z}} \right\} \\[2ex] A_2 = -\frac{1}{2}\left\{ I_0 - E_0\sqrt{\dfrac{Y}{Z}} \right\}. \end{cases}$$

En portant ces valeurs en (17) on a :

$$(25)\quad \text{et}\quad \begin{cases} I = \frac{1}{2}\left\{ \left(I_0 + E_0\sqrt{\dfrac{Y}{Z}}\right)\varepsilon^{+\alpha l}(\cos\beta l - j\sin\beta l) \right. \\[2ex] \left. + \left(I_0 - E_0\sqrt{\dfrac{Y}{Z}}\right)\varepsilon^{-\alpha l}(\cos\beta l + j\sin\beta l) \right\} \\[3ex] E = \frac{1}{2}\left\{ \left(E_0 + I_0\sqrt{\dfrac{Z}{Y}}\right)\varepsilon^{+\alpha l}(\cos\beta l - j\sin\beta l) \right. \\[2ex] \left. + \left(E_0 - I_0\sqrt{\dfrac{Z}{Y}}\right)\varepsilon^{-\alpha l}(\cos\beta l + j\sin\beta l) \right\}. \end{cases}$$

Si alors E_0 et I_0 sont respectivement le voltage et le courant à
l'extrémité réceptrice de charge d'un circuit de longueur l_0, les équations (25) représentent le courant et le voltage de tout point du circuit, depuis l'extrémité réceptrice $l = 0$, jusqu'à l'extrémité génératrice
$l = l_0$. Si I_0 et E_0 sont le courant et le voltage aux bornes du générateur, puisque les équations (17) comptent l en allant vers la puissance croissante, dans le présent cas l'extrémité réceptrice de la ligne
est représentée par $l = -l_0$; c'est-à-dire que les valeurs négatives de l
représentent la distance depuis l'extrémité génératrice, le long de la
ligne. Dans ce cas, il est plus commode de renverser le signe de l,
c'est-à-dire, d'employer les équations (22), et la distribution de courant et de voltage à la distance l depuis les bornes du générateur : I_0,
E_0 est alors donnée par :

$$(26)\quad \text{et}\quad \begin{cases} I = \frac{1}{2}\left\{ \left(I_0 + E_0\sqrt{\dfrac{Y}{Z}}\right)\varepsilon^{-\alpha l}(\cos\beta l + j\sin\beta l) \right. \\[2ex] \left. + \left(I_0 - E_0\sqrt{\dfrac{Y}{Z}}\right)\varepsilon^{+\alpha l}(\cos\beta l - j\sin\beta l) \right\} \\[3ex] E = \frac{1}{2}\left\{ \left(E_0 + I_0\sqrt{\dfrac{Z}{Y}}\right)\varepsilon^{-\alpha l}(\cos\beta l + j\sin\beta l) \right. \\[2ex] \left. + \left(E_0 - I_0\sqrt{\dfrac{Z}{Y}}\right)\varepsilon^{+\alpha l}(\cos\beta l - j\sin\beta l) \right\}. \end{cases}$$

10. — Supposons donnés la nature de la charge c'est-à-dire l'impédance $\dfrac{E_1}{I_1} = Z_1 = r_1 - jx_1$ ou l'addmittance $\dfrac{I_1}{E_1} = Y_1 = g_1 + jb_1$, du circuit récepteur, et le voltage E_0 à l'extrémité génératrice du circuit.

Soit $l_0 = $ longueur du circuit, et comptons la distance l depuis le côté générateur ; pour $l = 0$, nous avons :

$$E = E_0,$$

ce qui substitué dans l'équation (23) donne :

$$(27) \qquad E_0 = \sqrt{\frac{Z}{Y}}(A_1 + A_2).$$

De même, pour $l = l_0$,

$$\frac{E}{I} = Z_1$$

ce qui, substitué dans l'équation (23), donne :

$$Z_1 = \sqrt{\frac{Z}{Y}\,\frac{A_1\varepsilon^{-\alpha l_0}(\cos\beta l_0 + j\sin\beta l_0) + A_2\varepsilon^{\alpha l_0}(\cos\beta l_0 - j\sin\beta l_0)}{A_1\varepsilon^{-\alpha l_0}(\cos\beta l_0 + j\sin\beta l_0) - A_2\varepsilon^{\alpha l_0}(\cos\beta l_0 - j\sin\beta l_0)}};$$

d'où, en substituant (19) et développant,

$$\frac{A_1\varepsilon^{-\alpha l_0}(\cos\beta l_0 + j\sin\beta l_0)}{A_2\varepsilon^{\alpha l_0}(\cos\beta l_0 - j\sin\beta l_0)} = \frac{\sqrt{Z_1} + \sqrt{Z}}{\sqrt{Z_1} - \sqrt{Z}},$$

ou

$$A_2 = A_1\,\frac{\sqrt{Z_1} - \sqrt{Z}}{\sqrt{Z_1} + \sqrt{Z}}\,\varepsilon^{-2\alpha l_0}(\cos 2\beta l_0 + j\sin 2\beta l_0).$$

Représentons le facteur complexe par la quantité

$$(28) \qquad C = \frac{\sqrt{Z_1} - \sqrt{Z}}{\sqrt{Z_1} + \sqrt{Z}}\,\varepsilon^{-2\alpha l_0}(\cos 2\beta l_0 + j\sin 2\beta l_0)$$

qui peut être appelée la constante de réflexion ; nous avons

$$A_2 = CA_1$$

et par (27)

$$(29) \qquad
\begin{cases}
A_1 = \dfrac{E_0}{1 + C}\sqrt{\dfrac{Y}{Z}} \\[2ex]
\text{et} \\[2ex]
A_2 = \dfrac{E_0 C}{1 + C}\sqrt{\dfrac{Y}{Z}};
\end{cases}$$

d'où, en substituant en (22):

$$(30)\ \begin{cases} I = \dfrac{E_0}{1+C}\sqrt{\dfrac{\overline{Y}}{Z}}\left\{\varepsilon^{-\alpha l}(\cos\beta l + j\sin\beta l) - C\varepsilon^{\alpha l}(\cos\beta l - j\sin\beta l)\right\} \\[2ex] \text{et} \\[2ex] E = \dfrac{E_0}{1+C}\left\{\varepsilon^{-\alpha l}(\cos\beta l + j\sin\beta l) + C\varepsilon^{\alpha l}(\cos\beta l - j\sin\beta l)\right\}. \end{cases}$$

11. — Comme exemple, considérons le problème consistant à livrer, dans un système triphasé, 200 ampères par phase, à 0,90 de facteur de puissance avec courant en arrière, avec 60000 volts par phase (ou entre ligne et neutre), à 60 cycles, à l'extrémité d'une ligne de transmission de 200 milles (320 kilomètres environ) de longueur, consistant en deux circuits séparés réunis en parallèle, chacun étant constitué par un fil n° oo B. et S. (environ 0,93 cm.), avec 6 pieds (environ 1,80 m.) entre conducteurs.

Le fil n° oo B. et S. a une résistance de 0,42 ohm par mille, et, avec 6 pieds de distance entre conducteurs, une inductance de 2,4 mlh. et une capacité de 0,015 mcf. par mille ([1]).

Les deux circuits en parallèle donnent, à 60 cycles, les constantes de ligne suivantes, par mille : $r = 0,21$ ohm ; $L = 1,2 \times 10^{-3}$ henry ; $C = 0,03 \times 10^{-6}$ farad ; d'où :

$$\begin{aligned} x &= 2\pi f L = 0,45 \\ Z &= 0,21 - 0,45j \\ z &= 0,50 \end{aligned}$$

et, en négligeant la conductance ($g = 0$) ;

$$\begin{aligned} b &= 2\pi f C = 11 \times 10^{-6} \\ Y &= -11 \times 10^{-6}j \\ y &= 11 \times 10^{-6}. \end{aligned}$$

([1]) Remarquer combien les unités américaines sont peu pratiques à côté des nôtres : trois unités de longueur (mille, pied et une jauge par numéros) sans aucun rapport les unes avec les autres. (N. d. T.)

et

$$(31) \qquad \left\{ \begin{array}{l} \alpha = 0,524 \times 10^{-3} \\ \beta = 2,285 \times 10^{-3} \end{array} \right.$$

$$Y = (0,524 - 2,285j)10^{-3}$$

$$\sqrt{\frac{Y}{Z}} = \frac{Y}{Z} = (4,53 - 0,9j)10^{-3},$$

et

$$\sqrt{\frac{Z}{Y}} = \frac{V}{Y} = (0,208 + 0,047j)10^{3}.$$

Comptons la distance l depuis l'extrémité réceptrice, et choisissons le voltage récepteur comme vecteur zéro ; nous avons :

$$l = 0$$

$$E = E_0 = e_0 = 60\,000 \text{ volts},$$

et le courant de 200 ampères à 90 pour cent de facteur de puissance :

$$I = I_0 = i_0 + ji''_0 = 180 + 87j.$$

En substituant ces valeurs dans les équations (25) on a :

$$(32) \quad \left\{ \begin{array}{l} I = (226 + 14,4j)\varepsilon^{+\alpha l}(\cos \beta l - j \sin \beta l) - (46 - 72,6j)\varepsilon^{-\alpha l} \\ \qquad (\cos \beta l + j \sin \beta l), \text{ en ampères,} \\ \text{et} \\ E = (46,7 + 13,3j)\varepsilon^{+\alpha l}(\cos \beta l - j \sin \beta l) + (13,3 - 13,3j)\varepsilon^{-\alpha l} \\ \qquad (\cos \beta l + j \sin \beta l), \text{ en kilovolts,} \end{array} \right.$$

où α et β sont donnés par les équations (31) ci-dessus.

Des équations (32) on tire les résultats suivants :

Extrémité réceptrice. $l = 0$

$I = 180 + 87j$	$i = 200$ amp.	$\mathrm{tg}\,\theta' = 0,483$	$\theta_1 = 26°$
$E = 60 \times 10^3$	$e = 60\,000$ volts		$\theta_2 = 0$

facteur de puissance $0,90$ arrière.

Milieu de la ligne, $l = 100$

$I = 177 + 18j$	$i = 178$ amp.	$\mathrm{tg}\,\theta_1 = +0,102$	$\theta_1 = 6°$
$E = (66,2 - 6,9j)10^3$	$e = 66\,400$ volts	$\mathrm{tg}\,\theta_2 = -0,104$	$\theta_2 = -6°$

$$\theta_1 - \theta_2 = \theta = 12°$$

facteur de puissance $\cos \theta = 0,979$ arrière.

Extrémité génératrice, $l = 200$

$$I = 165,7 - 56j \qquad i = 175 \text{ amp.} \qquad \mathrm{tg}\,\theta_1 = -0,338 \quad \theta_1 = -19°$$
$$E = (69 - 15j)10^4 \qquad e = 70\,700 \text{ volts} \quad \mathrm{tg}\,\theta_2 = -0,218 \quad \theta_2 = -12°$$
$$\overline{\qquad\qquad\qquad}$$
$$\theta_1 - \theta_2 = \theta = -7°$$

facteur de puissance $\cos\theta = 0,993$ avant.

Comme on le voit, le courant décroît depuis l'extrémité réceptrice jusqu'au milieu de la ligne, mais de là au générateur il reste pratiquement constant. Le voltage croît plus dans la moitié de la ligne côté récepteur que dans l'autre moitié côté générateur. Le facteur de puissance est pratiquement égal à l'unité depuis le milieu de la ligne jusqu'au générateur.

12. — Il est intéressant de comparer les valeurs ci-dessus à celles qu'on obtiendrait en négligeant le caractère distribué de la résistance, de l'inductance et de la capacité.

Des constantes par mille ci-dessus, il suit pour la ligne totale de 200 milles de longueur, $r_0 = 42$ ohms, $x_0 = 90$ ohms, et $b_0 = 2,2 \times 10^{-3}$ mho; d'où :

$$Z_0 = 42 - 90j$$

et

$$Y_0 = -2,2j.10^{-3}.$$

1° Négligeons tout à fait la capacité de ligne; avec I_0 et E_0 aux bornes réceptrices, nous avons au générateur :

$$I_1 = I_0$$

et

$$E_1 = E_0 + Z_0 I_0 ;$$

d'où

$$I_1 = 180 + 87j \qquad i_1 = 200 \text{ amp.} \qquad \mathrm{tg}\,\theta_1 = -0,483 \quad \theta_1 = +26°$$
$$E_1 = (75,4 - 12,6j)10^3 \quad e_1 = 76\,400 \text{ volts} \quad \mathrm{tg}\,\theta_2 = -0,167 \quad \theta_2 = -9°$$
$$\overline{\qquad\qquad\qquad}$$
$$\theta_1 - \theta_2 = \theta = +34°$$

facteur de puissance $\cos\theta = +0,83$ arrière.

Ces valeurs sont extrêmement inexactes, le voltage et le courant du générateur sont trop élevés et le facteur de puissance trop bas.

2° Représentons la capacité de la ligne par un condensateur à l'extrémité côté générateur, et par conséquent ajoutons le courant du condensateur à l'extrémité génératrice

$$I_1 = I_0 + Y_0 E_1$$

et

$$E_1 = E_0 + Z_0 I_0 \,;$$

d'où :

$$I_1 = 152 - 89j \qquad i_1 = 176 \text{ amp.} \qquad tg\,\theta_1 = -0{,}585 \quad \theta_1 = -30°$$
$$E_1 = (75{,}4 - 12{,}6j)10^3 \quad e_1 = 76\,400 \text{ volts} \quad tg\,\theta_2 = -0{,}167 \quad \theta_2 = -\ 9°$$
$$\theta_1 - \theta_2 = \theta = -21°$$

facteur de puissance cos $\theta = 0{,}93$ avant.

Comme on le voit, le courant est approximativement correct, mais le voltage est beaucoup trop haut et le facteur de puissance est un peu bas, mais maintenant avec courant en avance.

3° Représentons la capacité de la ligne par un condensateur à l'extrémité côté récepteur, et, par conséquent, ajoutons le courant du condensateur au courant dans le récepteur :

$$I_1 = I_0 + Y_0 E_0$$

et

$$E_1 = E_0 + Z_0 I_1 \,;$$

d'où

$$I_1 = 180 - 45j \qquad i_1 = 186 \text{ amp.} \qquad tg\,\theta_1 = -0{,}250 \quad \theta_1 = -14°$$
$$E_1 = (63{,}5 - 18{,}1j)10^3 \quad e_1 = 66\,000 \text{ volts} \quad tg\,\theta_2 = -0{,}285 \quad \theta_2 = -16°$$
$$\theta_1 - \theta_2 = \theta = +\ 2°$$

facteur de puissance cos $\theta = 1{,}00$.

Dans ce cas, le voltage e_1 est beaucoup trop bas, le courant est un peu élevé, mais le facteur de puissance est presque correct.

4° Prenons la moyenne entre les valeurs de (2) et de (3) ; on a :

$$I_1 = 166 - 67j \qquad i_1 = 179 \text{ amp.} \qquad tg\,\theta_1 = -0{,}403 \quad \theta_1 = -22°$$
$$E_1 = (69{,}4 - 13{,}3j)10^3 \quad e_1 = 71\,100 \text{ volts} \quad tg\,\theta_2 = -0{,}220 \quad \theta_2 = -12°$$
$$\theta_1 - \theta_2 = \theta = -10°$$

facteur de puissance cos $\theta = 0{,}985$ avant.

Comme on le voit en comparant ces valeurs moyennes avec les résultats exacts obtenus plus haut, elles n'en sont pas très différentes, mais constituent une bonne approximation dans le présent cas. Mais cette coïncidence approchée des valeurs approximatives avec les résultats exacts ne peut cependant être escomptée dans toutes les circonstances.

13. — Dans les équations (17) à (23), la longueur

$$(33) \qquad l_w = \frac{2\pi}{\beta}$$

est une longueur d'onde complète, ce qui signifie qu'à une distance $\frac{2\pi}{\beta}$, les phases des composantes de courant et f. é. m. se répètent, et qu'à une demi-distance, elles sont juste opposées.

Donc, dans une ligne de transmission très longue, il existe cette remarquable condition qu'en différents points les courants sont au même instant en directions opposées et les f. é. m. de valeur opposée.

La différence de phase-espace τ entre le courant I et la f. é. m. E en tout point l de la ligne est déterminé par l'équation :

$$(34) \qquad m (\cos \tau + j \sin \tau) = \frac{E}{I},$$

où m est une constante.

Donc τ varie de point en point, oscillant autour d'une position moyenne τ_∞, dont il approche à l'infini.

La différence de phase τ_∞, vers laquelle tendent le courant et la f. é. m. à l'infini, est déterminée par l'expression :

$$m (\cos \tau_\infty + j \sin \tau_\infty) = \left[\frac{E}{I}\right]_{l = \infty},$$

ou, en substituant à E et I leurs valeurs tirées des équations (23), et puisque $\varepsilon^{-\alpha l} = 0$ et que $A_1 \varepsilon^{\alpha l} (\cos \beta l - j \sin \beta l)$ disparaît, on a :

$$m (\cos \tau_\infty + j \sin \tau_\infty) = \sqrt{\frac{Z}{Y}} = \frac{V}{Y} = \frac{\alpha - j\beta}{g - jb}$$
$$= \frac{(ag + \xi b) + j (\alpha b - \beta g)}{b^2 + g^2};$$

d'où

$$(35) \qquad tg\ \tau_\infty = \frac{\alpha b - \beta g}{\alpha g + \beta b}.$$

14. — Cet angle $\tau_\infty = 0$, c'est-à-dire courant et f. é. m. devenant de plus en plus en phase l'un avec l'autre, implique :

$$\alpha b - \beta g = 0 ; \text{ c'est-à-dire}$$
$$\alpha \div \beta = g \div b, \text{ ou}$$
$$\frac{\alpha^2 - \beta^2}{2\,\alpha\beta} = \frac{g^2 - b^2}{2\,gb} ;$$

substituons (12) on a :

$$\frac{gr - bx}{gx + br} = \frac{g^2 - b^2}{2\,gb},$$

ou en développant :

$$(36) \qquad r \div x = g \div b,$$

c'est-à-dire que le *rapport de la résistance à l'inductance est égal au rapport de la fuite à la capacité.*

Cet angle $\tau_\infty = 45°$, c'est-à-dire courant et f. é. m. différant d'un huitième de période, implique $\alpha b - \beta g = \alpha g + \beta b$ ou

$$\frac{\alpha}{\beta} = \frac{b + g}{b - g},$$

ce qui donne

$$(37) \qquad rg + xb = 0,$$

ce qui indique que deux des quatre constantes de ligne, soit g et x, soit g et b, doivent être nulles.

Le cas où $g = 0 = x$, c'est à ligne une ligne ayant seulement de la résistance et de la capacité distribuée, mais pas de self-inductance est approximativement réalisé dans les câbles concentriques ou à conducteurs multiples, et dans ceux-ci, l'angle de phase-espace tend vers 45° en avant pour une longueur infinie.

15. — Comme exemple, nous montrons les courbes caractéristiques d'une ligne de transmission avec les constantes :

$$r : x : g : b = 8 : 32 : 1,25 \times 10^{-4} : 25 \times 10^4 \quad \text{et} \quad e = 25\,000,$$
$$i = 200 \text{ au circuit récepteur et pour les conditions}$$

a) Charge non inductive dans le circuit récepteur, (*fig.* 80).

b) Circuit récepteur déwatté avec 90° degrés de temps en arrière, (*fig.* 81).

c) Circuit récepteur déwatté avec 90° degrés de temps en avant, (*fig.* 82).

Ces courbes ont été déterminées graphiquement par construction des caractéristiques topographiques du circuit en coordonnées polaires, comme expliqué dans « The Theory and Calculation of Alternating Current Phenomena » 4° Edition, Chapitre VI, paragraphes 42 à 44 (ou sa traduction française, Librairie Dunod et Pinat) et en tirant les valeurs correspondantes de courant, différence de potentiel et angle de phase.

Comme on le voit sur ces diagrammes, pour un circuit récepteur déwatté, le courant et la f. é. m. oscillent en intensité inversement l'un de l'autre, avec une amplitude d'oscillation graduellement décrois-

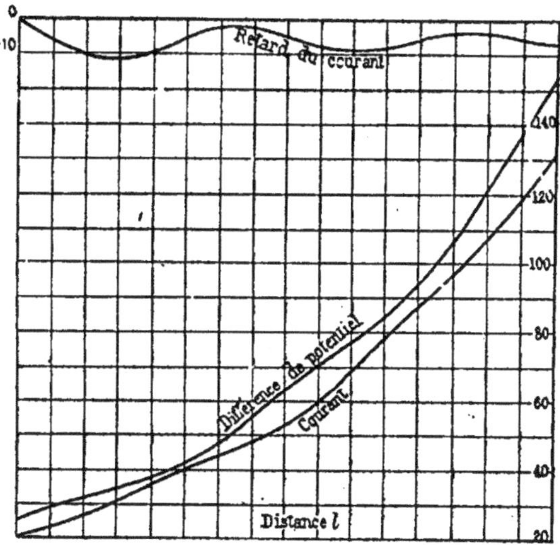

Fig. 80. — Courant, f. é. m. et angle de phase espace entre courant et f. é. m. dans une ligne de transmission. Charge non inductive.

sante quand on va du circuit récepteur vers le générateur, tandis que l'angle de phase-espace entre le courant et la f. é. m. oscille entre l'avance et le retard, avec une amplitude décroissante. Les maximums et minimums de courant coïncident approximativement avec les minimums et maximums de f. é. m. et la valeur zéro des angles de phase.

Pour de telles constructions graphiques il est bon d'employer du papier à coordonnées polaires et il est désirable de se servir de deux angles α et δ, l'un α étant l'angle entre le courant et la variation de f. é. m., $tg\,\alpha = \dfrac{x}{r} = 4$, et l'autre δ étant l'angle entre la f. é. m. et la variation de courant $tg\,\delta = \dfrac{b}{g} = 20$ dans le cas ci-dessus.

Avec une charge non inductive, (*fig.* 80), ces oscillations disparaissent à peu près, et on en aperçoit seulement des traces dans les fluc-

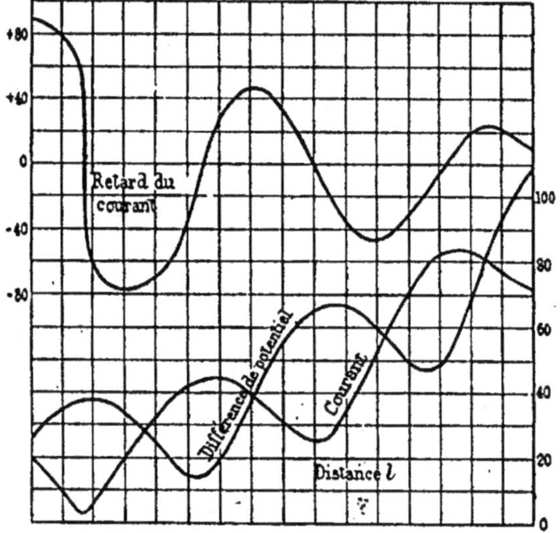

Fig. 81. — Courant, f. é. m. et angle de phase-espace entre courant et f. é. m. dans une ligne de transmission. Charge inductive.

tuations de l'angle de phase-espace et les valeurs relatives de courant et f. é. m. le long de la ligne.

Si l'on fait les courbes en allant dans le sens vers le générateur, c'est-à-dire dans le sens de la puissance croissante elles peuvent s'étendre indéfiniment, en s'approchant de plus en plus des conditions d'un circuit non inductif. Si l'on fait les courbes dans le sens de la puissance décroissante, toutes les courbes atteignent finalement les conditions d'un circuit récepteur déwatté, comme sur les figures 81 et 82 ; au point où toute l'énergie entrant dans la ligne a été consommée dans celle-ci, les courbes de décalage avant et arrière se joignent comme on le voit sur la figure 83, l'une étant la prolonga-

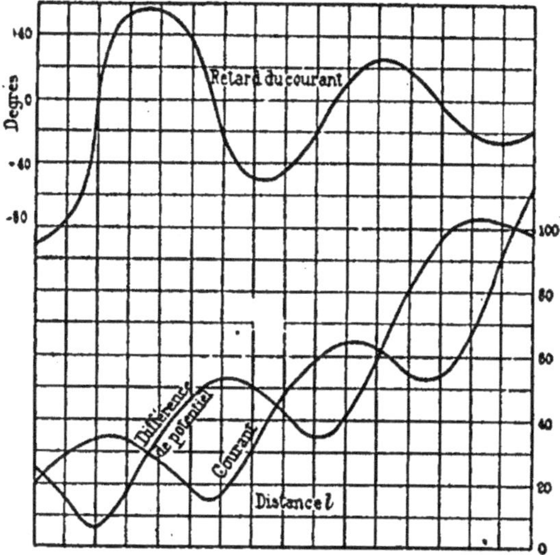

Fig. 82. — Courant, f. é. m. et angle de phase-espace entre courant et f. é. m. dans une ligne de transmission. Charge anti-inductive.

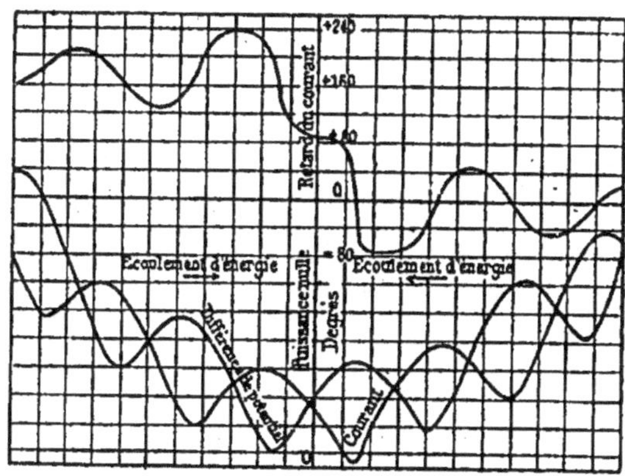

Fig. 83. — Courant, f. é. m. et angle de phase-espace entre courant et f. é. m. dans une ligne de transmission.

tion de l'autre ; le sens de la puissance s'inverse. Ainsi sur la figure 83, l'énergie s'écoule de chacun des côtés de la ligne vers le point de zéro puissance, marqué o, où le courant et la f. é. m. sont en qua-

drature l'un avec l'autre, le courant étant en avance du côté gauche
et en arrière du côté droit du diagramme.

16. — Il est intéressant d'examiner quelques cas spéciaux de tels
circuits avec constantes distribuées.

A) *Circuit ouvert à l'extrémité de la ligne.*

Supposons une f. é. m. alternative constante appliquée à une
extrémité, tandis que l'autre bout est ouvert.

Comptons la distance l depuis l'extrémité ouverte de la ligne, et
appelons l_0 la longueur de la ligne ; pour $l = 0$

$$I = I_0 = 0,$$

et pour $l = l_0$

$$E = E_1 :$$

d'où en substituant dans les équations (17)

$$0 = A_1 - A_2$$

$$E_1 = \sqrt{\frac{Z}{Y}} \left\{ A_1 \, \varepsilon^{+\alpha l_0}(\cos \beta l_0 - j \sin \beta l_0) = A_2 \, \varepsilon^{-\alpha l_0}(\cos \beta l_0 + j \sin \beta l_0) \right.$$

$$A_2 = A_1 = A$$

et

$$A = \frac{E_1 \sqrt{\dfrac{Y}{Z}}}{\varepsilon^{+\alpha l_0}(\cos \beta l_0 - j \sin \beta l_0) + \varepsilon^{-\alpha l_0}(\cos \beta l_0 - j \sin \beta l_0)}$$

$$= \frac{E_1 \sqrt{\dfrac{Y}{Z}}}{\left(\varepsilon^{+\alpha l_0} + \varepsilon^{-\alpha l_0}\right)\cos \beta l_0 - j\left(\varepsilon^{+\alpha l_0} - \varepsilon^{-\alpha l_0}\right)\sin \beta l_0} ;$$

d'où en substituant dans (17)

$$(38) \begin{cases} I = E_1 \sqrt{\dfrac{Y}{Z}} \dfrac{\left(\varepsilon^{+\alpha l} - \varepsilon^{-\alpha l}\right)\cos \beta l - j\left(\varepsilon^{+\alpha l} + \varepsilon^{-\alpha l}\right)\sin \beta l}{\left(\varepsilon^{+\alpha l_0} + \varepsilon^{-\alpha l_0}\right)\cos \beta l_0 - j\left(\varepsilon^{+\alpha l_0} - \varepsilon^{-\alpha l_0}\right)\sin \beta l_0} \\[2em] \text{et} \\[1em] E = E_1 \dfrac{\left(\varepsilon^{+\alpha l} + \varepsilon^{-\alpha l}\right)\cos \beta l - j\left(\varepsilon^{+\alpha l} - \varepsilon^{-\alpha l}\right)\sin \beta l}{\left(\varepsilon^{+\alpha l_0} + \varepsilon^{-\alpha l_0}\right)\cos \beta l_0 - j\left(\varepsilon^{+\alpha l_0} - \varepsilon^{-\alpha l_0}\right)\sin \beta l_0} . \end{cases}$$

Pour $l = 0$, ou à l'extrémité ouverte de la ligne, par les équations (38)

$$I_0 = 0$$

et

$$(39) \quad E_0 = \frac{2E_1}{\left(\varepsilon^{+\alpha l_0} + \varepsilon^{-\alpha l_0}\right)\cos \beta l_0 - j\left(\varepsilon^{+\alpha l_0} - \varepsilon^{-\alpha l_0}\right)\sin \beta l_0}.$$

Les valeurs absolues de I et E résultent des équations (38) et (39) :

$$I = E_1 \sqrt{\frac{y}{z}} \sqrt{\frac{\left(\varepsilon^{+\alpha l} - \varepsilon^{-\alpha l}\right)^2 \cos^2 \beta l + \left(\varepsilon^{+\alpha l} + \varepsilon^{-\alpha l}\right)^2 \sin^2 \beta l}{\left(\varepsilon^{+\alpha l_0} + \varepsilon^{-\alpha l_0}\right)^2 \cos^2 \beta l_0 + \left(\varepsilon^{+\alpha l_0} - \varepsilon^{-\alpha l_0}\right)^2 \sin^2 \beta l_0}},$$

qui développé donne :

$$(40) \quad \begin{cases} I = E_1 \sqrt{\dfrac{y}{z} \dfrac{\varepsilon^{+2\alpha l} + \varepsilon^{-2\alpha l} - 2\cos 2\beta l}{\varepsilon^{+2\alpha l_0} + \varepsilon^{-2\alpha l_0} + 2\cos 2\beta l_0}} \\[2em] \text{et} \\[1em] E = E_1 \sqrt{\dfrac{\varepsilon^{+2\alpha l} + \varepsilon^{-2\alpha l} + 2\cos 2\beta l}{\varepsilon^{+2\alpha l_0} + \varepsilon^{-2\alpha l_0} + 2\cos 2\beta l_0}} \end{cases}$$

et

$$(41) \quad E_0 = \frac{2E_1}{\sqrt{\varepsilon^{+2\alpha l_0} + \varepsilon^{-2\alpha l_0} + 2\cos 2\beta l_0}}.$$

Comme fonctions de l, la f. é. m. E ou le courant I sont maximum ou minimum pour

$$\frac{d}{dl}\left(\varepsilon^{+2\alpha l} + \varepsilon^{-2\alpha l} \pm 2\cos 2\beta l\right) = 0 ;$$

d'où

$$(42) \quad \alpha\left(\varepsilon^{+2\alpha l} - \varepsilon^{-2\alpha l}\right) = \pm 2\beta \sin 2\beta l.$$

Pour $l = 0$, et puisque α est une quantité faible, le côté gauche de (42) est faible aussi, et pour les valeurs de $\sin 2\beta l$ approximativement nulles, c'est-à-dire dans le voisinage de $l = \frac{n\pi}{2\beta}$, ou quand βl est multiple d'un quadrant, l'équation (42) devient nulle. Pour $\beta l \eqsim 2n\frac{\pi}{2}$, ou pour les quadrants pairs, E est maximum, I est minimum, et pour $\beta l \cong (2n - 1)\dfrac{\pi}{2}$, ou pour les quadrants impairs, E est minimum et I est maximum.

Les quadrants pairs sont ainsi des points bas de courant et des crêtes de vague de f. é. m., et les quadrants impairs des points bas de f. é. m. et des crêtes de courant.

Un point de voltage maximum, ou crête de vague, se trouve à l'extrémité ouverte de la ligne à $l = 0$ et est donné par l'équation (41). En fonction de la longueur l_0 de la ligne, ceci est maximum pour,

$$\frac{d}{dl_0}\left(\varepsilon^{+2\alpha l_0} + \varepsilon^{-2\alpha l_0} + 2\cos 2\beta l_0\right) = 0$$

ou

$$\alpha\left(\varepsilon^{+2\alpha l_0} - \varepsilon^{-2\alpha l_0}\right) = 2\beta \sin 2\beta l_0,$$

ou approximativement pour

$$(43) \qquad \begin{cases} \beta l_0 = \dfrac{\pi}{2} \\[2mm] l_0 = n\dfrac{\pi}{2\beta}, \end{cases}$$

c'est-à-dire quand la ligne est un quart de longueur d'onde ou un multiple impair.

Substitutions en (41) $\beta l_0 = \dfrac{\pi}{2}$; on a :

$$(44) \qquad E_0 = \frac{2E_1}{\sqrt{\varepsilon^{+2\alpha l_0} + \varepsilon^{-2\alpha l_0} - 2}}$$

$$(45) \qquad = \frac{2E_1}{\varepsilon^{+\alpha l_0} - \varepsilon^{-\alpha l_0}}.$$

Puisque

$$\varepsilon^{\pm\alpha l_0} = 1 \pm \alpha l_0 + \frac{1}{2}\alpha^2 l_0^2 \pm \frac{1}{2\times 3}\alpha^3 l_0^3 + \pm \ldots,$$

nous avons pour les petites valeurs de αl_0 :

$$\varepsilon^{+\alpha l_0} - \varepsilon^{-\alpha l_0} = 2\alpha l_0$$

et

$$(46) \qquad E_0 = \frac{E_1}{\alpha l_0},$$

qui est le maximum de voltage qui peut se trouver à l'extrémité ouverte d'une ligne quand le voltage E est appliqué à l'autre bout.

Puisque, approximativement,

$$\beta \doteq \sqrt{xb}$$
$$= 2\pi f \sqrt{LC},$$

nous avons par (44)

$$(47) \qquad f = \frac{1}{4 l_0 \sqrt{LC}}$$

pour la fréquence qui avec la longueur l_0 de la ligne produit le maximum de voltage à l'extrémité ouverte.

Pour les constantes de l'exemple discuté dans le paragraphe 11,
nous avons : $l_0 = 320$ km ; $r = 0,21$ ohm ; $L = 1,2 \times 10^{-3}$
henry ; $C = 0,03 \times 10^{-6}$ farad ; $g = 0$; $f = 208$ cycles par
seconde ; $x = 1,57$ ohm ; $z = 1,58$ ohm; $b = 39 \times 10^{-6}$ mho,
$a = 0,53 \times 10^{-3}$ et $E_0 = 9,3\ E_1$.

B) *Ligne mise à la terre à l'extrémité.*

17. — Soit le circuit mis à la terre — ou connecté au conducteur
de retour — à une extrémité, $l = 0$, et alimenté par une f. é. m.
constante E_1 à l'autre extrémité $l = l_0$.

Alors pour $l = 0$

$$E = E_0 = 0,$$

et pour $l = l_0$

$$E = E_1 ;$$

d'où en substituant en (17)

$$0 = A_1 + A_2$$

et

$$E_1 = \sqrt{\frac{Z}{Y}} \left\{ A_1 \varepsilon^{+a l_0} (\cos \beta l_0 - j \sin \beta l_0) + A_2 \varepsilon^{-a l_0} (\cos \beta l_0 + j \sin \beta l_0) \right\};$$

d'où

$$A_1 = - A_2 = A$$

et

$$A = \frac{E_1 \sqrt{\dfrac{Y}{Z}}}{\left(\varepsilon^{+\alpha l_0} - \varepsilon^{-\alpha l_0}\right) \cos \beta l_0 - j\left(\varepsilon^{+\alpha l_0} + \varepsilon^{-\alpha l_0}\right) \sin \beta l_0};$$

et, en portant dans (17),

$$(48) \begin{cases} I = E_1 \sqrt{\dfrac{Y}{Z}} \dfrac{\left(\varepsilon^{+\alpha l} + \varepsilon^{-\alpha l}\right) \cos \beta l - j\left(\varepsilon^{+\alpha l} - \varepsilon^{-\alpha l}\right) \sin \beta l}{\left(\varepsilon^{+\alpha l_0} - \varepsilon^{-\alpha l_0}\right) \cos \beta l_0 - j\left(\varepsilon^{+\alpha l_0} + \varepsilon^{-\alpha l_0}\right) \sin \beta l_0} \\[3ex] E = E_1 \dfrac{\left(\varepsilon^{+\alpha l} - \varepsilon^{-\alpha l}\right) \cos \beta l - j\left(\varepsilon^{+\alpha l} + \varepsilon^{-\alpha l}\right) \sin \beta l}{\left(\varepsilon^{+\alpha l_0} - \varepsilon^{-\alpha l_0}\right) \cos \beta l_0 - j\left(\varepsilon^{+\alpha l_0} + \varepsilon^{-\alpha l_0}\right)\sin \beta l_0}. \end{cases}$$

A l'extrémité à la terre, $l = 0$:

$$(49) \quad I_0 = \frac{2E_1 \sqrt{\dfrac{Y}{Z}}}{\left(\varepsilon^{+\alpha l_0} - \varepsilon^{-\alpha l_0}\right) \cos \beta l_0 - j\left(\varepsilon^{+\alpha l_0} + \varepsilon^{-\alpha l_0}\right) \sin \beta l_0}.$$

De (48) et (49) on tire :

$$(50) \begin{cases} I = \dfrac{1}{2} I_0 \left\{ \left(\varepsilon^{+\alpha l} + \varepsilon^{-\alpha l}\right) \cos \beta l - j\left(\varepsilon^{+\alpha l} - \varepsilon^{-\alpha l}\right) \sin \beta l \right\} \\[2ex] \text{et} \\[2ex] E = \dfrac{1}{2} I_0 \sqrt{\dfrac{Z}{Y}} \left\{ \left(\varepsilon^{+\alpha l} - \varepsilon^{-\alpha l}\right) \cos \beta l - j\left(\varepsilon^{+\alpha l} + \varepsilon^{-\alpha l}\right) \sin \beta l \right\}. \end{cases}$$

Dans ce cas, les points bas de voltage et les crêtes de courant apparaissent à $l = 0$ et aux quadrants pairs $\beta l = 2n\dfrac{\pi}{2}$; les points bas de courant et les crêtes de voltage apparaissent aux quadrants impairs $\beta l = (2n - 1)\dfrac{\pi}{2}$.

C) *Conducteur infiniment long.*

18. — Si une f. é. m. E_0 est appliquée à un conducteur infiniment long, c'est-à-dire de telle longueur qu'il n'arrive pas à l'extrémité une portion appréciable de la puissance entrant dans le conducteur, nous avons :

pour $l = 0$

$$E = E_0.$$

et pour $l = \infty$

$$E = o \quad et \quad I = o;$$

d'où, en substituant en (23) :

$$A_2 = o$$

et

$$E_0 = \sqrt{\frac{Z}{Y}}\, A_1 ;$$

d'où

$$(51) \quad \begin{cases} I = E_0 \sqrt{\dfrac{Y}{Z}}\, \varepsilon^{-\alpha l} (\cos \beta l + j \sin \beta l) \\[2ex] et \\[2ex] E = E_0\, \varepsilon^{-\alpha l} (\cos \beta l + j \sin \beta l). \end{cases}$$

Il résulte de (51) que :

$$\frac{E}{I} = \sqrt{\frac{Z}{Y}},$$

c'est-à-dire qu'un conducteur infiniment long agit comme une impédance

$$Z_1 = \sqrt{\frac{Z}{Y}} = r_1 - j x_1,$$

et le courant en chaque point du conducteur a ainsi le même angle de phase-espace avec le voltage :

$$\operatorname{tg} \alpha_1 = \frac{x_1}{r_1}.$$

L'impédance équivalente d'un conducteur infiniment long est :

$$(52) \quad Z_1 = \sqrt{\frac{Z}{Y}} = \frac{V}{Y} = \frac{\alpha - j\beta}{g - jb} = \frac{\alpha g + \beta b}{y^2} - j\,\frac{\beta g - \alpha b}{y^2}.$$

et l'angle de phase-espace est :

$$(53) \quad \operatorname{tg} \alpha_1 = \frac{\beta g - \alpha b}{\alpha g + \beta b}.$$

Si $g = o$ et $x = o$ nous avons :

$$\alpha = \beta = \sqrt{\frac{br}{2}}$$

et

$$\lg z_1 = 1$$
$$z_1 = 45°\,;$$

c'est-à-dire que le courant et la f. é. m. diffèrent d'un huitième de période.

C'est approximativement le cas dans les câbles, dans lesquels les pertes diélectriques et l'inductance sont faibles.

Un conducteur infiniment long montre ainsi la propagation d'onde dans la forme la plus simple et la plus claire, puisque l'onde réfléchie est absente.

D) *Générateur alimentant un circuit fermé.*

19. — Soit $l = 0$ pris au centre du circuit; alors :

$$E_l = -E_{-l} \quad \text{et} \quad I_l = I_{-l};$$

d'où

$$E = 0 \quad \text{à} \quad l = 0,$$

et les équations sont les mêmes que celles d'une ligne mise à la terre à l'extrémité $l = 0$ qui a été discutée en (B).

E) *Ligne de longueur quart d'onde.*

20. — Le cas d'une ligne de longueur quart d'onde est intéressant.

Soit la longueur l_0 de la ligne égale à un quart d'onde de f. é. m. appliquée :

$$(54) \qquad\qquad \beta l_0 = \frac{\pi}{2}.$$

Pour illustrer le caractère général du phénomène, nous pourrons comme première approximation négliger les pertes d'énergie dans le circuit, c'est-à-dire supposer que la résistance r et la conductance g sont négligeables en comparaison de x et de b

$$r = 0 = g.$$

Ces valeurs portées en (14) donnent :

$$(55) \qquad\qquad \alpha = 0 \quad \text{et} \quad \beta = \sqrt{xb}.$$

Comptons la distance l à partir de l'extrémité de la ligne l_0 ; nous avons pour $l = 0$

$$(56) \qquad \left\{ \begin{array}{l} E_0 = e_0 + je_0' \\[2mm] \text{et} \\[2mm] I_0 = i_0 + ji_0', \end{array} \right.$$

et, au commencement de la ligne pour $l = l_0$

$$(57) \qquad \left\{ \begin{array}{l} E_1 = e_1 + je_1' \\[2mm] \text{et} \\[2mm] I_1 = i_1 + ji'. \end{array} \right.$$

De (54) et (55) on tire :

$$(58) \qquad l_0 = \frac{\pi}{2\sqrt{xb}} \cdot$$

Portons (56) (57) et (54) en (17) ; on a :

$$I_0 = A_1 - A_2$$

et

$$E_0 = \sqrt{\frac{Z}{Y}}\,(A_1 + A_2) = \sqrt{\frac{x}{b}}\,(A_1 + A_2);$$

ou

$$I_1 = -j\,(A_1 + A_2)$$

et

$$E_1 = -j\sqrt{\frac{Z}{Y}}\,(A_1 + A_2) = -j\sqrt{\frac{b}{x}}\,(A_1 - A_2);$$

d'où, en éliminant A_1 et A_2, on a les relations entre les quantités électriques à l'extrémité génératrice de la ligne quart d'onde, E_1, I_1, et à l'extrémité réceptrice, E_0, I_0 :

$$(59) \qquad \left\{ \begin{array}{l} E_0 = j\sqrt{\frac{x}{b}}\,I_1 \\[3mm] \text{et} \\[3mm] I_0 = j\sqrt{\frac{b}{x_0}}\,E_1, \end{array} \right.$$

dont les valeurs absolues sont

$$(60) \qquad \left.\begin{array}{l} E_0 = \sqrt{\dfrac{x}{b}}\, I_1 \\[2em] I_0 = \sqrt{\dfrac{b}{x}}\, E_1 ; \end{array}\right\} \text{et}$$

ce qui indique que si le voltage d'alimentation E_1 est constant, le courant à l'extrémité réceptrice I_0 est constant aussi et décalé de 90 degrés-espace en arrière du voltage entrant ; si le courant d'alimentation I_1 est constant, le voltage sortant E_0 est constant, et retardé de 90 degrés-espace, et inversement. Une ligne quart d'onde de pertes négligeables convertit ainsi le potentiel constant en intensité constante, ou l'intensité constante en potentiel constant.

De (60) on tire

$$E_0 I_0 = I_1 E_1,$$

ou

$$E_0 = \frac{E_1 I_1}{I_0} ;$$

donc, si $I_0 = 0$, c'est-à-dire si la ligne est ouverte à l'extrémité $E_0 = \infty$, et avec une alimentation à voltage fini sur une ligne de longueur quart d'onde, un voltage infini (ou extrêmement haut) est produit à l'autre bout.

Un tel circuit peut donc être employé pour produire de très hauts voltages.

Puisque $x_0 = l_0 x =$ réactance totale et $b_0 = l_0 b =$ susceptance totale du circuit, nous avons par (58) :

$$(61) \qquad x_0 b_0 = \frac{\pi^2}{4},$$

ou la condition de longueur quart d'onde.

Substituons $x_0 = 2\pi f L_0$ et $b_0 = 2\pi f C_0$; nous avons :

$$(62) \qquad L_0 C_0 = \frac{1}{16 f^2},$$

ou

$$(63) \qquad f = \frac{1}{4\sqrt{L_0 C_0}},$$

condition de transmission quart d'onde.

21. — Si la résistance r et la conductance g d'un circuit quart d'onde ne sont pas négligeables, en substituant (56) (54) et (57) en (17), nous avons, pour $l = 0$

$$(64)\quad \left\{ \begin{aligned} &\text{et} \quad\quad I_0 = A_1 - A_2 \\[1mm] &\quad\quad\quad E_0 = \sqrt{\frac{Z}{Y}}\,(A_1 + A_2), \end{aligned}\right.$$

et pour

$$l = l_0.$$

$$(65)\quad \left\{ \begin{aligned} &\text{et} \quad I_1 = -j\left\{ A_1\varepsilon^{+\alpha l_0} + A_2\varepsilon^{-\alpha l_0}\right\} \\[1mm] &\quad\quad E_1 = -j\sqrt{\frac{Z}{Y}}\left\{ A_1\varepsilon^{+\alpha l_0} - A_2\varepsilon^{-\alpha l_0}\right\}. \end{aligned}\right.$$

De (64) il suit que :

$$(66)\quad \left\{ \begin{aligned} &\text{et}\quad A_1 = \tfrac{1}{2}\left(I_0 + \sqrt{\frac{Y}{Z}}\,E_0\right) \\[2mm] &\quad\quad A_2 = -\tfrac{1}{2}\left(I_0 - \sqrt{\frac{Y}{Z}}\,E_0\right); \end{aligned}\right.$$

en substituant en (65) et transposant, nous avons :

$$(67)\quad \left\{ \begin{aligned} &I_1 = -j\left\{ E_0\sqrt{\frac{Y}{Z}}\,\frac{\varepsilon^{+\alpha l_0}+\varepsilon^{-\alpha l_0}}{2} + I_0\,\frac{\varepsilon^{+\alpha l_0}-\varepsilon^{-\alpha l_0}}{2}\right\} \\[2mm] &\text{et} \\[1mm] &E_1 = -j\left\{ I_0\sqrt{\frac{Z}{Y}}\,\frac{\varepsilon^{+\alpha l_0}+\varepsilon^{-\alpha l_0}}{2} + E_0\,\frac{\varepsilon^{+\alpha l_0}-\varepsilon^{-\alpha l_0}}{2}\right\} \end{aligned}\right.$$

ou

$$(68)\quad \left\{ \begin{aligned} &I_0 = j\left\{ E_1\sqrt{\frac{Y}{Z}}\,\frac{\varepsilon^{+\alpha l_0}+\varepsilon^{-\alpha l_0}}{\varepsilon^{+2\alpha l_0}+\varepsilon^{-2\alpha l_0}} - I_1\,\frac{\varepsilon^{+\alpha l_0}-\varepsilon^{-\alpha l_0}}{\varepsilon^{+2\alpha l_0}+\varepsilon^{-2\alpha l_0}}\right\} \\[2mm] &\text{et} \\[1mm] &E_0 = j\left\{ I_1\sqrt{\frac{Z}{Y}}\,\frac{\varepsilon^{+\alpha l_0}+\varepsilon^{-\alpha l_0}}{\varepsilon^{+2\alpha l_0}+\varepsilon^{-2\alpha l_0}} - E_1\,\frac{\varepsilon^{+\alpha l_0}-\varepsilon^{-\alpha l_0}}{\varepsilon^{+2\alpha l_0}+\varepsilon^{-2\alpha l_0}}\right\}, \end{aligned}\right.$$

ou, d'une manière analogue à l'équation (59),

$$(69) \quad \left\{ \begin{array}{l} I_0 = \sqrt{\dfrac{Y}{Z}} \left\{ \dfrac{2jE_1}{\varepsilon^{+\alpha l_0} + \varepsilon^{-\alpha l_0}} - \dfrac{E_0\left(\varepsilon^{+\alpha l_0} - \varepsilon^{-\alpha l_0}\right)}{\varepsilon^{+\alpha l_0} + \varepsilon^{-\alpha l_0}} \right\} \\[2em] \text{et} \\[2em] E_0 = \sqrt{\dfrac{Z}{Y}} \left\{ \dfrac{2jI_1}{\varepsilon^{+\alpha l_0} + \varepsilon^{-\alpha l_0}} - \dfrac{I_0\left(\varepsilon^{+\alpha l_0} - \varepsilon^{-\alpha l_0}\right)}{\varepsilon^{+\alpha l_0} + \varepsilon^{-\alpha l_0}} \right\}. \end{array} \right.$$

Dans ces équations, les seconds termes sont généralement faibles, à cause du facteur $\left(\varepsilon^{+\alpha l_0} - \varepsilon^{-\alpha l_0}\right)$, et les premiers termes représentent une transformation de potentiel constant en intensité constante.

22. — Dans une ligne quart-d'onde, avec une f. é. m. constante appliquée, E_1, le courant issu I_0 est approximativement constant et décalé de 90° derrière E_1 ; il tombe légèrement, cependant, lorsqu'on augmente la charge, c'est-à-dire en accroissant I_1, à cause du second terme de l'équation (68) ; le voltage au bout de la ligne E_0, avec un voltage constant appliqué, est approximativement proportionnel à la charge ; il ne tend pas vers l'infini à circuit ouvert, mais atteint une limite finie, quoique élevée.

Inversement, avec un courant absorbé constant, le voltage issu est approximativement constant et le courant issu proportionnel à la charge.

L'écart de I_0 par rapport à la constance, avec E_1 constant, ou l'écart de la constance de E_0, avec I_1 constant, dépend du second terme avec le facteur $\varepsilon^{+\alpha l_0} - \varepsilon^{-\alpha l_0}$.

Substituons (54)

$$\alpha l_0 = \frac{\alpha}{\beta} \frac{\pi}{2} ;$$

αl_0 est généralement une très faible quantité et $\varepsilon^{\pm \alpha l_0} = \varepsilon^{\pm \frac{\alpha}{\beta} \frac{\pi}{2}}$ peut alors être représenté par les premiers termes de la série :

$$\varepsilon^{\pm \frac{\alpha}{\beta} \frac{\pi}{2}} = 1 \pm \frac{\alpha}{\beta} \frac{\pi}{2} + \frac{1}{2} \left(\frac{\alpha}{\beta} \frac{\pi}{2}\right)^2 \pm \frac{1}{2 \times 3} \left(\frac{\alpha}{\beta} \frac{\pi}{2}\right)^3 + \pm \ldots$$

$$= 1 \pm \frac{\alpha}{\beta} \frac{\pi}{2},$$

d'où

$$\frac{\epsilon^{+\alpha l_0} + \epsilon^{-\alpha l_0}}{2} = 1$$

et

$$\frac{\epsilon^{+\alpha l_0} - \epsilon^{-\alpha l_0}}{2} = \frac{\alpha}{\beta}\frac{\pi}{2};$$

et par, (69),

$$(70)\qquad \begin{cases} I_0 = j\sqrt{\frac{Y}{Z}}\,E_1 - \frac{\alpha}{\beta}\frac{\pi}{2}\sqrt{\frac{Y}{Z}}\,E_0 \\[2mm] \text{et} \\[2mm] E_0 = j\sqrt{\frac{Z}{Y}}\,I_1 - \frac{\alpha}{\beta}\frac{\pi}{2}\sqrt{\frac{Z}{Y}}\,I_0. \end{cases}$$

Si r et g sont faibles devant x et b,

$$\beta = \sqrt{\frac{1}{2}(zy - rg + xb)} = \sqrt{xb}$$

et

$$\alpha = \sqrt{\frac{1}{2}(zy + rg - xb)}.$$

Par le théorème du binôme :

$$zy = \sqrt{(r^2 + x^2)(g^2 + b^2)} = xb\left\{\left[1 + \left(\frac{r}{x}\right)^2\right]\left[1 + \left(\frac{g}{b}\right)^2\right]\right\}^{\frac{1}{2}}$$

$$= xb\left\{1 + \frac{1}{2}\left(\frac{r}{x}\right)^2 + \frac{1}{2}\left(\frac{g}{b}\right)^2 + \cdots\right\};$$

donc

$$\alpha = \sqrt{\frac{1}{2}\left\{\frac{1}{2}\left(\frac{x}{r}\right)^2 + \frac{1}{2}\left(\frac{g}{b}\right)^2 + \frac{rg}{bx}\right\}bx}$$

$$= \sqrt{\frac{bx}{2}\left(\frac{r}{x} + \frac{g}{b}\right)},$$

et

$$\frac{\alpha}{\beta} = \frac{1}{2}\left(\frac{r}{x} + \frac{g}{b}\right).$$

La quantité

$$(71) \qquad \frac{\alpha}{\beta} = \frac{1}{2}\left(\frac{r}{x} + \frac{g}{b}\right) = u$$

peut être appelée la *constante de temps du circuit*.

Les équations de la *transmission quart d'onde* sont ainsi :

$$(72) \qquad \begin{cases} I_0 = \sqrt{\dfrac{Y}{Z}}\,\Big\{ jE_1 - \dfrac{u\pi}{2}\,E_0 \Big\} \\[2em] \text{et} \\[1em] E_0 = \sqrt{\dfrac{Z}{Y}}\,\Big\{ jI_1 - \dfrac{u\pi}{2}\,I_0 \Big\}. \end{cases}$$

et le voltage maximum E_0 à l'extrémité ouverte du circuit, avec f. é. m. constante appliquée E_1, est

$$I_0 = 0$$

et

$$(73) \qquad E_0 = \frac{2jE_1}{u\pi}.$$

Le courant absorbé est

$$(74) \qquad I_1 = -j\sqrt{\frac{Y}{Z}}\,E_0 = \frac{2E_1}{u\pi}\sqrt{\frac{Y}{Z}},$$

où, approximativement,

$$(75) \qquad \sqrt{\frac{Z}{Y}} = \sqrt{\frac{L}{C}}.$$

23. — Considérons, comme exemple, une bobine à haut potentiel d'un transformateur avec une extrémité reliée à une source de haut potentiel pour essayer son isolement à la masse, tandis que l'autre extrémité est libre.

Supposons les constantes suivantes par unité de longueur du circuit : $r = 0,1$ ohm ; $L = 0,02$ mlh ; $C = 0,01 \times 10^{-6}$ farad et $g = 0$; alors, si la longueur du circuit est $l_0 = 100$, la fréquence quart d'onde est, d'après (47)

$$f = \frac{1}{4\,l_0\,\sqrt{LC}} = 177 \text{ périodes par seconde,}$$

ou très près du troisième harmonique d'une tension appliquée avec 60 cycles.

Si, toutefois, la fréquence d'essai est un peu basse, 59 cycles, le circuit est un quart d'onde du troisième harmonique.

Supposons une f. é. m. appliquée de 50 000 volts et 59 cycles contenant un troisième harmonique de 10 pour cent ou $E_1 = 5\,000$ volts et 177 cycles pour cet harmonique; nous avons $x = 22,2$ ohms et $b = 11,1 \times 10^{-6}$ ohm; d'où

$$u = 0{,}00225$$

et

$$E_0 = \frac{2}{u\pi}\, E_1 = 283\, E_1;$$

comme $E_1 = 5\,000$ volts, $E_0 = 1\,415\,000$ volts, c'est-à-dire infini, en ce qui concerne la résistance de l'isolement.

Des circuits quart d'onde peuvent ainsi être employés, et sont employés, pour produire des voltages extrêmement hauts, et si une fréquence suffisamment haute est adoptée — 100 000 cycles et plus, comme dans la télégraphie sans fil, — la longueur du circuit est modérée.

Cette méthode de production de hauts voltages a l'inconvénient de ne pas donner un potentiel constant, mais le haut voltage est dû à la tendance qu'a le circuit de maintenir une intensité constante, ce qui donnerait un voltage infini pour une résistance infinie ou à circuit ouvert; mais aussitôt que le courant est fermé, le haut voltage tombe. Le grand avantage de la méthode du quart d'onde, pour la production des hauts voltages est sa simplicité et la facilité d'isolement; comme le voltage croît graduellement le long du circuit, le point à haut voltage ou extrémité du circuit peut être placé à une distance quelconque de la source de puissance qui peut être ainsi facilement protégée.

24. — Comme un circuit quart d'onde transforme de potentiel constant en intensité constante, il n'est pas possible, avec un voltage constant appliqué à un circuit approximativement quart d'onde, de recueillir un voltage constant à l'autre extrémité du circuit. Longtemps avant que le circuit atteigne la longueur quart d'onde et aussitôt qu'il devient une partie appréciable d'un quart d'onde, cette tendance de maintenir le courant constant se fait sentir par de grandes variations de voltage lorsque la charge varie à l'extrémité réceptrice, quoique le voltage appliqué à l'extrémité génératrice soit maintenu constant. C'est-à-dire que lorsqu'on accroît la longueur des lignes de transmission, la constance du voltage à l'extrémité réceptrice devient sérieusement altérée par cela, même si la résistance de la ligne est modérée, et l'usage d'appareils qui exigent une constance approximative du voltage et ne peuvent être alimentés à intensité constante — comme le plus grand nombre des appareils synchrones — devient difficile.

Donc, à l'extrémité des très longues lignes de transmission, le réglage du voltage devient mauvais, les machines synchrones tendent vers l'instabilité et doivent être munies de dispositifs stabilisateurs puissants, leur donnant des caractéristiques de moteurs d'induction ; avec une ligne approchant de la longueur quart d'onde, le réglage de voltage à l'extrémité réceptrice cesse.

Dans ce cas, la transformation potentiel constant-intensité constante peut être employée pour produire un voltage constant ou approximativement tel avec la charge, par alimentation de la ligne à intensité constante. C'est-à-dire que l'on rend la ligne quart d'onde en modifiant ses constantes, ou en choisissant la fréquence convenable ; les générateurs sont alors établis pour régler l'intensité constante et donner ainsi un voltage variable avec la charge et sont connectés en série (avec des générateurs à intensité constante, le fonctionnement en série est stable, tandis que celui en quantité est instable); ils fournissent donc à la ligne quart d'onde un voltage variable et une intensité constante. A l'extrémité réceptrice de la ligne, le voltage reste constant lorsque la charge varie, ou plutôt ce voltage baisse légèrement quand la charge augmente, à cause de la perte en ligne. Pour maintenir constant le voltage récepteur à toutes charges, il faudrait alors un léger accroissement du courant des générateurs quand la charge augmente, ce qui peut être produit par un compoundage réglé par le voltage.

Dans une telle transmission quart d'onde, le voltage à l'extrémité réceptrice demeure alors constant, pendant que le courant issu de la ligne croît à partir de zéro à vide. A l'extrémité génératrice, le courant reste à peu près constant, en croissant depuis la marche à vide jusqu'à la pleine charge de la proportion nécessaire pour compenser les pertes en ligne, tandis que le voltage aux générateurs croît, en partant de à peu près zéro à vide, lorsque la charge augmente, et à peu près proportionnellement à elle.

25. — Il y a, cependant, une sérieuse limite imposée à la transmission quart-d'onde par des considérations de voltage ; pour utiliser économiquement la ligne de transmission, le voltage, tout le long de cette ligne, ne doit pas varier beaucoup, puisque l'isolement de la ligne dépend de son maximum, tandis que le rendement de transmission dépend du voltage moyen et une ligne dans laquelle le voltage aux deux extrémités est très différent n'est pas économique.

Pour utiliser le cuivre de la ligne et son isolement économiquement, dans une transmission quart d'onde, les voltages aux deux extrémités devraient être approximativement égaux pour la charge maximum. Ces voltages sont reliés entre eux et au courant par les constantes de la ligne selon les équations (72).

Par ces équations, en négligeant le terme contenant u, et en réduisant aux valeurs absolues, nous avons approximativement :

$$i_0 = \sqrt{\frac{y}{z}}\, e_1$$

et

$$e_0 = \sqrt{\frac{z}{y}}\, i_1 ;$$

et, si $e_1 = e_0$,

$$i_0 = \sqrt{\frac{y}{z}}\, e_0 ;$$

donc la puissance est

$$p_0 = e_0 i_0 = \sqrt{\frac{y}{z}}\, e_0^2,$$

ou

$$(76) \qquad e_0^2 = p_0 \sqrt{\frac{z}{y}}.$$

Donc, le voltage e_0 nécessité pour transmettre la puissance p_0 sans grandes différences de potentiel dans la ligne, dépend de la puissance p_0 et des constantes de la ligne et inversement.

26. — Comme exemple d'une transmission quart d'onde, on peut considérer le transport de 60000 kilowatts à une distance de 700 milles (environ 1130 kilomètres), pour alimenter un réseau général de distribution triphasée de 95 pour 100 de facteur de puissance, décalage arrière.

L'établissement de la ligne de transmission est basée sur un compromis entre des exigences diverses et contradictoires ; l'économie dans le premier établissement nécessite le plus haut voltage possible et la plus petite section de conducteur, ou une forte perte de puissance en ligne ; l'économie dans le fonctionnement exige un haut voltage et une forte section de conducteur, ou une faible perte de puissance ; la facilité de manœuvre de la ligne exige le plus faible voltage admissible et par suite une forte section de conducteur ou une forte perte de puissance ; la facilité de manœuvre du réseau récepteur exige un bon réglage de tension et ainsi une faible résistance de ligne, etc...

Supposons que le voltage efficace maximum entre les conducteurs de ligne est limité à 120000 volts et qu'il y a deux lignes sur poteaux distincts, chacun portant trois fils d'une section de 2,5 cm², ces fils étant placés à $1^m,80$ l'un de l'autre, et que le neutre est mis à la terre.

S'il n'y avait aucune perte d'énergie dans la ligne et aucun accroissement de capacité par les isolateurs, etc... la vitesse de propagation serait celle de la lumière, $S = 300000$ kilomètres par seconde, et la fréquence quart d'onde de la ligne serait pour $l_0 = 700$ milles

$$f = \frac{S}{4l_0} = 67 \text{ cycles par seconde,}$$

c'est-à-dire assez près de la fréquence normale de 60 cycles.

La perte de puissance dans la ligne, l'accroissement d'inductance par le champ magnétique intérieur du conducteur (qui n'existerait pas dans un conducteur de conductibilité parfaite ou de pertes nulles par résistance), l'accroissement de capacité par les isolateurs, poteaux, etc..., réduisent la fréquence au-dessous de celle qui correspond à la vitesse de la lumière et l'amènent près de 60 cycles.

Soit, dans une ligne comme ci-dessus, les constantes suivantes par mille (soit 1,6 km.) de conducteur double : $r = 0,055$ ohm ; L =

o,oo1 henry et $C = 0,032 \ 10^{-6}$ farad, par mille ; en négligeant la conductance g, la fréquence quart d'onde est

$$f = \frac{1}{4 l_0 \sqrt{LC}} = 63 \text{ cycles par seconde.}$$

On peut prendre la fréquence de 63, c'est-à-dire un peu au-dessus de la fréquence normale, 60, ou bien accroître un peu l'inductance ou la capacité de la ligne pour ramener la fréquence à 60.

Supposons L augmenté à o,oo11 henry ; on a alors $f = 60$ cycles par seconde et les constantes de la ligne sont $l_0 = 700$ milles ; $f = 60$ cycles par seconde ; $r = 0,055$ ohm ; $L = 0,0011$ henry ; $C = 0,032 \times 10^{-6}$ farad et $g = 0$; d'où $x = 0,415$ ohm ; $z = 0,42$ ohm ; $Z = 0,055 - 0,415 \, j$ ohm ; $b = 12,1 \times 10^{-6}$ mho ; $y = 12,1 \times 10^{-6}$ mho ; $Y = -j \, 12,1 \times 10^{-6}$ mho, et

$$\sqrt{\frac{Z}{Y}} = 186 + 12 j$$

$$\sqrt{\frac{z}{y}} = 186$$

$$u = \frac{1}{2} \left(\frac{r}{x} + \frac{g}{b} \right) = 0,066$$

$$\beta = 2,247 \times 10^{-3}$$

$$\alpha = u\beta = 0,148 \times 10^{-3}.$$

Avec 60 000 kilowatts totaux absorbés, ou 20 000 kilowatts par ligne, et 120 000 volts entre lignes, ou $\dfrac{120\,000}{\sqrt{3}} = 69\,000$ volts par ligne, et avec environ 95 pour cent de facteur de puissance, le courant entrant à pleine charge est 306 amp. par ligne (de deux conducteurs en quantité).

Pour obtenir approximativement le même voltage aux deux extrémités de la ligne, pour la pleine charge, $p = 20 \times 10^6$ watts, nous devons avoir approximativement d'après l'équation (76) :

$$e^2 = p \sqrt{\frac{z}{y}}$$

$$e = 61\,000 \text{ volts.}$$

Supposons alors que l'on ait à l'extrémité réceptrice un voltage de 110 000 volts entre lignes, ou 63 500 par ligne, et choisissons le courant issu de la ligne comme vecteur zéro, et comptons la distance depuis l'extrémité réceptrice vers le générateur ; nous avons pour $l = 0$

$$1 = I_0 = i_0.$$

et le voltage à 95 pour cent de facteur de puissance, ou $\sqrt{1 - 0{,}95^2} = 0{,}312$ de facteur d'inductance, est

$$E = E_0 = e_0(0{,}95 - 0{,}312\, j)$$
$$= 60\,300 - 19\,800\, j.$$

Substituons ces valeurs dans l'équation (72) ; on a :

$$i_0 = \frac{\{\, j E_1 - 0{,}104(60\,300 - 19\,800 j)\,\}}{186 + 12\, j},$$

$$60\,300 - 19\,800 j = (186 + 12\, j)(j I_1 - 0{,}104\, i_0) ;$$

d'où

$$j E_1 = (186 + 12\, j) i_0 + (6\,250 - 2\,060 j)$$

et

$$j I_1 = \frac{60\,600 - 19\,800 j}{186 + 12\, j} + 0{,}104\, i_0 ;$$
$$= 317 - 128\, j + 0{,}104\, i_0.$$

et les valeurs absolues sont :

$$e_1 = \sqrt{(186\, i_0 + 6\,250)^2 + (12\, i_0 - 2\,060)^2}$$

$$i_0 = \sqrt{(317 + 0{,}104\, i_0)^2 + 128^2} ;$$

De là se déduisent la puissance rendue et absorbée, le rendement, le facteur de puissance, etc.

Dans la figure 84, la puissance rendue est en abscisses ; et on a porté en ordonnées les quantités suivantes : voltage entrant e_1 et rendu e_0 en lignes pleines ; ampères entrant i_1 et sortant i_0 en traits pointillés ; puissance entrant p_1 et sortant p_0 en traits mixtes ; rendement et facteur de puissance en longs pointillés.

Comme on le voit, le facteur de puissance est au-dessus de 93 pour cent, courant en avant, pour le générateur, et le rendement atteint près de 85 pour cent.

A pleine charge absorbée de 20 000 kilowatts par phase et 95 pour cent de facteur de puissance, courant en arrière, pour la puissance

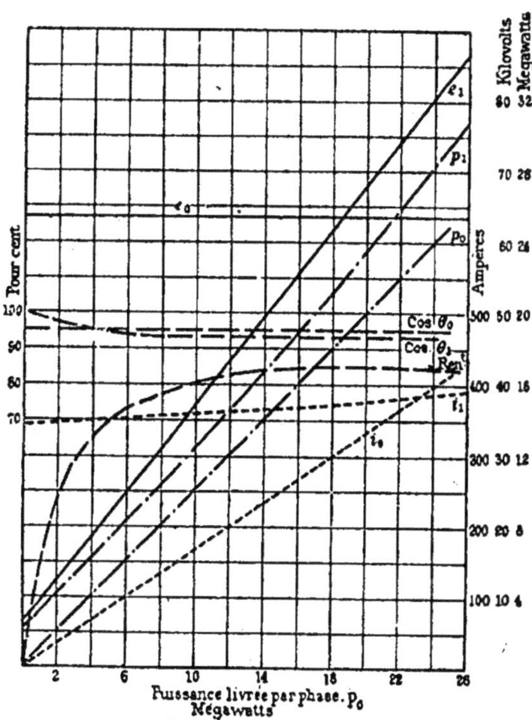

Fig. 84. — Transmission quart d'onde à longue distance.

rendue, le voltage du générateur est 58 500 ou encore 8 pour cent au-dessous du voltage rendu de 63 500. Le voltage du générateur égale le voltage rendu à 10 pour cent de surcharge, et l'excède de 14 pour cent à 25 pour cent de surcharge.

Pour maintenir constant le voltage à l'extrémité réceptrice de la ligne, le courant du générateur a été accru de 342 ampères à vide à 370 ampères à pleine charge ou de 8,2 pour cent ; inversement, à courant constant absorbé, le voltage rendu tomberait, depuis zéro jusqu'à pleine charge, d'environ 8 pour cent. Ceci, avec une ligne ayant une chute de 15 pour cent par résistance, est un réglage de voltage bien meilleur que celui qui peut être produit par une alimentation à potentiel constant, sauf si l'on emploie des machines synchrones pour régler la phase.

CHAPITRE III

—

PÉRIODE NATURELLE D'UNE LIGNE DE TRANSMISSION

27. — Une application intéressante des équations de la transmission à longue distance, données dans le chapitre précédent, peut
être faite par la détermination de la *période naturelle d'une ligne de
transmission*, c'est-à-dire la fréquence à laquelle une telle ligne décharge une charge accumulée d'électricité atmosphérique (foudre),
ou oscille à cause d'une brusque variation de charge, comme une
rupture de circuit, ou, en général, une modification des conditions
du circuit, comme la fermeture, etc...

La décharge d'un condensateur au travers d'un circuit contenant
self-inductance et résistance est oscillatoire (si la résistance n'excède
pas une certaine valeur critique dépendant de la capacité et de la self-
inductance) ; c'est-à-dire que le courant de décharge est alternatif et
d'intensité constamment décroissante. La fréquence de cette décharge
oscillante dépend de la capacité C et de la self-inductance L du circuit, et beaucoup moins de la résistance, de telle sorte que si la résistance du circuit n'est pas excessive, la fréquence d'oscillation peut,
en négligeant la résistance, être représentée avec une approximation
passable et même approchée, par la formule :

$$f = \frac{1}{2\pi\sqrt{CL}}.$$

Une ligne de transmission électrique représente un circuit ayant de
la capacité aussi bien que de la self-inductance ; et alors, lorsqu'elle

est chargée à un certain potentiel, par exemple grâce à l'électricité atmosphérique, ou par induction d'un nuage chargé passant au-dessous ou près de la ligne, la ligne de transmission se décharge par un courant oscillatoire.

Une telle ligne de transmission diffère néanmoins d'un condensateur ordinaire en ce sens que la capacité et la self-inductance de la première sont distribuées le long de la ligne.

En déterminant la fréquence de décharge oscillante d'une telle ligne de transmission, une approximation suffisamment approchée est obtenue en négligeant la résistance de la ligne qui, à la fréquence relativement haute des décharges oscillantes, est faible comparée à la réactance. Cette supposition amène à négliger l'amortissement de la décharge par la résistance du circuit ; le courant est considéré comme un courant alternatif d'approximativement même fréquence et même intensité que les ondes initiales de courant oscillatoire de décharge. Grâce à cela le problème est très simplifié.

28. — Soit l_0 = longueur totale d'une ligne de transmission ; l = distance depuis le commencement de la ligne ; r = résistance par unité de longueur ; x = réactance par unité de longueur = $2\pi f L$, où L = inductance par unité de longueur ; y = conductance de ligne par unité de longueur (fuites ou pertes et décharges par l'air) ; b = susceptance de capacité par unité de longueur = $2\pi f C$, où C = capacité par unité de longueur.

Négligeons la résistance de la ligne et la conductance,

$$r = 0 \quad \text{et} \quad y = 0.$$

Les constantes de ligne α et β, d'après les équations (14) du chapitre II, prennent alors la forme

$$(1) \qquad \alpha = 0 \quad \text{et} \quad \beta = \sqrt{xb},$$

et les équations (17) du chapitre II deviennent :

$$I = (A_1 - A_2)\cos\beta l - j(A_1 + A_2)\sin\beta l$$

et

$$E = \sqrt{\frac{Z}{Y}}\left\{(A_1 + A_2)\cos\beta l - j(A_1 - A_2)\sin\beta l\right\};$$

ou, en écrivant

$$A_1 - A_2 = C_1 \quad \text{et} \quad A_1 + A_2 = C_2,$$

et en substituant

$$(2) \qquad \sqrt{\frac{Z}{Y}} = \sqrt{\frac{z}{b}} = \sqrt{\frac{L}{C}} .$$

nous avons

$$(3) \qquad \left\{ \begin{array}{l} \text{et} \quad I = C_1 \cos \beta l - jC_2 \sin \beta l \\[2ex] E = \sqrt{\frac{L}{C}} \left\{ C_2 \cos \beta l - jC_1 \sin \beta l \right\}. \end{array} \right.$$

Une oscillation libre du circuit implique qu'on ne fournit ni extrait d'énergie du circuit. Ceci signifie qu'aux deux extrémités du circuit, $l = 0$ et $l = l_0$, la puissance égale zéro.

Dans ce cas, les conditions suivantes peuvent exister :

$1°$ Le courant est zéro à une extrémité, le voltage zéro à l'autre extrémité.

$2°$ Le courant est zéro aux deux extrémités et le voltage aussi.

$3°$ Le circuit n'a pas d'extrémité, mais est fermé sur lui-même.

$4°$ Le courant est en quadrature avec le voltage. Ce cas ne représente pas une oscillation libre, puisque la fréquence dépend aussi du circuit relié à la ligne, mais représente plutôt une ligne alimentant une charge déwattée, ou inductive.

Dans l'oscillation libre, le circuit peut être soit ouvert, soit mis à la terre à ses extrémités, soit fermé sur lui-même.

1) *Circuit ouvert à une extrémité, à la terre à l'autre.*

29. — Supposons le circuit à la terre à $l = 0$, ouvert à $l = l_0$; nous avons pour $l = 0$

$$E = E_0 = 0,$$

et pour $l = l_0$

$$I = I_1 = 0;$$

d'où en substituant dans les équations (3), à $l = 0$

$$C_2 = 0;$$

d'où :

$$(4) \qquad \begin{cases} \text{et} & I = C_1 \cos \beta l \\[2mm] & E = -j \sqrt{\dfrac{L}{C}}\, C_1 \sin \beta l, \end{cases}$$

et pour $l = l_0$

$$C_1 \cos \beta l_0 = 0,$$

et puisque C_1 ne peut être nul, sans quoi l'oscillation disparaîtrait tout à fait,

$$(5) \qquad \cos \beta l_0 = 0 ;$$

d'où

$$(6) \qquad \beta l_0 = (2n - 1)\frac{\pi}{2},$$

où $n = 1, 2, 3\ldots$ ou un entier quelconque, et

$$(7) \qquad \beta l = (2n - 1)\frac{\pi}{2 l_0}\, l.$$

Substituons (1) en (6) ; nous avons :

$$(8) \qquad \beta = \sqrt{xb} = \frac{(2n - 1)\pi}{2 l_0},$$

ou, en remplaçant x par $2\pi f L$ et b par $2\pi f C$, on a

$$2\pi f \sqrt{LC} = \frac{(2n - 1)\pi}{2 l_0}$$

ou

$$(9) \qquad f = \frac{2n - 1}{4 l_0 \sqrt{CL}} ;$$

est la *fréquence d'oscillation* du circuit.

La plus basse fréquence ou *fréquence fondamentale d'oscillation* est pour $n = 1$

$$(10) \qquad f_1 = \frac{1}{4 l_0 \sqrt{LC}},$$

et en outre de cette fréquence fondamentale, tous ses *multiples impairs* ou harmoniques élevés peuvent exister dans l'oscillation :

$$(11) \qquad f = (2n - 1)f_1.$$

Écrivons $L_0 = l_0 L =$ inductance totale, et $C_0 = l_0 C =$ capacité totale du circuit; l'équation (9) prend la forme :

$$(12) \qquad f = \frac{1}{4\sqrt{L_0 C_0}}.$$

La fréquence fondamentale d'oscillation d'une ligne ouverte à un bout et mise à la terre à l'autre, et ayant une inductance totale L_0 et une capacité totale C_0 est, en négligeant les pertes d'énergie

$$f_1 = \frac{1}{4\sqrt{L_0 C_0}}.$$

tandis que la fréquence d'oscillation avec inductance localisée L_0 et capacité localisée C_0, c'est-à-dire la fréquence de décharge d'un condensateur C_0 à travers une inductance L_0 est :

$$(13) \qquad f = \frac{1}{2\pi\sqrt{L_0 C_0}}.$$

La différence est due au caractère distribué de L_0 et C_0 dans la ligne de transmission ; à cause de l'inductance et de la capacité des éléments de la ligne, la phase résultante varie, et les effets de chacun des éléments sur la fréquence ne s'ajoutent pas, mais doivent se composer comme les éléments d'un quadrant projetés sur le diamètre, ou $\frac{2}{\pi}$ fois la somme, juste, par exemple, comme la f. m. m. résultante d'un enroulement distribué d'induit de n tours et i ampères qui n'est pas ni mais $\frac{2}{\pi} ni$.

Donc, l'inductance effective de la ligne de transmission en oscillation libre est

$$(14) \qquad \begin{cases} L_0' = \frac{2}{\pi} l_0 L \\ \text{et la capacité effective est} \\ C_0' = \frac{2}{\pi} l_0 C. \end{cases}$$

En employant ces valeurs effectives L_0' et C_0', la fréquence fondamentale, équation (11), apparaît alors sous la forme

$$(15) \qquad f_1 = \frac{1}{2\pi\sqrt{L_0'C_0'}},$$

qui est la même valeur que celle trouvée pour la décharge du condensateur.

En comparant avec les inductances et capacités localisées, les inductances et capacités distribuées, en oscillation libre, doivent ainsi être représentées par leurs valeurs effectives (13) et (14).

30. — En substituant dans les équations (4)

$$(16) \qquad C_1 = c_1 + jc_2.$$

on a :

$$(17) \qquad \left\{ \begin{aligned} & I = (c_1 + jc_2)\cos\beta l \\ & \text{et} \\ & E = \sqrt{\frac{L}{C}}\,(c_2 - jc_1)\sin\beta l. \end{aligned} \right.$$

D'après la définition de la quantité complexe comme représentation vectorielle d'une onde alternative, la composante cosinus de l'onde est représentée par le terme réel, la composante sinus par le terme imaginaire ; donc, une onde de la forme $c_1\cos 2\pi ft + c_2\sin 2\pi ft$ est représentée par $c_1 + jc_2$ et inversement ; les expressions (17) dans leur expression analytique sont alors :

$$(18) \qquad \left\{ \begin{aligned} & i = (c_1\cos 2\pi ft + c_2\sin 2\pi ft)\cos\beta l \\ & \text{et} \\ & e = \sqrt{\frac{C}{L}}\,(c_2\cos 2\pi ft - c_1\sin 2\pi ft)\sin\beta l. \end{aligned} \right.$$

Substituons (7) et (11) dans (18) et écrivons :

$$(19) \qquad \theta = 2\pi f_1 t \quad \text{et} \quad \tau = \frac{\pi l}{2l_0} :$$

il vient :

$$(20) \qquad \left\{ \begin{aligned} i &= \left\{ c_1\cos(2n-1)\theta + c_2\sin(2n-1)\theta \right\}\cos(2n-1)\tau \\ &= c\cos(2n-1)(\theta-\gamma)\cos(2n-1)\tau \\ \text{et} \\ e &= \sqrt{\frac{L}{C}}\left\{ c_2\cos(2n-1)\theta - c_1\sin(2n-1)\theta \right\}\sin(2n-1)\tau \\ &= -\sqrt{\frac{L}{C}}\,c\sin(2n-1)(\theta-\gamma)\sin(2n-1)\tau, \end{aligned} \right.$$

où

$$(21) \qquad \operatorname{tg}(2n-1)\gamma = \frac{c_3}{c_1} \qquad \text{et} \qquad c = \sqrt{c_1^2 + c_3^2}.$$

Dans la notation (19), θ représente *l'angle-temps* avec le cycle complet de la fréquence fondamentale d'oscillation comme une révolution ou 360 degrés, et τ représente *l'angle-distance*, avec la longueur de la ligne comme un quadrant ou 90 degrés. C'est-à-dire que les distances sont représentées par des angles, et la ligne entière est un quart d'onde de la fréquence fondamentale d'oscillation. Cette forme d'oscillation libre peut-être appelée *oscillation quart d'onde*.

L'onde de décharge ou oscillation fondamentale du circuit est ainsi :

$$(22) \qquad \begin{cases} i_1 = c \cos(\theta - \gamma_1) \cos \tau. \\[2ex] \text{et} \\[2ex] e_1 = -\sqrt{\dfrac{L}{C}}\, c \sin(\theta - \gamma_1) \sin \tau. \end{cases}$$

Avec cette onde, le voltage est maximum à l'extrémité ouverte de la ligne, $l = l_0$, et décroît graduellement jusqu'à zéro à l'autre extrémité ou commencement de la ligne, $l = 0$.

Le courant est zéro à l'extrémité ouverte de la ligne, et croît graduellement jusqu'à un maximum pour $l = 0$, où à l'extrémité de la ligne mise à la terre.

Les valeurs relatives de courant et le potentiel le long de la ligne sont ainsi représentées par la figure 85, où le courant est représenté par I et le voltage par E.

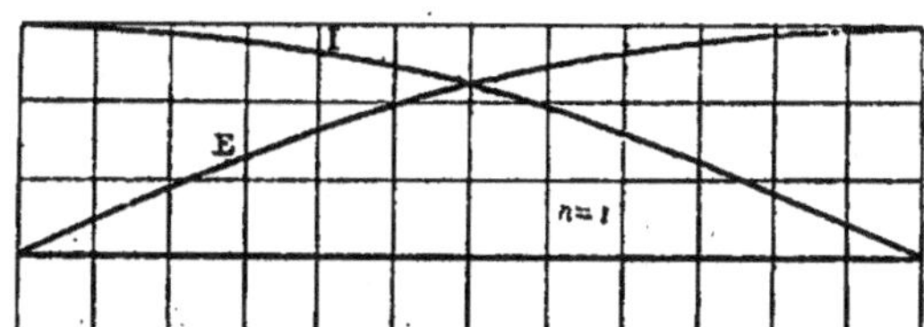

Fig. 85. — Décharge de courant et de f. é. m. le long d'une ligne de transmission ouverte à une extrémité. Fréquence fondamentale de décharge.

La fréquence de décharge suivante, plus haute, pour $n = 2$, donne :

$$(23) \qquad \begin{cases} i_3 = c_3 \cos 3(\theta - \gamma_3) \cos 3\tau \\[2ex] \text{et} \\[2ex] e_3 = -c_3 \sqrt{\dfrac{L}{C}} \sin 3(\theta - \gamma_3) \sin 3\tau. \end{cases}$$

Le voltage est ainsi de nouveau maximum à l'extrémité ouverte de la ligne, $l = l_0$ ou $\tau = \dfrac{\pi}{2} = 90°$, et décroît graduellement, mais atteint zéro aux deux tiers de la ligne, $l = \dfrac{2 l_0}{3}$ ou $\tau = \dfrac{\pi}{3} = 60°$; il croît ensuite dans la direction opposée, atteint un nouveau maximum opposé pour un tiers de la ligne $l = \dfrac{l_0}{3}$ ou $\tau = \dfrac{\pi}{6} = 30°$, et décroît à zéro jusqu'au commencement de la ligne. Il y a ainsi un nœud de voltage au point situé aux deux-tiers de la longueur de la ligne.

Le courant est zéro à l'extrémité de la ligne $l = l_0$; croît jusqu'à un maximum pour une distance des deux tiers de la longueur de la ligne, décroît jusqu'à zéro à une distance égale à un tiers de la longueur de la ligne, et croît ensuite jusqu'à un second, mais opposé,

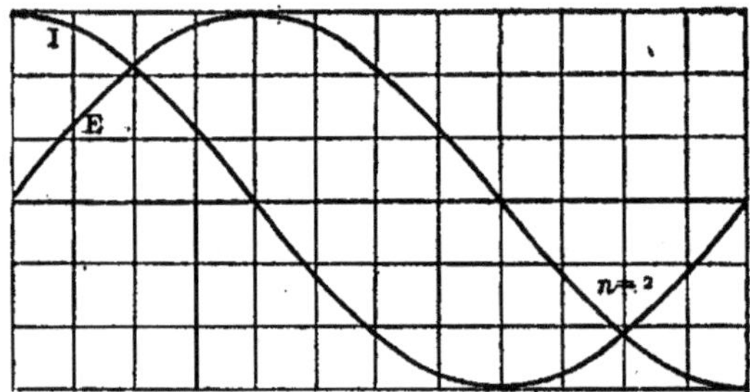

Fig. 86 — Décharge de courant et f. é. m. le long d'une ligne de transmission ouverte à une extrémité.

maximum au commencement de la ligne $l = 0$. Le courant a ainsi un nœud au point situé à une distance égale à un tiers de la longueur de la ligne.

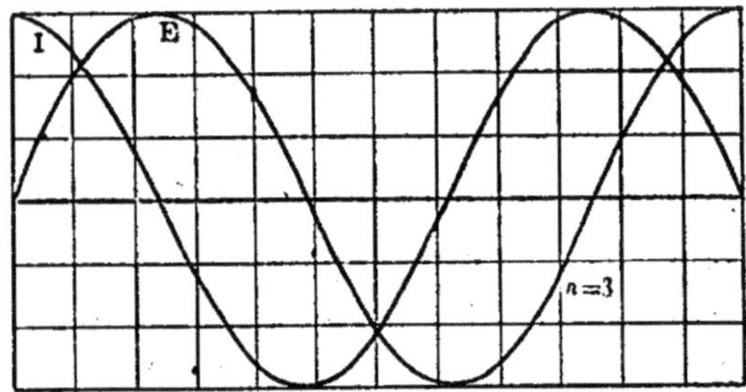

Fig. 87. — Décharge de courant et f. é. m. le long d'une ligne de transmission ouverte à une extrémité.

Les ondes de décharge $n = 2$ sont montrées sur la figure 86 ; celles avec $n = 3$, qui ont deux points nodaux, sur la figure 87.

31. — Dans le cas d'une décharge de foudre, la capacité C_0 est la capacité de la ligne par rapport à la terre, et n'a aucune relation directe avec la capacité d'un conducteur de ligne par rapport aux conducteurs de retour. La même chose a lieu pour l'inductance L_0.

Si d = diamètre du conducteur de ligne ; l_h sa hauteur au-dessus du sol et l_0 = longueur du conducteur, la capacité est :

$$(24) \quad \begin{cases} C_0 = \dfrac{1.11 \times 10^{-6}\, l_0}{2 \log \frac{4 l_h}{d}} \text{ mcf.} \\[2mm] \text{et la self-inductance :} \\[1mm] L_0 = 2 \times 10^{-6}\, l_0 \log \frac{4 l_h}{d} \text{ en mllh.} \end{cases}$$

La fréquence fondamentale d'oscillation est en substituant (24) en (10) :

$$(25) \qquad f = \frac{1}{4\sqrt{C_0 L_0}} = \frac{7,5 \times 10^9}{l_0},$$

c'est-à-dire que la fréquence d'oscillation d'une ligne se déchargeant à la terre est indépendante de la grosseur des fils de ligne et de leur distance de la terre, et dépend simplement de la longueur l_0 de la ligne, en lui étant inversement proportionnelle.

Ceci donne les valeurs numériques suivantes :

Longueur de la ligne =

10	20	30	40	50	60	80	100 milles
= 1,6	3,2	4,8	6,4	8	9,6	12,8	16 × 10⁶ cm.,

d'où la fréquence :

f_1 = 4700 2350 1570 1175 940 783 587 470 cycles par sec.

Comme on le voit, ces fréquences sont comparativement basses et, spécialement pour les très longues lignes de transmission, elles se rapprochent des fréquences d'alternateurs.

Les harmoniques élevés de l'oscillation sont les multiples impairs de ces fréquences.

Naturellement, tous ces ondes de différentes fréquences représentées par l'équation (20) peuvent exister simultanément dans la décharge oscillante d'une ligne de transmission, et, en général, la décharge oscillante d'une ligne de transmission est ainsi de la forme :

$$(26)\quad\begin{cases} i = \sum_n^{\infty} c_n \cos(2n-1)(\theta-\gamma_n)\cos(2n-1)\tau \\[2ex] e = -\sqrt{\dfrac{L}{C}}\sum_n^{\infty} c_n \sin(2n-1)(\theta-\gamma_n)\sin(2n-1)\tau. \end{cases}$$

Une oscillation simple — un seul des harmoniques — comme décharge oscillante nécessiterait une distribution sinusoïdale du potentiel sur la ligne de transmission au moment de la décharge; ce qui n'est pas probable, car, vraisemblablement toutes les décharges de foudre d'une ligne de transmission, ou toutes les oscillations produites par les variations brusques des conditions du circuit, sont des ondes complexes de beaucoup d'harmoniques dont l'importance relative dépend de la charge initiale et de sa distribution : c'est-à-dire, dans le cas de la décharge de foudre, du champ de force électrostatique atmosphérique.

La fréquence fondamentale de la décharge oscillante d'une ligne de transmission est relativement basse, et d'un ordre de grandeur pas beaucoup plus élevé que celui des fréquences en usage industriel dans les circuits à courant alternatif. Évidemment, plus la distribution du potentiel sera près de la distribution sinusoïdale avant la décharge, plus les bas harmoniques prédomineront; tandis qu'une distribution très inégale de potentiel, comme une variation très rapide au long de la ligne, amène les harmoniques élevés à prédominer.

32. — Par exemple, on peut chercher quelle est la décharge d'une ligne de transmission ayant les constantes suivantes par mille (1 609 mètres) : $r = 0,21$ ohm ; $L = 1,2 \times 10^{-3}$ henry ; $C = 0,03 \times 10^{-6}$ farad ; et une longueur $l_0 = 200$; d'où par les équations (10) et (19), $f_1 = 208$ cycles par seconde ; $\theta = 1315\,l$ et $\tau = 0,00785\,l$, quand elle est chargée à un voltage uniforme $e_0 = 60\,000$ volts, mais sans aucun courant avant la décharge ; la ligne est mise à la terre à une extrémité $l = 0$, tandis que l'autre est ouverte $l = l_0$; alors pour

$t = 0$ ou $\theta = 0$, $i = 0$, pour toutes les valeurs de τ excepté $\tau = 0$; donc, par (26)

$$\cos (2n - 1) \gamma_n = 0$$

et

$$(27) \qquad (2n - 1) \gamma_n = \frac{\pi}{2};$$

alors

$$\cos (2n - 1)(\theta - \gamma_n) = \sin (2n - 1)\theta$$
$$\sin (2n - 1)(\theta - \gamma_n) = -\cos (2n - 1)\theta;$$

d'où

$$(28) \quad
\begin{cases}
i = \displaystyle\sum_1^\infty {}_n\, c_n \sin (2n - 1)\theta \cos (2n - 1)\tau \\[2em]
\text{et} \\[1em]
e = \sqrt{\dfrac{L}{C}} \displaystyle\sum_1^\infty {}_n\, c_n \cos (2n - 1)\theta \sin (2n - 1)\tau.
\end{cases}$$

Aussi pour $t = 0$, ou $\theta = 0$, $e = e_0$ pour toutes valeurs de τ, sauf $\tau = 0$; donc, par (28)

$$(29) \qquad e_0 = \sqrt{\frac{L}{C}} \sum_1^\infty {}_n\, c_n \sin (2n - 1)\tau.$$

De l'équation (29), on détermine les coefficients c_n, de la manière usuelle d'évaluation d'une série de Fourier, c'est-à-dire en multipliant par $\sin (2m - 1)\tau$ (ou $\cos (2m - 1)\tau$) et intégrant :

$$\int_0^\pi e_0 \sin (2m - 1)\tau\, d\tau =$$

$$\sqrt{\frac{L}{C}} \sum_1^\infty {}_n\, c_n \int_0^\pi \sin (2n - 1)\tau \sin (2m - 1)\tau\, d\tau.$$

Puisque

$$\int_0^\pi \sin (2n - 1)\tau \sin (2m - 1)\tau\, d\tau$$

$$= \int_0^\pi \frac{\cos 2(n - m)\tau - \cos 2(n + m - 1)\tau}{2}\, d\tau,$$

qui est nul pour $n = \pm\, m$, tandis que pour $m = n$, le terme

$$\int_0^\pi \frac{\cos 2\,(n-m)\,\tau}{2}\,d\tau = \int_0^\pi \frac{d\tau}{2} = \frac{\pi}{2}$$

et

$$\int_0^\pi e_0 \sin(2n-1)\,\tau\,d\tau = -\,e_0\left[\frac{\cos(2n-1)\tau}{2n-1}\right]_0^\pi = \frac{2\,e_0}{2n-1},$$

nous avons :

$$\frac{2e_0}{2n-1} = c_n\,\frac{\pi}{2}\,\sqrt{\frac{L}{C}}$$

et

$$(30)\qquad c_n = \frac{4\,e_0}{(2n-1)\,\pi}\,\sqrt{\frac{C}{L}};$$

d'où :

$$i = \frac{4}{\pi}\,e_0\,\sqrt{\frac{C}{L}}\,\sum_1^\infty{}_n \frac{\sin(2n-1)\,\theta\,\cos(2n-1)\,\tau}{2n-1}$$

$$(31)\qquad = \frac{4}{\pi}\,e_0\,\sqrt{\frac{C}{L}}\left\{\sin\theta\cos\tau + \frac{\sin 3\theta\cos 3\tau}{3} + \frac{\sin 5\theta\cos 5\tau}{5} + \ldots\right\}$$

$$= 382\left\{\sin\theta\cos\tau + \frac{\sin 3\theta\cos 3\tau}{3} + \frac{\sin 5\theta\cos 5\tau}{5} + \ldots\right\}\text{ ampères}$$

et

$$e = \frac{4}{\pi}\,e_0\,\sum_1^\infty{}_n \frac{\cos(2n-1)\,\theta\,\sin(2n-1)\,\tau}{2n-1}$$

$$(32)\qquad = \frac{4}{\pi}\,e_0\left\{\cos\theta\sin\tau + \frac{\cos 3\theta\sin 3\tau}{3} + \frac{\cos 5\theta\sin 5\tau}{4} + \ldots\right\}$$

$$= 76\,400\left\{\cos\theta\sin\tau + \frac{\cos 3\theta\sin 3\tau}{3} + \frac{\cos 5\theta\sin 5\tau}{5} + \ldots\right\}\text{ volts.}$$

33 . — Comme autre exemple, supposons maintenant que cette ligne soit en court-circuit à une extrémité $l = 0$, tandis qu'on l'alimente avec un alternateur à 25 périodes à l'autre extrémité $l = l_0$, que le voltage du générateur baisse, par ce court-circuit, à 30 000, et que la ligne soit coupée du système générateur lorsque le courant de court-circuit passe à peu près par sa valeur maximum, c'est-à-dire au moment où la f. é. m. appliquée est à zéro.

A la fréquence de 25 cycles, la réactance par unité de longueur de ligne, ou par mille, (1 609 mètres), est :

$$x = 2\,\pi f_0 L = 0,188 \text{ ohm.}$$

et l'impédance est :

$$z = \sqrt{r^2 + x^2} = 0,283 \text{ ohm}$$

ou pour la ligne totale :

$$z_0 = l_0 z = 56,6 \text{ ohms;}$$

d'où pour le courant de court-circuit la valeur approximative :

$$i = \frac{e}{z_0} = \frac{30\,000}{56,6} = 530 \text{ amp.}$$

dont la valeur maximum est :

$$i_0 = 530 \times \sqrt{2} = 750 \text{ amp.}$$

Dans les équations (26) au temps $t = 0$, ou $\theta = 0$, $e = 0$; d'où :

$$\sin (2n - 1)\,\gamma_n = 0$$

et

$$\gamma_n = 0;$$

et alors :

$$(33) \quad \left\{ \begin{aligned} i &= \sum_1^\infty n\, c_n \cos (2n - 1)\theta \cos (2n - 1)\tau \\[1em] \text{et} \\[1em] e &= -\sqrt{\frac{L}{C}} \sum_1^\infty n\, c_n \sin (2n - 1)\theta \sin (2n - 1)\tau. \end{aligned} \right.$$

Cependant, pour $t = 0$, ou $\theta = 0$, et pour toutes valeurs de τ sauf $\tau = \dfrac{\pi}{2}$, $i = i_0$ (¹), d'où en substituant en (33) :

$$(34) \quad i_0 = \sum_1^\infty n\, c_n \cos (2n - 1)\tau.$$

(¹) Remarquer que pour le courant de court-circuit de l'alternateur la capacité est négligeable car il faut comparer $\dfrac{1}{2\pi f L}$ à $2\,\pi f C$ ou $\dfrac{1}{f L} = \dfrac{1}{36}\,10^3 \delta f C = 0,75 . 10^{-6}$; donc i_0 est le même en tous points de la ligne à cause de cette faible importance de la capacité ; il n'en serait plus de même dans le cas des fréquences très élevées.

(N. d. T.)

De l'équation (34) on tire les coefficients c_n de la même manière que dans l'exemple précédent, en multipliant par $\cos(2n-1)\tau$ et en intégrant :

$$(35) \qquad c_n = -(-1)^n \frac{4\,i_0}{(2n-1)\pi};$$

d'où :

$$i = -\frac{4\,i_0}{\pi} \sum_1^\infty n\,(-1)^n \frac{\cos(2n-1)\theta \cos(2n-1)\tau}{2n-1}$$

$$(36) \quad = \frac{4\,i_0}{\pi}\left\{ \cos\theta\cos\tau - \frac{\cos 3\theta\cos 3\tau}{3} + \frac{\cos 5\theta\cos 5\tau}{5} - + \dots \right\}$$

$$= 956\left\{ \cos\theta\cos\tau - \frac{\cos 3\theta\cos 3\tau}{3} + \frac{\cos 5\theta\cos 5\tau}{5} - + \dots \right\}\text{ ampères,}$$

et

$$e = -\frac{4\,i_0}{\pi}\sqrt{\frac{L}{C}} \sum_1^\infty n\,(-1)^n \frac{\sin(2n-1)\theta \sin(2n-1)\tau}{2n-1}$$

$$(37) \quad = \frac{4\,i_0}{\pi}\sqrt{\frac{L}{C}}\left\{ \sin\theta\sin\tau - \frac{\sin 3\theta\sin 3\tau}{3} + \frac{\sin 5\theta\sin 5\tau}{5} - + \dots \right\}$$

$$= 191\,200\left\{ \sin\theta\sin\tau - \frac{\sin 3\theta\sin 3\tau}{3} + \frac{\sin 5\theta\sin 5\tau}{5} - + \dots \right\}\text{ volts.}$$

Le voltage maximum est atteint pour $\theta = \frac{\pi}{2}$ et est :

$$e = \frac{4\,i_0}{\pi}\sqrt{\frac{L}{C}}\left\{ \sin\tau + \frac{\sin 3\tau}{3} + \frac{\sin 5\tau}{5} + \dots \right\};$$

et, puisque la série :

$$\sin\tau + \frac{\sin 3\tau}{3} + \frac{\sin 5\tau}{5} + \dots = \frac{\pi}{2},$$

le voltage maximum est :

$$e = i_0\sqrt{\frac{L}{C}} = 300\,000 \text{ volts.}$$

Comme on le voit, de très hauts voltages peuvent être produits par interruption du courant de court-circuit.

(2a) *Circuit à la terre aux deux extrémités.*

34. — La méthode de calcul est la même que dans le paragraphe 29 ; les conditions extrêmes sont, pour $l = o$:

$$E = o,$$

et pour $l = l_0$

$$E = o.$$

Substituons $l = o$ dans l'équation (3); on a :

$$C_2 = o ;$$

d'où

$$(38) \qquad \begin{cases} I = C_1 \cos \beta l \\ E = -jC_1 \sqrt{\dfrac{L}{C}} \sin \beta l. \end{cases}$$

Substituons $l = l_0$ en (38); on a :

$$E_1 = o = -jC_1 \sqrt{\dfrac{L}{C}} \sin \beta l_0,$$

d'où :

$$(39) \qquad \sin \beta l_0 = o \qquad \text{ou} \qquad \beta l_0 = n\pi,$$

et de la même manière qu'auparavant :

$$(40) \qquad \beta l = n \frac{\pi}{l_0} l = n\tau ;$$

c'est-à-dire que la longueur de la ligne l_0 représente une demi-onde, ou $\tau = \pi$, ou un de ses multiples.

$$(41) \qquad f = \frac{n}{2 l_0 \sqrt{LC}} = \frac{n}{2 \sqrt{l_0 C_0}} ,$$

et la *fréquence fondamentale d'oscillation* est :

$$(42) \qquad f_1 = \frac{1}{2 l_0 \sqrt{LC}} .$$

et

$$(43) \qquad f = nf_1.$$

La ligne peut donc osciller à une fréquence fondamentale f_1 pour laquelle la longueur l_0 de la ligne est une demi-onde, et à tous les multiples ou harmoniques élevés de cette fréquence, les *pairs* aussi bien que les *impairs*.

Cette espèce d'oscillation peut être appelée *oscillation demi-onde*.

35. — Contrairement à l'oscillation quart d'onde, qui contient seulement les harmoniques impairs de la fréquence fondamentale, l'oscillation demi-onde contient aussi les harmoniques pairs de cette fréquence fondamentale d'oscillation.

Substituons $C_1 = c_1 + jc_2$ en (38); on a :

$$(44) \quad \begin{cases} I = (c_1 + jc_2) \cos \beta l \\ \text{et} \\ E = (c_2 - jc_1) \sqrt{\dfrac{L}{C}} \sin \beta l, \end{cases}$$

et remplaçons l'imaginaire complexe par l'expression analytique, c'est-à-dire le terme réel par $\cos 2\pi f t$ et le terme imaginaire par $\sin 2\pi f t$, on a :

$$\begin{cases} i = \left\{ c_1 \cos 2\pi f t + c_2 \sin 2\pi f t \right\} \cos \beta l \\ \text{et} \\ e = \sqrt{\dfrac{L}{C}} \left\{ c_2 \cos 2\pi f t - c_1 \sin 2\pi f t \right\} \sin \beta l; \end{cases}$$

posons :

$$(45) \quad \begin{cases} \text{nous avons :} \quad \begin{aligned} 2\pi f_1 t &= \theta; \\ 2\pi f t &= n\theta; \end{aligned} \end{cases}$$

alors (44) donne par (40) :

$$(46) \quad \begin{cases} i = (c_1 \cos n\theta + c_2 \sin n\theta) \cos n\tau \\ \text{et} \\ e = \sqrt{\dfrac{L}{C}}(c_2 \cos n\theta - c_1 \sin n\theta) \sin n\tau. \end{cases}$$

Écrivons :

$$(47) \quad \begin{cases} c_1 = c \cos n\gamma \\ \text{et} \\ c_2 = c \sin n\gamma; \end{cases}$$

on a

$$(48) \quad \begin{cases} i = c \cos n(\theta - \gamma) \cos n\tau \\ \text{et} \\ e = -c \sqrt{\dfrac{L}{C}} \sin n(\theta - \gamma) \sin n\tau. \end{cases}$$

De là *l'équation générale de cette oscillation demi-onde* :

$$(49) \quad \begin{cases} i = \sum_1^\infty n\, c_n \cos n(\theta - \gamma_n) \sin n\tau \\[2em] \text{et} \\[1em] e = -\sqrt{\frac{L}{C}} \sum_1^\infty n\, c_n \sin n(\theta - \gamma_n) \sin n\tau. \end{cases}$$

(2*b*) *Circuit ouvert aux deux extrémités.*

36. — Pour $l = 0$, nous avons :

$$I = 0 ;$$

d'où

$$C_1 = 0$$

et

$$(50) \quad \begin{cases} I = -jC_2 \sin \beta l \\[1.5em] \text{et} \\[1em] E = \sqrt{\frac{L}{C}}\, C_2 \cos \beta l ; \end{cases}$$

tandis que pour $l = l_0$

$$I = 0 ;$$

d'où

$$(51) \qquad \sin \beta l_0 = 0 \quad \text{ou} \quad \beta l_0 = n\pi ;$$

c'est-à-dire que le circuit accomplit une *oscillation demi-onde*, de *fréquence fondamentale* :

$$(52) \qquad f_1 = \frac{1}{2l_0\sqrt{LC}} .$$

Tous ses harmoniques supérieurs, les pairs comme les impairs, ont une fréquence :

$$(53) \qquad f = nf_1.$$

Les équations finales sont donc :

$$(54) \quad \begin{cases} i = -\sum_1^\infty n\, c_n \sin n(\theta - \gamma) \sin n\tau \\[2em] \text{et} \\[1em] e = \sqrt{\frac{L}{C}} \sum_1^\infty n\, c_n \cos n(\theta - \gamma) \cos n\tau \end{cases}$$

où

$$(55) \qquad \theta = 2\pi f_1 l \quad \text{et} \quad \tau = \frac{\pi}{l_0} l.$$

(3) *Circuit fermé sur lui-même.*

37. — Si un circuit de longueur l_0 est fermé sur lui-même, l'oscillation libre d'un tel circuit est alors caractérisée par la condition que le courant et le voltage en $l = l_0$ sont les mêmes qu'en $l = 0$, puisque $l = l_0$ et $l = 0$ sont au même point du circuit.

Substituons cette condition dans les équations (3); on a :

$$(56) \qquad \begin{cases} I = C_1 = C_1 \cos \beta l_0 - jC_2 \sin \beta l_0 \\[2mm] \text{et} \\[2mm] \sqrt{\dfrac{C}{L}}\, E = C_2 = C_2 \cos \beta l_0 - jC_1 \sin \beta l_0 : \end{cases}$$

de là il suit :

$$(57) \qquad \begin{cases} C_1(1 - \cos \beta l_0) = - jC_2 \sin \beta l_0 \\[2mm] \text{et} \\[2mm] C_2(1 - \cos \beta l_0) = - jC_1 \sin \beta l_0. \end{cases}$$

d'où

$$(1 - \cos \beta l_0)^2 = - \sin^2 \beta l_0.$$

ou

$$(58) \qquad \cos \beta l_0 = 1$$

et

$$(59) \qquad \beta l_0 = 2n\pi.$$

c'est-à-dire que le circuit doit être une onde complète ou un de ses multiples.

L'oscillation libre d'un circuit fermé sur lui-même est une *oscillation pleine-onde*, contenant une *onde fondamentale* de fréquence :

$$(60) \qquad f_1 = \frac{1}{l\sqrt{LC}}$$

et tous ses harmoniques supérieurs, les pairs comme les impairs,

$$(61) \qquad f = nf_1.$$

Substituons en (3)

$$\left\{ \begin{array}{l} C_1 = c_1' + jc_1'' \\ \\ C_2 = c_2' + jc_2'' ; \end{array} \right. \text{et}$$

nous avons :

$$(62) \quad \left\{ \begin{array}{l} I = (c_1' + jc_1'') \cos \beta l + (c_2'' - jc_2') \sin \beta l \\ \\ \text{et} \\ \\ E = \sqrt{\frac{L}{C}} \left\{ (c_2' + jc_2'') \cos \beta l + (c_1'' - jc_1') \sin \beta l \right\}. \end{array} \right.$$

Substituons l'expression analytique :

$$c_1' + jc_1'' = c_1' \cos 2\pi ft + c_1'' \sin 2\pi ft, \text{ etc...}$$

et aussi

$$(63) \quad \left\{ \begin{array}{l} 2\pi f_1 t = 0 \\ 2\pi f t = n\theta \end{array} \right.$$

et

$$(64) \quad \left\{ \begin{array}{l} \beta l = \dfrac{2\pi n}{l_0} l = n\tau \\ \\ \text{où} \\ \\ \tau = \dfrac{2\pi}{l_0} l, \end{array} \right.$$

c'est-à-dire que la longueur $l = l_0$ du circuit est représentée par l'angle $\tau = 2\pi$ ou un cycle complet ; ceci donne :

$$(65) \quad \left\{ \begin{array}{l} I = (c_1' \cos n\theta + c_1'' \sin n\theta) \cos n\tau \\ \quad + (c_2'' \cos n\theta - c_2' \sin n\theta) \sin n\tau \\ \\ \text{et} \\ \\ E = \sqrt{\dfrac{L}{C}} \left\{ (c_2' \cos n\theta + c_2'' \sin n\theta) \cos n\tau \right. \\ \\ \quad \left. + (c_1'' \cos n\theta - c_1' \sin n\theta) \sin n\tau \right\}. \end{array} \right.$$

Posons :

$$\begin{array}{l} c_1' = a \cos n\gamma \\ c_1'' = a \sin n\gamma \\ c_2' = b \cos n\gamma \\ c_2'' = b \sin n\gamma ; \end{array}$$

on a :

$$(66) \quad \begin{cases} i = a \cos n(\theta - \gamma) \cos n\tau - b \sin n(\theta - \chi) \sin n\tau \\ \text{et} \\ e = \sqrt{\dfrac{L}{C}} \; \{ b \cos n(\theta - \chi) \cos n\tau - a \sin n(\theta - \gamma) \sin n\tau \} \; . \end{cases}$$

Alors, dans la forme la plus générale, l'oscillation pleine-onde donne les équations :

$$(67) \quad \begin{cases} i = \displaystyle\sum_{1}^{\infty} n \; \} \; a_n \cos n(\theta - \gamma_n) \cos n\tau - b_n \sin n(\theta - \chi_n) \sin n\tau \; \} \\ e = \sqrt{\dfrac{L}{C}} \displaystyle\sum_{1}^{\infty} n \; \{ b_n \cos n(\theta - \chi_n) \cos n\tau - a_n \sin n(\theta - \gamma_n) \cdot \sin n\tau \}, \end{cases}$$

où

$$(68) \quad \begin{cases} \theta = 2\pi f_1 l \\ f_1 = \dfrac{1}{l_0 \sqrt{LC}} \\ \tau = \dfrac{2\pi}{l_0} l \end{cases}$$

et a_n, γ_n et b_n, χ_n sont des groupes de quatre constantes d'intégration.

38. — Avec un court circuit au bout d'une ligne de transmission, la chute de potentiel le long de la ligne varie tout à fait graduellement et uniformément ; la rupture instantanée d'un court circuit, comme le soufflage de l'arc de court circuit par lui-même avec explosion, détermine une oscillation dans laquelle la basse fréquence prédomine et qui est une vague (surge) de grande puissance et basse fréquence. Une décharge de la ligne par étincelle, une charge soudaine à haute tension pénétrant localement dans la ligne, directement par un coup de foudre ou indirectement par induction pendant une décharge de foudre en quelque autre endroit, donnent une distribution de potentiel qui momentanément n'est pas uniforme et varie très rapidement le long de ligne ; elles donnent naissance principalement aux très hauts harmoniques qui en principe ne contiennent pas une proportion appréciable de basses fréquences ; elles causent donc une oscillation de haute fréquence, plus ou moins locale en étendue, qui, quoique de haut voltage, mais de puissance limitée, est moins destructive que les vagues de basse fréquence.

Aux hautes fréquences de ces oscillations, ni la capacité, ni l'inductance de la ligne de transmission ne sont parfaitement constantes. L'inductance varie avec la fréquence, par l'accroissement de l'effet d'écran ou distribution inégale de courant dans le conducteur; la capacité croît par décharge en effluves à la surface des isolateurs, par l'augmentation du diamètre effectif du conducteur dû à l'effet « couronne », etc. Les fréquences des très hauts harmoniques sont par cette raison non définies, mais à un certain point variables, et puisqu'elles sont près les unes des autres, elles se recouvrent; c'est-à-dire qu'aux très hautes fréquences, la ligne de transmission n'a pas une fréquence définie d'oscillation, mais peut osciller à toute fréquence.

Une ligne de transmission à longue distance a une période naturelle d'oscillation définie, d'une fréquence fondamentale relativement basse et ses harmoniques, mais peut aussi osciller à fréquence quelconque, pourvu que cette fréquence soit très élevée.

Ceci est analogue aux ondes formées dans une étendue d'eau de forme régulière : de grandes ondes stationnaires ont une longueur d'onde définie dépendant des dimensions de l'étendue d'eau ; mais de très courtes vagues, rides sur l'eau, peuvent avoir une longueur d'onde quelconque; et ne dépendent pas de la grandeur de l'étendue d'eau.

Une étude plus complète des oscillations dans les conducteurs, avec capacité, inductance et résistance réparties, nécessite la considération de la résistance et conduit ainsi à la recherche des phénomènes transitoires dans l'espace aussi bien que dans le temps, qui seront discutés dans la section IV.

39. — Dans les équations discutées précédemment des oscillations d'un circuit contenant résistance, inductance, capacité et conductance uniformément réparties, les pertes d'énergie dans le circuit ont été négligées, et les voltage et courant apparaissent alors alternatifs au lieu d'oscillants. C'est-à-dire que ces équations représentent seulement les valeurs initiales ou maxima du phénomène ; mais pour le représenter complètement une fonction exponentielle entre comme facteur qui, comme il sera vu dans la section IV, est de la forme

$$(60) \qquad \varepsilon^{-ut}$$

où $u = \frac{1}{2}\left(\frac{r}{C} + \frac{g}{L}\right)$ peut être appelé « constante de temps » du circuit.

Tandis que les oscillations quart d'onde ont lieu parfois et sont de sérieuse importance, la rencontre d'oscillations demi-onde et surtout d'oscillations pleine-onde de la nature discutée ci-dessus, c'est-à-dire dans un circuit uniforme, est moins fréquente.

Quand dans un circuit, comme une ligne de transmission, une perturbation, ou une oscillation, a lieu pendant que ce circuit est relié à un autre — comme le système générateur et les appareils récepteurs, — comme c'est ordinairement le cas, la perturbation pénètre généralement dans les circuits reliés à celui dans lequel elle a commencé, c'est-à-dire que le système entier oscille ; cette oscillation est généralement une oscillation pleine-onde, c'est-à-dire celle d'un circuit fermé sur lui-même ; parfois c'est une oscillation demi-onde.

Par exemple, si dans un système de transmission, comprenant générateurs, transformateurs élévateurs, lignes à haute tension, transformateurs abaisseurs, et une charge, un court-circuit arrive dans la ligne, le circuit comprenant la charge, les transformateurs abaisseurs et la ligne depuis ces transformateurs jusqu'au court circuit reste fermé sur lui-même sans alimentation de puissance, et son énergie accumulée est ainsi dissipée sous forme d'oscillation pleine onde. Ou si dans un réseau une charge excessive, comme la mise hors phase d'un convertisseur synchrone (commutatrice), détermine l'ouverture du circuit à la station génératrice, la dissipation d'énergie emmagasinée — dans ce cas, celle du courant excessif dans le réseau — produit une oscillation pleine-onde si la ligne est coupée à la station génératrice du côté basse tension des transformateurs élévateurs et le circuit oscillant comprend les bobines à haute tension des transformateurs élévateurs, la ligne de transmission, les transformateurs abaisseurs et la charge. Si la ligne est coupée au système générateur du côté haute tension des transformateurs élévateurs, l'oscillation est demi-onde avec les deux extrémités du système oscillant ouvertes.

Cependant, de tels circuits oscillants — représentant le plus fréquent et important cas de perturbation à haut potentiel dans les réseaux de transmission — ne peuvent être représentés par les équations précédentes, puisque ce ne sont pas des circuits de constantes uniformément distribuées, mais des circuits complexes comprenant plusieurs sections de constantes différentes, et pour cela de différents rapports de consommation d'énergie et d'accumulation d'énergie $\frac{r}{L}$ et $\frac{g}{C}$. Pendant l'oscillation libre de tels circuits, un transport d'énergie a lieu entre les différentes sections du circuit, et de l'énergie s'écoule des sections dans lesquelles la consommation d'énergie est faible comparée à l'accumulation d'énergie, comme les bobines de transformateurs et les charges très inductives, aux sections dans lesquelles la consommation d'énergie est grande comparée à l'accumulation d'énergie, comme les parties les plus non-inductives du système. Ceci introduit dans les équations des fonctions exponentielles de la distance aussi bien que du temps, et nécessite une étude du phénomène comme transitoire dans l'espace et dans le temps. L'étude de l'oscillation d'un circuit complexe, comprenant des sections de constantes différentes, est traité dans la section IV.

CHAPITRE IV

—

CAPACITÉ DISTRIBUÉE DES TRANSFORMATEURS
A HAUT POTENTIEL

40. — Dans les bobines de transformateurs à très haut potentiel, il se produit des phénomènes résultant de la capacité distribuée.

Dans des transformateurs de très haut voltage, 100 000 volts et plus, et aussi dans les petits transformateurs, la bobine à haute tension contient un grand nombre de spires, une grande longueur de fil, et sa capacité électrostatique est ainsi appréciable ; une telle bobine représente un circuit de résistance, inductance et capacité réparties, quelque peu similaire à une ligne de transmission.

La même chose s'applique aux bobines de réaction, etc., enroulées pour de très hauts voltages, et même dans les petites bobines à très haute fréquence.

Cette effet de capacité est plus marqué dans les petits transformateurs, où la dimension du noyau de fer, et par suite le voltage par spire, sont moindres, donc le nombre de spires plus grand que dans les très grands transformateurs ; en même temps le courant d'excitation et le courant de pleine charge sont moindres, c'est-à-dire que le courant de charge du conducteur est plus comparable au courant normal du transformateur ou de la bobine de réaction.

Toutefois, même dans les grands transformateurs et aux voltages modérément élevés, il se produit des effets de capacité dans les transformateurs, si la fréquence est suffisamment élevée, comme c'est le cas avec les courants produits dans les lignes aériennes par les

décharges atmosphériques, ou par les arcs résultant de décharges
entre le conducteur et la terre, ou en fermant ou coupant le transformateur. Avec de telles fréquences, de plusieurs milliers de cycles,
la capacité interne du transformateur devient d'effet très marqué sur
la distribution des voltage et courant, et peut produire des points de
haut voltage dangereux dans le transformateur.

La capacité distribuée du transformateur est néanmoins différente
de celle d'une ligne de transmission.

Dans une ligne de transmission, la capacité distribuée est une
capacité en shunt, c'est-à-dire qu'elle peut être représentée schématiquement par des condensateurs en shunt sur le circuit de fil à fil, ou
ce qui revient au même de fil à terre, et de terre à fil de retour ; cela
est montré par la figure 88.

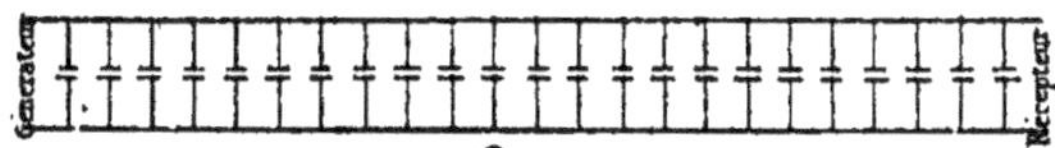

Fig. 88. — Capacité distribuée d'une ligne de transmission.

La bobine à haute tension d'un transformateur contient aussi de la
capacité en shunt, ou de la capacité de conducteur à la terre, et ainsi
chaque élément consomme un courant de charge proportionnel à la
différence de potentiel entre la terre et lui. Supposons le circuit

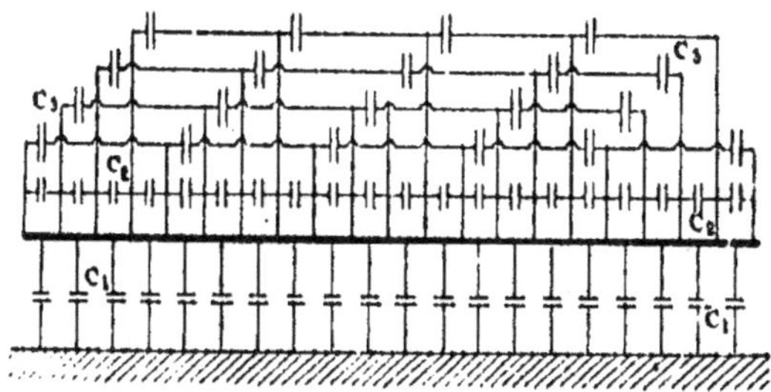

Fig. 89. — Capacité distribuée d'une bobine d'un transformateur à haute tension.

isolé, et le milieu de la bobine du transformateur au potentiel de la
terre ; la charge consommée par unité de longueur de bobine croît
depuis zéro au centre jusqu'au maximum aux deux extrémités. Si
une extrémité est à la terre, la charge consommée par la bobine croît
de zéro à l'extrémité mise à la terre jusqu'à un maximum à l'extrémité
isolée.

En plus de cela, néanmoins, la bobine de transformateur contient aussi de la capacité entre spires successives et entre couches successives. En partant d'un point du conducteur, après une certaine longueur, celle d'une spire, le conducteur revient au voisinage du premier point dans le tour adjacent suivant. Il approche de nouveau du premier point après une distance différente et plus grande dans la couche adjacente suivante.

Une bobine à haute tension de transformateur peut être schématiquement représentée par un conducteur, figure 89. C_1 représente la capacité à la terre, C_2 la capacité entre tours adjacents, C_3 la capacité entre couches adjacentes de la bobine.

Les capacités C_2 et C_3 ne sont pas uniformément distribuées, mais elles le sont plus ou moins irrégulièrement, selon le nombre et l'arrangement des bobines et le nombre de tours dans la bobine. Comme approximation, cependant, les capacités C_2 et C_3 peuvent être supposées régulièrement réparties entre les éléments de conducteur successifs. Si $l =$ longueur de conducteur, elles peuvent être supposées comme une capacité entre l et $l + dl$, ou une capacité en dérivation sur l'élément dl.

Cette approximation est admissible dans la recherche de l'effet général de la capacité distribuée ; elle omet l'effet de la distribution irrégulière de C_2 et C_3 qui amène des oscillations locales de fréquences plus élevées s'étendant sur des sections du circuit et de puissance moindre.

41. — Supposons alors, dans la bobine à haute tension d'un transformateur à haut voltage : $e =$ f.é.m. engendrée par unité de longueur de conducteur, comme, par exemple, par tour ; $Z = r - jx =$ impédance par unité de longueur ; $Y = y - jb =$ admittance de capacité par rapport à la terre par unité de longueur de conducteur et $Y' = pY =$ admittance de capacité par unité de longueur de conducteur, entre éléments de conducteur distants l'un de l'autre de l'unité de longueur, comme par exemple l'admittance entre tours successifs. Y' est supposé représenter l'admittance effective totale représentant la capacité entre spires successives, couches successives et bobines successives, représentée par les condensateurs C_2 et C_3 dans la figure 89.

Le courant de charge d'un élément de conducteur dl, dû à

l'admittance Y' est fait du courant de charge allant aux éléments de conducteur voisins, précédent et suivant.

Soit $l_0 =$ longueur du conducteur ; $l =$ distance le long du conducteur ; $E =$ potentiel au point l, ou à l'élément de conducteur dl et $I =$ courant dans l'élément de conducteur dl; alors :

$$dE = \frac{dE}{dl} dl = \text{différence de potentiel entre éléments de conduc-}$$

teur successifs.

$$Y' \frac{dE}{dl} dl = \text{courant de charge entre un élément de conducteur et le}$$

suivant.

$$- Y' \frac{d(E - dE)}{dl} dl = \text{courant de charge entre un élément de}$$

conducteur et le précédent, d'où

$$Y' \frac{d^2E}{dl^2} dl = \text{courant de charge d'un élément de conducteur dû à la}$$

capacité par rapport aux conducteurs adjacents.

Si maintenant la distance l est comptée à partir du point du conducteur qui est mis au potentiel de la terre, $YE\, dl =$ courant de charge d'un élément de conducteur par rapport à la terre, et

$$dl = \left\{ YE + Y' \frac{d^2E}{dl^2} \right\} dl = Y \left\{ E + p \frac{d^2E}{dl^2} \right\} dl$$

est le courant total employé par un élément de conducteur.

Cependant, la f. é. m. consommée par impédance égale la f. é. m. consommée par élément de conducteur ; ainsi

$$dE_2 = ZI\, dl.$$

Ceci donne les deux équations différentielles :

$$(1) \qquad \frac{dl}{dl} = Y \left\{ E + p \frac{d^2E}{dl^2} \right\}$$

et

$$(2) \qquad e - \frac{dE_2}{dl} = ZI.$$

Différentions (2) et substituons en (1), on a :

$$\frac{d^2E}{dl^2} = ZY \left\{ E + p \frac{d^2E}{dl^2} \right\};$$

ou, en transposant :

$$(3) \qquad \frac{d^2E}{dl^2} = \frac{-E}{p - \dfrac{1}{ZY}},$$

ou

$$(4) \qquad \frac{d^2E}{dl^2} = -a^2E,$$

avec

$$(5) \qquad a^2 = \frac{1}{p - \dfrac{1}{ZY}}.$$

Si $\dfrac{1}{ZY}$ est faible devant p, nous avons approximativement : ·

$$(6) \qquad a^2 = \frac{1}{p}$$

et

$$(7) \qquad E = A \cos al + B \sin al ;$$

puisque pour $l = 0$, $E = 0$, si la distance l est comptée depuis le point de potentiel zéro, nous avons :

$$(8) \qquad E = B \sin al.$$

et le courant est donné, d'après l'équation (2), par

$$(9) \qquad I = \frac{1}{Z} \left\{ e - \frac{dE}{dl} \right\}.$$

Substituons (8) en (9), on a

$$(10) \qquad I = \frac{1}{Z} \left\{ e - a B \cos al \right\}.$$

42. — Si maintenant $I_1 =$ courant aux bornes du transformateur, $l = l_0$, nous avons, d'après (10)

$$ZI_1 = e - a B \cos al_0$$

et

$$(11) \qquad B = \frac{e - ZI_1}{a \cos al_0}.$$

Substituons en (8) et (10) :

$$(12) \quad \begin{cases} E = (e - ZI_1)\,\dfrac{\sin al}{a \cos al_0} \\[2mm] \text{et} \\[2mm] I = \dfrac{1}{Z}\left\{ (e - ZI_1)\,\dfrac{\cos al}{\cos al_0} - e \right\}. \end{cases}$$

Pour $I_1 = 0$, ou à circuit ouvert du transformateur, ceci donne :

$$(13) \quad \begin{cases} E = e\,\dfrac{\sin al}{a \cos al_0} \\[2mm] \text{et} \\[2mm] I = \dfrac{e}{Z}\left(\dfrac{\cos al}{\cos al_0} - 1 \right). \end{cases}$$

La f. é. m. E est ainsi maximum aux bornes,

$$E_1 = \frac{e}{a}\,\mathrm{tg}\,al_0.$$

Le courant est maxima au point de potentiel zéro, $l = 0$, où

$$(14) \quad I_0 = \frac{e}{Z}\left(\frac{1}{\cos al_0} - 1 \right).$$

CHAPITRE V

—

CAPACITÉ DISTRIBUÉE EN SÉRIE

43. — La capacité d'une ligne de transmission, d'un câble, ou d'une bobine de transformateur à haute tension, est de la capacité en dérivation, c'est-à-dire de la capacité entre conducteur et terre, ou entre conducteur et conducteur de retour, ou bien de la capacité en dérivation sur une section du conducteur, comme de spire à spire ou de couche à couche d'une bobine de transformateur.

Dans quelques circuits, en plus de cette capacité en shunt, il existe aussi de la capacité distribuée en série, c'est-à-dire que le circuit est coupé à de fréquents et réguliers intervalles par des interruptions remplies de diélectrique ou d'isolant, comme de l'air, les deux faces des extrémités du conducteur constitunat ainsi un condensateur en série dans le circuit. Quand les éléments du circuit sont assez courts pour que l'on puisse les prendre approximativement pour des conducteurs différentiels, le circuit constitue un circuit avec capacité distribuée en série.

Une illustration d'un tel circuit est donnée par ce que l'on appelle les « parafoudres à intervalles multiples », montrés schématiquement par la figure 90 ; ils consistent en un grand nombre de cylindres de métal p, q…, avec un petit intervalle entre eux, connectés entre la ligne L et la terre G. Cette disposition, *fig*. 90, peut être représentée par la figure 91. Chaque cylindre a une capacité C_0 par rapport à la terre, et une capacité C par rapport à un cylindre adjacent, une résistance r — généralement très faible, — et une inductance L.

Si une telle série de n intervalles semblables est reliée à un voltage d'alimentation constant c_0, chaque intervalle a un voltage $c = \frac{c_0}{n}$. Si, cependant, le voltage d'alimentation est alternatif, le voltage ne se divise pas uniformément entre les intervalles, mais la différence de potentiel est plus grande, c'est-à-dire le gradient de potentiel incliné d'autant plus que l'intervalle est plus près de la ligne L; cette distribution de potentiel devient d'autant moins uniforme que la fréquence est plus élevée, c'est-à-dire plus est grand le courant de capacité par rapport à la terre.

Le courant de charge par rapport à la terre de tous les cylindres, depuis q jusqu'à la terre G, (*fig.* 90 et 91), doit passer par l'intervalle

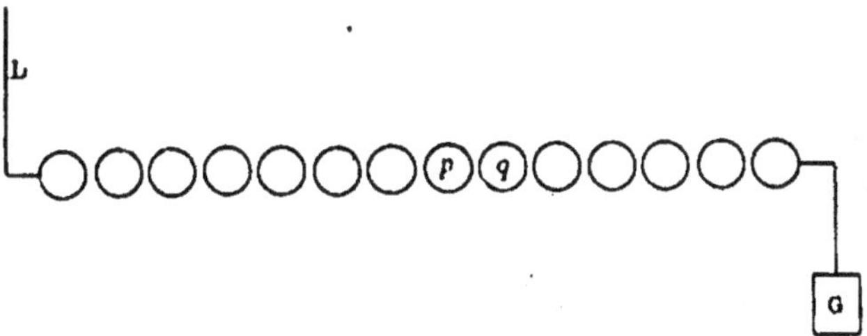

Fig. 90. — Parafoudre à intervalles multiples.

entre les cylindres adjacents p et q; donc le courant de charge du condensateur représenté par deux cylindres adjacents p et q est la somme

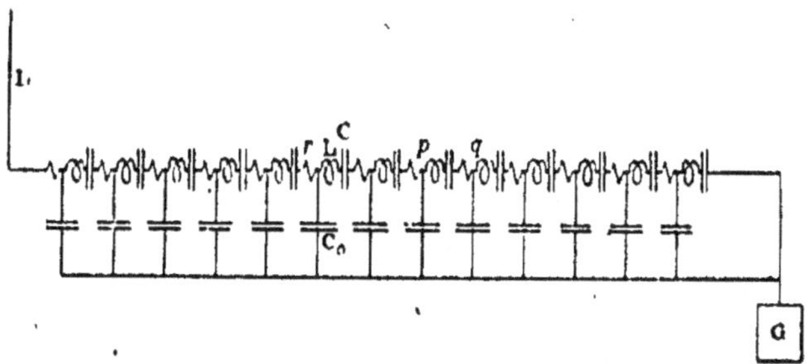

Fig. 91. — Circuit équivalent à un parafoudre à intervalles multiples.

de tous les courants de charge de q à G; comme la différence de potentiel entre les deux cylindres p et q est proportionnelle au courant de charge du condensateur C, formé par ces deux cylindres, la différence de potentiel croît en allant vers L, étant en chaque point proportionnelle au vecteur somme de tous les courants de charge par rapport à la terre de tous les cylindres entre ce point et la terre.

Plus haute est la fréquence et moins le gradient de potentiel est uniforme le long du circuit, et plus faible est le voltage total d'alimentation nécessaire pour porter le maximum de gradient de potentiel, près de la ligne L, au-dessus de la tension disruptive, c'est-à-dire pour faire commencer la décharge. Une telle disposition à intervalles multiples a donc des propriétés variables selon la fréquence ; c'est-à-dire que le voltage de décharge, à fréquence croissante, ne reste pas constant, mais décroît lorsque la fréquence devient suffisamment élevée pour donner des courants de charge appréciables. Les oscillations à haute fréquence se déchargent donc dans un tel appareil à un voltage plus faible que les fréquences des machines.

Pour une discussion plus détaillée des particularités qui rendent une telle disposition avantageuse pour la protection contre la foudre, voir American Institute of Electrical Engineers — Transactions 1906, pages 431, 448 ; 1907, page 425 etc.

44. — De tels circuits avec capacité distribuée en série ont un grand intérêt en ce sens qu'il est probable que les éclairs dans les nuages sont des décharges dans de tels circuits. De la distance traversée par les éclairs dans les nuages, de leur caractère, et de la tension disruptive de l'air il apparaît certain qu'il ne peut exister dans les nuages des différences de potentiel assez élevées pour déterminer une décharge de plusieurs kilomètres de longueur. Il est probable que comme résultat d'une condensation d'humidité et du manque d'uniformité d'une telle condensation dû à la nature en bourrasques des courants d'air, la distribution du potentiel entre les gouttes d'eau du nuage n'est pas uniforme ; quand le gradient de potentiel excède quelque part la valeur disruptive, une décharge oscillante commence entre les gouttes d'eau, et graduellement, par un certain nombre de décharges successives traversant le nuage, le *gradient* de potentiel se trouve égalisé. Une étude des circuits contenant de la capacité distribuée en série conduit ainsi à la compréhension des phénomènes qui ont lieu dans un nuage chargé pendant la décharge de la foudre (¹).

(¹) Voir communication : « Lightning and Lightning protection » N E L A 1907. Réimprimée et augmentée dans « General Lectures on Electrical Engineering » par l'auteur.

Les lignes générales en sont données dans ce qui suit.

45. — Dans un circuit contenant résistance, conductance, inductance, capacité shunt et série, réparties comme dans un parafoudre à intervalles multiples, (*fig.* 90), représenté électriquement comme un circuit par la figure 91, soit r = résistance effective par unité de longueur du circuit ou par élément de circuit, soit par cylindre ; g = conductance shunt par unité de longueur représentant les fuites, les effluves, le rayonnement électrique, etc... ; L = inductance par unité de longueur du circuit ; C = capacité série par unité de longueur du circuit, ou par élément de circuit, soit capacité entre deux cylindres adjacents ; C_0 = capacité shunt par unité de longueur du circuit ou par élément de circuit, soit capacité entre un cylindre et la terre.

Si alors f = fréquence de la f. é. m. appliquée, l'impédance en série par unité de longueur de circuit est

$$(1) \qquad Z = r - j(x - x_c) ;$$

l'admittance en shunt par unité de longueur du circuit est

$$(2) \qquad Y = g - jb,$$

où

$$(3) \qquad \begin{cases} x = 2\pi f L, \\ x_c = \dfrac{1}{2\pi f C} \\ b = 2\pi f C_0 ; \end{cases}$$

et les valeurs absolues sont :

$$(4) \qquad \begin{cases} z = \sqrt{r^2 + (x - x_c)^2} \\ \ \text{et} \\ y = \sqrt{g^2 + b^2} . \end{cases}$$

Si la distance le long du circuit à partir de la ligne L et vers la terre G est appelée l, la différence de potentiel entre le point l et la terre E, et le courant au point l, I, les équations différentielles du circuit sont : (Section III, chapitre II, paragraphe 7) :

$$\text{(5)} \qquad \frac{dE}{dl} = ZI$$

et

$$\text{(6)} \qquad \frac{dI}{dl} = YE.$$

Différentions (5) et substituons (6), on a :

$$\text{(7)} \qquad \frac{d^2E}{dl^2} = YZE.$$

L'équation (7) est intégrée par :

$$\text{(8)} \qquad E = A_1 \, \varepsilon^{-al} + A_2 \, \varepsilon^{al},$$

où

$$\text{(9)} \qquad a = \sqrt{YZ} = \alpha - j\beta$$

$$\text{(10)} \qquad \left\{ \begin{array}{l} \alpha = \sqrt{\frac{1}{2} \left\{ yz + gr - b(x - x_c) \right\}} \\[2mm] \beta = \sqrt{\frac{1}{2} \left\{ yz - gr + b(x - x_c) \right\}}. \end{array} \right.$$

Substituons (10) en (8) et éliminons les exposants imaginaires par l'introduction des fonctions trigonométriques :

$$\text{(11)} \qquad E = A_1 \, \varepsilon^{-al} (\cos \beta l + j \sin \beta l) + A_2 \, \varepsilon^{al} (\cos \beta l - j \sin \beta l).$$

46. — Cependant, si n = longueur totale du circuit depuis la ligne L jusqu'à la terre G, ou le nombre total de cylindres entre la ligne et la terre, pour $l = n$

$$\text{(12)} \qquad E = 0.$$

et pour $l = 0$

$$\text{(13)} \qquad E = e_0 = f. é. m, appliquée.$$

Substituons (12) et (13) dans (11); il vient :

$$0 = A_1 \, \varepsilon^{-an} (\cos \beta n + j \sin \beta n) + A_2 \, \varepsilon^{an} (\cos \beta n - j \sin \beta n)$$

et

$$e_0 = A_1 + A_2,$$

d'où

$$(14) \quad \begin{cases} A_1 = \dfrac{e_0}{1 - \varepsilon^{-2\alpha n}(\cos 2\beta n + j \sin 2\beta n)} \\[2ex] A_2 = -A_1 \varepsilon^{-2\alpha n}(\cos 2\beta n + j \sin 2\beta n). \end{cases}$$

La différence de potentiel avec la terre est

$$(15) \quad E = e_0 \; \frac{\varepsilon^{-\alpha l}(\cos \beta l + j \sin \beta l) - \varepsilon^{-\alpha(2n-l)}[\cos \beta(2n-l) + j \sin \beta(2n-l)]}{1 - \varepsilon^{-2\alpha n}(\cos 2\beta n + j \sin 2\beta n)}.$$

De l'équation (5), nous tirons par (15) et (9) :

$$(16) \quad I = -\sqrt{\frac{y}{z}}\, e_0 \; \frac{\varepsilon^{-\alpha l}(\cos \beta l + j \sin \beta l) + \varepsilon^{-\alpha(2n-l)}[\cos \beta(2n-l) + j \sin \beta(2n-l)]}{1 - \varepsilon^{-2\alpha n}(\cos 2\beta n + j \sin 2\beta n)}.$$

En réduisant aux termes absolus, on a pour la différence de potentiel avec la terre :

$$(17) \quad e = e_0 \sqrt{\frac{\varepsilon^{-2\alpha l} + \varepsilon^{-2\alpha(2n-l)} - 2\varepsilon^{-2\alpha n}\cos 2\beta(n-l)}{1 + \varepsilon^{-4\alpha n} - 2\varepsilon^{-2\alpha n}\cos 2\beta n}};$$

pour le courant

$$(18) \quad i = e_0 \sqrt{\frac{y}{z}} \sqrt{\frac{\varepsilon^{-2\alpha l} + \varepsilon^{-2\alpha(2n-l)} + 2\varepsilon^{-2\alpha n}\cos 2\beta(n-l)}{1 + \varepsilon^{-4\alpha n} - 2\varepsilon^{-2\alpha n}\cos 2\beta n}}.$$

et pour le gradient de potentiel, ou différence de potentiel entre cylindres adjacents :

$$(19) \quad e' = x_c i = e_0 x_c \sqrt{\frac{y}{z}} \sqrt{\frac{\varepsilon^{-2\alpha l} + \varepsilon^{-2\alpha(2n-l)} + 2\varepsilon^{-2\alpha n}\cos 2\beta(n-l)}{1 + \varepsilon^{-4\alpha n} - 2\varepsilon^{-2\alpha n}\cos 2\beta n}}.$$

Pour une longueur infinie de ligne, $n = \infty$, c'est-à-dire pour un très grand nombre de cylindres, ε^{-2zn} est négligeable, — comme dans le cas où la décharge passe de la ligne dans le parafoudre sans atteindre la terre — et les équations (17),(18),(19) se simplifient et deviennent :

$$(20) \qquad e = e_0\,\varepsilon^{-zl}$$

$$(21) \qquad i = e_0 \sqrt{\frac{y}{z}}\,\varepsilon^{-zl}$$

et

$$(22) \qquad e' = e_0 x_c \sqrt{\frac{y}{z}}\,\varepsilon^{-zl}.$$

Ce sont donc de simples courbes exponentielles.

Substituons (4) et (3) en (21) et (22) ; on a :

$$(23) \qquad e' = e_0\,\varepsilon^{-zl}\,\sqrt{\frac{C_0^2 + \left(\dfrac{y}{2\,\pi f}\right)^2}{C^2\{[1 - (2\,\pi f)^2\,CL]^2 + (2\,\pi f Cr)^2\}}}$$

et

$$(24) \qquad i = 2\,\pi f C e';$$

ou approximativement, si r et y sont négligeables, nous avons :

$$(25) \qquad e' = e_0\,\varepsilon^{-zl}\,\sqrt{\frac{C_0}{C\{1 - (2\,\pi f)^2\,CL\}}}$$

et

$$(26) \qquad i = 2\,\pi f e_0\,\varepsilon^{-zl}\,\sqrt{\frac{CC_0}{1 + (2\,\pi f)^2\,CL}}.$$

47. — Supposons, par exemple, un parafoudre ayant les constantes suivantes :

$L = 2 \times 10^{-8}$ henry ; $C_0 = 10^{-13}$ farad ; $C = 4 \times 10^{-11}$ farad ; $r = 1$ ohm ; $g = 4 \times 10^{-6}$ mho ; $f = 10^8 = 100$ millions de périodes par seconde ; $n = 300$ cylindres et $e_0 = 30\,000$ volts ; alors de l'équation (3) $x = 12,6$ ohms, $x_c = 39,7$ ohms et $b = 62,8 \times 10^{-6}$ mho.

De l'équation (1),

$$Z = 1 + 27,1\,j \text{ ohms};$$

de l'équation (2),

$$Y = (4 - 62,8 j)\, 10^{-6} \text{ mho};$$

de l'équation (4),

$$z = 27,1 \text{ ohms et } y = 62,9 \times 10^{-6} \text{ mho};$$

de l'équation (10),

$$\alpha = 0,0021 \text{ et } \beta = 0,0412;$$

de l'équation (17),

$$e = 35\,500 \sqrt{\varepsilon^{-0,0042 l} + 0,08\, \varepsilon^{0,0042 l} - 0,568 \cos(24,72 - 0,0824\, l)};$$

de l'équation (18),

$$i = 54 \sqrt{\varepsilon^{-0,0042 l} + 0,08\, \varepsilon^{0,0042 l} + 0,568 \cos(24,72 - 0,0824\, l)};$$

et de l'équation (19),

$$e' = 2140 \sqrt{\varepsilon^{-0,0042 l} + 0,08\, \varepsilon^{0,0042 l} + 0,568 \cos(24,72 - 0,0824\, l)}.$$

D'où : pour $l = 0$, $e = 30\,000$ volts ; $i = 64,6$ ampères ; $e' = 2\,560$ volts ; et pour $l = 300$, $e = 0$, $i = 57,5$ ampères, et $e' = 2\,280$ volts.

Avec un voltage par intervalle variant de 2 280 à 2 560, 300 intervalles devraient, en faisant l'addition, donner un voltage total d'environ 730 000 tandis que le voltage réel n'en est à peu près que le vingt-quatrième ; c'est-à-dire que la somme des voltages d'un grand nombre d'intervalles en série doit être un grand nombre de fois le voltage résultant ; une décharge de foudre peut ainsi franchir des kilomètres à travers les nuages avec un potentiel total de seulement quelques millions de volts. Dans l'exemple ci-dessus les 300 cylindres comprennent 7,86 longueurs d'onde complètes de décharge.

CHAPITRE VI

—

DISTRIBUTION DU FLUX MAGNÉTIQUE ALTERNATIF

48. — On emploie de préférence le fer pour transporter le flux magnétique puisqu'il a la plus haute perméabilité ou conductibilité magnétique. Si le flux magnétique est alternatif ou rapidement variable, des f. é. m. sont engendrées par la variation du flux magnétique dans le fer ; pour éviter les pertes d'énergie et la démagnétisation dues aux courants produits par ces f. é. m., le fer doit être subdivisé dans la direction que suivraient ces courants, c'est-à-dire à angle droit avec la direction des lignes de force. Donc, les champs magnétiques alternatifs et les dispositifs magnétiques prévus pour suivre très vite les variations de f. m. m. sont construits en fils fins ou en tôles minces, c'est-à-dire sont laminés.

Puisque les f. é. m. engendrées sont proportionnelles à la fréquence du magnétisme alternatif, les tôles doivent être d'autant plus minces que la fréquence est plus grande.

Pour utiliser complétement la perméabilité du fer, on doit donc le diviser de façon telle, qu'à la fréquence considérée, l'induction magnétique soit pratiquement uniforme dans toute la section, c'est-à-dire que les courants secondaires soient négligeables. Toutefois, ceci n'a pas lieu, même avec des tôles aussi fines que possible, aux fréquences extrêmement élevées, comme celles des courants oscillatoires, des décharges de foudre, etc.. ; dans ces conditions, la distribution du flux magnétique dans le fer n'est pas uniforme, mais l'induction $\mathfrak{B}$ décroît rapidement et retarde en phase, lorsqu'on con-

sidère des points de plus en plus éloignés de la surface du fer, de
sorte que finalement on n'a à peu près aucun flux à l'intérieur des tôles,
mais que pratiquement tout le flux est transporté par une couche à la
surface. La perméabilité apparente du fer décroît alors aux très hautes
fréquences et cela a amené à cette opinion qu'aux très hautes fréquences le fer ne peut suivre un cycle magnétique. Il n'est cependant
pas évident qu'il y ait un tel « hystérésis visqueux », mais il est probable que le fer se comporte, magnétiquement, même aux plus hautes
fréquences, en suivant pratiquement toujours le même cycle d'hystérésis quelle que soit la fréquence, si l'on a soin d'appliquer la f. m. m.
réelle, c'est-à-dire la résultante de la f. m. m. appliquée et de la
f. m. m. des courants secondaires dans le fer. Puisque, lorsque la
fréquence croît, et qu'une f. m. m. constante est appliquée, la f. m. m.
résultante décroît, à cause de l'augmentation des courants secondaires
démagnétisants, ceci simule l'effet d'un hystérésis visqueux.

Fréquemment aussi, pour des raisons mécaniques, des tôles de fer
de plus grande épaisseur que celles qui donneraient une induction
uniforme doivent être employées dans un champ alternatif.

Puisque les variations rapides de magnétisme sont communément
alternatives, et que la subdivision du fer est faite généralement par
l'emploi de tôles, il est suffisant de considérer comme illustration de
la méthode de calcul la distribution de flux dans les tôles de fer.

49. — Soit (*fig.* 92) la section d'une tôle ; le flux magnétique est
supposé aller dans une direction perpendiculaire au plan du papier.

Soit μ = perméabilité magnétique, λ = conductibilité électrique, l = distance d'une couche dl à la
ligne de centre de la tôle, et $2l_0$ l'épaisseur totale de
cette tôle. Si I = densité de courant dans la couche
dl et E = f. é. m. par unité de longueur engendrée
dans la zone dl par la variation du flux, nous avons :

$$(1) \qquad\qquad I = \lambda E.$$

L'induction magnétique $\mathfrak{B}_1$ à la surface, $l = l_0$,
de la tôle correspond à la f. m. m. appliquée ou
extérieure. L'induction $\mathfrak{B}$ dans la zone dl correspond à la f. m. m. appliquée, plus la somme de
toutes les f. m. m. de la zone extérieure à dl, ou de l à l_0.

Fig. 92. — Distribution du flux magnétique alternatif dans
le fer massif.

Le courant dans la zone dl est

$$(2) \qquad Idl = \lambda Edl$$

et produit la f. m. m.

$$(3) \qquad \mathcal{H} = 0,4\,\pi\lambda Edl,$$

d'où l'induction :

$$(4) \qquad d\mathfrak{B} = 0,4\,\pi\lambda\mu Edl.$$

L'induction $\mathfrak{B}$, sur les deux côtés de la zone dl, diffère donc de la valeur $d\mathfrak{B}$ (équation (4)) produite par la f. m. m. de la zone dl, et ceci donne l'équation différentielle entre $\mathfrak{B}$, E et l :

$$(5) \qquad \frac{d\mathfrak{B}}{dl} = 0,4\,\pi\lambda\mu E.$$

La f. é. m. engendrée à la distance l du centre de la tôle est due au flux magnétique dans l'espace de l à l_0. Ainsi, les f. é. m. sur les deux côtés de la zone dl, diffèrent l'une de l'autre de la f. é. m. engendrée par le flux $\mathfrak{B}dl$ de cette zone.

Considérons maintenant $\mathfrak{B}$, E et I comme des quantités complexes ; la f. é. m. dE qui est la différence entre les f. é. m. sur les deux faces de dl, est en quadrature avec $\mathfrak{B}dl$, et en avance ; elle peut être écrite :

$$(6) \qquad dE = -\,j\,2\,\pi f \mathfrak{B}\,10^{-8}dl,$$

où f est la fréquence du magnétisme alternatif.

Ceci donne la seconde équation différentielle :

$$(7) \qquad \frac{dE}{dl} = -\,j\,2\,\pi f \mathfrak{B}\,10^{-8}.$$

50. — Différentions (5) par rapport à l, et portons y (7) ; nous avons :

$$(8) \qquad \frac{d^2\mathfrak{B}}{dl^2} = -\,0,8\,j\,\pi^2 f\lambda\mu\,10^{-8}\,\mathfrak{B}.$$

ou, en écrivant :

$$(9) \qquad a^2 = fa^2 = 0,4\,\pi^2 f\lambda\mu\,10^{-8}$$

$$(10) \qquad a^2 = 0,4\pi^2\lambda\mu\,10^{-8},$$

nous avons,

$$(11) \qquad \frac{d^2 \mathfrak{B}}{dl^2} = -2je^2\mathfrak{B}.$$

Cette équation différentielle est intégrée par

$$(12) \qquad \mathfrak{B} = A\varepsilon^{-vl}$$

qui portée en (11) donne

$$(13) \qquad v^2 = -2je^2$$

d'où

$$(14) \qquad v = \pm (1-j)e$$

et

$$\mathfrak{B} = A_1\varepsilon^{+(1-j)el} + A_2\varepsilon^{-(1-j)el}.$$

Puisque $\mathfrak{B}$ doit avoir la même valeur pour $-l$ et $+l$, à cause de la symétrie entre les deux moitiés de la tôle,

$$A_1 = A_2 = A;$$

d'où

$$(15) \qquad \mathfrak{B} = A \left\{ \varepsilon^{+(1-j)el} + \varepsilon^{-(1-j)el} \right\};$$

substituons

$$(16) \qquad \varepsilon^{\pm jel} = \cos el \pm j \sin el;$$

nous avons

$$(17) \qquad \mathfrak{B} = A \left\{ (\varepsilon^{+el} + \varepsilon^{-el}) \cos el - j(\varepsilon^{+el} - \varepsilon^{-el}) \sin el \right\}.$$

51. — Appelons $\mathfrak{B}_0$ l'induction au centre de la tôle, en $l = 0$; nous avons, par (17) :

$$\mathfrak{B}_0 = 2A;$$

d'où

$$(18) \qquad A = \frac{1}{2} \mathfrak{B}_0$$

et

$$(19) \qquad \mathfrak{B} = \mathfrak{B}_0 \left\{ \frac{\varepsilon^{+cl} + \varepsilon^{-cl}}{2} \cos cl - j \frac{\varepsilon^{+cl} - \varepsilon^{-cl}}{2} \sin cl \right\}.$$

Appelons $\mathfrak{B}_1$ l'induction à l'extérieur de la tôle pour $l = l_0$, c'est-à-dire l'induction produite par la f. m. m. externe; l'équation (19) nous donne :

$$(20) \qquad \mathfrak{B}_1 = \mathfrak{B}_0 \left\{ \frac{\varepsilon^{+cl_0} + \varepsilon^{-cl_0}}{2} \cos cl_0 - j \frac{\varepsilon^{+cl_0} - \varepsilon^{-cl_0}}{2} \sin cl_0 \right\}.$$

et en portant (20) en (19)

$$(21) \qquad \mathfrak{B} = \mathfrak{B}_1 \frac{\left(\varepsilon^{+cl} + \varepsilon^{-cl}\right) \cos cl - j\left(\varepsilon^{+cl} - \varepsilon^{-cl}\right) \sin cl}{\left(\varepsilon^{+cl_0} + \varepsilon^{-cl_0}\right) \cos cl_0 - j\left(\varepsilon^{+cl_0} - \varepsilon^{-cl_0}\right) \sin cl_0}.$$

La valeur moyenne ou apparente de l'induction, c'est-à-dire la moyenne relative à toute la tôle est

$$(22) \qquad \mathfrak{B}_m = \frac{1}{l_0} \int_0^{l_0} \mathfrak{B}\, dl.$$

En employant l'équation (15) qui se prête mieux à l'intégration, on a :

$$(23) \qquad \mathfrak{B}_m = \frac{A}{(1-j)cl_0} \left[\varepsilon^{+(1-j)cl} - \varepsilon^{-(1-j)cl} \right]_0^{l_0}$$
$$= A \frac{\left(\varepsilon^{+(1-j)cl_0} - \varepsilon^{-(1-j)cl_0} \right)}{(1-j)cl_0}.$$

et en y portant (16), (18) et (20), on obtient :

$$(24) \quad \left\{ \begin{aligned} \mathfrak{B}_m &= \frac{\mathfrak{B}_0}{(1-j)cl_0} \left\{ \frac{\varepsilon^{+cl_0} - \varepsilon^{-cl_0}}{2} \cos cl_0 - j \frac{\varepsilon^{+cl_0} + \varepsilon^{-cl_0}}{2} \sin cl_0 \right\} \\ &= \frac{\mathfrak{B}_1}{(1-j)cl_0} \frac{\left(\varepsilon^{+cl_0} - \varepsilon^{-cl_0}\right) \cos cl_0 - j\left(\varepsilon^{+cl_0} + \varepsilon^{-cl_0}\right) \sin cl_0}{\left(\varepsilon^{+cl_0} + \varepsilon^{-cl_0}\right) \cos cl_0 - j\left(\varepsilon^{+cl_0} - \varepsilon^{-cl_0}\right) \sin cl_0}. \end{aligned} \right.$$

Les valeurs absolues des inductions sont tirées de la racine carrée de la somme des carrés des termes réels et imaginaires des équations (19), (20), (21) et (24) :

$$(25) \qquad \mathfrak{B} = \frac{\mathfrak{B}_0}{2}\sqrt{\varepsilon^{+2cl} + \varepsilon^{-2cl} + 2\cos 2cl}$$

$$(26) \qquad \mathfrak{B}_1 = \frac{\mathfrak{B}_0}{2}\sqrt{\varepsilon^{+2cl_0} + \varepsilon^{-2cl_0} + 2\cos 2cl_0}$$

$$(27) \qquad \mathfrak{B} = \mathfrak{B}_1\sqrt{\frac{\varepsilon^{+2cl} + \varepsilon^{-2cl} + 2\cos 2cl}{\varepsilon^{+2cl_0} + \varepsilon^{-2cl_0} + 2\cos 2cl_0}}$$

et

$$(28) \qquad \mathfrak{B}_m = \frac{\mathfrak{B}_0}{2cl_0\sqrt{2}}\sqrt{\varepsilon^{+2cl_0} + \varepsilon^{-2cl_0} - 2\cos 2cl_0}$$

$$= \frac{\mathfrak{B}_1}{cl_0\sqrt{2}}\sqrt{\frac{\varepsilon^{+2cl_0} + \varepsilon^{-2cl_0} - 2\cos 2cl_0}{\varepsilon^{+2cl_0} + \varepsilon^{-2cl_0} + 2\cos 2cl_0}}.$$

52. — Quand l'épaisseur du fer $2l_0$, ou la fréquence f, sont assez grandes pour donner à cl_0 une valeur suffisamment grande et rendre ε^{-cl_0}, ou l'onde réfléchie, négligeable en comparaison de l'onde principale ε^{+cl_0}, les équations peuvent être simplifiées en supprimant les termes en ε^{-cl}. Dans ce cas, l'induction $\mathfrak{B}$ est très faible ou pratiquement nulle à l'intérieur ; elle n'atteint une valeur appréciable qu'aux environs de la surface. Il est donc préférable de compter la distance depuis la surface en allant vers l'intérieur, en introduisant la variable indépendante

$$(29) \qquad s = l_0 - l.$$

Négligeons ε^{-cl} et ε^{-cl_0} dans l'équation (21) ; on a :

$$\mathfrak{B} = \mathfrak{B}_1 \frac{\varepsilon^{cl}(\cos cl - j\sin cl)}{\varepsilon^{cl_0}(\cos cl_0 - j\sin cl_0)}.$$

$$= \mathfrak{B}_1 \varepsilon^{-c(l_0-l)}\left\{ \cos c(l_0 - l) + j\sin c(l_0 - l) \right\};$$

d'où

$$(30) \qquad \mathfrak{B} = \mathfrak{B}_1 \varepsilon^{-cs}\left\{ \cos cs + j\sin cs \right\},$$

ou, en valeur absolue ;

$$(31) \qquad \mathfrak{B} = \mathfrak{B}_1 \varepsilon^{-cs} ;$$

tandis qu'au centre on a :

$$(32) \qquad \begin{cases} \mathcal{B}_0 = \mathcal{B}_1 \varepsilon^{-cl_0} \{ \cos cl_0 + j \sin cl_0 \} \\ \mathcal{B}_0 = \mathcal{B}_1 \varepsilon^{-jcl_0}. \end{cases}$$

De l'équation (24), on tire la valeur moyenne de l'induction quand ε^{-cl_0} est négligeable :

$$(33) \qquad \mathcal{B}_m = \frac{\mathcal{B}_1}{(1-j)cl} \cdot$$

dont la valeur absolue est :

$$(34) \qquad \mathcal{B}_m = \frac{\mathcal{B}}{cl_0\sqrt{2}} \cdot$$

53. — On voit que les équations précédentes de la distribution du flux alternatif dans un conducteur feuilleté sont de la même forme que les équations de courant et voltage dans une ligne de transmission ; elles ont cependant une forme plus spéciale, la constante d'atténuation α et la constante de longueur d'onde β ayant la même valeur c. Il en résulte que la distribution du flux alternatif dans les tôles dépend seulement d'une constante cl_0.

La longueur d'onde est donnée par :

$$cl_w = 2\pi :$$

d'où

$$l_w = \frac{2\pi}{c}$$

et, par (9) :

$$(35) \qquad l_w = \frac{2\pi}{a\sqrt{f}} = \frac{10\,000}{\sqrt{0,124f}} :$$

et l'atténuation pendant une longueur d'onde, ou le décroissement de l'intensité du magnétisme, est

$$\varepsilon^{-2\pi} = 0,0019,$$

et par demi-onde

$$\varepsilon^{-\pi} = 0,043.$$

À la distance $\dfrac{l_w}{4}$ au-dessous de la surface, le flux magnétique retarde de 90 degrés et a considérablement décru ; à la distance $\dfrac{l_w}{2}$ il retarde de 180 degrés et est par conséquent en opposition avec le flux à la surface du fer, mais son intensité est très faible, moins de 5 pour cent de celle à la surface ; à la distance l_w le flux est revenu en phase avec celui de la surface, mais son intensité est pratiquement nulle, moins de 0,2 pour cent de celle à la surface ; c'est-à-dire que la pénétration du flux alternatif est inappréciable à la distance d'une longueur d'onde :

Des équations (33) et (34), on tire le flux magnétique total par unité de longueur de fer :

$$2l_0 \mathfrak{B}_w = \frac{2\mathfrak{B}_1}{(1-j)\,c},$$

dont la valeur absolue est

$$2l_0 \mathfrak{B}_m = \frac{2\mathfrak{B}_1}{c\sqrt{2}};$$

ce flux est le même que celui qui serait produit par une induction uniforme dans une épaisseur de fer :

$$l_p = \frac{2}{(1-j)\,c}$$

ou, en valeur absolue :

$$l_p = \frac{\sqrt{2}}{c};$$

ce qui montre que le magnétisme alternatif résultant dans le fer massif retarde de 45 degrés ou d'un huitième d'onde en arrière de la f. m. m. appliquée et est égal à une induction uniforme pénétrant à une épaisseur

$$(36) \qquad\qquad l_p = \frac{1}{c\sqrt{2}}.$$

l_p peut ainsi être appelé profondeur de pénétration du magnétisme alternatif dans le fer massif.

Puisque la seule constante entrant dans l'équation est cl_0, la distribution du magnétisme peut dans tous les cas être représentée en fonction de cl_0.

Si cl_0 est faible et, par suite, l'induction au centre $\mathfrak{B}_0$ comparable à l'induction extérieure $\mathfrak{B}_1$, les équations (19) (20) et (24), (25) (26) et (28) sont employées de préférence ; si cl_0 est grand et l'induction $\mathfrak{B}_0$ au centre négligeable, les équations (30) à (34) sont employées préférablement.

54. — Comme exemple, soit $\mu = 1\,000$ et $\lambda = 10^5$; alors on a $a = 1,98$ pour $f = 60$ cycles par seconde ; $c = a\sqrt{f} = 15,3$; d'où pour l'épaisseur de la couche effective de pénétration :

$$l_p = \frac{1}{c\sqrt{2}} = 0,046 \text{ cm.}$$

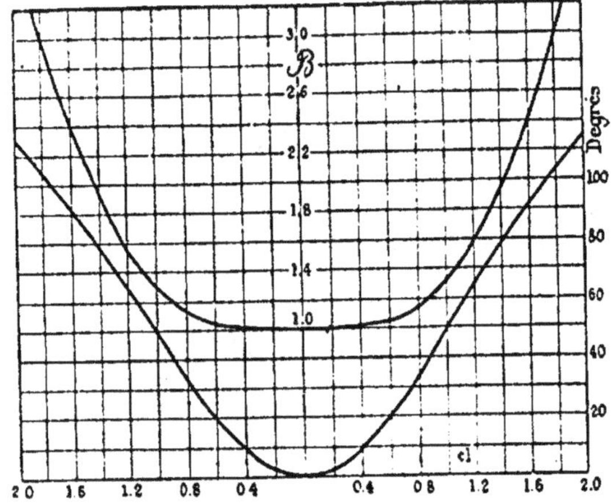

Fig. 93. — Distribution de flux magnétique alternatif dans le fer massif.

Dans la figure 93, on montre avec cl en abscisses, la valeur effective du flux magnétique qui, par l'équation (25), est :

$$\mathfrak{B} = \frac{\mathfrak{B}_0}{2}\sqrt{\varepsilon^{+2cl} + \varepsilon^{-2cl} + 2\cos 2cl} \,,$$

et aussi l'angle de phase-espace entre $\mathfrak{B}$ et $\mathfrak{B}_0$, qui par l'équation (19) est :

$$(37) \qquad \operatorname{tg} \tau_0 = \frac{\varepsilon^{+cl} - \varepsilon^{-cl}}{\varepsilon^{+cl} + \varepsilon^{-cl}} \operatorname{tg} cl.$$

Dans la figure 94, on montre, avec cs en abscisses, la valeur effective du flux, tirée de l'équation (31):

$$\mathfrak{B} = \mathfrak{B}_1\, \varepsilon^{-cs}.$$

et aussi l'angle de phase-espace entre $\mathfrak{B}$ et $\mathfrak{B}_1$, tiré de l'équation (30):

$$(38) \qquad\qquad \operatorname{tg} \tau_1 = \operatorname{tg} cs.$$

L'épaisseur de la couche équivalente est indiquée sur la figure 94.

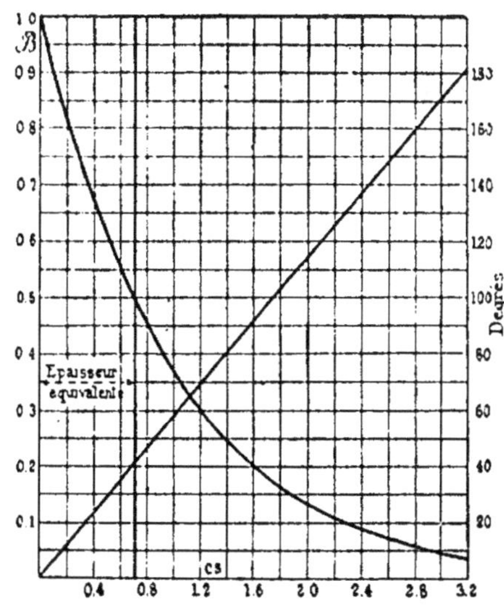

Fig. 94. — Distribution de flux magnétique alternatif dans le fer massif.

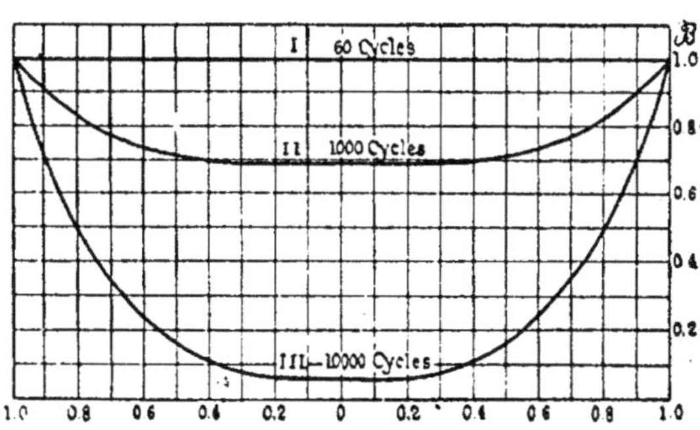

Fig. 95. — Distribution de flux magnétique alternatif dans le fer massif.

Comme nouvelle illustration, la figure 95 montre les valeurs absolues de l'induction $\mathfrak{B}$ dans une couche de 0,036 cm d'épaisseur, c'est-à-dire que $l_0 = 0,018$ cm.

Pour 60   périodes, par la courbe I $c = 15,3$ $cl_0 = 0,275$
Pour 1000   périodes, par la courbe II $c = 62,5$ $cl_0 = 1,125$
Pour 10000   périodes, par la courbe III $c = 198$ $cl_0 = 3,55.$

On voit que l'induction est parfaitement uniforme sur la courbe I, tandis que sur la courbe III il ne pénètre pratiquement aucun flux au centre.

55. — La pénétration effective du magnétisme alternatif dans le fer, ou l'épaisseur l_p de la couche superficielle qui avec l'induction constante $\mathfrak{B}_1$ donnerait un flux total égal au flux existant réellement, est :

$$(39) \qquad l_p = \frac{1}{(1 - j)\, c},$$

ou en valeur absolue

$$l_p = \frac{1}{c \sqrt{2}};$$

d'où, en portant la valeur de c tirée de (9) :

$$(40) \qquad l_p = \frac{10^4}{\pi \sqrt{0,8 \lambda \mu f}} = \frac{3570}{\sqrt{\lambda \mu f}};$$

La pénétration du flux alternatif dans un conducteur massif est donc inversement proportionnelle à la racine carrée de la conductibilité électrique, de la perméabilité électrique et de la fréquence.

Les valeurs de pénétration, l_p, en centimètres pour divers matériaux et fréquences sont données ci-dessous :

Fréquence	25	60	1000	10000	10^6
Fer doux, $\mu = 1000$, $\lambda = 10^5$.	0,0714	0,0460	0,0113	0,0036	0,00036
Fonte, $\mu = 200$, $\lambda = 10^4$ . . .	0,504	0,325	0,080	0,0252	0,0025
Cuivre, $\mu = 1$, $\lambda = 6 \times 10^5$. .	0,922	0,595	0,144	0,0461	0,0046
Alliage résistant, $\mu = 1$, $\lambda = 10^4$.	7,14	4,60	1,13	0,357	0,036

On voit donc que, même aux basses fréquences, comme 25 périodes, le magnétisme alternatif ne pénètre pas loin dans le fer forgé massif, mais qu'il pénètre à une profondeur considérable dans la fonte. Il est aussi intéressant de noter qu'il existe une petite différence entre les pénétrations dans le cuivre et dans la fonte, la haute conductibilité du premier compensant la haute perméabilité de la dernière.

56. — La longueur d'onde, $l_w = \dfrac{2\pi}{c}$, devient en substituant la valeur de c tirée de l'équation (9) :

$$(41) \qquad l_w = \frac{31\,600}{\sqrt{\lambda \mu f}} ;$$

c'est-à-dire que la longueur d'onde de la transmission oscillatoire du magnétisme alternatif dans le fer massif est inversement proportionnelle à la racine carrée de la conductibilité électrique, de la perméabilité magnétique et de la fréquence.

En comparant cette équation (41) de la longeur d'onde l_w avec l'équation (40) de l'épaisseur de pénétration l_p, il s'ensuit que la profondeur de pénétration est d'environ un-neuvième de longueur d'onde, ou 40 degrés, ou plus exactement, puisque :

$$l_p = \frac{2}{c\sqrt{2}} \qquad \text{et} \qquad l_w = \frac{2\pi}{c},$$

nous avons

$$(42) \qquad \frac{l_p}{l_w} = \frac{1}{2\sqrt{2\pi}} = \frac{1}{8{,}9}.$$

La vitesse de propagation est

$$(43) \qquad S = f l_w = \frac{31\,600\,\sqrt{f}}{\sqrt{\lambda \mu}}.$$

La vitesse de propagation est inversement proportionnelle à la racine carrée de la conductibilité électrique et de la perméabilité électrique; mais elle est directement proportionnelle à la racine carrée de la fréquence. Ceci donne un curieux exemple d'une vitesse qui croît avec la fréquence. Quelques valeurs numériques sont données ci-dessous :

Fréquence	25 cycles	10 000 cycles
Fer doux, $\mu = 1000$, $\lambda = 10^5$ . . .	$S = 15,8$	316
Fonte, $\mu = 20^{\circ}$, $\lambda = 10^4$ . . .	111	2330
Cuivre, $\mu = 1$, $\lambda = 6 \times 10^5$. .	304	1680

cm : seconde

On voit que ces vitesses sont extrêmement faibles en comparaison des vitesses ordinaires des ondes électromagnétiques.

57. Puisque, au lieu de $\mathfrak{B}_1$ correspondant à la f. m. m. appliquée et à la perméabilité μ, l'induction moyenne dans le fer est $\mathfrak{B}_m$, l'effet est le même que si la perméabilité de la matière était changée de μ en

$$(44) \qquad \mu' = \mu \, \frac{\mathfrak{B}_m}{\mathfrak{B}_1} .$$

μ' peut être appelé la *perméabilité effective*, qui est une fonction de l'épaisseur du fer et de la fréquence, donc une fonction de cl_0 ; μ' apparaît en forme complexe ainsi :

$$\mu' = \mu'_1 + j\mu'_2 ;$$

car la perméabilité est à la fois réduite et décalée en arrière.

Pour les hautes valeurs de cl_0, donc dans les tôles assez épaisses ou aux hautes fréquences, nous avons :

$$(45) \qquad \mu' = \frac{\mu}{(1 - j)cl_0} = \frac{\mu}{2cl_0} + j \, \frac{\mu}{2cl_0} .$$

58. — Comme illustration, pour le fer de 0,036 cm. d'épaisseur, ou $l_0 = 0,018$, et les constantes $\mu = 1000$ et $\lambda = 10^5$, soit $a = 1,98$, la valeur effective de la perméabilité est :

$$\mu' = \frac{\mu}{cl_0 \sqrt{2}} ,$$

et

$$c = a \sqrt{f} ;$$

d'où

$$(46) \qquad \mu' = \frac{\mu}{a l_0 \sqrt{2f}} = \frac{19\,800}{\sqrt{f}}.$$

La perméabilité effective ou apparente aux très hautes fréquences décroît donc inversement proportionnellement à la racine carrée de la fréquence. Dans l'exemple ci-dessus, la perméabilité apparente est :

$$
\begin{aligned}
&\text{A basses fréquences} &\mu &= 1\,000\\
&\text{A 10 000 cycles} &\mu' &= 198\\
&\text{A 1 million de cycles} &\mu' &= 19,8\\
&\text{A 100 millions de cycles} &\mu' &= 1,98\\
&\text{A 392 millions de cycles} &\mu' &= 1,
\end{aligned}
$$

ou la même que dans l'air, et pour des fréquences encore plus hautes la présence de fer a pour effet de réduire le flux.

Il est intéressant de noter qu'avec cette épaisseur de tôles de 0,036 cm., même aux plus hautes fréquences de plusieurs millions de cycles par seconde, il reste encore une appréciable perméabilité apparente, c'est-à-dire que le flux est accru par la présence du fer. L'effet du fer sur l'accroissement du flux magnétique disparaît seulement à 400 millions de cycles par seconde ; à partir de cette fréquence le fer réduit le flux magnétique. Néanmoins, même à ces fréquences, la présence du fer exerce encore un grand effet par l'amortissement rapide des oscillations et le décalage de 45 degrés du flux magnétique moyen.

Naturellement, dans les grosses masses de fer, la perméabilité μ' tombe au-dessous de celle de l'air même à de beaucoup plus basses fréquences.

Quand la pénétration du flux, l_p, est faible en comparaison des dimensions du fer, celles-ci deviennent sans importance puisque la partie superficielle est seule intéressante ; on doit alors considérer non la section totale, mais une peau extérieure d'épaisseur l_p en ce qui concerne les flux magnétiques alternatifs rapides.

Aux très hautes fréquences, en ce qui concerne les circuits magnétiques alternatifs, la surface extérieure, et non la section totale, est donc le point intéressant.

Le décalage en arrière de la perméabilité apparente représente une composante d'énergie de la f. é. m. de self-induction due au flux magnétique, qui croît lorsque la fréquence augmente, et finalement devient égale à la composante réactive. ([1])

([1]) Au cours de tout ce chapitre, l'auteur considère μ comme une constante, tandis qu'en réalité μ est une fonction de l'induction $\mathfrak{B}$ en chaque point. Les résultats ne sont donc que des approximations, d'autant plus près de la réalité que l'on est plus loin de la saturation. Le calcul avec μ fonction de $\mathfrak{B}$ serait inextricable, aucune relation mathématique simple ne liant ces quantités. En pratique μ est d'ailleurs suffisamment constant pour toutes les valeurs de $\mathfrak{B}$ utilisées pour les fréquences un peu élevées.

(N. d. T.)

CHAPITRE VII

—

DISTRIBUTION DE LA DENSITÉ DU COURANT
ALTERNATIF DANS UN CONDUCTEUR

59. — Si la fréquence d'un courant alternatif ou oscillatoire est élevée, ou si la section du conducteur qui transporte le courant est très grande, ou si sa conductibilité électrique ou sa perméabilité magnétique sont élevées, la densité de courant n'est pas uniforme dans toute la section du conducteur ; elle décroît en allant vers l'intérieur du conducteur, à cause de la f. é. m. élevée de self-inductance à l'intérieur du conducteur due au flux magnétique dans ce conducteur. La phase du courant intérieur diffère aussi de celle du courant à la surface du conducteur et est en retard sur elle.

Comme conséquence de cette distribution inégale du courant dans un conducteur de grande section traversé par des courants alternatifs, la résistance effective du conducteur doit être beaucoup plus élevée que la résistance ohmique, et le conducteur contient aussi une inductance interne.

Dans le cas extrême, lorsque la densité de courant à l'intérieur du conducteur est beaucoup plus faible qu'à la surface, ou même négligeable, à cause de cet « effet d'écran » comme cela a été appelé, le courant peut être supposé exister seulement dans une couche superficielle mince du conducteur, d'épaisseur l_p. Dans ce cas, la résistance effective du conducteur pour les courants alternatifs égale la résistance ohmique d'un conducteur d'une section égale à la périphérie du conducteur multiplié par « l'épaisseur de pénétration ».

Lorsque la distribution de courant dans la section du conducteur est très inégale; la section du conducteur n'est pas utilisée entièrement, mais la matière à l'intérieur de ce conducteur est plus ou moins perdue.

Il est alors important dans les circuits à courants alternatifs, spécialement en ce qui regarde les courants très intenses, ou les fréquences élevées, ou les matériaux de grande perméabilité comme le fer, d'étudier ce phénomène.

Une détermination approximative de cet effet, dans le but de décider si l'inégalité de distribution du courant est trop faible pour affecter sensiblement la résistance du conducteur ou si elle est suffisamment grande pour nécessiter un calcul, ainsi que les procédés pour éviter cette inégalité, sont donnés dans « Alternating Current Phenomena », Chapitre XIV, paragraphe 133 (ou sa traduction française, Librairie Dunod et Pinat).

Un accroissement appréciable de la résistance effective, au-dessus de la résistance ohmique, doit être attendu dans les cas suivants :

1° Dans la distribution à basse tension de courants alternatifs intenses par de gros conducteurs ;

2° Quand on emploie le fer comme conducteur, comme par exemple dans les fils de fer des transmissions à haut potentiel pour les branchements de faible puissance, ou dans les câbles d'acier pour longues portées des lignes de transmission ;

3° Dans le rail de retour en traction monophasée ;

4° Lorsque l'on transporte de hautes fréquences, ou avec les oscillations à haute fréquence, comme les décharges de foudre.

Dans les deux derniers cas, qui ont probablement la plus grande importance, l'inégalité de distribution du courant est généralement telle qu'il n'y a pratiquement aucun courant au centre ; la résistance effective des rails de roulement, même avec du courant alternatif à 25 périodes, est plusieurs fois plus grande que la résistance ohmique, et des conducteurs de faible résistance ohmique peuvent offrir une très haute résistance effective à un coup de foudre.

En subdivisant le conducteur en un certain nombre de conducteurs plus petits, séparés l'un de l'autre par une petite distance, ou en employant un conducteur creux, ou un conducteur plat, barre ou ruban, l'effet est réduit ; pour les décharges à haute fréquence, comme les connexions de parafoudres, le ruban plat de cuivre offre une résistance effective beaucoup plus petite qu'un fil rond. La mise du conducteur sous forme de câble n'a pas d'effet direct sur ce phénomène, puisque celui-ci est dû à l'action magnétique du courant et que le champ magnétique est le même dans un conducteur en câble que dans un conducteur plein, toutes autres choses étant égales. Par conséquent, tandis que les courants de Foucault dus aux champs extérieurs sont éliminés par l'emploi de câbles, ce n'est pas le même cas avec l'accroissement de résistance par distribution inégale du courant. L'emploi de câble, cependant, doit réduire indirectement l'inégalité de distribution de courant, surtout dans le cas du fer, car cela réduit la perméabilité effective ou moyenne du conducteur, à cause des ruptures dans le circuit magnétique entre les fils et torons, et aussi par la réduction de la conductibilité moyenne de la section du conducteur. Par exemple, si un câble contient 60 pour cent de sa section de cuivre et 40 pour cent d'espace entre fils, la conductibilité moyenne est 60 pour cent de celle du cuivre. Si, par la subdivision en torons d'un conducteur de fer, la réluctance du circuit magnétique est rendue dix fois plus grande, ceci représente une réduction à un dixième de la perméabilité moyenne. Donc, si pour la matière conductrice propre $\mu = 1\,000$ et $\lambda = 10^5$, la section nette est réduite à 60 pour cent et la perméabilité à un dixième, les valeurs moyennes deviennent

$$\mu_0 = 100 \qquad \text{et} \qquad \lambda_0 = 0,6.10^5.$$

Le facteur $\sqrt{\lambda\mu}$ dans l'équation de la distribution du courant est réduit de

$$\sqrt{\lambda\mu} = 10\,000 \qquad \text{à} \qquad \sqrt{\lambda_0\mu_0} = 2\,450,$$

ou à 24,5 pour cent de sa valeur primitive. Dans ce cas, cependant, lorsque le conducteur est en fer, une recherche de la distribution du courant doit être faite dans chacun des fils individuels constituant le conducteur.

Puisque la manière la plus simple de réduire l'effet de la distribution inégale du courant est d'employer des conducteurs plats, le cas le plus important de cette étude est la distribution du courant alternatif dans la section d'un conducteur plat. Ceci donne aussi la solution pour les conducteurs d'une forme quelconque, lorsque la section est assez grande pour que le courant pénètre seulement dans la couche superficielle, comme c'est le cas pour les rails d'acier en traction monophasée. Lorsque le courant alternatif pénètre seulement à une petite distance de la surface dans le conducteur, on peut considérer la courbure de cette surface comme négligeable devant cette profondeur de pénétration et considérer la surface du conducteur comme une surface plate et pénétrée partout suivant la même épaisseur. En réalité, avec les surfaces de forme complexe, le courant pénètre quelque peu plus loin dans les parties convexes, quelque peu moins dans les concaves, de telle sorte que les erreurs se compensent plus ou moins.

6). — Dans une section de conducteur plat, montrée schématiquement sur la figure 92, soit λ = conductibilité électrique de la matière conductrice ; μ = sa perméabilité magnétique ([1]) ; l = distance comptée à partir de la ligne de centre du conducteur et $2l_0$ son épaisseur.

De plus, soit E_0 = f. é. m. appliquée par unité de longueur de conducteur, c'est-à-dire le voltage consommé par unité de longueur dans le conducteur après défalcation de la f. é. m. consommée par la self-inductance due au champ extérieur du conducteur ; alors, si E_1 est le voltage total d'alimentation par unité de longueur de conducteur et E_2 le voltage de réactance externe, ou voltage consommé par le champ magnétique extérieur au conducteur, nous avons :

$$E_0 = E_1 - E_2.$$

Soit :

$I = i_1 + ji_2$ = densité de courant dans l'élément de conducteur dl,
$\mathcal{B} = b_1 + jb_2$ = induction magnétique dans l'élément de conducteur dl,
E = f. é. m. consommée dans l'élément de conducteur dl par la self-inductance due au flux à l'intérieur du conducteur ; alors le

---

[1] La remarque faite dans le précédent chapitre en ce qui concerne la constance de μ dans toute la section s'applique également ici.　　　　N. d. T.

courant $I dl$ dans l'élément de conducteur représente la f. m. m. ou intensité de champ :

$$(1) \qquad d\mathfrak{IC} = 0,4\pi I dl,$$

qui détermine un accroissement d'induction $d\mathfrak{B}$ entre les deux faces du conducteur élémentaire dl.

$$(2) \qquad d\mathfrak{B} = \mu d\mathfrak{IC} = 0,4\pi\mu I dl.$$

La f. é. m. consommée par self-inductance est proportionnelle au flux et à la fréquence, et est à 90 degrés-temps en avant du flux.

L'accroissement de flux $\mathfrak{B} dl$ dans l'élément de conducteur dl détermino par conséquent un accroissement de f. é. m. consommée par self-inductance entre les deux faces de l'élément dl :

$$(3) \qquad dE = 2j\pi f \mathfrak{B}\, 10^{-8}\, dl,$$

où $f = $ fréquence de la f. é. m. appliquée.

Puisque la f. é. m. appliquée E_0 est égale à la somme de la f. é. m. consommée par self-inductance E et de la f. é. m. consommée par résistance de l'élément de conducteur $\dfrac{I}{\lambda}$, nous avons :

$$(4) \qquad E_0 = E + \frac{I}{\lambda}.$$

En différentiant (4) on a :

$$(5) \qquad dE = - \frac{1}{\lambda}\, dI$$

et en portant (5) en (3) :

$$(6) \qquad dI = - 2j\pi f \lambda \mathfrak{B}\, 10^{-8}\, dl.$$

Les deux équations différentielles (6) et (2) sont en $\mathfrak{B}$, I et l, et, par élimination de $\mathfrak{B}$ donnent l'équation différentielle entre I et l; différentions (6) et retranchons (2), nous avons :

$$(7) \qquad \frac{d^2 I}{dl^2} = - 0,8j\pi^2 f\, 10^{-8}\, \lambda\mu I ;$$

ou, en écrivant

$$(8) \qquad c^2 = a^2 f = 0,4\pi^2\, 10^{-8}\, \lambda\mu f$$

dans lequel

$$(9) \qquad a^2 = 0{,}4\pi^2 \, 10^{-8} \, \lambda\mu,$$

nous avons :

$$(10) \qquad \frac{d^2 I}{dl^2} = -\, 2jc^2 I.$$

Cette équation différentielle (10) est intégrée par :

$$(11) \qquad I = A\varepsilon^{-vl}.$$

En substituant (11) en (10), on a :

$$v^2 = -\, 2jc^2$$
$$(12) \qquad v = \pm\, c(1 - j) ;$$

d'où

$$(13) \qquad I = A_1 \varepsilon^{+c(1-j)l} + A_2 \varepsilon^{-c(1-j)l}.$$

Puisque I a la même valeur pour $+\,l$ et $-\,l$,

$$(14) \qquad A_1 = A_2 = A ;$$

d'où

$$(15) \qquad I = A \left\{ \varepsilon^{+c(1-j)l} + \varepsilon^{-c(1-j)l} \right\}.$$

Portons :

$$(16) \qquad \varepsilon^{\pm jcl} = \cos cl \pm j \sin cl ;$$

on a :

$$(17) \qquad I = A \left\{ \left(\varepsilon^{+cl} + \varepsilon^{-cl} \right) \cos cl - j \left(\varepsilon^{+cl} - \varepsilon^{-cl} \right) \sin cl \right\}.$$

et pour $l = l_0$, ou à la surface du conducteur :

$$(18) \qquad I_1 = A \left\{ \left(\varepsilon^{+cl_0} + \varepsilon^{-cl_0} \right) \cos cl_0 - j \left(\varepsilon^{+cl_0} - \varepsilon^{-cl_0} \right) \sin cl_0 \right\}.$$

A la surface du conducteur, il n'y a cependant pas de self-inductance due au champ interne, et

$$(19) \qquad I_0 = \lambda E_0.$$

Substituons (19) en (18); on obtient la constante d'intégration A;

celle-ci reportée en (17) donne la distribution de la densité de courant dans la section du conducteur :

$$(20)\qquad I = \lambda E_0\, \frac{\left(\varepsilon^{+cl} + \varepsilon^{-cl}\right)\cos cl - j\left(\varepsilon^{+cl} - \varepsilon^{-cl}\right)\sin cl}{\left(\varepsilon^{+cl_0} + \varepsilon^{-cl_0}\right)\cos cl_0 - j\left(\varepsilon^{+cl_0} - \varepsilon^{-cl_0}\right)\sin cl_0}.$$

La valeur absolue est donnée par la racine carrée de la somme des carrés des termes réels et imaginaires :

$$(21)\qquad I = \lambda E_0\, \sqrt{\frac{\varepsilon^{+2cl} + \varepsilon^{-2cl} + 2\cos 2cl}{\varepsilon^{+2cl_0} + \varepsilon^{-2cl_0} + 2\cos 2cl_0}}.$$

La densité de courant au centre du conducteur, $l = 0$, est

$$(22)\qquad I_0 = \frac{2\lambda E_0}{\left(\varepsilon^{+cl_0} + \varepsilon^{-cl_0}\right)\cos cl_0 - j\left(\varepsilon^{+cl_0} - \varepsilon^{-cl_0}\right)\sin cl_0},$$

dont la valeur absolue est :

$$(23)\qquad I_0 = \frac{2\lambda E_0}{\sqrt{\varepsilon^{+2cl_0} + \varepsilon^{-2cl_0} + 2\cos 2cl_0}}.$$

61. — On voit que la distribution du courant alternatif dans un conducteur plat massif donne les mêmes équations que la distribution de l'induction magnétique dans un rail de fer, et des équations de même nature que celles d'une ligne de transmission à longue distance, mais de forme plus spéciale.

La valeur moyenne de la densité de courant dans la section du conducteur est

$$(24)\qquad I_m = \frac{1}{l_0}\int_0^{l_0} I\,dl.$$

de laquelle on tire de la même manière que dans le chapitre V § 51 :

$$(25)\ I_m = \frac{\lambda E_0\left\{\left(\varepsilon^{+cl_0} - \varepsilon^{-cl_0}\right)\cos cl_0 - j\left(\varepsilon^{+cl_0} + \varepsilon^{-cl_0}\right)\sin cl_0\right\}}{(1-j)\,cl_0\left\{\left(\varepsilon^{+cl_0} + \varepsilon^{-cl_0}\right)\cos cl_0 - j\left(\varepsilon^{+cl_0} - \varepsilon^{-cl_0}\right)\sin cl_0\right\}}$$

dont la valeur absolue est :

$$(26)\qquad I_m = \frac{\lambda E_0}{cl_0\sqrt{2}}\sqrt{\frac{\varepsilon^{+2cl_0} + \varepsilon^{-2cl_0} - 2\cos 2cl_0}{\varepsilon^{+2cl_0} + \varepsilon^{-2cl_0} + 2\cos 2cl_0}}.$$

Par conséquent, l'accroissement de résistance effective R du conducteur au-dessus de la résistance ohmique est

$$(27) \qquad \frac{R}{R_0} = \frac{I_0}{I_m}$$

$$(28) \quad \frac{R}{R} = \frac{1}{(1-j)\,cl_0}\;\frac{\left(\varepsilon^{+cl_0} + \varepsilon^{-cl_0}\right)\cos cl_0 - j\left(\varepsilon^{+cl_0} - \varepsilon^{-cl_0}\right)\sin cl_0}{\left(\varepsilon^{+cl_0} - \varepsilon^{-cl_0}\right)\cos cl_0 - j\left(\varepsilon^{+cl_0} + \varepsilon^{-cl_0}\right)\sin cl_0}$$

dont la valeur absolue est

$$(29) \qquad \frac{R}{R_0} = \frac{1}{cl_0\sqrt{2}}\sqrt{\frac{\varepsilon^{+2cl_0} + \varepsilon^{-2cl_0} + 2\cos 2cl_0}{\varepsilon^{+2cl_0} + \varepsilon^{-2cl_0} - 2\cos 2cl_0}}.$$

62. — Si cl_0 est assez important pour que ε^{-cl_0} puisse être négligé devant ε^{+cl_0}, le courant I au centre du conducteur est alors négligeable, et pour les valeurs de l voisines de l_0, ou près de la surface du conducteur, nous avons par l'équation (20) :

$$I = \lambda E_0\;\frac{\varepsilon^{+cl}(\cos cl - j\sin cl)}{\varepsilon^{+cl_0}(\cos cl_0 - j\sin cl_0)}$$

$$= \lambda E_0\,\varepsilon^{c(l-l_0)}\left\{\cos c(l - l_0) - j\sin c(l - l_0)\right\}.$$

Portons

$$(30) \qquad s = l_0 - l,$$

où s est la distance à partir de la surface du conducteur; nous avons :

$$(31) \qquad I = \lambda E_0\,\varepsilon^{-cs}(\cos cs + j\sin cs),$$

dont la valeur absolue est :

$$(32) \qquad I = \lambda E_0\,\varepsilon^{-cs}.$$

La valeur moyenne de la densité de courant est :

$$(33) \qquad I_m = \frac{\lambda E_0}{(1-j)\,cl_0},$$

dont la valeur absolue est :

$$(34) \qquad I_m = \frac{\lambda E_0}{cl_0\sqrt{2}}.$$

Le rapport des résistances est donc (puisque la densité à la surface en l'absence d'effet d'écran, est $I_0 = \lambda.E_0$) :

$$(35) \qquad \frac{R}{R_0} = \frac{I_0}{I_m} = (1 - j)\, cl_0 = cl_0 - jcl_0.$$

dont la valeur absolue est :

$$(36) \qquad \frac{R}{R_0} = cl_0 \sqrt{2} ;$$

c'est-à-dire que la résistance effective R du conducteur est donnée par l'équation (28) et, pour les conducteurs très épais, elle apparaît d'après l'équation (35), sous la forme

$$(37) \qquad R = R_0 (m_1 - jm_2),$$

ou bien :

$$(38) \qquad R = R_0 (cl_0 - jcl_0).$$

63. — Comme conséquence de la distribution inégale du courant dans le conducteur, la résistance effective est ainsi accrue au-dessus de la résistance ohmique R :

$$R = R_0 m_1,$$
$$R = cl_0 R_0,$$

et, en plus, une réactance effective est produite dans le conducteur,

$$X = R_0 m_2,$$
$$X = cl_0 R_0.$$

Dans le cas extrême, lorsque le courant ne pénètre pas beaucoup au-dessous de la surface du conducteur, la résistance effective et la réactance effective du conducteur sont égales et sont :

$$cl_0 R_0,$$

où R_0 est la résistance ohmique du conducteur.

Il s'ensuit de là que seulement $\dfrac{1}{cl_0}$ de la section du conducteur est utile ; c'est-à-dire que l'épaisseur de la couche effective est

$$l_p = \frac{l_0}{cl_0} = \frac{1}{c} ;$$

ou, en autres termes, que la résistance effective d'un conducteur épais transportant du courant alternatif est la résistance d'une couche superficielle d'épaisseur

$$(39) \qquad l_p = \frac{1}{c},$$

et, en plus, il y a une réactance effective égale à la résistance effective, résultant du champ magnétique interne du conducteur.

Portons (8) en (39); on a :

$$(40) \qquad \left\{ \begin{array}{l} l_p = \dfrac{10^4}{\pi \sqrt{0,4\lambda\mu f}}, \\[2ex] \text{ou} \\[2ex] l_p = \dfrac{5030}{\sqrt{\lambda\mu f}}. \end{array} \right.$$

Il s'ensuit de l'équation précédente que dans un conducteur transportant un courant alternatif, l'épaisseur de la couche conductrice, ou profondeur de pénétration du courant dans le conducteur, est inversement proportionnelle et la résistance effective ainsi que l'inductance effective interne sont directement proportionnelles à la racine carrée de la conductibilité électrique, de la perméabilité magnétique et de la fréquence.

De l'équation (40) il résulte que, lorsqu'on change la conductibilité λ de la matière, la conductance apparente ainsi que la résistance apparente du conducteur varient proportionnellement à la racine carrée de la conductibilité ou de la résistivité véritables.

Les courbes de distribution de densité de courant dans la section du conducteur sont identiques à celles de la distribution du flux magnétique (figures 93, 94, 95 du Chapitre VI).

64. — Il est intéressant de calculer la profondeur de pénétration du courant alternatif, pour différentes fréquences, dans différents matériaux, pour se rendre compte des épaisseurs de conducteurs qui peuvent être employées.

De telles valeurs doivent être données pour les fréquences des machines, comme 25 et 60, et pour 10000 cycles et 1 000 000 de cycles comme limite des fréquences entre lesquelles se trouvent la

Matière	μ	λ	Pénétration en centimètres pour				
			25 cycles	60 cycles	10 000 cycles	10^6 cycles	10^9 cycles
Fer très doux	2 000	$1,1 \times 10^5$	0,068	0,044	$3,4 \times 10^{-3}$	$0,34 \times 10^{-3}$	$0,011 \times 10^{-3}$
Acier des rails.	1 000	10^5	0,101	0,065	$5,0 \times 10^{-3}$	$0,5 \times 10^{-3}$	$0,016 \times 10^{-3}$
Fonte	200	10^4	0,71	0,46	0,0355	$3,55 \times 10^{-3}$	$0,113 \times 10^{-3}$
Cuivre	1	$6,2 \times 10^5$	1,28	0,82	0 064	$6,4 \times 10^{-3}$	$0,203 \times 10^{-3}$
Aluminium	1	$3,7 \times 10^5$	1,65	1,07	0,081	$8,2 \times 10^{-3}$	$0,263 \times 10^{-3}$
Maillechort.	1	$0,33 \times 10^5$	5,53	3,57	0,276	$27,6 \times 10^{-3}$	$0,88 \times 10^{-3}$
Graphite	1	900	33,5	21,7	1,67	0,167	$5,3 \times 10^{-3}$
Silicium.	1	80	112,5	72,7	5,63	0,563	$17,9 \times 10^{-3}$
Solution concentrée de sel	1	0,2	$2,25 \times 10^5$	$1,45 \times 10^5$	112	11,2	0,36
Eau pure de rivière	1	10^{-4}	$100,6 \times 10^5$	65×10^3	5 030	503	16

plupart des hautes fréquences d'oscillations, décharges de foudre, etc.,
et aussi pour 1 000 000 000 de cycles qui est environ la plus haute
fréquence qui puisse être produite. La profondeur de pénétration en
centimètres est donnée ci-contre :

Il est intéressant de remarquer d'après cette table que, même aux
basses fréquences des machines, la profondeur de pénétration dans
le fer est tellement petite qu'il y a un accroissement considérable de
résistance, sauf quand on emploie des feuilles très fines, tandis qu'aux
fréquences de la foudre l'épaisseur de pénétration dans le fer est
beaucoup plus faible que l'épaisseur des feuilles qui peuvent être
fabriquées. Avec le cuivre et l'aluminium, l'effet d'écran ne devient
appréciable aux fréquences des machines que dans le cas de très gros
conducteurs, de quelques centimètres d'épaisseur, mais aux fréquences
de la foudre l'effet est tel qu'il est nécessaire d'employer des rubans
de cuivre comme conducteur et d'une épaisseur immatérielle, c'est-à-
dire qu'en accroissant les dimensions jusqu'à celles qui sont imposées
par les considérations mécaniques on ne réduit pas la résistance,
mais on gaspille plutôt la matière. En général tous les conducteurs
métalliques, aux fréquences de la foudre, donnent une très petite
pénétration ; leur emploi dans la protection de la foudre est donc peu
avantageux, puisqu'ils offrent une résistance plus grande pour les
fréquences plus grandes tandis que l'inverse serait désirable.

L'eau de rivière pure seule ne donne pas un appréciable accroissement de résistance, même aux plus hautes fréquences que l'on puisse
obtenir ; les conducteurs électrolytiques, comme une solution de sel,
ne donnent pas d'effet d'écran dans la limite des fréquences de
foudre ; le silicium fondu peut même à un million de cycles être
employé avec une épaisseur de l'ordre du centimètre sans accroissement de la résistance effective.

Le diamètre maximum de conducteur qui peut être employé avec
les courants alternatifs sans former un accroissement sérieux de résistance effective par suite d'inégale répartition du courant, est donné
comme suit :

A 25 périodes :

    Fil d'acier. . . . .   0,3 cm
    Cuivre. . . . .   2,6 »
    Aluminium . . . .   3,3 »

A 60 périodes :

Fil d'acier. . . . . 0,2 cm
Cuivre. . . . . 1,6 »
Aluminium . . . . 2,1 »

Aux fréquences de foudre, jusqu'à un million de périodes :

Cuivre . . . . 0,013 cm
Aluminium . . . . 0,016 »
Maillechort. . . . . . . ! . . . . 0,055 »
Silicium fondu . . . . 1,1 »
Solution de sel . . . . 32 »
Eau de rivière. . . . . toutes dimensions

—

Distribution transitoire inégale de courant.

65. — La distribution du courant continu dans un gros conducteur est uniforme, et le champ magnétique produit par le courant à l'intérieur du conducteur n'a aucun effet sur la distribution du courant, car il est constant. Au moment de l'établissement, de l'arrêt, ou d'une manière quelconque lors d'une variation du courant continu dans un conducteur massif, la variation correspondante de son champ magnétique interne produit une distribution inégale du courant, laquelle toutefois n'est que transitoire.

Comme dans ce cas la distribution du courant est transitoire dans le temps aussi bien que dans l'espace, le problème appartient plutôt à la Section IV, mais on peut le discuter ici, à cause de sa relation étroite avec la distribution permanente du courant alternatif dans un conducteur plein.

Choisissons les mêmes notations que dans les paragraphes précédents, mais représentons le courant et la f. é. m. par de petites lettres pour les valeurs instantanées ; les équations (1) (2) et (4) du paragraphe 61 restent les mêmes :

$$ (1) \qquad d\mathfrak{J} = 0{,}4\,\pi i dl $$

$$ (2) \qquad d\mathfrak{H} = 0{,}4\,\pi \mu i dl $$

$$ (4) \qquad e_0 = e + \frac{i}{\lambda}. $$

où $e_0 =$ voltage appliqué au conducteur (à l'exclusion de son champ magnétique extérieur) par unité de longueur, $e =$ voltage consommé par variation du champ magnétique intérieur, $i =$ densité de courant dans l'élément de conducteur dl à la distance l de la ligne de centre du conducteur plat, $\mu =$ perméabilité magnétique du conducteur, et $\lambda =$ conductibilité électrique du conducteur.

Cependant l'équation (3) :

$$dE = 2j\pi f \mathfrak{B}\, 10^{-8} dl,$$

se change en

$$(3) \qquad de = -\frac{d\mathfrak{B}}{dt}\, 10^{-8} dl$$

quand on introduit les valeurs instantanées; la valeur intégrale ou effective de la f. é. m. E consommée par l'induction magnétique $\mathfrak{B}$ est proportionnelle à $\mathfrak{B}$ et retarde de 90 degrés de temps en arrière de $\mathfrak{B}$, tandis que la valeur instantanée e est proportionnelle au taux de variation de $\mathfrak{B}$, ou à sa dérivée.

Différentions (3) par rapport à l ; on a :

$$(5) \qquad \frac{d^2 e}{dl^2} = -\frac{d}{dt}\left(\frac{d\mathfrak{B}}{dl}\right) 10^{-8},$$

ou en y substituant l'équation (2)

$$(6) \qquad \frac{d^2 e}{dl^2} = -0,4\,\pi\mu\,\frac{di}{dt}\, 10^{-8}.$$

En différentiant (4) deux fois par rapport à l on a :

$$(7) \qquad 0 = \frac{d^2 e}{dl^2} + \frac{1}{\lambda}\frac{d^2 i}{dl^2} ,$$

et en substituant (7) en (6) on a

$$(8) \qquad \frac{d^2 i}{dl^2} = 0,4\,\pi\mu\lambda\,.\,10^{-8}\,\frac{di}{dt} ,$$

qui est l'équation différentielle de la densité de courant dans le conducteur.

Introduisons

$$(9) \qquad c^2 = 0,4\,\pi\mu\lambda\, 10^{-8} ;$$

on a

$$(10) \qquad \frac{d^2 i}{dl^2} = c^2 \frac{di}{dt}.$$

Cette équation est intégrée par :

$$(11) \qquad i = A + B_1{}^{-a^2 t - bl};$$

en portant (11) en (10), on a la relation

$$b^2 = - c^2 a^2$$

ou

$$(12) \qquad b = \pm jca;$$

en portant (12) en (11) et en introduisant les expressions trigonométriques au lieu des fonctions exponentielles avec exposants imaginaires :

$$(13) \qquad i = A + \varepsilon^{-a^2 t}\,(C_1 \cos cal + C_2 \sin cal),$$

où

$$C_1 = B_1 + B_2 \qquad \text{et} \qquad C_2 = j(B_1 - B_2).$$

Supposons que la distribution du courant soit symétrique par rapport à l'axe du conducteur, c'est-à-dire que le courant i soit le même pour $+ l$ et $- l$; on a

$$C_2 = o;$$

d'où

$$(13) \qquad i = A + C\varepsilon^{-a^2 t} \cos cal$$

qui est l'équation de la densité de courant dans le conducteur.

Elle est, pour $l = \infty$, ou pour distribution uniforme

$$i = e_0 \lambda;$$

d'où en portant dans (13):

$$A = e_0 \lambda$$

et

$$(14) \qquad i = e_0 \lambda + C\varepsilon^{-a^2 t} \cos cal.$$

À la surface du conducteur, ou pour $l = l_0$, il n'y a aucune induction par suite du champ magnétique intérieur, mais le courant a depuis le commencement la valeur finale correspondant à la f. é. m. appliquée e_0; donc, pour $l = l_0$,

$$i = e_0 \lambda$$

d'où, en portant dans (14)

$$e_0 \lambda = e_0 \lambda + C \varepsilon^{-a^2 t} \cos cal_0 ;$$

d'où

$$\cos cal_0 = 0$$

et

$$(15) \qquad cal_0 = \frac{(2\varkappa - 1)\pi}{2} ,$$

ou

$$(16) \qquad a = \frac{(2\varkappa - 1)\pi}{2cl_0}$$

où $\varkappa$ est un nombre entier quelconque.

Il existe ainsi une série infinie de termes transitoires, exponentiels dans le temps t, trigonométriques dans la distance l, un de fréquence fondamentale, et avec lui tous les harmoniques impairs; l'équation de la densité de courant, d'après (14) est ainsi :

$$(17) \qquad \begin{cases} i = e_0 \lambda + \sum_{1}^{\infty} \varkappa\, C_\varkappa \varepsilon^{-(2\varkappa - 1)^2 a_1^2 t} \cos (2\varkappa - 1)ca_1 l \\[2mm] = e_0 \lambda + \sum_{1}^{\infty} \varkappa\, C_\varkappa \varepsilon^{-(2\varkappa - 1)^2 a_1^2 t} \cos \frac{(2\varkappa - 1)\pi l}{2l_0}, \end{cases}$$

où

$$(18) \qquad a_1 = \frac{\pi}{2cl_0}.$$

Les valeurs des constantes d'intégration $C_\varkappa$ sont déterminées par les conditions extrêmes, c'est-à-dire par la distribution du courant au moment du départ du phénomène transitoire, ou $t = 0$.

Pour $l = 0$,

$$(19) \qquad i_0 = e_0\lambda + \sum_{1}^{\infty} \text{}_{\varkappa} \, C_\varkappa \cos \frac{(2\varkappa - 1)\pi l}{2l_0}.$$

Supposons que la densité de courant soit uniforme dans toute la section du conducteur avant la modification des conditions du circuit qui amènent le phénomène transitoire — comme cela arriverait généralement dans un circuit à courant continu —; nous tirons de (19) :

$$(20) \qquad \sum_{1}^{\infty} \text{}_{\varkappa} \, C_\varkappa \cos \frac{(2\varkappa - 1)\pi l}{2l_0} = -(e_0\lambda - i_0) = \text{constante},$$

et les coefficients $C_\varkappa$ de cette série de Fourier se tirent, de la manière usuelle, ainsi :

$$(21) \qquad C_\varkappa = 2 \, \text{moy} \left[-(e_0\lambda - i_0) \cos \frac{(2\varkappa - 1)\pi l}{2l_0} \right]_{l=0}^{l=l_0}$$

$$= (-1)^\varkappa \frac{4}{\pi} (e_0\lambda - i_0),$$

où moy $\left[F(x) \right]_{x=x_1}^{x=x_2}$ représente la valeur moyenne de la fonction $F(x)$ entre les limites $x = x_1$ et $x = x_2$.

L'équation (17) prend alors la forme :

$$(22) \quad i = e_0\lambda + \frac{4}{\pi}(e_0\lambda - i_0) \sum_{1}^{\infty} \text{}_{\varkappa} \, \frac{(-1)^\varkappa}{2\varkappa - 1} \varepsilon^{-(2\varkappa-1)^2 a_1^2 t} \cos \frac{(2\varkappa - 1)\pi l}{2l_0}.$$

Ceci est l'équation finale de la distribution de la densité de courant dans le conducteur.

Si maintenant l_1 = largeur du conducteur, le courant total dans ce conducteur d'épaisseur $2l_0$ est :

$$I = l_1 \int_{-l_0}^{+l_0} i \, dl$$

$$= 2e_0\lambda l_0 l_1 - \frac{16 \, l_0 l_1}{\pi^2}(e_0\lambda - i_0) \sum_{1}^{\infty} \text{}_{\varkappa} \, \frac{\varepsilon^{-(2\varkappa-1)^2 a_1^2 t}}{(2\varkappa - 1)^2},$$

ou :

$$(23) \quad I = 2l_0 l_1 e_0\lambda \left\{ 1 - \frac{8}{\pi^2}\left(1 - \frac{i_0}{e_0\lambda}\right) \sum_{1}^{\infty} \text{}_{\varkappa} \, \frac{1}{(2\varkappa - 1)^2} \varepsilon^{-(2\varkappa-1)^2 a_1^2 t} \right\}.$$

Si le courant est zéro, $i_0 = 0$, dans le conducteur avant le phénomène transitoire, on a :

$$(24) \qquad I = 2l_0 l_1 e_0 \lambda \left\{ 1 - \frac{8}{\pi^2} \sum_1^\infty \frac{1}{(2\varkappa - 1)^2} \varepsilon^{-(2\varkappa-1)^2 a_1^2 t} \right\}.$$

Tandis que la résistance ohmique véritable r_0 par unité de longueur est

$$(25) \qquad r_0 = \frac{1}{2l_0 l_1 \lambda}.$$

la résistance apparente ou effective par unité de longueur pendant le phénomène transitoire est :

$$(26) \qquad r = \frac{e_0}{I} = \frac{r_0}{1 - \dfrac{8}{\pi^2} \sum_1^\infty \dfrac{1}{(2\varkappa - 1)^2} \varepsilon^{-(2\varkappa-1)^2 a_1^2 t}},$$

et au premier instant pour $t = 0$, on a

$$r = \infty$$

puisque la somme est

$$\sum_1^\infty \frac{1}{(2\varkappa - 1)^2} = \frac{\pi^2}{8}.$$

La résistance effective du conducteur décroît donc depuis ∞ au premier instant, avec une très grande rapidité — à cause de la rapide convergence de la série — jusqu'à la valeur normale.

66. — Comme exemple, on peut considérer la résistance apparente du rail de retour d'un tramway à courant continu pendant le passage d'un train sur la voie.

Supposons la voiture se mouvant en s'éloignant de la station et le courant revenant par le rail ; alors la portion du rail derrière la voiture transporte le plein courant, tandis qu'en avant il n'y en a aucun ; au moment où la roue touche le rail le phénomène transitoire commence dans cette portion. Les sections successives de rail depuis le contact de la roue et en arrière, représentent toutes les phases successives du phénomène transitoire depuis son départ au contact de la roue jusqu'à l'état permanent, à quelque distance en arrière de la voiture.

Supposons la section de rail équivalente à un conducteur de 8 centimètres de largeur et 8 centimètres de hauteur ou $l_1 = 8$, $l_0 = 4$ et la vitesse de la voiture de 1 800 centimètres par seconde.

Supposons un rail d'acier avec perméabilité $\mu = 1\,000$ et conductibilité électrique $\lambda = 10^5$.

Alors

$$c = \sqrt{0,4\pi\mu\lambda\ 10^{-8}} = \sqrt{1,2566} = 1,121,$$

$$a_1 = \frac{\pi}{2cl_0} = 0,35,$$

$$a_1^2 = 0,122.$$

Puisque $i_0 = 0$, la distribution du courant dans le conducteur est, d'après (22) :

$$i = e_0\lambda \left\{ 1 + \frac{4}{\pi} \sum_{1}^{\infty} \varkappa\, \frac{(-1)^\varkappa}{2\varkappa - 1}\, \varepsilon^{-0,122\,(2\varkappa-1)^2 t} \cos 0,393\,(2\varkappa - 1)\,l \right\}$$

$$= e_0\lambda \left\{ 1 - 1,27 \left[\varepsilon^{-0,122 t} \cos 0,393\,l - \frac{1}{3}\,\varepsilon^{-1,10 t} \right. \right.$$

$$\left. \left. \cos 1,18\,l + \frac{1}{5}\,\varepsilon^{-3,05 t} \cos 1,96\,l \cdots + \ldots \right] \right\}.$$

La résistance ohmique par unité de longueur est

$$r_0 = \frac{1}{2l_0 l_1 \lambda} = 0,156 \times 10^{-6} \text{ ohm par cm.,}$$

et la résistance effective par unité de longueur de rail est d'après (26) :

$$r = \frac{0,156 \times 10^{-6}}{1 - 0,81 \left[\varepsilon^{-0,122 t} + \frac{1}{9}\,\varepsilon^{-1,10 t} + \frac{1}{25}\,\varepsilon^{-3,05 t} + \frac{1}{49}\,\varepsilon^{-6,0 t} + \ldots \right]}$$

A la vitesse de 1 800 centimètres par seconde, la distance d'une roue de contact à un point quelconque p du rail, l', est une fonction du temps t écoulé depuis le commencement du phénomène transitoire au point p par le passage de la roue de la voiture sur lui, donnée par $l' = 1\,800\ t$. En substituant cette équation dans la valeur de la résistance effective r, on a cette résistance en fonction de la distance de la voiture, après passage :

$$r = \frac{0,156 \times 10^{-6}}{1 - 0,81 \left[\varepsilon^{-68 \times 10^{-6}t} + \frac{1}{9}\varepsilon^{-612 \times 10^{-6}t} + \frac{1}{25}\varepsilon^{-1700 \times 10^{-6}t} + \dots \right]}$$

ohm par centimètre.

Comme illustration on a dessiné sur la figure 96 le rapport de la résistance effective du rail à sa résistance vraie, $\frac{r}{r_0}$, avec les distances de la roue de la voiture en mètres comme abscisses, d'après l'équation :

$$\frac{r}{r_0} = \frac{1}{1 - 0,81 \left[\varepsilon^{-0,0068t} + \frac{1}{9}\varepsilon^{-0,0612t} + \frac{1}{25}\varepsilon^{-0,17t} + \frac{1}{49}\varepsilon^{-0,34t} + \dots \right]}$$

Comme on le voit sur la courbe, (*fig.* 96), la résistance effective du rail excède d'une manière appréciable la résistance réelle, même à

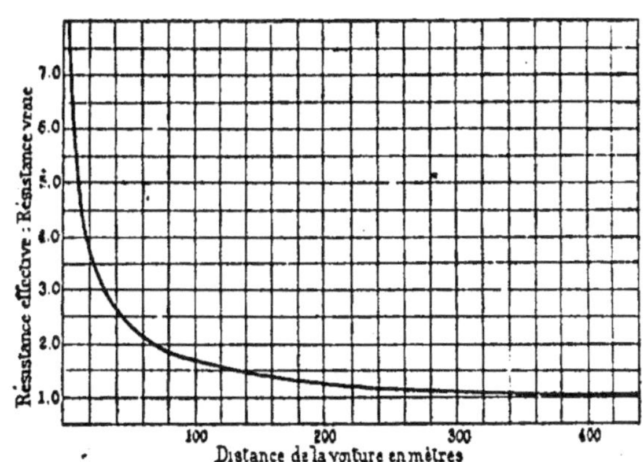

Fig. 96. — Résistance transitoire du rail de retour d'un tramway à courant continu. Vitesse 18 mètres par seconde.

une distance considérable derrière la voiture. En intégrant les excès de résistance effective sur la résistance ohmique, on voit que l'excès de la résistance effective ou transitoire sur la résistance ohmique est égale à la résistance d'une longueur de rail d'environ 300 mètres, avec la supposition faite dans cet exemple, d'une vitesse de 65 kilomètres à l'heure environ. Cet excès de résistance transitoire du rail est proportionnelle à la vitesse du véhicule, c'est-à-dire est moindre aux vitesses plus faibles ([1]).

([1]) Si l'on considère, sur la figure 96, le rapport de la résistance totale effective à la résistance réelle, on trouve en moyenne 4,6 pour cent mètres et 3,2 pour deux cents mètres. On conçoit donc que dans le cas d'un grand nombre de voitures rapprochées, on puisse atteindre dans les rails des chutes de tension beaucoup plus grandes que celles que l'on adopterait d'après la mesure de la résistance réelle. En plus de la perte de puissance, on peut avoir dans certains cas des effets d'électrolyse inattendus. Dans le cas ci-dessus, d'une seule voiture, qui est le plus favorable à ce point de vue, on a pour les deux rails en parallèle une résistance réelle de $0{,}078 \times 10^{-6}$ ohm par cm, ou 0,00078 ohm par cent mètres, ou avec 200 ampères 0,156 volt en régime permanent et 0,72 en état transitoire ; pour 200 mètres, on a 0,312 et 1 volt, ce qui est déjà beaucoup.   (N. d. T).

CHAPITRE VIII

VITESSE DE PROPAGATION DU CHAMP ÉLECTRIQUE

67. — Dans l'étude théorique des circuits électriques, on ne considère généralement pas la vitesse du champ électrique à travers l'espace, mais on suppose qu'il se transmet instantanément ; c'est-à-dire que l'on suppose la composante électromagnétique en phase avec le courant et la composante électrostatique en phase avec le voltage. En réalité, cependant, le champ électrique part du conducteur et se propage à travers l'espace avec une vitesse finie, quoique très grande, celle de la lumière ; c'est-à-dire qu'en tout point de l'espace le champ électrique correspond à tout moment, aux conditions du flux d'énergie électrique non pas à cet instant, mais à un instant antérieur du temps de propagation depuis le conducteur jusqu'au point considéré ; ou, en autres mots, le champ électrique est d'autant plus en retard que plus grande est la distance du conducteur.

Puisque la vitesse de propagation est très élevée, environ 3×10^{10} centimètres par seconde, l'onde d'un courant alternatif ou oscillatoire, même de très haute fréquence, est de longueur considérable ; à 60 cycles la longueur d'onde est $0,5 \times 10^9$ centimètres, et même à un million de cycles, la longueur d'onde est 30 000 centimètres, c'est-à-dire très grande comparée avec la distance à laquelle s'étendent généralement les champs électriques.

L. partie importante du champ électrique d'un conducteur s'étend jusqu'au conducteur de retour, qui est ordinairement à quelques mètres seulement ; en dehors de cet espace, le champ est la différence des champs du conducteur d'aller et du conducteur de retour.

Donc, l'intensité du champ électrique est déjà devenue ordinairement inappréciable à une distance très petite en comparaison de la longueur d'onde; de la sorte, dans l'étendue où le champ électrique existe d'une façon appréciable, il est pratiquement en phase avec le flux d'énergie dans le conducteur; la vitesse de propagation n'a donc aucun effet sensible.

Alors, la vitesse finie de propagation du champ électrique est seulement à envisager dans les cas suivants :

a) Aux fréquences extrêmement élevées, de centaines de millions de cycles par seconde, obtenues avec les résonateurs de Hertz.

b) Dans les décharges de haute fréquence n'ayant pas de circuit de retour bien défini, comme les décharges de foudre.

Dans ce cas, la radiation peut être assez grande par rapport à la résistance ohmique, même en considérant l'inégale distribution du courant dans le conducteur (chapitre VII), pour que l'effet de la matière du conducteur disparaisse en pratique.

Dans les conducteurs formant le chemin de décharge des parafoudres, ce phénomène nécessite donc une sérieuse considération.

c) Avec de hautes fréquences, dans le cas où le champ à une distance considérable du conducteur est important comme en télégraphie sans fil.

En télégraphie sans fil, le champ électrique des antennes d'émission se propageant à travers l'espace, frappe contre l'antenne réceptrice et est observé là grâce à ses effets électromagnétiques et électrostatiques.

68. — Le champ électrique d'un conducteur infiniment long sans fil de retour décroît inversement proportionnellement à la distance et peut ainsi être représenté par

$$(1) \qquad \psi = \frac{\Psi}{l}$$

où Ψ est l'intensité du champ électrique à l'unité de distance du conducteur.

Le champ électrique d'un conducteur fini de longueur l_0 décroît inversement proportionnellement à la distance l et aussi proportionnellement à l'angle sous-tendu par le conducteur l_0 de la distance l, et puisque cet angle, pour de grandes distances, est inversement proportionnel à la distance l, le champ électrique d'un conducteur fini de longueur l_0 sans fil de retour est représenté par :

$$(2) \qquad \psi = \frac{l_0 \Psi'}{2 l^2}.$$

Puisque le champ électrique du conducteur de retour est opposé à celui du conducteur, il s'ensuit que le champ électrique d'un conducteur infiniment long, avec conducteur de retour à la distance l_1, est, d'après l'équation (1) :

$$(3) \qquad \psi = \frac{\Psi'}{l - \dfrac{l'}{2}} - \frac{\Psi}{l + \dfrac{l'}{2}},$$

où $l' = l_1 \cos \tau$ est la projection de la distance l_1 entre les conducteurs sur la direction l, c'est-à-dire que l' est la différence de distance des deux conducteurs du point l.

Pour de grandes distances l, l'équation (3) devient

$$(4) \qquad \psi = \frac{l' \Psi}{l^2}.$$

De la même manière, il résulte de l'équation (2) que le champ électrique du conducteur de longueur finie l_0, avec son conducteur de retour à la distance l_1, c'est-à-dire d'un circuit rectiligne ayant les dimensions l_0 et l_1, est :

$$(5) \qquad \psi = \frac{l_0 \Psi'}{2 \left(l - \dfrac{l'}{2} \right)^2} - \frac{l_0 \Psi}{2 \left(l + \dfrac{l'}{2} \right)^2},$$

d'où

$$(5) \qquad \psi = \frac{l_0 l' \Psi'}{l^3}.$$

69. — Puisque les conducteurs infiniment longs (1) et (4) ont seulement un intérêt théorique, les cas à considérer en pratique sont les cas (2) et (5).

Le champ électrique d'un circuit fermé décroît comme le cube de la distance, donc beaucoup plus rapidement que celui d'un conducteur sans fil de retour, qui ne décroît que comme le carré de la distance. Donc lorsque, comme en télégraphie sans fil, on a en vue l'action à grande distance, les conducteurs sans fil de retour peuvent être utilisés.

Pour établir des courants considérables dans de tels conducteurs ouverts il faut de hautes fréquences, de telle manière que ce courant soit absorbé par la capacité du conducteur ou la capacité reliée à son extrémité. Un conducteur parallèle à la terre ne peut être traité comme un conducteur sans retour, puisque les courants secondaires dans la terre et les hautes couches atmosphériques agissent comme des conducteurs de retour en ce qui concerne le champ électrique. La réalisation pratique d'un conducteur sans retour nécesssite ainsi une direction verticale pour le conducteur ; pour cette raison, en télégraphie sans fil il est nécessaire de placer verticalement les antennes d'émission et de réception ; la transmission se fait beaucoup mieux aussi au-dessus de l'océan qu'au dessus des terres, car dans ce cas, chaque arbre, chaque montagne etc., agit inductivement comme un conducteur de retour et augmente ainsi la rapidité de diminution du champ électrique.

Dans un tel cas l'emploi de haute fréquence et de conducteurs sans retour, donc avec champ électrique diminuant relativement lentement avec la distance, nécessite l'introduction de la vitesse de propagation dans les équations du circuit.

Comme illustrations, on discutera :

A) L'inductance d'une section finie d'un conducteur infiniment long sans conducteur de retour.

B) La mutuelle inductance entre deux conducteurs finis sans conducteurs de retour, à une distance considérable l'un de l'autre.

C) La capacité d'une sphère dans l'espace libre.

D) La capacité d'une sphère par rapport à la terre, dans l'espace.

Les cas A et B se rapportent à la composante électromagnétique, C et D à la composante électrostatique du champ électrique.

A) Inductance d'une longueur l d'un conducteur infiniment long sans conducteur de retour.

70. — L'inductance d'une longueur *l* d'un conducteur droit est généralement donnée par l'équation

$$(6) \qquad\qquad L = 2l \log \frac{l'}{l_r} \times 10^{-9},$$

où $l =$ distance du conducteur de retour, $l_r =$ rayon du conducteur, la longueur totale du conducteur étant supposée infiniment grande devant l et l_r. Ceci est approximativement le cas pour les conducteurs d'une ligne de transmission.

Pour une distance infinie l' du conducteur de retour, c'est-à-dire sans conducteur de retour, l'équation (6) donne $L = \infty$; une longueur finie d'un conducteur infiniment long sans fil de retour à une inductance infinie, et inversement une capacité C nulle

Dans l'équation (6) le champ magnétique est supposé instantané, c'est-à-dire que l'on néglige la vitesse de propagation du champ magnétique. Quand des courants alternatifs traversent le conducteur, ceci est permis quand la distance du conducteur de retour est une fraction négligeable de la longueur d'onde, soit si l' est négligeable devant $\frac{S}{f}$, où S = vitesse de la lumière et $f =$ fréquence du courant alternatif. Cela n'est manifestement pas permis dans un conducteur n'ayant pas de conducteur de retour.

Si un conducteur transportant un courant alternatif n'a pas de retour, son circuit se ferme par capacité électrostatique, soit la capacité distribuée du conducteur, soit la capacité reliée aux extrémités du conducteur. Pour produire dans un tel cas des courants considérables, le conducteur doit être très long, ou bien la fréquence de la f. é. m. doit être très haute.

Un conducteur s'étendant parallèlement à la terre, comme un fil télégraphique ou une ligne de transmission, ne peut être considéré comme n'ayant pas de retour, puisque même si le conducteur est isolé de la terre, les courants secondaires produits dans la terre (et dans les hautes régions de l'atmosphère) agissent inductivement comme courants de retour.

Donc, le cas d'un conducteur sans retour ne peut être réalisé physiquement que par un conducteur perpendiculaire au sol, comme les antennes d'émission et de réception d'une station de télégraphie sans fil, et même seulement sur l'océan d'une façon complète, là où il n'y a pas d'autres conducteurs verticaux dans l'espace, comme arbres ou montagnes, etc., qui pourraient agir comme retours inductifs.

Puisqu'un conducteur vertical est limité en longueur, il est nécessaire d'avoir de très hautes fréquences, et c'est pourquoi les ondes sont de longueur modérée ; la vitesse de propagation des champs magnétique et électrostatique doit donc être envisagée quand l'on recherche la self-induction et la mutuelle-induction d'un tel conducteur.

Le champ magnétique à la distance l du conducteur et au temps t correspond au courant dans le conducteur au temps $t - t'$; t' est le temps requis par le champ électrique pour franchir la distance l, c'est-à-dire que $t' = \dfrac{l}{S}$, ou $S =$ vitesse de la lumière ; ou le champ magnétique à la distance l et au temps t correspond au courant dans le conducteur au temps $t - \dfrac{l}{S}$.

71. — Représentons le temps t par l'angle $\theta = 2\pi ft$, où $f =$ fréquence du courant alternatif dans le conducteur, et appelons :

$$(7) \qquad a = \frac{2\pi f}{S} = \frac{2\pi}{l_w}$$

où $l_w = \dfrac{S}{f} =$ longueur d'onde du champ électrique. Le champ à la distance l et à l'angle de temps θ correspond à l'angle de temps $\theta - al$, c'est-à-dire retardé en temps en arrière du courant dans le conducteur de l'angle de phase al.
Soit

$$(8) \qquad i = 1 \cos \theta = \text{courant en unités absolues.}$$

L'induction magnétique à la distance l est alors

$$(9) \qquad \mathfrak{B} = \frac{2\mathrm{I}}{l} \cos (\theta - al) ;$$

donc, le flux magnétique total entourant le conducteur, de la distance l à l'infini est

$$(10) \quad \Phi = l_0 \int_l^\infty \frac{2\mathrm{I}}{l} \cos (\theta - al)\, dl$$

$$= 2\mathrm{I}l_0 \left\{ \cos \theta \int_l^\infty \frac{\cos al}{l}\, dl + \sin \theta \int_l^\infty \frac{\sin al}{l}\, dl \right\}.$$

$\int \frac{\cos al}{l} dl$ ne peut être intégrée sous forme finie, mais représente une nouvelle fonction dont les propriétés sont intermédiaires entre la fonction sinus

$$\int \cos al\, dl = \frac{1}{a}\sin al$$

et la fonction logarithme

$$\int \frac{1}{l} dl = \log l.$$

Elle peut aussi être représentée par un nouveau symbole

$$\text{sinus} - \text{logarithme} = \text{sil.}$$

De la même manière $\int \frac{\sin al}{l} dl$ est rapporté à $\frac{1}{a}\cos al$ et à $\log l$.

Introduisons donc, pour ces deux nouvelles fonctions, les symboles :

$$(11) \qquad \text{sil } al = \int_l^\infty \frac{\cos al}{l} dl$$

$$(12) \qquad \text{col } al = \int_l^\infty \frac{\sin al}{l} dl.$$

On a donc

$$(13) \qquad \Phi = 2 I l_0 \left\{ \cos \theta \text{ sil } al + \sin \theta \text{ col } al \right\}.$$

La f. é. m. consommée par ce flux magnétique, ou f. é. m. d'inductance, est

$$(14) \qquad e = \frac{d\Phi}{dt} = 2\pi f \frac{d\Phi}{d\theta} \; ;$$

d'où

$$e = 4\pi f I l_0 \left\{ \cos \theta \text{ col } al - \sin \theta \text{ sil } al \right\},$$

et puisque le courant est

$$i = I \cos \theta,$$

la f. é. m. consommée par le champ magnétique au-delà de la distance

l, ou f. é. m. d'inductance contient une composante en phase avec le courant, ou *composante de puissance*,

$$(15) \qquad e_1 = 4\pi f l l_0 \text{ col } al \cos \theta$$

et une composante en quadrature avec le courant, ou *composante réactive*,

$$(16) \qquad e_2 = - 4\pi f l l_0 \text{ sil } al \sin \theta ;$$

cette dernière précède le courant d'un quart de période,

La composante réactive e_2 est une vraie *self-induction*, c'est-à-dire représente un envoi d'énergie entre le conducteur et son champ électrique, mais pas de consommation de puissance. La composante effective e_1, cependant, représente une consommation de puissance

$$(17) \qquad p = e_1 i$$
$$= 4\pi f I^2 l_0 \text{ col } al \cos^2 \theta$$

par le champ magnétique du conducteur à cause de sa vitesse finie ; c'est-à-dire qu'elle représente la *puissance rayonnée dans l'espace par le conducteur*.

La composante d'énergie e_1 donne naissance à une *résistance effective*,

$$(18) \qquad r = \frac{e_1}{i} = 4\pi f l_0 \text{ col } al,$$

et la composante réactive donne naissance à une *réactance*,

$$(19) \qquad x = \left[\frac{e_2}{i}\right] = 4\pi f l_0 \text{ sil } al.$$

En considérant la vitesse finie de propagation du champ électrique, la self-inductance est ainsi non « déwattée », mais elle contient une composante d'énergie, et peut alors être représentée par une impédance :

$$(20) \qquad Z = r - jx$$
$$= 4\pi f l_0 (\text{col } al - j \text{ sil } al) 10^{-9} \text{ ohms.}$$

L'inductance serait donnée par :

$$(21). \qquad L = \frac{jZ}{2\pi f}$$
$$= 2l_0 (\text{sil } al + j \text{ col } al) 10^{-9} \text{ henrys,}$$

et la puissance rayonnée par le conducteur par :

$$p = i^2 r.$$

72. — Les fonctions

$$(11) \qquad \operatorname{sil} al = \int_l^\infty \frac{\cos al}{l}\, dl$$

et

$$(12) \qquad \operatorname{col} al = \int_l^\infty \frac{\sin al}{l}\, dl$$

ne peuvent pas, en général, être exprimées sous forme finie, et doivent être mises sous forme de tables. Des valeurs approximatives peuvent cependant être obtenues lorsque l est très petit et quand l est très grand en comparaison de la longueur d'onde l_w du champ électrique. Ces deux cas ont un intérêt spécial puisque le premier représente le champ magnétique total du conducteur c'est-à-dire sa self-inductance et l'autre le champ magnétique embrassé par un conducteur récepteur éloigné, c'est-à-dire la mutuelle-inductance entre les conducteurs émetteur et récepteur.

On a

$$(22) \qquad \begin{cases} \operatorname{sil} 0 = \infty \\[4pt] \operatorname{col} 0 = \dfrac{\pi}{2} \\[4pt] \operatorname{sil} \infty = 0 \\[4pt] \operatorname{col} \infty = 0. \end{cases}$$

On trouve que pour de faibles valeurs de al, c'est-à-dire lorsque l est une faible fraction de la longueur d'onde, les valeurs approximatives sont :

$$(23) \qquad \begin{cases} \operatorname{sil} al = \log \dfrac{1}{al} - 0,05772 \\[6pt] \operatorname{col} al = \dfrac{\pi}{2} \end{cases}$$

et pour de grandes valeurs de l, c'est-à-dire des valeurs qui rendent al égal à un nombre considérable de longueurs d'onde, nous avons :

$$(24) \qquad \begin{cases} \dfrac{\sin al}{n_1} < \operatorname{sil} al < \dfrac{\sin al}{n_2} \\[8pt] \dfrac{\cos al}{n_1} < \operatorname{col} al < \dfrac{\cos al}{n_2}, \end{cases}$$

où n_1 et n_2 sont les deux quadrants successifs entre lesquels se trouve al. Par exemple, pour

$$al = 40,$$

puisque

$$40 = 25,5 \times \frac{\pi}{2},$$

$$n_1 = 25$$
$$n_2 = 26$$

$$\sin al = \sin 1,5 \times \frac{\pi}{2} = + 0,707$$

$$\cos al = \cos 1,5 \times \frac{\pi}{2} = - 0,707$$

et

$$0,02825 < \sin 40 < 0,02420$$
$$- 0,02825 < \cos 40 < - 0,02420.$$

Comme on le voit, pour les grandes valeurs de al, $\sin al$ a le signe de la fonction sinus, et $\cos al$ celui de la fonction cosinus.

73. — Des équations (20) et (21), il s'ensuit alors, pour $l = l_r$, l'impédance self-inductive et la self-inductance du conducteur, l_r étant le rayon du conducteur émetteur; puisque l_r est très faible comparé à la longueur d'onde l_w, les valeurs (23) peuvent s'appliquer, et donner :

Impédance self-inductive :

$$(25) \qquad Z = 4\pi f l_0 \left\{ \frac{\pi}{2} - j\left(\log \frac{1}{al_r} - 0,5772 \right) \right\} 10^{-9} \text{ ohms,}$$

et la self-inductance effective

$$(26) \qquad L = 2 l_0 \left\{ \log \frac{1}{al_r} - 0,5772 + j \frac{\pi}{2} \right\} 10^{-9} \text{ henrys.}$$

Par exemple, soit un courant de $i = 100$ ampères appliqué à une antenne d'émission de $l_0 = 3 \times 10^3$ centimètres, consistant en un conducteur cylindrique de rayon $l_r = 1$ centimètre à la fréquence $f = 200\,000$ cycles par seconde ; alors :

$$l_w = 1,5 \times 10^5 = 1500 \text{ mètres}$$
$$a = 4,19 \times 10^{-3} ;$$

d'où

$$L = (57.2 + 9.4j)10^{-6} \text{ henrys}$$

$$Z = (11.8 - 71.8j) \text{ ohms},$$

ou en valeur absolue

$$z = 72.8 \text{ ohms.}$$

D'où le voltage nécessaire pour avoir $i = 100$ ampères :

$$e = 7280 \text{ volts},$$

et la puissance rayonnée dans l'espace pendant l'oscillation

$$p = i^2r = 118 \text{ kilowatts.}$$

74. — Puisque la résistance effective de la radiation électro-magnétique totale, depuis la surface du conducteur jusqu'à l'infini, est d'après (25)

$$(27) \qquad r = 2\pi^2 f l_0 10^{-9},$$

il s'ensuit que la résistance effective de la radiation électro-magnétique du conducteur est proportionnelle à la fréquence et à la longueur du conducteur, mais est indépendante de sa grosseur et sa forme, et la puissance rayonnée est :

$$(28) \qquad p = 2\pi^2 f l_0 i^2 10^{-9},$$

proportionnelle à la fréquence. Ainsi, tandis que la puissance rayonnée reste modérée aux fréquences industrielles, elle devient considérable aux très hautes fréquences et exige alors l'attention.

Par exemple avec $i = 100$ ampères pour 3000 centimètres de conducteur, la puissance rayonnée est :

A 60 périodes, ... 3,5 watts
A 10 000 périodes . . . . 5,9 kilowatts
A 10^6 périodes . . . . 5 900 kilowatts.

La composante imaginaire de self-inductance L, c'est-à-dire le terme qui dans L représente ce rayonnement de puissance, est

$$(29) \qquad l_0 \pi 10^{-9} \text{ henrys}$$

qui est indépendant de la forme, grosseur et nature du conducteur, de la fréquence, du courant, etc.

La composante, imaginaire ou réactive de l'impédance,

$$x = 4\pi f l_0 \left(\log \frac{1}{al_r} - 0{,}5772 \right) 10^{-9} \text{ ohms}.$$

est approximativement, en négligeant $0{,}5772$ devant $\log \frac{1}{al_r}$ et substituant dans l'équation (7) :

$$(3o) \qquad x = 4\pi f l_0 \log \frac{S}{2\pi f l_r} \; 10^{-9} \text{ ohms}$$

$$= 4\pi f l_0 \left(\log \frac{S}{2\pi l_r} - \log f \right) 10^{-9} \text{ ohms}.$$

D'où, avec des fréquences croissantes, accroissement de la réactance x, mais moins que proportionnellement à la fréquence à cause de la présence du terme $- \log f$ dans l'équation (3o).

Par exemple, avec les constantes $l = 3 \times 10^{-3}$; $l_r = 1$ et avec S vitesse de la lumière $= 3 \times 10^{10}$, nous avons

$$\begin{array}{ccccc} f = & 10^2 & 10^4 & 10^6 & 10^8 \\ x = & 0{,}0667 & 4{,}94 & 319 & 14550. \end{array}$$

B) *Mutuelle inductance de deux conducteurs de longueur finie à distance considérable l'un de l'autre.*

75. — Soit l_1 et l_2 les longueurs respectives des conducteurs émetteur et récepteur.

De l'équation (2) le champ électrique du conducteur de longueur l_1 à distance considérable l, est donné par :

$$(3\text{i}) \qquad \Psi = \frac{l_1 \Psi'}{2 l^2} ;$$

d'où pour le courant

$$(3\text{2}) \qquad i = I \cos \theta$$

$$\mathfrak{H} = \frac{l_1 I \cos (\theta - al)}{l^2},$$

composante électromagnétique du champ à la distance l. Le flux magnétique embrassé par le conducteur récepteur de longueur l_2, situé à

distance l_d du conducteur émetteur et qui lui est supposé inductivement parallèle, est alors :

$$(33) \quad \Phi = \int_{l_d}^{\infty} \frac{l_1 l_2 I \cos(\theta - al)}{l^2} dl$$

$$= l_1 l_2 I \left\{ \cos \theta \int_{l_d}^{\infty} \frac{\cos al}{l^2} dl + \sin \theta \int_{l_d}^{\infty} \frac{\sin al}{l^2} dl \right\}.$$

En intégrant par parties :

$$(34) \quad \begin{cases} \int_{l}^{\infty} \frac{\cos al}{l^2} dl = -\int_{l}^{\infty} \cos al \, d\frac{1}{l} = \frac{\cos al}{l} - a \operatorname{col} al \\ \int_{l}^{\infty} \frac{\sin al}{l^2} dl = -\int_{l}^{\infty} \sin al \, d\frac{1}{l} = \frac{\sin al}{l} + a \operatorname{sil} al \; ; \end{cases}$$

d'où

$$(35) \quad \Phi = l_1 l_2 I \left\{ \cos \theta \left(\frac{\cos al_d}{l_d} - a \operatorname{col} al_d \right) + \sin \theta \left(\frac{\sin al_d}{l_d} + a \operatorname{sil} al_d \right) \right\};$$

et la *mutuelle inductance* est

$$(36) \quad l_M = l_1 l_2 \left\{ \left(\frac{\cos al_d}{l_d} - a \operatorname{col} al_d \right) + j \left(\frac{\sin al_d}{l_d} - a \operatorname{sil} al_d \right) \right\} \; 10^{-9} \text{henrys};$$

l'impédance mutuelle est :

$$(37) \quad Z = a l_1 l_2 \left\{ \left(\frac{\sin al_d}{l_d} + a \operatorname{sil} al_d \right) - j \left(\frac{\cos al_d}{l_d} - a \operatorname{col} al_d \right) \right\}$$
$$\times 10^{-9} \text{ohms};$$

ou, en valeur absolue :

$$(38) \quad z = a l_1 l_2 \sqrt{ \left\{ \frac{\sin al_d}{l_d} + a \operatorname{sil} al_d \right\}^2 + \left\{ \frac{\cos al_d}{l_d} - a \operatorname{col} al_d \right\}^2 } \times 10^{-9} \text{ohms}.$$

76. — Par exemple, soit :

$$l_1 = l_2 = 3 \times 10^1$$
$$l_d = 15,9 \times 10^6 = 159 \text{ kilomètres}.$$
$$f = 300\,0000 \text{ cycles};$$

d'où

$$a = 4,19 \times 10^{-3}$$
$$al_d = 666 = 424,5 \frac{\pi}{2};$$

et

$$\sin al_d = \sin 0,5 \frac{\pi}{2} = 0,707$$

$$\cos al_d = \cos 0,5 \frac{\pi}{2} = 0,707;$$

d'où, par (24), ·

$$\text{sil } al_d > \frac{\sin al_d}{425} = 1,661 \times 10^{-3}$$

$$< \frac{\sin al_d}{424} = 1,665 \times 10^{-3};$$

$$\text{col } al_d > \frac{\cos al_d}{425} = 1,661 \times 10^{-3}$$

$$< \frac{\cos al_d}{424} = 1,665 \times 10^{-3};$$

ou, approximativement :

$$\text{sil } al_d = 1,663 \times 10^{-3}$$
$$\text{col } al_d = 1,663 \times 10^{-3};$$

et

$$L_M = (-0,227 + 1,026\,j)\, 10^{-3} \text{ henrys}$$
$$Z = (0,387 + 0,086\,j)\, 10^{-3} \text{ ohms,}$$

ou, en valeurs absolues

$$L_m = 1,051 \times 10^{-3} \text{ henrys}$$
$$z = 0,3964 \times 10^{-3} \text{ ohms.}$$

D'où, avec un courant oscillatoire de 100 ampères dans l'antenne d'émission, le voltage engendré dans l'antenne réceptrice a 159 kilomètres de distance :

$$e = iz = 0,03964 \text{ volt.}$$

C) *Capacité d'une sphère dans l'espace.*

77. — Le champ électrostatique d'une sphère dans l'espace libre décroît comme le carré de la distance l; donc :

$$(39) \qquad x = \frac{el_c}{l^2}$$

où l_r = rayon de la sphère et e = voltage de la sphère.

De là, si

$$e_0 = E \cos \theta \tag{40}$$

est le potentiel ou voltage de la sphère, le champ électrostatique à la distance l est :

$$\Psi = \frac{l_r E \cos [\theta - a(l - l_r)]}{l^2}$$

ou, en négligeant l_r devant l

$$\Psi = \frac{l_r E \cos (\theta - al)}{l^2}; \tag{41}$$

et le potentiel, ou voltage à la distance l est

$$e = \int_l^\infty \Psi dl = l_r E \int_l^\infty \frac{\cos (\theta - al)}{l^2} dl; \tag{42}$$

d'où, en développant :

$$e = l_r E \left\{ \cos \theta \int_l^\infty \frac{\cos al}{l^2} dl + \sin \theta \int_l^\infty \frac{\sin al}{l^2} dl \right\}; \tag{43}$$

d'après les équations (34), ceci donne :

$$e = l_r E \left\{ \cos \theta \left(\frac{\cos al}{l} - a \operatorname{col} al \right) + \sin \theta \left(\frac{\sin al}{l} + a \operatorname{sil} al \right) \right\}; \tag{44}$$

d'où, pour $l = l_r$,

$$e = E \cos \theta.$$

La capacité inductive est ainsi :

$$K = \frac{e}{E \cos \theta} = l_r \left\{ \left(\frac{\cos al}{l} - a \operatorname{col} al \right) + j \left(\frac{\sin al}{l} + a \operatorname{sil} al \right) \right\}; \tag{45}$$

d'où, à distance l_0,

$$K = l_r \left\{ \left(\frac{\cos al_0}{l_0} - a \operatorname{col} al_0 \right) + j \left(\frac{\sin al_0}{l_0} + a \operatorname{sil} al_0 \right) \right\}; \tag{46}$$

ou, en valeur absolue

$$k = l_r \sqrt{\left\{ \frac{\cos al_0}{l_0} - a \operatorname{col} al_0 \right\}^2 + \left\{ \frac{\sin al_0}{l_0} + a \operatorname{sil} al_0 \right\}^2}. \tag{47}$$

78. — Par exemple soit $l_r = 300$ centimètres ; $l_0 = 159 \times 10^8$ centimètres et $f = 200\,000$ cycles par seconde ; alors (voir exemple dans la section B), nous avons

$$k = 10,5 \times 10^{-6} ;$$

d'où, avec $e_0 = 10\,000$ volts appliqué à la sphère d'émission, on a pour le voltage induit statiquement dans une sphère réceptrice à la distance de 159 kilomètres

$$e = ke_0 = 0,105 \text{ volt.}$$

D) *Sphère à la distance l_1 de la terre.*

79. — Si l_r est le rayon de la sphère, à la distance l_1 de la terre, et à un potentiel e par rapport au sol, ce sol, surface de potentiel zéro, peut être remplacé par l'image de la sphère, c'est-à-dire par une sphère de rayon l_r, d'élévation $- l_1$ et de différence de potentiel $- e$.

Le champ électrostatique d'un tel système de sphères, à une distance l et une élévation l_2, est alors la différence des champs des deux sphères, soit :

$$f = \frac{el_r}{l^2 + (l_1 - l_2)^2} - \frac{el_r}{l^2 + (l_1 + l_2)^2} ;$$

donc, si l est grand devant l_1 et l_2,

$$(18) \qquad f = \frac{4l_r l_1 l_2 e}{l^4} ;$$

et le potentiel induit, à distance l et élévation l_2, est

$$(19) \qquad e = 4l_r l_1 l_2 e \int_l^{+\infty} \frac{\cos(\theta - al)}{l^4}\, dl.$$

La différence de potentiel de la sphère d'émission à l'élévation l_1 est

$$(50) \qquad e_0 = E \cos \theta.$$

Ce voltage e, à des distances l considérables, est très petit ; c'est-à-dire que l'intérêt du condensateur au sommet des antennes d'émission et de réception de télégraphie sans fil ne semblé pas tant d'envoyer ou de recevoir des champs électrostatiques que de fournir une capacité de retour au courant oscillatoire dans le conducteur, et de produire ainsi un courant intense, d'où un champ électro-magnétique puissant.

CHAPITRE IX

—

. CONDUCTEURS POUR HAUTE FRÉQUENCE

80. — Il résulte des phénomènes discutés dans les chapitres précédents, que les .conducteurs qui doivent transmettre des courants de très haute fréquence, comme ceux des décharges de foudre ou des oscillations à haute fréquence de lignes de transmission, ceux employés dans la télégraphie sans fil, etc... ne peuvent être calculés au moyen des constantes déterminées à faible fréquence, mais que les résistance et inductance effectives, et par suite la puissance consommée dans le conducteur et la chute de tension doivent être d'un ordre de grandeur entièrement différent de celui qu'on déduit des valeurs usuelles de la résistance et l'inductance. Dans des conducteurs comme ceux qu'on emploie pour les connexions et la voie de décharge des parafoudres et limiteurs de tension, la distribution inégale du courant dans le conducteur (Chapitre VII) ainsi que la puissance et le voltage consommés par radiation électrique à cause de la vitesse finie du champ électrique (Chapitre VIII) doivent être pris en considération.

La résistance ohmique réelle dans les conducteurs pour haute fréquence est généralement complètement négligeable devant la résistance effective résultant de l'inégale distribution du courant, et encore plus grande doit être aux hautes fréquences la résistance effective représentant la puissance rayonnée dans l'espace par le conducteur. La résistance effective totale, ou résistance représentant la puissance consommée par le courant dans le conducteur comprend alors la résistance ohmique réelle, la résistance effective de distribution inégale de courant et la résistance effective de radiation.

La puissance consommée par la résistance effective de distribution inégale de courant dans le conducteur est transformée en chaleur dans ce conducteur, et cette résistance peut être appelée la « résistance thermique » du conducteur, pour la distinguer de la résistance de radiation. La puissance consommée par cette dernière n'est pas convertie en chaleur dans le conducteur, mais est dissipée dans l'espace qui l'entoure, ou dans d'autres conducteurs frappés par l'onde électrique.

C'est-à-dire que, aux très hautes fréquences, la puissance totale consommée par la résistance effective du conducteur n'apparaît pas sous forme de chaleur dans le conducteur, mais qu'une portion importante de cette puissance est envoyée dans l'espace sous forme de radiation électrique, manifestée par l'action exercée sur les corps voisins du chemin d'un coup de foudre, sous forme de « décharge indirecte ».

L'inductance est réduite par la distribution inégale du courant dans le conducteur qui, en portant davantage le courant dans les couches externes du conducteur, réduit ou élimine pratiquement le champ magnétique à l'intérieur de ce conducteur. Le décalage du champ magnétique dans l'espace, en retard sur le courant dans le conducteur, à cause de la vitesse finie de radiation, réduit aussi l'inductance à moins de celle qui correspond à l'espace entre la surface du conducteur et la distance d'une demi longueur d'onde. Une détermination exacte de l'inductance est néanmoins impossible ; l'inductance est représentée par le champ électromagnétique du conducteur, et alors dépend de la présence et de la disposition d'autres conducteurs dans l'espace, de la longueur du conducteur, et de la distance du conducteur de retour. Puisque des courants de très haute fréquence, comme les décharges de foudre, sont fréquemment sans conducteur de retour, mais que la capacité à l'extrémité du chemin de décharge renvoie le courant sous forme de « courant de déplacement », l'étendue du champ magnétique et sa distribution sont indéterminées. Si cependant le conducteur considéré n'est qu'une faible portion de la décharge totale — comme la liaison d'un parafoudre à la terre, faible portion du chemin de décharge d'un nuage à la terre — et la fréquence très haute de telle sorte que la longueur d'onde soit relativement courte, et l'espace couvert par la première demi-onde tout-à-fait débarrassé de conducteurs de retour possibles, on peut calculer l'ordre de grandeur de l'inductance avec une approximation suffisante en assimilant le conducteur à une section finie d'un conducteur sans retour.

Ici, comme dans beaucoup de cas, les constantes peuvent être calculées pour les deux extrêmes : basse fréquence, lorsque la distribution inégale de courant et la radiation sont négligeables, et très haute fréquence, lorsque le courant traverse seulement les couches externes et que l'effet total est contenu dans l'espace d'une longueur d'onde et reste à distance modérée du conducteur. Mais pour les cas intermédiaires de fréquence modérément haute, les constantes du conducteur se tiennent entre les deux limites : les valeurs pour basse fréquence et les valeurs correspondant à un conducteur infiniment long sans retour.

Puisque, cependant, l'ordre de grandeur des constantes du conducteur, tirées des équations approximatives de distribution générale de courant et de radiation, sont généralement très différentes des valeurs pour basse fréquence, leur détermination est intéressante même pour le cas de fréquence intermédiaire, en indiquant une limite supérieure de ces constantes.

81. — Employons les symboles suivants :

l_0 = longueur du conducteur,

A = section du conducteur,

l_1 = périmètre total de la surface du conducteur c'est-à-dire en suivant toutes les sinuosités,

l_2 = périmètre le plus court de la surface du conducteur c'est-à-dire sans suivre les sinuosités.

l_r = rayon du conducteur (moyenne déduite de l_{c_2}),

l_d = distance du conducteur de retour,

λ = conductivité de la matière du conducteur,

μ = perméabilité de la matière du conducteur,

f = fréquence,

S = vitesse de la lumière = 3×10^{10} cm. et

$$(1) \qquad a = \frac{2\pi f}{S} = \text{la constante de longueur d'onde.}$$

La *résistance ohmique réelle* est

$$(2) \qquad r_0 = \frac{l_0}{\lambda \Lambda} \text{ ohms};$$

la *réactance ohmique*, valeur pour basse fréquence est :

$$(3) \qquad x_0 = 2\pi f l_0 \left\{ 2 \log_\varepsilon \frac{l_d}{l_r} + \frac{\mu}{2} \right\} 10^{-9} \text{ ohms,}$$

ou, réduite aux logarithmes décimaux, en divisant par $\log \varepsilon$:

$$(4) \qquad x_0 = 2\pi f l \left(4,6 \log_{10} \frac{l_d}{l_r} + \frac{\mu}{2} \right) 10^{-9} \text{ ohms.}$$

La *profondeur de pénétration* équivalente du courant dans le conducteur, d'après le Chapitre VII (40), est :

$$(5) \qquad l_p = \frac{10^4}{\pi \sqrt{0,4 \lambda \mu f}} = \frac{5030}{\sqrt{\lambda \mu f}};$$

de là, la *résistance effective de distribution inégale de courant*, ou *résistance thermique* du conducteur est approximativement :

$$(6) \qquad r_1 = \frac{l_0}{\lambda l_p l_{c1}} = \frac{l_0 \pi}{l_{c1}} \sqrt{\frac{0,4 \mu f}{\lambda}} \, 10^{-4} = \frac{1,98 l_0}{l_{c1}} \sqrt{\frac{\mu f}{\lambda}} \, 10^{-4} \text{ ohms,}$$

et la *réactance effective du flux interne* est

$$(7) \qquad x_1 = r_1 = \frac{1,98 l_0}{l_{c1}} \sqrt{\frac{\mu f}{\lambda}} \, 10^{-4} \text{ ohms.}$$

La résistance effective résultant de la vitesse finie du champ électrique, ou *résistance de radiation*, en supposant le conducteur comme une partie d'un conducteur infiniment long sans retour, d'après le Chapitre VIII (25), est

$$(8) \qquad r_2 = 2 l_0 \pi^2 f 10^{-9} = 1,97 l_0 f 10^{-8} \text{ ohms,}$$

et la *réactance effective du champ extérieur*, comme section finie d'un conducteur rond infiniment long sans retour, d'après le Chapitre VIII (25) est :

$$(9) \qquad x_2 = 4\pi f l_0 \left(\log_\varepsilon \frac{1}{a l_r} - 0,5772 \right) 10^{-9}.$$

Supposons maintenant que le champ magnétique extérieur d'un

conducteur de forme quelconque soit égal à celui d'un conducteur rond ayant la même circonférence minimum, comme cela a approximativement lieu ; on a

$$(10) \qquad l_{c2} = 2\pi l_r,$$

et en substituant ceci et (1) dans l'équation (9), elle devient :

$$(11) \qquad x_2 = 4\pi l_0 f \left(\log_\varepsilon \frac{S}{l_{c2}f} - 0{,}5772 \right) 10^{-9}$$

$$= 1{,}26 l_0 f \left(\log_\varepsilon \frac{S}{l_{c2}f} - 0{,}5772 \right) 10^{-8}.$$

En réduisant aux logarithmes décimaux, par division par $\log \varepsilon$, et en portant la valeur de S :

$$(12) \qquad \begin{cases} x_2 = 5 l_0 f (1 - 0{,}547 \log_{10} l_{c2}f) \, 10^{-8} \text{ ohms} \\ = 0{,}547 l_0 f (9{,}15 - \log_{10} l_{c2}f) \, 10^{-8} \text{ ohms.} \end{cases}$$

82. — L'impédance totale du conducteur pour les hautes fréquences est ainsi :

$$(13) \qquad \begin{cases} Z = r - jx = (r_1 + r_2) - j(x_1 + x_2), \\[4pt] r_1 = \dfrac{l_0 \pi}{l_{c1}} \sqrt{\dfrac{0{,}4\mu f}{\lambda}} \, 10^{-4} = \dfrac{1{,}98 l_0}{l_{c1}} \sqrt{\dfrac{\mu f}{\lambda}} \, 10^{-4}, \\[8pt] r_2 = 2 l_0 \pi^2 f \, 10^{-9} = 1{,}97 l_0 f \, 10^{-8}, \\[8pt] x_1 = \dfrac{l_0 \pi}{l_{c1}} \sqrt{\dfrac{0{,}4\mu f}{\lambda}} \, 10^{-4} = \dfrac{1{,}98 l_0}{l_{c1}} \sqrt{\dfrac{\mu f}{\lambda}} \, 10^{-4}, \\[8pt] x_2 = 4\pi l_0 f \left(\log_\varepsilon \dfrac{S}{l_{c2}f} - 0{,}5772 \right) 10^{-9}, \\[8pt] = 0{,}547 l_0 f (9{,}15 - \log_{10} l_{c2}f) \, 10^{-8} ; \end{cases}$$

tandis que l'impédance du conducteur pour les basses fréquences est :

$$(14) \qquad \begin{cases} Z_0 = r_0 - jx_0 = r_0 - j(x_2^0 + x_1^0), \\[4pt] = \dfrac{l_0}{\lambda} - j2\pi l_0 f \left(2 \log_\varepsilon \dfrac{l_l}{l_r} + \dfrac{\mu}{2} \right) 10^{-9}, \\[8pt] = \dfrac{l_0}{\lambda} - j l_0 f \left(2{,}89 \log_{10} \dfrac{l_l}{l_r} + 0{,}314 \mu \right) 10^{-8}. \end{cases}$$

Bien que la résistance ohmique réelle r_0 soit indépendante de la fréquence, la résistance thermique r_1 est proportionnelle à la racine carrée et la résistance de radiation r_2 à la première puissance de la fréquence. En accroissant la fréquence, la résistance r_1 est déjà appréciable, alors que r_2 est encore négligeable ; ce dernier apparaît seulement aux très hautes fréquences et finalement, pour les plus hautes fréquences, il devient le facteur dominant. Puisque r_2 ne contient pas les dimensions du conducteur, il s'ensuit que pour les très hautes fréquences, la grosseur, la forme et la matière du conducteur n'ont pas d'effet sur la résistance effective totale r.

La réactance à faible fréquence x_0 est proportionnelle à la fréquence, la réactance interne x_2 est proportionnelle seulement à la racine carrée de la fréquence ; c'est-à-dire que lorsqu'on accroît la fréquence le champ interne du conducteur a de moins en moins d'effet sur la réactance. La réactance de radiation $\dot{x}_2$ croît proportionnellement à la fréquence pour les fréquences modérées ; mais pour de plus hautes fréquences elle croît d'une façon moindre, aussitôt que le terme négatif figurant en x_2 devient appréciable ; elle atteint finalement un maximum et décroît ensuite, mais ceci pour des fréquences tellement hautes que cela n'a pas d'importance pratique. De plus, pour des fréquences extrêmement hautes, comme des milliers de millions de cycles, l'équation 12 ne s'applique plus, car elle est seulement le premier terme d'une série dont les autres termes commencent à devenir appréciables.

83. — Comme exemple, on peut considérer les suivants :

1. — Un fil de cuivre de 0,518 centimètre de diamètre.

2. — Un fil de fer de même dimension : 0,518 cm. de diamètre.

3. — Un ruban de cuivre de 7,6 par 0,317 centimètres.

4. — Un tube de fer forgé de 5,06 centimètres de diamètre extérieur et de 0,317 centimètre d'épaisseur de paroi, c'est-à-dire à peu près la même circonférence que le ruban de cuivre (3).

Supposons les constantes suivantes :

$$\text{Cuivre.} \qquad \mu = 1, \qquad \lambda = 6,2 \times 10^5,$$
$$\text{Fer forgé.} \qquad \mu = 2000, \qquad \lambda = 1,1 \times 10^5 ;$$

nous avons :

	Fils de 0,518 cm. de diamètre	
	Cuivre	Fer
Λ	0,211	0,211
$l_{c1} = l_{c2} =$	1,63	1,63
$l_r = \dfrac{l_c}{2\pi} =$	0,259	0,259
$\dfrac{r_0}{l_0} =$	$7,6 \times 10^{-6}$	43×10^{-6}
$\dfrac{x_1^0}{l_0} =$	$0,00314 \times 10^{-6}\, f$	$6,28 \times 10^{-6}\, f$
$\dfrac{x_2^0}{l_0} =$	$0,0824 \times 10^{-6}\, f$	$0,0824 \times 10^{-6}\, f$
$\dfrac{r_1}{l_0} = \dfrac{x_1}{l_0} =$	$0,155 \times 10^{-6}\, \sqrt{f}$	$16,5 \times 10^{-6}\, \sqrt{f}$
$\dfrac{r_2}{l_0} =$	$0,0197 \times 10^{-6}\, f$	$0,0197 \times 10^{-6}\, f$
$\dfrac{x_2}{l_0} =$	$0,00547 \times 10^{-6}\, f\,(8,94 - \log_{10} f)$	

	Ruban de 7,6 × 0,317	Tube de 5,06 de diamètre et 0,317 d'épaisseur
	Cuivre	Fer
Λ	2,40	4,70
$l_{c1} = l_{c2} =$	15,85	15,85
$l_r = \dfrac{l_c}{2\pi} =$	2,53	2,53
$\dfrac{r_0}{l_0} =$	$0,07 \times 10^{-6}$	$1,94 \times 10^{-6}$
$\dfrac{x_1^0}{l_0} =$	$0,00314 \times 10^{-6}\, f$	$6,28 \times 10^{-6}\, f$
$\dfrac{x_2^0}{l_0} =$	$0,0536 \times 10^{-6}\, f$	$0,0536 \times 10^{-6}\, f$
$\dfrac{r_1}{l_0} = \dfrac{x_1}{l_0} =$	$0,0159 \times 10^{-6}\, \sqrt{f}$	$1,68 \times 10^{-6}\, \sqrt{f}$
$\dfrac{r_2}{l_0} =$	$0,0197 \times 10^{-6}\, f$	$0,0197 \times 10^{-6}\, f$
$\dfrac{x_2}{l_0} =$	$0,00547 \times 10^{-6}\, f\,(7,95 - \log_{10} f)$	

Dans x^0, la distance du conducteur de retour a été choisi égale à $l_d = 180$ centimètres. Les valeurs de x_1^0 pour le fer ne sont pas réalisées en pratique; leur grandeur tient au champ intense dans le conducteur à cause de la haute perméabilité choisie, mais elles ne peuvent être réalisées que pour des fréquences extrêmement basses et des courants faibles. Pour des courants plus intenses, la saturation magnétique réduit beaucoup la réactance de telle sorte que la réactance interne des conducteurs de fer est fonction du courant et qu'elle décroît quand le courant croît. Dans des conducteurs du genre de ceux ci-dessus, même à 25 cycles, la distribution inégale de courant dans le conducteur est assez grande pour rendre l'équation (14) inapplicable, et la réactance est donnée par

$$(15) \qquad x^0 = 4\pi f l_0 \, \log_e \frac{l_d}{l_r} \times 10^{-9} + x_1.$$

où x_1 est la réactance interne de l'équation (7).

84. — Sur la figure 97 sont représentées les valeurs des résistances r_0, r_1, r_2 et des réactances x_1^0, x^0, x_1, x_2 pour les quatre conducteurs considérés, et pour des fréquences allant d'un cycle à 1 000 millions de cycles. Comme il n'est pas possible de représenter directement les quantités variant dans de telles limites, dans la figure 97, on a employé en abscisses les logarithmes de la fréquence et en ordonnées les logarithmes de la résistance ou de la réactance par mètre. Par ce moyen, chaque degré de l'échelle est un changement de facteur 10 et puisque, comme on l'a vu ci-dessus, ces quantités sont déterminées seulement en ordre de grandeur, une valeur d'un dégré d'échelle au dessous d'une autre est négligeable devant cette dernière, puisqu'elle n'en est que le dixième.

Les conclusions suivantes peuvent être tirées des courbes de la figure 97 :

1. Dans le fil de cuivre de 0,518 cm. de diamètre, la résistance ohmique réelle est prépondérante jusqu'à 100 cycles. Au dessus de 100 cycles, la réactance x^0 croît au dessus de la résistance, et la résistance ohmique réelle devient négligeable devant l'impédance à 1 000 cycles. A 3 000 cycles, l'effet d'écran ou de distribution inégale de courant dans le conducteur devient appréciable et accroît l'échauffement à in-

tensité constante du courant. La résistance de radiation r_2 égalerait la résistance ohmique r_0 à environ 500 cycles si à cette basse fréquence le cas d'un conducteur infiniment long sans retour pouvait être réalisé. A 500000 cycles, la résistance de radiation r_2 égale la réactance

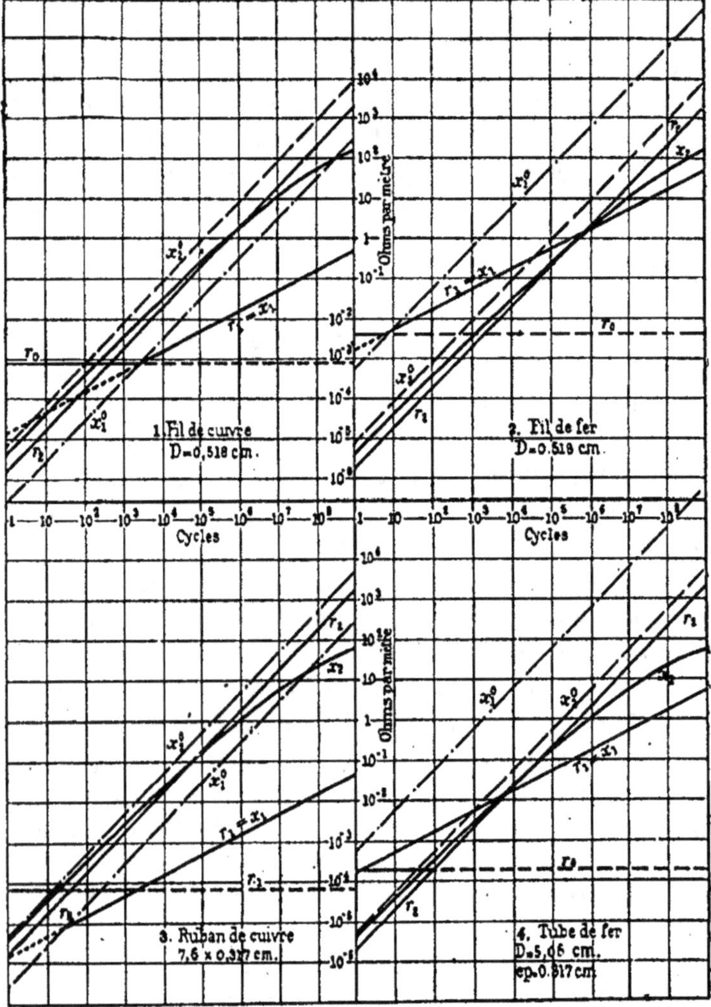

Fig. 97. — Conducteurs pour haute fréquence.

externe x_2 et puisque la résistance interne r_1 aux hautes fréquences est égale à la réactance interne x_1 pour 500000 cycles ,la résistance totale effective r est égale à la réactance effective totale x, c'est-à-dire que le courant est décalé de 45 dégrés ; ensuite, pour de plus hautes fréquences le décalage du courant décroît et la résistance de radiation devient prépondérante.

2. Dans le fil de fer de 0,518 cm. de diamètre, la résistance ohmique réelle r_0 cesse d'être le principal terme même aux fréquences inférieures à 10 cycles, et l'effet d'écran ou de distribution inégale de courant dans le conducteur est marqué à 10 cycles. La réactance interne x_i^0, qui correspond à une densité de courant uniforme, cesse alors de réprésenter les conditions réelles à des fréquences même inférieures à 10 cycles.

Jusqu'à environ un million de cycles, la résistance interne r_1 et la réactance interne x_1 sont prépondérantes. Pour environ un million de cycles, les quatre quantités, — résistance interne r_1 représentant la puissance transformée en chaleur dans le conducteur, résistance de radiation r_2 représentant la puissance rayonnée par le conducteur, réactance interne x_1 représentant le champ magnétique dans le conducteur, réactance externe x_2 représentant le champ magnétique extérieur au conducteur—sont approximativement égales, et le courant retarde de 45 degrés. Au-dessus d'un million de cycles, la résistance de radiation r_2 et la réactance externe x_2 prédominent ; comme elles sont indépendantes de la matière du conducteur au-dessus d'un million de cycles, le fil de fer devient à peu près aussi bon — ou mauvais — conducteur, que le fil de cuivre.

Des relations similaires existent entre les conducteurs plus gros (3) et (4).

3. Ruban de cuivre de $7,6 \times 0,317$ cm. Au dessus de 10 cycles, la réactance est plus grande que la résistance, et au dessus de 2 000 cycles l'inégale distribution du courant est marquée. A 50 000 cycles, la résistance de radiation égale la réactance externe et le courant retarde de 45 degrés ; ensuite, pour de plus hautes fréquences la résistance de radiation prédomine et le courant retarde de moins de 45 degrés.

4. Tube de fer de 5,06 cm. de diamètre extérieur et 0,317 cm. d'épaisseur. La réactance interne x_i^0 n'a ici aucune signification car elle correspondrait à une tige de fer de 5,06 cm. de diamètre. La résistance ohmique r_0 cesse d'être applicable, et la distribution inégale de courant commence déjà à un cycle par seconde. A environ 30 cycles, la réactance

externe croît au-dessus de la résistance ohmique ; à 5 000 cycles elle croît au-dessus de la résistance et de la réactance internes. A 30 000 cycles, le courant retarde de 45 degrés, et de moins de 45 degrés aux plus hautes fréquences. A 100 000 cycles, r_1 et x_1 sont petits devant r_2 et x_2, et la matière du conducteur cesse ainsi d'avoir une action sur la chute de voltage ; c'est-à-dire que, au dessus de 100 000 cycles, un gros conducteur de fer donne pratiquement la même chute de voltage pour le même courant qu'un conducteur de cuivre de même circonférence ; le fer est donc à peu près aussi bon conducteur que le cuivre lorsqu'on considère une section finie d'un conducteur infiniment long sans retour et qu'il s'agit de décharges oscillatoires à haute fréquence, comme la foudre.

Il est intéressant de noter la valeur élevée de la composante de puissance de l'impédance existant aux hautes fréquences, ce qui est dû principalement à la résistance de radiation causant une rapide extinction de l'oscillation par suite du grand facteur de puissance. Les constantes internes r_1 et x_1 sont égales, et dans la plus importante gamme de hautes fréquences, de 10 000 à 1 000 000 de cycles, les constantes externes r_2 et x_2 ne sont pas très différentes l'une de l'autre et leurs courbes se coupent à une certaine fréquence. C'est-à-dire que, aux hautes fréquences, la puissance rayonnée dans l'espace croît d'une façon tellement rapide que le circuit ne peut jamais devenir très réactif. Ceci, cependant, s'applique seulement dans le cas traité ici ; dans d'autres conditions la puissance rayonnée peut être suffisamment limitée pour donner un grand angle de décalage du courant et ainsi une plus lente extinction de la décharge oscillante, c'est-à-dire une oscillation plus prolongée. Cependant, en général, ces résultats montrent que même aux hautes fréquences et avec conducteurs de fer, l'angle de décalage peut être modéré.

Il est intéressant de remarquer que lorsqu'on accroît la fréquence, la nature de la matière constituant le conducteur diminue d'importance. Le fer doux lui même devient aussi bon que le cuivre comme chute de voltage. A de plus hautes fréquences encore, la grosseur même et la forme du conducteur deviennent moins importantes, et finalement tous les conducteurs se comportent pratiquement de même.

85. — Des données de la précédente table et de la figure 97, on peut tirer le tableau ci-dessous donnant la résistance, la réactance, l'impédance effectives, ainsi que le facteur de puissance, par mètre de longueur de conducteur et pour décharges à hautes fréquence.

	Fil de 0,518 centimètre de diamètre					
	Cuivre			Fer		
Fréquence	10^4	10^5	10^6	10^4	10^5	10^6
Résistance r	0,0212	0,202	1,986	0,185	0,717	3,62
Réactance x	0,0286	0,221	1,626	0,168	0,736	3,26
Impédance z	0,0356	0,299	2,57	0,250	1,028	4,87
Facteur de puissance, . . .	0,59	0,67	0,77	0,74	0,70	0,75
Chute de voltage à 100 ampères.	3,6	30	257	25	103	487

	Ruban de cuivre de 7,6 × 0,317 cm			Tube de fer de 5,06 cm. de diamètre extérieur et 0,317 d'épaisseur		
Fréquence	10^4	10^5	10^6	10^4	10^5	10^6
Résistance r	0,0199	0,198	1,972	0,0365	0,250	2,14
Réactance x	0,0219	0,162	1,072	0,0385	0,214	1,24
Impédance z	0,0296	0,256	2,24	0,0530	0,326	2,47
Facteur de puissance. . . .	0,67	0,77	0,88	0,69	0,76	0,87
Chute de voltage à 100 ampères.	3,0	26	224	5,3	33	247

Comme on le voit ci-dessus, dans l'échelle de fréquences allant de 10^4 à 10^6 cycles, le facteur de puissance varie de 59 pour cent à 88 pour cent; il est le plus haut au plus hautes fréquences, mais il y a une petite différence de facteur de puisssance entre le fer et le cuivre.

La différence entre les divers conducteurs décroît quand la fréquence croît; tandis qu'à 10^4 cycles le fil de fer a sept fois plus de chute de voltage que celui de cuivre de même dimension, à 10^6 cycles, le fer donne seulement 90 pour cent de chute de plus.

Avec de gros conducteurs, la différence de chute de voltage entre le fer et le cuivre est très faible. La chute de voltage dans le tube de fer à 10^4 cycles est seulement de 80 pour cent plus grande que dans le ruban de cuivre, tandis qu'à 10^6 cycles la différence a décru jusqu'à 10 pour cent. Elle devient donc pratiquement négligeable, et le tube de fer est aussi bon conducteur et a le même facteur de puissance que le ruban de

cuivre. Avec un petit accroissement de grosseur du tube de fer, en le
portant à 6 centimètres de diamètre, il serait supérieur au ruban de
cuivre de 7,6 cm. aux fréquences d'un million de cycles et au dessus,
à peu près équivalent à 10^5 cycles, et très peu inférieur à 10^4 cycles.

Ceci est plutôt contraire aux idées courantes ; cela est dû à la
prépondérance de la résistance de radiation ; par conséquent cela ne
s'applique pas, au moins d'une manière aussi étendue, lorsque la résistance de radiation est plus faible.

CHAPITRE PREMIER

ÉQUATIONS GÉNÉRALES

1. — Les relations d'énergie dans un circuit électrique peuvent être caractérisées, comme on l'a vu dans la section III, par les quatre constantes suivantes :

r = résistance effective, représentant la puissance consommée dépendant du courant, i^2r ; ou la composante de puissance de la f. é. m. consommée dans le circuit, c'est-à-dire, dans le cas d'un courant alternatif, le voltage ir en phase avec le courant.

L = inductance effective, représentant l'accumulation d'énergie dépendant du courant, $\dfrac{i^2L}{2}$, composante électromagnétique du champ électrique ; ou le voltage engendré par une variation de courant, $L\dfrac{di}{dt}$, c'est-à-dire, dans le cas d'un courant alternatif, le voltage réactif consommé dans le circuit $-jxi$, où $x = 2\pi fL$ avec f = fréquence.

$g =$ conductance effective (en dérivation) représentant la consommation de puissance dépendant du voltage, e^2g ; ou la composante de puissance du courant consommé dans le circuit, c'est-à-dire, dans le cas d'un voltage alternatif, le courant eg en phase avec le voltage.

$C =$ capacité effective, représentant l'accumulation d'énergie dépendant du voltage, $\frac{e^2C}{2}$, composante électrostatique du champ électrique ; ou le courant consommé par une variation de voltage, $C\frac{de}{dt}$, c'est-à-dire, dans le cas d'un voltage alternatif, le courant réactif (en avance) consommé dans le circuit $-jbe$, où $b = 2\pi fC$ avec $f =$ fréquence.

Dans l'étude des circuits électriques, ces quatre constantes, r, L, g, C, sont ordinairement supposées disposées séparément les unes des autres ou localisées. Quoique cette supposition ne puisse pas toujours être parfaitement correcte — par exemple, chaque résistance a quelque inductance et chaque réactance a quelque résistance — elle est malgré cela dans beaucoup de cas permise et nécessaire. Dans quelques classes de phénomènes seulement, ainsi que dans quelques espèces de circuits, comme pour les phénomènes de la haute fréquence, la distribution du voltage et du courant dans des circuits à longue distance, les circuits à haut potentiel, les câbles, les circuits téléphoniques, etc..., cette supposition n'est plus permise, mais r, L, g, C doivent être traités comme des quantités distribuées le long du circuit.

Dans le cas d'un circuit avec résistance inductance, conductance et capacité distribuées, on prend r, L, g, C pour résistance, inductance, conductance et capacité respectivement, et par unité de longueur de circuit. L'unité de longueur du circuit peut être choisie selon les convenances, soit un centimètre dans l'oscillation à haute fréquence d'un parafoudre à intervalles multiples, ou un kilomètre dans une transmission à longue distance ou un câble à haut potentiel.

Les valeurs permanentes du courant et de la f.é.m. dans de tels circuits de constantes distribuées ont été étudiées, pour les circuits à courant alternatif, dans la section III où il a été montré qu'on peut envisager le courant I et la f. é. m. E comme des phénomènes transitoires dans l'espace de variables complexes.

Les phénomènes transitoires dans les circuits ayant des constantes distribuées, et par suite l'étude générale de tels circuits, conduisent aux phénomènes transitoires de deux variables, le temps t et l'espace ou distance l ; c'est-à-dire que ces phénomènes sont transitoires en temps et en espace.

La difficulté qui se présente dans l'étude de tels phénomènes est que ce ne sont pas des fonctions alternatives du temps et qu'alors ils ne peuvent plus être représentés par la quantité complexe.

Il est possible, cependant, de tirer des constantes du circuit r, L, y, C, et sans aucune supposition en ce qui concerne le courant, le voltage, etc..., les équations générales des circuits électriques et de déduire quelques résultats et conclusions de ces équations.

Ces équations générales du circuit électrique sont basées sur la simple supposition que les constantes r, L, y, C demeurent constantes avec le temps t et la distance r, c'est-à-dire qu'elles sont les mêmes pour chaque unité de longueur du circuit ou de section de circuit auquel les équations s'appliquent. Quand les constantes du circuit changent, comme lorsqu'un autre circuit touche au circuit en question, les constantes d'intégration des équations changent d'une manière correspondante.

Tous les phénomènes des courants continus ou alternatifs, les décharges de bobines de réaction, les oscillations à haute fréquence, etc., sont tous des cas spéciaux de ces équations générales ; la diffé rence entre ces différents circuits provient simplement des différentes valeurs des constantes d'intégration.

2. — Dans un circuit, ou dans une section d'un circuit, contenant résistance, inductance, conductance et capacité distribuées, comme une ligne de transmission, un câble, une bobine à haute tension de transformateur, un circuit télégraphique ou téléphonique, etc., soit r = résistance effective par unité de longueur de circuit ; L = inductance effective par unité de longueur de circuit ; y = conductance effective en shunt par unité de longueur de circuit ; C = capacité effective par unité de longueur de circuit ; t = temps ; l = distance à partir d'un point de départ ; e = voltage et i = courant à tout point l et à un temps t ; e et i sont alors des fonctions du temps t et de la distance l.

Dans un élément dl du circuit, le voltage e varie de de, par le voltage $ridl$, consommé dans la résistance de l'élément de circuit, et par le voltage $L \frac{di}{dt} dl$, consommé par l'inductance de l'élément de circuit. D'où

$$(1) \qquad \frac{de}{dl} = ri + L \frac{di}{dt}.$$

Dans cet élément dl, le courant i varie de di par suite du courant $gedl$, consommé par la conductance de l'élément de circuit et par le courant $C \frac{de}{dt} dl$, consommé par la capacité de l'élément de circuit C. D'où

$$(2) \qquad \frac{di}{dl} = ge + C \frac{de}{dt}.$$

Différentions (1) par rapport à t et (2) par rapport à l, et substituons (1) dans (2) ; on a

$$(3) \qquad \frac{d^2 i}{dl^2} = rgi + (rC + gL) \frac{di}{dt} + LC \frac{d^2 i}{dt^2},$$

et de la même manière :

$$(4) \qquad \frac{d^2 e}{dl^2} = rge + (rC + gL) \frac{de}{dt} + LC \frac{d^2 e}{dt^2}.$$

Ces équations différentielles, de second ordre, du courant i et du voltage e sont identiques ; c'est-à-dire que dans un circuit électrique, le courant et la f. é. m. sont représentés par les mêmes équations qui ne diffèrent que par les constantes d'intégration déduites des conditions extrêmes du problème.

L'équation (3) est intégrée par des termes de la forme :

$$(5) \qquad i = A \varepsilon^{-al-bt}.$$

En substituant (5) dans (3), on a l'identité :

$$(6) \qquad a^2 = rg - (rC + gL) b + LCb^2$$
$$= (bL - r)(bC - g).$$

Dans les termes de la forme (5), la relation (6) doit exister entre les coefficients de l et t.

Substituons (5) en (1), on a :

$$(7) \qquad \frac{de}{dt} = (r - bL) A \varepsilon^{-at-bt},$$

et en intégrant

$$(8) \qquad e = \frac{bL - r}{a} A \varepsilon^{-at-bt}.$$

Dans leur forme la plus générale, les *équations du circuit électrique* sont :

$$(9) \qquad i = \sum_n \left\{ A_n \varepsilon^{-a_nt-b_nt} \right\},$$

$$(10) \qquad e = \sum_n \left\{ \frac{b_nL - r}{a_n} A_n \varepsilon^{-a_nt-b_nt} \right\},$$

$$(11) \qquad a_n^2 - (b_nL - r)(b_nC - g) = 0 ;$$

où A_n, a_n et b_n sont des constantes d'intégration, les deux dernières étant liées l'une à l'autre par l'équation (11).

3. — Ces paires de constantes d'intégration A_n et (a_n, b_n), sont déterminées par les conditions extrêmes du problème.

Quelques unes de ces conditions extrêmes sont par exemple :

Courant i et voltage e donnés en fonction du temps en un point l_0 du circuit — à la station génératrice alimentant le circuit où à l'extrémité réceptrice de la ligne de transmission.

Courant i donné en un point, voltage e en un autre point — comme voltage à l'extrémité génératrice et courant à l'extrémité réceptrice de la ligne.

Voltage donné en un point avec l'impédance, c'est-à-dire le rapport complexe $\frac{\text{volts}}{\text{ampères}}$, en un autre point — voltage à l'extrémité génératrice, charge à l'extrémité réceptrice de la ligne.

Courant et voltage donnés pour un temps t_0 comme fonction de la distance l — distribution de voltage et de courant dans le circuit au moment du départ d'une oscillation, etc.

D'autres conditions extrêmes fréquentes sont encore :

Courant nul en tous temps en un point l_0 — l'extrémité ouverte du circuit.

Voltage zéro en tous temps en un point l_0. — l'extrémité mise à la terre ou en court-circuit du circuit.

Courant et voltage en un point l_0 du circuit, égaux en tous temps aux courant et voltage d'un autre point du circuit — point de liaison d'un circuit avec un autre.

Comme illustrations, quelques-uns de ces cas seront discutés ci-dessous.

Les quantités i et e doivent toujours être réelles ; mais puisque a_n et b_n apparaissent dans l'exposant d'une fonction exponentielle, a_n et b_n peuvent être des quantités complexes ; dans ce cas, les constantes d'intégration A_n doivent être de telles quantités complexes qu'en combinant les différents termes exponentiels de même indice n, c'est-à-dire correspondant aux différentes paires de a et b tirées de la même équations (11), les termes imaginaires en A_n et $\dfrac{b_n \mathrm{L} - r}{a_n} A_n$ dis-paraissent.

Dans la fonction exponentielle

$$\varepsilon^{-al-bt},$$

écrivons

$$(12) \qquad a = h + jk \quad \text{et} \quad b = p + jq ;$$

nous avons :

$$\varepsilon^{-al-bt} = \varepsilon^{-hl-pt}\,\varepsilon^{-(kl+qt)j} ;$$

et le dernier terme se résout en fonctions trigonométriques de l'angle

$$kl + qt ;$$

$$(13) \qquad kl + qt = \text{constante}$$

donne alors la relation entre l et t pour une phase constante de l'oscillation, ou alternance de courant ou voltage. Pour un changement de temps t, la phase change ainsi en position l dans le circuit, c'est-à-dire se déplace le long du circuit.

Différentions (13) par rapport à t ; on a :

$$k\frac{dl}{dt} + q = 0,$$

ou

$$(14) \qquad \frac{dl}{dt} = - \frac{q}{k};$$

c'est-à-dire que la phase de l'oscillation ou alternance se déplace le long du circuit avec la vitesse $-\frac{q}{k}$, ou, en autres termes,

$$(15) \qquad S = - \frac{q}{k}$$

est la *vitesse de propagation du phénomène électrique dans le circuit*.

(S'il ne se fait aucune perte d'énergie, $r = 0$, $g = 0$; dans un conducteur droit dans un milieu de perméabilité et de constante diélectrique ou capacité inductive spécifique égales à l'unité, S est la vitesse de la lumière).

4. — Puisque (11) est une équation du deuxième degré, il existe plusieurs paires de valeurs correspondantes de a et b, qui, dans le cas le plus général, sont des quantités complexes. Les termes avec valeurs imaginaires complexes conjuguées de a et b seront combinés afin d'éliminer la forme imaginaire et faire ainsi apparaître les fonctions trigonométriques ; c'est-à-dire qu'un certain nombre de termes des équations (9) et (10) qui correspondent à la même équation (11), et ainsi forment un groupe, peuvent être combinés l'un avec l'autre.

De tels groupes de termes, du même indice n, sont définis par l'équation (11)

$$a_n^2 = (b_n L - r)(b_n C - g).$$

Pour plus de simplicité dans l'écriture, l'indice n peut être omis dans la recherche d'un groupe de termes de courant et de voltage et

$$(16) \qquad a^2 = (bL - r)(bC - g).$$

On peut faire les substitutions suivantes :

$$(17) \qquad a = a_1 \sqrt{LC}$$

$$(18) \qquad \begin{cases} a = h + jk \\ a_1 = h_1 + jk_1 \\ b = p + jq; \end{cases}$$

de là

$$(19) \quad \begin{cases} h = h_1 \sqrt{LC} \\ k = k_1 \sqrt{LC}. \end{cases}$$

Substituons (18) en (16)

$$(20) \quad (h_1 + jk_1)^2 = \left[(p + jq) - \frac{r}{L} \right] \left[(p + jq) - \frac{g}{C} \right].$$

En développant et séparant les termes réels et imaginaires, l'équation (20) se scinde en deux autres :

$$(21) \quad \begin{cases} h_1^2 - k_1^2 = \left(p - \frac{r}{L} \right) \left(p - \frac{g}{C} \right) - q^2 \\ \text{et} \\ 2h_1 k_1 = q \left(2p - \frac{r}{L} - \frac{g}{C} \right). \end{cases}$$

Substituons

$$(22) \quad u = \frac{1}{2} \left(\frac{r}{L} + \frac{g}{C} \right),$$

$$(23) \quad m = \frac{1}{2} \left(\frac{r}{L} - \frac{g}{C} \right),$$

et

$$(24) \quad p = s + u$$

dans (21) ; on obtient :

$$(25) \quad \begin{cases} h_1^2 - k_1^2 = s^2 - q^2 - m^2 \\ h_1 k_1 = sq ; \end{cases}$$

ou

$$(26) \quad \begin{cases} s^2 - q^2 = h_1^2 - k_1^2 + m^2 \\ sq = h_1 k_1. \end{cases}$$

Ajoutons 4 fois le carré de la seconde équation au carré de la première équation, en (25) et en (26) ; on a :

$$(27) \quad \begin{cases} h_1^2 + k_1^2 = \sqrt{(s^2 - q^2 - m^2)^2 + 4s^2 q^2} \\ = \sqrt{(s^2 + q^2 - m^2)^2 + 4q^2 m^2} \\ = R_1^2 \end{cases}$$

et

$$(28) \quad \begin{cases} s^2 + q^2 = \sqrt{(h_1^2 - k_1^2 + m^2)^2 + 4h_1^2 k_1^2} \\ \qquad = \sqrt{h_1^2 + k_1^2 + m^2)^2 - 4k_1^2 m^2} \\ \qquad = R_0^2. \end{cases}$$

Et (19) devient d'après (25), (26), (27) et (28) :

$$(29) \quad \begin{cases} h = \sqrt{LC}\,\sqrt{\tfrac{1}{2}\left\{ R_1^2 + s^2 - q^2 - m^2 \right\}} \\ k = \sqrt{LC}\,\sqrt{\tfrac{1}{2}\left\{ R_1^2 - s^2 + q^2 + m^2 \right\}} \\ R_1^2 = \sqrt{(s^2 + q^2 - m^2) + 4q^2 m^2} \; ; \end{cases}$$

ou

$$(30) \quad \begin{cases} s = \dfrac{1}{\sqrt{LC}}\,\sqrt{\tfrac{1}{2}\left\{ R_2^2 + h^2 - k^2 + LCm^2 \right\}} \\ q = \dfrac{1}{\sqrt{LC}}\,\sqrt{\tfrac{1}{2}\left\{ R_2^2 - h^2 + k^2 + LCm^2 \right\}} \\ R_2^2 = \sqrt{(h^2 + k^2 + LCm^2)^2 - 4LCk^2 m^2}. \end{cases}$$

Si cependant $(+ h + jk)$ et $(u + s + jq)$ satisfont l'équation (16), alors toute autre des expressions

$$(\pm h \pm jk) \quad \text{et} \quad (u \pm s \pm jq)$$

satisfait aussi l'équation (16), et la seconde équation de (25) est aussi satisfaite :

$$(31) \qquad\qquad hk = LCsq ;$$

c'est-à-dire que si s et q ont le même signe, h et k doivent avoir le même signe, et inversement si s et q sont de signe contraire, h et k le sont également.

Ceci donne alors les valeurs correspondantes de a et de b :

$$\begin{array}{clll}
(1) & a = + h + jk & b = u - s - jq \\
    & \quad = + h - jk & \quad u - s + jq \\
(2) & a = - h - jk & b = u - s - jq \\
(3_2) & \quad - k + jk & \quad u - s + jq \\
(3) & a = - h + jk & b = u + s - jq \\
    & \quad = - h - jk & \quad u + s + jq \\
(4) & a = + h - jk & b = u + s - jq \\
    & \quad + h + jk & \quad u + s + jq ; \\
\end{array}$$

ou huit paires de valeurs correspondantes de u et b.

5. — Substituons les valeurs (1) de (32) dans un groupe de termes des équations (9) et (10) :

$$(33) \qquad \begin{cases} i = A\varepsilon^{-al-bt} \\[2mm] e = \dfrac{bL - r}{a}\, A\varepsilon^{-al-bt} \end{cases}$$

donnent :

$$i_1 = A_1 \varepsilon^{-(h+jk)l-(u-s-jq)t} + A'_1 \varepsilon^{-(h-jk)l-(u-s+jq)t}$$
$$= \varepsilon^{-hl-(u-s)t}\left\{ A_1 \varepsilon^{-jkl+jqt} + A'_1 \varepsilon^{+jkl-jqt} \right\};$$

et, en remplaçant les termes exponentiels à exposants imaginaires par des fonctions trigonométriques au moyen de l'équation :

$$\varepsilon^{\pm jx} = \cos x \pm j \sin x$$

on a :

$$i_1 = \varepsilon^{-hl-(u-s)t}\left\{ A_1 \left[\cos (qt - kl) + j \sin (qt - kl)\right] \right.$$
$$\left. + A'_1 \left[\cos (qt - kl) - j \sin (qt - kl)\right] \right\}$$
$$= \varepsilon^{-hl-(u-s)t}\left\{ (A_1 + A'_1) \cos(qt - kl) + j (A_1 - A'_1) \sin(qt - kl) \right\};$$

il résulte de là que A_1 et A'_1 doivent être des quantités complexes imaginaires conjuguées ; écrivons

$$(34) \qquad \begin{cases} C_1 = A_1 + A'_1 \\ C'_1 = j(A_1 - A'_1) ; \end{cases}$$

il vient

$$(35) \quad i_1 = \varepsilon^{-hl-(u-s)t}\left\{ C_1 \cos (qt - kl) + C'_1 \sin (qt - kl) \right\}.$$

Substituons de la même manière dans l'équation de e, en (33), il vient :

$$e_1 = \frac{(u - s - jq)L - r}{h + jk}\, A_1 \varepsilon^{-(h+jk)l-(u-s-jq)t}$$
$$+ \frac{(u - s + jq)L - r}{h + jk}\, A'_1 \varepsilon^{-(h+jk)l-(u-s+jq)t}$$
$$= \varepsilon^{-hl-(u-s)t}\left\{ \frac{[(u - s - jq)L - r](h - jk)}{h^2 + k^2}\, A_1 \varepsilon^{+j(qt - kl)} \right.$$
$$\left. + \frac{[(u - s + jq)L - r](h + jk)}{h^2 + k^2}\, A'_1 \varepsilon^{-j(qt - kl)} \right\};$$

d'où, en développant et substituant les expressions trigonométriques :

$$(36) \quad e_1 = \varepsilon^{-hl - (u - s)t} \left\{ \left(\frac{[(u-s)L - r]h - qkL}{h^2 + k^2} - j\,\frac{[(u-s)L - r]k + qhL}{h^2 + k^2} \right) \right.$$

$$A_1[\cos(ql - kl) + j\sin(ql - kl)] + \left(\frac{[(u - s)L - r]h - qkL}{h^2 + k^2} \right.$$

$$\left. \left. + j\,\frac{[(u - s)L - r]k + qkL}{h^2 + k^2} \right) A_1'[\cos(ql - kl) - j\sin(ql - kl)] \right\}.$$

Introduisons les notations :

$$(37) \quad \left\{ \begin{array}{l} c_1 = \dfrac{qkL + h[r - (u - s)L]}{h^2 + k^2} = \dfrac{qk + h(m + s)}{h^2 + k^2}\,L \\[2ex] c_1' = \dfrac{k[r - (u - s)L] - qhL}{h^2 + k^2} = \dfrac{k(m + s) - qh}{h^2 + k^2}\,L. \end{array} \right.$$

En substituant (37) en (36), on a :

$$(38) \quad e_1 = \varepsilon^{-hl - (u - s)t} \left\{ (-c_1 + jc_1')A_1[\cos(ql - kl) + j\sin(ql - kl)] \right.$$

$$+ (-c_1 - jc_1')A_1'[\cos(ql - kl) - j\sin(ql - kl)] \right\}$$

$$= \varepsilon^{-hl - (u - s)t} \left\{ [-c_1(A_1 + A_1') + jc_1'(A_1 - A_1')]\cos(ql - kl) \right.$$

$$+ [-jc_1(A_1 - A_1') - c_1'(A_1 + A')]\sin(ql - kl) \right\}.$$

Portons les notations (34) en (38) ; on a :

$$(39) \quad e_1 = \varepsilon^{-hl - (u - s)t} \left\{ (c_1'C_1' - c_1C_1)\cos(ql - kl) \right.$$

$$- (c_1C' + c'C_1)\sin(ql - kl) \right\}.$$

Le second groupe de valeurs de a et b dans l'équation (32) diffère du premier simplement par le renversement des signes de h et k, et les valeurs de i_2 et e_2 se tirent de celles de i_1 et e_1 en renversant les signes de h et k.

En conservant les mêmes notations, c_1 et c_1' renverseraient le signe de e_2, ou, en renversant le signe des constantes d'intégration C

$$(40) \quad \left\{ \begin{array}{l} C_2 = -(A_2 + A_2') \\ C' = -(A_2 - A'). \end{array} \right.$$

le signe de i_2 est inversé :

$$(41) \quad i_2 = -\varepsilon^{+hl - (u - s)t} \left\{ C_2\cos(ql - kl) + C_2'\sin(ql - kl) \right.$$

$$(42) \quad e_2 = \varepsilon^{+hl - (u - s)t} \left\{ (c_1'C_2' - c_1C_2)\cos(ql + kl) \right.$$

$$- (c_1C_2' + c_1'C_2)\sin(ql + kl) \right\}.$$

Le troisième groupe de l'équation (32) diffère du premier seulement par le renversement des signes de h et s ; les valeurs de i_3 et e_3 seront tirées alors de i_1 et e_1 en renversant les signes de h et s.

Introduisons les notations :

$$(43) \qquad \begin{cases} c_2 = \dfrac{qk - h(m-s)}{h^2 + k^2}\, L \\[2mm] c_2' = \dfrac{k(m-s) + qh}{h^2 + k^2}\, L \end{cases}$$

et

$$(44) \qquad \begin{cases} C_3 = A_3 + A_3' \\ C_3' = j(A_3 - A_3'); \end{cases}$$

on a

$$(45) \qquad i_3 = \varepsilon^{+hl-(u+s)t}\{C_3 \cos(qt-kl) + C_3' \sin(qt-kl)\}$$

$$(46) \qquad e_3 = \varepsilon^{+hl-(u+s)t}\{(c_2'C_3' + c_2 C_3)\cos(qt-kl) \\ - (c_2 C_3' + c_2' C_3)\sin(qt-kl)\}.$$

Le quatrième groupe de (32) se tire du troisième groupe par renversement des signes de h et k ; en gardant les notations c_2 et c_2', mais en introduisant les constantes d'intégration :

$$(47) \qquad \begin{cases} C_4 = -(A_4 + A_4') \\ C_4' = -j(A_4 - A_4'), \end{cases}$$

on a :

$$(48) \qquad i_4 = -\varepsilon^{-hl-(u+s)t}\{C_4 \cos(qt+kl) + C_4' \sin(qt+kl)\}$$

$$(49) \qquad e_4 = \varepsilon^{-hl(-u+s)t}\{(c_2'C_4' - c_2 C_4)\cos(qt+kl) \\ - (c_2 C_4' - c_2' C_4)\sin(qt+kl)\}.$$

6. — Ceci donne alors l'expression générale des *équations du circuit électrique* ;

$$(50) \quad \begin{cases} i = \sum \Big[\varepsilon^{-hl-(u-s)t}\{C_1 \cos(qt-kl) + C_1' \sin(qt-kl)\} & (i_1) \\ \quad - \varepsilon^{+hl-(u-s)t}\{C_2 \cos(qt+kl) + C_2' \sin(qt+kl)\} & (i_2) \\ \quad + \varepsilon^{+hl-(u+s)t}\{C_3 \cos(qt-kl) + C_3' \sin(qt-kl)\} & (i_3) \\ \quad - \varepsilon^{-hl-(u+s)t}\{C_4 \cos(qt+kl) + C_4' \sin(qt+kl)\}\Big] & (i_4) \end{cases}$$

$$(51) \quad \begin{cases} e = \sum \Big[\varepsilon^{-hl-(u-s)t} \big\{ (c_1'C_1' - c_1C_1) \cos(qt - kl) \\ \qquad\qquad - (c_1'C_1 + c_1C_1') \sin(qt - kl) \big\} (e_1) \\ + \varepsilon^{+hl-(u-s)t} \big\{ (c_1'C_2' - c_1C_2) \cos(qt + kl) \\ \qquad\qquad - (c_1'C_2 + c_1C_2') \sin(qt + kl) \big\} (e_2) \\ + \varepsilon^{+hl-(u+s)t} \big\{ (c_2'C_3' - c_2C_3) \cos(qt - kl) \\ \qquad\qquad - (c_2'C_3 + c_2C_3') \sin(qt - kl) \big\} (e_3) \\ + \varepsilon^{-hl-(u+s)t} \big\{ (c_2'C_4 - c_2C_4) \cos(qt + kl) \\ \qquad\qquad - (c_2'C_4 + c_2C_4') \sin(qt + kl) \big\} \Big](e_4), \end{cases}$$

où C_1, C_1', C_2, C_2', C_3, C_3', C_4, C_4' et deux des quatre valeurs s, q, h, k sont des constantes d'intégration dépendant des conditions extrêmes ; de plus

$$(52) \quad \begin{cases} c_1 = \dfrac{qk + h(m + s)}{h^2 + k^2}\, L \\[2ex] c_1' = \dfrac{k(m + s) - qh}{h^2 + k^2}\, L \\[2ex] c_2 = \dfrac{qk - h(m - s)}{h^2 + k^2}\, L \\[2ex] c_2' = \dfrac{k(m - s) + qh}{h^2 + k^2}\, L, \end{cases}$$

et

$$(53) \quad \begin{cases} u = \dfrac{1}{2}\left(\dfrac{r}{L} + \dfrac{y}{C} \right) \\[2ex] m = \dfrac{1}{2}\left(\dfrac{r}{L} - \dfrac{y}{C} \right); \end{cases}$$

h, k et s, q sont reliés par les équations :

$$(54) \quad \begin{cases} h = \sqrt{LC}\,\sqrt{\dfrac{1}{2}\big\{ R_1^2 + s^2 - \eta^2 - m^2 \big\}} \\[2ex] k = \sqrt{LC}\,\sqrt{\dfrac{1}{2}\big\{ R_1 - s^2 + \eta^2 + m^2 \big\}} ; \\[2ex] \text{et} \\[2ex] R_1^2 = \sqrt{(s^2 + \eta^2 - m^2) + 4\eta^2 m^2} \end{cases}$$

d'où

$$(55) \quad h^2 + k^2 = LCR_1^2;$$

ou

$$(56)\quad\begin{cases} s = \dfrac{1}{\sqrt{LC}}\sqrt{\dfrac{1}{2}(R_2^2 + h^2 - k^2 + LCm^2)}\\[2ex] q = \dfrac{1}{\sqrt{LC}}\sqrt{\dfrac{1}{2}(R_2^2 - h^2 + k^2 - LCm^2)}\\[2ex] \text{et}\\[1ex] R_2^2 = \sqrt{(h^2 + k^2 + LCm^2)^2 - 4LCk^2m^2}\,; \end{cases}$$

d'où

$$(57)\qquad s^2 + q^2 = \frac{R_2^2}{LC}.$$

Écrivons

$$(58)\qquad D(ql \pm kl) = C\cos(ql \pm kl) + C'\sin(ql \pm kl)$$

$$(59)\qquad \begin{aligned} H(ql \pm kl) &= (e'C' - eC)\cos(ql \pm kl)\\ &\quad - (e'C + eC')\sin(ql \pm kl); \end{aligned}$$

les équations (50) et (51) peuvent prendre la forme :

$$(60)\quad\begin{cases} i = \sum\Big[\varepsilon^{-hl-(u-s)t}D_1(ql - kl) - \varepsilon^{+hl-(u-s)t}D_2(ql + kl)\ (i')\\ \quad + \varepsilon^{+hl-(u+s)t}D_3(ql - kl) - \varepsilon^{-hl-(u+s)t}D_4(ql + kl)\,](i'') \end{cases}$$

$$(61)\quad\begin{cases} e = \sum\Big[\varepsilon^{-hl-(u-s)t}H_1(ql - kl) + \varepsilon^{-hl-(u-s)t}H_2(ql + kl)\ (e')\\ \quad + \varepsilon^{+hl-(u+s)t}H_3(ql - kl) + \varepsilon^{-hl-(u+s)t}H_4(ql + kl)\,](e''). \end{cases}$$

CHAPITRE II

—

DISCUSSION DES ÉQUATIONS GÉNÉRALES

7.— Dans le précédent chapitre, on a établi les équations générales
de courant et de voltage pour un circuit ou une section de circuit
ayant des valeurs constantes de r, L, y, C uniformément distribuées.
Ces équations se présentent comme la somme de groupes de quatre
termes chacun, caractérisés par ce fait que les quatres termes de
chaque groupe ont les mêmes valeurs de s, q, h, k.

Des quatre termes de chaque groupe, i_1, i_2, i_3, i_4 ou e_1, e_2, e_3, e_4
(équations (50) et (51)), deux contiennent les angles $(ql - kl)$,
i_1, e_1 et i_3, e_3 ; et deux contiennent les angles $(ql + kl)$, i_2, e_2 et i_4, e_4.

Dans les termes i_1, e_1 et i_3, e_3, la vitesse de propagation du phénomène découle de l'équation

$$ql - kl = \text{constante.}$$

soit

$$\frac{dl}{dt} = + \frac{q}{k};$$

elle est donc positive ; c'est-à-dire que la propagation va des basses
aux hautes valeurs de l, ou dans le sens de l'accroissement de l.

Dans les termes i_2, e_2 et i_4, e_4, la vitesse de propagation, tirée de

$$ql + kl = \text{constante.}$$

est

$$\frac{dl}{dt} = - \frac{q}{k};$$

elle est donc négative ; c'est-à-dire que la propagation va des hautes aux basses valeurs de l, ou dans le sens du décroissement de l.

Considérons, en conséquence, i_1, e_1 et i_3, e_3 comme ondes directes ou principales, i_2, e_2 et i_4, e_4 comme leurs ondes de retour ou ondes réfléchies ; i_2, e_2 est l'onde réfléchie de i_1, e_1 ; i_4, e_4 est l'onde réfléchie de i_3, e_3.

Évidemment, on peut considérer i_2, e_2 et i_4, e_4 comme les ondes principales et alors i_1, e_1 et i_3, e_3 sont les ondes réfléchies. Substituons $(-l)$ à $(+l)$ dans les équations (50) et (51), c'est-à-dire regardons le circuit en sens inverse ; les termes i_2, e_2 et i_1, e_1 et les termes i_4, e_4 et i_3, e_3 changent simplement de place, mais tout le reste de l'équation reste identique, sauf que le signe de i est inversé, c'est-à-dire que le courant est alors considéré dans la direction opposée.

Chaque groupe consiste ainsi en deux ondes et leurs ondes réfléchies : $i_1 - i_2$ et $e_1 + e_2$ est la première onde et son onde réfléchie ; $i_3 - i_4$ et $e_3 + e_4$ est la seconde onde et son onde réfléchie.

En général, chaque onde et son onde réfléchie peuvent être considérées comme une unité, c'est-à-dire que nous pouvons dire que :

$$i' = i_1 - i_2 \quad \text{et} \quad e' = e_1 + e_2$$

est la première onde, et que

$$i'' = i_3 - i_4 \quad \text{et} \quad e'' = e_3 + e_4$$

est la deuxième onde.

Dans la première onde, i', e', l'amplitude décroît dans la direction de propagation, ε^{-hl} pour l croissant et ε^{+hl} pour l décroissant ; l'onde s'éteint lorsque l'on accroît le temps, à cause du terme

$$\varepsilon^{-(u-s)t} = \varepsilon^{-ut}\,\varepsilon^{+st},$$

Dans la seconde onde, i'', e'', l'amplitude croît dans la direction de propagation, ε^{+hl} pour l croissant et ε^{-hl} pour l décroissant, mais l'onde s'éteint lorsque l'on accroît le temps, grâce au terme

$$\varepsilon^{-(u+s)t} = \varepsilon^{-ut}\,\varepsilon^{-st},$$

c'est-à-dire plus vite que la première onde.

Si l'amplitude d'une onde reste constante tout le long du circuit — comme ce serait le cas pour une oscillation libre du circuit dans laquelle l'énergie accumulée dans le circuit est dissipée, mais sans puissance appliquée d'une façon ou de l'autre, — c'est-à-dire si $h = 0$, l'équation (56) donne $s = 0$; c'est-à-dire que les deux ondes coïncident et n'en forment qu'une, qui s'éteint avec le temps par le décrément ε^{-ut}.

De là il résulte que : En général, deux ondes, avec leurs ondes réfléchies, traversent le circuit; l'une d'elles i'', e'', croît en amplitude dans la direction de propagation, mais s'éteint plus rapidement avec le temps qu'une onde d'amplitude constante, tandis que l'autre, i', e', décroît en amplitude mais existe un temps plus grand, c'est-à-dire · s'éteint plus lentement qu'une onde d'amplitude constante. Dans l'une des ondes, i'', e'', un accroissement d'amplitude a lieu au détriment de la durée dans le temps, tandis que dans l'autre onde, i', e', une plus faible extinction de l'onde avec le temps est produite aux dépens d'un décroissement d'amplitude pendant sa propagation, ou bien, en i'', e'' la durée dans le temps est sacrifiée à la durée en distance, et inversement en i', e'.

Il est intéressant de remarquer dans un circuit ayant résistance, inductance et capacité, les expressions mathématiques des deux cas d'écoulement d'énergie, c'est-à-dire le cas graduel ou exponentiel et le cas oscillatoire ou trigonométrique ; ce sont deux cas spéciaux des équations (60) et (61) correspondant respectivement à

$$q = 0, \quad k = 0, \quad \text{et} \quad h = 0, \quad s = 0.$$

8. — Dans les équations (50) et (51),

$$ql = 2\pi$$

donne le temps d'un cycle complet, c'est-à-dire la *période de l'onde*;

$$t_0 = \frac{2\pi}{q}$$

et la *fréquence de l'onde* est

$$f = \frac{q}{2\pi}.$$

$$kl = 2\pi$$

donne la longueur d'un cycle complet, c'est-à-dire la *longueur d'onde*

$$l_w = \frac{2\pi}{k};$$

$$(u - s)\, t = 1 \quad \text{et} \quad (u + s)\, t = 1$$

donnent les temps

$$t'_1 = \frac{1}{u - s} \quad \text{et} \quad t''_1 = \frac{1}{u + s}$$

durant lesquels l'onde décroît à $\frac{1}{\varepsilon} = 0{,}3679$ de sa valeur; et

$$hl = 1$$

donne la distance

$$l_1 = \frac{1}{h}$$

sur laquelle l'onde décroît à $\frac{1}{\varepsilon} = 0{,}3679$ de sa valeur.

C'est-à-dire que q est la *constante de fréquence* de l'onde :

$$(62) \qquad f = \frac{q}{2\pi}, \quad t_0 = \frac{2\pi}{q};$$

k est la *constante de longueur d'onde*

$$(63) \qquad l_w = \frac{2\pi}{k};$$

$(u - s)$ et $(u + s)$ sont les *constantes d'atténuation en temps* de l'onde:

$$(64) \qquad \begin{cases} t'_1 = \dfrac{1}{u - s} \\[2mm] t''_1 = \dfrac{1}{u + s}; \end{cases}$$

et h est la *constante d'atténuation en distance* de l'onde

$$(65) \qquad l_1 = \frac{1}{h}.$$

9. — Si la fréquence du courant et de la f. é. m. est très haute, des milliers de cycles ou davantage, comme avec des ondes mobiles, perturbations de foudre, oscillations de haute fréquence, etc., q est très grand en comparaison de s, u, m, h, k, et k est très grand en comparaison de h; alors, en négligeant dans les équations (50) à (61) les termes de second ordre, ces équations se simplifient.

De (54)

$$R_1^2 = \sqrt{(s^2 + q^2 - m^2)^2 + 4q^2m^2} = \sqrt{(q^2 + m^2)^2 + 2s^2(q^2 - m^2)}$$
$$= (q^2 + m^2)\left\{ 1 + \frac{2s^2(q^2 - m^2)}{(q^2 + m^2)^2} \right\}^{\frac{1}{2}}$$
$$= q^2 + m^2 + s^2\frac{q^2 - m^2}{q^2 + m^2}$$
$$= q^2 + m^2 + s^2$$
$$= q^2;$$

$$(66) \quad \begin{cases} h = \sqrt{LC}\sqrt{\tfrac{1}{2}\left\{ R_1^2 + s^2 - q^2 - m^2 \right\}} = s\sqrt{LC} \\ k = \sqrt{LC}\sqrt{\tfrac{1}{2}\left\{ R_1^2 - s^2 + q^2 + m^2 \right\}} = \sqrt{LC(q^2 + m^2)} = q\sqrt{LC} \end{cases}$$
$$h^2 + k^2 = (s^2 + q^2)LC = q^2LC;$$

et

$$c_1 = \frac{qk + h(m + s)}{h^2 + k^2}L = \frac{qL}{k} = \sqrt{\frac{L}{C}}$$
$$c_2 = \frac{qk - h(m - s)}{h^2 + k^2}L = \frac{qL}{k} = \sqrt{\frac{L}{C}}$$
$$c_1' = \frac{k(m + s) - qh}{h^2 + k^2}L = \frac{q\sqrt{LC}(m + s) - qs\sqrt{LC}}{q^2LC} = \frac{m}{q}\sqrt{\frac{L}{C}}$$
$$c_2' = \frac{k(m - s) + qh}{h^2 + k^2}L = \frac{q\sqrt{LC}(m - s) + qs\sqrt{LC}}{q^2LC} = \frac{m}{q}\sqrt{\frac{L}{C}};$$

c'est-à-dire

$$(67) \quad \begin{cases} c_1 = c_2 = \sqrt{\frac{L}{C}} \\ c_1' = c_2' = \frac{m}{q}\sqrt{\frac{L}{C}}. \end{cases}$$

Écrivons

$$(68) \quad \begin{cases} \sigma = \sqrt{LC} \\ c = \sqrt{\frac{L}{C}}. \end{cases}$$

où σ est l'inverse de la vitesse de propagation [voir (15)]; nous avons

$$(69) \quad \begin{cases} h = \sigma s \\ k = \sigma q. \end{cases}$$

et

$$(70) \quad \begin{cases} c_1 = c_2 = c \\ c_1' = c_2' = \dfrac{m}{q}\, c. \end{cases}$$

Introduisons la nouvelle variable indépendante, comme distance :

$$(71) \qquad \gamma = cl\,;$$

nous avons

$$(72) \quad \begin{cases} kl = q\lambda, \\ hl = s\lambda. \end{cases}$$

La longueur d'onde est donc donnée par

$$q\lambda = 2\pi$$

et

$$(73) \qquad \lambda_0 = \frac{2\pi}{q}\,;$$

et puisque la période est

$$t_0 = \frac{2\pi}{q},$$

il en résulte que par l'introduction de la notation (71), les distances étant mesurées avec la vitesse de propagation comme unité de longueur, la longueur d'onde l_w et la période t_0 ont ainsi la même valeur numérique.

En portant maintenant dans les équations (50) et (51), on a :

$$(74) \quad \begin{cases} i = \varepsilon^{-ut} \sum \big\{ \varepsilon^{+s(l-\lambda)} D_1 [q(l-\lambda)] - \varepsilon^{+s(l+\lambda)} D_2 [q(l+\lambda)] \ (i') \\ \quad + \varepsilon^{-s(l-\lambda)} D_3 [q(l-\lambda)] - \varepsilon^{-s(l+\lambda)} D_4 [q(l+\lambda)] \big\} (i''), \end{cases}$$

$$(75) \quad \begin{cases} e = \varepsilon^{-ut} \sum \big\{ \varepsilon^{+s(l-\lambda)} H_1 [q(l-\lambda)] + \varepsilon^{+s(l+\lambda)} H_2 [q(l+\lambda)] \ (e') \\ \quad + \varepsilon^{-s(l-\lambda)} H_3 [q(l-\lambda)] + \varepsilon^{-s(l+\lambda)} H_4 [q(l+\lambda)] \big\} (e''), \end{cases}$$

où

$$D [q(l \pm \lambda)] = C \cos q(l \pm \lambda) + C' \sin q(l \pm \lambda)$$

et

$$(76) \quad H [q(l \pm \lambda)] = \sqrt{\frac{L}{C}} \left\{ \left(\frac{m}{q} C' - C \right) \cos q(l \pm \lambda) \right.$$
$$\left. - \left(\frac{m}{q} C + C' \right) \sin q(l \pm \lambda) \right\}.$$

10. — Comme on le voit d'après les équations (74) et (75), les ondes sont le produit de ε^{-ut} et d'une fonction de $(l - \lambda)$ pour l'onde principale et de $(l + \lambda)$ pour l'onde réfléchie ; alors :

$$(77) \qquad \begin{cases} i_1 + i_3 = \varepsilon^{-ut} f_1 (l - \lambda), \\ i_2 + i_4 = \varepsilon^{-ut} f_2 (l + \lambda). \end{cases}$$

De là, pour $(l - \lambda)$ constant dans l'onde principale et pour $(l + \lambda)$ constant dans l'onde réfléchie, nous avons :

$$(78) \qquad \begin{cases} i_1 + i_3 = \mathrm{B}\, \varepsilon^{-ut}, \\ i_2 + i_4 = \mathrm{B}'\, \varepsilon^{-ut}, \end{cases}$$

c'est-à-dire que durant son passage le long du circuit, l'onde décroît avec le décrément ε^{-ut}, ou selon un taux constant, indépendant de la fréquence, de la longueur d'onde, etc... et dépendant seulement des constantes du circuit r, L, g, C. Le décrément de l'onde mobile dans la direction de son déplacement est :

$$\varepsilon^{-ut} = \varepsilon^{-\frac{1}{2}\left(\frac{r}{L} + \frac{g}{C}\right) t};$$

il est ainsi indépendant de la nature de l'onde, par exemple de sa fréquence, etc.

11. — La signification physique des deux ondes i' et e' peut mieux être appréciée en observant l'effet de l'onde quand elle traverse un point donné λ du circuit.

Considérons, par exemple, l'onde principale seulement $i' = i_1 + i_3$ et négligeons les ondes réfléchies, auxquelles la même chose s'applique.

De l'équation (74) on a :

$$(79) \quad i = \varepsilon^{-s\lambda - (u - s)t}\, \mathrm{D}_1\, [\eta\, (l - \lambda)] + \varepsilon^{+s\lambda - (u + s)t}\, \mathrm{D}_3\, [\eta\, (l - \lambda)].$$

dont la valeur absolue est :

$$(80 \qquad \mathrm{I} = \mathrm{D}_1\, \varepsilon^{-s\lambda - (u - s)t} + \mathrm{D}_3\, \varepsilon^{+s\lambda - (u + s)t},$$

où D_1 et D_3 ont à être combinés vectoriellement.

Supposons alors qu'au temps $l = 0$, $l' = 0$; pour λ constant, nous avons

$$(81) \qquad I = D\left(\varepsilon^{-(u-s)t} - \varepsilon^{-(u+s)t}\right)$$

pour l'amplitude de I au point λ.

Puisque (81) est la différence de deux fonctions exponentielles de décrément différent, il s'ensuit qu'en fonction du temps t, I croît de o à un maximum et décroît ensuite jusqu'à zéro, comme le montre la figure 98 où

$$I_1 = D\varepsilon^{-(u-s)t}$$
$$I_3 = D\varepsilon^{-(u+s)t}$$
$$I = I_1 - I_3,$$

et le courant réel i est une onde oscillatoire qui a I comme enveloppe.

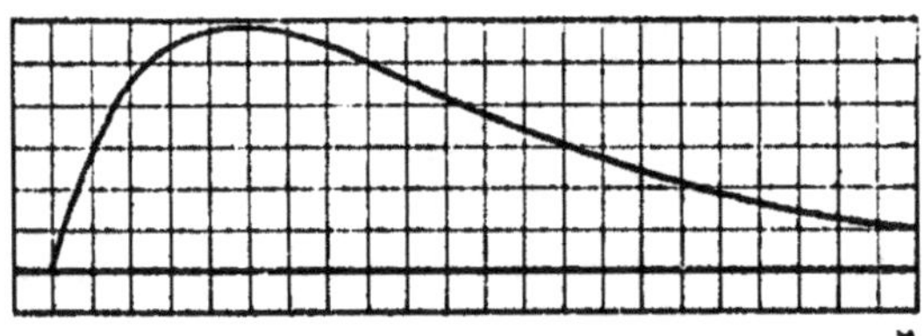

Fig. 98. — Amplitude d'une onde électrique mobile.

La combinaison de deux ondes représente alors le passage d'une onde par un point donné, l'amplitude croissant pendant l'arrivée et décroissant après le passage de l'onde.

12. — Si h, et aussi s, sont nuls, i', e' et i'', e'' se confondent dans les équations (74) et (75). C_1 et C_3 peuvent alors être combinés en une constante B_1, C_2 et C_4 en une constante B_4 :

$$(82) \qquad \begin{cases} C_1 + C_3 = B_1 \\ C_2 + C_4 = B_2 \\ C'_1 + C'_3 = B'_1 \\ C'_2 + C'_4 = B'_2 \end{cases}$$

et (74) (75) prennent alors la forme :

$$(83) \qquad i = \varepsilon^{-ut} \sum \{ [B_1 \cos q(t - \lambda) + B_1' \sin q(t - \lambda)]$$
$$- [B_2 \cos q(t + \lambda) + B_2' \sin q(t + \lambda)] \},$$

$$(84) \quad e = \sqrt{\frac{L}{C}}\, \varepsilon^{-ut} \sum \left\{ \left[\left(\frac{m}{q} B' - B_1\right) \cos q(t-\lambda) - \left(\frac{m}{q} B_1 + B_1'\right) \sin q(t-\lambda) \right] \right.$$
$$\left. + \left[\left(\frac{m}{q} B_2' - B_2\right) \cos q(t + \lambda) - \left(\frac{m}{q} B_2 + B_2'\right) \sin q(t + \lambda) \right] \right\}.$$

Ces équations contiennent la distance λ, dans une fonction trigonométrique et non dans une exponentielle. C'est-à-dire que i et e varient en phase d'un bout à l'autre du circuit, mais pas en amplitude ; ou, en autres termes, que l'oscillation est d'intensité uniforme d'un bout à l'autre du circuit, s'éteignant uniformément avec le temps depuis sa valeur initiale maxima ; l'onde ne voyage donc pas le long du circuit, mais est stationnaire ou fixe. C'est une décharge oscillante d'un circuit contenant r, L, g, C, distribués, et pour cette raison elle est analogue à la décharge oscillante d'un condensateur au travers d'un circuit inductif, sauf que, à cause de la distribution de la capacité, la phase change d'un bout à l'autre du circuit. Les oscillations libres d'un circuit tel qu'une ligne de transmission sont de cette nature.

Pour $\lambda = 0$, c'est-à-dire en supposant que la longueur d'onde de l'oscillation est très grande, ou que le circuit n'est qu'une faible fraction de la longueur d'onde, que la phase de i et e peut être supposée uniforme tout le long du circuit, les équations (83) et (84) prennent la forme :

$$(85) \quad \begin{cases} i = \varepsilon^{-ut} \{ B_0 \cos qt + B_0' \sin qt \} \\[4pt] \text{et} \\[4pt] e = \sqrt{\frac{L}{C}}\, \varepsilon^{-ut} \left\{ \left(\frac{m}{q} B' - B\right) \cos qt - \left(\frac{m}{q} B + B'\right) \sin qt \right\}. \end{cases}$$

Ce sont les équations usuelles de la décharge d'un condensateur au travers d'un circuit inductif, qui apparaissent ici comme un cas spécial d'un cas spécial des équations générales d'un circuit.

Si $q = o$, les fonctions D et H dans les équations (74) et (75) deviennent constantes, et ces équations prennent ainsi la forme :

$$(86)\quad \begin{cases} i = \varepsilon^{-ut}\sum\big\{[C_1\varepsilon^{+s(t-\lambda)} + C_3\varepsilon^{-s(t-\lambda)}] \\ \qquad - [C_2\varepsilon^{+s(t+\lambda)} + C_4\varepsilon^{-s(t+\lambda)}]\big\} \\ \text{et} \\ e = \sqrt{\dfrac{L}{C}}\,\varepsilon^{-ut}\sum\big\{[B_1\varepsilon^{+s(t-\lambda)} + B_3\varepsilon^{-s(t-\lambda)}] \\ \qquad + [B_2\varepsilon^{+s(t+\lambda)} + B_4\varepsilon^{-s(t+\lambda)}]\big\}, \end{cases}$$

où

$$(87)\qquad B = \frac{m}{q}\,C' - C.$$

Ceci donne les expressions du courant et de la f. é. m. qui ne sont plus oscillatoires, mais exponentielles ; elles représentent un changement graduel de i et e en fonction du temps et de la distance, correspondant à la décharge graduelle ou logarithmique du condensateur. Pour $\lambda = o$, ces équations se changent en celles de la décharge logarithmique du condensateur.

Ces équations (86) sont seulement approximatives cependant, puisque les quantités s, u, h, y ont été négligées en comparaison de q en supposant ce dernier très grand, tandis que maintenant il est supposé nul.

13. — Si l'on a

$$(88)\qquad m = \frac{t}{2}\left(\frac{r}{L} - \frac{g}{C}\right) = o,$$

soit

$$(89)\qquad \frac{r}{L} = \frac{g}{C}\cdot$$

ou

$$r \div g = L \div C,$$

ou, en autres mots, que les coefficients de puissance du circuit sont proportionnels aux coefficients d'accumulation d'énergie, ou que la constante de temps du champ électromagnétique $\frac{r}{L}$ est égale à la constante de temps du champ électrostatique $\frac{g}{C}$, alors

$$(90) \qquad u = \frac{r}{L} = \frac{g}{C} = \text{constante de temps du circuit,}$$

et l'on obtient par l'équation (54)

$$(91) \qquad \begin{cases} R_1^2 = s^2 + q^2 \\ h = \sqrt{LC}\, s = \sigma s \\ k = \sqrt{LC}\, q = \sigma q. \end{cases}$$

et par l'équation (52)

$$(92) \qquad \begin{cases} c_1 = \dfrac{L}{\sigma} = \sqrt{\dfrac{L}{C}} = c \\ c_1' = 0 \\ c_2 = \dfrac{L}{\sigma} = \sqrt{\dfrac{L}{C}} = c \\ c_2' = 0. \end{cases}$$

De là, en substituant dans les équations (50) et (51) :

$$(93) \quad i = \varepsilon^{-\frac{r}{L}t}\{\varepsilon^{+s(t-\lambda)}D_1[q(t-\lambda)] - \varepsilon^{+s(t+\lambda)}D_2[q(t+\lambda)]$$
$$+ \varepsilon^{-s(t-\lambda)}D_3[q(t-\lambda)] - \varepsilon^{-s(t+\lambda)}D_4[q(t+\lambda)]\}$$

et

$$(94) \quad e = -\sqrt{\frac{L}{C}}\,\varepsilon^{-\frac{r}{L}t}\{\varepsilon^{+s(t-\lambda)}D_1[q(t-\lambda)] + \varepsilon^{+s(t+\lambda)}D_2[q(t+\lambda)]$$
$$+ \varepsilon^{-s(t-\lambda)}D_3[q(t-\lambda)] + \varepsilon^{-s(t+\lambda)}D_4[q(t+\lambda)]\}.$$

Ces équations sont analogues à (74) et (75), mais sont dérivées ici du cas $m = 0$, sans supposition relative à l'importance relative de q et des autres quantités du circuit. Les équations (93) et (94) s'appliquent aussi quand $q = 0$, et elles prennent la forme

$$(95) \quad i = \varepsilon^{-\frac{r}{L}t}\{[C_1\varepsilon^{+s(t-\lambda)} + C_3\varepsilon^{-s(t-\lambda)}] - [C_2\varepsilon^{+s(t+\lambda)} + C_4\varepsilon^{-s(t+\lambda)}]\},$$

$$(96) \qquad e = -\sqrt{\frac{L}{C}}\,\varepsilon^{-\frac{r}{L}t}\{[C_1\varepsilon^{+s(t-\lambda)} + C_3\varepsilon^{-s(t-\lambda)}]$$
$$+ [C_2\varepsilon^{+s(t+\lambda)} + C_4\varepsilon^{-s(t+\lambda)}]\}.$$

Les équations (95) et (96) sont les mêmes que (86), mais dans le cas présent où $m = 0$, elles s'appliquent indépendammment des valeurs respectives des autres quantités s, etc.

Donc, dans un circuit dans lequel $m = 0$, il doit apparaître un terme transitoire qui n'est pas oscillatoire ni en temps ni en espace, mais qui varie graduellement.

Si la constante h des équations (50) et (51) diffère de zéro, l'oscillation (en employant ici le terme *oscillation* dans le sens le plus général, c'est-à-dire en y comprenant aussi l'*alternation*, comme une oscillation de diminution nulle) voyage le long du circuit; mais elle devient stationnaire comme une onde fixe pour $h = 0$, c'est-à-dire que la constante d'atténuation en distance h peut aussi être appelée *constante de propagation* de l'onde.

$h = 0$ représente ainsi une onde qui ne se propage pas ni ne se déplace pas le long du circuit, mais reste en place; c'est une onde stationnaire ou fixe.

CHAPITRE III

ONDES FIXES OU STATIONNAIRES

14. — Si la constante de propagation de l'onde s'évanouit :

$$h = 0,$$

l'onde devient stationnaire ou fixe, et les équations de l'onde fixe se tirent des équations générales (50) à (61) en y portant $h = 0$, ce qui donne :

$$(97) \qquad R_2^2 = \sqrt{(k^2 - LCm^2)^2} \; ;$$

donc si :

$$k^2 > LCm^2$$
$$R_2^2 = k^2 - LCm^2 ;$$

et si :

$$k^2 < LCm^2$$
$$R_2^2 = LCm^2 - k^2.$$

Par suite, il existe deux cas différents, dépendant des valeurs relatives de k^2 et LCm^2, et en plus un cas intermédiaire ou critique pour lequel $k^2 = LCm^2$.

Les trois cas demandent chacun une considération particulière :

$$(98) \qquad LCm^2 = LC\,\frac{1}{2}\left\{\left(\frac{r}{L} - \frac{g}{C}\right)\right\}^2 = \left\{\frac{1}{2}\left(r\sqrt{\frac{C}{L}} - g\sqrt{\frac{L}{C}}\right)\right\}^2$$

est une constante du circuit, tandis que k est la constante de longueur d'onde, c'est-à-dire que plus grand est k et plus courte est la longueur d'onde.

A) *Ondes courtes*,

$$(99) \qquad k^2 > LCm^2,$$

d'où :

$$(100) \qquad R_2^2 = k^2 - LCm^2$$

et

$$s = 0$$

$$(101) \qquad q = \sqrt{\frac{k^2}{LC} - m^2},$$

ou approximativement, pour k très grand :

$$(102) \qquad q = \frac{k}{\sqrt{LC}}.$$

On tire de là :

$$(103) \qquad \begin{cases} c_1 = \dfrac{qL}{k} = c \\[1.5ex] c_1' = \dfrac{mL}{k} = c' \\[1.5ex] c_2 = \dfrac{qL}{k} = c \\[1.5ex] c_2' = \dfrac{mL}{k} = c'. \end{cases}$$

En portant maintenant $h = 0$ et $(101)(103)$ [en $(50)(51)$, les deux ondes i', e' et i', e' se confondent, et tous les termes exponentiels se réduisent à ε^{-ut} ; d'où, en substituant :

$$(104) \qquad \begin{cases} B_1 = C_1 + C_3 \\ B_2 = C_2 + C_4 \\ B_1' = C_1' + C_3' \\ B_2' = C_2' + C_4', \end{cases}$$

on obtient :

$$(105) \qquad i = \varepsilon^{-ut} \left\{ \left[B_1 \cos(qt - kl) + B_1' \sin(qt - kl) \right] - \left[B_2 \cos(qt + kl) + B_2' \sin(qt + kl) \right] \right\}$$

et

$$(106) \quad e = \frac{L}{k} \, \varepsilon^{-ut} \Big\{ \big[(mB_1' - qB_1) \cos(qt - kl) - (mB_1 + qB_1') \sin(qt - kl) \big]$$
$$+ \big[(mB_2' - qB_2) \cos(qt + kl) - (mB_2 + qB_2') \sin(qt + kl) \big] \Big\}.$$

Les équations (105) et (106) représentent une *oscillation électrique stationnaire* ou onde fixe dans le circuit. .

B) *Ondes longues*

$$(107) \quad k^2 < LCm^2,$$

d'où

$$(108) \quad R_2^2 = LCm^2 - k^2$$

$$(109) \quad \begin{cases} s = \sqrt{m^2 - \dfrac{k^2}{LC}} \\ \text{et} \\ q = 0, \end{cases}$$

ou approximativement, pour les petites valeurs de k :

$$(110) \quad s = m = \frac{1}{2} \left(\frac{r}{L} - \frac{g}{C} \right).$$

De là on tire :

$$c_1 = c_2 = 0,$$

$$(111) \quad \begin{cases} c_1' = \dfrac{(m + s)}{k} L. \\ \text{et} \\ c_2' = \dfrac{(m - s)}{k} L. \end{cases}$$

Portons maintenant $h = 0$ et (109) (111) en (50) (51), les deux ondes i', e' et i'', e'' demeurent séparées, ayant des termes exponentiels différents $\varepsilon^{-(u-s)t}$ et $\varepsilon^{-(u+s)t}$; mais pour chacune de ces deux ondes l'onde principale et l'onde réfléchie se confondent, à cause de l'annulation de q.

Substituons alors :

$$(112) \quad \begin{cases} B_1 = C_1 - C_2 \\ B_1' = C_1' + C_2' \\ B_2 = C_3 - C_4 \\ B_2' = C_3' + C_4'; \end{cases}$$

cela donne

$$(113)\quad i = \varepsilon^{-ut}\left\{ \left(B_1\varepsilon^{+st} + B_2\varepsilon^{-st}\right)\cos kl - \left(B\varepsilon^{+st} + B'_2\varepsilon^{-st}\right)\sin kl \right\}$$

et

$$(114)\quad \begin{cases} e = \dfrac{L}{k}\,\varepsilon^{-ut}\left\{ \left[(m+s)\,B'_1\varepsilon^{+st} + (m-s)\,B'_2\varepsilon^{-st}\right]\cos kl \right. \\ \qquad \left. + \left[(m+s)\,B_1\varepsilon^{+st} + (m-s)\,B_2\varepsilon^{-st}\right]\sin kl \right\} \\[4pt] = \dfrac{L}{k}\,\varepsilon^{-ut}\left\{ m\left[\left(B'_1\varepsilon^{+st} + B'_2\varepsilon^{-st}\right)\cos kl \right.\right. \\ \qquad\left. + \left(B_1\varepsilon^{+st} + B_2\varepsilon^{-st}\right)\sin kl\right] \\ \qquad + s\left[\left(B'_1\varepsilon^{+st} - B'_2\varepsilon^{-st}\right)\cos kl \right. \\ \qquad\left.\left. + \left(B_1\varepsilon^{+st} - B_2\varepsilon^{-st}\right)\sin kl\right] \right\}. \end{cases}$$

Les équations (113) et (114) représentent une *décharge du circuit graduelle ou exponentielle*, et la répartition est encore une fonction trigonométrique de la distance, s'éteignant graduellement avec le temps, sans oscillation.

C) *Cas critique*

$$(115)\qquad\qquad\qquad k^2 = LCm^2;$$

d'où

$$(116)\qquad\qquad \begin{cases} R_2^2 = 0 \\ s = 0 \\ \eta = 0 \end{cases}$$

et

$$(117)\qquad\qquad \begin{cases} c_1 = c_2 = 0 \\ c'_1 = c'_2 = \dfrac{mL}{k} = \sqrt{\dfrac{L}{C}} = c'. \end{cases}$$

Les ondes principales et réfléchies se confondent quand on porte $h = 0$, (116) (117) en (50) (51).

D'où, en posant :

$$(118)\qquad\qquad \begin{cases} B = C_1 - C_2 + C_3 - C_4 \\ B' = C'_1 + C'_2 + C'_3 + C_4, \end{cases}$$

on a

$$(119)\qquad\qquad i = \varepsilon^{-ut}\left\{ B\cos kl - B'\sin kl \right\}$$

et

$$(120) \qquad e = \sqrt{\frac{L}{C}}\, \varepsilon^{-at} \left\{ B' \cos kl + B \sin kl \right\}.$$

Dans le cas critique, (119) et (120), l'onde est répartie suivant une fonction trigonométrique de la distance, mais s'éteint comme une simple fonction exponentielle du temps.

15. — Une onde électrique fixe peut ainsi avoir deux différentes formes : elle peut être oscillatoire dans le temps ou exponentielle dans dans le temps c'est-à-dire variant graduellement. Il est intéressant de rechercher les conditions dans lesquelles se produisent ces deux cas.

La transition de la forme graduelle à la forme oscillatoire a lieu lorsque

$$(121) \qquad k_0^2 = m^2 LC\,;$$

pour de plus grandes valeurs de k le phénomène est oscillatoire ; pour de plus petites, il est exponentiel ou graduel.

Puisque k est la constante de longueur d'onde, la longueur d'onde pour laquelle le phénomène cesse d'être oscillatoire dans le temps et devient un phénomène s'éteignant graduellement, est donnée par (63)

$$(122) \qquad l_{w_0} = \frac{2\pi}{k_0} = \frac{2\pi}{m\sqrt{LC}}\cdot$$

Avec une onde non amortie, soit dans un circuit qui a r et g nuls ou aucune perte d'énergie, la vitesse de propagation est :

$$(123) \qquad S = \frac{q}{k} = \frac{1}{\sqrt{LC}}\cdot$$

Si le milieu a la perméabilité et l'inductivité égales à 1, la vitesse est celle de la lumière :

$$(124) \qquad S = 3 \times 10^{10}.$$

Dans un circuit non amorti, cette longueur l_{w_0} correspondrait à la fréquence telle que

$$q_0 = \frac{k_0}{\sqrt{LC}} = m\,;$$

donc, de (62) on tire :

$$(125) \qquad f_0 = \frac{q_0}{2\pi} = \frac{m}{2\pi}.$$

La fréquence correspondant à la longueur d'onde l_{w_0} est nulle, puisque pour cette longueur d'onde le phénomène cesse d'être oscillatoire : à cause des pertes d'énergie dans le circuit par suite de la résistance effective r et de la conductance effective g, la fréquence f de l'onde est réduite au-dessous de la valeur correspondant à la longueur d'onde l_w d'autant plus que plus grande est la longueur d'onde, jusqu'à ce que pour la longueur d'onde l_{w_0} la fréquence devienne nulle, le phénomène cessant d'être oscillatoire. Cela signifie que lorsque la longueur d'onde croît, la vitesse de propagation du phéno: mène décroît, et qu'elle devient nulle pour la longueur d'onde l_{w_0}.

Si

$$m^2\, LC = 0,$$

$$k_0 = 0 \qquad \text{et} \qquad l_{w_0} = \infty,$$

c'est-à-dire que l'onde stationnaire est toujours oscillatoire.

Si

$$m^2\, LC = \infty$$

$$k_0 = \infty \qquad \text{et} \qquad l_{w_0} = 0,$$

c'est-à-dire que l'onde stationnaire n'est jamais oscillatoire mais qu'elle s'éteint graduellement.

Dans le premier cas $m^2 LC = 0$, phénomène oscillatoire, remplaçons m^2 par sa valeur; nous avons :

$$\frac{1}{4}\left(\frac{r}{L} - \frac{g}{C}\right)^2 LC = 0$$

$$r\sqrt{\frac{C}{L}} - g\sqrt{\frac{L}{C}} = 0,$$

et

$$\frac{r}{g} = \frac{L}{C},$$

ou

$$rC - gL = 0 \ (\text{circuit sans distorsion}).$$

Dans le dernier cas $m^2 LC = \infty$, onde stationnaire exponentielle ou non oscillatoire, nous avons :

$$r\sqrt{\frac{C}{L}} - g\sqrt{\frac{L}{C}} = \infty,$$

et puisque ni r, ni g, ni L, ni C ne peuvent être infinis, il faut que l'on ait $L = 0$ ou $C = 0$.

Par conséquent, l'onde stationnaire dans un circuit est toujours oscillatoire, sans considérer sa longueur d'onde, si

$$(126) \qquad rC - gL = 0$$

ou

$$(127) \qquad \frac{r}{g} = \frac{L}{C} ;$$

c'est-à-dire que le rapport des coefficients d'énergie est égal au rapport des coefficients réactifs du circuit.

L'onde stationnaire ne peut jamais être oscillatoire, mais est toujours exponentielle ou d'extinction graduelle, si l'inductance L ou la capacité C s'annulent c'est-à-dire si le circuit ne contient pas de capacité ou d'inductance. Dans tous les autres cas, l'onde stationnaire est oscillatoire pour des ondes plus courtes que la valeur critique $l_{w_0} = \frac{2\pi}{k_0}$, où

$$(128) \qquad k_0^2 = m^2 LC = \frac{1}{4}\left\{ r\sqrt{\frac{C}{L}} - g\sqrt{\frac{L}{C}} \right\}^2,$$

et est exponentielle ou graduelle pour des ondes stationnaires plus longues que la longueur d'onde critique l_{w_0} ; ou pour $k < k_0$ l'onde stationnaire est exponentielle, tandis que pour $k > k_0$ elle est oscillatoire.

Le terme $k_0 = m\sqrt{LC}$ prend ainsi une place similaire dans la théorie des ondes fixes à celle du terme $r_0^2 - 4 L_0 C_0$ dans celle de la décharge du condensateur dans un circuit inductif, car il sépare les conditions exponentielles ou graduelles des conditions trigonométriques ou oscillatoires.

La différence est que la décharge du condensateur dans un circuit inductif est graduelle ou oscillatoire selon les constantes du circuit, tandis que dans un circuit général avec de mêmes constantes, il existe généralement des ondes graduelles et des ondes oscillatoires, les premières avec plus grande longueur d'onde ou

$$(129) \qquad m\sqrt{LC} > k,$$

les dernières avec plus courte longueur d'onde ou

$$(130) \qquad m\sqrt{LC} < k.$$

On peut avoir une idée de la quantité k_0, et par là de la longueur d'onde l_{w_0} pour laquelle la fréquence de l'onde fixe devient zéro, ou l'onde non-oscillatoire, et de la fréquence f_0 qui, dans un circuit sans amortissement, correspondra à la longueur d'onde critique l_{w_0}, en considérant quelques exemples numériques.

On peut examiner ainsi :

1° Une ligne de transmission de grande puissance, de haut potentiel, et aérienne.

2° Un câble souterrain de transport d'énergie à haute tension.

3° Un câble télégraphique sous-marin.

4° Un circuit téléphonique aérien à longue distance.

1. *Ligne de transmission aérienne de grande puissance et haut potentiel.*

16. — Supposons de l'énergie transmise à 193 kilomètres, à 40 000 volts entre ligne et terre, par un système triphasé avec neutre à la terre. La ligne consiste en fils de cuivre placés à $1^m,50$ les uns des autres, et ayant une résistance par kilomètre

$$r = 0,255 \text{ ohm}.$$

L'inductance est donnée par :

$$(131) \qquad L = l\left(2\log_{\varepsilon}\frac{l_d}{l_r} + \frac{\mu}{2}\right)10^{-9} \text{ henrys,}$$

où

l = longueur du conducteur en centimètres,

l_r = rayon du conducteur,

l_d = distance du conducteur de retour,

μ = perméabilité de la matière du conducteur = 1 pour le cuivre.

On a en réduisant les logarithmes népériens aux logarithmes décimaux par le facteur 2,3026 :

$$(132) \qquad \mathrm{L} = \left(0,461 \log \frac{l_d}{l_r} + 0,05\right) \text{ mlh par kilomètre.}$$

Avec

$$l_r = 0,46 \text{ cm et } l_d = 150 \text{ cm,}$$
$$\mathrm{L} = 1,21 \text{ mlh par kilomètre.}$$

La capacité du conducteur est donnée par

$$(133) \qquad \mathrm{C} = l\left(\frac{1+\delta}{2 \mathrm{S}_0^2 \log_2 \frac{l_d}{l_r}}\right) 10^9 \text{ farads,}$$

où $\mathrm{S}_0 = 3 \times 10^{10} =$ vitesse de la lumière, δ ce qu'on attribue pour la capacité aux isolateurs, supports, qu'on peut admettre 0,05.

Substituons S_0 et introduisons les logarithmes décimaux :

$$(134) \qquad \mathrm{C} = \frac{0,0254}{\log \frac{l_d}{l_r}} \text{ mcf par kilomètre}$$

et dans le cas présent

$$\mathrm{C} = 0,01 \text{ mcf par kilomètre.}$$

Estimons les pertes dans le champ statique de la ligne à 250 watts par kilomètre; on a pour la conductance effective,

$$g = \frac{250}{10\,000^2} = 0,155 \times 10^{-6} \text{ mho,}$$

ce qui donne pour constantes de la ligne par kilomètre $r = 0,255$ ohm ; $\mathrm{L} = 1,21 \times 10^{-3}$ henry ; $g = 0,155 \times 10^{-6}$ mho et $\mathrm{C} = 0,01 \times 10^{-6}$ farad.

De là on tire :

$$u = \frac{1}{2}\left(\frac{r}{\mathrm{L}} + \frac{g}{\mathrm{C}}\right) = \frac{1}{2}(210 + 15,5) = 113,$$

$$m = \frac{1}{2}\left(\frac{r}{\mathrm{L}} - \frac{g}{\mathrm{C}}\right) = 97,$$

$$\sigma = \sqrt{\mathrm{LC}} = \sqrt{12,1 \times 10^{-6}} = 3,5 \times 10^{-6},$$

$$k_0 = m\sqrt{\mathrm{LC}} = 340 \times 10^{-6}.$$

De là, la longueur d'onde critique

$$l_{w0} = \frac{2\pi}{k_0} = 18\,500 \text{ km.,}$$

et, dans un circuit non amorti, cette longueur d'onde correspondrait à la fréquence d'oscillation,

$$f_0 = \frac{m]}{2\pi} = 15,7 \text{ cycles par seconde.}$$

Puisque l'onde la plus courte pour laquelle le phénomène cesse d'être oscillatoire a 18500 kilomètres de longueur et que la plus longue onde qui peut naître dans le circuit à 4 fois la longueur de ce circuit soit 772 kilomètres, il s'ensuit que toutes les ondes qui peuvent y naître sont nécessairement oscillatoires ; les courants et voltages non oscillatoires ne peuvent exister dans ce circuit que lorsqu'elles lui sont appliquées au moyen d'une source extérieure ; ils sont alors de longueur d'onde telle que le circuit est seulement une fraction insignifiante de l'onde et de grandes différences de voltage et de courant de nature non oscillatoire ne peuvent exister.

Puisque la différence de longueur entre la plus courte onde non oscillatoire et l'onde la plus longue qui peut naître dans le circuit est si grande, il s'ensuit que dans une transmission à haute tension et à longue distance tous les phénomènes qui peuvent se produire, comme différences de potentiel ou de courant considérables tout le long du circuit, sont de nature oscillatoire et la solution cas (A) est la seule dont l'étude soit de la plus grande importance dans les transmissions à longue distance.

Avec une longueur de circuit de 193 kilomètres, la plus longue onde stationnaire qui puisse naître dans le circuit a pour longueur d'onde

$$l_w = 772 \text{ km.,}$$

et de là, on tire

$$k = \frac{2\pi}{l_w} = 0,0081,$$

et

$$\frac{k^2}{LC} = \frac{0,0081^2}{12,1 \times 10^{-12}} = 5,5 \times 10^6;$$

d'où pour l'expression de q,

$$(135) \qquad q = \sqrt{\frac{k^2}{LC} - m^2} = 2380,$$

et

$$f = \frac{q}{2\pi} = 380 \text{ cycles par seconde.}$$

Donc, même pour la plus longue onde fixe qui puisse naître dans cette ligne de transmission, $q = 2380$ est une quantité tellement grande en comparaison de $m = 97$, que ce dernier peut être négligé devant q et, pour les ondes plus courtes, les harmoniques élevés de l'onde fondamentale, encore plus ; donc dans les équations (105) et (106) on peut supprimer les termes en m. Dans l'équation (106), $\frac{Lq}{k}$ devient alors facteur commun, et puisque par l'équation (135) on a :

$$(136) \qquad \frac{Lq}{k} = \sqrt{\frac{L}{C}}.$$

en substituant $m = 0$ et (136) en (105) et (106) nous obtenons les *équations générales des ondes fixes dans les lignes de transmission à longue distance*, soit :

$$(137) \qquad i = \varepsilon^{-ut}\{B_1 \cos(qt - kl) + B_1' \sin(qt - kl) \\ - B_2 \cos(qt + kl) + B_2' \sin(qt + kl)\},$$

$$(138) \qquad e = -\sqrt{\frac{L}{C}}\,\varepsilon^{-ut}\{B_1 \cos(qt - kl) + B_1' \sin(qt - kl) \\ + [B_2 \cos(qt + kl) + B_2' \sin(qt + kl)]\}.$$

ou

$$(139) \qquad e = \varepsilon^{-ut}\{[A_1 \cos(qt + kl) + A_1' \sin(qt + kl) \\ + A_2 \cos(qt - kl) + A_2' \sin(qt - kl)]\},$$

$$(140) \qquad i = -\sqrt{\frac{C}{L}}\,\varepsilon^{-ut}\{A_1 \cos(qt + kl) + A_1' \sin(qt + kl) \\ - A_2 \cos(qt - kl) + A_2' \sin(qt - kl)\}.$$

où

$$A_1 = -\sqrt{\frac{L}{C}}\,B_2, \qquad A_1' = -\sqrt{\frac{L}{C}}\,B_2', \text{ etc.}$$

2. *Câble souterrain à haute tension pour transport d'énergie.*

17. — Choisissons comme exemple un câble souterrain de 32 kilomètres de longueur, transmettant l'énergie à 7 000 volts entre conducteur et terre ou armature du câble, c'est-à-dire un câble triphasé à 12 000 volts.

Supposons le conducteur en torons d'une section correspondante à celle d'un fil de 0,16 centimètre de rayon.

Calculons les constantes de la même manière, sauf que, pour ce qui concerne l'expression de la capacité, l'équation 119 doit être multipliée par la constante diélectrique ou capacité inductive spécifique de l'isolant du câble et que $\frac{l_d}{l_r}$ est très faible, environ trois ou moins ; ou bien prenons des valeurs des constantes du circuit tirées des essais du câble ; nous avons les valeurs suivantes par kilomètre de simple conducteur : $r = 0,255$ ohm ; $L = 0,25 \times 10^{-3}$ henry ; $y = 0,6$ 10^{-6} mho, correspondant à un facteur de puissance du courant de charge du câble égal à 1 pour cent ; $C = 0,375 \times 10^{-6}$ farad.

De là, on tire les valeurs suivantes : $u = 513$; $m = 512$; $\sigma = \sqrt{LC} = 9,7 \times 10^{-6}$; $k_0 = m\sqrt{LC} = 4,95 \times 10^{-3}$; la longueur d'onde critique $l = 1270$ kilomètres et la fréquence d'une oscillation non amortie, correspondant à l_{r0}, est $f_0 = 81,5$ cycles par seconde.

Comme on le voit, dans un câble souterrain à haute tension, la longueur d'onde critique est beaucoup plus courte que dans une transmission aérienne à longue distance. En même temps, cependant, la longueur d'un câble souterrain est beaucoup plus courte que celle d'une longue ligne de transmission ; de cette façon, la longueur d'onde critique est encore très grande en comparaison de la plus grande longueur d'onde d'une oscillation prenant naissance dans le câble, au moins dix fois plus grande. On conclut de là que la discussion des phénomènes possibles dans une ligne aérienne faite en (1) s'applique aussi au cas du câble souterrain à haute tension.

Dans l'exemple présent, la plus longue onde fixe qui peut naître dans le câble a pour longueur d'onde :

$$l_m = 128 \text{ km.,}$$

ce qui donne,

$$k = 0,049$$

et

$$\frac{k}{\sqrt{LC}} = 5070,$$

ou environ dix fois m, de telle façon que m peut encore être négligé dans l'équation (87) ; d'où :

$$q = \frac{k}{\sqrt{LC}} = 5070,$$

ou

$$f = 810 \text{ cycles par seconde},$$

et les équations générales du phénomène dans les longues lignes de transmission, (123) à (125), s'appliquent aussi comme équations générales des ondes fixes dans les câbles souterrains à haute tension.

3. *Câble télégraphique sous-marin.*

18. — Choisissons les valeurs suivantes : Longueur du câble, simple conducteur en torons avec la terre comme retour $= 6\,400$ km : constantes par km de conducteur : $r = 1,865$ ohm ; $L = 0,6 \times 10^{-3}$ henry ; $g = 0,6 \times 10^{-6}$ mho, et $C = 0,06 \times 10^{-6}$ farad ; nous obtenons : $u = 1\,500$; $m = 1\,500$; $\sigma = \sqrt{LC} = 6 \times 10^{-6}$, et $k_0 = m\sqrt{LC} = 9,3 \times 10^{-3}$; d'où l'on tire la longueur d'onde critique, $l_{w_0} = 680$ kilomètres, et la fréquence correspondante $f_0 = 239$ cycles par seconde.

On voit par ce qui précède que dans un câble sous-marin la longueur d'onde critique est relativement courte, de telle sorte que dans les longs câbles sous-marins il peut apparaître des ondes stationnaires qui ne sont pas oscillatoires dans le temps, mais s'éteignent graduellement, comme il est indiqué par l'équation du cas B. Dans de tels câbles, la résistance relativement grande donne un très important amortissement ; $u = 1\,500$, et les ondes stationnaires s'éteignent ainsi rapidement.

Dans les recherches sur les câbles sous-marins, on doit donc employer les équations complètes, et q ne peut pas être toujours supposé très grand devant m et u, sauf quand l'on a affaire à des oscillations locales.

4. *Circuit téléphonique aérien à longue distance.*

19. — Considérons un circuit téléphonique de 1600 kilomètres de longueur, avec retour métallique, et formé de deux fils N° 4B et S. G. distants de 60 centimètres l'un de l'autre.

Calculons de la même manière que ci-dessus, avec constantes par kilomètre de conducteur égales à $r = 0{,}81$ ohm ; $L = 1{,}15 \times 10^{-3}$ henry ; et $C = 0{,}0107 \times 10^{-3}$ farad.

Comme conductance g, nous pouvons supposer

(a) $g = 0$, c'est-à-dire isolement parfait, comme par temps sec,

(b) $g = 1{,}55 \times 10^{-6}$, c'est-à-dire ligne avec faibles pertes,

(c) $g = 7{,}45 \times 10^{-6}$, isolement faible, ou ligne avec pertes importantes,

(d) $g = 25 \times 10^{-6}$, très mauvais isolement, comme pendant une pluie violente.

Les conditions de la ligne peuvent encore être examinées lorsqu'elle est chargée avec des bobines d'inductance placées assez près les unes des autres pour que leur effet puisse être considéré comme une inductance additionnelle distribuée uniformément. Admettons que l'inductance totale par unité de longueur est portée par ces bobines à

$$L = 5{,}6 \times 10^{-3} \text{ henry,}$$

ou environ 5 fois la valeur normale.

En affectant de l'indice ι les constantes relatives à la ligne ainsi chargée, on a : (voir le tableau, p. 474).

Dans une ligne téléphonique à longue distance, une perte distribuée dépassant une certaine valeur accroît la longueur d'onde critique et rend ainsi oscillatoires même les longues ondes. Au-delà d'une certaine valeur la perte réduit la longueur d'onde critique. L'inductance distribuée, comme la charge de la ligne, accroît la longueur d'onde critique si la perte est faible, mais avec une ligne mal isolée elle fait décroître la longueur d'onde critique ; et la valeur de la perte au-dessous de laquelle un accroissement de la longueur d'onde critique se présente est moindre dans une ligne chargée, c'est-à-dire dans une ligne de haute inductance.

En d'autres termes, une proportion modérée de pertes par mauvais isolement améliore une ligne téléphonique à longue distance et une

Quantité	a	b	c	d
$u =$	356	429	706	1518
$u_1 =$	73	146	423	1236
$m =$	356	283	6	$-$ 806
$m_1 =$	73	0	$-$ 277	$-$ 1090
$\sigma = \sqrt{LC} =$	$3,5 \ 10^{-6}$	$3,5 \ 10^{-6}$	$3,5 \ 10^{-6}$	$3,5 \ 10^{-6}$
$\sigma_1 = \sqrt{L_1 C} =$	$7,75 \ 10^{-6}$	$7,75 \ 10^{-6}$	$7,75 \ 10^{-6}$	$7,75 \ 10^{-6}$
$k_0 = m \sqrt{LC} =$	$1,24 \ 10^{-3}$	10^{-3}	$31 \ 10^{-6}$	$3,84 \ 10^{-3}$
$k_{01} = m_1 \sqrt{L_1 C} =$	$565 \ 10^{-6}$	0	$2,25 \ 10^{-3}$	$8,4 \ 10^{-3}$
$l_{w_0} = \dfrac{2\pi}{k_0}$	5050	6300	300 000	2220
$l_{w_{01}} = \dfrac{2\pi}{k_{01}}$	11 100	∞	2930	745
$f_0 = \dfrac{m}{2\pi}$	55,6	45	0,96	128
$f_{01} = \dfrac{m_1}{2\pi}$	11,6	0	44	173

proportion excessive l'abîme. Un accroissement d'inductance, obtenu par exemple en chargeant la ligne, améliore la ligne si les pertes par mauvais isolement sont faibles, mais peut la gâter si les pertes sont considérables.

La proportion de pertes jusqu'à laquelle l'amélioration a lieu est moindre si la ligne est chargée que si la ligne est à vide.

Par conséquent une ligne téléphonique chargée demande un bien meilleur isolement qu'une ligne à vide.

CHAPITRE IV

—

ONDES MOBILES

20. — On a vu dans le Chapitre III, particulièrement dans les circuits de transport d'énergie, aériens ou souterrains, que la plus longue onde fixe existante a une longueur d'onde qui est si faible en comparaison de la longueur d'onde critique — où la fréquence devient nulle — que l'effet de la constante d'amortissement sur la fréquence et la longueur d'onde est négligeable. La même chose s'applique naturellement aussi aux ondes mobiles, et même généralement à un plus haut degré, puisque les longueurs des ondes mobiles ne sont la plupart du temps qu'une faible portion de la longueur du circuit. Dans la discussion des ondes mobiles, l'effet des constantes d'amortissement sur la constante de fréquence q et sur la constante de longueur d'onde k peut ainsi être négligé ; la fréquence et la longueur d'onde sont ainsi supposées indépendantes des pertes d'énergie dans le circuit.

Les équations (74) et (75) peuvent donc généralement être employées dans le cas des ondes mobiles.

Dans ces équations, la distance parcourue par l'onde en une seconde est prise pour unité de longueur par la substitution

$$\lambda = \sigma l,$$

où

$$\sigma = \sqrt{LC} ;$$

ceci met l et λ en comparaison directe, et élimine h et k des équations grâce à l'équation (72).

Avec cette unité de longueur la valeur critique de k, $k_0 = m \sqrt{LC}$, par substitution de (69) et (68), donne $q_0 = m$; la condition de possibilité d'employer les équations (74) et (75) est ainsi que q soit grand en comparaison de $q_0 = m$.

Dans ce cas, $\frac{m}{q}$ est faible et peut généralement être négligé dans les équations (76) et (75), sauf quand C et C′ sont d'importances très différentes.

Ceci donne, dans la limite de la discussion ci-dessus, les *équations générales de l'onde mobile*, soit :

$$(141) \quad i = \varepsilon^{-ut} \Big\{ \varepsilon^{+s(t-\lambda)} [C_1 \cos q(t-\lambda) + C'_1 \sin q(t-\lambda)] $$
$$- \varepsilon^{+s(t+\lambda)} [C_2 \cos q(t+\lambda) + C'_2 \sin q(t+\lambda)] $$
$$+ \varepsilon^{-s(t-\lambda)} [C_3 \cos q(t-\lambda) + C'_3 \sin q(t-\lambda)] $$
$$- \varepsilon^{-s(t+\lambda)} [C_4 \cos q(t+\lambda) + C'_4 \sin q(t+\lambda)] \Big\}$$

et

$$(142) \quad e = -\sqrt{\frac{L}{C}}\, \varepsilon^{-ut} \Big\{ \varepsilon^{+s(t-\lambda)} [C_1 \cos q(t-\lambda) + C'_1 \sin q(t-\lambda)] $$
$$+ \varepsilon^{+s(t+\lambda)} [C_2 \cos q(t+\lambda) + C'_2 \sin q(t+\lambda)] $$
$$+ \varepsilon^{-s(t-\lambda)} [C_3 \cos q(t-\lambda) + C''_3 \sin q(t-\lambda)] $$
$$+ \varepsilon^{-s(t+\lambda)} [C_4 \cos q(t+\lambda) + C'_4 \sin q(t+\lambda)] \Big\},$$

ou

$$(143) \quad e = \varepsilon^{-ut} \Big\{ \varepsilon^{+s(t+\lambda)} [A_1 \cos q(t+\lambda) + A'_1 \sin q(t+\lambda)] $$
$$+ \varepsilon^{+s(t-\lambda)} [A_2 \cos q(t-\lambda) + A'_2 \sin q(t-\lambda)] $$
$$+ \varepsilon^{-s(t+\lambda)} [A_3 \cos q(t+\lambda) + A'_3 \sin q(t+\lambda)] $$
$$+ \varepsilon^{-s(t-\lambda)} [A_4 \cos q(t-\lambda) + A'_4 \sin q(t-\lambda)] \Big\}.$$

et

$$(144) \quad i = \sqrt{\frac{C}{L}}\, \varepsilon^{-ut} \Big\{ \varepsilon^{+s(t+\lambda)} [A_1 \cos q(t+\lambda) + A'_1 \sin q(t+\lambda)] $$
$$- \varepsilon^{+s(t-\lambda)} [A_2 \cos q(t-\lambda) + A'_2 \sin q(t-\lambda)] $$
$$+ \varepsilon^{-s(t+\lambda)} [A_3 \cos q(t+\lambda) + A'_3 \sin q(t+\lambda)] $$
$$- \varepsilon^{-s(t-\lambda)} [A_4 \cos q(t-\lambda) + A' \sin q(t-\lambda)] \Big\}.$$

où

$$(145) \quad \begin{cases} u = \frac{1}{2}\left(\frac{r}{L} + \frac{g}{C}\right) \\ \lambda = \sigma l \\ \sigma = \sqrt{LC}. \end{cases}$$

Dans ces équations (141) à (144), le signe λ peut être renversé, ce qui implique que l'on compte la distance dans la direction opposée. Ceci donne les équations suivantes :

$$(146) \quad i = \varepsilon^{-ut}\Big\{ \varepsilon^{+s(t-\lambda)}[B_1 \cos q(t-\lambda) + B_1' \sin q(t-\lambda)]$$
$$- \varepsilon^{+s(t+\lambda)} B_2 \cos q(t+\lambda) + B_2' \sin q(t+\lambda)]$$
$$+ \varepsilon^{-s(t-\lambda)} B_3 \cos q(t-\lambda) + B_3' \sin q(t-\lambda)]$$
$$- \varepsilon^{-s(t+\lambda)}[B_4 \cos q(t+\lambda) + B_4' \sin q(t+\lambda)]\Big\}.$$

$$(147) \quad e = \sqrt{\frac{L}{C}}\, \varepsilon^{-ut}\Big\{ \varepsilon^{+s(t-\lambda)} B_1 \cos q(t-\lambda) + B_1' \sin q(t-\lambda)]$$
$$+ \varepsilon^{+s(t+\lambda)}[B_2 \cos q(t+\lambda) + B_2' \sin q(t+\lambda)]$$
$$+ \varepsilon^{-s(t-\lambda)} B_3 \cos q(t-\lambda) + B_3' \sin q(t-\lambda)]$$
$$+ \varepsilon^{-s(t+\lambda)}[B_4 \cos q(t+\lambda) + B_4' \sin q(t+\lambda)]\Big\},$$

ou

$$(148) \quad e = \varepsilon^{-ut}\Big\{ \varepsilon^{+s(t-\lambda)}[A_1 \cos q(t-\lambda) + A_1' \sin q(t-\lambda)]$$
$$+ \varepsilon^{+s(t+\lambda)}[A_2 \cos q(t-\lambda) + A_2' \sin q(t+\lambda)]$$
$$+ \varepsilon^{-s(t-\lambda)}[A_3 \cos q(t-\lambda) + A_3' \sin q(t-\lambda)]$$
$$+ \varepsilon^{-s(t+\lambda)}[A_4 \cos q(t+\lambda) + A_4' \sin q(t+\lambda)]\Big\}.$$

$$(149) \quad i = \sqrt{\frac{C}{L}}\, \varepsilon^{-ut}\Big\{ \varepsilon^{+s(t-\lambda)}[A_1 \cos q(t-\lambda) + A_1' \sin q(t-\lambda)]$$
$$- \varepsilon^{+s(t+\lambda)}[A_2 \cos q(t+\lambda) + A_2' \sin q(t+\lambda)]$$
$$+ \varepsilon^{-s(t-\lambda)}[A_3 \cos q(t-\lambda) + A_3' \sin q(t-\lambda)]$$
$$- \varepsilon^{-s(t+\lambda)}[A_4 \cos q(t+\lambda) + A' \sin q(t+\lambda)]\Big\}.$$

Dans ces équations (141) à (149), les quantités A, B, C, etc., sont des constantes d'intégration qui sont déterminées par les conditions extrêmes du problème.

Les termes contenant $(t-\lambda)$ peuvent être considérés comme l'onde principale ; les termes contenant $(t+\lambda)$ comme l'onde réfléchie, ou inversement, selon la direction de propagation de l'onde.

21. — Comme l'onde mobile — équations (141) à (149) —, consiste en une onde principale avec la variable $(t-\lambda)$ et en une onde réfléchie de même nature mais se mouvant en sens inverse avec la variable $(t + \lambda)$, ces ondes peuvent être étudiées séparément, après quoi on étudiera l'effet de leur combinaison. Alors, en considérant d'abord une de ces ondes seulement, celle qui contient la variable $(t - \lambda)$, nous avons d'après (148) et (149) :

$$
\begin{aligned}
(150)\quad e &= \varepsilon^{-ut} \big\{ \varepsilon^{+s(t-\lambda)} \big[A_1 \cos q\,(t-\lambda) + A_1' \sin q\,(t-\lambda) \big] \\
&\quad + \varepsilon^{-s(t-\lambda)} \big[A_3 \cos q\,(t-\lambda) + A_2' \sin q\,(t-\lambda) \big] \big\} \\
&= \varepsilon^{-ut} \big\{ (A_1 \varepsilon^{+s(t-\lambda)} + A_3 \varepsilon^{-s(t-\lambda)}) \cos q\,(t-\lambda) \\
&\quad + (A_1' \varepsilon^{+s(t-\lambda)} + A_3' \varepsilon^{-s(t-\lambda)}) \sin q\,(t-\lambda) \big\}.
\end{aligned}
$$

et

$$
(151) \qquad i = \sqrt{\frac{C}{L}}\, e :
$$

c'est-à-dire, que dans une onde mobile simple, les ondes de courant et de tension sont en phase l'une avec l'autre, et proportionnelles l'une à l'autre avec une *impédance effective* :

$$
(152) \qquad z = \frac{e}{i} = \sqrt{\frac{L}{C}}.
$$

Cette proportionnalité entre e et i et la coïncidence de phase ne se conservent naturellement pas dans la combinaison des deux ondes principale et réfléchie, car dans la réflexion le courant s'inverse avec la direction de propagation, tandis que le voltage reste dans la même direction, comme le montrent (148) et (149). Dans l'équation (150), le temps t apparaît dans le terme $(t - \lambda)$ et dans le facteur ε^{-ut}, tandis que la distance n'apparaît que dans le terme $(t - \lambda)$. Substituons alors :

$$
t_1 = t - \lambda.
$$

d'où

$$
t = t_1 + \lambda ;
$$

c'est-à-dire comptons le temps différemment en chaque point λ, ou modifions le point de départ du temps avec la distance λ ; en portant en (150), nous avons :

$$(153) \quad \left\{ \begin{aligned} e &= \varepsilon^{-u l} \left\{ \varepsilon^{+s t_l} (A_1 \cos q t_l + A_1' \sin q t_l) \right. \\ &\quad + \varepsilon^{-s t_l} (A_3 \cos q t_l + A_3' \sin q t_l) \left. \right\} \\ &= \varepsilon^{-u\lambda} \varepsilon^{-u t_l} \left\{ \varepsilon^{+s t_l} (A_1 \cos q t_l + A_1' \sin q t_l) \right. \\ &\quad + \varepsilon^{-s t_l} (A_3 \cos q t_l + A_3' \sin q t_l) \left. \right\} \\ &= \varepsilon^{-u\lambda} \varepsilon^{-u t_l} \left\{ \left(A_1 \varepsilon^{+s t_l} + A_3 \varepsilon^{-s t_l} \right) \cos q t_l \right. \\ &\quad + \left(A_1' \varepsilon^{+s t_l} + A_3' \varepsilon^{-s t_l} \right) \sin q t_l \left. \right\}. \end{aligned} \right.$$

La dernière forme de l'équation est la mieux appropriée pour représenter la variation de l'onde, en un point donné de l'espace, comme une fonction du temps local t_l.

Ainsi, l'onde est le produit d'un terme $\varepsilon^{-u\lambda}$ qui décroît lorsque croît la distance λ, et d'un terme

$$(154) \quad \begin{aligned} e_0 &= \varepsilon^{-u t_l} \left\{ \varepsilon^{+s t_l} (A_1 \cos q t_l + A_1' \sin q t_l) \right. \\ &\quad + \varepsilon^{-s t_l} (A_3 \cos q t_l + A_3' \sin q t_l) \left. \right\} \\ &= \varepsilon^{-u t_l} \left\{ \left(A_1 \varepsilon^{+s t_l} + A_3 \varepsilon^{-s t_l} \right) \cos q t_l \right. \\ &\quad + \left(A_1' \varepsilon^{+s t_l} + A_3' \varepsilon^{-s t_l} \right) \sin q t_l \left. \right\}. \end{aligned}$$

Le dernier terme est indépendant de la distance, mais est simplement fonction du temps t_l lorsque l'on compte le temps en chaque point de la ligne à partir du moment du passage de la même phase de l'onde.

Puisque le coefficient du décrément de distance $\varepsilon^{-u\lambda}$ contient seulement la constante du circuit :

$$u = \frac{1}{2} \left(\frac{r}{L} + \frac{g}{C} \right),$$

mais ne contient ni s ni q ni les autres constantes d'intégration, en revenant aux équations (71) à (68),

$$\lambda = vl = l\sqrt{LC},$$

nous avons :

$$v\lambda = u\sqrt{LC}\, l = \frac{1}{2} \left\{ r\sqrt{\frac{C}{L}} + g\sqrt{\frac{L}{C}} \right\} l.$$

La constante d'atténuation de l'onde mobile est alors :

$$(155) \qquad u_0 = u\sqrt{LC} = \frac{1}{2}\left\{ r\sqrt{\frac{C}{L}} + g\sqrt{\frac{L}{C}} \right\}$$

et le décrément de distance de l'onde :

$$\varepsilon^{-u\lambda} = \varepsilon^{-u\sqrt{LC}\,l}$$

qui dépend seulement des constantes du circuit r, L, g, C, mais ne dépend pas de la longueur d'onde, de la fréquence, du voltage, de l'intensité; toutes les ondes mobiles s'éteignent donc dans un même circuit avec la même loi indépendante de leur fréquence et par conséquent de la forme de l'onde. En autres termes, une onde mobile complexe conserve sa forme en traversant un circuit et décroît simplement en amplitude par le décrément de distance $\varepsilon^{-u\lambda}$.

Ce qui précède s'applique seulement aux ondes de vitesse constante c'est-à-dire à des ondes telles que q soit grand en comparaison de s, u et m; c'est pourquoi on ne peut strictement l'appliquer aux ondes extrêmement longues comme on l'a vu dans le paragraphe 13.

22. — En changeant les constantes de la ligne, comme en y insérant une inductance L de telle manière qu'elle donne l'effet d'une distribution uniforme (chargeant la ligne), l'atténuation de l'onde peut être réduite, c'est-à-dire que l'onde va à une plus grande distance l pour le même décroissement d'amplitude. En fonction de l'inductance L, la constante d'atténu. n (155) est minimum pour

$$\frac{du_0}{dL} = 0$$

ou

$$(156) \qquad \begin{cases} rC - gL = 0 \\ \dfrac{L}{C} = \dfrac{r}{g}. \end{cases}$$

Si la conductance $g = 0$, nous avons $L = \infty$; donc, dans un circuit parfaitement isolé, ou plutôt dans un circuit n'ayant aucune perte d'énergie dépendant de la tension, l'atténuation de l'onde diminue quand on accroît l'inductance, c'est-à-dire en « chargeant la ligne », et plus on insère d'inductance meilleure est la transmission téléphonique.

Dans une ligne téléphonique qui a des pertes, l'accroissement d'inductance diminue l'atténuation de l'onde, et ainsi améliore la transmission téléphonique, jusqu'à la valeur de l'inductance :

$$(157) \qquad L = \frac{rC}{g} ;$$

au-delà de cette valeur, l'inductance est néfaste car elle accroît l'atténuation.

Par exemple, si un circuit téléphonique à longue distance a les constantes suivantes par kilomètre : $r = 0,815$ ohm; $L = 1,14 \times 10^{-3}$ henry; $g = 0,6 \times 10^{-6}$ mho et $C = 0,0107 \times 10^{-6}$ farad; l'atténuation d'une onde ou impulsion mobile sera :

$$u_0 = 0,00217$$

ou, pour une distance ou longueur de ligne $l_0 = 3\,200$ km,

$$\varepsilon^{-u_0 l_0} = \varepsilon^{-4,34} = 0,0129;$$

c'est-à-dire que l'onde est réduite à $1,29$ pour cent de sa valeur à l'origine.

La meilleure valeur de l'inductance, d'après (157), serait:

$$L = \frac{r}{g} C = 0,014 \text{ henry}.$$

et dans ce cas la constante d'atténuation devient :

$$u_0 = 0,00114,$$

d'où

$$\varepsilon^{-u_0 l_0} = \varepsilon^{-3,24} = 0,1055.$$

ou $10,55$ pour cent de la valeur de l'onde à l'origine; ce qui montre que, dans un circuit téléphonique, l'addition d'une inductance de $14 - 1,14 = 12,86$ mlh par km accroît l'intensité de l'arrivée dans le rapport de $1,29$ à $10,55$ ou plus de huit fois.

Si, cependant, par temps humide, les pertes augmentent jusqu'à $g = 3,1 \times 10^{-6}$, nous avons pour la ligne non chargée :

$$u_0 = 0,00282 \qquad \text{et} \qquad \varepsilon^{-u_0 l_0} = 0,0035;$$

tandis que pour la ligne chargée :

$$u_0 = 0,00341 \qquad \text{et} \qquad \varepsilon^{-u_0 l_0} = 0,0011;$$

tandis qu'avec la ligne non chargée, il arrive encore 0,35 pour cent de l'onde, avec la ligne chargée il n'arrive plus que 0,11 pour cent ; c'est-à-dire que, dans ce cas, la charge de la ligne par une inductance a gravement compromis la communication téléphonique en accroissant l'amortissement de l'onde à plus de trois fois sa valeur. Une ligne téléphonique chargée est ainsi plus sensible aux variations des pertes g, c'est-à-dire aux conditions météréologiques qu'une ligne non chargée.

23. — L'équation de l'onde mobile (153)

$$e = \varepsilon^{-u\lambda}\, \varepsilon^{-ul_i} \left\{ \varepsilon^{+sl_i} (A_1 \cos ql_i + A_1' \sin ql_i) \right.$$
$$\left. + \varepsilon^{-sl_i} (A_3 \cos ql_i + A_3' \sin ql_i) \right\},$$

peut être réduite à la forme :

$$(158) \qquad e = \varepsilon^{-u\lambda} \left\{ E_1 \varepsilon^{-ul_{i1}} \left(\varepsilon^{+sl_{i1}} - \varepsilon^{-sl_{i1}} \right) \sin ql_{i1} \right.$$
$$\left. + E_2\, \varepsilon^{-ul_{i2}} \left(\varepsilon^{+sl_{i2}} - \varepsilon^{-sl_{i2}} \right) \cos ql_{i2} \right\},$$

où

$$(159) \qquad \left\{ \begin{aligned} l_{i1} &= l_i - \gamma_1 = l - \lambda - \gamma_1 \\ \text{et} & \\ l_{i2} &= l_i - \gamma_2 = l - \lambda - \gamma_2. \end{aligned} \right.$$

En substituant (159) en (158), en développant, et comparant (158) à (153), nous avons les identités :

$$(160) \qquad \left\{ \begin{aligned} E_1 \varepsilon^{-s\gamma_1} \cos q\gamma_1 - E_2 \varepsilon^{-s\gamma_2} \sin q\gamma_2 &= A_1 \\ E_1 \varepsilon^{-s\gamma_1} \sin q\gamma_1 + E_2 \varepsilon^{-s\gamma_2} \cos q\gamma_2 &= A_1' \\ E_1 \varepsilon^{+s\gamma_1} \cos q\gamma_1 - E_2 \varepsilon^{+s\gamma_2} \sin q\gamma_2 &= -A_3 \\ E_1 \varepsilon^{+s\gamma_1} \sin q\gamma_1 + E_2 \varepsilon^{+s\gamma_2} \cos q\gamma_2 &= -A_3'. \end{aligned} \right.$$

et ces quatre équations déterminent les quatre constantes E_1, E_2, γ_1, γ_2.

Toute onde mobile peut ainsi être envisagée comme la combinaison de deux ondes :

L'onde mobile sinus

$$(161) \qquad e_1 = E_1 \varepsilon^{-u\lambda} \varepsilon^{-ul_{i1}} \left(\varepsilon^{+sl_{i1}} - \varepsilon^{-sl_{i1}} \right) \sin ql_{i1},$$

et *l'onde mobile cosinus*

$$(162) \qquad e_2 = E_2 \varepsilon^{-u\lambda} \varepsilon^{-ul_{i2}} \left(\varepsilon^{+sl_{i2}} - \varepsilon^{-sl_{i2}} \right) \cos ql_{i2}.$$

Puisque q est une quantité importante en comparaison de u et s, les deux ondes mobiles composantes (161) et (162) diffèrent appréciablement de forme seulement pour de très petites valeurs de t_i, c'est-à-dire près de $t_{i_1} = 0$ et $t_{i_2} = 0$. L'onde mobile sinus croît dans le premier demi cycle très faiblement tandis que l'onde mobile cosinus croît rapidement ; c'est-à-dire que la tangente de l'angle que fait l'onde avec l'horizontale, ou $\frac{de}{dt}$, égale o pour l'onde sinus et a une valeur définie pour l'onde cosinus.

Toutes les ondes mobiles existant dans un circuit électrique peuvent être résolues en éléments constituants, onde mobile sinus et onde mobile cosinus, et l'onde mobile générale se compose de quatre ondes composantes : une onde sinus et son onde réfléchie, une onde cosinus et son onde réfléchie.

Les éléments de l'onde mobile, l'onde mobile sinus e_1 et l'onde mobile cosinus e_2, contiennent quatre constantes : la constante de grandeur, E ; la constante d'atténuation, u et u_0, respectivement ; la constante de fréquence, q, et la constante s.

L'onde part de zéro, atteint un maximum et ensuite retombe graduellement à zéro en un temps infini.

Le terme absolu de l'onde, c'est-à-dire le terme qui représente les valeurs entre lesquelles oscille l'onde, est

$$(163) \qquad e_0 = E\varepsilon^{-u\lambda}\,\varepsilon^{-ut_i}\left(\varepsilon^{+st_i} - \varepsilon^{-st_i}\right).$$

Le terme e_0 peut être appelé l'*amplitude* de l'onde. Il est maximum pour la valeur de t_i donnée par

$$\frac{de_0}{dt_i} = 0,$$

ce qui donne

$$- (u - s)\,\varepsilon^{-(u-s)t_{i0}} + (u + s)\,\varepsilon^{-(u+s)t_{i0}} = 0$$

d'où :

$$\varepsilon^{+2st_{i0}} = \frac{u + s}{u - s}$$

et

$$(164) \qquad t_{i0} = \frac{1}{2s}\log.\frac{u + s}{u - s}.$$

En portant cette valeur dans l'équation du terme absolu de l'onde, (163), on a :

$$(165) \qquad e_m = E\varepsilon^{-u\lambda}\,\frac{2\,s}{\sqrt{u^2 - s^2}}\left(\frac{u+s}{u-s}\right)^{-\frac{u}{2s}}.$$

La loi d'ascension de l'onde, ou la pente du front de l'onde est donnée par :

$$G_0 = \left[\frac{de_0}{dt_l}\right]_{t_l = 0},$$

soit

$$(166) \qquad G_0 = E s^{-u\lambda}\left[-(u-s)\,\varepsilon^{-(u-s)t_l} + (u+s)\,\varepsilon^{-(u+s)t_l}\right]_0$$
$$= 2sE\varepsilon^{-u\lambda};$$

c'est-à-dire que la constante s, qui n'a pas eu jusqu'ici d'interprétation, représente la rapidité d'ascension de l'onde.

En comparant l'ascension de l'onde à la valeur maximum e_m de l'onde, et combinant (165) et (166), on a :

$$(167) \qquad G_0 = e_m\,\frac{(u+s)^{\frac{u+s}{2s}}}{(u-s)^{\frac{u-s}{2s}}}.$$

La rapidité d'ascension de l'onde est maximum, c'est-à-dire t_l minimum, pour la valeur de s de l'équation (164) donnée par :

$$\frac{dt_{l0}}{ds} = 0,$$

ce qui devient :

$$\log\frac{u+s}{u-s} = \frac{2\,us}{u^2 - s^2};$$

soit pour $s = 0$ ou pour l'onde fixe, laquelle monte infiniment vite, c'est-à-dire apparaît immédiatement.

Plus petit est s et plus rapide est l'ascension de l'onde mobile, et alors s peut être appelé *constante d'accélération* de l'onde mobile.

24. — Dans les composantes de l'onde mobile, équations (161) et (162), l'onde mobile sinus,

$$(161) \qquad e_1 = E\varepsilon^{-u\lambda}\varepsilon^{-ut_l}\left(\varepsilon^{+st_l} - \varepsilon^{-st_l}\right)\sin q t_l,$$

et l'onde mobile cosinus

$$(162) \qquad e_2 = E\varepsilon^{-u\lambda}\varepsilon^{-ul_i}\left(\varepsilon^{+sl_i} - \varepsilon^{-sl_i}\right)\cos ql_i,$$

avec l'amplitude

$$(168) \qquad e_0 = E\varepsilon^{-u\lambda}\varepsilon^{-ul_i}\left(\varepsilon^{+sl_i} - \varepsilon^{-sl_i}\right).$$

nous avons

$$(169) \qquad \begin{cases} e_1 = e_0 \sin ql_i \\ e_2 = e_0 \cos ql_i. \end{cases}$$

Si $l_i = 0$, $e_0 = 0$; c'est-à-dire que l_i est le temps compté depuis le commencement de l'onde, ou

$$l_i = t - \lambda - \gamma,$$

ou, si nous changeons le point zéro de distance en comptant λ à partir d'un autre point de la ligne auquel part l'onde au temps $t = 0$, ou en d'autres termes, en comptant le temps t et la distance λ depuis l'origine de l'onde, on a :

$$l_i = t - \lambda,$$

et l'onde mobile peut alors être représentée par l'amplitude

$$(170) \qquad \begin{cases} e_0 = E\varepsilon^{-ut}\left(\varepsilon^{+sl_i} - \varepsilon^{-sl_i}\right); \\ \text{l'onde sinus} \\ e_1 = E\varepsilon^{-ut}\left(\varepsilon^{+sl_i} - \varepsilon^{-sl_i}\right)\sin ql_i = e_0 \sin ql_i; \\ \text{l'onde cosinus} \\ e_2 = E\varepsilon^{-ut}\left(\varepsilon^{+sl_i} - \varepsilon^{-sl_i}\right)\cos ql_i = e_0 \cos ql_i; \end{cases}$$

et $l_i = t - \lambda$ peut être considéré comme la distance, comptée en sens inverse à partir du front de l'onde, ou la distance temporaire; c'est-à-dire la distance comptée avec le point λ que l'onde vient d'atteindre comme point zéro, et dans la direction opposée à λ.

L'équation (170) représente la distribution de l'onde le long de la ligne au temps t. Comme on le voit, l'onde conserve sa forme, mais progresse le long de la ligne en s'éteignant en même temps grâce au décrément de temps ε^{-ut}.

Substituons à nouveau

$$t_l = t - \lambda ;$$

l'équation de l'amplitude de l'onde est :

$$(171) \qquad e_0 = E \varepsilon^{-ul}\left(\varepsilon^{+s(t-\lambda)} - \varepsilon^{-s(t-\lambda)}\right).$$

En fonction de la distance λ, l'amplitude de l'onde mobile est maxima pour

$$\frac{de_0}{d\lambda} = 0,$$

ce qui donne $\lambda = 0$; c'est-à-dire que l'amplitude de l'onde mobile est maxima en tous temps à son origine et de là décroît avec la distance.

Ceci ne s'applique naturellement qu'à l'onde simple, mais non pas à la combinaison de plusieurs ondes, comme une onde mobile complexe.

Pour

$$\lambda = 0,$$

$$e_0 = E \varepsilon^{-ul}\left(\varepsilon^{+st} - \varepsilon^{-st}\right),$$

et cette amplitude est maxima, en fonction du temps t, d'après les équations (163) à (165) pour

$$(172) \quad \begin{cases} t_0 = \dfrac{1}{2s} \log \dfrac{u + s}{u - s} . \\[2mm] \text{et est} \\[2mm] E_0 = E \dfrac{2s}{\sqrt{u^2 - s^2}}\left(\dfrac{u + s}{u - s}\right)^{-\frac{u}{2s}}. \end{cases}$$

En tout autre point λ du circuit, l'amplitude est aussi maxima. d'après l'équation (164), au temps

$$(173) \quad \begin{cases} t_m = t_0 + \lambda, \\[2mm] \text{et est} \\[2mm] e_m = E \dfrac{2se^{-u\lambda}}{\sqrt{u^2 - s^2}}\left(\dfrac{u + s}{u - s}\right)^{-\frac{u}{2s}}. \end{cases}$$

25. — Comme exemple, on peut considérer une onde ayant les constantes $u = 115$, $s = 45$, $q = 2620$ et $E = 100$; d'où

$$c_0 = 100\,\varepsilon^{-115t}\left(\varepsilon^{+45t_l} - \varepsilon^{-45t_l}\right)$$

$$= 100\,\varepsilon^{-115\lambda}\left(\varepsilon^{-70t_l} - \varepsilon^{-160t_l}\right),$$

où

$$t_l = t - \lambda.$$

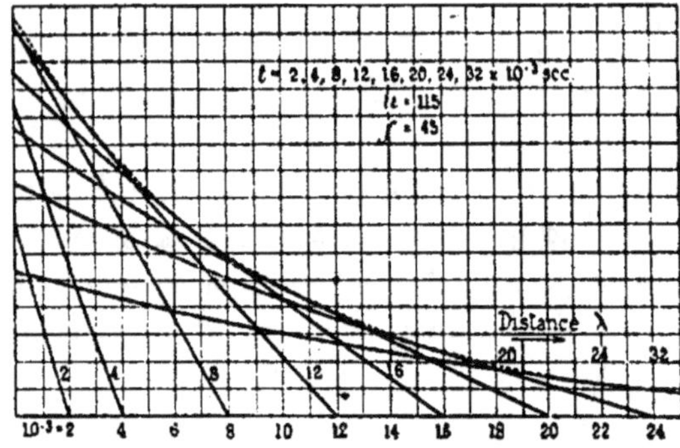

Fig. 99. — Propagation d'amplitude d'une onde électrique mobile.

Sur la figure 99, on a porté l'amplitude c_0 en fonction de la distance λ, pour différentes valeurs du temps,

$$t = 2,\ 4,\ 8,\ 12,\ 16,\ 20,\ 24 \text{ et } 32 \times 10^{-3},$$

avec l'amplitude maxima c_m, en pointillé, comme enveloppe de la courbe de c_0.

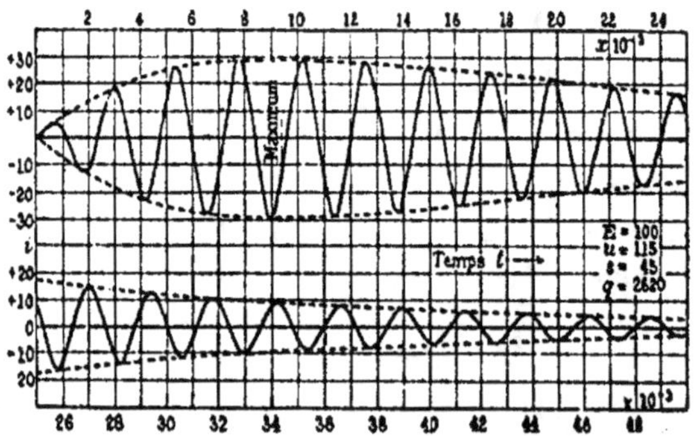

Fig. 100. — Passage d'une onde mobile en un point donné d'une ligne de transmission.

Comme on le voit, l'amplitude de l'onde augmente graduellement, et en même temps se propage sur la ligne, atteint le maximum au point de départ $\lambda = 0$ au temps $t_0 = 9,2 \times 10^{-3}$ seconde, et ensuite décroît pendant qu'elle continue à se propager sur la ligne jusqu'à ce qu'elle s'éteigne.

Il est intéressant de remarquer que les courbes de distribution de l'amplitude sont presque des lignes droites, mais aussi que dans l'exemple présent, même avec une très longue ligne de transmission, l'onde a atteint l'extrémité de la ligne et la réflexion a lieu avant que le maximum de la courbe soit atteint. L'unité de longueur λ est la distance parcourue par l'onde en une seconde, ou 300 000 kilomètres;

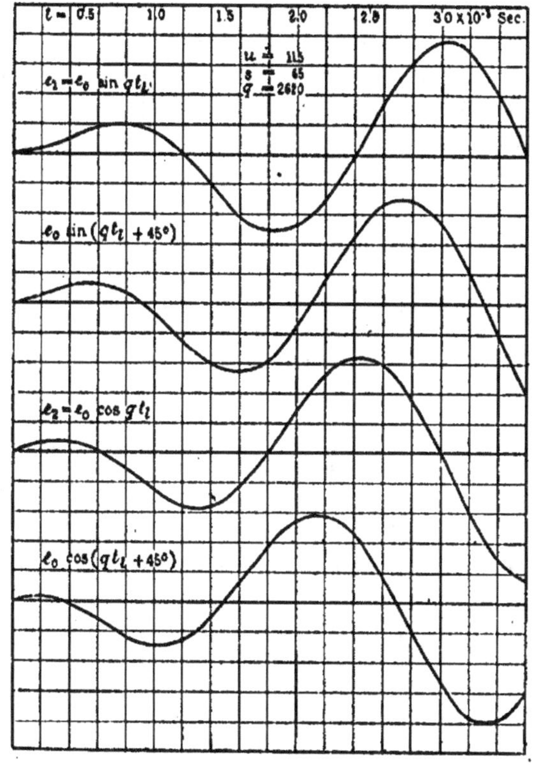

Fig. 101. — Commencement d'ondes mobiles électriques.

pendant l'accroissement de l'onde à l'origine, depuis le commencement jusqu'au maximum, ou $9,2 \times 10^{-3}$ seconde, l'onde a parcouru 2 840 kilomètres, et l'onde réfléchie serait revenue à l'origine avant

que le maximum ait été atteint si cette ligne est plus courte que
1420 kilomètres.

Avec $s = 1$, ce serait $t_0 = 8,7 \times 10^{-3}$ seconde, ou à très peu près
la même chose, et avec $s = 0,01$ ce serait $t_0 = 3,75 \times 10^{-3}$ seconde;
en d'autres termes, la rapidité d'élévation de l'onde ne varie que très
peu quand s décroît beaucoup.

La figure 100 montre le passage de l'onde mobile, $e_1 = e_0 \sin q t_l$,
au point λ de la ligne, avec le temps local t_l en abscisses et les valeurs
instantanées de e_1 en ordonnées. Les valeurs sont données pour
$\lambda = 0$, où $t_l = t$; pour tout autre point de la ligne λ, la forme de
l'onde est la même, mais toutes les ordonnées sont réduites avec le
facteur $\varepsilon^{-115\lambda}$ dans la proportion indiquée en pointillé sur la figure 99.

La figure 101 montre le commencement du passage de l'onde mobile en un point $\lambda = 0$ de la ligne, c'est-à-dire le départ d'une onde,
et son premier cycle et demi, pour des fonctions trigonométriques
différant successivement de 45 degrés, soit

$$e_1 = e_0 \sin q t_l,$$

$$\frac{e_1 + e_2}{\sqrt{2}} = e_0 \sin \left(q t_l + \frac{\pi}{4} \right),$$

$$e_2 = e_0 \cos q t_l = e_0 \sin \left(q t_l + \frac{\pi}{2} \right),$$

$$\frac{e_2 - e_1}{\sqrt{2}} = e_0 \cos \left(q t_l + \frac{\pi}{4} \right) = e_0 \sin \left(q t_l + \frac{3\pi}{4} \right).$$

La première courbe de la figure 101 est ainsi le commencement de
la figure 100.

Dans des ondes se déplaçant à la surface de l'eau, on peut observer
des formes analogues à celles de la figure 101.

Dans un but d'illustration, cependant, les figures 100 et 101 présentent des oscillations beaucoup plus longues que celles qui ont lieu
généralement; la valeur $q = 2620$ correspond à une fréquence
$f = 418$ cycles tandis que les ondes mobiles de fréquences entre 100
et 10000 fois plus grandes sont les plus communes.

La figure 102 montre le commencement d'une onde ayant dix fois
plus d'atténuation que celle de la figure 101, c'est-à-dire une onde

d'un amortissement tel que seulement quelques ondes soient appréciables, pour des valeurs de la phase variant 30 degrés par 30 degrés.

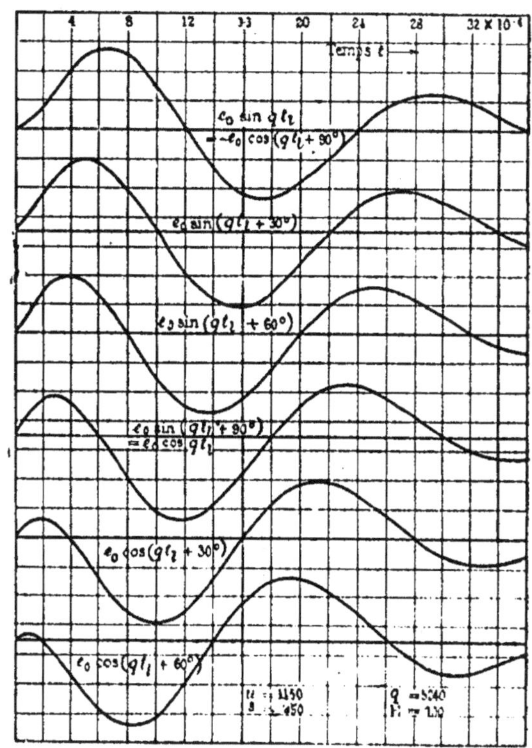

Fig. 102. — Passage d'une onde mobile en un point donné d'une ligne.

26. — Une onde mobile spécialement intéressante est celle dans laquelle

$$(174) \qquad s = u,$$

car dans cette onde le décrément de temps de la première onde principale et de son onde réfléchie s'évanouit

$$(175) \qquad e^{-(u-s)t} = 1 ;$$

c'est-à-dire que la première onde principale et son onde réfléchie ne sont pas transitoires, mais des ondes permanentes ou alternatives ; les équations de la première onde principale donnent les équations du circuit à courant alternatif ayant r, L, g, C distribués qui apparaît ainsi comme un cas particulier de l'onde mobile.

Puisque, dans ce cas, la fréquence et par suite la valeur de q sont faibles et comparables à u et s, les approximations faites dans la discussion qui précède ne sont plus admissibles, mais les équations (50) et (51) doivent être employées.

Substituons donc en (50) et (51)

$$s = u;$$

on obtient

$$(176) \qquad i = \left[\varepsilon^{-hl}\left\{C_1 \cos(qt - kl) + C_1' \sin(qt - kl)\right\}\right.$$
$$- \varepsilon^{+hl}\left\{C_2 \cos(qt + kl) + C_2' \sin(qt + kl)\right\}\Big]$$
$$- \varepsilon^{-2ut}\left[\varepsilon^{-hl}\left\{C_1 \cos(qt + kl) + C_1' \sin(qt + kl)\right\}\right.$$
$$\left.- \varepsilon^{+hl}\left\{C_3 \cos(qt - kl) + C_3' \sin(qt - kl)\right\}\right]$$

et

$$(177) \qquad e = \left[\varepsilon^{-hl}\left\{(c_1'C_1' - c_1C_1)\cos(qt - kl)\right.\right.$$
$$- (c_1'C_1 + c_1C_1')\sin(qt - kl)\}$$
$$+ \varepsilon^{+hl}\left\{(c_1'C_2' - c_1C_2)\cos(qt + kl)\right.$$
$$\left.- (c_1'C_2 + c_1C_2')\sin(qt + kl)\right\}\Big]$$
$$+ \varepsilon^{-2ut}\left[\varepsilon^{-hl}\left\{(c_2'C_1' - c_2C_1)\cos(qt + kl)\right.\right.$$
$$- (c_2'C_1 + c_2C')\sin(qt + kl)\}$$
$$+ \varepsilon^{+hl}(c_2'C_3' - c_2C_3)\cos(qt - kl)$$
$$\left.- (c_2'C_3 + c_2C_3')\sin(qt - kl)\right\}\Big].$$

Dans ces équations du courant i et de la f. é. m. e, le premier terme représente les équations usuelles de la distribution du courant alternatif et de la tension dans une ligne de transmission à longue distance et peut, par la substitution des quantités complexes, être mis sous la forme donnée dans la Section III.

Le second terme est un terme transitoire de même fréquence ; c'est-à-dire que dans une ligne de transmission à grande distance, ou autre circuit contenant r, L, g, C distribués, quand on transporte du courant alternatif sous une f. é. m. alternative appliquée, lors d'un

changement des conditions du circuit, il peut apparaître un terme
transitoire de fréquence fondamentale qui a un décrément de temps,
c'est-à-dire décroît selon la loi :

$$\varepsilon^{-2ut} = \varepsilon^{-\left(\frac{r}{L} + \frac{g}{C}\right)t}$$

Dans ce décrément, le facteur

$$\delta_1 = \varepsilon^{-\frac{r}{L}t}$$

est le décrément usuel d'un circuit de résistance r et d'inductance L,
pendant que l'autre facteur

$$\delta_2 = \varepsilon^{-\frac{g}{C}t}$$

peut être attribué à la conductance et à la capacité du circuit ; le décrément total est alors le produit

$$\delta = \delta_1 \, \delta_2.$$

Une discussion plus étendue des équations (176) et (177) et de
l'importance de leurs termes transitoires requiert la considération des
conditions extrêmes du circuit.

27. — Les composantes alternatives de (176) et (177) :

$$(178) \qquad i_0 = \varepsilon^{-hl}\left\{ C_1 \cos (qt - kl) + C_1' \sin (qt - kl) \right\}$$
$$- \varepsilon^{+hl}\left\{ C_2 \cos (qt + kl) + C' \sin (qt + kl) \right\}$$

et

$$(179) \quad e_0 = \varepsilon^{-hl}\left\{ (c_1'C - c_1 C_1) \cos (qt - kl) - (c_1'C_1 + c_1 C_1') \sin (qt - kl) \right\}$$
$$+ \varepsilon^{+hl}\left\{ (c_1'C_2' - c_1 C_2) \cos (qt + kl) - (c_1'C_2 + c_1 C_2') \sin (qt + kl) \right\},$$

sont réduites à leur forme usuelle de quantités complexes en résolvant
les fonctions trigonométriques en fonction des angles simples qt et
kl, en supprimant $\cos qt$ et en remplaçant $\sin qt$ par l'unité imaginaire j. Ceci donne :

$$i_0 = \varepsilon^{-hl}\left\{ (C_1 \cos kl - C_1' \sin kl) \cos qt \right.$$
$$+ (C' \cos kl + C_1 \sin kl) \sin qt \}$$
$$- \varepsilon^{+hl}\left\{ (C_2 \cos kl + C_2' \sin kl) \cos qt \right.$$
$$+ C_2' \cos kl - C_2 \sin kl) \sin qt \} :$$

ou, en expression complexe,

$$(180) \quad I = \varepsilon^{-hl}\{(C_1 + jC'_1)\cos kl - (C'_1 - jC_1)\sin kl\}$$
$$- \varepsilon^{+hl}\{(C_2 + jC'_2)\cos kl + (C'_2 - jC_2)\sin kl\};$$

et de la même manière :

$$(181) \quad E = \varepsilon^{-hl}\{[c'(C'_1 - jC_1) - c_1(C_1 + jC'_1)]\cos kl$$
$$+ [c'_1(C_1 + jC'_1) + c_1(C'_1 - jC_1)]\sin kl\}$$
$$+ \varepsilon^{+hl}\{[c'_1(C'_2 - jC_2) - c_1(C_2 + jC'_2)]\cos kl$$
$$- [c'_1(C_2 + jC'_2) + c_1(C'_2 - jC_2)]\sin kl\}.$$

De l'équation (52),

$$c_1 = \frac{qk + h(m + s)}{h^2 + k^2}L \quad \text{et} \quad c'_1 = \frac{k(m + s) - qh}{h^2 + k^2}L.$$

et puisque

$$(182) \quad \begin{cases} q = 2\pi f \\[4pt] s = u = \frac{1}{2}\left(\frac{r}{L} + \frac{g}{C}\right) \\[4pt] m = \frac{1}{2}\left(\frac{r}{L} - \frac{g}{C}\right) \\[4pt] \text{et} \\[4pt] s + m = \frac{r}{L}. \end{cases}$$

nous déduisons :

$$(183) \quad \begin{cases} c_1 = \dfrac{2\pi f Lk + rh}{h^2 + k^2} = \dfrac{xk + rh}{h^2 + k^2} \\[8pt] c'_1 = \dfrac{rk - 2\pi f Lh}{h^2 + k^2} = \dfrac{rk - xh}{h^2 + k^2}, \end{cases}$$

$$(184) \quad \text{où } x = 2\pi f L = \text{réactance par unité de longueur.}$$

De l'équation (54),

$$R\zeta = \sqrt{(s^2 + q^2 - m^2)^2 + 4q^2 m^2},$$

en y substituant (182) et (184) et aussi

$$(185) \quad b = 2\pi f C,$$

nous avons :

$$R\zeta = \frac{1}{LC}\sqrt{(r^2 + x^2)(g^2 + b^2)} = \frac{zy}{LC},$$

où

$$(186) \qquad \begin{cases} z = \sqrt{r^2 + x^2} = \text{impédance par unité de longueur,} \\ y = \sqrt{g^2 + b^2} = \text{admittance par unité de longueur.} \end{cases}$$

De ce qui précède, il s'ensuit que :

$$(187) \qquad \begin{cases} h = \sqrt{LC}\,\sqrt{\tfrac{1}{2}(R_1^2 + s^2 - q^2 - m^2)} \\ = \sqrt{\tfrac{1}{2}(zy + rg - xb)} \\ k = \sqrt{\tfrac{1}{2}(zy - rg + xb)}. \end{cases}$$

Si maintenant nous substituons :

$$(188) \qquad \begin{cases} C_1 + jC_1' = B_2\sqrt{Y} \\ \text{et} \\ C_2 + jC_2' = -B_1\sqrt{Y}, \end{cases}$$

ou

$$(189) \qquad \begin{cases} C_1' - jC_1 = -jB_2\sqrt{Y} \\ \text{et} \\ C_2' - jC_2 = +jB_1\sqrt{Y}, \end{cases}$$

où

$$(190) \qquad Z = r - jx \quad \text{et} \quad Y = g - jb;$$

en (180) et (181) nous avons :

$$(191) \quad I = \sqrt{Y}\left\{ B_1\,\varepsilon^{+hl}(\cos kl - j\sin kl) + B_2\,\varepsilon^{-hl}(\cos kl + j\sin kl) \right\}$$

$$(192) \quad E = (c_1 + jc_1')\sqrt{Y}\left\{ B_1\,\varepsilon^{+hl}(\cos kl - j\sin kl) - B_2\,\varepsilon^{-hl}(\cos kl + j\sin kl) \right\},$$

et en substituant (183) on a :

$$(193) \quad c_1 + jc_1' = \frac{h(r - jx) + k(x + jr)}{h^2 + k^2} = \frac{(r - jx)(h + jk)}{h^2 + k^2} = \frac{r - jx}{h - jk},$$

et

$$\begin{aligned} h - jk &= \sqrt{(h - jk)^2} = \sqrt{(h^2 - k^2) - 2jhk} \\ &= \sqrt{(rg - xb) - j\sqrt{(zy)^2 - (rg - xb)^2}} \\ &= \sqrt{(rg - xb) - j\sqrt{(r^2 + x^2)(g^2 + b^2) - (rg - xb)^2}} \\ &= \sqrt{(rg - xb) - j\sqrt{r^2b^2 + x^2g^2 + 2rgxb}} \\ &= \sqrt{(rg - xb) - j(rb + xg)} = \sqrt{(r - jx)(g - jb)}. \end{aligned}$$

ou

.(194) $$h - jk = \sqrt{ZY}.$$

En substituant en (193), on a :

(195) $$r_1 + jc'_1 = \sqrt{\frac{Z}{Y}}.$$

et (195) porté en (192) donne :

(196) $$E = \sqrt{Z}\left\{B_1\,\varepsilon^{+hl}(\cos kl - j\sin kl) - B_2\,\varepsilon^{-hl}(\cos kl + j\sin kl)\right\},$$

où B_1 et B_2 sont les constantes d'intégration imaginaires complexes.
Écrivons

$$h = \alpha \text{ et } k = \beta ; \qquad B_1 = D_1 \text{ et } B_2 = -D_2 ;$$

les équations (191) et (196) deviennent identiques aux équations de la ligne de transmission à longue distance, équations (22) de la section III, paragraphe 8.

Il est intéressant de noter qu'ici les équations générales de la transmission de courant alternatif à longue distance apparaissent comme un cas particulier des équations de l'onde mobile et peuvent vraiment être considérées comme une section d'une onde mobile où la constante d'accélération $s =$ le décrément exponentiel u.

CHAPITRE V

—

OSCILLATIONS LIBRES

28. — Les équations générales du circuit électrique (50) et (51) contiennent huit termes : quatre ondes, deux ondes principales et leurs ondes réfléchies, et chacune des ondes consiste en un terme sinus et un terme cosinus.

Les équations contiennent cinq constantes, soit : la constante de fréquence, q ; la constante de longueur d'onde, k ; la constante d'atténuation dans le temps, u ; la constante d'atténuation en distance, h, et la constante d'accélération dans le temps, s ; parmi ces constantes, celle d'atténuation dans le temps, u, est une constante du circuit indépendante de la nature de l'onde.

Selon la valeur de la constante d'accélération, s, les ondes peuvent se diviser en trois classes ; si $s = 0$, ce sont des ondes fixes étudiées dans le chapitre III ; si $u > s > 0$, ce sont des ondes mobiles étudiées dans le chapitre IV ; si $s = u$, ce sont des ondes de courant et f. é. m. alternatifs, étudiées dans la section III.

Les équations générales contiennent huit constantes d'intégration C et C', qui doivent être déterminées par les conditions extrêmes du problème.

Selon les valeurs de ces constantes d'intégration C et C', les phénomènes se passant dans les circuits électriques sont différents ; ils peuvent résulter de courants continus ou pulsatoires, de courants alternatifs, de courants oscillatoires, de décharges inductives, etc...

et l'étude des *conditions extrêmes* est ainsi de la plus grande importance.

29. — On entend par *oscillations libres* les phénomènes transitoires ayant lieu dans un circuit électrique ou dans une portion de ce circuit lorsqu'il n'y a ni alimentation d'énergie électrique par une source extérieure, ni départ d'énergie électrique au dehors.

Les oscillations libres sont ainsi des phénomènes transitoires résultant de la dissipation de l'énergie électrique accumulée dans le champ électrique du circuit, ou inversement de l'accumulation de l'énergie du champ électrique.

Leur apparition suppose donc la possibilité d'une accumulation d'énergie sous une forme telle qu'elle permette un échange ou « vague » d'énergie entre ses différentes formes, électromagnétique et électrostatique. Les oscillations libres n'ont lieu que dans les circuits contenant à la fois capacité C et inductance L.

L'absence d'arrivée ou de départ d'énergie définit l'oscillation libre par la condition que la puissance $p = ei$ aux deux extrémités du circuit ou de la section du circuit doit être nulle en tous temps, ou que le circuit doit être fermé sur lui-même.

La dernière condition, celle d'un circuit fermé sur lui-même, conduit à une oscillation pleine onde, c'est-à-dire une oscillation dans laquelle la longueur du circuit est une onde complète ou un multiple. Avec un circuit de constantes uniformes comme ceux que nous avons étudiés, une telle oscillation pleine onde n'a pas grande importance industrielle.

Quoique le cas le plus sérieux et le plus important d'oscillation soit celui d'un circuit fermé, un tel circuit ne consiste jamais en un conducteur uniforme, mais comprend des sections de constantes différentes : système générateur, ligne de transmission, charge ; c'est ainsi un système complexe ayant, entre les sections, des points de transition en lesquels ont lieu des réflexions partielles.

L'oscillation pleine onde est ainsi celle d'un circuit complexe qui sera étudiée dans les chapitres suivants.

Nous considérerons ici les oscillations libres d'un circuit ayant deux bouts en lesquels la puissance est nulle ; représentons ces deux extrémités par $l = 0$ et $l = l_0$, en comptant la distance à partir d'une des extrémités ; les conditions d'oscillation libre sont :

$$l = 0 \qquad p = 0$$
$$l = l_0 \qquad p = 0.$$

Puisque $p = ei$, ceci indique que en $l = 0$ et $l = l_0$ l'un ou l'autre des facteurs e et i doit être nul, ce qui fait quatre systèmes de conditions extrêmes :

$$(197) \quad \begin{cases} (1) \quad e = 0 \text{ en } l = 0, & i = 0 \text{ en } l = l_0, \\ (2) \quad i = 0 \text{ en } l = 0, & e = 0 \text{ en } l = l_0, \\ (3) \quad e = 0 \text{ en } l = 0, & e = 0 \text{ en } l = l_0, \\ (4) \quad i = 0 \text{ en } l = 0, & i = 0 \text{ en } l = l_0. \end{cases}$$

Le cas (2) représente les mêmes conditions que le cas (1), sauf que la distance l est comptée à partir de l'autre extrémité ; la ligne est ouverte à une extrémité et mise à la terre à l'autre. Le cas (3) représente un circuit à la terre aux deux extrémités. Le cas (4) représente un circuit ouvert aux deux extrémités.

30. — Dans ces différents cas, pour $l = 0$ on a, soit $e = 0$ ou $i = 0$.
Substituons $l = 0$ dans les équations (50) et (51) ; on a :

$$(198) \quad \begin{aligned} e_0 = {} & \varepsilon^{-(u-s)t}\{[c_1'\,(C_1' + C_2') - c_1\,(C_1 + C_2)]\cos qt \\ & - [c_1'\,(C_1 + C_2) + c_1\,(C_1' + C_2')]\sin qt\} \\ & + \varepsilon^{-(u+s)t}\{[c_2'\,(C_3' + C_4') - c_2\,(C_3 + C_4)]\cos qt \\ & - [c_2\,(C_3 + C_4) + c_2\,(C_3^2 + C_4')]\sin qt\}. \end{aligned}$$

$$(199) \quad \begin{aligned} i_0 = {} & \varepsilon^{-(u-s)t}\{(C_1 - C_2)\cos qt + (C_1' - C_2)\sin qt\} \\ & + \varepsilon^{-(u+s)t}\{(C_3 - C_4)\cos qt + (C_3' - C_4')\sin qt\}. \end{aligned}$$

Si ni q ni s n'est nul, on a pour $e_0 = 0$,

$$\begin{cases} c_1'\,(C_1' + C_2') - c_1\,(C_1 + C_2) = 0, \\ c_1'\,(C_1 + C_2) + c_1\,(C_1' + C_2') = 0 ; \end{cases}$$

d'où,

$$(200) \quad \begin{cases} C_2 = -C_1 ; & C_4 = -C_3 ; \\ C_2' = -C_1' ; & C_4' = -C_3' ; \end{cases}$$

et pour $i = 0$,

$$(201) \qquad \begin{cases} C_2 = C_1 ; & C_1 = C_3 ; \\ C_4' = C_1' ; & C_4' = C_3'. \end{cases}$$

Portons ces valeurs en (50) et (51) ; on a, en prenant le signe supé-rieur pour $e = 0$ et le signe inférieur pour $i = 0$ en $l = 0$:

$$(202) \quad i = \varepsilon^{-(u-s)t}\big\{C_1\,[\varepsilon^{-hl}\cos(ql - kl) \pm \varepsilon^{+hl}\cos(ql + kl)]$$
$$+ C_1'\,[\varepsilon^{-hl}\sin(ql - kl) \pm \varepsilon^{+hl}\sin(ql + kl)]\big\}$$
$$+ \varepsilon^{-(u+s)t}\big\{C_3\,[\varepsilon^{+hl}\cos(ql - kl) \pm \varepsilon^{-hl}\cos(ql + kl)]$$
$$+ C_3'\,[\varepsilon^{+hl}\sin(ql - kl) \pm \varepsilon^{-hl}\sin(ql + kl)]\big\}.$$

$$(203) \quad e = \varepsilon^{-(u-s)t}\big\{(c_1 C_1' - c_1 C_1)\big[\varepsilon^{-hl}\cos(ql - kl)$$
$$\mp \varepsilon^{+hl}\cos(ql + kl)\big]$$
$$- (c_1' C_1 + c_1 C_1')\big[\varepsilon^{-hl}\sin(ql - kl)$$
$$\mp \varepsilon^{+hl}\sin(ql + kl)\big]\big\}$$
$$+ \varepsilon^{-(u+s)t}\big\{(c_2' C_3' - c_2 C_3)\big[\varepsilon^{+hl}\cos(ql - kl)$$
$$\mp \varepsilon^{-hl}\cos(ql + kl)\big]$$
$$- (c_2' C_3 + c_2 C_3)\big[\varepsilon^{+hl}\sin(ql - kl)$$
$$\mp \varepsilon^{-hl}\sin(ql + kl)\big]\big\}.$$

31. — Dans une oscillation libre, on doit avoir e ou i nul à l'autre extrémité du circuit oscillant, ou en $l = l_0$.

Substituons donc $l = l_0$ dans les équations (202) et (203), et disposons les termes par fonctions du temps t ; les coefficients respec-tifs de

$$\varepsilon^{-(u-s)t}\cos ql \; ; \; \varepsilon^{-(u-s)t}\sin ql \; ; \; \varepsilon^{-(u+s)t}\cos ql, \text{ et } \varepsilon^{-(u+s)t}\sin ql$$

doivent être nuls, soit en prenant l'équation (202) avec $i = 0$ en $l = l_0$, ou en prenant l'équation (203) avec $e = 0$ en $l = l_0$, pourvu que, comme on l'a dit plus haut, ni q ni s ne s'évanouisse.

Ceci donne, pour $i = 0$ en $l = l_0$, d'après l'équation (202),

$$(204) \cdot \begin{cases} C_1\,(\varepsilon^{-hl_0} \pm \varepsilon^{+hl_0})\cos kl_0 - C_1'\,(\varepsilon^{-hl_0} \mp \varepsilon^{+hl_0})\sin kl_0 = 0, \\ C_1\,(\varepsilon^{-hl_0} \mp \varepsilon^{+hl_0})\sin kl_0 + C_1'\,(\varepsilon^{-hl_0} \pm \varepsilon^{-hl_0})\cos kl_0 = 0, \end{cases}$$

et des égalités analogues pour C_3 et C_3'.

Dans les équations (204), C_1, C_1', C_3, C_3' s'évanouissent et l'oscillation entière disparaît ; ou en éliminant C_1 et C_1 des équations (204), nous obtenons :

$$(205) \quad \left(\varepsilon^{-hl_0} \pm \varepsilon^{+hl_0}\right)^2 \cos^2 kl_0 + \left(\varepsilon^{-hl_0} \mp \varepsilon^{+hl_0}\right)^2 \sin^2 kl_0 = 0.$$

d'où

$$\begin{cases} \left(\varepsilon^{-hl_0} \pm \varepsilon^{+hl_0}\right) \cos kl_0 = 0, \\ \left(\varepsilon^{-hl_0} \mp \varepsilon^{+hl_0}\right) \sin kl_0 = 0. \end{cases}$$

De là, pour le signe supérieur, ou si $e = 0$ en $l = 0$,

$$(206) \quad \begin{cases} h = 0 \quad \text{et} \quad \cos kl_0 = 0, \\ \text{soit} \\ kl_0 = \dfrac{(2n+1)\pi}{2}. \end{cases}$$

Pour le signe inférieur, ou si $i = 0$ en $l = 0$.

$$(207) \quad \begin{cases} h = 0 \quad \text{et} \quad \sin kl_0 = 0, \\ \text{soit} \\ kl_0 = n\pi. \end{cases}$$

De la même manière, il s'ensuit pour $e = 0$ en $l = l_0$, d'après l'équation (203), si $e = 0$ pour $l = 0$,

$$(208) \quad \begin{cases} h = 0 \quad \text{et} \quad \sin kl_0 = 0, \\ \text{soit} \\ kl_0 = n\pi, \end{cases}$$

et si

$$i = 0 \quad \text{en} \quad l = 0,$$

$$(209) \quad \begin{cases} h = 0 \quad \text{et} \quad \cos kl_0 = 0, \\ \text{soit} \\ kl_0 = \dfrac{(2n-1)\pi}{2}. \end{cases}$$

Des équations (206) à (209) il résulte donc que $h = 0$, c'est-à-dire que *l'oscillation libre d'un circuit uniforme est une onde fixe ou stationnaire.*

On a :

$$(210) \quad kl_0 = \frac{(2n+1)\pi}{2}$$

si $c = 0$ à une extrémité et $i = 0$ à l'autre extrémité du circuit, et

$$(211) \qquad\qquad kl_0 = n\pi$$

si $c = 0$ aux deux extrémités ou $i = 0$ aux deux extrémités.

32. — Il résulte de (210) que

$$kl_0 = \frac{\pi}{2},$$

ou un multiple *impair* ; c'est-à-dire que l'onde la plus longue qui puisse exister dans le circuit est celle qui rend le circuit quart d'onde. En outre, tous les multiples impairs de cette onde peuvent s'y trouver superposés. Une telle oscillation peut être nommée *oscillation quart d'onde*.

L'oscillation d'un circuit ouvert à une extrémité, mis à la terre à l'autre, est une oscillation quart d'onde qui peut contenir seulement les harmoniques impairs de l'onde fondamentale d'oscillation.

De (211) il s'ensuit que

$$kl_0 = \pi,$$

ou un de ses multiples ; c'est-à-dire que la plus longue onde qui puisse exister dans un tel circuit est celle qui le rend demi-onde. En plus de cette onde fondamentale, tous ses multiples, impairs aussi bien que pairs, peuvent exister. Une telle oscillation peut être appelée *oscillation demi-onde*.

L'oscillation d'un circuit qui est ouvert aux deux extrémités, ou à la terre aux deux extrémités, est une oscillation demi-onde ; cette oscillation demi-onde peut contenir les harmoniques pairs de l'onde fondamentale d'oscillation et par suite aussi un terme constant pour $n = 0$ en (211).

Il est intéressant de noter que dans l'oscillation demi-onde d'un circuit, nous avons un cas d'un circuit dans lequel les harmoniques *pairs* existent : les ondes de f. é. m. et de courant ne sont par suite pas symétriques.

Pour $k = 0$, il s'ensuit de l'équation (56)

$$(212) \qquad \begin{cases} s = 0 & \text{si} \quad k^2 > LCm^2, \\ & \text{et} \\ q = 0 & \text{si} \quad k^2 < LCm^2. \end{cases}$$

La plus petite valeur de k qui puisse exister d'après l'équation (210) est :

$$k = \frac{\pi}{2l_0},$$

et, comme il a été discuté au paragraphe 15, cette valeur, dans les circuits de grande puissance à haut potentiel, est généralement beaucoup plus grande que LCm^2, de telle sorte que le cas $q = 0$ ne se trouve réalisé que dans les circuits extrêmement longs, comme les câbles téléphoniques à longue distance ou les câbles sous-marins, mais non dans les lignes de transmission ; le premier cas, $s = 0$, est de beaucoup le plus important.

Substituons donc $h = 0$ et $s = 0$ dans l'équation (52) ; on a :

$$(213) \qquad \begin{cases} c_1 = c_2 = \dfrac{q}{k}\, L = c, \\[2mm] c_1 = c_2' = \dfrac{m}{k}\, L = c'. \end{cases}$$

Portons dans les équations (202) et (203) de l'oscillation libre : cela nous donne :

$$(214) \qquad i = \varepsilon^{-ul}\{ A_1[\cos(ql - kl) \pm \cos(ql + kl)] \\ + A_2[\sin(ql - kl) \pm \sin(ql + kl)] \}$$

$$(215) \qquad c = \frac{L}{k}\, \varepsilon^{-ul}\{ (mA_2 - qA_1)[\cos(ql - kl) \mp \cos(ql + kl)] \\ - (mA_1 + qA_2)[\sin(ql - kl) \mp \sin(ql + kl)] \}.$$

Puisque k et par suite q sont des quantités importantes, m peut être négligé devant q, et

$$k = \sqrt{LC}\, q\,;$$

d'où

$$\frac{Lq}{k} = \sqrt{\frac{L}{C}},$$

et l'équation (215) prend, avec une approximation suffisante, la forme :

$$(216) \qquad c = -\sqrt{\frac{L}{C}}\, \varepsilon^{-ul}\{ A_1[\cos(ql - kl) \mp \cos(ql + kl)] \\ - A_2[\sin(ql - kl) \mp \sin(ql + kl)] \};$$

le signe supérieur en (214) et (216) correspond à $e = 0$ en $l = 0$;
le signe inférieur correspond à $i = 0$ en $l = 0$.

D'après

$$A_1 = C_1 + C_3 \quad \text{et} \quad A_2 = C' + C'_3,$$

substituons

$$(217) \qquad A_1 = A \cos \gamma \quad \text{et} \quad A_2 = A \sin \gamma$$

dans (214) et (216); on a pour les équations de l'oscillation libre :

$$(218) \begin{cases} i = A\varepsilon^{-ul}\{\cos(ql - kl - \gamma) \mp \cos(ql + kl - \gamma)\} \\ \text{et} \\ e = -A\sqrt{\dfrac{L}{C}}\,\varepsilon^{-ul}\{\cos(ql - kl - \gamma) \mp \cos(ql + kl - \gamma)\}. \end{cases}$$

Avec le signe supérieur, ou pour $e = 0$ en $l = 0$, ceci donne :

$$(219) \begin{cases} i = 2A\varepsilon^{-ul}\cos kl \cos(ql - \gamma) \\ \text{et} \\ e = -2A\sqrt{\dfrac{L}{C}}\,\varepsilon^{-ul}\sin kl \sin(ql - \gamma). \end{cases}$$

Avec le signe inférieur, ou pour $i = 0$ en $l = 0$, cela donne :

$$(220) \begin{cases} i = 2A\varepsilon^{-ul}\sin kl \sin(ql - \gamma) \\ \text{et} \\ e = -2A\sqrt{\dfrac{L}{C}}\,\varepsilon^{-ul}\cos kl \cos(ql - \gamma). \end{cases}$$

33. — Tandis que l'oscillation libre d'un circuit est une onde fixe,
l'onde fixe générale, représentée par les équations (139) et (140),
n'est pas nécessairement une oscillation libre.

Pour qu'une oscillation soit libre, il faut que la puissance ei, c'est-
à-dire e ou i, soit nulle en deux points du circuit, les extrémités du
circuit ou de la section du circuit qui oscille.

Au point l_1 du circuit où l'on a $e = 0$, les coefficients de $\cos ql$ et
$\sin ql$ dans l'équation (139) doivent s'évanouir : ceci donne

$$(221) \begin{cases} (A_1 + A_2)\cos kl_1 + (A'_1 - A'_2)\sin kl_1 = 0 \\ \text{et} \\ -(A_1 - A_2)\sin kl_1 + (A'_1 + A'_2)\cos kl_1 = 0. \end{cases}$$

En éliminant $\sin kl_1$ et $\cos kl_1$ de ces deux équations, on obtient :

$$(222) \quad \begin{cases} (A_1 - A_2^2) + (A'^2_1 - A'^2_2) = 0 \\ \text{ou} \\ A_1^2 + A'^2_1 = A_2^2 + A'^2_2 \end{cases}$$

comme relation qui doit exister entre les constantes d'intégration.

La valeur l_1 se tire alors ainsi de (221) :

$$(223) \qquad \operatorname{tg} kl_1 = \frac{A'_1 + A'_2}{A_1 - A_2} = - \frac{A_1 + A_2}{A'_1 - A'_2}.$$

Au point l_2 du circuit pour lequel $i = 0$, les coefficients de $\cos ql$ et $\sin ql$ dans l'équation (140) doivent s'évanouir. Ceci donne, de la même manière que ci-dessus :

$$(A_1^2 - A_2^2) + (A'^2_1 - A'^2_2) = 0,$$

ce qui est la même condition qu'en (221), et pour la valeur de l_2 :

$$(224) \qquad \operatorname{tg} kl_2 = \frac{A'_1 - A'_2}{A_1 + A_2} = - \frac{A_1 - A_2}{A'_1 + A'_2}.$$

De (223) et (224) il résulte que

$$(225) \qquad \operatorname{tg} kl_2 = - \frac{1}{\operatorname{tg} kl_1} ;$$

c'est-à-dire que les angles kl_1 et kl_2 diffèrent d'un quart de longueur d'onde ou d'un de ses multiples impairs.

Il résulte de là que, si les constantes d'intégration d'une onde fixe satisfont aux conditions

$$(226) \qquad A_1^2 + A'^2_1 = A_2^2 + A'^2_2 = B^2,$$

le circuit de cette onde contient des points l_1 distants l'un de l'autre d'une demi longueur d'onde et en lesquels $e = 0$, et des points l_2 distants l'un de l'autre d'une demi longueur d'onde et en lesquels $i = 0$; les points l_2 sont entre les points l_1 et ces points sont écartés les uns des autres d'un quart de longueur d'onde. Toute section du circuit, à partir d'un point l_1 ou l_2 jusqu'à un autre l_1 ou l_2 est ainsi un circuit oscillant librement.

Dans l'oscillation libre du circuit, ce circuit est terminé par un point l_1 et un point l_2; c'est-à-dire que la f. é. m. est nulle à une extrémité et le courant nul à l'autre, cas (1) ou (2) de l'équation (197): le circuit est alors un quart d'onde ou un multiple impair de quart d'onde ; ou bien le circuit est terminé par deux points l_1 ou deux points l_2, et alors le voltage est nul aux deux extrémités dans le premier cas, (3) de l'équation (197), ou le courant est nul aux deux extrémités dans le dernier cas, (4) de l'équation (197) ; et dans ces deux cas, le circuit est une demi-onde ou un multiple de demi-onde.

Choisissons un des points l_1 ou l_2 comme point de départ, c'est-à-dire substituons $l - l_1$ ou $l - l_2$ respectivement à la place de l dans les équations (139) et (140) ; avec quelques transformations, elles deviennent (219) et (220). En d'autres mots, l'équation (226), relation entre les constantes d'intégration d'une onde fixe, est une condition nécessaire et suffisante pour que l'onde fixe soit une oscillation libre.

34. — Un simple terme d'une oscillation libre d'un circuit, avec la distance comptée à partir d'une des extrémités de ce circuit, c'est-à-dire d'un point de puissance nulle, est ainsi représenté par les équations (219) ou (220).

Renversons le signe de l, c'est-à-dire comptons la distance dans la direction opposée, et substituons $B = \pm 2A\sqrt{\dfrac{L}{C}}$; ces équations prennent une forme plus convenable :

pour

$$e = 0 \quad \text{en} \quad l = 0,$$

$$e = B \varepsilon^{-ul}\sin kl \sin (ql - \gamma)$$

$$(227)\quad \text{et}$$

$$i = B \sqrt{\frac{C}{L}}\, \varepsilon^{-ul}\cos kl \cos (ql - \gamma),$$

et pour

$$i = 0 \quad \text{en } l = 0,$$

$$e = B \varepsilon^{-ul}\cos kl \cos (ql - \gamma)$$

$$(228)\quad \text{et}$$

$$i = B \sqrt{\frac{C}{L}}\, \varepsilon^{-ul}\sin kl \sin (ql - \gamma).$$

Introduisons de nouveau la vitesse de propagation comme unité de distance,

$$(229)\qquad \begin{cases} \lambda = \sigma l \\ \sigma = \sqrt{LC}; \end{cases}$$

des équations (66) et (229) nous obtenons :

$$kl = \lambda \sqrt{q^2 + m^2} = q\lambda \sqrt{1 + \left(\frac{m}{q}\right)^2} ;$$

ou, si m est petit devant q,

(230) $$kl = q\lambda ;$$

portons alors (229) en (230); on a

(231) $$k = \sigma q = q \sqrt{LC},$$

et, de (210) et (211), nous avons pour une oscillation quart d'onde :

(232) $$\left\{ \begin{aligned} &k = \frac{(2n + 1)\pi}{2l_0} \\ \text{et} \\ &q = \frac{(2n + 1)\pi}{2l_0 \sqrt{LC}} ; \end{aligned} \right.$$

et pour une oscillation demi-onde :

(233) $$\left\{ \begin{aligned} k &= \frac{n\pi}{l_0} \\ q &= \frac{n\pi}{l_0 \sqrt{LC}} \cdot \end{aligned} \right.$$

Appelons la longueur du circuit dans une oscillation quart d'onde

(234) $$\lambda_1 = \sigma l_0,$$

et la longueur du circuit dans une oscillation demi-onde :

(235) $$\lambda_2 = \sigma l_0 ;$$

la longueur d'onde fondamentale ou de plus basse fréquence d'oscillation est :

(236) $$\lambda_0 = 4\lambda_1 = 2\lambda_2 ;$$

ou bien, la longueur de l'onde fondamentale est, (avec la vitesse de propagation comme unité de distance) dans une oscillation quart d'onde :

(237) $$\left\{ \begin{aligned} &\lambda_0 = 4 l_0 \sqrt{LC} , \\ &\text{et dans une oscillation demi-onde} \\ &\lambda_0 = 2 l_0 \sqrt{LC}. \end{aligned} \right.$$

Substituons (237) en (232) et (233) ; on a pour une oscillation quart d'onde :

$$(238) \quad \begin{cases} k = (2n + 1) \dfrac{2\pi \sqrt{LC}}{\lambda_0} \\ \text{et} \\ q = (2n + 1) \dfrac{2\pi}{\lambda_0}, \end{cases}$$

et pour une oscillation demi-onde :

$$(239) \quad \begin{cases} k = n \dfrac{2\pi \sqrt{LC}}{\lambda_0} \\ \text{et} \\ q = n \dfrac{2\pi}{\lambda_0}. \end{cases}$$

Ecrivons maintenant :

$$(240) \quad \begin{cases} \theta = \dfrac{2\pi}{\lambda_0} t \\ \tau = \dfrac{2\pi}{\lambda_0} \lambda = \dfrac{2\pi \sqrt{LC}}{\lambda_0} l, \end{cases}$$

c'est-à-dire, représentons un cycle complet de fréquence fondamentale, ou onde complète dans le temps, par $\theta = 2\pi$, et une onde complète dans l'espace par $\tau = 2\pi$; nous avons, par (239) et (240) :

$$(241) \quad \begin{cases} kl = n\tau \\ \text{et} \\ ql = n\theta, \end{cases}$$

où n peut être un nombre entier quelconque avec une oscillation demi onde, mais seulement un nombre impair avec une oscillation quart d'onde.

35. — Substituons (241) en (227) et (228) : cela donne, pour l'expression complète d'une oscillation libre, l'équation suivante :

A) *Oscillation quart d'onde.*

a) $e = o$ en $l = 0$ (ou $\tau = o$)

$$(242) \begin{cases} e = \varepsilon^{-ul} \sum_0^\infty n\, B_n \sin (2n+1)\, \tau \sin \left[(2n+1)\,\theta - \gamma_n\right] \\ \text{et} \\ i = \sqrt{\frac{C}{L}}\, \varepsilon^{-ul} \sum_0^\infty n\, B_n \cos (2n+1)\, \tau \cos \left[(2n+1)\,\theta - \gamma_n\right]; \end{cases}$$

b) $i = o$ en $l = o$ (ou $\tau = o$)

$$(243) \begin{cases} e = \varepsilon^{-ul} \sum_0^\infty n\, B_n \cos (2n+1)\, \tau \cos \left[(2n+1)\,\theta - \gamma_n\right] \\ \text{et} \\ i = \sqrt{\frac{C}{L}}\, \varepsilon^{-ul} \sum_0^\infty n\, B_n \sin (2n+1)\, \tau \sin \left[(2n+1)\,\theta - \gamma_n\right]. \end{cases}$$

B) *Oscillation demi onde.*

a) $e = o$ en $l = o$ (ou $\tau = o$)

$$(244) \begin{cases} e = \varepsilon^{-ul} \sum_0^\infty n\, B_n \sin n\tau \sin (n\theta - \gamma_n) \\ \text{et} \\ i = \sqrt{\frac{C}{L}}\, \varepsilon^{-ul} \sum_0^\infty n\, B_n \cos n\tau \cos (n\theta - \gamma_n); \end{cases}$$

b) $i = o$ en $l = o$ (ou $\tau = o$)

$$(245) \begin{cases} e = \varepsilon^{-ul} \sum_0^\infty n\, B_n \cos n\tau \cos (n\theta - \gamma_n) \\ \text{et} \\ i = \sqrt{\frac{C}{L}}\, \varepsilon^{-ul} \sum_0^\infty n\, B_n \sin n\tau \sin (n\theta - \gamma_n). \end{cases}$$

où

$$(240) \qquad \begin{cases} \theta = \dfrac{2\,\pi}{\lambda_0}\, l \\[2mm] \tau = \dfrac{2\,\pi\,\sqrt{LC}}{\lambda_0}\, l, \end{cases}$$

$$(237) \qquad \begin{cases} \lambda_0 = 4\,l_0\,\sqrt{LC} \text{ dans une oscillation quart d'onde} \\[2mm] = 2\,l_0\,\sqrt{LC} \text{ dans une oscillation demi-onde,} \end{cases}$$

et

$$(246) \qquad \varepsilon^{-ul} = \varepsilon^{-\frac{u\lambda_0\theta}{2\pi}}.$$

λ_0 est la longueur d'onde et par suite $\dfrac{1}{\lambda_0}$ la fréquence de l'onde fonda-mentale, avec la vitesse de propagation comme unité de distance.

Il est intéressant de noter que le décrément en temps de l'oscillation libre, ε^{-ut}, est le même pour toutes fréquences et longueurs d'onde, et que les valeurs relatives des différents harmoniques composant l'oscillation, et par suite la forme d'onde de l'oscillation, restent invariables pendant l'extinction de l'oscillation.

Ce résultat, analogue à ce que nous avons trouvé dans le chapitre sur les ondes mobiles, est naturellement basé sur la supposition que les constantes du circuit ne varient pas avec la fréquence. Ceci, à la vérité, n'est pas parfaitement exact. Aux très hautes fréquences, r augmente à cause de la distribution inégale du courant dans le conducteur, comme on l'a vu dans la section III, en même temps que L décroît légèrement, g croît par suite des pertes d'énergie résultant des effluves et de la radiation électrostatique etc..., de telle sorte qu'en général on doit supposer pour les hautes fréquences un accroissement de $\dfrac{r}{L}$ et de $\dfrac{g}{C}$ et par suite de u ; c'est-à-dire que les harmoniques élevés s'éteindront avec une plus grande rapidité, ce qui occasionne un adoucissement de la forme de l'onde avec son extinction progressive, en la rendant rapidement voisine de l'onde fondamentale avec ses bas harmoniques.

36. — Les équations d'une oscillation libre d'un circuit, quart d'onde ou demi onde, (242) à (245), contiennent toujours les paires de constantes d'intégration, B_n et γ_n, représentant respectivement la grandeur et la phase du $n^{ème}$ harmonique.

Ces paires de constantes d'intégration sont déterminées par les conditions extrêmes de temps ; c'est-à-dire qu'elles dépendent de la quantité et de la distribution de l'énergie emmagasinée dans le circuit au moment du départ de l'oscillation, ou, en d'autres termes, des distributions de courant et de f. é. m. pour $t = 0$.

La f. é. m. e_0 et le courant i_0, au temps $t = 0$ peuvent être exprimées au moyen d'une série infinie de fonctions trigonométriques de la distance l, c'est-à-dire l'angle de distance τ, ou une série de Fourier de telle nature qu'elle satisfasse aussi aux conditions terminales en espace, comme cela a été discuté antérieurement, soit $e = 0$ et $i = 0$, respectivement, aux extrémités du circuit.

La distribution de courant et de voltage dans le circuit au moment du départ de l'oscillation, $t = 0$, ou $\zeta = 0$, peut être représentée par la série de Fourier :

$$(247) \quad \begin{cases} e_0 = \displaystyle\sum_0^\infty n\, (a_n \cos n\tau + a'_n \sin n\tau) \\[1em] \text{et} \\[1em] i = \displaystyle\sum_0^\infty n\, (b_n \cos n\tau + b'_n \sin n\tau), \end{cases}$$

où

$$(248) \quad \begin{cases} a_0 = \dfrac{1}{2\pi} \displaystyle\int_0^{2\pi} e_0\, d\tau = \text{moy }[e_0]_0^{2\pi} \\[1.2em] a_n = \dfrac{1}{\pi} \displaystyle\int_0^{2\pi} e_0 \cos n\tau\, d\tau = 2\, \text{moy }[e_0 \cos n\tau]_0^{2\pi} \\[1.2em] a'_n = \dfrac{1}{\pi} \displaystyle\int_0^{2\pi} e_0 \sin n\tau\, d\tau = 2\, \text{moy }[e_0 \sin n\tau]_0^{2\pi}, \end{cases}$$

et d'une manière analogue pour b.

L'expression moy $[F]_{a_1}^{a_2}$ exprime la valeur moyenne de la fonction F entre les limites a_1 et a_2.

Puisque ces intégrales s'étendent sur l'onde complète 2π, cette onde doit de même être étendue par utilisation des conditions extrêmes en ce qui concerne τ ; mais elle est symétrique par rapport à $l = 0$ et par rapport à $l = l_0$; ceci, dans le cas de l'oscillation quart d'onde, exclut l'existence des valeurs impaires de n dans les équations (247) et (248).

37. — Portons dans les équations (242) à (245)

$$l = 0 \qquad \theta = 0 ;$$

alors (247) et (242) donnent :

$$e_0 = \sum_0^\infty {}_n B_n \sin (2n+1)\tau \sin \gamma_n = \sum_0^\infty {}_n \left[a_n \cos (2n+1)\tau \right.$$
$$\left. + a'_n \sin (2n+1)\tau \right]$$

et

$$i_0 = \sqrt{\frac{C}{L}} \sum_0^\infty {}_n B_n \cos (2n+1)\tau \cos \gamma_n = \sum_0^\infty {}_n \left[b_n \cos (2n+1)\tau \right.$$
$$\left. + b'_n \sin (2n+1)\tau \right] ;$$

de là

$$a_n = 0 ; \qquad b'_n = 0$$
$$B_n \sin \gamma_n = a'_n ; \qquad \sqrt{\frac{C}{L}} B_n \cos \gamma_n = b_n .$$

L'équation (242) donne les constantes :

$$a_n = 0 ; \qquad b'_n = 0$$

$$(249) \qquad \begin{cases} B_n = \sqrt{a'^2_n + \frac{L}{C} b^2_n} \\[2mm] \operatorname{tg} \gamma_n = \frac{a'_n}{b_n} \sqrt{\frac{L}{C}} \end{cases}$$

De la même manière, l'équation (243) donne les constantes :

$$a'_n = 0 \qquad b_n = 0$$

$$(250) \qquad \begin{cases} B_n = \sqrt{a^2_n + \frac{L}{C} b'^2_n} \\[2mm] \operatorname{tg} \gamma_n = \frac{b'_n}{a_n} \sqrt{\frac{C}{L}} \end{cases}$$

L'équation (244) donne les mêmes valeurs que (242), et (245) les mêmes que (243).

EXEMPLES

38. — Comme premier exemple, on peut considérer la décharge d'une ligne de transmission. Un circuit de longueur l_0 est chargé à un voltage uniforme E, tandis qu'il n'y a aucun courant dans le circuit. Ce circuit est alors mis à la terre à une extrémité, tandis que l'autre reste isolée.

La distance étant comptée depuis le point à la terre, et le temps depuis le moment de la mise à la terre, introduisons les notations (235).

Les conditions extrêmes sont :

$a)$
$$\tau = 0 \qquad e = 0$$
$$\tau = \frac{\pi}{2} \qquad i = 0,$$

$b)$
$$\text{pour } \theta = 0$$
$$e = 0 \text{ pour } \tau = 0 ; \qquad e = E \text{ pour } \tau \gneq 0$$
$$i = 0 \text{ pour } \tau \gneq 0 ; \qquad i = \text{indéfini pour } \tau = 0.$$

La distribution de la f. é. m. e_0 et du courant i_0 dans le circuit au moment du départ, $\theta = 0$, peut être exprimée par la série de Fourier (247) ; on a, d'après (248) :

$$(251) \qquad a'_n = 2 \operatorname{moy}\left[E \sin (2n + 1)\tau \right] = \frac{4E}{(2n+1)\pi}$$
$$b_n = 0 ;$$

et, d'après (249) :

$$(252) \qquad \begin{cases} B_n = \dfrac{4E}{(2n+1)\pi} \text{ et } \operatorname{tg} \gamma_n = \infty ; \\[2ex] \text{d'où} \\[2ex] \gamma_n = \dfrac{\pi}{2}. \end{cases}$$

Portons (252) en (242) :

$$(253) \qquad \begin{cases} e = \dfrac{4E}{\pi} \, \varepsilon^{-ut} \displaystyle\sum_{1}^{\infty}{}_n \frac{\sin (2n+1)\tau \cos (2n+1)\theta}{2n+1} \\[3ex] i = \dfrac{4E}{\pi} \sqrt{\dfrac{C}{L}} \, \varepsilon^{-ut} \displaystyle\sum_{1}^{\infty}{}_n \frac{(\cos 2n+1)\tau \sin (2n+1)\theta}{2n+1}. \end{cases}$$

Il résulte de (240) que

$$t = \frac{2\,l_0\,\sqrt{LC}}{\pi}\,\theta.$$

$\theta = 2\,\pi$ donne la période

$$t_1 = 4\,l\,\sqrt{LC},$$

et la fréquence

$$f_1 = \frac{1}{4\,l_0\,\sqrt{LC}} \,;$$

et $\tau = 2\,\pi$ donne la longueur d'onde

$$l_w = 4\,l_0$$

de l'onde fondamentale ou oscillation de plus basse fréquence et de plus grande longueur d'onde.

Choisissons les mêmes constantes de ligne que dans le paragraphe 16, c'est-à-dire $l_0 = 193$ kilomètres ; $r = 0,255$ ohm par kilomètre ; $L = 1,21 \times 10^{-3}$ henry par kilomètre ; $g = 0,155 \times 10^{-6}$ mho par kilomètre et $C = 0,01$ mcf. par kilomètre ; nous avons :

$$u = 113$$

$$ut = \frac{2\,l_0\,\sqrt{LC}}{\pi}\,u\theta = 0,0485\,\theta,$$

et la fréquence fondamentale d'oscillation est :

$$f_1 = 371 \text{ cycles par seconde.}$$

Si maintenant la f. é. m. à laquelle la ligne est chargée est

$$E = 40\,000 \text{ volts,}$$

en portant ces valeurs en (253) on a :

$$(254) \quad \begin{cases} c = 51\,000\,\varepsilon^{-0,0485\theta}\left\{ \sin\tau\cos\theta + \frac{1}{3}\sin 3\tau\cos 3\theta \right. \\[2ex] \left. + \frac{1}{5}\sin 5\tau\cos 5\theta + \ldots \right\} \\[2ex] i = 147\,\varepsilon^{-0,0485\theta}\left\{ \cos\tau\sin\theta + \frac{1}{3}\cos 3\tau\sin 3\theta \right. \\[2ex] \left. + \frac{1}{5}\cos 5\tau\sin 5\theta + \ldots \right\}. \end{cases}$$

La valeur maxima de

$$e = E = 40\,000 \text{ volts},$$

et celle maxima de

$$i = I = 115,5 \text{ ampères}.$$

Puisque

$$(255) \begin{cases} \displaystyle\sum_{1}^{\infty} \frac{\sin (2n-1)a \cos (2n-1)b}{2n-1} = 0, \text{ si } b - \frac{\pi}{2} < a < b \\ \qquad\qquad\qquad\qquad\qquad \text{ou } b + \frac{\pi}{2} < a < b + \pi \\ \text{et} \\ \qquad\qquad\qquad = + \frac{\pi}{2}, \text{ si } b < a < b + \frac{\pi}{2} \\ \qquad\qquad\qquad = - \frac{\pi}{2}, \text{ si } b < a < b - \frac{\pi}{2}, \end{cases}$$

en portant (255) en (254), nous avons en un point τ quelconque de la ligne, au temps θ :

$$0 < \theta < \tau : \qquad e = E\varepsilon^{-ul}; \quad i = 0.$$
$$\tau < \theta < \tau + \frac{\pi}{2} : \quad e = 0; \qquad i = I\varepsilon^{-ul}.$$
$$\tau + \frac{\pi}{2} < \theta < \tau + \pi : \quad e = -E\varepsilon^{-ul}; \quad i = 0.$$
$$\tau + \pi < \theta < \tau + \frac{3\pi}{2} : \quad e = 0; \qquad i = -I\varepsilon^{-ul}.$$
$$\tau + \frac{3\pi}{2} < \theta < \tau + 2\pi : \quad e = E\varepsilon^{-ul}; \quad i = 0, \text{ etc.}$$

A tout instant θ, une partie de la ligne a le voltage $e = E\varepsilon^{-ul}$ et un courant nul, et l'autre partie de la ligne un courant $i = I\varepsilon^{-ul}$ et un voltage nul, et la division entre les deux sections de ligne est à $\tau = \theta \pm \frac{n\pi}{2}$, et se meut le long de la ligne suivant la loi $\tau = \theta$.

39. — Comme second exemple, on peut considérer la décharge d'une ligne active sur une ligne au repos : Un circuit de longueur l_1, chargé à un voltage uniforme E, mais sans courant, est connecté à un circuit de même constantes, mais de longueur l_2 et n'ayant ni voltage ni courant, les deux circuits étant isolés à tout autre point de vue.

La longueur totale du circuit sera

$$2l = l_1 + l_2.$$

Comptons le temps à partir du moment où les circuits sont reliés, la distance depuis le commencement du circuit actif l_1 dont l'autre extrémité est reliée au circuit au repos l_2.

Prenons les notations (240) et représentons la longueur totale de la ligne $l_1 + l_2 = 2l$ par $\tau = \pi$; écrivons alors :

$$\tau_1 = \frac{l_1}{l_1 + l_2}\, \pi.$$

Comme le voltage est E de $\tau = 0$ à $\tau = \tau_1$, et 0 de $\tau = \tau_1$ à $\tau = \pi$, la valeur moyenne du voltage, ou le voltage qui restera sur la ligne après la fin du phénomène transitoire sera :

$$e_0 = \frac{\tau_1}{\pi}\, E,$$

et les conditions extrêmes de voltage et courant sont :

$$\begin{aligned}
&i = 0\\
&e = E - e_0 \quad \text{pour} \quad 0 < \tau < \tau_1\\
&e = -e_0 \quad \text{pour} \quad \tau_1 < \tau < \pi\\
&i = 0.
\end{aligned}$$

Procédons de la même manière que dans le paragraphe 34; dans le cas présent, les équations (245) et (248) s'appliquent et donnent :

$$a_n = \frac{2}{\pi}\left\{ \int_0^{\tau_1} (E - e_0)\cos n\theta\, d\theta - \int_{\tau_1}^{\pi} e_0 \cos n\theta\, d\theta \right\}$$

$$= \frac{2 E \sin n\tau_1}{n},$$

$$a_n' = b_n = b_n' = 0;$$

d'où

$$i_n = 0$$

et

$$(256)\quad \begin{cases} e = \dfrac{2E}{\pi}\left\{ \dfrac{\tau_1}{2} + \varepsilon^{-\mu t}\displaystyle\sum_n \dfrac{\sin n\tau_1}{n}\cos n\tau \cos n\theta \right\}, \\[2ex] i = \dfrac{2E}{\pi}\sqrt{\dfrac{C}{L}}\, \varepsilon^{-\mu t}\displaystyle\sum_n \dfrac{\sin n\tau_1}{n}\sin n\tau \sin n\theta. \end{cases}$$

Choisissons les mêmes constantes de ligne que dans le paragraphe 35, et supposons

$$l_1 = 193 \text{ km} \qquad l_2 = 129 \text{ km} ;$$

nous avons

$$l = 161 \text{ km} \quad \text{et} \quad \tau_1 = 0,6\pi.$$

Soit E = 40 000 volts, $ul = 0,04049$, et la fréquence fondamentale d'oscillation $f_1 = 445$ cycles par seconde : alors

$$(257) \quad \begin{cases} e = 24\,000 + 25\,500\,\varepsilon^{-0,04049} \Big\{ \sin 108° \cos \tau \cos \theta + \dfrac{1}{2} \sin 216° \\ \qquad \cos 2\tau \cos 2\theta + \dfrac{1}{3} \sin 348° \cos 3\tau \cos 3\theta + \dots \Big\} \text{ volts} \\[2ex] i = 73,5\,\varepsilon^{-0,04049} \Big\{ \sin 108° \sin \tau \sin \theta + \dfrac{1}{2} \sin 216° \\ \qquad \sin 2\tau \sin 2\theta + \dfrac{1}{3} \sin 348° \sin 3\tau \sin 3\theta + \dots \Big\} \text{ amp.} \end{cases}$$

CHAPITRE VI

—

POINTS DE TRANSITION ET CIRCUIT COMPLEXE

40. — Les discussions relatives aux ondes fixes et libres, dans les chapitres III et V, et aux ondes mobiles dans le Chapitre IV, ne s'appliquent directement qu'aux circuits simples, c'est-à-dire aux circuits comprenant un conducteur avec constantes uniformément réparties, r, L, g et C. Les circuits électriques industriels ne sont jamais des circuits simples, mais sont toujours des circuits complexes comprenant des sections avec constantes différentes : — générateurs, transformateurs, lignes de transmission, récepteurs —; un circuit simple est réalisé seulement par une section de circuit total, comme une ligne de transmission, ou une bobine de transformateur à haut potentiel, qui peut-être séparée à ses deux extrémités du reste du circuit soit par ouverture, $i = o$, soit par mise en court-circuit, $e = o$. Approximativement, le circuit simple est réalisé par une section du circuit complexe, se connectant à d'autres sections de constantes très différentes, de telle sorte que les extrémités du circuit simple peuvent être considérés comme des points de réflexion. Par exemple, un câble souterrain, de faible L et de grand C, étant connecté à une forte bobine de réaction avec L grand et C petit, peut être considéré comme ayant à ses extrémités des points de réflexion $i = o$. Une bobine de transformateur à haute tension, de fort L et faible C, étant connectée à un câble de faible L et de fort C, peut être considérée comme ayant à ses extrémités des points de réflexion $e = o$. En d'autres termes, dans le premier cas, la bobine de réaction peut être considérée comme arrêtant le courant; dans le dernier cas le câble peut être considéré comme mettant le transformateur en court-circuit. Cette approximation, cependant, quoique fréquemment adoptée en pratique et souvent acceptable pour la section de circuit dans laquelle naît le phénomène transitoire, n'est plus permise quand on considère l'effet du phénomène sur les sections adjacentes du circuit. Par exemple, dans le premier cas ci-dessus — un phénomène transitoire dans un câble souterrain relié à une forte réactance —, le courant et la f. é. m. dans le câble peuvent approximativement être représentés en considérant la bobine de réaction comme un point de réflexion, c'est-à-dire un circuit ouvert, puisqu'il n'existe seulement qu'un faible courant dans cette bobine. Un tel faible courant dans la bobine peut cependant y déterminer un très haut et dangereux voltage à cause de la grandeur élevée de L, et aussi dans le circuit au delà de la bobine. Dans la recherche de l'effet d'un phénomène transitoire prenant naissance dans une section d'un circuit complexe, comme un arc oscillatoire dans un câble souterrain, sur les autres sections du circuit, comme la station génératrice, on ne peut considérer les points de réunion comme des points de réflexion, même s'il y a de grandes modifications des constantes. Puisque, dans la pratique industrielle, le cas le plus important est celui de troubles prenant naissance dans une section d'un circuit complexe et portant leurs effets destructifs dans une autre, il devient nécessaire d'aborder le problème général du circuit comprenant diverses sections de constantes différentes. Cela nécessite la recherche des modifications d'une onde électrique, et de ses équations, quand elle traverse un point de transition entre une section de circuit et une autre ayant des constantes différentes.

41. — Les équations (50) à (57), quoique les plus générales, sont moins convenables pour l'étude de la transition d'une onde d'un circuit à un autre de constantes différentes ; puisque dans les circuits industriels à haute tension, au moins pour des ondes prenant naissance dans ces circuits, q et k sont très grands en comparaison de s et h, comme on l'a discuté dans le paragraphe 16, s et h peuvent être négligés devant q et k. Ceci donne, comme on l'a vu dans le paragraphe 9 :

$$(258) \qquad \begin{cases} h = cs \\ k = cq \\ c_1 = c_2 = \sqrt{\dfrac{L}{C}} = c \\ c'_1 = c'_2 = \dfrac{m}{q}\sqrt{\dfrac{L}{C}} = 0, \end{cases}$$

où

$$(259) \qquad \sigma = \sqrt{\mathrm{LC}}.$$

En portant

$$(260) \qquad \lambda = \sigma l$$

$$(261) \qquad \begin{cases} kl = q\lambda \\ hl = s\lambda, \end{cases}$$

on a :

$$(262) \quad i = \varepsilon^{-ut} \Big\{ \varepsilon^{-s(\lambda - l)} \big[C_1 \cos q(\lambda - l) + C_1' \sin q(\lambda - l) \big]$$
$$- \varepsilon^{+s(\lambda + l)} \big[C_2 \cos q(\lambda + l) + C_2' \sin q(\lambda + l) \big]$$
$$+ \varepsilon^{+s(\lambda - l)} \big[C_3 \cos q(\lambda - l) + C_3' \sin q(\lambda - l) \big]$$
$$- \varepsilon^{-s(\lambda + l)} \big[C_4 \cos q(\lambda + l) + C_4' \sin q(\lambda + l) \big] \Big\}$$

et

$$(263) \quad e = \sqrt{\frac{\mathrm{L}}{\mathrm{C}}} \, \varepsilon^{-ut} \Big\{ \varepsilon^{-s(\lambda - l)} \big[C_1 \cos q(\lambda - l) + C_1' \sin q(\lambda - l) \big]$$
$$+ \varepsilon^{+s(\lambda + l)} \big[C_2 \cos q(\lambda + l) + C_2' \sin q(\lambda + l) \big]$$
$$+ \varepsilon^{+s(\lambda - l)} \big[C_3 \cos q(\lambda - l) + C_3' \sin q(\lambda - l) \big]$$
$$+ \varepsilon^{-s(\lambda + l)} \big[C_4 \cos q(\lambda + l) + C_4' \sin q(\lambda + l) \big] \Big\}.$$

Substituons maintenant :

$$(264) \qquad \begin{cases} C_1^2 + C_1'^2 = A^2 \\ C_2^2 + C_2'^2 = B^2 \\ C_3^2 + C_3'^2 = C^2 \\ C_4^2 + C_4'^2 = D^2 \end{cases}$$

$$(265) \qquad \begin{cases} \dfrac{C_1'}{C_1} = \operatorname{tg} \alpha \\[4pt] \dfrac{C_2'}{C_2} = \operatorname{tg} \beta \\[4pt] \dfrac{C_3'}{C_3} = \operatorname{tg} \gamma \\[4pt] \dfrac{C_4'}{C_4} = \operatorname{tg} \delta ; \end{cases}$$

cela donne :

$$(266) \quad i = \varepsilon^{-ut} \Big\{ A\varepsilon^{-s(\lambda - l)} \cos[q(\lambda - l) - \alpha] - B\varepsilon^{+s(\lambda + l)} \cos[q(\lambda + l) - \beta]$$
$$+ C\varepsilon^{+s(\lambda - l)} \cos[q(\lambda - l) - \gamma] - D\varepsilon^{-s(\lambda + l)} \cos[q(\lambda + l) - \delta] \Big\}$$

et ([1])

$$(267)\quad e=\sqrt{\frac{L}{C}}\ \varepsilon^{-ut}\{A\varepsilon^{-s(\lambda-t)}\cos[q(\lambda-t)-\alpha]+B\varepsilon^{+s(\lambda+t)}\cos[q(\lambda+t)-\beta]$$
$$+C\varepsilon^{+s(\lambda-t)}\cos[q(\lambda-t)-\gamma]+D\varepsilon^{-s(\lambda+t)}\cos[q(\lambda-t)-\delta]\}.$$

42 -- Dans ces équations (266) et (267), λ est la coordonnée de distance en employant la vitesse de propagation comme unité de distance ; en un point de transition entre un circuit et un autre, les constantes changent, et par suite la vitesse de propagation ; alors en même temps s et q, h et k changent aussi et par suite kl, mais, en le transformant grâce à la variable de distance λ, $q\lambda$ reste le même ; c'est-à-dire qu'en introduisant la variable de distance λ, la distance peut être mesurée tout le long du circuit entier, et au travers des points de transition en lesquels changent les constantes : les mêmes équations (266) et (267), s'appliquent tout le long du circuit entier. Dans ce cas, cependant, dans une section du circuit :

$$(268)\qquad \begin{cases}\lambda = z_i l\\[4pt] = l\sqrt{L_i C_i},\end{cases}$$

où L_i et C_i sont l'inductance et la capacité, dans cette section i de circuit, par unité de longueur, par exemple par kilomètre.

Dans un circuit complexe, la variable temps t est la même d'un bout à l'autre du circuit entier, ou, en d'autres termes, la fréquence d'oscillation représentée par q, et la loi de décroissance de l'oscillation représentée par une fonction exponentielle du temps, doivent être les mêmes pour tout le circuit. Non pas cependant avec la variable de distance l : la longueur d'onde de l'oscillation et sa loi d'établissement et de décroissance ne sont pas nécessairement les mêmes tout le long du circuit, et généralement ne le sont pas ; au contraire, dans certaines portions du circuit, la longueur d'onde peut être beaucoup plus courte, comme dans les enroulements des tranformateurs où L est grand, ou dans les câbles où C est grand. Pour étendre les mêmes équations à tout

---

([1]) Ne pas faire confusion entre la lettre C, capacité linéaire de la ligne, et C, constante d'intégration. Nous laissons cette ambiguïté échappée à l'auteur car on ne risque guère de confusion.

(N. d. T).

le circuit, il est nécessaire de substituer à la variable de distance l une autre variable de distance λ, de telle nature que la longueur d'onde ait la même valeur dans toutes les sections du circuit complexe. Comme la longueur d'onde de la section i est $\dfrac{l}{\sqrt{L_i C_i}}$, cela sera fait par le changement de l'unité de distance au moyen du facteur $\sigma_i = \sqrt{L_i C_i}$. L'unité de distance de la nouvelle variable de distance λ est alors la distance qui est traversée par l'onde dans l'unité de temps ; elle est donc différente en mesure linéaire pour les différentes parties du circuit ; mais elle offre l'avantage de permettre l'emploi d'une même variable de distance pour le circuit entier, d'un côté et de l'autre d'un point de transition.

Ceci amène la longueur l_i d'une section i du circuit complexe à être représentée par la longueur $\lambda_i = \sigma_i l_i$.

L'introduction de la variable de distance λ a aussi cet avantage que dans la détermination des constantes r, L, g, C des différentes sections du circuit, on peut employer différentes unités de longueur. Par exemple, dans une ligne de transmission, les constantes peuvent être données par kilomètre, c'est-à-dire que le kilomètre est employé comme unité de longueur, tandis que dans une bobine à haute tension d'un transformateur la spire, la bobine ou le transformateur entier peut être pris comme unité de longueur, la longueur réelle linéaire pouvant être inconnue. Choisissons la longueur totale du conducteur d'un transformateur à haute tension comme unité de longueur ; alors la longueur totale de l'enroulement est $\lambda_0 = \sqrt{L_0 C_0}$, où L_0 est l'inductance totale et C_0 la capacité totale du transformateur.

L'introduction de la variable de distance λ permet aussi la représentation dans le circuit d'appareils tels que les bobines de réaction, etc., dans lesquels une des constantes est très petite devant l'autre, et par suite se néglige généralement, ces appareils étant considérés comme une « inductance massée » etc. ; elle permet la recherche de l'effet de la capacité distribuée de bobines de réaction et de problèmes similaires, en représentant une bobine de réaction comme une section finie λ_0 du circuit.

43. — Soient λ_0, λ_1, λ_2... λ_n un certain nombre de points de transition en lesquels changent les constantes du circuit ; les quantités peuvent être affectées de l'indice 1 entre λ_0 et λ_1 ; de l'indice 2 entre λ_1 et λ_2, etc.

En $\lambda = \lambda_1$, on doit avoir $i_1 = i_2$, $c_1 = c_2$; en substituant $\lambda = \lambda_1$ dans les équations (246) et (247), on a :

$$(269)$$

$$
\begin{cases}
\varepsilon^{-(u_1-s_1)t}\{A_1\varepsilon^{-s_1\lambda_1}\cos\left[q_1(\lambda_1-l)-\alpha_1\right]-B_1\varepsilon^{+s_1\lambda_1}\cos\left[q_1(\lambda_1+l)-\beta_1\right]\} \\
+\varepsilon^{-(u_1+s_1)t}\{C_1\varepsilon^{+s_1\lambda_1}\cos\left[q_1(\lambda_1-l)-\gamma_1\right]-D_1\varepsilon^{-s_1\lambda_1}\cos\left[q_1(\lambda_1+l)-\delta_1\right]\} \\
=\varepsilon^{-(u_2-s_2)t}\{A_2\varepsilon^{-s_2\lambda_1}\cos\left[q_2(\lambda_1-l)-\alpha_2\right]-B_2\varepsilon^{+s_2\lambda_1}\cos\left[q_2(\lambda_1+l)-\beta_2\right]\} \\
+\varepsilon^{-(u_2+s_2)t}\{C_2\varepsilon^{+s_2\lambda_1}\cos\left[q_2(\lambda_1-l)-\gamma_2\right]-D_2\varepsilon^{-s_2\lambda_1}\cos\left[q_2(\lambda_1+l)-\delta_2\right]\}.
\end{cases}
$$

Il résulte de là que :

$$(270) \qquad\qquad q_2 = q_1 ;$$

c'est-à-dire que la fréquence doit être la même tout le long du circuit, comme cela est naturel, et :

$$(271) \qquad\qquad u_2 \pm s_2 = u_1 \pm s_1.$$

Puisque $u_2 \neq u_1$, une seulement des deux ondes peut exister, AB ou CD, et puisque ces deux ondes diffèrent seulement l'une de l'autre par le signe de s, en supposant maintenant que s peut être soit positif, soit négatif, nous pouvons choisir une des deux ondes, par exemple la seconde, mais employer A, B, α, β comme notations des constantes d'intégration.

44. — Les équations (266) et (267) prennent alors la forme :

$$(272)$$

$$
\begin{cases}
i = \varepsilon^{-ut}\{A\varepsilon^{+s(\lambda-l)}\cos\left[q(\lambda-l)-\alpha\right] \\
\qquad\quad - B\varepsilon^{-s(\lambda+l)}\cos\left[q(\lambda+l)-\beta\right]\} \\
e = \sqrt{\dfrac{L}{C}}\,\varepsilon^{-ut}\{A\varepsilon^{+s(\lambda-l)}\cos\left[q(\lambda-l)-\alpha\right] \\
\qquad\qquad + B\varepsilon^{-s(\lambda+l)}\cos\left[q(\lambda+l)-\beta\right]\},
\end{cases}
$$

ou,

$$(273)$$

$$
\begin{cases}
i = \varepsilon^{-(u+s)t}\{A\varepsilon^{+s\lambda}\cos\left[q(\lambda-l)-\alpha\right] \\
\qquad\quad - B\varepsilon^{-s\lambda}\cos\left[q(\lambda+l)-\beta\right]\} \\
e = \sqrt{\dfrac{L}{C}}\,\varepsilon^{-(u+s)t}\{A\varepsilon^{+s\lambda}\cos\left[q(\lambda-l)-\alpha\right] \\
\qquad\qquad + B\varepsilon^{-s\lambda}\cos\left[q(\lambda+l)-\beta\right]\};
\end{cases}
$$

ou, en employant les équations (262) et (263) au lieu de (266) et (267), les équations correspondantes sont de la forme :

$$(274)\quad\begin{cases} i = \varepsilon^{-ut}\{\varepsilon^{+s(\lambda-t)}[A\cos q(\lambda-t) + B\sin q(\lambda-t)] \\ \qquad - \varepsilon^{-s(\lambda+t)}[C\cos q(\lambda+t) + D\sin q(\lambda+t)]\} \\ e = \sqrt{\dfrac{L}{C}}\,\varepsilon^{-ut}\{\varepsilon^{+s(\lambda-t)}[A\cos q(\lambda-t) + B\sin q(\lambda-t)] \\ \qquad + \varepsilon^{-s(\lambda+t)}[C\cos q(\lambda+t) + D\sin q(\lambda+t)]\}, \end{cases}$$

ou,

$$(275)\quad\begin{cases} i = \varepsilon^{-(u+s)t}\{\varepsilon^{+s\lambda}[A\cos q(\lambda-t) + B\sin q(\lambda-t)] \\ \qquad - \varepsilon^{-s\lambda}[C\cos q(\lambda+t) + D\sin q(\lambda+t)]\} \\ e = \sqrt{\dfrac{L}{C}}\,\varepsilon^{-(u+s)t}\{\varepsilon^{+s\lambda}[A\cos q(\lambda-t) + B\sin q(\lambda-t)] \\ \qquad + \varepsilon^{-s\lambda}[C\cos q(\lambda+t) + D\sin q(\lambda+t)]\}, \end{cases}$$

où s peut être positif ou négatif.

Il résulte de l'équation (269) que :

$$(276)\qquad u_1 + s_1 = u_2 + s_2 = u_3 + s_3 = \ldots = u_n + s_n = u_0,$$

où u_1, u_2, u_3 ... u_n sont les constantes de temps des sections individuelles du circuit complexe, $\frac{1}{2}\left(\frac{r}{L} + \frac{g}{C}\right)$; u_0 peut être appelé le *décrément de temps résultant du circuit complexe*.

45. — En supprimant les termes égaux dans les deux membres de l'équation (269), elle prend la forme :

$$\begin{aligned} A_1\varepsilon^{+s_1\lambda_1}\cos[q(\lambda_1-t) - \alpha_1] - B_1\varepsilon^{-s_1\lambda_1}\cos[q(\lambda_1+t) - \beta_1] = \\ A_2\varepsilon^{+s_2\lambda_1}\cos[q(\lambda_1-t) - \alpha_2] - B_2\varepsilon^{-s_2\lambda_1}\cos[q(\lambda_1+t) - \beta_2], \end{aligned}$$

ce qui, résolu par rapport à $\sin qt$ et $\cos qt$, donne les identités :

$$(277)\quad\begin{cases} A_1\varepsilon^{+s_1\lambda_1}\cos(q\lambda_1 - \alpha_1) - B_1\varepsilon^{-s_1\lambda_1}\cos(q\lambda_1 - \beta_1) = \\ A_2\varepsilon^{+s_2\lambda_1}\cos(q\lambda_1 - \alpha_2) - B_2\varepsilon^{-s_2\lambda_1}\cos(q\lambda_1 - \beta_2), \\ A_1\varepsilon^{+s_1\lambda_1}\sin(q\lambda_1 - \alpha_1) + B_1\varepsilon^{-s_1\lambda_1}\sin(q\lambda_1 - \beta_1) = \\ A_2\varepsilon^{+s_2\lambda_1}\sin(q\lambda_1 - \alpha_2) + B_2\varepsilon^{-s_2\lambda_1}\sin(q\lambda_1 - \beta_2). \end{cases}$$

Ces identités résultent de l'égalité $i_1 = i$, d'après (272). De la même manière, on tire de (272) les deux nouvelles identités :

$$(278)\quad\begin{cases}\sqrt{\dfrac{L_1}{C_1}}\,\{A_1\varepsilon^{+s_1\lambda_1}\cos(q\lambda_1 - \alpha_1) + B_1\varepsilon^{-s_1\lambda_1}\cos(q\lambda_1 - \beta_1)\} = \\[2mm] \sqrt{\dfrac{L_2}{C_2}}\,\{A_2\varepsilon^{+s_2\lambda_1}\cos(q\lambda_1 - \alpha_2) + B_2\varepsilon^{-s_2\lambda_1}\cos(q\lambda_1 - \beta_2)\}, \\[2mm] \sqrt{\dfrac{L_1}{C_1}}\,\{A_1\varepsilon^{+s_1\lambda_1}\sin(q\lambda_1 - \alpha_1) - B_1\varepsilon^{-s_1\lambda_1}\cos(q\lambda_1 - \beta_1)\} = \\[2mm] \sqrt{\dfrac{L_2}{C_2}}\,\{A_2\varepsilon^{+s_2\lambda_1}\sin(q\lambda_1 - \alpha_2) - B_2\varepsilon^{-s_2\lambda_1}\sin(q\lambda_1 - \beta_2)\}.\end{cases}$$

Les équations (277) et (278) déterminent les constantes de toute section du circuit, A_2, B_2, α_2, β_2, d'après les constantes de la section voisine, A_1, B_1, α_1, β_1.

Soit :

$$(279)\quad\begin{cases}A\varepsilon^{+s\lambda_1}\cos(q\lambda_1 - \alpha) = A' \\[1mm] A\varepsilon^{+s\lambda_1}\sin(q\lambda_1 - \alpha) = A'' \\[1mm] B\varepsilon^{-s\lambda_1}\cos(q\lambda_1 - \beta) = B' \\[1mm] B\varepsilon^{-s\lambda_1}\sin(q\lambda_1 - \beta) = B'';\end{cases}$$

$$(280)\quad\begin{cases}c_1 = \sqrt{\dfrac{L_1}{C_1}} \\[3mm] c_2 = \sqrt{\dfrac{L_2}{C_2}}.\end{cases}$$

Alors :

$$(281)\quad\begin{cases}2c_2 A'_2 = (c_1 + c_2)\,A'_1 + (c_1 - c_2)\,B'_1 \\[1mm] 2c_2 B'_2 = (c_1 + c_2)\,B'_1 + (c_1 - c_2)\,A'_1 \\[1mm] 2c_2 A''_2 = (c_1 + c_2)\,A''_1 - (c_1 - c_2)\,B''_1 \\[1mm] 2c_2 B''_2 = (c_1 + c_2)\,B''_1 - (c_1 - c_2)\,A_1\,;\end{cases}$$

et puisque :

$$(282)\qquad A'^2 + A''^2 = A^2\varepsilon^{+2s\lambda_1}\ \text{etc.,}$$

on a avec (281) :

$$(283)\quad 4c_2^2 A_2^2\varepsilon^{+2s_2\lambda_1} = (c_1 + c_2)^2 A_1^2\varepsilon^{+2s_1\lambda_1} + (c_1 - c_2)^2 B_1^2\varepsilon^{-2s_1\lambda_1}$$
$$+ 2\,(A'_1 B'_1 - A''_1 B''_1)\,(c_1^2 - c_2^2)$$

et

$$(284)\begin{cases} \operatorname{tg}(q\lambda_1 - \alpha_2) = \dfrac{1 - \dfrac{c_1 - c_2}{c_1 + c_2}\dfrac{B_1}{A_1}\varepsilon^{-2s_1\lambda_1}\dfrac{\sin(q\lambda_1 - \beta_1)}{\sin(q\lambda_1 - \alpha_1)}}{1 + \dfrac{c_1 - c_2}{c_1 + c_2}\dfrac{B_1}{A_1}\varepsilon^{-2s_1\lambda_1}\dfrac{\cos(q\lambda_1 - \beta_1)}{\cos(q\lambda_1 - \alpha_1)}}\operatorname{tg}(q\lambda_1 - \alpha_1) \\[4ex] \operatorname{tg}(q\lambda_1 - \beta_2) = \dfrac{1 - \dfrac{c_1 - c_2}{c_1 + c_2}\dfrac{A_1}{B_1}\varepsilon^{+2s_1\lambda_1}\dfrac{\sin(q\lambda_1 - \alpha_1)}{\sin(q\lambda_1 - \beta_1)}}{1 + \dfrac{c_1 - c_2}{c_1 + c_2}\dfrac{A_1}{B_1}\varepsilon^{+2s_1\lambda_1}\dfrac{\cos(q\lambda_1 - \alpha_1)}{\cos(q\lambda_1 - \beta_1)}}\operatorname{tg}(q\lambda_1 - \beta_1). \end{cases}$$

De la même manière, égalons, pour $\lambda = \lambda_1$, dans les équations (275) le courant i_1, correspondant à la section allant de λ_0 à λ_1, au courant i_2, correspondant à la section allant de λ_1 à λ_2, et aussi les f. é. m., $c_1 = c_2$; cela donne les constantes des équations (275) et (274) relatives à une section, λ_1 à λ_2, exprimées en fonction de celles de la section adjacente, λ_0 à λ_1 :

$$(285)\begin{cases} A_2 = \varepsilon^{-s_2\lambda_1}\left\{ a_1\varepsilon^{+s_1\lambda_1}A_1 + b_1\varepsilon^{-s_1\lambda_1}(C_1\cos 2q\lambda_1 + D_1\sin 2q\lambda_1)\right\} \\ B_2 = \varepsilon^{-s_2\lambda_1}\left\{ a_1\varepsilon^{+s_1\lambda_1}B_1 + b_1\varepsilon^{-s_1\lambda_1}(C_1\sin 2q\lambda_1 - D_1\cos 2q\lambda_1)\right\} \\ C_2 = \varepsilon^{+s_2\lambda_1}\left\{ a_1\varepsilon^{-s_1\lambda_1}C_1 + b_1\varepsilon^{+s_1\lambda_1}(A_1\cos 2q\lambda_1 - B_1\sin 2q\lambda_1)\right\} \\ D_2 = \varepsilon^{+s_2\lambda_1}\left\{ a_1\varepsilon^{-s_1\lambda_1}D_1 + b_1\varepsilon^{+s_1\lambda_1}(A_1\sin 2q\lambda_1 - B_1\cos 2q\lambda_1)\right\}, \end{cases}$$

où

$$(286)\begin{cases} a_1 = \dfrac{c_1 + c_2}{2c_2} \\[2ex] b_1 = \dfrac{c_1 - c_2}{2c_2} \end{cases}$$

$$(287)\begin{cases} c_1 = \sqrt{\dfrac{L_1}{C_1}} \\[2ex] c_2 = \sqrt{\dfrac{L_2}{C_2}}. \end{cases}$$

46. — L'équation générale du courant et de la f. é. m. dans un circuit complexe est ainsi composée de deux termes, l'onde principale A dans les équations (272) (273), et son onde réfléchie B.

Le facteur $\varepsilon^{-(u+s)t} = \varepsilon^{-u_0 t}$ des équations (273) et (275) représente le décrément de temps, ou le décroissement de la grandeur de l'onde avec le temps, et comme tel est le même tout le long du circuit entier. Dans une section isolée, de constante de temps u, le décrément de temps, d'après les chapitres III et V, est ε^{-ut}; c'est-à-dire que, avec le décrément ε^{-ut}, l'onde s'éteint dans la section isolée suivant la loi avec laquelle l'énergie accumulée est dissipée par la perte de puissance dans la résistance et la conductance. Dans une section de circuit connectée à d'autres sections, le décrément de temps $\varepsilon^{-u_0 t}$ ne correspond pas à la dissipation de puissance dans la section ; c'est-à-dire que l'onde ne s'éteint pas dans chaque section selon une loi donnée par la consommation de puissance dans cette section, ou, en d'autres termes, il y a transfert de puissance d'une section à l'autre durant l'oscillation du circuit complexe.

Si s est négatif, u_0 est plus faible que u, et l'onde s'éteint dans cette section particulière suivant une loi plus lente que celle qui correspond à la puissance consommée dans la section ; en autres termes, dans cette section du circuit complexe, r et g consomment plus de puissance que celle qui est fournie par la dissipation de l'énergie accumulée et cette section doit par suite recevoir de l'énergie de ses voisines. Inversement, si s est positif, $u_0 > u$, et l'onde s'éteint plus rapidement dans cette section que son énergie accumulée n'est consommée par r et g ; c'est-à-dire qu'une portion de l'énergie accumulée dans la section est transférée aux sections voisines, et une portion seulement — quelquefois une très petite portion — de cette énergie est dissipée dans la section même ; cette section agit ainsi comme un réservoir d'énergie pour alimenter les autres sections du système.

La constante s du circuit peut, pour cette raison, être appelée *constante de transfert d'énergie* ; s positif indique un transfert d'énergie de la section au reste du circuit ; s négatif indique une recette d'énergie provenant des autres sections. Ceci explique la disparition de s dans une onde stationnaire d'un circuit uniforme, à cause de l'absence de transfert d'énergie, et la présence de s dans les équations de l'onde mobile, à cause du transfert d'énergie le long du circuit, et dans les équations générales des circuits à courants alternatifs.

Il résulte immédiatement de cela que, dans un circuit complexe, certains des s des différentes sections peuvent être positifs et les autres négatifs.

En plus du décrément de temps $\varepsilon^{-(u+s)t} = \varepsilon^{-u_0 t}$ les ondes, d'après les équations (273) et (275), contiennent le décrément de distance, $\varepsilon^{+s\lambda}$ pour l'onde principale, $\varepsilon^{-s\lambda}$ pour l'onde réfléchie ; s négatif indique donc un décroissement de l'onde principale quand λ croît, ou dans la direction de propagation, et un décroissement de l'onde réfléchie quand λ décroît, c'est-à-dire aussi dans la direction de propagation ; tandis que s positif indique un accroissement de l'onde principale aussi bien que de l'onde réfléchie dans la direction de sa propagation le long du circuit. En autres termes, si s est négatif, et que la section consomme plus de puissance que celle qui est fournie par son énergie accumulée et par suite reçoive de la puissance des sections voisines, l'onde électrique décroît dans la direction de propagation, ce qui montre la dissipation graduelle de la puissance reçue des sections voisines. Inversement, si s est positif et que la section alimente de puissance ses voisines, l'onde électrique croît dans cette section dans la direction de propagation.

En d'autres termes, dans un circuit complexe, les sections de faible dissipation de puissance ont une onde qui croît, et elles envoient de la puissance aux sections de forte dissipation dans lesquelles l'onde décroît.

Cela peut être encore mieux vu par les équations (272) et (274). Là, le décrément de temps ε^{-ut} représente la dissipation, dans la section même par r et g, de l'énergie accumulée dans cette section. Le décrément de temps et distance, $\varepsilon^{+s(\lambda - l)}$ pour l'onde principale, $\varepsilon^{-s(\lambda + l)}$ pour l'onde réfléchie, représente le décrément de l'onde pour $(\lambda - l)$ ou $(\lambda + l)$ respectivement, c'est-à-dire montre la variation d'amplitude de l'onde pendant sa propagation. Ainsi, par exemple, en suivant la crête d'une onde, l'onde décroît pour s négatif et croît pour s positif, en addition avec le décroissement uniforme donné par la constante de temps, ε^{-nt} ; ou, en d'autres termes, pour s positif l'onde gagne de l'amplitude pendant sa marche et pour s négatif elle perd de l'amplitude, en addition avec la perte d'amplitude donnée par la constante de temps de chaque section particulière du circuit.

47. — Introduisons le décrément de temps résultant u_0 du circuit complexe ; les équations d'une section quelconque, (273) et (275), peuvent aussi être exprimées par le décrément de temps résultant du circuit complexe entier u_0, et la constante de transfert d'énergie de la section individuelle ; ainsi :

$$(288) \qquad s = u_0 - u$$

$$(289) \quad
\begin{cases}
i = \varepsilon^{-u_0 t}\{A\varepsilon^{+s\lambda}\cos[q(\lambda - l) - \alpha] - B\varepsilon^{-s\lambda}\cos[q(\lambda + l) - \beta]\} \\
\text{et} \\
e = \sqrt{\dfrac{L}{C}}\,\varepsilon^{-u_0 t}\{A\varepsilon^{+s\lambda}\cos[q(\lambda - l) - \alpha] + B\varepsilon^{-s\lambda}\cos[q(\lambda + l) - \beta]\}.
\end{cases}$$

ou

$$(290) \quad
\begin{cases}
i = \varepsilon^{-u_0 t}\{\varepsilon^{+s\lambda}[A\cos q(\lambda - l) + B\sin q(\lambda - l)] \\
\qquad\qquad - \varepsilon^{-s\lambda}[C\cos q(\lambda + l) + D\sin q(\lambda + l)]\} \\
\text{et} \\
e = \sqrt{\dfrac{L}{C}}\,\varepsilon^{-u_0 t}\{\varepsilon^{+s\lambda}[A\cos q(\lambda - l) + B\sin q(\lambda - l)] \\
\qquad\qquad + \varepsilon^{-s\lambda}[C\cos q(\lambda + l) + D\sin q(\lambda + l)]\}.
\end{cases}$$

Les constantes A, B, C, D sont les constantes d'intégration, et sont déterminées par les conditions extrêmes du problème, comme par les distributions de courant et f. é. m. dans le circuit au début pour $l = 0$, ou en un point particulier, comme $\lambda = 0$.

48. — Les constantes u_0 et q dépendent des conditions du circuit. Si le circuit est fermé sur lui-même, comme c'est généralement le cas avec une transmission électrique ou un circuit de distribution, et si Λ est la longueur totale de ce circuit fermé, les équations doivent donner pour $\lambda = \Lambda$ la même valeur que pour $\lambda = 0$; par suite, q doit être un cycle complet ou un de ses multiples, $2n\pi$; c'est-à-dire :

$$(291) \qquad q = \frac{2n\pi}{\Lambda},$$

et la moindre valeur de q, ou fréquence fondamentale d'oscillation, est :

$$(292) \qquad q_0 = \frac{2\pi}{\Lambda}$$

et

$$(293) \qquad q = n q_0.$$

Si le circuit complexe est ouvert aux deux bouts, ou à la terre aux deux bouts, on réalise ainsi une oscillation demi-onde, et si λ_1 est la longueur totale de ce circuit :

$$(294) \qquad q_0 = \frac{\pi}{\lambda_1} \qquad \text{et} \qquad q = nq_0.$$

Si le circuit est ouvert à un bout, et à la terre à l'autre, on réalise ainsi une oscillation quart d'onde, et si λ_2 est la longueur totale de ce circuit :

$$(295) \qquad q_0 = \frac{\pi}{2\lambda_2} \qquad \text{et} \qquad q = (2n - 1)q_0,$$

tandis que si la longueur du circuit complexe est très grande en comparaison de la fréquence de l'oscillation, q_0 peut avoir une valeur quelconque; c'est-à-dire que si la longueur d'onde de l'oscillation est très courte par rapport à la longueur du circuit, toutes longueurs d'onde, et par suite toutes fréquences, peuvent se produire, avec des circuits uniformes, comme des lignes de transmission, ce dernier cas, c'est-à-dire l'adaptation de la ligne à toute fréquence, ne peut avoir lieu que pour les très hautes fréquences. Même dans une ligne de transmission de plusieurs centaines de kilomètres de longueur, la plus basse fréquence d'oscillation libre est très élevée et la ligne ne pourrait « répondre » qu'à des fréquences extrêmement élevées comme des millions de cycles. Dans un circuit complexe, au contraire, la fréquence fondamentale peut être beaucoup plus basse, même quelquefois au-dessous des fréquences des alternateurs, car la vitesse de propagation $\frac{1}{\sqrt{LC}}$ peut être tout-à-fait faible dans certaines sections du circuit, comme les bobines à haute tension des transformateurs puissants; de telle sorte qu'un tel circuit complexe, même pour des fréquences relativement modérées, de l'importance de 10 000 cycles par exemple, peut « répondre » à une fréquence quelconque.

49. — La constante u_0 est aussi déterminée par les constantes du circuit. La constante de transfert d'énergie de la section de circuit dépend de u_0, et, par suite, la loi d'accroissement de l'onde dans une section de faible consommation de puissance, ou de décroissement dans une section de forte consommation de puissance, en dépendent aussi. Mais dans un circuit fermé, en faisant le tour du circuit entier, on doit retrouver à nouveau les mêmes valeurs de e et i; les lois d'accroissement et de décroissement des ondes dans les diverses sections doivent donc être telles qu'elles se neutralisent l'une l'autre pour le tour complet; c'est-à-dire que l'accroissement total pour le circuit complexe entier est nul. Ceci donne une équation qui détermine u_0.

Dans un circuit complexe ayant n sections de constantes différentes, et par suite n points de transition aux distances

$$(296) \qquad \lambda_1, \lambda_2 \ldots \lambda_n,$$

où $\lambda_{n+1} = \lambda_1 + \Lambda$, et $\Lambda = $ la longueur totale du circuit, les équations de i et de e dans toute section i sont données par les équations (290) contenant les constantes A_i, B_i, C_i, D_i [1].

Les constantes A, B, C, D de toute section se déterminent par les constantes de la section précédente au moyen des équations (285) à (287). Les constantes de la seconde section sont ainsi déterminées au moyen de celles de la première, les constantes de la troisième au moyen de celles de la seconde et par suite, avec une substitution, au moyen de celles de la première. De cette manière, par substitutions successives, les constantes de toute section i se trouvent exprimées au moyen de celles de la première section par des fonctions linéaires.

Finalement, les constantes de la $(n + 1)^{\text{ème}}$ section se trouvent déterminées au moyen de celles de la première :

$$(297) \qquad \begin{cases} A_{n+1} = a'A_1 + a''B_1 + a'''C_1 + a''''D_1 \\ B_{n+1} = b'A_1 + b''B_1 + b'''C_1 + b''''D_1 \\ C_{n+1} = c'A_1 + c''B_1 + c'''C_1 + c''''D_1 \\ D_{n+1} = d'A_1 + d''B_1 + d'''C_1 + d''''D_1, \end{cases}$$

où

$$a', a'', a''', b', b'', \text{etc.,}$$

sont des fonctions de s_i et de λ_i,

---

[1] Ne pas faire de confusion entre i rang de section et i intensité de courant.

(N. d. T.)

Mais la $(n+1)^{\text{ème}}$ section n'est autre chose que la première ; par suite, d'après (290) et (296) :

$$(298) \quad \begin{cases} A_{n+1} = A_1 \varepsilon^{-s_1 \lambda} \\ B_{n+1} = B_1 \varepsilon^{-s_1 \lambda} \\ C_{n+1} = C_1 \varepsilon^{+s_1 \lambda} \\ D_{n+1} = D_1 \varepsilon^{+s_1 \lambda}. \end{cases}$$

En portant (298) en (297), on a quatre équations linéaires symétriques en A_1, B_1, C_1, D_1 desquelles on peut éliminer ces quatre constantes, car n équations linéaires symétriques de n variables sont dépendantes et contiennent une identité :

$$(299) \quad \begin{cases} \left(a' - \varepsilon^{-s_1 \lambda}\right)A_1 + a''B_1 + a'''C_1 + a''''D_1 = 0 \\ b'A_1 + \left(b'' - \varepsilon^{-s_1 \lambda}\right)B_1 + a'''C_1 + b''''D_1 = 0 \\ c'A_1 + c''B_1 + \left(c''' - \varepsilon^{+s_1 \lambda}\right)C_1 + c''''D_1 = 0 \\ d'A_1 + d''B_1 + d'''C_1 + \left(d'''' - \varepsilon^{+s_1 \lambda}\right)D_1 = 0. \end{cases}$$

De là :

$$(300) \quad \begin{vmatrix} \left(a' - \varepsilon^{-s_1 \lambda}\right) & a'' & a''' & a'''' \\ b' & \left(b'' - \varepsilon^{-s_1 \lambda}\right) & b''' & b'''' \\ c' & c'' & \left(c''' - \varepsilon^{+s_1 \lambda}\right) & c'''' \\ d' & d' & d'' & \left(d'''' - \varepsilon^{+s_1 \lambda}\right) \end{vmatrix} = 0.$$

En portant dans ce déterminant l'équation (276)

$$(301) \quad s_i = u_0 - u_i$$

on a une équation exponentielle en u_0

$$(302) \quad F(u_0,\ u_i,\ \lambda_i,\ c_i) = 0,$$

de laquelle on tire la valeur de u_0, ou le décrément de temps résultant du circuit. En général, cette équation (302) ne peut être résolue que par approximation, sauf dans des cas spéciaux.

CHAPITRE VII

—

PUISSANCE ET ÉNERGIE DANS LE CIRCUIT COMPLEXE

50. — L'oscillation libre d'un circuit complexe diffère de celle du circuit uniforme en ce que la première contient des fonctions exponentielle de la distance λ, qui représentent le déplacement ou le transfert de puissance entre les sections du circuit.

L'expression générale d'un terme, ou fréquence de courant et voltage, dans une section d'un circuit complexe est donnée par les équations (290) :

$$\left\{ \begin{aligned} i &= \varepsilon^{-u_0 t}\left\{ \varepsilon^{+s\lambda}[A\cos q\,(\lambda - t) + B\sin q\,(\lambda - t)] \right.\\ &\quad - \varepsilon^{-s\lambda}[C\cos q\,(\lambda + t) + D\sin q\,(\lambda + t)]\Big\}\\ \text{et}\quad & \\ e &= \sqrt{\frac{L}{C}}\,\varepsilon^{-u_0 t}\left\{ \varepsilon^{+s\lambda}[A\cos q\,(\lambda - t) + B\sin q\,(\lambda - t)] \right.\\ &\quad + \varepsilon^{-s\lambda}[C\cos q\,(\lambda + t) + D\sin q\,(\lambda + t)]\Big\}, \end{aligned} \right.$$

où $q = nq_0$; $q_0 = \dfrac{2\pi}{\Lambda}$, $\Lambda =$ longueur totale du circuit, exprimée en coordonnée de distance, $\lambda = \sigma l$, l étant la coordonnée de distance du circuit en toute unité : centimètre, mètre, tours, etc... et r, L, g, C, les constantes du circuit pour la longueur unité de l.

$$\sigma = \sqrt{LC},$$

$$c = \sqrt{\frac{L}{C}},$$

$u = \dfrac{1}{2}\left(\dfrac{r}{L} + \dfrac{g}{C}\right) =$ constante de temps d'une section de circuit,

$u_0 = u + s =$ décrément de temps résultant du circuit complexe,

$s = u_0 - u =$ constante de transfert d'énergie d'une section de circuit.

La valeur instantanée de la puissance en tout point λ du circuit, au temps t, est

$$(3o3)\quad p = ei =$$
$$= \sqrt{\frac{L}{C}}\,\varepsilon^{-2u_0 t}\Big\{\varepsilon^{+2s\lambda}[A\cos q(\lambda - t) + B\sin q(\lambda - t)]^2$$
$$- \varepsilon^{-2s\lambda}[C\cos q(\lambda + t) + D\sin q(\lambda + t)]^2\Big\}$$
$$= \frac{1}{2}\sqrt{\frac{L}{C}}\,\varepsilon^{-2u_0 t}\Big\{\big[\varepsilon^{+2s\lambda}(A^2 + B^2) - \varepsilon^{-2s\lambda}(C^2 + D^2)\big]$$
$$+ \big[\varepsilon^{+2s\lambda}(A^2 - B^2)\cos 2q(\lambda - t) - \varepsilon^{-2s\lambda}(C^2 - D^2)\cos 2q(\lambda + t)\big]$$
$$+ 2\big[AB\,\varepsilon^{+2s\lambda}\sin 2q(\lambda - t) - CD\,\varepsilon^{-2s\lambda}\sin 2q(\lambda + t)\big]\Big\};$$

c'est-à-dire que la valeur instantanée de la puissance consiste en un terme constant et en termes de double fréquence en $(\lambda - t)$ et $(\lambda + t)$ ou en distance λ et temps t.

En intégrant (3o3) pour une période complète de temps, on a la *valeur moyenne de la puissance en tout point* λ :

$$(3o4)\quad P = \frac{1}{2}\sqrt{\frac{L}{C}}\,\varepsilon^{-2u_0 t}\Big\{\varepsilon^{+2s\lambda}(A^2 + B^2) - \varepsilon^{-2s\lambda}(C^2 + D^2)\Big\};$$

c'est-à-dire que la puissance moyenne en tout point du circuit est la différence entre la puissance moyenne de l'onde principale et celle de l'onde réfléchie ; et la puissance instantanée en tout temps et en tout point du circuit est aussi la différence entre la puissance instantanée de l'onde principale et celle de l'onde réfléchie.

La puissance moyenne en chaque point du circuit décroît graduellement dans chaque section avec le décrément de temps résultant du circuit total, $\varepsilon^{-2u_0 t}$, et varie graduellement ou exponentiellement avec la distance λ, l'une des ondes croissant, l'autre décroissant ; de telle sorte qu'en un point du circuit ou section de circuit la puissance moyenne est nulle ; ce point est un nœud de puissance, ou point au travers duquel ne s'écoule pas d'énergie. Il est obtenu par :

$$\varepsilon^{+2s\lambda}(A^2 + B^2) = \varepsilon^{-2s\lambda}(C^2 + D^2);$$

ou

$$(3o5)\quad \begin{cases}\varepsilon^{+4s\lambda} = \dfrac{C^2 + D^2}{A^2 + B^2}\\[2mm] \lambda = \dfrac{1}{4s}\log\dfrac{C^2 + D^2}{A^2 + B^2}.\end{cases}$$

La différence de puissance entre deux points du circuit, λ_1 et λ_2, c'est-à-dire la puissance entrant dans une section $\lambda' = \lambda_2 - \lambda_1$ du circuit ou en sortant (selon le signe) est donnée par :

$$(306) \qquad P_0 = \frac{1}{2}\sqrt{\frac{L}{C}}\,\varepsilon^{-2u_0 t}\Big\{\big(\varepsilon^{+2s\lambda_2} - \varepsilon^{+2s\lambda_1}\big)(A^2 + B^2)$$
$$- \big(\varepsilon^{-2s\lambda_2} - \varepsilon^{-2s\lambda_1}\big)(C^2 + D^2)\Big\}.$$

Si P_0 est > 0, ceci représente la puissance qui est fournie par la section λ' aux sections voisines ; si $P_0 < 0$, c'est la puissance qui est reçue par la section du restant du circuit complexe.

Si $s\lambda_2$ et $s\lambda_1$ sont des quantités faibles, la fonction exponentielle peut-être résolue en une série infinie dont on peut conserver seulement le premier terme, et ceci donne la valeur approximative :

$$(307) \qquad \varepsilon^{\pm 2s\lambda_2} - \varepsilon^{\pm 2s\lambda_1} = \pm 2s\,(\lambda_2 - \lambda_1) = \pm 2s\lambda' ;$$

d'où

$$(308) \qquad P_0 = s\lambda'\sqrt{\frac{L}{C}}\,\varepsilon^{-2u_0 t}\big\{ A^2 + B^2 + C^2 + D^2 \big\} ;$$

c'est-à-dire que la puissance envoyée d'une section de longueur λ' au reste du circuit, ou reçue par cette section du reste du circuit, est proportionnelle à la longueur de cette section, λ', à sa constante de transfert, s, et à la somme des puissance des ondes principale et réfléchie.

51. — L'énergie emmagasinée par l'inductance d'un élément de circuit $d\lambda$, c'est-à-dire dans le champ magnétique du circuit, est :

$$dw_1 = \frac{L'i^2}{2}\,d\lambda,$$

où $L' = $ inductance par unité de longueur du circuit exprimée par la coordonnée de distance λ.

Puisque $L = $ inductance par unité de longueur du circuit, avec l comme coordonnée de distance, et $\lambda = \sigma l$,

$$L' = \frac{L}{\sigma} = \frac{L}{\sqrt{LC}} = \sqrt{\frac{L}{C}} ;$$

d'où

$$(309) \qquad dw_1 = \frac{1}{2}\sqrt{\frac{L}{C}}\,i^2 d\lambda.$$

En général, les constantes du circuit r, L, g, C par unité de longueur, $l = 1$, donnent, pour $\lambda = 1$ comme unité de longueur :

$$(310) \quad \begin{cases} \dfrac{r}{2}; \quad \dfrac{L}{2}; \quad \dfrac{g}{2}; \quad \dfrac{C}{2}, \\[2ex] \text{ou} \\[2ex] \dfrac{r}{\sqrt{LC}}; \quad \dfrac{L}{\sqrt{LC}} = \sqrt{\dfrac{L}{C}}; \quad \dfrac{g}{\sqrt{LC}}; \quad \dfrac{C}{\sqrt{LC}} = \sqrt{\dfrac{C}{L}}. \end{cases}$$

Combinons (290) et (309) ; on a :

$$(311) \quad \frac{dw_1}{d\lambda} = \frac{1}{2}\sqrt{\frac{L}{C}}\,\varepsilon^{-2u_0 t}\Big\{\varepsilon^{+2s\lambda}[A\cos q(\lambda - t) + B\sin q(\lambda - t)]^2$$
$$+\,\varepsilon^{-2s\lambda}[C\cos q(\lambda + t) + D\sin q(\lambda + t)]^2$$
$$-\,2\,[A\cos q(\lambda - t) + B\sin q(\lambda - t)]$$
$$[C\cos q(\lambda + t) + D\sin q(\lambda + t)]\Big\}$$
$$= \frac{1}{4}\sqrt{\frac{L}{C}}\,\varepsilon^{-2u_0 t}\Big\{\big[\varepsilon^{+2s\lambda}(A^2 + B^2) + \varepsilon^{-2s\lambda}(C^2 + D^2)\big]$$
$$+ \big[\varepsilon^{+2s\lambda}(A^2 - B^2)\cos 2q(\lambda - t) + \varepsilon^{-2s\lambda}(C^2 - D^2)\cos 2q(\lambda + t)\big]$$
$$+ 2\big[AB\varepsilon^{+2s\lambda}\sin 2q(\lambda - t) + CD\varepsilon^{-2s\lambda}\sin 2q(\lambda + t)\big]$$
$$- 2\big[(AC - BD)\cos 2q\lambda + (AD + BC)\sin 2q\lambda\big]$$
$$- 2\big[(AC + BD)\cos 2qt + (AD - BC)\sin 2qt\big]\Big\}.$$

En intégrant pour une période complète de temps, on a l'énergie emmagasinée dans le champ magnétique au point λ :

$$(312) \quad \frac{dW_1}{d\lambda} = \frac{1}{2\pi}\int_0^{2\pi}\frac{dw_1}{d\lambda}\,dt$$
$$= \frac{1}{4}\sqrt{\frac{L}{C}}\,\varepsilon^{-2u_0 t}\Big\{\big[\varepsilon^{+2s\lambda}(A^2 + B^2) + \varepsilon^{-2s\lambda}(C^2 + D^2)\big]$$
$$- 2\big[(AC - BD)\cos 2q\lambda + (AD + BC)\sin 2q\lambda\big]\Big\}.$$

En intégrant pour une période complète de distance λ, ou une longueur d'onde complète :

$$(313) \quad \frac{dW_2}{d\lambda} = \frac{1}{2\pi}\int_0^{2\pi}\frac{dW_1}{d\lambda}\,d\lambda = \frac{1}{4}\sqrt{\frac{L}{C}}\,\varepsilon^{-2u_0 t}\Big\{\varepsilon^{+2s\lambda}(A^2 + B^2)$$
$$+ \varepsilon^{-2s\lambda}(C^2 + D^2)\Big\}.$$

L'énergie accumulée par l'inductance L, ou dans le champ magnétique du conducteur, se compose ainsi d'une partie constante :

$$(314) \quad \frac{dw_0}{d\lambda} = \frac{1}{4} \sqrt{\frac{L}{C}}\, \varepsilon^{-2u_0 t} \{ \varepsilon^{+2s\lambda}(A^2 + B^2) + \varepsilon^{-2s\lambda}(C^2 + D^2) \},$$

d'une partie qui est fonction de $(\lambda - t)$ et $(\lambda + t)$,

$$(315) \quad \frac{dw'}{d\lambda} = \frac{1}{4} \sqrt{\frac{L}{C}}\, \varepsilon^{-2u_0 t} \{ [\varepsilon^{+2s\lambda}(A^2 - B^2) \cos 2q(\lambda - t)$$
$$+ \varepsilon^{-2s\lambda}(C^2 - D^2) \cos 2q(\lambda + t)]$$
$$+ 2[AB\varepsilon^{+2s\lambda} \sin 2q(\lambda - t)$$
$$+ CD\varepsilon^{-2s\lambda} \sin 2q(\lambda + t)] \},$$

d'une partie qui est fonction de la distance λ seule et non du temps t,

$$(316) \quad -\frac{dw''}{d\lambda} = \frac{1}{2} \sqrt{\frac{L}{C}}\, \varepsilon^{-2u_0 t} \{ (AC - BD) \cos 2q\lambda$$
$$+ (AD + BC) \sin 2q\lambda \},$$

et d'une partie qui est fonction du temps t seul et non de la distance λ,

$$(317) \quad -\frac{dw'''}{d\lambda} = \frac{1}{2} \sqrt{\frac{L}{C}}\, \varepsilon^{-2u_0 t} \{ (AC + BD) \cos 2qt$$
$$+ (AD - BC) \sin 2qt \}.$$

L'énergie totale accumulée dans le champ électromagnétique de l'élément de circuit $d\lambda$ au temps t est ainsi :

$$(318) \quad \frac{dw_1}{d\lambda} = \frac{dw_0}{d\lambda} + \frac{dw'}{d\lambda} - \frac{dw''}{d\lambda} - \frac{dw'''}{d\lambda}.$$

52. — L'énergie accumulée dans le champ électrostatique du conducteur ou par sa capacité C est donnée par :

$$dw_2 = \frac{C'e^2}{2}\, d\lambda\ ;$$

ou, en substituant (310),

$$(319) \quad \frac{dw_2}{d\lambda} = \frac{1}{2} \sqrt{\frac{C}{L}}\, e^2.$$

En substituant en (319) la valeur de e donnée par l'équation (290), on a la même expression que [(311), sauf que le signe des deux derniers termes est inversé ; c'est-à-dire que l'énergie totale du champ électrostatique de l'élément de circuit $d\lambda$ au temps t est :

$$(320) \qquad \frac{dw_2}{d\lambda} = \frac{dw_0}{d\lambda} + \frac{dw'}{d\lambda} + \frac{dw''}{d\lambda} + \frac{dw'''}{d\lambda}.$$

En ajoutant (318) et (320), on obtient l'énergie totale emmagasinée dans le champ électrique du conducteur,

$$(321) \qquad \frac{dw}{d\lambda} = \frac{dw_1}{d\lambda} + \frac{dw_2}{d\lambda} = 2\,\frac{dw_0}{d\lambda} + 2\,\frac{dw'}{d\lambda}.$$

En intégrant pour une période de temps complète, on a :

$$(322)\ \frac{dW}{d\lambda} = 2\,\frac{dw_0}{d\lambda} = \frac{1}{2}\sqrt{\frac{L}{C}}\,\varepsilon^{-2u_0 t}\{\varepsilon^{+2s\lambda}(A^2 + B^2) + \varepsilon^{-2s\lambda}(C^2 + D^2)\}.$$

Les deux derniers termes, $\dfrac{dw''}{d\lambda}$ et $\dfrac{dw'''}{d\lambda}$, représentent ainsi l'énergie qui se transporte, ou oscille, entre les champs électrostatique et électromagnétique du circuit ; le terme $\dfrac{dw'}{d\lambda}$ représente la composante alternative (ou plutôt oscillante) de l'énergie accumulée.

53. — L'énergie accumulée dans le champ électrique d'une section de circuit λ', entre λ_1, est λ_2 est donnée par l'intégration de $\dfrac{dW}{d\lambda}$ entre λ_2 et λ_2,

$$(323) \quad W = \frac{1}{4s}\sqrt{\frac{L}{C}}\,\varepsilon^{-2u_0 t}\{(\varepsilon^{+2s\lambda_2} - \varepsilon^{+2s\lambda_1})(A^2 + B^2)$$
$$- (\varepsilon^{-2s\lambda_2} - \varepsilon^{-2s\lambda_1})(C^2 + D^2)\};$$

ou, en y substituant l'approximation (307),

$$(324) \qquad W = \frac{1}{2}\lambda'\sqrt{\frac{L}{C}}\,\varepsilon^{-2u_0 t}\{A^2 + B^2 + C^2 + D^2\}.$$

En différentiant (324) par rapport à t, on obtient la puissance fournie par le champ électrique du circuit :

$$(325) \qquad P = -\frac{dW}{dt} = u_0\lambda'\sqrt{\frac{L}{C}}\,\varepsilon^{-2u_0 t}\{A^2 + B^2 + C^2 + D^2\},$$

ou, plus généralement :

$$(3a6) \quad P = - \frac{u_0}{2s} \sqrt{\frac{L}{C}} \, \varepsilon^{-2u_0 t} \{ (\varepsilon^{+2s\lambda_2} - \varepsilon^{+2s\lambda_1})(A^2 + B^2)$$
$$- (\varepsilon^{-2s\lambda_2} - \varepsilon^{-2s\lambda_1})(C^2 + D^2) \}.$$

54. — La puissance dissipée dans la résistance $r'd\lambda = \frac{rd\lambda}{\sqrt{LC}}$ d'un élément de conducteur $d\lambda$ est

$$(3a7) \qquad dp' = r'i^2 d\lambda$$
$$= \frac{2r}{L} dw_1 ;$$

d'où, en substituant dans l'équation (318), on obtient la puissance consommée par la résistance de l'élément de circuit $d\lambda$:

$$(3a8) \qquad \frac{dp'}{d\lambda} = \frac{2r}{L} \left\{ \frac{dw_0}{d\lambda} + \frac{dw'}{d\lambda} - \frac{dw''}{d\lambda} - \frac{dw'''}{d\lambda} \right\}.$$

La puissance consommée par la conductance $g'd\lambda = \frac{g}{\sqrt{LC}} d\lambda$ de l'élément de conducteur $d\lambda$ est

$$(3a9) \qquad dp'' = g'e^2 d\lambda$$
$$= \frac{2g}{C} dw_2 ;$$

d'où la puissance consommée par la conductance de l'élément de circuit $d\lambda$:

$$(330) \qquad \frac{dp''}{d\lambda} = \frac{2g}{C} \left\{ \frac{dw_0}{d\lambda} + \frac{dw'}{d\lambda} + \frac{dw''}{d\lambda} + \frac{dw'''}{d\lambda} \right\}.$$

La *puissance totale dissipée* dans l'élément de circuit $d\lambda$ est :

$$(331) \quad \frac{dp_1}{d\lambda} = \frac{dp'}{d\lambda} + \frac{dp''}{d\lambda} = 4u \left(\frac{dw_0}{d\lambda} + \frac{dw'}{d\lambda} \right) - 4m \left\{ \frac{dw''}{d\lambda} + \frac{dw'''}{d\lambda} \right\}.$$

avec, comme auparavant,

$$(33a) \qquad \begin{cases} u = \frac{1}{2} \left(\frac{r}{L} + \frac{g}{C} \right) \\ m = \frac{1}{2} \left(\frac{r}{L} - \frac{g}{C} \right). \end{cases}$$

En intégrant pour une période complète :

$$(333) \qquad \frac{dP_1}{d\lambda} = 4u \frac{dw_0}{d\lambda} - 4m \frac{dw''}{d\lambda};$$

la puissance dissipée dans le circuit contient un terme constant $4u \frac{dw_0}{d\lambda}$, et un terme qui est une fonction périodique de la distance λ, $4m \frac{dw''}{d\lambda}$, et de double fréquence.

En faisant la moyenne pour une demi-onde du circuit, ou un de ses multiples, le second terme disparaît et

$$\frac{dP_1^0}{d\lambda} = 4u \frac{dw_0}{d\lambda};$$

ou, en substituant (314),

$$(334) \qquad \frac{dP_1^0}{d\lambda} = u \sqrt{\frac{L}{C}}\, \varepsilon^{-2u_0 l}\left\{ \varepsilon^{+2s\lambda}(A^2 + B^2) + \varepsilon^{-2s\lambda}(C^2 + D^2) \right\}.$$

La puissance dissipée dans une section $\lambda' = \lambda_2 - \lambda_1$ du circuit est donc, en intégrant entre les limites λ_1 et λ_2 :

$$(335) \qquad P_0^1 = \frac{u}{2s} \sqrt{\frac{L}{C}}\, \varepsilon^{-2u_0 l}\left\{ \left(\varepsilon^{+2s\lambda_2} - \varepsilon^{+2s\lambda_1} \right)(A^2 + B^2) \right.$$
$$\left. + \left(\varepsilon^{-2s\lambda_2} - \varepsilon^{-2s\lambda_1} \right)(C^2 + D^2) \right\},$$

ou, approximativement :

$$(336) \qquad P_0^1 = u\lambda' \sqrt{\frac{L}{C}}\, \varepsilon^{-2u_0 l}\left\{ A^2 + B^2 + C^2 + D^2 \right\}.$$

55. — Posons

$$(337) \qquad H^2 = (A^2 + B^2 + C^2 + D^2) \sqrt{\frac{L}{C}};$$

l'énergie accumulée dans le champ électrique d'une section de circuit de longueur λ' *est* :

$$(338) \qquad W = \frac{1}{2}\lambda' H^2\, \varepsilon^{-2u_0 l};$$

la puissance fournie au conducteur par la diminution du champ électrique du circuit est :

$$(339) \qquad P = u_0 \lambda' H^2\, \varepsilon^{-2u_0 l};$$

la *puissance dissipée dans la section de circuit* λ' par sa résistance et sa conductance effectives est :

$$(340) \qquad P_1^0 = u\lambda'\Pi^2\,\varepsilon^{-2u_0 t};$$

et la *puissance transférée de la section de circuit* λ' au reste du circuit est :

$$(341) \qquad P_0 = s\lambda'\Pi^2\,\varepsilon^{-2u_0 t};$$

c'est-à-dire que :

$\dfrac{u}{u_0}$ est le rapport de la puissance dissipée dans la section à la puissance fournie à la section par son énergie accumulée dans le champ électrique;

$\dfrac{s}{u_0}$ est la fraction de puissance fournie à la section par son champ électrique et transférée de la section aux voisines (ou reçue d'elles si $s < 0$);

$\dfrac{s}{u}$ est le rapport de la puissance transférée aux autres sections à la puissance dissipée dans la section.

$u_0 \div u \div s$ est ainsi le rapport de la puissance fournie à la section par son champ électrique, de la puissance dissipée dans la section, et de la puissance transférée de la section à ses voisines.

Les relations ne sont naturellement qu'approximatives, et applicables au cas où la longueur d'onde est courte.

86. — L'équation (306) de la puissance transférée d'une section aux voisines, peut être mise sous la forme :

$$(342) \quad P_0 = \frac{1}{2}\sqrt{\frac{L}{C}}\,\varepsilon^{-2u_0 t}\left\{\left[\varepsilon^{+2s\lambda_2}(A^2 + B^2) - \varepsilon^{-2s\lambda_2}(C^2 + D^2)\right]\right.$$
$$\left. - \left[\varepsilon^{+2s\lambda_1}(A^2 + B^2) - \varepsilon^{-2s\lambda_1}(C^2 + D^2)\right]\right\};$$

c'est-à-dire qu'elle se compose de deux parties :

$$(343) \quad P_0' = \frac{1}{2}\sqrt{\frac{L}{C}}\,\varepsilon^{-2u_0 t}\left\{\varepsilon^{+2s\lambda_2}(A^2 + B^2) - \varepsilon^{-2s\lambda_2}(C^2 + D^2)\right\}.$$

qui est la puissance transférée de la section à la section suivante, et

$$(344) \quad P_0'' = \frac{1}{2}\sqrt{\frac{L}{C}}\,\varepsilon^{-2u_0 t}\left\{\varepsilon^{+2s\lambda_1}(A^2 + B^2) - \varepsilon^{-2s\lambda_1}(C^2 + D^2)\right\},$$

qui est la puissance reçue de la section précédente.

La différence,

$$(345) \qquad\qquad P_0 = P_0' - P_0'',$$

représente donc l'excès de la puissance rendue sur la puissance reçue, ou la puissance résultante fournie par la section au reste du circuit.

Une idée approximative de la valeur de la constante de transfert de puissance peut maintenant s'obtenir en supposant H^2 constant tout le long du circuit complexe entier, ce qui est approximativement le cas.

Dans ce cas, comme la puissance totale transférée entre sections est nulle :

$$\sum P_0 = 0;$$

ou, en substituant (341),

$$(346) \qquad\qquad \sum s_i \lambda_i' = 0$$

et, puisque

$$s_i = u_0 - u_i,$$
$$(347) \qquad\qquad u_0 \Lambda = \sum u_i \lambda_i',$$

c'est-à-dire que le décrément résultant du circuit multiplié par sa longueur totale est égale à la somme des constantes de temps de chaque section multipliées par la longueur respective de chaque section ; ou, si $\zeta_1, \zeta_2, \zeta_3, \zeta_i =$ longueur des sections de circuit exprimées en fractions de la longueur totale Λ,

$$(348) \qquad\qquad u_0 = \sum \zeta_i u_i.$$

57. Par exemple, supposons une ligne de transmission ayant les constantes suivantes par fil : $r_1 = 52$; $L_1 = 0,21$; $g_1 = 40 \times 10^{-6}$, et $C_1 = 1,6 \times 10^{-6}$.

Supposons de plus que cette ligne soit reliée à des tranformateurs élévateurs et abaisseurs ayant chacun les constantes suivantes pour le circuit à haute tension : $r_2 = 5$; $L_2 = 3$; $g_2 = 0,1 \times 10^{-6}$ et $C_2 = 0,3 \times 10^{-6}$; alors

$$\lambda_1' = \sigma_1 = \sqrt{L_1 C_1} = 0,58 \times 10^{-3} ; \quad \lambda_2' = \sigma_2 = 0,95 \times 10^{-3}$$
$$u_1 = 136 ; \quad u_2 = 1.$$

Le circuit comprend quatre sections de longueurs :

$$\lambda'_1 = 0,58 \times 10^{-3} \,;\; \lambda'_2 = 0,95 \times 10^{-3} \,;\; \lambda'_3 = 0,58 \times 10^{-3} \,;\; \lambda'_4 = 0,95 \times 10^{-3},$$

d'où une longueur totale

$$\Lambda = 3,06 \times 10^{-3},$$

et le décrément résultant du circuit est :

$$u_0 = 2\,\frac{\lambda'_1}{\Lambda}\,u_1 + 2\,\frac{\lambda'_2}{\Lambda}\,u_2 = 51,6 + 0,59 = 52,2\,;$$

d'où

$$s_1 = -83,8 \quad \text{et} \quad s_2 = +51,2.$$

Si maintenant le courant dans le circuit est $i_0 = 100$ amp. et la f. é. m. $e_0 = 40000$ volts, l'énergie totale accumulée est :

$$W = i_0^2(L_1 + L_2) + e_0^2(C_1 + C_2)$$
$$= 32000 + 3000 = 35000 \text{ joules,}$$

et l'on a, par l'équation (321) pour $t = 0$,

$$\frac{1}{2}\,\Lambda H^2 = 35000$$

$$H^2 = \frac{70000}{\Lambda} = 22,8 \times 10^6,$$

ce qui donne :

$$u_0 = 52,2$$
$$H^2 = 22,8 \times 10^{-6}$$
$$W = 35000.$$

	Ligne	Transformateur élévateur	Ligne	Transformateur abaisseur
Longueur de section $\lambda' =$	$0,58 \times 10^{-3}$	$0,95 \times 10^{-3}$	$0,58 \times 10^{-3}$	$0,95 \times 10^{-3}$
Constante de temps $u =$	136	1	136	1
Constante de transfert $s =$	$-83,8$	$+51,2$	$-83,8$	$+51,2$
Énergie du champ électrique . . . . $W =$	6650	10850	6650	10850 kilojoules
Puissance fournie par le champ électrique $P =$	690	1132	690	1132 kilowatts
Puissance dissipée $P_1^0 =$	1800	22	1800	22 kilowatts
Puissance transférée $P_0 =$	-1110	1110	-1110	1110 kilowatts

Ainsi, de la puissance totale produite dans les transformateurs par le décroissement de leur champ électrique, 22 kw seulement sont dissipés en chaleur dans chaque transformateur et 1110 transférés à la ligne de transmission. Tandis que la puissance disponible par le décroissement du champ électrique de la ligne de transmission est seulement 690 kw, la ligne dissipe de l'énergie à raison de 1800 kw, en recevant 1110 kw des transformateurs.

—

CHAPITRE VIII

RÉFLEXION ET RÉFRACTION AU POINT DE TRANSITION

58. — L'équation générale du courant et du voltage dans une section d'un circuit complexe est, d'après (290) :

$$(290) \quad \begin{cases} i = \varepsilon^{-u_0 t} \Big\{ \varepsilon^{+s\lambda} \big[A \cos q (\lambda - t) + B \sin q (\lambda - t) \big] \\ \qquad - \varepsilon^{-s\lambda} \big[C \cos q (\lambda + t) + D \sin q (\lambda + t) \big] \Big\} \\ e = c\varepsilon^{-u_0 t} \Big\{ \varepsilon^{+s\lambda} \big[A \cos q (\lambda - t) + B \sin q (\lambda + t) \big] \\ \qquad + \varepsilon^{-s\lambda} \big[C \cos q (\lambda + t) + D \sin q (\lambda + t) \big] \Big\}, \end{cases}$$

où

$$\lambda = qt = \text{variable de distance avec vitesse comme unité} ;$$

$$\sigma = \sqrt{LC} ;$$

$$c = \sqrt{\frac{L}{C}} ;$$

$$u_0 = u + s = \text{décrément de temps résultant} ;$$

$$u = \frac{1}{2}\left(\frac{r}{L} + \frac{g}{C} \right) = \text{constante de temps, et}$$

$$s = \text{constante de transfert d'énergie de la section.}$$

A un point de transition λ_1 entre la section 1 et la section 2 les constantes changent selon :

$$(385) \quad \begin{cases} A_2 = \varepsilon^{-s_2 \lambda_1} \Big\{ a_1 \varepsilon^{+s_1 \lambda_1} A_1 + b_1 \varepsilon^{-s_1 \lambda_1} (C_1 \cos 2 q\lambda_1 + D_1 \sin 2 q\lambda_1) \Big\} \\ B_2 = \varepsilon^{-s_2 \lambda_1} \Big\{ a_1 \varepsilon^{+s_1 \lambda_1} B_1 + b_1 \varepsilon^{-s_1 \lambda_1} (C_1 \sin 2 q\lambda_1 - D_1 \cos 2 q\lambda_1) \Big\} \\ C_2 = \varepsilon^{+s_2 \lambda_1} \Big\{ a_1 \varepsilon^{-s_1 \lambda_1} C_1 + b_1 \varepsilon^{+s_1 \lambda_1} (A_1 \cos 2 q\lambda_1 + B_1 \sin 2 q\lambda_1) \Big\} \\ D_2 = \varepsilon^{+s_2 \lambda_1} \Big\{ a_1 \varepsilon^{-s_1 \lambda_1} D_1 + b_1 \varepsilon^{+s_1 \lambda_1} (A_1 \sin 2 q\lambda_1 - B_1 \cos 2 q\lambda_1) \Big\}, \end{cases}$$

où

$$(286) \qquad a_1 = \frac{c_1 + c_2}{2c_2} \qquad \text{et} \qquad b_1 = \frac{c_1 - c_2}{2c_2}.$$

Choisissons maintenant le point de transition comme point zéro de λ, de telle sorte que $\lambda < 0$ dans la section 1, et $\lambda > 0$ dans la section 2 ; les équations (285) prennent la forme :

$$(349) \qquad \begin{cases} A_2 = a_1 A_1 + b_1 C_1 \\ B_2 = a_1 B_1 - b_1 D_1 \\ C_2 = a_1 C_1 + b_1 A_1 \\ D_2 = a_1 D_1 - b_1 B_1. \end{cases}$$

Des équations (286) il s'ensuit que :

$$(350) \qquad \begin{cases} c_2 (A_2^2 - C_2^2) = c_1 (A_1^2 - C_1^2) \\ \text{et} \\ c_2 (B_2^2 - D_2^2) = c_1 (B_1^2 - D_1^2). \end{cases}$$

Si maintenant une onde AB voyage dans la section 1 en allant vers le point de transition $\lambda = 0$, en ce point une partie se réfléchit donnant naissance à l'onde réfléchie CD dans la section 1, tandis que l'autre partie se transmet et apparaît comme onde principale AB dans la section 2. L'onde CD n'existerait pas ainsi dans la section 2, car elle serait alors une onde venant de la section 2 en allant vers $\lambda = 0$. En d'autres termes, nous pouvons considérer le circuit comme comprenant deux ondes se mouvant en directions opposées :

1. Une onde principale $A_1 B_1$ donnant une onde transmise $A_2 B_2$ et une onde réfléchie $C_1 D_1$.

2. Une onde principale $C_2 D_2$ donnant une onde transmise $C_1 D_1$ et une onde réfléchie $A_2 B_2$.

Les ondes se mouvant vers le point de transition sont des ondes principales simples $A_1 B_1$ et $C_2 D_2$; les ondes se mouvant en sens inverse sont des combinaisons d'ondes réfléchies dans la section et d'ondes transmises par l'autre section.

59. — Considérons d'abord l'onde principale se mouvant dans le sens λ croissant ; dans celle-ci $C_2 = 0 = D_2$; d'où, d'après (349),

$$(351) \qquad \begin{cases} a_1 C_1 + b_1 A_1 = 0 \\ a_1 D_1 - b_1 B_1 = 0, \end{cases}$$

et de là

$$(352) \quad \begin{cases} C_1 = -\dfrac{b_1}{a_1} A_1 = \dfrac{c_2 - c_1}{c_2 + c_1} A_1 \\[2mm] D_1 = \dfrac{b_1}{a_1} B_1 = \dfrac{c_1 - c_2}{c_1 + c_2} B_1 ; \end{cases}$$

ce qui, porté en (349), donne :

$$(353) \quad \begin{cases} A_2 = a_1 A_1 - \dfrac{b_1^2}{a_1} A_1 = \dfrac{a_1^2 - b_1^2}{a_1} A_1 = \dfrac{2 c_1}{c_1 + c_2} A_1 \\[2mm] B_2 = a_1 B_1 - \dfrac{b_1^2}{a_1} B_1 = \dfrac{a_1^2 - b_1^2}{a_1} B_1 = \dfrac{2 c_2}{c_1 + c_2} B_1 . \end{cases}$$

Alors pour l'*onde principale* dans la section (1) :

$$(354) \quad \begin{cases} i_1 = \varepsilon^{-u_0 t_\varepsilon + s_1 \lambda} \left\{ A_1 \cos q (\lambda - t) + B_1 \sin q (\lambda - t) \right\} \\[2mm] e_1 = c_1 \varepsilon^{-u_0 t_\varepsilon + s_1 \lambda} \left\{ A_1 \cos q (\lambda - t) + B_1 \sin q (\lambda - t) \right\}. \end{cases}$$

Quand elle atteint un point de transition $\lambda = 0$, l'onde se résout en l'*onde réfléchie*, qui retourne en arrière dans la section 1 et qui est :

$$(355) \quad \begin{cases} i_1' = -\dfrac{c_2 - c_1}{c_2 + c_1} \varepsilon^{-u_0 t_\varepsilon - s_1 \lambda} \left\{ A_1 \cos q (\lambda + t) - B_1 \sin q (\lambda + t) \right\} \\[2mm] e_1' = c_1 \dfrac{c_2 - c_1}{c_2 + c_1} \varepsilon^{-u_0 t_\varepsilon - s_1 \lambda} \left\{ A_1 \cos q (\lambda + t) - B_1 \sin q (\lambda + t) \right\}; \end{cases}$$

et l'*onde transmise*, qui passe par le point de transition et entre dans la section 2, et est donnée par :

$$(356) \quad \begin{cases} i_2 = \dfrac{2 c_1}{c_1 + c_2} \varepsilon^{-u_0 t_\varepsilon + s_2 \lambda} \left\{ A_1 \cos q (\lambda - t) + B_1 \sin q (\lambda - t) \right\} \\[2mm] e_2 = c_2 \dfrac{2 c_1}{c_1 + c_2} \varepsilon^{-u_0 t_\varepsilon + s_2 \lambda} \left\{ A_1 \cos q (\lambda - t) + B_1 \sin q (\lambda - t) \right\}. \end{cases}$$

L'angle de réflexion, $\operatorname{tg} (i_1) = -\dfrac{B_1}{A_1}$, est supplémentaire de l'angle de choc, $\operatorname{tg} (i_1) = +\dfrac{B_1}{A_1}$, et de l'angle de transmission, $\operatorname{tg} (i_2) = +\dfrac{B_1}{A_1}$.

Renversons le signe de λ dans l'équation (355) de l'onde réfléchie, c'est-à-dire comptons aussi la distance pour l'onde réfléchie dans la direction de propagation, et par conséquent en direction opposée de l'onde principale et de l'onde transmise ; ces équations (355) deviennent :

$$(357)\begin{cases} i_1'' = \dfrac{c_2 - c_1}{c_2 + c_1}\, \varepsilon^{-u_0 t}\varepsilon^{+s_1\lambda'} \{ A_1 \cos q\,(\lambda' - t) + B_1 \sin q\,(\lambda' - t) \} \\[2ex] e_1'' = c\, \dfrac{c_2 - c_1}{c_2 + c_1}\, \varepsilon^{-u_0 t}\varepsilon^{+s_1\lambda'} \{ A_1 \cos q\,(\lambda' - t) + B_1 \sin q\,(\lambda' - t) \}, \end{cases}$$

et

$$(358)\begin{cases} i_2 + i_1'' = i_1 \\[1ex] i_1 + i_1' = i_2 \\[1ex] \dfrac{c_1}{c_2}\, e_2 + e_1'' = e_1 \\[1ex] e_1 + e_1 = e_2. \end{cases}$$

1. Dans une onde électrique simple, le courant et la f. é. m. sont en phase l'un avec l'autre. Des différences de phase entre le courant et la f. é. m. ne peuvent se produire que dans les ondes résultantes, c'est-à-dire dans la combinaison de l'onde principale et de l'onde réfléchie ; elles sont alors fonctions de la distance λ car les deux ondes voyagent en direction opposée.

2. En atteignant un point de transition, une onde se partage en onde réfléchie et en onde transmise, la première retournant en sens inverse dans la même section, la seconde entrant dans la section adjacente du circuit.

3. La réflexion et la transmission ont lieu sans changement d'angle de phase ; c'est-à-dire que les phases du courant et du voltage dans l'onde réfléchie et dans l'onde transmise sont les mêmes au point de transition que celles de l'onde principale ou onde qui arrive. La réflexion et la transmission avec changement d'angle de phase ne peuvent avoir lieu qu'en considérant la combinaison de deux ondes voyageant en sens inverse sur le circuit ; c'est-à-dire une onde résultante et non une onde simple.

4. La somme des courants transmis et réfléchi est égale au courant principal quand on considère ces courants dans leur direction respective de propagation.

La somme des voltages de l'onde principale et de l'onde réfléchie égale le voltage de l'onde transmise.

La somme du voltage de l'onde réfléchie et du voltage de l'onde transmise réduite à la première section par le rapport de transformation du voltage $\frac{c_2}{c_1}$, égale le voltage de l'onde principale.

5. Il y a donc une transformation de voltage avec facteur

$$\frac{c_2}{c_1} = \sqrt{\frac{L_2 C_1}{C_2 L_1}}$$

au point de transition ; c'est-à-dire que l'onde transmise de voltage égale la différence entre l'onde principale et l'onde réfléchie multipliée par le rapport de transformation $\frac{c_2}{c_1}$; $c_2 = \frac{c_1}{c_2}(c_1 - e_1'')$. Il résulte de cela qu'en passant d'une section de circuit à une autre, le voltage de l'onde peut croître ou décroître. Si $\frac{c_2}{c_1} > 1$, c'est-à-dire quand l'on passe d'une section de faible inductance et forte capacité dans une section de forte inductance et faible capacité, comme d'une ligne de transmission dans un transformateur ou une bobine de réaction, le voltage de l'onde est accru ; si $\frac{c_2}{c_1} < 1$ c'est-à-dire quand on passe d'une section ayant une forte inductance et une faible capacité dans une section ayant une faible inductance et une forte capacité, comme d'un transformateur dans une ligne de transmission, le voltage de l'onde décroît.

Ceci explique les fréquents accroissements de voltage destructifs, lorsque vient d'une ligne ou d'un câble et entre dans une station une impulsion ou onde qui dans la ligne de transmission est de voltage relativement sans danger.

Le rapport de l'onde transmise à l'onde réfléchie est donné par :

$$(359) \quad \begin{cases} \dfrac{i_2}{i_1''} = \dfrac{2c_1}{c_2 - c_1} = \dfrac{2\sqrt{L_1 C_2}}{\sqrt{L_2 C_1} - \sqrt{L_1 C_2}} = \dfrac{2}{\sqrt{\dfrac{L_2 C_1}{L_1 C_2}} - 1} \\[4ex] \text{et} \\[2ex] \dfrac{c_2}{e_1''} = \dfrac{2c_2}{c_2 - c_1} = \dfrac{2\sqrt{L_2 C_1}}{\sqrt{L_2 C_1} - \sqrt{L_1 C_1}} = \dfrac{2}{1 - \sqrt{\dfrac{L_1 C_2}{L_2 C_1}}} \end{cases}$$

60. — *Exemple* :

Ligne de transmission	Transformateur
$L_1 = 1{,}95 \times 10^{-3}$	$L_2 = 1$
$C_1 = 0{,}0162 \times 10^{-6}$	$C_2 = 0{,}4 \times 10^{-6}$
$c_1 = 346$;	$c_2 = 1\,580$;

d'où

$$\frac{i_2}{i_1''} = 0,56 \qquad\qquad \frac{e_2}{e_1''} = 2,56.$$

Et dans la direction opposée :

$$\frac{i_2}{i_1''} = -\,2,56 \qquad\qquad \frac{e_2}{e_1''} = -\,0,56.$$

Le rapport $\dfrac{e_2}{e_1''}$ devient donc maximum $= \infty$ pour $\dfrac{L_1}{C_1} = \dfrac{L_2}{C_2}$, mais dans ce cas $e_1'' = 0$; c'est-à-dire qu'il ne se présente pas de réflexion, et l'onde réfléchie égale zéro; l'onde transmise égale l'onde qui arrive.

$$(360) \quad \left\{ \begin{aligned} &\frac{i_2}{i_1} = \frac{2c_1}{c_2 + c_1} \\[4pt] &\text{devient donc maximum pour } c_2 = 0 \text{ ou } c_1 = \infty \text{ et alors } = 2\,; \\ &\text{dans ce cas } e_2 = 0. \\[8pt] &\frac{e_2}{e_1} = \frac{2c_2}{c_2 + c_1} \end{aligned} \right.$$

devient donc maximum pour $c_1 = 0$, ou $c_2 = \infty$ et alors $= 2$; dans ce cas $i_2 = 0$. On voit par ce qui précède que la valeur maxima à laquelle le voltage peut s'élever en un point de transition est deux fois le voltage de l'onde arrivante. Ceci a lieu à l'extrémité ouverte du circuit, ou approximativement en un point où le rapport de l'inductance à la capacité augmente beaucoup

$$(361) \quad \left\{ \begin{aligned} &\frac{i_1''}{i_1} = \frac{c_2 - c_1}{c_2 + c_1} \\[4pt] &\text{devient donc maximum et égal à } 1 \text{ pour } c_1 = 0 \text{ ou } c_2 = \infty\,; \\[8pt] &\frac{e_1''}{e_1} = \frac{c_2 - c_1}{c_2 + c_1} \end{aligned} \right.$$

a la même valeur que le rapport des courants.

61. — Considérons maintenant une onde traversant le circuit dans la direction opposée; c'est-à-dire que C_2D_2 est l'onde principale,

A_2B_2 l'onde réfléchie, C_1D_1 l'onde transmise et $A_1 = 0 = B_1$. Ceci donne dans l'équation (349) :

$$A_2 = b_1 C_1$$
$$B_2 = - b_1 D_1$$
$$C_2 = a_1 C_1$$
$$D_2 = a_1 D_1 ;$$

d'où

$$(362) \quad
\begin{cases}
C_1 = \dfrac{1}{a_1} C_2 = \dfrac{2c_2}{c_1 + c_2} C_2 \\[2ex]
D_1 = \dfrac{1}{a_1} D_2 = \dfrac{2c_2}{c_1 + c_2} D_2 \\[2ex]
A_2 = \dfrac{b_1}{a_1} C_2 = \dfrac{c_1 - c_2}{c_1 + c_2} C_2 \\[2ex]
\text{et} \\[1ex]
B_2 = - \dfrac{b_1}{a_1} D_2 = - \dfrac{c_1 - c_2}{c_1 + c_2} D_2 = \dfrac{c_2 - c_1}{c_2 + c_1} D_2 ;
\end{cases}$$

c'est-à-dire les mêmes relations que celles qui figurent dans les équations (352) et (353) pour l'onde voyageant dans la direction opposée.

Les équations des composantes de l'onde sont alors :

Onde principale :

$$(363) \quad
\begin{cases}
\bar{i}_2 = - \varepsilon^{-v_0 t}\, \varepsilon^{-s_2 \lambda} \left\{ C_2 \cos q(\lambda + t) + D_2 \sin q(\lambda + t) \right\} \\[1.5ex]
\bar{e}_2 = + c_2 \varepsilon^{-v_0 t}\, \varepsilon^{-s_2 \lambda} \left\{ C_2 \cos q(\lambda + t) + D_2 \sin q(\lambda + t) \right\} ;
\end{cases}$$

Onde transmise :

$$(364) \quad
\begin{cases}
\bar{i}_1 = - \dfrac{2c_2}{c_1 + c_2}\, \varepsilon^{-v_0 t}\, \varepsilon^{-s_1 \lambda} \left\{ C_2 \cos q(\lambda + t) + D_2 \sin q(\lambda + t) \right\} \\[2ex]
\bar{e}_1 = + c_1 \dfrac{2c_2}{c_1 + c_2}\, \varepsilon^{-v_0 t}\, \varepsilon^{-s_1 \lambda} \left\{ C_2 \cos q(\lambda + t) + D_2 \sin q(\lambda + t) \right\} ;
\end{cases}$$

Onde réfléchie :

$$(365) \quad
\begin{cases}
\bar{i}_2' = \dfrac{c_1 - c_2}{c_1 + c_2}\, \varepsilon^{-v_0 t}\, \varepsilon^{+s_1 \lambda} \left\{ C_2 \cos q(\lambda - t) - D_2 \sin q(\lambda - t) \right\} \\[2ex]
\bar{e}_2' = c_2 \dfrac{c_1 - c_2}{c_1 + c_2}\, \varepsilon^{-v_0 t}\, \varepsilon^{+s_1 \lambda} \left\{ C_2 \cos q(\lambda - t) - D_2 \sin q(\lambda - t) \right\} ;
\end{cases}$$

ou, dans la direction de propagation, c'est-à-dire en renversant le signe de λ :

$$(366)\left\{\begin{aligned}
\bar{i}_2'' &= -\,\frac{c_1 - c_2}{c_1 + c_2}\, \varepsilon^{-u_0 t}\, \varepsilon^{-s_1 \lambda'} \left\{ C_2 \cos q(\lambda' + t) + D_2 \sin q(\lambda' + t) \right\} \\
\bar{e}_2'' &= c_2\, \frac{c_1 - c_2}{c_1 + c_2}\, \varepsilon^{-u_0 t}\, \varepsilon^{-s_1 \lambda'} \left\{ C_2 \cos q(\lambda' + t) + D_2 \sin q(\lambda' + t) \right\}.
\end{aligned}\right.$$

62. — L'onde composée, c'est-à-dire la résultante des ondes franchissant le point de transition dans les deux directions est alors :

$$(367)\left\{\begin{aligned}
i_1^0 &= \bar{i}_1 + i_1'' + i_1 \\
e_1^0 &= \ddot{e}_1 + e_1 + e_1 \\
i_2^0 &= i_2 + \bar{i}_2 + \bar{i}_2'' \\
e_2^0 &= e_2 + \bar{e}_2 + \bar{e}_2'
\end{aligned}\right.$$

Dans le voisinage du point de transition, soit pour des valeurs de λ suffisamment petite pour que $\varepsilon^{+s\lambda}$ et $\varepsilon^{-s\lambda}$ puissent être supprimés comme étant égaux approximativement à 1, nous avons en substituant les équations (354) à (356) et (363) à (366) en (367) :

$$(368)\left\{\begin{aligned}
i_1^0 ={}& \varepsilon^{-u_0 t}\Big[\left\{ A_1 \cos q(\lambda - t) + B_1 \sin q(\lambda - t) \right\} \\
&- \frac{c_2 - c_1}{c_1 + c_2} \left\{ A_1 \cos q(\lambda + t) - B_1 \sin q(\lambda + t) \right\} \\
&- \frac{2c_2}{c_1 + c_2} \left\{ C_2 \cos q(\lambda + t) + D_2 \sin q(\lambda + t) \right\} \Big]; \\
e_1^0 ={}& c_1\varepsilon^{-u_0 t}\Big[\left\{ A_1 \cos q(\lambda - t) + B_1 \sin q(\lambda - t) \right\} \\
&+ \frac{c_2 - c_1}{c_1 + c_2} \left\{ A_1 \cos q(\lambda + t) - B_1 \sin q(\lambda + t) \right\} \\
&+ \frac{2c_2}{c_1 + c_2} \left\{ C_2 \cos q(\lambda + t) + D_2 \sin q(\lambda + t) \right\} \Big]; \\
i_2^0 ={}& -\,\varepsilon^{-u_0 t}\Big[\left\{ C_2 \cos q(\lambda + t) + D_2 \sin q(\lambda + t) \right\} \\
&- \frac{c_1 - c_2}{c_1 + c_2} \left\{ C_2 \cos q(\lambda - t) - D_2 \sin q(\lambda - t) \right\} \\
&- \frac{2c_1}{c_1 + c_2} \left\{ A_1 \cos q(\lambda - t) + B_1 \sin q(\lambda - t) \right\} \Big]; \\
e_2^0 ={}& C_2\varepsilon^{-u_0 t}\Big[\left\{ C_2 \cos q(\lambda + t) + D_2 \sin q(\lambda + t) \right\} \\
&+ \frac{c_1 - c_2}{c_1 + c_2} \left\{ C_2 \cos q(\lambda - t) - D_2 \sin q(\lambda - t) \right\} \\
&+ \frac{2c_1}{c_1 + c_2} \left\{ A_1 \cos q(\lambda - t) + B_1 \sin q(\lambda - t) \right\} \Big].
\end{aligned}\right.$$

Dans ces équations, le premier terme est l'onde principale, le second est l'onde réfléchie et le troisième l'onde transmise de la section adjacente par le point de transition.

En développant et ordonnant ces équations (368), on a :

$$(369)\begin{cases} i_1^0 = \dfrac{2\varepsilon^{-u_0 l}}{c_1 + c_2} \Big[\{(c_1 A_1 - c_2 C_2)\cos q\lambda + c_2 (B_1 - D_2)\sin q\lambda\}\cos ql \\ \qquad\qquad - \{(c_1 B_1 + c_2 D_2)\cos q\lambda - c_2 (A_1 + C_2)\sin q\lambda\}\sin ql\,]; \\[2mm] e_1^0 = \dfrac{2c_1}{c_1 + c_2}\varepsilon^{-u_0 l}\Big[\{c_2 (A_1 + C_2)\cos q\lambda + (c_1 B_1 + c_2 D_2)\sin q\lambda\}\cos ql \\ \qquad\qquad - \{c_2 (B_1 - D_2)\cos q\lambda - (c_1 A_1 - c_2 C_2)\sin q\lambda\}\sin ql\,]; \\[2mm] i_2^0 = \dfrac{2\varepsilon^{-u_0 l}}{c_1 + c_2} \Big[\{(c_1 A_1 - c_2 C_2)\cos q\lambda + c_1 (B_1 - D_2)\sin q\lambda\}\cos ql \\ \qquad\qquad - \{(c_1 B_1 + c_2 D_2)\cos q\lambda - c_1 (A_1 + C_2)\sin q\lambda\}\sin ql\,]; \\[2mm] e_2^0 = \dfrac{2c_2}{c_1 + c_2}\varepsilon^{-u_0 l}\Big[\{c_1 (A_1 + C_1)\cos q\lambda + (c_1 B_1 + c_2 D_2)\sin q\lambda\}\cos ql \\ \qquad\qquad - \{c_1 (B_1 - D_2)\cos q\lambda - (c_1 A_1 - c_2 C_2)\sin q\lambda\}\sin ql\,]. \end{cases}$$

63. — Les angles de phase-distance des ondes sont données par :

$$(370)\begin{cases} \operatorname{tg} i_1^0 = \dfrac{c_2\{(B_1 - D_2)\cos ql + (A_1 + C_2)\sin ql\}}{(c_1 A_1 - c_2 C_2)\cos ql - (c_1 B_1 + c_2 D_2)\sin ql} \\[3mm] \operatorname{tg} i_2^0 = \dfrac{c_1\{(B_1 - D_2)\cos ql + (A_1 + C_2)\sin ql\}}{(c_1 A_1 - c_2 C_2)\cos ql - (c_1 B_1 + c_2 D_2)\sin ql}; \end{cases}$$

d'où

$$(371)\qquad \frac{\operatorname{tg} i_2^0}{\operatorname{tg} i_1^0} = \frac{c_1}{c_2} = \sqrt{\frac{L_1 C_2}{L_2 C_1}};$$

$$(372)\begin{cases} \operatorname{tg} e_1^0 = \dfrac{(c_1 B_1 + c_2 D_2)\cos ql + (c_1 A_1 - c_2 C_2)\sin ql}{c_2\{(A_1 + C_2)\cos ql - (B_1 - D_2)\sin ql\}} \\[3mm] \operatorname{tg} e_2^0 = \dfrac{(c_1 B_1 + c_2 D_2)\cos ql + (c_1 A_1 - c_2 C_2)\sin ql}{c_1\{(A_1 + C_2)\cos ql - c_1 (B_1 - D_2)\sin ql\}}; \end{cases}$$

d'où

$$(373)\qquad \frac{\operatorname{tg} e_2^0}{\operatorname{tg} e_1^0} = \frac{c_2}{c_1} = \sqrt{\frac{L_2 C_1}{L_1 C_2}};$$

c'est-à-dire qu'au point de transition, l'angle de phase-distance de l'onde change de telle sorte que le rapport des tangentes des angles de phase soit constant, et que le rapport des tangentes de l'angle de phase des voltages soit proportionnel et celui des courants inversement proportionnel aux constantes du circuit $c = \sqrt{\dfrac{L}{C}}$.

En autres termes, la transition d'une onde ou impulsion électrique d'une section d'un circuit à une autre a lieu avec rapport constant des tangentes de l'angle de phase ; ce rapport est une constante des sections de circuit entre lesquelles se produit la transition.

Cette loi est analogue à celle de la réfraction en optique, sauf que dans le cas de l'onde électrique on a le rapport des tangentes, tandis qu'en optique c'est celui des sinus, comme constante et caractéristique des milieux entre lesquels a lieu la transition.

C'est pourquoi cette loi peut être appelée *loi de réfraction de l'onde aux confins de deux circuits*, ou en un point de transition.

La loi de réfraction d'une onde électrique aux confins de deux milieux, c'est-à-dire en un point de transition entre deux sections, est donnée par la constance du rapport des tangentes des ondes incidente et réfractée.

CHAPITRE IX

—

DÉCHARGES INDUCTIVES

64. — La décharge d'une inductance dans une ligne de transmission peut être considérée comme une illustration des phénomènes des circuits complexes comprenant des sections de constantes très différentes, c'est-à-dire une combinaison d'une section de circuit de forte inductance, de faible résistance, de capacité négligeable et de conductance également négligeable, comme une station génératrice, avec un circuit de capacité et d'inductance distribuées comme une ligne de transmission.

Le cas extrême d'une telle décharge arriverait si un court circuit entre les barres omnibus de la station génératrice s'ouvrait pendant que la ligne est connectée à la station génératrice.

Soit r la résistance totale et L l'inductance totale de la section inductive du circuit et aussi $g = 0$, $C = 0$; et $L_0 =$ inductance, C_0 capacité, r_0 résistance, g_0 conductance de la ligne de transmission totale connectée au circuit inductif.

Dans l'une ou l'autre des deux sections, la longueur totale de la section est choisie comme unité de distance; traduite en nos mesures de vitesse, la longueur de la ligne de transmission est

$$\lambda_0 = \sigma = \sqrt{L_0 C_0}.$$

et la longueur du circuit inductif

$$(374) \qquad \lambda_1 = \sigma_1 = \sqrt{L_1 C_1} = 0;$$

c'est-à-dire que la section inductive de capacité nulle a une longueur nulle quand on prend la notation de vitesse λ, ou est une « inductance massée ».

Il résulte de ceci que tout le long de la section inductive entière $\lambda = o$, et le courant i_1 est ainsi constant pour toute la section.

Choisissons maintenant le point de transition entre l'inductance et la ligne de transmission comme zéro de distance, $\lambda = o$; l'inductance est massée au point $\lambda = o$, et la ligne de transmission s'étend de $\lambda = o$ à $\lambda = \lambda_0$.

Notons les constantes de la section inductive avec l'indice 1 et celles de la ligne de transmission avec l'indice 2 ; les équations des deux sections sont, d'après (290) [1]

$$(375) \quad \left\{ \begin{aligned} i_1 &= \varepsilon^{-u_0 t}\{(A_1 - C_1)\cos qt - (B_1 + D_1)\sin qt\} \\ e_1 &= c_1 \varepsilon^{-u_0 t}\{(A_1 + C_1)\cos qt - (B_1 - D_1)\sin qt\}; \end{aligned} \right.$$

$$(376) \quad \left\{ \begin{aligned} i_2 &= \varepsilon^{-u_0 t}\{\varepsilon^{+s\lambda}[A_2 \cos q(\lambda - t) + B_2 \sin q(\lambda - t) \\ &\quad - \varepsilon^{-s\lambda} C_2 \cos q(\lambda + t) + D_2 \sin q(\lambda + t)]\} \\ e_2 &= c_2 \varepsilon^{-u_0 t}\{\varepsilon^{+s\lambda}[A_2 \cos q(\lambda - t) + B_2 \sin q(\lambda - t)] \\ &\quad - \varepsilon^{-s\lambda}[C_2 \cos q(\lambda + t) + D_2 \sin q(\lambda + t)]\}. \end{aligned} \right.$$

Les constantes de la seconde section sont liées à celles de la première par les équations :

$$(349) \quad \left\{ \begin{aligned} A_2 &= a_1 A_1 + b_1 C_1, & C_2 &= a_1 C_1 + b_1 A_1, \\ B_2 &= a_1 B_1 - b_1 D_1, & D_2 &= a_1 D_1 - b_1 D_1. \end{aligned} \right.$$

où

$$(286) \quad \left\{ \begin{aligned} a_1 &= \frac{c_1 + c_2}{2c_2} \\ b_1 &= \frac{c_1 - c_2}{2c_2} \end{aligned} \right.$$

et

$$(287) \quad c = \sqrt{\frac{L}{C}}.$$

---

[1] Noter encore une fois que C_1 n'est pas la capacité dans cette formule, mais une constante d'intégration.

(N. d. T.)

65. — Dans la section inductive ayant les constantes L et r, soit au point $\lambda = o$ du circuit, le courant i_1 et le voltage e_1 peuvent être reliés par l'équation :

$$(377) \qquad e_1 = r_1 i_1 - L \frac{di_1}{dt}.$$

Substituons (375) en (377) et développons ; nous avons :

$$e_1 \left\{ (A_1 + C_1) \cos qt - (B_1 - D_1) \sin qt \right\}$$
$$= (r + u_0 L) \left\{ (A_1 - C_1) \cos qt - (B_1 + D_1) \sin qt \right\}$$
$$+ qL \left\{ (A_1 - C_1) \sin qt + (B_1 + D_1) \cos qt \right\};$$

de là les identités :

$$(378) \quad \begin{cases} e_1(A_1 + C_1) = (r + u_0 L)(A_1 - C_1) + qL(B_1 + D_1), \\ e_1(B_1 - D_1) = (r + u_0 L)(B_1 + D_1) - qL(A_1 - C_1). \end{cases}$$

Écrivons :

$$(379) \qquad \begin{cases} A_1 - C_1 = M \\ B_1 + D_1 = N, \end{cases}$$

ce qui donne

$$(380) \qquad \begin{cases} & e_1(A_1 + C_1) = (r + u_0 L)M + qLN \\ \text{et} & \\ & e_1(B_1 - D_1) = (r + u_0 L)N - qLM, \end{cases}$$

ce qui, porté en (349), donne :

$$(381) \quad \begin{cases} A_2 = \dfrac{1}{2c}\left\{ (c + r + u_0 L)M + qLN \right\} \cong \dfrac{1}{2}(M + pN) \\[2mm] B_2 = \dfrac{1}{2c}\left\{ (c + r + u_0 L)N - qLM \right\} \cong \dfrac{1}{2}(N - pM) \\[2mm] C_2 = \dfrac{1}{2c}\left\{ qLN - (c - r - m_0 L)M \right\} \cong \dfrac{1}{2}(pN - M) \\[2mm] D_2 = \dfrac{1}{2c}\left\{ qLM + (c - r - m_0 L)N \right\} \cong \dfrac{1}{2}(pM + N); \end{cases}$$

où, dans la seconde expression, les termes de second ordre ont été négligés.

$$c = \sqrt{\frac{L_0}{C_0}} \qquad\qquad p = \frac{qL}{C}.$$

En substituant en (375), cela donne les équations de l'inductance massée :

$$(382)\begin{cases} i_1 = \varepsilon^{-u_0 t}\{M \cos qt - N \sin qt\} \\ e_1 = \varepsilon^{-u_0 t}\{[(r+u_0 L)M + qLN]\cos qt - [(r+u_0 L)N - qLM]\sin qt\}. \end{cases}$$

Si en $t = 0$, $e_1 = 0$, c'est-à-dire, si au commencement de la décharge transitoire le voltage de l'inductance est nul, comme par exemple si l'inductance avait été en court circuit, alors, en substituant en (382) et appelant i_0 le courant à l'instant $t = 0$, ou au moment du départ, on a :

$$t = 0, \quad i_1 = i_0, \quad e_1 = 0;$$

d'où

$$(383)\begin{cases} M = i_0 \\ N = -\dfrac{r+u_0 L}{qL}\, i_0 \end{cases}$$

et

$$(384)\begin{cases} i_1 = i_0 \varepsilon^{-u_0 t}\left\{\cos qt + \dfrac{r+u_0 L}{qL}\sin qt\right\} \\ e_1 = \dfrac{(qL)^2 + (r+u_0 L)^2}{qL}\, i_0 \varepsilon^{-u_0 t}\sin qt. \end{cases}$$

Dans ce cas :

$$(385)\begin{cases} A_2 = \dfrac{i_0}{2} \\ B_2 = -\dfrac{i_0}{2cqL}\left\{(qL)^2 + (r+u_0 L)^2 + c(r+u_0 L)\right\}; \\ C_2 = -\dfrac{i_0}{2} \\ D_2 = \dfrac{i_0}{2cqL}\left\{(qL)^2 + (r+u_0 L)^2 + c(r+u_0 L)\right\}. \end{cases}$$

66. — Dans le cas où la ligne de transmission est ouverte à une extrémité, au point $\lambda = \lambda_0$,

$$\lambda = \lambda_0$$
$$i_2 = 0;$$

d'où, en portant en (376), développant et ordonnant en fonction de $\sin qt$ et $\cos qt$, on obtient les deux identités :

$$(386) \quad \begin{cases} \varepsilon^{+s\lambda_0}(A_2\cos q\lambda_0 + B_2\sin q\lambda_0) = \varepsilon^{-s\lambda_0}(C_2\cos q\lambda_0 + D_2\sin q\lambda_0) \\ \text{et} \\ \varepsilon^{+s\lambda_0}(A_2\sin q\lambda_0 - B_2\cos q\lambda_0) = \varepsilon^{-s\lambda_0}(C_2\sin q\lambda_0 - D_2\cos q\lambda_0). \end{cases}$$

En élevant au carré et ajoutant ces deux équations (386), on a :

$$(387) \quad \varepsilon^{+2s\lambda_0}[A_2^2 + B_2^2] = \varepsilon^{-2s\lambda_0}(C_2^2 + D^2).$$

En divisant l'une par l'autre les deux équations (386), on a :

$$(388) \quad (A_2 C_2 - B_2 D_2)\sin 2q\lambda_0 = (A_2 D_2 + B_2 C_2)\cos 2q\lambda_0.$$

Substituons (381) dans les équations (387) et (388) :

$$(389) \quad \varepsilon^{+2s\lambda_0}\left\{(qL)^2 + (c + r + u_0 L)^2\right\} = \varepsilon^{-2s\lambda_0}\left\{(qL)^2 + (c - r - u_0 L)^2\right\}$$

$$(390) \quad \left\{(qL)^2 + (r + u_0 L)^2 - c^2\right\}\sin 2q\lambda_0 = 2cqL\cos 2q\lambda_0.$$

Puisque $2s\lambda_0$ est une quantité faible, nous pouvons substituer dans l'équation (389) :

$$\varepsilon^{\pm 2s\lambda_0} = 1 \pm 2s\lambda_0 ;$$

d'où, en portant en (389)

$$s = u_0 - u,$$

on a

$$(391) \quad c(r + u_0 L) - (u - u_0)\lambda_0\left\{(qL)^2 + (r + u_0 L)^2 + c^2\right\} = 0.$$

Puisque $(r + u_0 L)$ est une faible quantité devant $c^2 (qL)^2$, elle peut être négligée, et les équations (390) et (391) prennent la forme :

$$(392) \quad \left\{(qL)^2 - c^2\right\}\sin 2q\lambda_0 = 2cqL\cos 2q\lambda_0$$

$$(393) \quad c(r + u_0 L) - (u - u_0)\lambda_0\left\{(qL)^2 + c^2\right\} = 0.$$

L'équation (392), transposée, prend la forme :

$$(394) \quad \begin{cases} tg\, 2q\lambda_0 = \dfrac{2cqL}{(qL)^2 - c^2} ; \\ \text{ou bien soit} \\ q = -\dfrac{c}{L}\, tg\, q\lambda_0 \\ \text{soit} \\ q = +\dfrac{c}{L}\, cotg\, q\lambda_0 ; \end{cases}$$

et $tg\, 2q\lambda_0$ est *positif* si $qL > c$ comme c'est généralement le cas.

En tirant u_0 de l'équation (393), on a :

$$(395) \quad \begin{cases} u_0 = \dfrac{u\lambda_0 \left\{ (qL)^2 + c^2 \right\} - cr}{\lambda_0 \left\{ (qL)^2 + c^2 \right\} + cL} \\[2ex] \text{où} \\[2ex] 1 - \dfrac{u_0}{u} = \dfrac{c\left(L + \dfrac{r}{w} \right)}{cL + \lambda_0 \left\{ (qL)^2 + c^2 \right\}} \\[2ex] s = -(u - u_0). \end{cases}$$

De (394), on calcule q par approximation, et de (395) u_0 puis s. Comme on le voit, dans toutes ces expressions de q, u_0, s, etc., les constantes d'intégration M et N s'éliminent ; c'est-à-dire que la fréquence, la constante d'atténuation en temps, le transfert de puissance, etc., ne dépendent que des constantes du circuit, et non des distributions de courant et de voltage.

67. En tout point λ du circuit, le voltage est donné par l'équation (376) qui, transposée, donne :

$$e = c\epsilon^{-u_0 t} \left\{ \epsilon^{+s\lambda}[(A_2 \cos q\lambda + B_2 \sin q\lambda) \cos qt \right.$$
$$+ (A_2 \sin q\lambda - B_2 \cos q\lambda) \sin qt]$$
$$+ \epsilon^{-s\lambda}[(C_2 \cos q\lambda + D_2 \sin q\lambda) \cos qt$$
$$\left. - (C_2 \sin q\lambda - D_2 \cos q\lambda) \sin qt) \right\},$$

où, approximativement :

$$e = c\epsilon^{-u_0 t} \left\{ [(A_2 + C_2) \cos q\lambda + (B_2 + D_2) \sin q\lambda] \cos qt \right.$$
$$\left. + [(A_2 - C_2) \sin q\lambda - (B_2 - D_2) \cos q\lambda] \sin qt \right\}.$$

De même, de l'équation (381) :

$$(396) \quad \begin{cases} A_2 + C_2 = pN ; \\ A_2 - C_2 = M ; \\ B_2 + D_2 = N ; \\ B_2 - D_2 = -pM, \end{cases}$$

où

$$p = \frac{qL}{c}.$$

alors,

$$(397) \quad \begin{cases} e_2 = \varepsilon^{-u_0 t}(qL \cos q\lambda + c \sin q\lambda)(N \cos qt + M \sin qt), \\ i_2 = \varepsilon^{-u_0 t}\left(\cos q\lambda - \dfrac{qL}{c} \sin q\lambda\right)(M \cos qt - N \sin qt); \end{cases}$$

$$(398) \quad \begin{cases} e_1 = qL\varepsilon^{-u_0 t}(N \cos qt + M \sin qt), \\ i_1 = \varepsilon^{-u_0 t}(M \cos qt - N \sin qt). \end{cases}$$

Si,

$$e_1 = 0 \quad \text{pour} \quad t = 0,$$
$$N = 0;$$

d'où,

$$(399) \quad \begin{cases} i_1 = i_0\varepsilon^{-u_0 t}\cos qt, \\ e_1 = qLi_0\varepsilon^{-u_0 t}\sin qt, \\ i_2 = i_0\varepsilon^{-u_0 t}\left(\cos q\lambda - \dfrac{qL}{c} \sin q\lambda\right)\cos qt, \\ e_2 = i_0\varepsilon^{-u_0 t}(qL \cos q\lambda + c \sin q\lambda) \sin qt. \end{cases}$$

Posons,

$$(400) \quad \sqrt{\frac{1}{2}(M^2 + N^2)} = I_0,$$

les valeurs efficaces des quantités sont :

$$(401) \quad \begin{cases} I_1 = I_0\varepsilon^{-u_0 t}, \\ E_1 = qLI_0\varepsilon^{-u_0 t}, \\ I_2 = I_0\varepsilon^{-u_0 t}\left(\cos q\lambda - \dfrac{qL}{c} \sin q\lambda\right), \\ E_2 = I_0\varepsilon^{-u_0 t}(qL \cos q\lambda + c \sin q\lambda). \end{cases}$$

De là, il résulte que

$$I_2 = 0 \quad \text{pour} \quad \lambda = \lambda_0,$$
$$\cos q\lambda_0 - q \frac{L}{c} \sin q\lambda_0 = 0,$$

ou,

$$(402) \quad q = \frac{c}{L} \cotg q\lambda_0;$$

tandis que,

$$(403) \qquad q = -\frac{c}{L}\, \mathrm{tg}\, q\lambda_0,$$

donne,

$$qL \cos q\lambda_0 + c \sin q\lambda_0 = o,$$

c'est-à-dire,

$$E_1 = o \qquad \text{pour} \qquad \lambda = \lambda_0.$$

A l'extrémité ouverte de la ligne $\lambda = \lambda_0$, le voltage E_1 d'après (402) et (401) est :

$$(404) \qquad E_1^0 = \frac{qL}{\cos q\lambda_0}\, I_0 \varepsilon^{-u_0 t}.$$

A l'extrémité à la terre de la ligne $\lambda = \lambda_0$ le courant I_1 d'après (403) et (401) est :

$$(405) \qquad I_1^0 = \frac{I_0 \varepsilon^{-u_0 t}}{\cos q\lambda_0}.$$

Une inductance se déchargeant dans une ligne de transmission donne ainsi une distribution oscillatoire de voltage et de courant le long de la ligne.

68. — Par exemple, on peut considérer un circuit triphasé à haute tension, comprenant un système générateur de $r = 2$ ohms et $L = 0,5$ henry par phase, relié à une ligne de transmission à longue distance de $r_0 = 0,25$ ohm, $L_0 = 0,00125$ henry, $g_0 = 0,125 \times 10^{-6}$ mho, $C_0 = 0,01 \times 10^{-6}$ farad par kilomètre de conducteur de phase, et $l_0 = 129$ kilomètres de longueur :

$$c = \sqrt{\frac{L_0}{C_0}} = 354, \qquad c^2 = 125\,300,$$

$$\tau_0 = \sqrt{L_0 C_0} = 3,52 \times 10^{-6},$$

$$\lambda_0 = l_0 \tau_0 = 0,453 \times 10^{-3}$$

$$u = \frac{1}{2}\left(\frac{r_0}{L_0} + \frac{g_0}{C_0}\right) = 106$$

$$\frac{c}{L} = 708.$$

De là, en substituant dans les équations (394) et (395) :

$$q = - 708 \ \text{tg} \ (0{,}0259 \ q)^0 \qquad \text{(zéro voltage)}$$

$$q = + 708 \ \text{cotg} \ (0{,}0259 \ q)^0 \qquad \text{(zéro courant)}$$

$$1 - \frac{u_0}{u} = \frac{1}{0{,}618 q^2 \ 10^{-6} + 1{,}28} \cdot$$

$q\lambda_0 =$	$100^0{,}35$	$185^0{,}64$	$273^0{,}83$	$362^0{,}89$	$452^0{,}32$	$541^0{,}94$
$q =$	3875	7168	10572	14010	17403	20920
$1 - \dfrac{u}{u_0} =$	0,0940	0,0302	0,0142	0,00816	0,0047	0,0037
$u_0 =$	95,8	102,8	104,5	105,1	105,5	105,6
$- s =$	10,2	3,2	1,5	0,87	0,5	0,4

De l'équation (401), les valeurs efficaces des six premiers harmoniques sont donnés par :

1° *Quart d'onde* : $100^0{,}35$.

$$q_1 = 3875$$
$$u_0 = 95{,}8$$
$$I = i_0 \ t^{-u_0 t} (\cos q\lambda - 5{,}48 \sin q\lambda)$$
$$E = 1939 \ i_0 \ t^{-u_0 t} (\cos q\lambda + 0{,}182 \sin q\lambda).$$

2° *Demi-onde* : $185^0{,}64$

$$q_2 = 7168$$
$$u_0 = 102{,}8$$
$$I = i_0 \ t^{-u_0 t} (\cos q\lambda - 10{,}14 \sin q\lambda)$$
$$E = 3585 \ i_0 \ t^{-u_0 t} (\cos q\lambda + 0{,}098 \sin q\lambda).$$

3° *Trois-quarts d'onde* : $273^0{,}83$

$$q_3 = 10572$$
$$u_0 = 104{,}5$$
$$I = i_0 \ t^{-u_0 t} (\cos q\lambda - 14{,}90 \sin q\lambda)$$
$$E = 5287 \ i_0 \ t^{-u_0 t} (\cos q\lambda + 0{,}067 \sin q\lambda).$$

4° *Pleine-onde* : 362°,89

$$q_4 = 14010$$
$$u_0 = 105,1$$
$$I = i_0\, \varepsilon^{-u_0 t}(\cos q\lambda - 19,8 \sin q\lambda)$$
$$E = 7005\, i_0\, \varepsilon^{-u_0 t}(\cos q\lambda + 0,050 \sin q\lambda).$$

5° *Cinq-quarts d'onde* : 452°,32

$$q_5 = 17463$$
$$u_0 = 105,5$$
$$I = i_0\, \varepsilon^{-u_0 t}(\cos q\lambda - 24,65 \sin q\lambda)$$
$$E = 8732\, i_0\, \varepsilon^{-u_0 t}(\cos q\lambda + 0,040 \sin q\lambda).$$

6° *Trois-demi-onde* : 541°,94

$$q_6 = 20920$$
$$u_0 = 105,6$$
$$I = i_0\, \varepsilon^{-u_0 t}(\cos q\lambda - 29,6 \sin q\lambda)$$
$$E = 10460\, i_0\, \varepsilon^{-u_0 t}(\cos q\lambda - 0,033 \sin q\lambda).$$

TABLE DES MATIÈRES

SECTION I. — PHÉNOMÈNES TRANSITOIRES DANS LE TEMPS

CHAPITRE PREMIER

LES CONSTANTES DU CIRCUIT ÉLECTRIQUE

CHAPITRE II

INTRODUCTION

"

CHAPITRE III

INDUCTANCE ET RÉSISTANCE DANS LES CIRCUITS A COURANT CONTINU

CHAPITRE IV

INDUCTANCE ET RÉSISTANCE DANS LES CIRCUITS A COURANT ALTERNATIF

CHAPITRE V

RÉSISTANCE, INDUCTANCE ET CAPACITÉ EN SÉRIE. CHARGE ET DÉCHARGE DU CONDENSATEUR

CHAPITRE VI

COURANTS OSCILLATOIRES

CHAPITRE VII

RÉSISTANCE, INDUCTANCE ET CAPACITÉ EN SÉRIE DANS UN CIRCUIT A COURANT ALTERNATIF

CHAPITRE VIII

VAGUES DE BASSE FRÉQUENCE (SURGES) DANS LES RÉSEAUX A HAUTE TENSION

CHAPITRE IX

CIRCUIT DIVISÉ

CHAPITRE X

MUTUELLE INDUCTANCE

CHAPITRE XI

SYSTÈME GÉNÉRAL DE CIRCUITS

CHAPITRE XII

SATURATION MAGNÉTIQUE ET HYSTÉRÉSIS DANS LES CIRCUITS MAGNÉTIQUES

CHAPITRE XIII

TERME TRANSITOIRE DE CHAMP TOURNANT

CHAPITRE XIV

COURANTS DE COURT-CIRCUIT DES ALTERNATEURS

SECTION II. — PHÉNOMÈNES TRANSITOIRES PÉRIODIQUES

CHAPITRE PREMIER

INTRODUCTION

CHAPITRE II

RÉGLAGE D'UN CIRCUIT PAR PHÉNOMÈNES TRANSITOIRES PÉRIODIQUES

CHAPITRE III

REDRESSEMENT MÉCANIQUE

CHAPITRE IV

REDRESSEMENT PAR L'ARC

SECTION III. — PHÉNOMÈNES TRANSITOIRES DANS L'ESPACE

CHAPITRE PREMIER

INTRODUCTION

CHAPITRE II

LIGNE DE TRANSMISSION A LONGUE DISTANCE

CHAPITRE III

PÉRIODE NATURELLE D'UNE LIGNE DE TRANSMISSION

CHAPITRE IV

CAPACITÉ DISTRIBUÉE DES TRANSFORMATEURS A HAUT POTENTIEL

CHAPITRE V

CAPACITÉ DISTRIBUÉE EN SÉRIE

CHAPITRE VI

DISTRIBUTION DU FLUX MAGNÉTIQUE ALTERNATIF

CHAPITRE VII

DISTRIBUTION DE LA DENSITÉ DU COURANT ALTERNATIF DANS UN CONDUCTEUR

CHAPITRE VIII

VITESSE DE PROPAGATION DU CHAMP ÉLECTRIQUE

CHAPITRE IX

CONDUCTANCE POUR HAUTE FRÉQUENCE

SECTION IV. — PHÉNOMÈNES TRANSITOIRES DANS LE TEMPS ET DANS L'ESPACE

CHAPITRE PREMIER

ÉQUATIONS GÉNÉRALES

CHAPITRE II

DISCUSSION DES ÉQUATIONS GÉNÉRALES

CHAPITRE III

ONDES FIXES OU STATIONNAIRES

CHAPITRE IV

ONDES MOBILES

CHAPITRE V

OSCILLATIONS LIBRES

CHAPITRE VI

POINTS DE TRANSITION ET CIRCUIT COMPLEXE

CHAPITRE VII

PUISSANCE ET ÉNERGIE DANS LE CIRCUIT COMPLEXE

CHAPITRE VIII

RÉFLEXION ET RÉFRACTION AU POINT DE TRANSITION

CHAPITRE IX

DÉCHARGES INDUCTIVES

* 9 7 8 2 0 1 9 6 9 8 0 9 6 *